石油石化职业技能培训教程

U0198980

采油地质工

（上册）

中国石油天然气集团有限公司人事部　编

石油工业出版社

内 容 提 要

　　本书是由中国石油天然气集团有限公司人事部统一组织编写的《石油石化职业技能培训教程》中的一本。本书包括采油地质工应掌握的基础知识、初级工操作技能及相关知识、中级工操作技能及相关知识，并配套了相应等级的理论知识练习题，以便于员工对知识点的理解和掌握。

　　本书既可用于职业技能鉴定前培训，也可用于员工岗位技术培训和自学提高。

图书在版编目（CIP）数据

采油地质工·上册 / 中国石油天然气集团有限公司

人事部编 . —北京：石油工业出版社，2019.7

石油石化职业技能培训教程

ISBN 978-7-5183-3107-9

Ⅰ . ①采… Ⅱ . ①中… Ⅲ . ①石油开采－石油天然气

地质－技术培训－教材 Ⅳ . ① TE143

中国版本图书馆 CIP 数据核字（2019）第 006240 号

出版发行：石油工业出版社

　　　　　　（北京市朝阳区安华里 2 区 1 号楼　　100011）

　　　　　　网　　址：www.petropub.com

　　　　　　编辑部：（010）64256770

　　　　　　图书营销中心：（010）64523633

经　　销：全国新华书店

印　　刷：北京中石油彩色印刷有限责任公司

2019 年 7 月第 1 版　　2019 年 7 月第 1 次印刷

787×1092 毫米　　开本：1/16　　印张：30

字数：700 千字

定价：90.00 元

《采油地质工》编审组

随着企业产业升级、装备技术更新改造步伐不断加快，对从业人员的素质和技能提出了新的更高要求。为适应经济发展方式转变和"四新"技术变化要求，提高石油石化企业员工队伍素质，满足职工鉴定的需要，中国石油天然气集团有限公司职业技能鉴定指导中心根据2015年版《国家职业大典》对工种目录的调整情况，修订了《石油石化行业职业资格等级标准》，在新标准的指导下，对"十五""十一五"期间编写的职业技能培训教程和职业技能鉴定试题集进行了全面修订。

本套书的修订坚持以职业活动为导向、以职业技能提升为核心，以统一规范、充实完善为原则，注重内容的先进性与通用性。本次修订的内容主要是新技术、新工艺、新设备、新材料。教程内容范围与鉴定题库基本一致，每个工种的教程分上、下两册，上册为初级工、中级工的内容，下册为高级工、技师、高级技师的内容，同时配套了相应层级的模拟试题，便于读者对知识点的理解和掌握。本套书既可用于职业技能鉴定前培训，也可用于员工岗位技术培训和自学提高。

采油地质工教程分上、下两册，上册为基础知识，初级工操作技能及相关知识，中级工操作技能及相关知识；下册为高级工操作技能及相关知识，技师、高级技师操作技能及相关知识。

本工种教程由大庆油田有限责任公司任主编单位，参与审核的单位有辽河油田分公司、新疆油田分公司、吉林油田分公司、华北油田分公司等。在此表示衷心感谢。

由于编者水平有限，书中不妥之处在所难免，请广大读者提出宝贵意见。

编　者

2018年10月

CONTENTS 目录

第一部分 基础知识

第二部分　初级工操作技能及相关知识

第三部分　中级工操作技能及相关知识

理论知识练习题

附　录

第一部分

基础知识

模块一 石油和天然气基础知识

项目一 石油

一、石油的概念

CAA001 石油的概念

石油是一种以液体形式存在于地下岩石孔隙中的可燃性有机矿产。从直观上看，它表现为比水稠但比水轻的油脂状液体，多呈褐黑色；化学上是以碳氢化合物为主体的复杂的混合物。液态石油中通常溶有相当数量的气态烃和固态烃，还有极少量的悬浮物。在地下油气藏中石油无论在成分上还是在相态上都是极其复杂的混合物。因此，石油没有固定的化学成分和物理常数。

二、石油的物理性质

（一）地面条件下石油的物理性质

CAA002 地面条件下石油物理性质

1. 颜色

石油的颜色变化范围很广，从暗色到浅色都有。在透射光下，石油的颜色从无色透明逐渐过渡到淡黄、褐黄、淡红、棕色、黑褐色及黑色，或者介于两种颜色之间的过渡颜色。例如，四川油田川东石油为墨绿色，川中石油为黄色、深色甚至黑色；新疆克拉玛依油田的石油为褐黑色，而华北油田凝析油的颜色则为无色透明。石油的颜色浓度，往往取决于石油中胶质、沥青质的含量。胶质、沥青质含量越高则颜色越暗。一般轻质油的颜色微带黄橙色，且又透明；重质油多呈黑色。

2. 气味

石油通常都有明显的气味。较轻质的石油有芳香味，含硫（S）氮（N）化合物的石油有一股臭鸡蛋味。

3. 相对密度

液体石油的相对密度是指在 0.101MPa 的压力条件下，20℃时石油的质量与同体积的 4℃纯水质量之比。石油的相对密度一般介于 0.75~0.98，个别地区有小于 0.75 或大于 1.00 的。我国各油田的石油相对密度大多数介于 0.82~0.92。

一般把相对密度小于 0.90 的石油称为轻质油；而大于 0.90 的石油则称为重质油。相对密度小的石油油质好；相对密度大的石油油质差。石油相对密度大小取决于石油的化学成分，含烃类多的石油相对密度小，而含胶质、沥青质多的石油相对密度大，相对密度大于 1.00 的石油，用常规方法难以开采。

4. 黏度

石油的黏度是指原油分子发生相对位移时所受到的阻力或内摩擦力。石油黏度的大小，取决于温度、压力和石油的化学成分。黏度随温度升高、溶解气量增加而降低，压力增高时，则黏度增大，石油中轻质油组分增加，黏度随之降低，而蜡、胶质、沥青质含量高时，则黏度亦高。

石油黏度的大小，是决定石油流动能力大小的重要参数，黏度大则流动性差，黏度小则流动性好。黏度对了解油、气运移，油井动态分析，石油开采及储运都有重要的参考价值。如果石油黏度过大，原油在地层中或井筒内流动就困难，因此必须采取有效措施，如热力采油、稠油降黏等方法开采。如果温度升高10℃原油黏度将会降低到原来的1/2～2/3，可见温度对石油的黏度影响较大。

5. 溶解性

石油的溶解性是指石油能溶解于多种有机溶剂（如氯仿、苯、石油醚、四氯化碳以及酒精等）的性质。可根据石油溶解性简易鉴定岩石中有无微量的石油存在。石油在水中的溶解度很低。

6. 导电性

石油的导电性是指石油的导电能力。石油及其产品具有极高的电阻率，是不良的导电物质。石油的电阻率为$10^9 \sim 10^{16}\Omega \cdot m$，与周围的矿化水和岩石相比较，可视为无穷大。地球物理测井就是利用流体的这种导电性确定油、气、水层的。

7. 荧光性

石油在紫外线照射下可产生荧光的性质称为石油的荧光性。石油的油质组分发浅蓝色明亮的荧光，胶质组分发淡黄色半明亮的荧光，沥青质组分发褐色暗淡的荧光。利用石油的荧光性，可以鉴定岩心、岩屑及钻井液中有无微量石油存在。

8. 含蜡性

石油中以溶解状态和悬浮状态存在的石蜡占石油质量的百分数称为石油的含蜡量。含蜡量多时，石油相对密度也较大，也可使井底和井筒结蜡，给采油工作增加困难。

9. 凝点

由于温度下降，石油由液态开始凝固为固态时的温度，称为石油的凝点。凝点的高低与石油组分有关，主要取决于石油含蜡量的多少，含蜡量高的，凝点也高。低凝点的石油为优质石油。

10. 旋光性

石油具备能将偏振光的振动再旋转一定角度的能力，称为石油的旋光性。石油的旋光角一般是几分之一度到几度之间。不同的石油，其旋光性亦有所不同，有左旋、右旋之分，绝大部分石油的旋光角向右旋移，仅有少数为左旋。因为只有有机化合物才具有旋光性，所以石油的旋光性是"石油有机生成说"的有力证据之一。

（二）地层条件下石油的物理性质

CAA003 地层条件下石油物理性质

石油储集在地下岩层内，油层的压力和温度都比地面高得多，并且油层中的石油又总是溶解一定数量的天然气，因而地下石油与地面条件下石油的物理性质大不相同。在计算油田储量和合理开发油田时，必须掌握地层条件下的石油物理性质。

1. 相对密度和黏度

在地层条件下，石油的相对密度与石油中溶解的天然气量、地层压力和温度有关。石油中溶解气量多者则相对密度小，溶解气量少者则相对密度大。在其他条件不变的情况下，相对密度随温度的升高、溶解天然气量增加而降低。在地下 1500~7000m 处，石油的黏度值通常仅为地表黏度值的 50% 左右。

2. 原始气油比

在原始地层条件下，每 1t 石油中能溶解的天然气量称为原始气油比。原始气油比的大小取决于天然气和石油的成分、温度和压力。石油中溶解的天然气量多，能使石油的相对密度和黏度减小，体积增大。

3. 饱和压力

在油层条件下，当地层压力高于一定数值之后，天然气就会完全溶解于石油中，地下的油、气就处于单相—液相状态。当地下石油已为天然气所饱和，则多余的天然气就会聚集在油藏上部形成气顶，地下的油、气就处于两相—液相和气相状态。

当油田投入开发后，地层压力也就逐渐降低，压力降到某一数值以后，原来溶解在石油中的天然气就不断地分离出来，故把从石油中分离出第一个气泡时的压力，称为石油的饱和压力。对于有气顶的油藏来说，饱和压力等于原始地层压力；而单相状态的石油，未被气体所饱和，地层压力要降得很多，才能出现气相。饱和压力是油田开发的基本数据之一。

饱和压力的大小与石油和天然气的性质有关。在石油中的天然气含量是决定饱和压力大小的一个重要因素，而地层温度也有一定的影响。如果原油性质、温度基本相同，气油比高者，则饱和压力就大；如原油轻质成分少、重质成分多时，溶解的天然气量少，则饱和压力就低。当温度增加时，饱和压力也随之增加。

4. 体积系数

地层条件下石油的体积与其在标准状况下地面脱气后石油体积之比值，称为石油的体积系数，见式（1-1-1）：

$$B_{\text{oi}} = \frac{V_{\text{地下}}}{V_{\text{地面}}} \tag{1-1-1}$$

式中　B_{oi}——体积系数；

　　$V_{\text{地下}}$——地层条件下石油的体积，m^3；

　　$V_{\text{地面}}$——与 $V_{\text{地下}}$ 同体积的石油采到地面脱气后的体积，m^3。

影响体积系数的因素有压力、温度及石油中的溶解天然气量。其中溶解天然气量对石油体积变化起着主要作用，这在油层压力低于饱和压力时反映最明显。

由于油层一般都处于高温高压下，地层石油中溶有大量的天然气，溶解的天然气量和油层温度对体积系数的影响，远远超过弹性压缩的影响，故地层条件下石油的体积比在地面脱气后的体积要大，一般石油体积系数均大于 1。体积系数是计算石油储量，进行油田动态研究常用的基本参数之一。

三、石油的组成

CAA004 石油
的元素组成

（一）石油的元素组成

石油没有确定的化学成分，因而也就没有固定的元素组成。石油尽管是多种多样，但它们的元素组成却局限在较窄的变化范围之内，碳（C）元素、氢（H）元素占绝对优势。根据对世界各地油田石油化学分析资料统计，石油中含碳量在 80%～88%，含氢量在 10%～14%，碳、氢含量的总和大于 95%，石油的碳氢比（C/H）介于 5.9～8.5 之间。碳、氢两种元素在石油中组成各种复杂的碳氢化合物，即烃类存在，它是石油组成的总体。

石油中除碳元素、氢元素外，还有氧（O）元素、氮（N）元素、硫（S）元素等，它们总量一般不超过 1%，个别油田可达 5%～7%，这些元素在石油中多构成非烃类有机化合物。它们含量虽少，但对石油质量有一定影响，如石油中含硫元素，则具有腐蚀性，且降低石油的品质。

除上述元素外，在石油成分中还发现有 30 余种微量元素，但含量较少。其中以钒（V）元素、镍（Ni）元素为主，约占微量元素的 50%～70%。

（二）石油的烃类组成

从有机化学角度来讲，凡是仅由碳、氢两种元素组成的化合物称为碳氢化合物，简称"烃"。石油主要是由三种烃类组成：烷烃、环烷烃和芳香烃。

（三）石油的组分组成

CAA005 石油的组分组成

根据石油中不同的物质对某些介质有不同的吸附性和溶解性，将石油分为四种组分。

1. 油质

油质是由烃类（几乎全部为碳氢化合物）组成的淡色油脂状液体，荧光反应为浅蓝色，它能溶于石油醚中，但不能被硅胶吸附。油质是石油的主要组成部分，含油量约 65%～100%。油质含量高，颜色较浅，石油品质好；反之则品质差。

2. 胶质

胶质呈浅黄褐色，为半固态的黏糊状流体。密度为 1.00～1.07g/cm³，能溶于石油醚，也能被硅胶所吸附，荧光反应为淡黄色，多为环烷族烃和芳香族烃组成。在轻质石油中胶质含量一般不超过 4%～5%，而在重质石油中胶质含量可达 20%，石油呈褐色或黑褐色的原因之一，就是因为胶质存在。

3. 沥青质

沥青质是暗褐色或黑色的脆性固体物质，温度高于 300℃时则分解成气体和焦炭。沥青质的组成元素与胶质基本相同。只是碳氢化合物减少了，而氧、硫、氮的化合物增多了，密度大于 1.00g/cm³，不溶于石油醚，但可溶于苯、二硫化碳、氯仿、三氯甲烷等有机溶液中，却不溶于酒精、汽油，可被硅胶吸附，荧光反应为深黄褐色。在石油中沥青质含量很少，一般小于 1%，个别情况沥青质含量可达 3.0%～3.5%。

4. 碳质

碳质是黑色固体物质，不具荧光，不溶于有机溶剂，也不被硅胶所吸附，由更高分子碳类物质组成。石油中一般不含或极少含碳质。

（四）石油的馏分组成

CAA006 石油的馏分组成

石油在升温过程中，当增加到一定温度时，石油中的某些组分就由液体变为气体而蒸馏出来，这种在一定温度下蒸馏出来的组分称为馏分。随温度不同，馏分的产物也有所不同（表 1-1-1）。

表1-1-1 石油的馏分产物

温 度，℃	产品
95 以下	轻汽油
40～180	航空汽油
250	汽车汽油
120～240	重汽油
200～315	煤油
270～300	润滑油
190～350	柴油
350 以上	柏油

石油组分是衡量石油品质的标志之一，质量好的石油含油质高。胶质和沥青质的存在增加了石油的结蜡性，并使石油产品的颜色加深，对石油的炼制是不利的。

项目二　天然气

一、天然气的概念

CAA007 天然气的概念

天然气从广义上理解，是指以天然状态存在于自然界的一切气体，包括大气圈、水圈和岩石圈中各种自然过程形成的气体。而人们长期以来通用的"天然气"的定义，是从能量角度出发的狭义定义，是指天然蕴藏于地层中的烃类和非烃类气体的混合物。在石油地质学中所指的天然气是指与石油有相似产状的、通常以烃类为主的气体。天然气主要存在于油田气、气田气、泥火山气、煤层气和生物生成气中。天然气又可分为伴生气和非伴生气两种。伴随原油共生，与原油同时被采出的油田气称为伴生气。非伴生气包括纯气田天然气和凝析气田天然气两种，在地层中都以气态存在。凝析气田天然气从地层流出井口后，随着压力和温度的下降，分离为气液两相，气相为凝析气田天然气，液相为凝析液，称为凝析油。

二、天然气的物理性质

CAA008 天然气的物理性质

（一）相对密度

天然气的相对密度是指在标准状态下，即温度为0℃，压力为0.101MPa的天然气与同体积空气的质量之比。天然气的相对密度一般为0.6～1.0，比空气轻。含重烃量多的天然气相对密度也大，如中原油田个别油、气藏的天然气相对密度竟高达1.0298，主要是天然气中含重烃所致。相对密度小的天然气，其主要成分以甲烷为主，含量约为90%以上，如四川油田某气藏，天然气相对密度为0.562，其甲烷含量高达98.15%，相对密度大的天然气中甲烷含量相对较少。

天然气是各种气体的混合物，重组分气体含量越高，则相对分子质量和密度越大。因此密度可以反映出天然气的气体组分。天然气中各组分的相对密度可以根据它的组分含量计算出来。一般天然气液化后，体积缩小为原来的1/1000，故在天然气和石油产量、储量中，常采用 1000m³ 天然气相当 1m³ 石油来比较。

（二）黏度

天然气的黏度是指天然气在流动时，分子间所产生的内摩擦力。黏度是以分子间相互碰撞的形式体现出来的。在压力接近 0.101MPa 的情况下，温度增加时，分子的活动性增强，碰撞的次数增多，黏度也增加。天然气的黏度受气体组成、温度、压力的影响。但在高压与低压下，其变化规律是不同的。在低压下，气体的黏度几乎与压力无关，随温度的增加而增大。在高压下，压力变化是影响黏度的主要因素。气体的黏度随压力的增加而增大，随温度的升高而减小。

（三）溶解度

任何气体均可不同程度地溶解于液体中。在一定压力下，单位体积的石油所溶解的天然气量，称为该气体在石油中的溶解度。当温度不变时，单组分的气体，在单位体积溶剂中的溶解度与绝对压力成正比。

各种不同成分的气体，在同一温度、压力及同一石油中的溶解度是不同的，一般相对分子质量较大的气体，溶解度也较大。天然气在石油中的溶解量随压力增加而增大，而随温度增加而减少。当天然气溶于石油之后，就会降低石油的相对密度、黏度及表面张力，使石油的流动性增大。天然气也可以溶于水中，但较溶于石油中的溶解能力小 10 倍。天然气在地下水中的溶解量，随着含盐量增多而减少。

（四）压缩系数

一定质量的气体，当压力改变时，则气体的体积发生变化。变化量的大小与压力的变化值有关，与原始气体体积的大小有关，也与气体的性质有关。在相同温度压力下，1mol（分子）真实气体天然气的体积与理想气体的体积之比，称为天然气的压缩系数。一般用高压物性实验方法测定。因真实气体比理想气体更容易被压缩，故压缩系数小于 1。压缩系数是气田开采中计算气层压力必不可少的数据之一。

（五）体积系数

相同质量的天然气，在地层条件下所占的体积，与地面标准状态下所占的体积之比，称为天然气的体积系数。在计算天然气储量和采出量时，要进行地面条件下与地层条件下体积的换算，就必须了解天然气的体积系数。

（六）临界温度、临界压力

每种气体都有一个特有的温度，在此温度以上，无论多大压力，都不能使气体液化，这个温度称为临界温度。而与其相应的压力，称为临界压力。

天然气是由各种碳氢化合物和其他气体混合而成，不同碳氢化合物，具有不同的临界温度和临界压力。

三、天然气的化学组成和分类

天然气是各种气体的混合物，其主要成分是各种碳氢化合物，其中甲烷（CH_4）占绝对多数，一般含量都大于 80%，其次为乙烷（C_2H_6）、丙烷（C_3H_8）、丁烷（C_4H_{10}）及其他重质气态烃，它们是天然气中的主要可燃成分。除上述烃类气体外，天然气中还含有少量二氧化碳（CO_2）、氮气（N_2）、氧气（O_2）、氢气（H_2）、硫化氢（H_2S）、一氧化碳（CO）等气体和极少量的氦（He）、氩（Ar）等惰性气体。

（一）化学组成

CAA009 天然气的化学组成

与油田、气田有关的天然气，主要是气态烃，同时含有数量不等的多种非烃气体。烃气主要为 $C_1 \sim C_4$ 的烷烃，即甲烷到乙烷，其中以甲烷（CH_4）最多，重烃气（碳数 2 个以上的烃气，常用 C_{2+} 表示）较少；其内可溶有少量 C_5、C_6 烃气。烃类气体中，$CH_4 \geqslant 95\%$、$C_{2+} < 5\%$ 的天然气，称干气，又称贫气；$CH_4 \leqslant 95\%$、$C_{2+} > 5\%$ 的天然气，称湿气，又称富气。

地层条件下的非烃气总量不多，但总类有不少，主要有 N_2、CO_2、CO、H_2S、H_2 等气体。非烃气中还含有微量的惰性气体，如氦气、氩气、氖气等，其含量只有千分之几至百分之几；其中以氦、氩最常见，它们可能同地壳中的放射性作用有关。

（二）根据矿藏分类

CAA010 天然气根据矿藏分类的方法

1. 气田气

天然气中主要含甲烷，占 $80\% \sim 98\%$，重烃气体含量很少，占 $0 \sim 5\%$，不含戊烷或戊烷以上的重烃，或含量甚微。

2. 油田气

天然气中主要成分除含甲烷外，乙烷与乙烷以上的重烃含量较多，在 $5\% \sim 10\%$ 以上，与石油共生，又称石油气。

3. 凝析气

天然气中除含有大量甲烷外，戊烷或戊烷以上的烃类含量也较高，含有汽油和煤油组分。主要是由于油气藏的埋藏深度加大，处于高温、高压下的碳氢化合物为单相气态，采到地面后，由于温度、压力降低而发生凝结，由原来单相气态的碳氢化合物转为液态石油。近些年来，发现许多凝析气油田，在开采时，从井底喷上来的气体，到井口附近，由于压力和温度降低而转化为汽油。

4. 煤层气

天然气中除含有大量甲烷外，重烃气体含量很少，但有较多的二氧化碳气体。

项目三　油田水

一、油田水的概念

ZAA001 油田水的概念

油田水广义上是指在油田范围内发育的地下水，包括油层水和非油层水。狭义上的油田水是指油田范围内直接与油层连通的地下水，即油层水。油田水包括油田内的盐水和各种水，但限定它作为与含油层相连通的水。研究油田水非常重要，在油气田勘查阶段，油田水的成分及活动性，是确定含油气远景和预测油气藏存在的依据之一。在油气田开发阶段，对油田水的动态和成分进行化验分析对于判断井下情况，分析井间关系，进而合理利用天然驱动能量，都是必不可少的。油田水的深度、压力及含盐度等，对钻井过程中的工程措施和钻井液保护都是重要的资料。

二、油田水的物理性质

ZAA002 油田水的物理性质

油田水因溶有各种物质，其物理性质同纯水有些不同。油田水的主要物理性质如下所述。

（一）密度

油田水由于溶解盐类比较多，所以矿化度也较高，密度变化较大，一般大于 $1g/cm^3$。如四川油田三叠系石灰岩气藏水的密度为 $1.001\sim1.010g/cm^3$，甘肃老君庙油田的油田水密度为 $1.010\sim1.050g/cm^3$。

（二）黏度

油田水因含有盐分，黏度比纯水高，一般都大于 $1MPa\cdot s$。

（三）颜色

油田水呈混浊状，并常带有颜色。含氯化氢时呈淡青绿色；含铁质时呈淡红色、褐色或淡黄色。

（四）气味

当油田水混入少量石油时，往往具有石油或煤油味；含硫化氢时，常有一股刺鼻的臭鸡蛋味。溶有岩盐的油田水为咸味，溶有泻利盐的油田水为苦味。

三、油田水的化学成分

ZAA003 油田水的化学成分

（一）油田水的离子元素

油田水的化学成分非常复杂，所含的离子元素种类也很多，其中最常见的离子为：

阳离子：Na^+，K^+，Ca^{2+}，Mg^{2+}；

阴离子：Cl^-，SO_4^{2-}，HCO_3^-，CO_3^{2-}。

油田水中除上述离子外，还含有一些特有的微量元素，其中有碘（I）、溴（Br）、锶（Sr）、硼（B）、钡（Ba）等。它们与油、气没有直接关系，但若它们在地层中含量高，则表明是油、气保存的有利地质环境，所以可作为找油、气的间接标志。

油田水中常含数量不等的环烷酸、脂肪酸和氨基酸等，其中环烷酸是石油环烷烃的衍生物，常可作为找油的重要水化学标志。

（二）油田水的矿化度

ZAA004 油田水的矿化度

常用矿化度来表示油层水中含盐量的多少。矿化度表示 1L 水中主要离子的总含量，也就是矿物盐类的总浓度。即水中各种离子、分子和化合物的总含量（单位：mg/L）。地表的河水和湖水大都是淡水，它们的矿化度在多数情况下都很低，一般为几百毫克每升。海水的总矿化度比较高，可达 35000mg/L。与油、气有关的水，一般地说，都以具有高矿化度为特征，这是由于油田水埋藏在地壳深处，长期处于停滞状态，缺乏循环交替所致。例如，科威特布尔干油田白垩系砂岩，水的矿化度为 154400mg/L，我国酒泉盆地某油田的油田水的矿化度为 30000～80000mg/L。值得注意的是，有些油区因外来水的渗入，与油气有关的地层水矿化度也很低。但在通常情况下，海相沉积中比陆相沉积中的油田水矿化度高，碳酸盐岩储层中的水比碎屑岩储层中的水矿化度高；保存条件好的储层中的水比开启程度高的储层中的水矿化度高；埋藏深的比埋藏浅的地层水矿化度高。

四、油田水的产状

ZAA005 油田水的产状

油田水的产状可根据油田水与油气分布的相对位置，分为底水、边水和夹层水。

（一）底水

底水是在油气层底部，托着油气的水。油—水（或气—水）界面仅与油气层顶面相交（图1-1-1）。

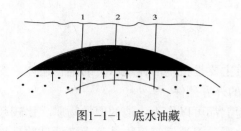 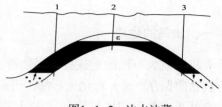

图1-1-1 底水油藏　　　　　　　　图1-1-2 边水油藏

（二）边水

边水是聚集在油气层低部（如背斜的翼部），从油气层边缘部分包围着油气的地下水。油—水（或气—水）界面与油气层的顶、底面相交（图1-1-2）。

（三）夹层水

夹层水是夹在同一油气层中的较薄而面积不大的地下水。

五、油田水的类型

油田水化学成分的形成取决于它所处的地质环境。在不同的地质环境中，经过长时期的化学及物理作用，形成了各种不同成分的油田水。在不同地质环境中形成的油田水，含有不同类型的盐类。从一些典型的盐类组合可以反映油田水形成的地质环境。按照苏林分类法，将油田水分为四种类型。

（一）硫酸钠（Na_2SO_4）水型

硫酸钠水型代表着大陆环境，是环境封闭条件差的反映，不利于油气的聚集和保存。

（二）碳酸氢钠（$NaHCO_3$）水型

碳酸氢钠水型在油气田（区）分布广泛，它的出现一般可作为含油气良好的标志。

（三）氯化镁（$MgCl_2$）水型

海水多属氯化镁水型。氯化镁水型多为过渡类型，在封闭环境中要向氯化钙水型转变。因在很多情况下，氯化镁水型存在于油气田内部。

（四）氯化钙（$CaCl_2$）水型

在完全封闭的地质环境中，地下水与地表水完全隔离，不发生水的交替，水的成分继续发生变化，并出现了新的盐类，从而使氯化镁水型转变为氯化钙水型。这是最深部的水型，代表地下水所处的地质环境封闭良好，很有利于油气的聚集和保存，是含油气的良好标志。

在现场油水井动态分析中，经常根据油田水的水型和总矿化度来判断油井的见水情况是注入水还是地层水。因为地表的注入水通常矿化度低，多为碳酸氢钠水型。地层水矿化度高，多为氯化钙或氯化镁水型。另外，同一油区内，不同油层中水的类型和矿化度也有差异，所以在现场也常应用这两种资料分析多层生产的油井所见水的出水层位，以便比较准确地卡封高含水层，提高油井产量。总之，油田水的水型和总矿化度是油田开发中比较重要的资料。

项目四　石油天然气的生成、运移及储集知识

一、油气的生成

ZAA007 生成油气的物质基础

有机物质为石油的生成提供了物源，有机质主要是指生活在地球上的生物遗体。要使有机物质保存下来并转化成石油，还要有适当的外界条件。

自然界中的生物种类繁多，它们在不同程度上都可以作为生油的原始物质。比较起来，低等生物作为生油的原始物质更有利，更重要。因为低等生物繁殖力极强且数量也多，低等生物多为水生生物，死亡后容易被保存；另外它在地史上出现最早，其生物物体中富含脂肪和蛋白质。

ZAA008 石油的生成环境

（一）油气生成条件

要使有机物质保存下来并转化成石油，还需要有适当的条件。

1. 古地理环境和地质条件

现代和古代沉积岩的调查结果表明，浅海区、海湾、潟湖区及内陆湖泊的深湖—半深湖区适于生物生活和大量繁殖，特别是前三角洲地区，河流带来大量有机物，为生物提供了大量的养料，使生物更加繁盛。上述地理环境中的沉积物具有丰富的有机物。这样的地区水体较宁静，氧气含量低，具有还原环境，有利于有机物的保存，是生成石油的有利的地理环境。

上述一些有利生油的地理环境能否出现并长期保持，受地壳运动所控制。这样的地区应该具备地壳长期持续稳定下沉，而沉积速度又与地壳下降速度相适应，且沉积物来源充足。下降时间长，沉积物厚度就大，包含在沉积物中的有机质总量也多。随着埋藏的深度不断加大，长期保持着还原环境，压力、温度也逐渐增高，有利于促使有机质快速向石油转化。

ZAA009 石油的生成条件

2. 物理化学条件

有机物转化成油气，是一个复杂的过程。

（1）细菌作用：细菌是地球上分布最广、繁殖最快的一种生物。在沉积物中细菌对有机物的分解作用，主要是在沉积以后的初期进行的，在还原环境里，细菌能分解沉积物中的有机质而产生沥青质，所以说细菌的活动在有机质成油过程中起着重要的作用。

（2）温度：随着沉积物埋藏深度的增加，温度也将随之增高，有机质在地热作用下形成烃类，随着温度的增高和时间的增加，烃类的产率也增高。在温度增高过程中所形成的产物成分也随着改变，在较高温度下，轻烃的含量增加。如果温度不断升高，作用时间延长，热解的产物将是气态物质（主要是 CH_4）和碳质残渣。油气生成所需要的温度，随生油母质不同而有差异，已探明的油层多低于100℃，这也说明生油过程不需要特高的高温条件。

（3）压力：沉积物埋藏的深度随着地壳下降而不断加深，上覆地层厚度不断增大，

温度压力也随着升高。压力升高可以促使有机质向石油转化，促进加氢作用使高分子烃变成低分子烃，使不饱和烃变成饱和烃。

（4）催化剂：催化剂的存在能加速有机质的转化，例如，在150～200℃温度下，用硅酸铝作催化剂，可以使脂肪、氨基酸以及其他类脂肪化合物产生烃类化合物，当膨润土作催化剂时，加热到200℃，则会有烃类产生，沉积岩中黏土矿物分布广泛，是天然的催化剂。

上述各种因素在有机物质分解和烃类的生成作用中，都在不同程度地起作用。总之，油气生成的过程，就是有机质逐渐演化的过程，也是一个极其复杂的过程，是漫长地质时期综合作用的结果。

（二）油气生成过程

ZAA010 油气的生成过程

1. 生物化学生气阶段（初期生油阶段）

沉积物埋藏不深时，细菌比较发育，有机质在细菌的作用下发生分解，生成大量气态物质，如气态烃（CH_4）、二氧化碳（CO_2）、氮气（N_2）等，因此又称生气阶段。有机质经过生物化学分解作用后，同时生成复杂的高分子固态化合物，称为干酪根。后期由于温度、压力和催化剂等因素开始发生影响，可生成一定数量的液态烃类，其中包括少量从有机质继承下来的液态烃类。

2. 热催化生油气阶段（主要生油阶段）

随着埋藏深度的增加，温度和压力不断升高，细菌活动逐渐减弱，进入地热主导作用阶段，主要是干酪根在温度、压力作用下发生热催化降解和聚合加氢等作用生成烃类，不仅有气态烃，而且有大量的液态烃，故称主要生油阶段。此阶段的生油作用开始是逐渐的，后来比较迅速，随着演化的发展，氧、硫、氮等杂元素减少，原油的密度、黏度降低，胶质、沥青质不断减少，轻质馏分增加，原油的性质变好。

3. 热裂解生气阶段

随着沉积物埋藏深度的进一步加深，有机质经受着更高的温度和压力的作用，发生深度裂解，以生成气态烃为主，因此称为热裂解生气阶段。

研究石油生成的阶段性的意义，不仅可以判断有无石油的生成，而且还可以推论石油存在的可能性。

二、油气运移

石油和天然气都是流体，因而都能流动。油气在地壳内的任何流动，都称为油气运移。

（一）油气运移的动力

ZAA013 地静压力的概念

1. 地静压力

上覆沉积物负荷所造成的压力称为地静压力。地静压力是海底以上的水体重量、岩石基体和目的层区域以上孔隙空间中流体的总质量。地静压力是一个由测井推导出的特性，是通过对整个井的编辑和连续的密度测井资料进行计算得到的。

在地壳发展过程中，随着沉积盆地基底不断下降和沉积作用的不断进行，沉积物的堆积越来越厚，于是上覆沉积物的地静压力也会越来越大，当达到一定程度时，早期沉积物逐渐被压缩，开始成岩，并将其孔隙间所含水及少量石油、天然气挤出来，向低压区的孔隙空间运移。在沉积物紧结成岩过程中，油气从生油层向临近储集层发生同期运移的过程中，地静压力的作用是极为重要的。地层封闭条件下，地静压力由组成岩石的颗粒质点和岩石孔隙中的流体共同承担；地层与地表连通时，地静压力仅由岩石颗粒质点承担。

ZAA011 油气运移的动力因素

2. 构造运动力

构造运动力也称动压力，地壳在运动过程中，无论水平运动或升降运动，都会在岩石内部表现出大小和方向各异的应力活动，它们超过一定的岩石强度，就会使岩石变形变位，造成各种褶皱和断裂，并同时驱使沉积岩中所含的流体发生运移。同时构造运动力能够造成各种通道，为油气运移创造了极为有利的条件。

3. 水动力

充满地层中的水在流动过程中所产生的力，称为水动力。在水动力的作用下，油气将随水的活动一起运移。但是水动力因素对油气有两种完全不同的作用，一方面可以使油气聚集起来，另一方面也可以使聚集起来的油气遭到破坏。

4. 浮力

液体对浸在液体里的物体有向上托起的力，这种力称为浮力。当气体进入饱含水的储集层后，油气水就会按其密度不同进行分异，天然气最轻，居上部；石油居中；水最重，在下部。由于地壳运动，在倾斜的地层里，更有利于浮力发挥作用。

ZAA014 毛细管力的概念

5. 毛细管力

在毛细管内，使液面上升或下降的作用力称为毛细管力。液面上升还是下降，决定于液体对管壁的润湿程度。若润湿，则上升；不润湿，则下降。液体具有尽可能缩小其表面的趋势，在地下充满油、气、水的岩石中，由于油、水对岩石孔隙管壁界面的张力不同，润湿程度也不同。一般水比石油容易润湿岩石。因此在岩石孔隙中，当油与水接触时，界面向水突出，毛细管力指向油。当孔隙细小的泥质岩与孔隙较大的砂岩接触时，泥质岩中的石油将被砂质岩中的水排替出来，进入砂岩中。这就是毛细管力的作用。毛细管中能使润湿其管壁的液体自然上升的作用力称为毛细管力，此力指向液体凹面所朝向的方向，其大小与该液体的表面张力成正比，与毛细管半径成反比。在地层毛细孔隙中常表现为两相不混溶液体（如油和水）弯曲界面两侧的压力差。

（二）油气运移的过程

ZAA015 油气初次运移的概念

1. 初次运移

在生油层中生成的石油和天然气，自生油层向储层的运移称为初次运移。生油层中生成的石油和天然气，最初是呈分散状态存在于生油层中的，要形成有工业价值的油气藏，就必须经过运移和聚集的过程，一般认为初次运移的介质是生油层中间隙水（原生水），随着上覆沉积负荷的逐渐增大，而促使油气运移的作用力主要是地静压力，其次是毛细管力。对于油气在初次运移过程中的物理状态，既可以呈胶状分散的微滴在溶液或气体中移动，也可以呈真溶液状态运移。通常认为，油气初次运移的主要动力是地层静压力产生的压实作用，地层被深埋所产生的热膨胀作用以及黏土矿物的脱水作用。发生初次运移的主要时期为晚期生油阶段，与之相应的为晚期压实阶段（相应深度为1500~3000m）。初次运移的状态主要为水溶。碳酸盐岩生油层中油气的运移，可能以气溶为主。

2. 二次运移

油气的二次运移是指油气进入储层以后，在储层内的运移。进入储层中的油气在浮力、水动力等因素的作用下，向一切压力较低处发生大规模的运移，并在局部压力平衡处（圈闭内）聚集起来。二次运移包括单一储层内的运移和从这一储层向另一储层运移的两种情况。假如油气聚集以后，该地区又发生多次构造运动，则每次构造运动对油气的进一步运移和聚集都产生一定的作用。油气二次运移的主要时期，也就是油气聚集和油气藏形成的主要时期。油气二次运移的主要外力作用是动压力、水动力和浮力。

ZAA012 油气二次运移的过程

三、生油层、储层及其特征

（一）生油层特征

ZAA016 生油层的概念及特征

具有生油条件，且能生成一定数量石油的地层称为生油层。生油层是有机物质堆积、保存，并被转化成油、气的场所，生油层可以是海相的，也可以是陆相的沉积地层。

生油层的特征如下所述。

1. 颜色

生油层的颜色一般较深，多呈深灰色、灰色和灰绿色。

2. 岩石类型

生油层的岩石类型主要有两种：暗色泥质岩和碳酸盐岩类。暗色泥质岩类包括暗色页岩、泥岩、砂质泥岩等，这些岩石为还原或弱还原环境下的产物。

碳酸盐岩类包括含有大量有机质的生物灰岩、礁块灰岩，暗色泥质灰岩、石灰岩、白云岩。此外，暗色粉砂岩也可以生油。

3. 有机质

生油层中含有大量的有机质及丰富的生物化石，尤其以含大量的、呈分散状的浮游生物为主。

4. 指相矿物

生油层常含有原生指相矿物，如菱铁矿、黄铁矿，它们是弱还原或还原环境下的产物。

5. 地球化学指标

ZAA017 生油层的地球化学指标

1）碳

碳是有机物质的主要成分，所以岩屑中有机碳含量的多少，能够间接地反映地层中有机物质含量的多少。我国陆相泥质岩生油层有机碳含量达 0.4% 以上就具备了生油条件，碳酸盐岩类生油层有机碳含量一般为 0.2%~0.3%。

2）铁的还原系数

铁的还原系数能够说明沉积物形成过程中环境的氧化还原的强度，通常用 K 值表示。K 值越小，环境的还原程度越低；K 值越大，环境的还原程度越强。我国主要的陆相生油层，其 K 值为 0.22~0.43，为陆相弱还原亚相和还原亚相的沉积。

3）还原硫

地层中的还原硫是指硫酸盐被有机物还原的产物（有机硫除外），还原硫含量越高，环境的还原程度越强，一般认为还原硫含量小于 0.1% 属于氧化环境，还原硫含量大于

0.1%属于还原环境。

4）石油类沥青的含量

岩层中呈分散状态的沥青物质是有机物质向油气转化的产物，是油气运移以后残留的杂质组分，它的存在是岩层有过油气生成的物证。

荧光沥青含量：它是用氯仿作溶剂浸泡岩样，岩石中的分散沥青即溶于氯仿中，然后用荧光系列对比法便可测到沥青的含量。生油层荧光沥青含量一般为万分之几，非生油层则占十万分之几。

氯仿沥青含量：岩样在盐酸处理前用氯仿抽检出来的物质，能比较准确地代表岩样中溶于氯仿的沥青物质含量。

（二）储层特征

ZAA018 储层的概念

油气在地下是储存在岩石的孔隙、孔洞和裂缝之中的，就好像海绵充满水一样。能够储存和渗滤流体的岩层称为储层。储层的概念强调了这种岩层具备储存油气和允许油气渗滤的能力，但并不意味着其中一定储存了油气。如果储层中含有了油气则称之为"含油气层"，若含有工业（商业）价值的油气则称为"油气层"，已经开采的油层称为"生产层"或"产层"。

石油和天然气生成以后，若没有储层将它们储藏起来，就会散失而毫无价值，因而储层是形成油气藏的必要条件之一。

为了合理、高速、高水平地开发油田，必须了解储油层为什么能够储集石油，如何估计储油层中石油储量的大小。在油田钻井后，石油为什么能够从地层中流到井中以及它们的流动状况如何，这些问题将通过储油层岩石的基本特性的研究来解决。

ZAA019 储层岩石的孔隙性

1. 储层岩石的孔隙性

岩石的孔隙性即岩石具备由各种孔隙、孔洞、裂隙及各种成岩缝所形成的储集空间，其中能储存流体。岩石孔隙性的好坏直接决定岩层储存油气的数量。孔隙的分类方法有：（1）依据孔隙成因，将沉积岩的孔隙划分为原生孔隙和次生孔隙两种。原生孔隙是沉积岩经受沉积和压实作用后保存下来的孔隙空间；次生孔隙是指岩层埋藏后受构造挤压或地层水循环作用而形成的孔隙。（2）依据孔隙相互之间关系，将储层孔隙分为相互联通的孔隙和孤立孔隙。（3）根据岩石中的孔隙大小及其对流体作用的不同，可将孔隙划分为三种类型：超毛细管孔隙、毛细管孔隙、微毛细管孔隙。（4）按其对流体渗流的影响，岩石中的孔隙可分为两类，有效孔隙和无效孔隙。其中有效孔隙为连通的毛细管孔隙和超毛细管孔隙，而无效孔隙有两种，一种为微毛细管孔隙，另一种为死孔隙或孤立的孔隙。

孔隙度是岩石的孔隙体积与岩石的总体积之比。孔隙度又可分为绝对孔隙度和有效孔隙度。

ZAA020 孔隙度的概念

1）绝对孔隙度

岩样中所有孔隙空间体积之和与该岩样体积的比值，称为该岩石的绝对孔隙度也称为总孔隙度，以百分数表示。油层孔隙度的大小，一方面决定了储存油气能力，另一方面也是衡量储集层有效性的重要标志。储集层的总孔隙度越高，则流体通过的能力越强。从实用出发，只有那些互相连通的孔隙才有实际意义，因为它们不仅能储存油气，而且可以允许油气在其中渗滤。绝对孔隙度的计算见式（1-1-2）：

$$\phi_{绝对} = \frac{V_{总孔}}{V_{岩}} \times 100\%$$　　　　　　　　　　　（1-1-2）

式中　$\phi_{绝对}$——岩石的绝对孔隙度，%；

　　　$V_{总孔}$——岩石的总孔隙体积，cm^3；

　　　$V_{岩}$——岩石的总体积，cm^3。

GAA001 有效孔隙度的概念

2）有效孔隙度

那些相互连通的、且在一般压力条件下允许流体在其中流动的孔隙体积与岩石总体积之比称为岩石的有效孔隙度，以百分数表示。显然同一岩石有效孔隙度小于其总孔隙度。有效孔隙度又可以分为基质孔隙度和裂缝孔隙度。有效孔隙度的计算见式（1-1-3）：

$$\phi_{有效} = \frac{V_{有效}}{V_{岩}} \times 100\%$$　　　　　　　　　　　（1-1-3）

式中　$\phi_{有效}$——岩石的有效孔隙度，%；

　　　$V_{有效}$——岩石的有效孔隙体积，cm^3；

　　　$V_{岩}$——岩石的总体积，cm^3。

评价油气层、分析岩石成分、确定流体（油、气、水）饱和度与渗透率、计算油气地质储量通常用的是有效孔隙度。储油岩石的有效孔隙度可分为：差（5%~10%）、中（10%~20%）、好（20%~25%）和很好（25%~30%）四个等级。孔隙度不到5%的油藏，一般认为是没有开采价值的，除非里面存在有取出的岩心或岩屑中所没有看到的断裂、裂缝及孔穴。有效孔隙度是制约放射核素在地质体中迁移行为的重要参数之一。

3）影响孔隙度大小的因素

GAA002 影响孔隙度大小的因素

影响孔隙度大小的主要因素有以下三个。

（1）砂岩粒度。

如果砂岩粒度均匀，颗粒直径大，则孔道就大，孔隙度也就大；如果砂岩粒度不均匀，则可能出现大颗粒之间充填小颗粒的现象，使孔隙度变小。

（2）胶结物。

砂岩主要胶结物为泥质和灰质，灰质中主要是石灰质和白云质。通常用胶结物在岩石中的含量来表示岩石的胶结程度。一般来说，泥质胶结的岩石孔隙度比灰质胶结的岩石孔隙度要大。

（3）胶结类型。

胶结物在砂岩中的分布状况以及与碎屑颗粒的接触关系，称为胶结类型。

胶结类型分为以下几种。

①基底式胶结。

砂岩颗粒埋藏在胶结物中，胶结物含量高，岩石颗粒不接触或接触很少，孔隙度很低 ［图1-1-3（a）］。

②孔隙式胶结。

胶结物充填于颗粒之间的孔隙中，颗粒呈支架状接触。因此孔隙胶结的孔隙度大于基底式胶结 ［图1-1-3（b）］

GAA003 胶结
的类型③接触式胶结。

胶结物含量很少，分布于颗粒相互接触的地方，颗粒呈点状或线状接触。接触式胶结的孔隙度最高［图1-1-3（c）］。

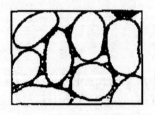 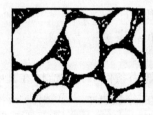 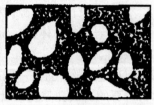

（a）基底式胶结　　　　　　　（b）孔隙式胶结　　　　　　　（c）接触式胶结

图1-1-3　胶结类型

对于上述前两种胶结类型，其孔隙度的大小取决于胶结物和碎屑颗粒的孔隙度大小，而接触式胶结的孔隙度则取决于碎屑颗粒的大小，颗粒越大，孔隙度则越大。

GAA004 渗
透率的概念及
计算**2. 储油层岩石的渗透性**

在一定压差下，岩石允许流体通过的性质称为岩石的渗透性。渗透性的好坏一般用渗透率来表示。渗透性的大小及岩石渗透率的数值用达西定律公式来确定。在一定压差下，岩石允许流体通过的能力称为岩石渗透率（K），是表征岩石本身传导液体能力的参数，用来表示岩石渗透性的大小。物理意义是：压力梯度为 1MPa/100m 时，动力黏滞系数为1的液体在介质中的渗透速度。其大小与孔隙度、液体渗透方向上空隙的几何形状、颗粒大小以及排列方向等因素有关，而与在介质中运动的液体性质无关。

1）达西定律

达西定律是指流体在多孔介质中渗流时，其流量与介质的横截面积、介质两端的压力差成正比，而与流体的黏度、介质的长度成反比，见式（1-1-4）和式（1-1-5）：

$$Q = K \cdot \frac{A(p_1 - p_2)}{\mu \cdot L} \qquad (1-1-4)$$

$$K = \frac{Q \cdot \mu \cdot L}{A(p_1 - p_2)} \qquad (1-1-5)$$

式中　K——渗透率，m²；

A——岩样的横截面积，m²；

L——岩样的长度，m；

μ——通过流体的黏度，Pa·s；

p_1、p_2——流体通过介质前、后的压力，Pa；

Q——p_1、p_2 下通过岩样的流体的流量，m³/s。

2）渗透率

渗透率的基本单位是平方米（m²），由于该单位太大，在石油工程中采用平方微米（μm²）表示。1mD=1×10^{-3}μm²。

3）绝对渗透率

GAA006 绝对渗透率的概念

岩石的绝对渗透率是岩石孔隙中只有一种流体（单相）存在，流体不与岩石起任何物理和化学反应，且流体的流动符合达西直线渗滤定律时，所测得的渗透率。绝对渗透率是岩石本身具有的固有性质，它只与岩石的孔隙结构有关，与通过岩石的流体性质无关。通常用干燥的空气来测定岩石的绝对渗透率，因此绝对渗透率又称空气渗透率。现场岩心分析中所给的渗透率一般是指绝对渗透率。在实际应用中，只能选用一种与岩石反应非常少的流体的单项渗透率来近似代替绝对渗透率。

通常采用气体，如氩气、氮气、空气的渗透率作为绝对渗透率。

4）有效渗透率

GAA007 有效渗透率的概念

多相流体在多孔介质中渗流时，其中某一相流体的渗透率称为该相流体的有效渗透率又称相渗透率。它既反映了油层岩石本身的属性，还反映了流体性质及其在岩石中的分布。有效渗透率不是岩石本身的固有性质，它受岩石孔隙结构、流体性质、流体饱和度等因素的影响，因此它不是一个定值。有效渗透率的大小，在一定地质条件下与流体本身饱和度有关。饱和度越大，有效渗透率越大。有效渗透率与绝对渗透率有很大的差异，有效渗透率要小于绝对渗透率。除压裂、酸化、热洗等措施外，有效渗透率反映了井周围平均饱和度的变化，含有丰富的油藏动态信息，值得深度挖掘。

在不同的条件下，有效渗透率千变万化。

5）相对渗透率

GAA005 相对渗透率的概念

多相流体在多孔介质中渗流时，其中某一相流体在该饱和度下的渗透率与岩石绝对渗透率的比值称为相对渗透率，是无量纲。与有效渗透率一样，相对渗透率的大小与液体饱和度有关。同一多孔介质中不同流体在某一饱和度下的相对渗透率之和永远小于1。相对渗透率虽然也受诸多因素的影响，但在岩石孔隙结构、流体性质一定时，它主要是流体饱和度的函数，因此通常用相对渗透率曲线来表示它。

油层岩石的渗透率大小对储油岩层的物理性质影响极大。渗透率越大，油在油层中越容易流动，反之则差，因此它是衡量或者是反映油层产油能力的一个重要参数。

6）影响渗透率的因素

GAA008 影响渗透率的因素

（1）岩石孔隙的大小。

岩石孔隙越大，则渗透率越高，反之则低。

（2）岩石颗粒的均匀程度。

岩石颗粒均匀，则渗透率较高，反之则低。

（3）胶结物含量的多少。

胶结物含量多时，则使孔隙、孔道变小，渗透率降低，反之则高。

认识了影响渗透率的因素后，就可以通过采取有效的方法来改变油层的渗透率，提高油层的产油能力。对于疏松、渗透性好的油层，以加固井底附近油层岩石的防砂技术为主；对于致密、渗透性差的油层，采用压裂方法改善井底渗透率；对于胶结物含量高的油层，可采取酸化的方法提高渗透率。

3. 储油气岩层的含油气性和含油气饱和度

储油气岩层的含油气性是指地下储层中含有一定数量的油气。如果油层孔隙中石油含量多，则油层的含油性就好。表示含油性好坏的指标是含油饱和度。

J（GJ）AA001
含油饱和度的概念及计算

1）含油饱和度

含油饱和度是指在储油岩石的有效孔隙体积内，原油所占的体积百分数。即油的饱和度与含水的饱和度之和等于岩石的总孔隙度。含油饱和度的计算见式（1-1-6）：

$$S_o = \frac{V_o}{V_{有效}} \times 100\% \tag{1-1-6}$$

式中　S_o——含油饱和度，%；

　　　V_o——原油在孔隙内所占的体积，m³；

　　　$V_{有效}$——岩石的有效孔隙体积，m³。

用同样的方法，也可以计算出油层中水和气的饱和度。公式如下：

$$S_g = \frac{V_g}{V_{有效}} \times 100\% \qquad S_w = \frac{V_w}{V_{有效}} \times 100\% \tag{1-1-7}$$

式中　V_g——气体的体积，m³；

　　　S_g，S_w——含气和含水饱和度，%；

　　　V_w——水的体积，m³。

如果油层中只有油、水两相，从理论上讲，则：

$$S_o + S_w = 1$$

如果一个油层中，油、气、水三相同时存在，则：

$$S_o + S_g + S_w = 1$$

确定含油饱和度的方法较多，有岩心直接测定、测井解释、毛细管压力计算和其他间接方法。含油饱和度是油田勘探开发中的重要油层物理参数之一。

J（GJ）AA002
原始含油饱和度的概念

2）原始含油饱和度

一般将油层中尚未开发时，原始地层压力下测得的含油饱和度称为原始含油饱和度。它是评价油层产能、计算石油储量和编制开发方案的重要参数。通常国内外油田的原始含油饱和度资料主要由油基钻井液取心、密闭取心所得岩心分析资料直接测定获得。随着油田的开发，含油饱和度越来越低，含水饱和度越来越高，在油田开发过程中某个阶段取得的含油饱和度、含水饱和度称为目前含油饱和度、含水饱和度，它是了解油田开发的一项重要参数。

原始含油饱和度主要受储层岩石的孔隙结构及表面性质的影响。通常情况下，岩石颗粒越粗，则比表面越小，孔隙、喉道半径也越大，相应的孔隙连通性好，渗透性高，油气排驱水阻力小，含油饱和度就越高，束缚水饱和度也就越低。

油气性质的影响，油气的密度不同，油气的饱和度就不同，黏度较高的油，排水动力小，油气不易进入孔隙，残余水含量高，油气饱和度就低。

J（GJ）AA003
储层的非均质性

4. 储层的非均质性

储层非均质性是指储层岩性、物性、含油性及微观孔隙结构等内部属性特征和储层空间分布等方面的不均一性。对储层来讲，非均质性是绝对的、无条件的和无限的，而均质性则是相对的、有条件的、有限的。

J（GJ）AA005
孔隙非均质性的概念

储层非均质性是储层岩石的基本属性，它严重制约和影响油气储层的储渗性能和油气藏开发效果，是油藏描述的核心内容。油气储层在沉积、成岩、后生变化和构造作用的综合影响下，储层的地质、物理性质都将发生不均匀变化。这种非均质变化具体地表现在：（1）储层空间分布形态；（2）储层岩性和厚度；（3）泥岩夹层的多少及厚薄；（4）储层内部的物性和孔隙结构的变化；（5）所含流体性质和空间分布。

储层评价是在储层非均质性研究的基础上，指出优良储层的分布区域，以便为油气勘探和开发提供可靠的地质依据。目前我国已发现的油气储量中 90% 来自陆相沉积地层，并且绝大多数都是注水开发，因此了解和掌握储层的非均质性特征尤为重要，这对提高油气的采收率意义重大。

1992 年，裘亦楠根据我国陆相沉积盆地的特点，提出了一套较完整并且实用的分类方案，目前国内已普遍采用。该方案既考虑储层非均质性的规模，也考虑油田开发生产的实际应用，将储层非均质性由小到大分成四类。

1）孔隙非均质性

孔隙非均质性主要指微观孔隙结构的非均质性，是指储层微观孔隙喉道内流体流动的地质因素的空间不均一性，包括储层岩石孔隙、喉道大小及其均匀程度；以及孔隙与吼道的配置关系和连通程度，以及岩石的组分、颗粒排列方式、基质含量及胶结物的类型等。油层微观非均质性是评价油层水驱效果和研究剩余油分布的基础。

储层岩石的存储空间可分为孔隙和喉道，孔隙是岩石颗粒之间的较大空间，喉道则是岩石颗粒之间的狭小通道。孔隙是岩石的主要储集空间，而喉道则是控制流体通过能力的主要通道。显然，喉道的大小、类型及分布是决定储层岩石渗流能力的决定因素。因此，储层微观非均质研究的重点是储层岩石孔隙、喉道的结构特征和储渗性质变化。

J（GJ）AA006
层内非均质性的概念

2）层内非均质性

层内非均质性是指一个单砂层在垂向上的储渗性质变化，指砂体内部纵向上的非均质性，包括粒度韵律性、层理构造序列、渗透率差异程度和高渗透段位置、层内不连续薄泥质夹层的分布频率和大小，以及其他的渗透隔层、全层的水平渗透率和垂直渗透率的比值等。层内非均质性是直接影响单砂层内注入剂波及体积的主要地质因素。其描述内容为：

（1）粒度韵律。

单砂层内碎屑粒径在剖面上的变化称为粒度韵律，它受沉积环境、物源远近和搬移方式等多种因素控制，具不同粒度韵律的砂层其剖面渗透率变化特征不一样。粒度韵律一般分为正韵律、反韵律、复合韵律、均质韵律四种类型。

（2）沉积构造。

在碎屑岩储层中，层理是常见的沉积构造，有平行层理、斜层理、交错层理、波状层理、递变层理、块状层理、水平层理等。层理类型受沉积环境和水流条件的控制，层理的方向决定渗透率的方向。因此，需要研究各类纹层的岩性、产状、组合关系及分布规律，以便了解由此形成的渗透率方向性。

（3）渗透率韵律。

储层渗透率韵律在纵向上会出现各种各样的变化，但大体上与粒度韵律相同。他们在水驱开发过程中将会出现各自不同的典型动态，产生差别很大的开发效果。

J（GJ）AA007
平面非均质性的
概念

3）平面非均质性

平面非均质性包括砂体成因单元的连通程度、平面孔隙度、渗透率的变化和非均质程度以及砂体渗透率的方向性等。平面的非均质性是指储层砂体的几何形态、展布规模、横向连续性和孔隙度、渗透率的平面不均匀性。它从平面的角度展示储层基本储渗性能的差异程度。其描述内容为：

（1）砂体的几何形态。

地质描述和分类一般以长宽比为尺度进行。依据长宽比描述砂体几何形态一般划分为以下类型：席状砂体、土豆状砂体、带状砂体、鞋带状砂体、不规则砂体。一般来说，砂体长宽比越大，砂体非均质性越强，砂体越不规则，其非均质性也越强。

（2）砂体规模及各向连续性。

重点研究砂体的侧向连续性。一般砂体的规模越大，其横向连续性也越好，因而其非均质性也就越弱，其均质性就越好。

（3）砂体的连通性。

砂体的连通性是指砂体在垂向上和平面上的相互接触连通情况。可用砂体配位数、连通程度和连通系数表示。

（4）孔隙度、渗透率的平面变化。

孔隙度、渗透率的平面变化是研究储层平面非均质性的重点，一般通过绘制孔隙度、渗透率的平面等值图来反映其平面变化情况。此外，还应研究渗透率的方向性差异。一般来说，顺古水流的方向，储层渗透率较高，而垂直古水流的方向，储层渗透率相对较低。

J（GJ）AA008
层间非均质性的
概念

4）层间非均质性。

层间非均质性是指多个砂层之间的非均质性，包括层系的旋回性，砂层间渗透率的非均质程度、隔层分布、特殊类型的分布等。层间非均质性是对一套含油层系内多个砂层之间储集性质的描述和比较，即砂体的层间差异程度。在砂泥岩剖面中，一套含油层系常常包含数个油层组或数十个砂层组几十个单砂层，它们之间储渗性质的差异是油藏描述和储层研究的重点。其描述参数为：

（1）分层系数。

分层系数是指某一层段内砂层的层数。

（2）砂层密度。

砂层密度是指剖面上砂岩总厚度与地层总厚度之比。

（3）层间渗透率非均质性的定量表征。

采用渗透率变异系数（VK）渗透率突进系数（TK）渗透率级差（JK）等参数来定量描述多个油层之间的渗透率差异程度。

J（GJ）AA004
储层非均质性的
分类

（4）主力油层与非主力油层在剖面上的配置关系。

（5）隔层。

一般用隔层平面分布等厚图来表示。层间非均质性是储层描述和表征的核心内容，也是评价油藏、发现产能潜力以及预测最终采收率的重要依据。

模块二 石油地质基础知识

项目一 岩石基础知识

一、岩石的分类及其概念

CAB001 岩石的分类

岩石是在各种不同地质作用下所产生的，由一种或多种矿物有规律组合而成的矿物集合体。根据其成因，岩石可分为三大类：即岩浆作用形成的岩浆岩、由外力作用所形成的沉积岩和变质作用形成的变质岩。其中沉积岩的分布面积最广，约占地表岩石面积的 75%，蕴藏着极为丰富的矿产，尤其是被誉为工业血液、黑色金子的石油绝大多数都储集在沉积岩中。

二、沉积岩

（一）沉积岩的概念

CAB003 沉积岩的特征

沉积岩是以母岩的风化产物为主，在地壳发展过程中，在地表层条件下（即常温常压下），受地质外力作用，经过搬运、沉积及成岩作用而形成的一类岩石。

（二）沉积岩的分类

CAB002 沉积岩的分类

沉积岩一般可分为以下三大类。

1. 碎屑岩

碎屑岩是以碎屑物质为主要成分的岩石。根据碎屑颗粒的大小，碎屑岩又分为砾岩、砂岩和粉砂岩。其中砂岩和粉砂岩是形成油气储层的主要岩石类型。

2. 黏土岩

黏土岩是主要由黏土矿物组成的岩石。其主要矿物成分为高岭石、蒙脱石、水云母等。黏土岩的分布范围广泛，约占沉积岩总量的 30%，黏土岩既能作为生油层又能作为盖层。

3. 碳酸盐岩

碳酸盐岩是以碳酸盐类矿物为主要成分的岩石。它的化学成分主要是 $CaCO_3$、$MgCO_3$，根据矿物成分可分为石灰岩和白云岩两大类。另外由生物分泌物及残体组成的岩石称生物岩，也包含在碳酸盐岩类。

碳酸盐岩和石油的关系密切，它既可以生油也可以储油。目前世界上发现的油气田中，碳酸盐岩类型的油气田占很大的比例，就储量来说，碳酸盐岩类油气田约占世界总量的 50%；就产量来说，碳酸盐岩类油气田约占石油总量的 60%。

（三）沉积岩的形成过程

沉积岩的形成可以分为母岩破坏、搬运、沉积和成岩四个阶段，形成过程受到地理环境和大地构造格局的制约。古地理对沉积岩形成的影响是多方面的。最明显的是陆地和海洋，盆地外和盆地内的古地理影响。陆地沉积岩的分布范围比海洋沉积岩的分布范围小。

1. 破坏阶段

1）风化作用

构成地壳的岩石暴露地表，在大气、温度、水和生物的共同影响下，使原来岩石的物理性质或化学成分发生改变，这种现象称为风化。引起岩石风化的地质作用称为风化作用。风化作用是一个复杂的地质过程，按其性质可分为三种类型：物理风化作用、化学风化作用和生物风化作用。

（1）物理风化作用：是指地壳表层岩石，即母岩的一种机械破坏作用。没有显著的化学成分变化。岩石发生机械破碎主要原因是由温度变化及由此而产生的水的冻结和融化、风的作用、海洋（湖泊）的作用等所引起的。

日夜和季节的温度变化使岩石经常不断地、表里不均地膨胀与收缩，从而使岩石产生裂隙，层层剥落，岩石就破碎了。此外岩石裂缝中盐类的结晶与潮解等，也能促使岩石发生物理风化作用。

四季变化显著和高寒地带，岩石裂隙中水的不断反复冻结和融化使岩石裂隙不断扩大，就好像冰楔子一样直到把岩石劈开崩碎，因此称为冰劈作用。

（2）化学风化作用：岩石在水、氧气、二氧化碳等作用下发生化学分解而产生新的矿物的作用，称为化学风化作用。在化学风化过程中，岩石和矿物不仅会破碎，还会分解。

（3）生物风化作用：是指由于生物的活动而对岩石所产生的破坏作用。一方面可引

起岩石的机械破坏，如深入岩石裂缝中植物根系的生长，可以劈开岩石；另一方面也可引起岩石的化学分解，如定居在岩石表面的细菌、蓝绿藻、苔藓、地衣之类，经常分泌出有机酸，分解岩石，吸取养料。生物风化与物理、化学风化作用相互配合，必然会促使地表部分岩石逐渐风化破坏，改造了大自然本来的面貌。

上述的三种风化作用，实际上并不是孤立进行的，而是相互联系相互影响的统一过程。风化作用的结果是形成三种性质不同的产物：碎屑物质、新生成的矿物和溶解物质。

2）剥蚀作用

流水、地下水、冰川和海洋等各种外力在运动状态下，对地面岩石及风化产物的破坏作用称为剥蚀作用。

风化作用和剥蚀作用都是外力的破坏作用。但风化作用是相对静止地对岩石起破坏作用。而剥蚀作用是流动着的物质对地表岩石起破坏作用。岩石风化之后便于进行剥蚀，而岩石风化产物被剥蚀后又便于继续风化。二者相互依赖，相互促进地进行着，这样就不断地为沉积岩提供充足的物质来源。

2. 搬运作用

母岩风化剥蚀的产物除少部分残留原地外，大部分要在流水、风、冰川等自然运动的介质携带下，离开原地向他处迁移，这个过程称为搬运作用。

一般情况下，碎屑物质和新生成的矿物呈碎屑状态搬运，这种搬运称为机械搬运。而溶解物质成真溶液或胶体溶液搬运称为化学搬运。

机械搬运的营力有流水、风、冰川及湖、海等。碎屑物质在机械搬运过程中进行着显著的分异作用和磨圆作用，分异作用主要表现在颗粒随着搬运距离的远近出现有规律的变化，即碎屑颗粒顺着搬运方向逐渐变小，磨圆度与搬运距离以及碎屑本身的大小、密度、硬度等有关。在相同的搬运条件下，不同性质的碎屑圆化速度不同，硬度小的比硬度大的易磨圆，粗粒比细粒易磨圆。但总的趋势是，随着搬运距离增加，圆度将逐渐增高。

CAB007 沉积作用的概念

3. 沉积作用阶段

随着搬运介质动力条件和化学条件的改变，被搬运的物质在适当的场所（如湖泊、海洋）按一定的规律和先后的顺序沉积下来，称为沉积作用。

根据沉积物沉积的地区不同，分为海洋沉积和陆相沉积两类。海洋沉积又分为滨海沉积、浅海沉积、深海沉积等；陆相沉积又分河流沉积、湖泊沉积、冰川沉积等。

沉积的方式有机械沉积、化学沉积和生物化学沉积三种。

CAB010 机械沉积作用和化学沉积作用的概念

1）机械沉积作用

机械沉积是在碎屑的重力大于水流的搬运力时发生的。碎屑按颗粒大小、密度、形状依次沉积。颗粒大、密度大、粒状的先沉积；颗粒细、密度小、片状的后沉积。这种作用的结果使沉积物按照砾石—砂—粉砂—黏土的顺序，沿搬运的方向，形成有规律的带状分布。

2）化学沉积作用

化学搬运的溶解物质按溶解度大小依次沉积称化学沉积。化学沉积分胶体沉积和真溶液沉积。溶解度小的先沉积，溶解度大的后沉积。

CAB011 生物化学沉积作用的概念

3）生物化学沉积作用

生物遗体的沉积。生物的生命活动过程或生物遗体分解过程引起介质物理化学环境变化，使某些溶解物质沉淀，或由于有机质吸附作用使某些元素沉积。生物化学沉积由生物化学作用经常引起周围介质条件的改变，从而促进某些矿物质的沉积。丰富的生物有机质的供给、适宜的静水环境以及具有中等沉积速度的细碎屑物质的沉积是富有机质沉积形成的必要条件。内陆沼泽、大型富营养湖泊、相对封闭的小洋盆和浅海大陆架地区都是有利于生物发育的地理环境。如海洋中生物死亡后，其含有硅、磷、碳酸钙的骨骼或贝壳堆积在海底，可以形成磷质岩、硅质岩和石灰岩等。

CAB012 压实脱水作用的概念

4. 成岩作用阶段

由松散沉积物变为坚硬沉积岩的过程称为成岩作用。成岩作用主要包括以下三种。

1）压实脱水作用

在沉积地区随着时间的延长，沉积作用不断进行，沉积物越积越厚，从几十米到几百米甚至上万米。沉积物的负荷越来越大，因而产生强大的压力，使下面沉积物的体积缩小，孔隙度减少，密度加大，其中附着的水分也被排挤出去，颗粒之间彼此紧密联系，增大了颗粒之间的附着力，沉积物变得坚硬起来。这种使松散沉积物紧密结合从而失去水分的作用称为压实脱水作用。压实作用是黏土沉积物成岩的主要方式。

CAB013 胶结作用的概念

2）胶结作用

沉积物在成岩过程中的一种变化，指充填在沉积物孔隙中的矿物质将松散的颗粒黏结在一起的作用称为胶结作用。胶结作用是碎屑沉积物成岩的主要方式，如砾和砂胶结后形成砾岩和砂岩。常见的胶结物成分或者与沉积物同时生成，或者是在成岩过程中形成的新矿物，或是由以后地下水带来的。常见的胶结物有钙质、泥质、硅质和铁质。

压实和胶结通常需要经过上百万年才能把松散的沉积物变成坚硬的沉积岩。

CAB014 重结晶作用的概念
3）重结晶作用

重结晶作用是各类化学岩和生物化学岩成岩的主要方式。在压力增大、温度升高的情况下，沉积物中矿物组分发生部分溶解和再结晶，使非晶质变为结晶质，细粒晶变为粗粒晶，从而使沉积物固结成岩。沉积物在成岩过程中，矿物组分借溶解或扩散等方式，使物质质点发生重新排列组合的现象称为重结晶作用。重结晶作用可使沉积物颗粒大小、形状、排列方向发生改变，使松软的沉积物变为固结的沉积岩。一般说，颗粒细，易溶解的沉积物，容易产生重结晶作用。

经过上述种种作用后，沉积物形成了沉积岩。在沉积物成岩过程中上述作用不是孤立存在的，而是相互影响和密切联系的。

CAB015 沉积岩的结构的概念
（四）沉积岩的结构、构造、颜色

1. 沉积岩的结构

沉积岩的结构是指矿物组分的大小、形状、排列方式以及胶结形式等，结构比较多样化。按其成因分类，可分为碎屑结构、泥质结构、化学岩结构和生物岩结构。粒状或鱼卵状是化学成因形成的，主要描述了碎屑颗粒本身的特点、填隙物特点以及碎屑和填隙物之间的关系。

CAB016 碎屑结构的概念
1）碎屑结构

由碎屑物质被胶结物胶结而成的一种结构，具有这种结构的岩石称为碎屑岩。碎屑岩结构包括颗粒大小、颗粒形状、胶结形式等。

碎屑结构按碎屑颗粒大小（粒级）可分为：粒径大于 2mm 的砾状结构，粒径为 2～0.05mm 的砂状结构，粒径为 0.05～0.005mm 的粉砂结构。

碎屑结构按碎屑颗粒形状反映岩石生成的环境和条件，可分为五级：棱角状、次棱角状、次圆状、圆状、极圆状。

胶结形式可分为基底式胶结、孔隙式胶结、接触式胶结、镶嵌式胶结四类。

CAB017 泥质结构的概念
2）泥质结构

泥质结构是由极细小的碎屑和黏土矿物组成的、比较均匀致密的、质地较软的结构。具有这种结构的岩石称为泥质岩或黏土岩。自然界中，单纯的泥质结构是不多见的，通常含有数量不等的砂或粉砂混入物组成了不同的结构类型。

3）化学结构和生物结构

化学结构和生物结构是由化学成因形成的（如粒状或鲕状等）和生物遗体所构成的（如贝壳结构、珊瑚结构等）结构。具有这种结构的岩石，称为化学岩或生物化学岩。

CAB018 沉积岩的构造
2. 沉积岩的构造

沉积岩构造是沉积岩的重要特征之一，也是划相的重要标志。它是指沉积物在沉积过程中或之后，由于物理与化学作用及生物作用形成的各种构造。沉积岩构造最常见的主要有层理、层面构造。在沉积物的表面岩层的层面上也可以出现波痕、干裂和痕迹化石等层面构造特征。

1）层理

CAB019 沉积岩的层理的概念

沉积岩中由于不同成分、不同颜色、不同结构构造等的渐变，相互更替或沉积间断所形成的成层性质，称为层理。

层理是沉积物沉积时在层内形成的成层构造，常常是由沉积岩的颜色、结构、成分或层的厚度、形状等沿垂向的变化而显示出来。它是沉积岩最重要的构造特征之一，也是识别沉积环境的重要标志。根据形态和成因，常见的层理可分为以下几种（图1-2-1）。

  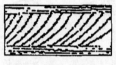 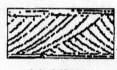

（a）水平层理 　　（b）波状层理 　　（c）单向斜层理 　　（d）交错层理

图1-2-1　层理类型

CAB020 水平层理的概念

（1）水平层理：层内的微细层理平直，并与层面平行，称为水平层理。水平层理主要形成于细粉砂质岩石中，多见于水流缓慢或平静的环境中形成的沉积物内，如河漫滩、牛轭湖、潟湖、沼泽、闭塞的海湾沉积物中。细层可连续或不连续，厚度多在0.1～1mm左右，可因成分、有机质含量和颜色不同而显现，也可因云母片、炭屑、植物化石等沿层面排列而显现。这种构造是在沉积环境比较稳定的条件下形成的，如广阔浅海和湖底等。

CAB021 斜层理的概念

（2）斜层理和交错层理：层内的微细层理呈直线或曲线形状，并与层面斜交，称为斜层理。一般出现在碎屑岩中，斜层理可分为单向斜层理和交错斜层理。它是

CAB022 交错层理和波状层理的概念

水流或风中形成的沙纹或沙波被埋藏以后，在岩层剖面上所呈现出的构造特征。它是由流水搬运沉积而成，在河流沉积中普遍存在。层理的倾斜方向代表流水方向，河流、湖滨、海滨、三角洲中都有明显的斜层理。如果不同方向的斜层理互相交替，称为交错层理。交错层理由一系列彼此交错、重叠、切割的细层组成。在滨海浅海地带或陆地上的风向变化，均可形成交错层理。无论是斜层理或交错层理，一般皆反映浅水环境（风成者除外）。

（3）波状层理：细层呈波浪状，并平行于层理层面。它们形成于波浪往返运动的浅水地区，波状层理在细砂岩和粉砂岩中常见，主要发育在潮汐环境中，在湖滨、三角洲前缘、河流等环境中也可见到。

CAB023 层面构造的概念和类型

2）层面构造

由于机械原因或生物活动形成并保留在岩层表面或底面上的各种沉积构造，称为层面构造。主要包括波痕、雨痕、干裂、结核、冲刷痕迹及各种印模等，它可用来识别沉积环境、水动力条件。它常常标志着岩层的特性，并反映岩石形成的环境。

（1）波痕：在岩层层面上保留下来的一种波状构造称为波痕。常见的有流水波痕和浪成波痕。流水波痕形态不对称，陡坡方向代表流水方向；浪成波痕对称性高，波峰尖锐，波谷圆滑。这两种波痕都反映浅水（河流、海滨、湖滨等）沉积环境。流水波痕是在流水条件下形成的，而浪成波痕是在静水条件下形成的（图1-2-2）。

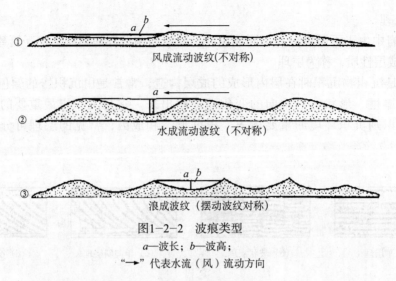

图1-2-2　波痕类型

a—波长；*b*—波高；

"→"代表水流（风）流动方向

（2）雨痕：沉积物中有雨滴留下的痕迹，称为雨痕。

（3）干裂：也称泥裂。在沉积物表面上，有时可看到多角形的、被泥沙充填的不规则裂纹，称为干裂。干裂反映的是各种浅水环境沉积，而且裂纹具有上宽下窄、逐渐闭合的特点，故可用来鉴定地层沉积的上下顺序。

（4）结核：沉积岩的异体包裹物称为结核（图1-2-3），结核形状有球状、椭球状、透镜体状等。其成分与周围岩石有显著不同，如石灰岩中含有燧石结核，砂岩中含有铁质结核等。根据结核的形成时间可分为沉积结核、成岩结核、后生结核。

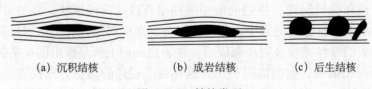

(a) 沉积结核　　　　(b) 成岩结核　　　　(c) 后生结核

图1-2-3　结核类型

（5）冲刷痕迹及侵蚀下切现象：在岩层顶面有被流水冲刷的凹凸不平的坑洼和切割现象。在冲刷面上常覆有新的沉积物，新老沉积物有明显差别，接触面不平整。新沉积物底部常有在三角洲或河流流经地区，由于河流改道或流速加大，河床底部早先沉积的较细物质被侵蚀切割而形成凹陷。当流速减缓时，这些凹陷又被后来的物质所充填，在充填物的底部可能有砾石，并由下而上岩性有由粗到细的递变。这种现象是河床沉积的重要标志（图1-2-4）。

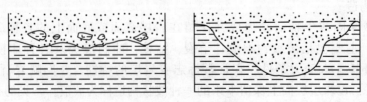

图1-2-4　冲刷痕迹示意图

3）其他构造

除层理和层面构造外，还有以下几种常见构造。

（1）斑点构造：岩石中含有许多其他成分的斑点状物质。斑点的直径一般在 1mm 以下，以其颜色、成分、硬度、风化稳定性等区别于周围的岩石。

斑点的成因多种多样，如某种物质成分的局部集中，有机质或黄铁矿等局部还原变色或成岩作用的不均一等都可形成。

（2）斑块状构造：海、湖盆地底部尚未完全固结变硬的沉积物，由于强烈的波浪冲击而碎成大小不等棱角状的碎块，当水平静以后，又跟新的沉积物一起混合沉积下来，固结成岩，这种现象称为搅混沉积。生成的岩石称为自生角砾岩，外表呈花斑或斑块状构造。这些斑块是些大小不等分布杂乱的砾石，其成分与周围沉积物不同或相近似。此类构造在砂泥岩中常见，碳酸盐岩中也可见到（图 1-2-5）。

（3）水下滑动构造（也称揉皱构造）：由于水下滑动使层理斑块状构造发生揉皱，形成各种奇形怪状的小褶曲、倒转、甚至断裂现象。

它发生于海湖盆地边缘或局部隆起地区，由于盆地底部的原始倾斜，沉积物受重力影响，顺坡滑动而形成。有时也可因地震、构造运动、山崩地塌等原因造成。水下滑动多发生于柔性岩石中，如在粉砂岩、黏土岩和碳酸盐岩石中（图 1-2-6）。

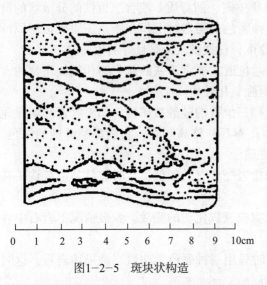

图1-2-5　斑块状构造　　　　　　　　图1-2-6　水下滑动构造

（4）叠锥构造：很像一串重叠起来的锥体，从断面上看很清楚。锥高一般为 1～10cm，顶角为 30°～60°。多产生于石灰岩和泥灰岩中。叠锥构造的成因有人认为是后生阶段压溶作用造成的。

（5）缝合线：在岩石上连接两个岩层或同一岩层两个部分的齿形接触面称为缝合面，其断面上所呈现的不规则折线称为缝合线。缝合线多产生于石灰岩、白云岩中，碳酸盐岩中也可见到。缝隙中常为其他物质所充填。其成因一般认为是后生阶段压溶作用的结果。

CAB024 沉积岩颜色的成因类型

3. 沉积岩的颜色

颜色是沉积岩的重要特征之一，它不仅对于岩石的鉴定有重要意义，而且通过对沉积岩颜色的研究，可以帮助推断沉积岩形成的环境，这对于勘探开发工作来说具有更为重要的实际意义。

1）沉积岩颜色的成因类型

沉积岩的颜色根据成因可分为继承色、原生色和次生色。

（1）继承色：继承色取决于岩石中所含矿物碎屑的颜色，这种颜色常是碎屑岩所具有的。而碎屑颗粒是母岩机械风化的产物，颜色与母岩的组成矿物相同，故由碎屑颗粒组成的碎屑岩继承了母岩的颜色。如长石砂岩呈红色，是因为长石颗粒呈红色，而长石颗粒是由花岗岩的红色长石机械破碎来的。

（2）原生色（自生色）：是沉积和成岩阶段自生矿物造成的颜色，如海绿石砂岩呈绿色，是因其中有绿色的自生矿物海绿石的缘故。黏土岩的原生色多是黏土岩中自生矿物的颜色的集中表现，化学岩的颜色也常属原生色类型。

（3）次生色（后生色）：次生色的颜色取决于后生矿物的颜色。岩石形成以后，由于后生作用或风化作用，使原来岩石的成分发生变化，生成新的次生矿物，使岩石变色。有时又把继承色和自生色统称为原生色，次生色又称为后生色。

CAB025 常见的沉积岩颜色描述

2）常见的沉积岩颜色

常见沉积岩的颜色有以下几种。

（1）白色：没有色素或含钙量太高，如纯洁的岩盐、白云岩、石灰岩、高岭土和石英砂岩等。

（2）灰色和黑色：由于岩石中含有有机质（碳、沥青质）或含二价铁的分散状的黄铁矿颗粒，量多时呈黑色，少时呈灰色。这种颜色表明当时沉积介质是还原或强还原性质。若黏土岩是灰色或黑色，且具有相当厚度，往往被认为是良好的生油层。

（3）红色、褐红色、棕色和黄色：这些颜色通常决定于铁的氧化物和氢氧化物的含量。这些颜色反映了岩石形成时的介质条件具强氧化性质。

（4）绿色：多数是由于岩石中含有二价和三价铁的硅酸盐矿物，如海绿石和鲕绿泥石的缘故，少数是由于含铜和铬的矿物，如孔雀石和铬高龄石，它们都呈鲜艳的绿色。这种颜色反映介质条件属于弱氧化—弱还原性质。

（5）蓝色和天青色：是石膏、硬石膏和盐岩等特有的颜色，有时蓝色是由蓝铁矿和蓝铜矿引起的。

（6）紫色：是由于岩石中含有铁的氧化物或氢氧化物的缘故。少数情况下岩石中含有土状萤石也呈紫色。

在实际观察描述岩石颜色的过程中，有时只用一种颜色无法恰当地描述岩石，这时应采用复合色，如灰黄色、灰绿色、棕褐色等。

恰当地描述颜色，特别是原生色，有相当重要的意义，因为原生色能说明沉积介质的物理化学性质及气候条件，可以把颜色作为划分沉积相、划分地层、对比地层的重要依据。

对黏土岩来讲，原生色还是判断生油条件的重要标志。因此，认真研究黏土岩的颜色对于油、气田的勘探具有十分重要的意义。

次生色是由后生作用、风化作用产生的，不能说明岩石形成时介质条件和气候条件，故地质意义不大。正因为如此，在工作中区分原生色和次生色也是完全必要的。

项目二　地质年代与地质构造

CAB028 地质年代的概念

CAB026 地层单位的概念

一、地质年代与地层单位

地球自形成以来经历了漫长的地质历史，在地球历史发展的每个阶段，地球表面都有一套相应的地层生成。地层是地壳历史发展过程中的天然物质记录，也是一定地质时间内所形成的岩石的总称。石油和天然气都储集于地层之中，要想正确认识油田的地质情况，进行油气勘探、开发，就必须明确地质年代及其相应地层。

（一）地质年代

CAB029 地质
年代的划分

地质年代就是各种地质事件发生的年代。它包含两种意义：一是各种地质事件发生的先后顺序，二是地质事件发生距今的实际年龄。由于地层是在不同年代里沉积的，先沉积的是老地层，后沉积的是新地层。把各地大致相同时期沉积的某一地层称为某某年代的地层，这种表明地层形成先后顺序的时间概念称为地质年代。

地质年代单位的划分：用以划分地球历史的单位称为地质年代单位。地质年代单位由"宙、代、纪、世、期"和一个自由使用的时间单位"时"组成。其中"宙、代、纪、世"是国际性时间单位，"期"是全国或区域性的时间单位，"时"是地方性的时间单位。

（二）地层单位

CAB027 地层
单位的划分

地球自形成以来，在历史发展的每一个阶段，地球表面都有一套相应的地层形成。用于划分地壳历史发展阶段地层形成的单位称为地层单位。

地层单位的划分：地层单位可划分为宇、界、系、统、阶、时、带、群、组、段、层等。上述地层单位中，宇、界、系、统、阶、时、带几个单位，主要是根据生物的发展演化阶段来划分的，适用范围比较大，是国际性的或全国性和大区域性的单位。"界"是国际上通用的最大地层单位，相当于一个代时间内所形成的地层，"统"是国际上通用的第三级地层单位，相当于一个世时间内所形成的地层，而"群、组、段、层"四个单位则主要是根据地层岩性和地层接触关系来划分的，适用范围比较小，是地方性地层单位，其中"组"是划分岩石地层的基本单位，一个组必须具有岩性、岩相、变质程度的一致性。

（三）地层单位与地质年代单位的关系

地质年代和地层单位之间有着紧密的关系，但不完全是对应的关系，地层的系统与地质年代的单位是完全对应的，即宇、界、系、统完全对应于宙、代、纪、世（表1-2-1）。

表1-2-1 地层单位与地质年代单位关系表

适用范围	地质年代小位	地层单位
国际性的	宙 代 纪 世	宇 界 系 统
区域性的	期 时	阶 时 带
地方性的		群 组 段 层

（四）地质年代表

为了叙述和作图方便，地层系统的各个单元都可以用国际统一规定的符号加以表示，如太古宇用"Ar"，古生界用"Pz"，这种用以表示地层单元的符号称为"地层代号"，详见表1-2-2中国区域地质年代（年代地层）表。在学习中要掌握地质年代、地层单位的名称、代号、顺序、绝对年龄、生物演化程序和本油田开采层位的地质年代、地层单位及其代号。

表1-2-2　年代地层（地质年代）简表

相对年代				绝对年龄（百万年）
宇（宙）	界（代）	系（纪）	统（世）	
显生宇（宙）PH	新生界（代）Cz	第四系（纪）Q	全新统（世）Qh 更新统（世）Qp	1.5±0.5
		新近系（纪）N	上新统（世）N₂ 中新统（世）N₁	
		古近系（纪）E	渐新统（世）E₃ 始新统（世）E₂ 古新统（世）E₁	37±2
	中生界（代）Mz	白垩系（纪）K	晚（上）白平统（世）K₂ 早（下）K₁	67±3
		侏罗系（纪）J	晚（上）侏罗统（世）J₃ 中（中）侏罗统（世）J₂ 早（下）侏罗统（世）J₁	137±5
		三叠系（纪）T	晚（上）三叠统（世）T₃ 中（中）三叠统（世）T₂ 早（下）三叠统（世）T₁	
	古生界（代）Pz	二叠系（纪）P	晚（上）二叠统（世）P₂ 早（上）二叠统（世）P₁	195±5
		石炭系（纪）C	晚（上）石炭统（世）C₃ 中（中）石炭统（世）C₂ 早（下）石炭统（世）C₁	230±10
		泥盆系（纪）D	晚（上）泥盆统（世）D₃ 中（中）泥盆统（世）D₂ 早（下）泥盆统（世）D₁	285±10 350±10 405±10
		志留系（纪）S	晚（上）志留统（世）S₃ 中（中）志留统（世）S₂ 早（下）志留统（世）S₁	405±10
		奥陶系（纪）O	晚（上）奥陶统（世）O₃ 中（中）奥陶统（世）O₂ 早（下）奥陶统（世）O₁	500±10
		寒武系（纪）Э	晚（上）寒武统（世）Э₃ 中（中）寒武统（世）Э₂ 早（下）寒武统（世）Э₁	570±15
元古宇（宙）PT	元古界（代）Pt	震旦系（纪）Z	晚（上）震旦统（世）Z₂ 早（下）震旦统（世）Z₁	2500
太古宇（宙）AR	太古界（代）Ar			

二、地质构造

CAB030 地质构造的概念

由于地壳运动，岩层原有的空间位置和形态发生改变。岩石变形的产物称为地质构造。常见的地质构造有褶皱和断裂。地壳运动是形成地质构造的原因，地质构造则是地壳运动的结果。地壳运动是地球内力引起岩石圈的机械运动。它是产生褶皱、断裂等各种地质构造，引起海、陆分布的变化，地壳的隆起和坳陷以及形成山脉、海沟等的基本原因，所以地壳运动又称为构造运动。

（一）岩层的产状

ZAB001 岩层的产状要素

为了研究说明地质构造，首先要确定岩层的空间位置。

岩层的产状是指岩层在空间的位置和产出状态。用走向、倾向、倾角三个要素来描述岩层的产状，地质学上称走向、倾向、倾角为岩层的三大产状要素（图1-2-7）。

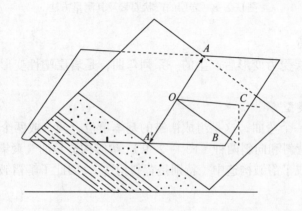

图1-2-7　岩层产状要素示意图

1. 走向

岩层的层面与任意水平面交线（AA′），其交线称为走向线，走向线两端所指的方向即为走向。它标志着岩层的延伸方向。走向线可以有无数条，但走向只有两个值，相差180°。

2. 倾向

倾向指岩层倾斜的方向。垂直于走向线，沿岩层层面向下延伸的线称为倾斜线（OB），它在水平面上的投影（OC）所指的方向称为倾向。任何一个岩层层面只有一个倾向。

3. 倾角

岩层层面与水平面之间的最大交角，沿倾斜方向测量的称为真倾角，沿其他方向测量的交角均较真倾角小，称为视倾角。

在野外，确定岩层的产状要素可用地质罗盘来测量（图1-2-8），走向和倾向用方位角来表示，倾角用角度来表示。

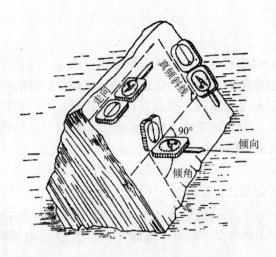

图1-2-8　岩层的产状要素及其测量方法

（二）褶皱构造

褶皱构造是岩层受力变形后产生的一系列弯曲，是岩层塑性变形的表现，但未破坏其连续完整性。

ZAB002 褶皱
构造的分类

1. 褶曲的基本类型

褶曲是岩层的一个弯曲，这是组成褶皱的基本单位，两个或两个以上的褶曲组合称为褶皱。褶皱分为背斜和向斜两种（图1-2-9）。褶皱构造是油气聚集的主要场所，世界上大多数油田都形成于褶皱构造中（特别是背斜构造），因此了解褶皱构造尤其是背斜构造具有重要意义。

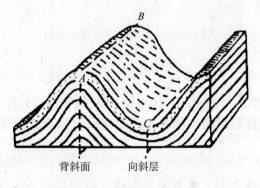

图1-2-9　背斜和向斜示意

1）背斜

由于地壳运动等作用，使岩层发生弯曲，倾向相背，向上凸起部分称为背斜。背斜中心部分（核部）为较老岩层，两侧岩层依次变新，并对称出现，两翼岩层相背倾斜。

2）向斜

原始水平岩层受力后向下凹曲者称为向斜。向斜中心部分（核部）为较新岩层，两侧岩层依次变老，并对称出现，两翼岩层相向倾斜。

褶皱中背斜与向斜总是并存的，相邻背斜之间为向斜，相邻向斜之间为背斜，相邻的向斜与背斜共用一个翼。

2. **褶曲的几何要素**

为了形象描述一个褶曲，应该知道以下几个概念（图1-2-10）。

ZAB003 褶曲的要素

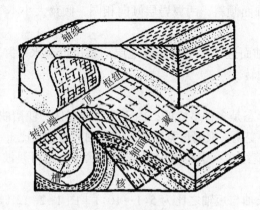

图1-2-10 褶曲有要素

（1）核部：简称核，是指褶曲中心部分的岩层。

（2）翼部：简称翼，是指褶曲核部两侧部分的岩层。

（3）枢纽：是指褶曲在同一层面上各个最大弯曲点的连线。

（4）轴面：是指连接褶曲各层的枢纽构成的面。

（5）转折端：是指褶曲的一翼转向另一翼的弯曲部分。

（6）轴线（轴迹）：是指轴面与水平面或地面线的交线。

褶曲的长、宽、高是决定褶曲大小的三个要素。

3. **褶曲的分类**

根据褶曲轴面的产状变化，可将褶曲进一步划分成不同类型。

ZAB004 褶曲的形态分类

1）在横剖面上分类

褶曲在横剖面上的分类如图1-2-11所示。

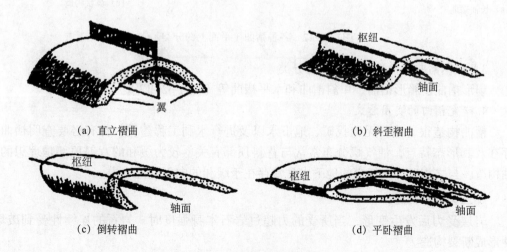

(a) 直立褶曲　　　　　　　　　　　　(b) 斜歪褶曲

(c) 倒转褶曲　　　　　　　　　　　　(d) 平卧褶曲

图1-2-11 各种褶曲（横剖面上的分类）

（1）直立褶曲：轴面近于直立，两翼倾向相反，倾角大小近于相等。

（2）斜歪褶曲（倾斜褶曲）：轴面倾斜，两翼倾斜方向相反，倾角大小不等，一翼陡，一翼缓。

（3）倒转褶曲：轴面倾斜，两翼岩层倾向相同，倾角大小不等，一翼地层层序正常，另一翼地层层序倒转。

（4）平卧褶曲：轴面近于水平，两翼地层产状也近于水平并重叠，一翼地层层序正常，另一翼地层层序倒转。

2）在平面上分类

褶曲在平面上的形态是多种多样的，由于枢纽的起伏，使褶曲核部某些岩层的分布在平面上有长度和宽度的变化，根据长宽比率（或长轴与短轴之比），将褶曲分为以下几类：

（1）线状褶曲：枢纽在一定距离内保持水平状态，也可是波状的褶曲，长宽比大于10:1。

（2）长轴褶曲：长轴与短轴之比为5:1～10:1［图1-2-12（a）］。

（3）短轴褶曲：长轴与短轴之比为5:1～2:1的背斜，其水平面的投影近于椭圆形［图1-2-12（b）］。

（4）穹隆构造：长轴与短轴之比小于2:1的背斜［图1-2-12（c）］。

（5）鼻状构造：枢纽一端倾伏，另一端向上抬起，其形状像人的鼻子，故称鼻状构造［图1-2-12（d）、（e）］。

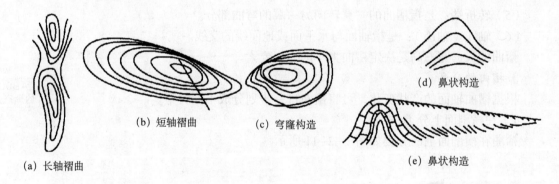

（a）长轴褶曲　（b）短轴褶曲　（c）穹隆构造　（d）鼻状构造　（e）鼻状构造

图1-2-12　各种褶曲（平面上的分类）

3）根据褶曲在横剖面上的形态分类

扇形褶曲、箱形褶曲、单斜褶曲和水平褶曲等（图1-2-13）。

4. 研究褶曲的实用意义

褶曲构造很普遍，无论找矿、地下水以及进行水利工程建设，都有必要查明褶曲的存在及其形态特点，油气藏分布常常与背斜顶部有关，较为缓和的背斜顶部是理想的储油构造。与之相反，大规模的地下水常常存在于缓和的向斜盆地之中。

（三）断裂构造

岩层受力后发生变形，当所受的力超过岩石本身强度时，岩石的连续性受到破坏，便形成断裂构造。

断裂构造广泛分布于地壳中，它可以是油气运移的通道，也可作为储集油气的孔隙空间。断裂构造分为裂缝和断层两大类。

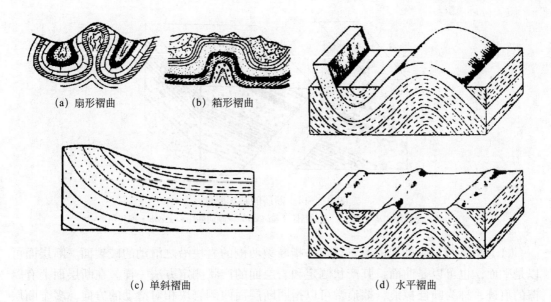

(a) 扇形褶曲　　　　(b) 箱形褶曲

(c) 单斜褶曲　　　　　　　(d) 水平褶曲

图1-2-13　各种褶曲（横剖面上的形态分类）

1. 裂缝（节理）

1）裂缝的概念

裂缝是指岩石受力发生断裂后，断裂面两侧的岩石沿断裂面没有发生明显相对位移的断裂构造。

2）裂缝的分类

（1）张裂缝：是由张应力产生的。其特点是裂缝张开，裂缝面粗糙不同，裂缝面上没有摩擦现象，裂缝延伸不远，宽度不稳定。脆性岩石易形成张裂缝，背斜的转折端常形成张裂缝。

（2）剪裂缝：是由剪应力作用而形成的。其特点是裂缝紧闭，裂缝面比较平直、光滑，常有擦痕。裂缝延伸较远，一般成对出现。发育在砾石和砂岩中的剪裂缝，常切穿砾石和砂粒而不改变方向。

3）研究裂缝的意义

裂缝是一种常见的地质现象，从天然气和石油的储集条件看，对裂缝的研究有着重要意义。一方面，它可以作为油气运移的通道。岩石形成以后本身具有的孔隙，有的互相连通，有的又彼此隔绝。只有当孔隙彼此连通时，油气才能在其中运移，受后期构造运动的影响，岩石产生裂缝，把彼此隔绝的孔隙连通起来，增强了油气的流动能力。另一方面，它可以作为油气的储集空间，储集油气。

2. 断层

1）断层的概念

断层是指岩石受力发生断裂后，断裂面两侧的岩石发生明显的相对位移的断裂构造。断层是裂缝的进一步发展，包含着破裂和位移的双层意义，断层在地壳中的分布相当广泛，其规模大小不同，延伸长度从几米到数千千米，最大的断层可以深切地层。

2）断层的基本要素

断层的基本要素如图 1-2-14 所示。

ZAB005 断裂构造的分类

ZAB007 断层的概念

ZAB006 断层的基本要素

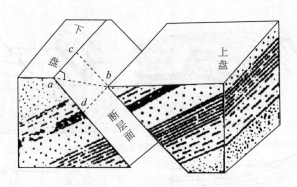

图1-2-14 断层的基本要素

ab—总断距；*dc*（*db*）—走向断距；*ad*（*cb*）—倾向断距；∠*cab*—偏斜角

（1）断层面：是断层的基本要素，指断裂两侧的岩块沿之滑动的破裂面。断层面可以是平面，也可以是曲面，其产状测定和岩层面的产状测定方法一样。在断层面上有摩擦的痕迹，称为断层擦痕，擦痕常可以指明断层面两侧岩块相对滑动的方向。多个断层可以组成断裂带。

断层面的走向、倾向、倾角称为断层面的产状要素。

（2）断层线：断层面和地面的交线。

（3）断层盘：断层面两侧的岩块。断层面如果是倾斜的，位于断层面上方的断盘为上盘，位于断层面下方的断盘为下盘，按其运动方向，把相对上升的一盘称为上升盘，相对下降的一盘为下降盘。断层面上边的盘可为上升盘，也可以为下降盘；下盘可为上升盘，也可以为下降盘。

（4）断距：是指断层面两侧岩块相对滑动的距离。一般都以垂直距离表示。

3）断层的主要类型

根据断层两盘相对位移的方向可分为以下几种类型（图1-2-15）。

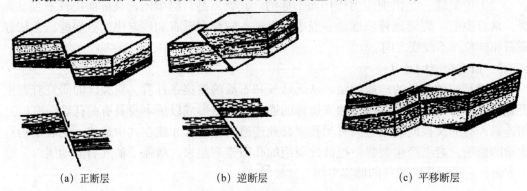

(a) 正断层　　　　　　　(b) 逆断层　　　　　　　(c) 平移断层

图1-2-15 断层类型示意图

（1）正断层：是指上盘相对下降、下盘相对上升的断层。正断层主要由张引力和重力作用形成。

（2）逆断层：是指上盘相对上升、下盘相对下降的断层。主要由水平挤压作用力形成。

（3）平移断层：是指两盘沿断层面走向方向相对错动的断层。主要由水平剪切作用力形成。

4）断层的组合形态

（1）阶状断层：是由两条或两条以上的倾向相同而又相互平行的正断层组成，其上盘依次下降呈阶梯状，也称阶状构造［图1-2-16（a）］。

（2）地堑：是由两条或两条以上走向大致平行而性质相同的断层组合而成的，其中间断块相对下降，两边断块相对上升［图1-2-16（b）］。

（3）地垒：是由两条或两条以上走向大致平行而性质相同的断层组合而成的，其中间断块相对上升，两边断块相对下降［图1-2-16（b）］。

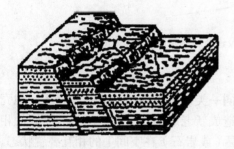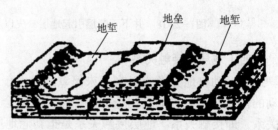

(a) 阶(梯)状断层　　　　　　　　　　　　(b) 地堑和地垒

图1-2-16　断层的组合形态

（4）叠瓦构造：逆断层可以单独出现，也可以成群出现，当多条逆断层平行排列，倾向一致时；便形成叠瓦构造（图1-2-17）。

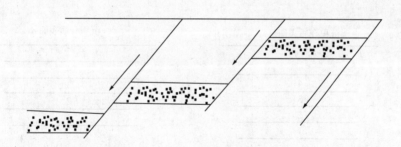

图1-2-17　叠瓦式断层

5）研究断层的意义

断层是常见的地质构造，地壳中分布广泛，绝大多数油气田都受到断层的影响。断层与油气的关系具有双重性：一方面，断层可使已形成的油气藏遭到破坏；另一方面，可以形成断层封闭油气藏。此外，断层还可以作为油气运移的通道。当钻井钻遇地层缺失（如无不整合存在），井下可能遇到了正断层；当钻遇地层重复（如无倒转、平卧背斜），井下可能遇到了逆断层，如图1-2-18所示。除此以外，在油田开发过程中，对断层的研究是必不可少的，如构造体描述、断层密封性研究、断层两侧布井方案的确定及注水开发中断层对油砂体的影响等，都必须对断层进行研究。因此，研究断层对油气田的勘探开发具有重要意义。

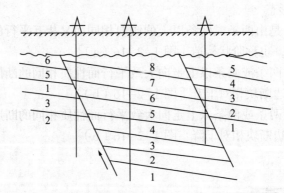

图1-2-18　井下正断层引起地层缺失以及逆断层引起地层重复示意图

ZAB009 地层的接触关系

（四）地层的接触关系

地壳运动自地壳形成以来从未停歇过。由于同一类地区在不同地质时期、不同地壳运动的性质所形成的地质构造的特征不同，就会造成新老地层或岩石之间具有不同的相互关系，即接触关系。地层接触关系是指新老地层（或岩石）在空间上的相互叠置状态。研究地层或岩石的接触关系就能够重建地壳运动的历史。

概括说来，地层或岩石的接触关系有以下 5 种。

ZAB012 整合接触的概念

1. 整合接触

整合接触的地层产状一致，其岩石性质与生物演化连续而渐变，沉积作用上没有间断。它表明该地层是在地壳运动处于持续下降或持续上升（这时沉积盆地的深度越来越浅，但仍为沉积环境，未遭受剥蚀）的背景中，在沉积盆地内连续形成的（图 1-2-19）。

ZAB010 地层接触关系的分类

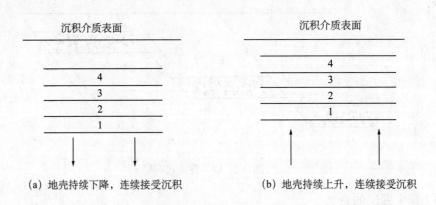

（a）地壳持续下降，连续接受沉积　　　　（b）地壳持续上升，连续接受沉积

图1-2-19　整合接触及其形成的地壳运动背景示意图

2. 假整合接触

假整合接触又称平行不整合接触。新老地层产状一致，其岩石性质与古生物演化突变，沉积作用上有间断，接触处有剥蚀面，剥蚀面与上、下地层平行。剥蚀面是岩石遭受过风化剥蚀的表面，常起伏不平，在其凹入部位常堆积有砾岩，砾石来源于下伏岩层，称底砾岩。

假整合接触表示老地层形成以后，地壳曾明显地均衡上升，老地层遭受剥蚀，接着地壳又均衡下降，在剥蚀面上重新接受沉积，形成新的地层（图 1-2-20）。

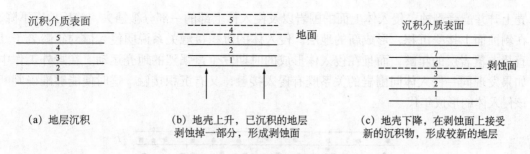

（a）地层沉积　　（b）地壳上升，已沉积的地层　　（c）地壳下降，在剥蚀面上接受
　　　　　　　　　　剥蚀掉一部分，形成剥蚀面　　　新的沉积物，形成较新的地层

图1-2-20　假整合接触及形成过程

ZAB011 不整合接触的特点

3. 不整合接触

不整合接触又称角度不整合接触。新老地层产状不一致，其岩石性质和古生物演化突变，沉积作用上有间断，新老地层间有广泛的剥蚀面，剥蚀面上常堆积有底砾岩，剥蚀面与上覆地层平行，但披盖在不同的下伏地层之上。不整合接触表示在老地层形成以后发生过强烈的地壳运动，老地层褶皱隆起并遭受剥蚀，形成剥蚀面。然后，地壳下降并在剥蚀面上接受沉积，形成新地层（图1-2-21）。它反映了一次显著的水平挤压运动及伴随的升降运动。

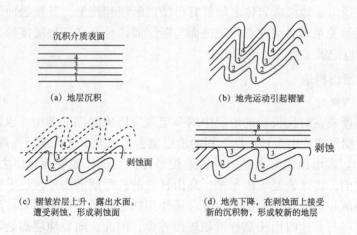

（a）地层沉积　　　　　　　　　　（b）地壳运动引起褶皱

（c）褶皱岩层上升，露出水面，　　（d）地壳下降，在剥蚀面上接受
　　　遭受剥蚀，形成剥蚀面　　　　　　新的沉积物，形成较新的地层

图1-2-21　不整合接触及其形成过程

假整合接触和不整合接触的形成过程中均存在着沉积作用的间断及剥蚀面，间断的时间长短很不一致，有的长达一个纪或几个纪，有的仅在一个世以内。间断期间缺乏该时期地层的沉积，所以剥蚀面也称为沉积间断面。

ZAB013 侵入接触的概念

4. 侵入接触

侵入接触是指侵入体与被其侵入的围岩间的接触关系。侵入接触的主要标志是侵入体与其围岩的接触带有接触变质现象，侵入体边缘常有捕虏体，侵入体与其围岩的界线常常不很规则等。侵入接触是地壳运动的证据，因为岩浆活动与地壳运动是息息相关的。侵入体的年代恒晚于被侵入的围岩的地质年代。

5. 侵入体的沉积接触

地层直接覆盖在侵入体之上，其间有广泛的剥蚀面，剥蚀面与上覆岩层平行，剥蚀面上堆积侵入体被剥蚀所形成的碎屑物质，包括侵入岩的碎块，及因侵入体风化后所分离而成的长石、石英等矿物（图1-2-22）。沉积接触表明，岩浆侵入形成侵入体后，地壳上升并遭受剥蚀，侵入体上面的围岩以及侵入体上部的一部分被蚀去，然后地壳下降，在剥蚀面上接受沉积，形成新的地层。侵入体的沉积接触关系说明侵入体的年龄老于其直接上覆岩层的年龄，而且在侵入体形成的时期发生过强烈的地壳运动。在野外工作中如果发现同一侵入体同围岩的关系既有侵入接触，又有沉积接触，这时便能够准确判断该侵入体的形成年代。

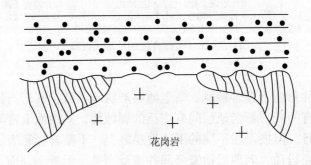

花岗岩

图1-2-22　花岗岩与围岩的侵入接触及沉积接触关系

最后应该指出，地层或岩体之间都有可能以断层相接触，其接触面即为断层面，在研究地层的接触关系时必须注意将剥蚀面与断层面区分开来。地层接触关系受构造运动的控制，同时也记录了构造运动的历史。

（五）古潜山构造

1.古潜山的概念

古潜山是埋藏在时代较新的地层中的一定地质历史时期的潜山。也就是说，在一定的地质历史时期形成的山头被后期沉积的地层覆盖起来，潜伏在地下，现在不能看到它，故称为古潜山。古潜山实际上是一种古地貌形态，与现代地貌有相似之处。可以想象，在它们埋藏之前，古地表是崎岖不平、高山林立的，后期潜山地区已下降接受沉积，潜山本身被后期沉积的地层埋藏起来。在沉积作用初始阶段，山头尚未被淹没，沉积作用在山头的侧翼进行，这时山头高处沉积较山谷少。因此，向着地层高处产生地层变薄或尖灭现象。随着地壳进一步下降，山头完全被淹没，沉积作用继续进行，山头被沉积物埋藏起来，在差异压实作用的影响下，山头上面新沉积的地层就形成褶曲构造。古潜山本身与其上面的披覆层呈不整合接触。

我国华北渤海湾盆地，自中生代以来地壳活动非常强烈，褶皱、断裂构造相当发育，形成许多峰峦起伏、沟谷纵深的山头和山脉，并遭受风化剥蚀。第三纪时期，整个华北地面下沉，形成湖泊，接受着沉积，山头和山脉被埋藏起来，形成许多潜山和超覆构造。

GAB001 古潜
山的类型

2.古潜山的类型

1）断块型古潜山

断块型古潜山是由断盘（断块）的相对抬升而形成的。根据断层的组合方式可分为单断古潜山、双断山古潜山和断阶式古潜山〔图1-2-23（A）、（B）、（C）〕。

2）褶皱型古潜山

褶皱型古潜山是指一定地质时期由褶皱作用形成的山头，这个潜山本身是一个背斜〔图1-2-23（D）〕。

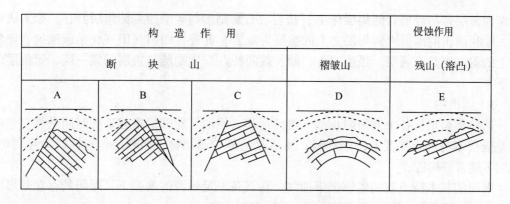

构 造 作 用				侵蚀作用
断 块 山			褶 皱 山	残山（溶凸）
A	B	C	D	E

图1-2-23　古潜山类型剖面图

3）侵蚀残丘型古潜山

侵蚀残丘型古潜山由侵蚀作用形成。由于出露地表的岩石抗风化能力不同，抗风化能力强或较强的岩石，就在古地形上形成高低起伏的残丘山头；抗风化能力弱的岩石被风化剥蚀成洼地。这些残丘山头被埋藏起来就形成古潜山［图1-2-23（E）］。

古潜山及其上面的超覆层与油气的关系非常密切。古潜山本身在被新沉积的地层覆盖前遭受风化剥蚀，岩石变得疏松，孔隙裂缝发育，具备了储集油气的空间，是良好的储层。如古潜山之上的披覆层是非渗透层，古潜山就形成了储集油气的圈闭。

项目三　油气藏及油气田

一、油气藏

ZAB014 油气藏的概念

运动着的石油和天然气，如果遇到阻止其继续运移的遮挡物，则停止运动，并在遮挡物附近聚集形成油气藏。在地质历史时期形成的油气藏能否存在，决定于在油气藏形成以后是否遭受破坏改造。

（一）圈闭

GAB002 圈闭的特点

1. 圈闭的基本概念

能够阻止油气继续运移，并使油气聚集起来、形成油气藏的地质体，称为圈闭。任何一个圈闭都是由储层、盖层和遮挡物三个基本要素组成的。

GAB011 形成圈闭的三要素

2. 圈闭的要素

1）储层

能够储集油气，并且油气在其中能够流动的岩层，称为储层。储层可分为碎屑岩储层、碳酸盐岩储层及其他类型的储层等。石油和天然气 90% 以上都储集在沉积岩中。储层是形成油气藏的必要条件之一。在储层为正常静水压力条件下，可用溢出点、闭合面积、闭合高度来描述圈闭的大小。

2）盖层

覆盖在储层之上的、能够阻止油气散失的、致密不渗透的岩层。盖层的好坏直接影响着油气在储层中的聚集和保存。常见的盖层有泥岩、页岩、盐岩、石膏等。泥岩、页岩作为盖层常与碎屑岩储集层伴生；盐岩、石膏则多与碳酸盐岩储集层共存。如大庆油田、胜利油田的碎屑岩储集层之上的盖层为泥岩、页岩；四川气田三叠系碳酸盐岩储集层上的盖层则是石膏层。顶生式生、储、盖的特点：生油层与盖层同属一层，储集层位于下方。

3）遮挡物

遮挡物是指从各个方面阻止油气继续运移，使油气能够聚集起来的封闭条件。它可以是盖层本身的弯曲变形，如背斜；也可是另外的遮挡物，如断层、岩性或物性变化、地层不整合等构造。

圈闭的基本特点就是能够聚集油气。在具备充足油源的前提下，圈闭的存在是形成油气藏的必要条件。圈闭可以有油气，也可以无油气。

GAB003 圈闭的类型

3. 圈闭的类型

圈闭是地壳运动的产物。在不同的地质环境里，地壳运动可以形成各式各样的圈闭。根据圈闭的成因，可将圈闭分为以下三种类型。

1）构造圈闭

由于地壳运动使地层发生变形或变位而形成的圈闭称为构造圈闭。构造运动可以形成各种各样的构造圈闭，其中比较重要的有背斜圈闭、断层圈闭等［图1-2-24（a）］。

2）地层圈闭

地层圈闭是指储集层岩性、物性发生横向变化，或由于纵向沉积的连续性中断而形成的圈闭。地壳升降运动引起地层超覆、沉积间断、风化剥蚀等，从而形成地层角度不整合、地层超覆不整合等，其上部若为不渗透地层覆盖，即构成地层圈闭。控制圈闭形成的决定因素是沉积条件的改变［图1-2-24（b）］。

3）岩性圈闭

沉积物在沉积过程中，由于沉积环境的变化，造成储集层在横向上发生岩性变化，渗透性岩层变为非渗透性岩层形成岩性圈闭，包括岩性尖灭和岩性透镜体圈闭［图1-2-24（c）］。

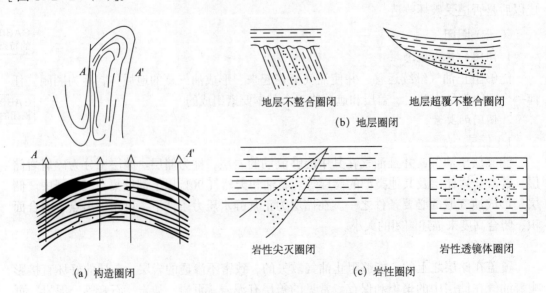

地层不整合圈闭　　　地层超覆不整合圈闭

（b）地层圈闭

（a）构造圈闭　　　岩性尖灭圈闭　　　岩性透镜体圈闭

（c）岩性圈闭

图1-2-24　圈闭类型示意图

除了以上三种基本类型，有时还可见到它们彼此相结合而形成的复合型圈闭。

GAB004 圈闭的度量

4. 圈闭的度量

圈闭实际容量的大小主要是由圈闭的最大有效容积来度量的，它表示能容纳油气的最大体积，因此它是评价圈闭和进行地质储量计算的重要参数。用来描述、评价、度量圈闭的主要参数常用闭合高度和闭合面积表示。

1）圈闭最大有效容积的确定

圈闭的最大有效容积取决于闭合面积、闭合高度、储层的有效厚度和有效孔隙度等参数，可用公式（1-2-1）表示：

$$V = F \cdot H \cdot \phi \qquad (1-2-1)$$

式中　V——圈闭最大有效容积，m^3；

F——圈闭的闭合面积，m^2；

H——储层的有效厚度，m；

ϕ——储层的有效孔隙度，%。

2）圈闭有关参数的概念

下面以背斜为例介绍圈闭有关参数的概念。

（1）溢出点：流体充满圈闭后开始溢出的点，称为该圈闭的溢出点。溢出点就是圈闭容纳油气最大限度地点位，若低于该点高度，油气不能被圈闭，会溢出来（图1-2-25）。

（2）闭合面积：通过溢出点的构造等高线所圈闭的面积，称为该圈闭的闭合面积。闭合面积越大，圈闭的有效容积也越大，如图1-2-25所示阴影面积。

（3）闭合高度：圈闭最高点到溢出点之间的垂直距离，即两点之间的海拔高差。闭合高度越大，圈闭的最大有效容积也越大（图1-2-25）。

（4）储层的有效厚度：储层中具有工业生产能力的那一部分地层厚度（在计算有效厚度时，要把那些非渗透性的夹层扣除）。

水动力对圈闭有效性主要取决于水动力大小、岩层倾角大小、流体性质。

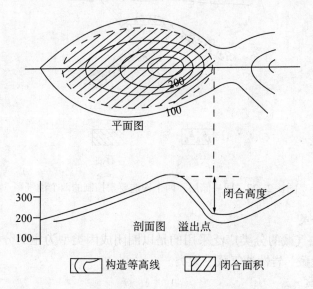

图1-2-25　背斜圈闭最大有效容积及有关参数示意图

（二）油气藏的概念及分类

1. 油气藏的概念

ZAB014 油气藏的概念

油气藏是指在单一圈闭中具有统一压力系统、同一油水界面的油气聚集。在圈闭中只聚集石油的称为油藏；仅聚集天然气的称为气藏；同时聚集油、气的称为油气藏。通常所说的工业油气藏，是指目前技术条件下开采油气藏的投资低于所采出油气经济价值的油气藏。油气藏形成的物质基础是生油条件。

所谓"单一"的含义，主要是指同一要素控制的，即在单一的储集层中，在同一个面积内，具有统一的压力系统和统一油水界面。

如图1-2-26所示的同一背斜中有三个储层，而且互相分离，不具有统一压力系统，具有不同的油水界面，组成三个圈闭，构成三个油气藏。

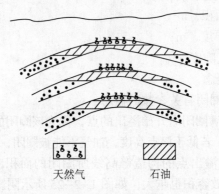

天然气　　石油

图1-2-26　受同一背斜控制的三个储层组成三个油气藏示意图

如图1-2-27所示，虽然是同一储层，但由于断层的破坏，形成两个圈闭，上盘为背斜要素控制，下盘为断层要素控制，它们具有不同的压力系统和油水界面，因此为两个油气藏。

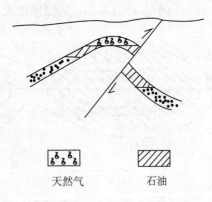

天然气　　石油

图1-2-27　同一储层、两个构造要素控制的两个油气藏

2. 油气藏的分类

ZAB015 油气藏的分类

目前国内外油气藏的分类广泛采用的是以圈闭成因类型为主的分类方式，分为构造油气藏、地层油气藏、岩性油气藏三大类。

1）构造油气藏

ZAB016 构造油气藏的特征

构造油气藏是指油气在构造圈闭中聚集形成的油气藏。

（1）背斜油气藏：在构造运动的作用下，地层发生弯曲变形，形成向周围倾伏的背斜称为背斜圈闭，在背斜圈闭中的油气聚集称为背斜油气藏。油气可从构造翼部运移并聚集到其顶部形成的圈闭中。这类油气藏在油气勘探史上一直占有重要的位置，我国大庆油田、玉门老君庙油田都是背斜油气藏。背斜油气藏可分为以下五种类型。

①褶皱背斜油气藏：主要是指油气聚集在侧压应力的挤压作用下而形成的背斜圈闭中的油气藏。其圈闭特点是：两翼倾角较陡，常不对称；闭合高度大，闭合面积小；沿背斜轴部常伴生有断层。我国酒泉盆地老君庙油田的国 L 层油气藏就是一个典型的实例。

②基底隆起背斜油气藏：基底活动使沉积盖层发生变形，向上隆起，可以形成背斜圈闭，油气聚集在这样的圈闭中形成的油气藏称基底隆起背斜油气藏。其特点是两翼地层倾角平缓，闭合高度较小，闭合面积较大。在盆地的隆起及坳陷中，这种背斜常成组成带出现，组成长垣或大隆起，组成了油气聚集的好场所。我国松辽盆地扶余背斜有这样的油气藏存在，该构造是在扶余隆起上长期发育而成的，大庆长垣北部的萨尔图油田中的油气藏就是一个例子。

③盐丘背斜油气藏：地下柔性较大的盐丘受不均衡压力作用而上升，使上覆地层变形，形成背斜圈闭，油气聚集在这样的圈闭中形成的油气藏称为盐丘背斜油气藏。除盐丘外，还有泥火山；而以盐丘为主。我国东营凹陷及潜江凹陷有这样的油气藏存在。

④压实背斜油气藏：构造运动使某一地区上升时，岩石遭受风化剥蚀使其表面呈现出凸凹不平的现象，当它再度下沉时，重新接受新的沉积，凸起部位沉积物较薄，凹槽部位沉积物较厚，在成岩过程中，造成了沉积物压实作用的差异，凹槽部位沉积物压实程度较大，结果使凸起上覆岩层形成背斜圈闭，油气聚集在这样的圈闭中形成的油气藏称为压实背斜油气藏。我国的孤岛油田就是一个例子：第三系馆陶组储层覆盖在奥陶系突起上。

⑤滚动背斜（又称逆牵引背斜）油气藏：与正断层有关的牵引褶曲从形态上可分为正牵引和逆牵引。正牵引构造是断层附近发生的一种拖拉现象，出现在断层的两盘，逆牵引背斜只出现在正断层的上盘（即下降盘）。滚动背斜位于同生断层（发生于沉积过程中的断层称为同生断层）的下降盘，靠近断层的一翼稍陡，远离断层的一翼平缓，在接受沉积的过程中形成了岩层的弯曲。由于滚动背斜距油源区近，又是与沉积同时形成的，同生断层又可作为油气运移的通道，常可形成高产的油气藏。山东胜坨油田即由逆牵引背斜油藏组成。

上述五种背斜油气藏都各有其地质背景，由于各自的地质背景不同，所形成的背斜圈闭的特征及分布规律也不同。

ZAB017 断层油气藏的特征

（2）断层油气藏：断层圈闭指沿储层的上倾方向受断层遮挡所形成的圈闭，断层圈闭中的油气聚集，称为断层油气藏。断层圈闭形式多样，其最基本的特点是在地层的上倾方向上为断层所封闭。我国断层油气藏分布广泛。根据断层线、构造等高线、岩性尖灭线三者的组合关系，断层圈闭油气藏类型如下。

①断层与鼻状构造组成的圈闭及其油气藏：在鼻状构造的上倾方向为一断层所封闭，形成断层圈闭，其中聚集了油气就形成油气藏。在构造图上表现为弯曲的等高线抬高部位与断层线相交（图1-2-28）。

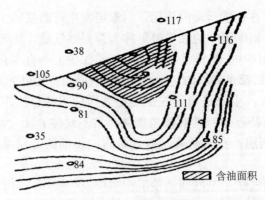

○117
○38 ○116
○105
○90
○81 ○111
○35 ○85
○84 ▨ 含油面积

图1-2-28　断层与鼻状构造

②由弯曲断层面与倾斜地层组成的圈闭及其油气藏：在储层的上倾方向，为一向上倾凸出的弯曲断层所包围；在构造图上表现为构造等高线与断层线相交。

③由交叉断层与倾斜地层组成的圈闭及其油气藏：在倾斜储层的上倾方向，为两条相交的断层所包围；在构造图上表现为构造等高线与交叉断层线相交。

④由两条弯曲断层面两侧相交组成的圈闭及其油气藏：两个弯曲断层面在两侧相交，而中间形成闭合空间。在构造图上表现为弯曲断层线组成似透镜状圈闭，该圈闭可形成油气藏。

⑤由断层与倾斜地层岩性尖灭组成的圈闭及其油气藏：在储层上倾方向为不渗透层，在两侧为两条断层所封闭。在构造图上为断层线、构造等高线与储层岩性尖灭线相交。

ZAB018 地层油气藏的特征 2）地层油气藏

沉积层由于纵向沉积连续性中断而形成的圈闭，与地层不整合有关，油气在其中聚集，称为地层圈闭。油气在地层圈闭中的聚集称为地层油气藏。主要有地层超覆油气藏、地层不整合油气藏和古潜山油气藏。

（1）地层超覆油气藏：地壳运动发生频繁的振荡，在水体渐进时，水盆逐渐扩大，沉积范围也逐渐扩大，较新的沉积层覆盖了较老的沉积层，并向陆地扩展，与更老的地层侵蚀面成不整合接触，从剖面上看，超覆表现为上覆层系中每个新地层都相继延伸到了下伏老地层边缘之外。油气聚集在这样的圈闭中就形成了地层超覆油气藏。

这类地层超覆圈闭，都是在水陆交替地带形成的，特别是在水进阶段，盆地以稳定下降为主，伴随轻微振荡，常与浅海大陆架或大而深的湖泊还原环境有联系；因此，在砂层上下及向深处侧变成泥质沉积，往往富含有机质，是良好的生油层，同时又是良好的盖层；形成旋回式和侧变式的生、储、盖组合。

我国柴达木盆地马海气田中的渐新统砂岩气藏就是典型的地层超覆油气藏。

（2）地层不整合油气藏：不整合面的上下地层，常常成为油气聚集的有利地带。原来的古构造（如背斜、单斜等）被剥蚀掉一部分，后来又被新的不渗透地层所不整合覆盖，就形成了地层不整合遮挡圈闭，油气聚集其中而形成油藏，如图1-2-29就为此类油藏的典型实例。

地层不整合遮挡圈闭的形成，与区域性的沉积间断及剥蚀作用有关。在地质历史的某一时期，地壳上升遭受风化、剥蚀，形成破碎带、溶蚀带，具备良好的储集空间，当其上为不渗透性地层所覆盖时，则形成了地层不整合遮挡圈闭，成为油气聚集的有利场所。我国任丘油田是一个典型的潜伏剥蚀突起油气藏。

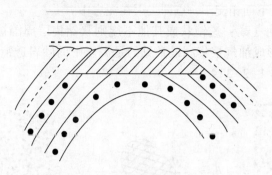

图1-2-29 地层不整合油藏示意图

ZAB019 古潜山油气藏的特征

（3）古潜山油气藏：在地质历史的某一时期，地壳运动使一个区域上升，遭受强烈风化和剥蚀的作用，在古地形上就形成了突起、凹地的古地貌特征，由于这种古地形的突起，遭受长期风化、剥蚀，就形成了风化孔隙带，具备良好的储集空间，在该地区再度下降接受沉积时，剥蚀突起上覆盖了不渗透地层以后，在不整合面及其以下老地层的孔隙带就形成古潜山圈闭，如图1-2-30所示。油气聚集其中而形成的油气藏，称为古潜山油气藏。它是以地层圈闭为主，也有构造、岩性作用的复合成因的油气藏。如图1-2-31为渤海湾盆地中的两个相邻的古潜山圈闭，储层为震旦亚界白云岩及寒武系白云岩，上覆第三系为盖层。如图1-2-32为古潜山受断层分割而形成断层与潜山相结合的古潜山圈闭。

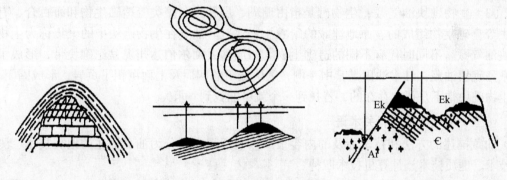

图1-2-30 平方王潜山油藏　　图1-2-31 八里庄潜山油藏　　图1-2-32 古潜山圈闭示意图

古潜山油气藏中聚集的油气，主要来自上覆沉积的生油坳陷，它的运移通道以不整合面或有关的断层为主。因此，储油层年代常比生油层年代老，即所谓的"新生古储"，当然也有的年代相同或生油层年代老于储油层年代。

ZAB020 岩性油气藏的概念及分类

3）岩性油气藏

岩性油气藏在沉积过程中，因沉积环境或动力条件的改变，岩性在横向上会发生相变。形成岩性尖灭圈闭和透镜体圈闭，其中聚集了油气，就形成了岩性油气藏。它可在沉积过程中形成，也可在成岩过程中形成。岩性油气藏包括岩性尖灭油气藏、砂岩透镜体油气藏和生物礁块油气藏等。

（1）岩性尖灭油气藏：由于储集层岩性沿上倾方向尖灭于泥岩中或渗透性逐渐变差而形成的圈闭，油气聚集其中就形成了岩性尖灭油气藏。即在沉积过程中，当砂岩层向一个方向变薄，直至上下面相交于一点即尖灭在泥岩中。

（2）透镜体岩性油气藏：透镜状或其他不规则状储集层周围被不渗透性地层所限，组成圈闭条件，从而形成油气聚集。最常见的是泥岩中的砂岩透镜体，也可是低渗透性岩层中的高渗透带（图1—2—33）。

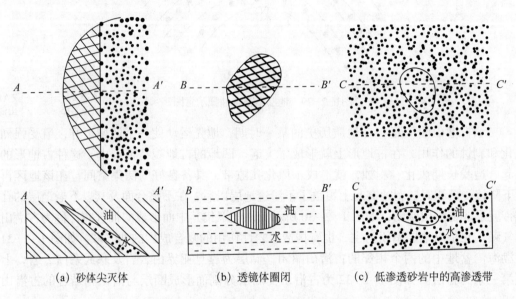

| (a) 砂体尖灭体 | (b) 透镜体圈闭 | (c) 低渗透砂岩中的高渗透带 |

图1—2—33　岩性尖灭体及透镜体圈闭

（3）生物礁块油气藏：生物礁是指由珊瑚、层孔虫、藻类等造礁生物和海百合、有孔虫等喜礁生物组成的、原地埋藏的碳酸盐岩建造。油气在生物礁块中的聚集称为生物礁块油气藏。不同时代有不同的造礁生物。如加拿大阿尔伯达州泥盆纪礁块带，形成了一系列礁块油藏，红水油田是其中一例，礁块岩组的四周及上面沉积了页岩，形成圈闭。因生物礁块常不是孤立存在的，若找到一个就可能找到一群。

J（GJ）AB023
油田开发中油藏
描述的重点内容

（三）油气藏描述有关术语

油藏描述的方法和技术涉及的内容很广，概括起来可分为油藏描述的地震技术、测井技术、地质技术、计算机技术四种。

油田开发早期油藏描述依靠录井、取心、试油、测井等资料，划分油、气、水系统及其形成和控制条件，确定油、气、水界面，圈定含油气面积，估算不同产状的资源储量。油田开发早期油藏描述的目的是探明储量及进行开发可行性评价。

油田开发中期油藏描述以测井解释资料为主，参考地震结果，重新落实构造形态，特别是通过测井解释资料对比结果，逐井落实断点及断层组合。中期油藏描述是指开发方案已全面实施到高含水以前的这一阶段的描述工作。

油田开发晚期油藏描述中储层精细地质研究工作在高含水后期向定量化、自动化和预测方向发展，随着技术的不断完善，描述水平的提高，会把油藏描述工作推向一个更高层次。不同的油藏描述阶段，由于开发阶段不同，研究任务不同，资料信息类别及占有程度不同，所研究的内容及最终成果也各有所异。

　　在油气藏中，油、气、水是按其相对密度大小的分布的。常有一定的规律，气在上，油居中，水在下，形成油气分界面和油水分界面。在一般情况下，这些分界面是近于水平的，有时也有倾斜的。为了说明油气藏的大小和其中油、气、水的分布，以背斜油气藏为例介绍以下6个有关术语（图1-2-34）。

GAB005 背斜油气藏油气水的分布状态

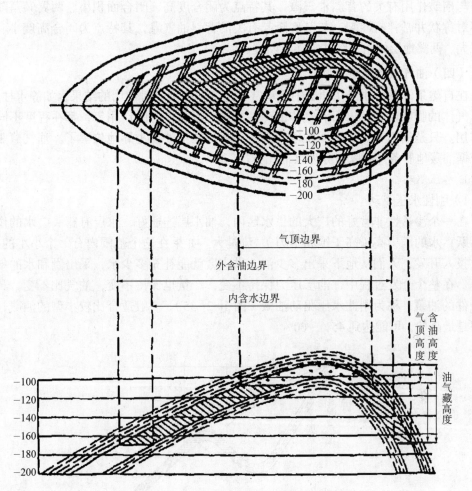

图1-2-34　背斜油气藏中油、气、水分布图

1. 含油边缘

　　含油边缘即油与水的外部分界线，也就是油—水界面与储油层顶面的交线。在此界线之外没有油，只有水。

2. 含水边缘

　　含水边缘即油与水的内部分界线，也就是油—水界面与储油层底面的交线。在此界线之外开始见水，而在此界线之内只有油。

3. 油（气）藏高度

　　油（气）藏高度是指从油气藏顶点到油—水界面的垂直距离。

4. 含油（气）面积

　　含油边缘所圈闭的面积称为含油面积，气顶边缘所圈闭的面积称为含气面积，若为油气藏，则含油边缘所圈闭的面积称为含油气面积。

5. 边水

水围绕在油气藏的四周，即含油气内边缘以外的水称为边水。

6. 底水

在整个含油边缘内下部都有水，这种水称为底水。

与褶皱作用有关的背斜油气藏，其特点为闭合度高、闭合面积小、两翼倾角陡，常呈不对称状并常伴有断裂。与基底隆起有关的背斜油气藏，其特点为闭合高度小、闭合面积大、两翼地层倾角平缓并常伴有断裂。

（四）油气藏的驱动类型

在自然条件下，油气在油层中流动常常是各种能量同时作用的结果，如静水柱压力、高压气体的膨胀能力及岩石和气体的弹性能量，以及重力的作用等，都在程度不同地发挥作用。只是油田开发的不同阶段，某一种驱油能量处在主导地位罢了。油气藏驱动类型依据油藏地质条件可以划分为以下几类。

| GAB006 水压 |
| 驱动油藏的特征 |

1. 水压驱动

1）刚性水压驱动

在一个渗透性非常好的广大的供水区内，油水层连通好，水层有露头，水的供应非常活跃，水的压力高（高于饱和压力），流量大。如果在这个范围内有一个小小的油藏，把它投入开发，人们从地下采出多少油，供应区就能补充多少水，采出量和水的侵入量相等。在整个开发过程中，油层压力保持不变，产量也保持不变，油气比不变，具有这种条件的油藏，称为刚性水压驱动油藏（图1-2-35）。一般适合比较小型的油藏，其采收率是最高的，可能达到45%～60%。

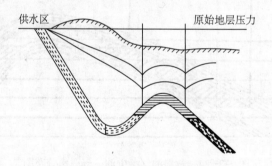

图1-2-35　刚性水压驱动油藏

2）弹性水压驱动

一个油藏的水压不管有多么广大，也有一定的边界。油藏投入开发时，靠水、油和地层本身的弹性膨胀将油藏中的油挤出来，没有高压水源源不断地推进，这种油藏称为弹性水压驱动油藏（图1-2-36）。

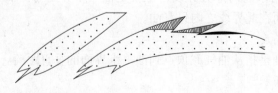

图1-2-36　弹性水压驱动油藏

在这种方式下开发，随着各种弹性能的释放，地层压力必然会随之降低。如果其他条件与刚性水压驱动差不多，其弹性膨胀的体积和能量又足以填补油藏开发采出的能量，地层压力能够始终高于饱和压力，则采收率也与刚性水驱相近，也是较好的油藏。

刚性水驱和弹性水驱合称水压驱动，是指油（气）藏在开采后，周围水体（边水、底水、人工注水）对油（气）藏能量进行补给。按油藏内油与水的关系可分为边水驱动和底水驱动两种。

边水驱动类型油藏，出现在油层单层厚度较薄，构造规模较大的油田中。油气聚集在构造的较高部位，四周为水所环绕，水在油外边，故称为边水驱动油藏，如图1-2-37边水驱动的油藏，首先要求油层有良好的供水区，且油水区连通好，中间没有断层或岩性的遮挡，油层倾角较陡。在开发过程中，随着地下储量的采出，边水逐渐向油藏内部推进。当边水推到井底时，油井逐渐水淹而产水。水压驱动的油藏里，有一种油藏，其上倾部位尖灭，下部为水环绕，称为底水驱动类型油藏，出现在单层厚度较厚的油层里（指单层厚度与油藏面积比较而言），油藏面积较小，油层倾角较平缓，水在油的底下，故称为底水驱动油藏（图1-2-38）。这种油藏，随着地下储量的采出，底水逐渐上推，油层逐渐被淹没。

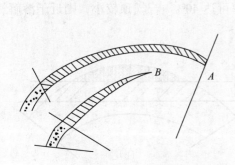

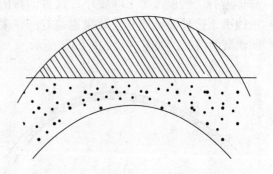

图1-2-37　边水驱动　　　　　　　　图1-2-38　底水驱动

一般的水驱油藏，在开发初期常表现为弹性水压驱动，随着地下储量的采出，弹性能释放完毕才表现出其他的驱动条件。对一般水驱油藏来说，油层渗透性好的称活跃水驱，油层渗透性不好的称不活跃水驱。不活跃水驱，其效能是不能长期维持的，当侵入水量不足以补充采出量时，其驱动方式就会改变，采收率也随之改变。

2. 溶解气驱

一个油藏既没有活跃而充足的边水或底水供应，含油砂岩体分布范围又有限，油层压力大于或等于饱和压力。当投入开发后，油层压力很快下降，油中溶解的气体就会分离出来，依靠这些气体不断膨胀而把石油从油层中挤出来或携带出来，这种油藏称为溶解气驱动油藏。在溶解气驱动方式下采油，只有使油层压力不断下降，才能使油层内的原油维持其连续的流动。随着压力不断下降，气的饱和度不断增加，气的相渗透率也不断增加，则气的产量将急剧增高，而油产量急剧下降。最后气体跑完了，在油层里剩下大量的不含溶解气的油，这些油流动性很差，称为"死油"。

溶解气驱方式采油，油藏采收率最低，一般油藏采收率只有15%，最高油藏采收率也只有30%。

3. 气压驱动

形成气压驱动的地质条件是：油藏中应存在一个较大的气顶，含油区与含气区之间无遮挡、垂向渗透率较好，气顶压力可以有效地传递到油层内部。气压驱动油藏开发时主要靠气顶中压缩气体的能量把原油驱向井底。

当油藏中存在气顶时，就是油层压力不足以使油藏中所含的天然气全部溶解在石油里，因此地层压力一定等于饱和压力。这样，在油井生产时，井底压力必然低于饱和压力，近井地带的压力也必然低于饱和压力，所以溶解气驱作用是不可避免的。而且只有当因采油而形成的压力降传到油气边界后，也就是因开发使含油区地层压力下降后，气顶才开始膨胀，压缩气能量才显示出来。这时油藏真正处于气压驱动条件下。即使在这种条件下，为了保持油井生产，井底压力还必须低于饱和压力，近井地带压力也必须低于饱和压力，所以溶解气驱仍然存在。显而易见，气顶中压缩气的能量储备是在油藏形成前完成的，没有后期的补充，随着地下储量的采出，气压驱动能量不断消耗，使整个油层的压力不断下降。

一个油层较薄、倾角较大的气压驱动油藏，油气接触面积较小。投入开发后，气顶膨胀向四面扩大而驱油，此时如果气顶的体积对含油部分来说非常大的话，气顶膨胀将油排出后，气顶压力下降较小，这种油藏的开发效果也是好的，采收率可达 40%。若气顶较小，这种油藏的开发效果也是好的，采收率可达 40%。若气顶较小，则近于溶解气驱油藏的情况，如图 1-2-39（a）所示。

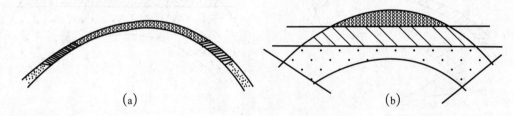

(a)　　　　　　　　　　　　　　(b)

图1-2-39　气压驱动油藏

在倾角较小、油藏厚度很大的气压驱动油藏，开发工作很难掌握。此时气顶的膨胀向下扩散，油井生产形成的压力降很快传到气顶，气顶也很快膨胀而生成一个一个向下推进的气锥，油井会很快出气，这种油藏采收率将特别低，如图 1-2-39（b）所示。

气压驱动油藏的开发，随着地下储量的采出，油层压力不断下降，油中溶解的天然气不断逸出，这些气体一部分作为伴生气随原油一起被采出地面，一部分可能补充到不断扩大的气顶中去。因此，油中溶解气的消耗可能比一般溶解气驱动还要来得快。这种油藏，开发中要特别注意不让气顶气逸出或采出。因气体流动速度快，一经逸出或采出，气顶压力会很快下降，使大量石油从含油区流入气顶而大大降低了石油的可采储量。

4. 重力驱动

在油田开发的末期，一切驱动能量都已耗尽，原油只能靠本身的重力流向井底，称为重力驱动油藏。当油层厚度较大、倾角较大时，原油将依靠自身的重力流向井底，这时产量极低，失去了大规模工业开采的价值。

在自然条件下，油、气在油层中流动常常是各种能量同时作用的结果，如岩石和气体的弹性能量、高压气体的膨胀能力、重力、静水柱压力等，都不同程度地发挥作用。

油藏的驱动方式不是一成不变的，水压驱动可以变成溶解气驱动，同一油田的不同部分也可存在不同驱动方式，如边部是水压驱动，中部是溶解气驱动；或是受注水效果的地区是水压驱动，没有受到注水效果的地方是溶解气驱动；也可以一开始是水压驱动，但随着大量和无控制地采出后变为溶解气驱动。

水压驱动采油效果最好，所以始终维持油田在水压驱动方式下采油就成了采油工作者的中心任务。这就要求采油工人随时注意油田动态分析，同时采用人工注水的方法向油藏补充水，以维持油层的压力，达到较高的采收率。

二、油气田

GAB009 油气田的概念

受同一局部构造、地层因素或岩性因素所控制的、同一面积范围内的各种油气藏的总和称为油气田。一个油气田内有的包括几个油气藏，有的仅有一个油气藏，有的是多种油气藏类型，有的是单一油气藏类型，这里所说的油气田，不是油气生成的地方，而是油气聚集的场所。

（一）油气田概念

（1）油气田是指石油和天然气现在聚集的场所，而无论它们原来生成的地方在何处。

（2）一个油气田总是受单一局部构造单位所控制，它可以是穹隆、背斜、单斜、盐丘或泥火山刺穿构造等，也可以是受生物礁、古潜山、古河道、古沙洲等控制的，这些"局部构造"控制的范围内各种油气藏总和都可以称为油气田。

（3）一个油气田总占有一定面积，在地理上包括一定范围。这个面积大小相差悬殊，小的只有几平方千米，大的可达上千平方千米。

（4）一个油气田范围内可以包括一个或若干个油藏或气藏。

所以形成任何一个油气田，单一的"局部构造单位"是最重要的因素，它不仅决定面积的大小，更重要的是它直接控制着该范围内各种油气藏的形成。

（二）油气田分类

GAB010 油气田的分类

随着国内外油气勘探开发的进展，为了能够反映油气地质学领域新进展，根据控制产油气面积的地质因素，油气田可分为构造油气田、地层油气田、岩性油气田和复合油气田四大类型，其中最主要的构造油气田大致又可分为背斜油气田和断层（断块）油气田。在进行油气田分类时，应考虑区分砂岩（包括其他碎屑岩）油气田和碳酸盐岩油气田两大类，然后再分别根据单一的局部构造单位成因特点进行详细分类。根据这一原则，可将油气田划分为以下两大类。

1. 砂岩油气田

（1）背斜型砂岩油气田。

①与褶皱作用有关的油气田。

②与基底活动有关的油气田。

③与同生断层有关的油气田。

（2）单斜型砂岩油气田。

①与断裂作用有关的油气田。

②与沉积作用有关的油气田。

（3）刺穿构造型砂岩油气田。

①盐丘油气田。

②泥火山油气田。

③岩浆柱油气田。

（4）不规则带状砂岩油气田。

（5）砂岩古潜山油气田。

2. 碳酸盐岩类油气田

（1）大型隆起碳酸盐岩油气田。

（2）裂缝型碳酸盐岩油气田。

（3）生物礁型碳酸盐岩油气田。

（4）碳酸盐岩古潜山油气田。

项目四　沉积相

GAB012 沉积
相的概念及分类　沉积相是指在一定沉积环境中所形成的沉积岩石组合。其概念包含两层含义；一是反映沉积岩的特征，二是指示沉积环境。

沉积岩的特征是指岩石的成分、颜色、结构、构造以及古生物等特征。沉积环境包括岩石在沉积和成岩过程中所处的自然地理条件、气候状况、生物发育情况、沉积介质的物理化学条件等。

沉积相反映了沉积物的特征及其形成的环境，油气的生成和分布与沉积相的关系非常密切，在油田开发中油水运动规律也与沉积机理有着密切的关系。因此，研究沉积相对了解生油层和储层及油气田勘探开发有着重要的意义。

一、沉积相的分类

沉积相分为陆相、海相和海陆过渡相三大类（图1-2-40）。

陆相又分为残积相、山麓相、河流相、湖泊相、沼泽相、冰川相、沙漠相七类。

海相又分为滨海相、浅海相、半浅海相、深海相四类。

海陆过渡相又分为潟湖相、三角洲相及砂洲、砂坝、砂嘴相三类。

1. 陆相沉积

陆相沉积是指陆地环境上形成的沉积体。陆相沉积的过程主要发生在大陆上相对较低的地方，即湖泊、河流，这就是沉积区；而那些相对较高的地区（山脉、高地），是沉积区的物质供给区，称为侵蚀区或物源区。

主要陆地沉积环境包括有冰川环境、沙漠环境、冲积扇环境、河流环境、湖泊环境和沼泽等。

GAB013 沉积
相的沉积特征　大陆沉积环境具有如下特征。

生物特征：主要为陆上生物（脊椎动物、昆虫等）淡水生物（叶肢介、螺蚌等）陆上植物（树枝杆）化石。

岩石特征：在岩石类型上为大陆环境，以发育碎屑岩和黏土岩为主，化学生物成因沉积物少见，黏土矿物以高岭石和水云母为主；在结构和构造特征上，陆源碎屑物的粒度一般较粗，磨圆度不好，分选差，沉积物的颜色以红色调占相当比例为特征，岩石成分往往是复矿沉积物横向变化：在沉积体中沉积物的横向变化大，地层比较难对比，对于油气勘探开发洪积相，陆相沉积以河流相和湖泊相为最重要，所以仅选择与油气勘探开发关系密切的几种沉积相进行讲述。

1）冲积扇环境（洪积相）

洪积相发育在山谷出口处，主要为暂时性洪水水流形成的山麓堆积物。在干旱和半干旱地区，山地河流多为暂时性水流，即洪流。当洪流由山谷进入平原的出口处时，由于坡度突然变小，流速骤减，水流分散，加之水流蒸发和渗透，其携带力减弱，大量碎屑物质便在山口向盆地方向呈放射状散开，其平面形态呈锥形、朵形或扇形。冲积扇的形成需要具备必要条件是气候干热、地壳升降运动强烈。

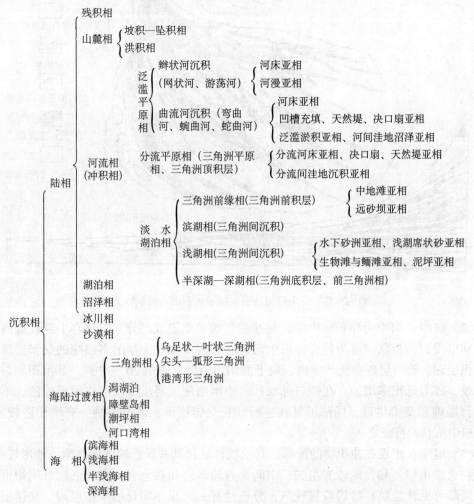

图1-2-40　按照不同自然地理条件划分沉积相类型

GAB017 冲积扇沉积环境的特点

GAB018 冲积扇各部位的特征

冲积扇的特点：在平面上呈扇形分布，剖面上呈楔形或上凹下凸的透镜状，以砂、砾为主要成分，其成分从顶部—中部—底部主要由砾岩—细砾岩和砂岩及砂岩—粉砂岩组成。很少保存有良好的有机质，颜色为红、褐、黄、橙色等，粒度从黏土到巨砾均有，磨圆度很差，通常不含生物化石。沉积构造多为块状，有时发育不明显的交错层理，具有冲刷—充填构造。冲积扇的面积变化较大，其半径可小于100m，也可到大于150km，为陆上沉积体最粗的、分选最差的近源沉积物。有些冲积扇可以直接入湖泊或海盆，形成水下冲积扇和扇三角洲。每个冲积扇在平面上可分为扇根、扇中、扇端三个亚相环境（图1-2-41）。

（1）扇根：主要是泥石流沉积和河道充填沉积；分布在邻近冲积扇顶部地带的断崖处，其特点是沉积坡角最大，发育有直而深的主河道，沉积物分选极差，一般无层理特征，呈块状。

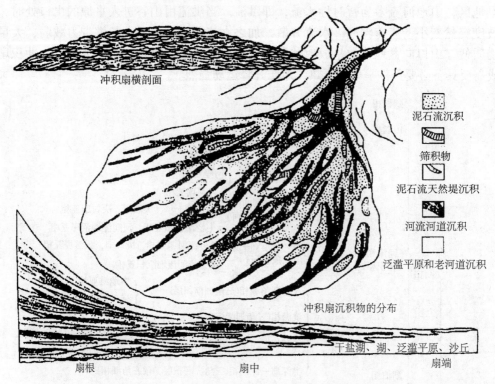

图1-2-41　一个理想冲击扇的地貌剖面和沉积物分布

（2）扇中：扇中为冲积扇中部，是冲积扇的主要组成部分，它具有中到较低的沉积坡角和以发育的辫状河道为特征，扇中河道砂砾岩中出现大型的多层序的交错层理，也有洪积层理。砾石呈现叠瓦状排列，扁平面倾向山口，倾角 20°～30°。其沉积物与扇根相比较，砂与砾比率增加，在砂与砾状砂岩中则出现主要由辫状河作用形成的、不明显的平行层理和交错层理，局部可见到逆行沙丘交错层理。河道冲刷—充填构造较发育，也是扇中沉积的特征之一。

（3）扇端：出现在冲积物的趾部，其地貌特征是具有最低的沉积坡角，地形较平缓，沉积物通常由砂岩和含砾砂岩组成，中间夹有粉砂岩和黏土岩，有时细粒沉积物也较发育，局部可见膏盐层；砂岩粒级较细，分选性好；可见不明显的平行层理、交错层理和冲刷—充填构造，也可见到干裂、雨痕等暴露构造。

冲积扇砂砾岩体是含油储层的一种成因类型，有些地方已发现冲积扇环境的次生油气藏，我国新疆克拉玛依油田三叠纪冲积扇中就发现了油气藏；另外，研究冲积扇也可作为判断物源区位置的重要依据。

GAB019 河流相的特征

2）河流相

在大陆沉积环境中，河流作用是重要的地质营力，它不仅是侵蚀和搬运的营力，而且也是一种沉积营力。

（1）河流沉积环境：河流一般多发育在构造长期沉降、气候潮湿地区。由于这些地区雨量充沛，地势又低，水流汇集成大河。通常，一个河流体系可分为上游、中下游和河口区三部分（图1-2-42）。

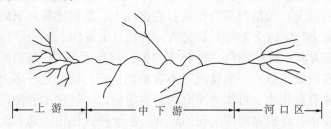

图1-2-42 河流的上游、中游和河口区的示意图

按河流所处的位置，可将河流分为山区河流、山区—平原河流和平原河流。按河道分岔、弯曲情况，可分为平直河、曲流河、辫状河和网状河。

水流从母岩区带来大量的溶解物质、悬移质和推移质（沿河底推移的泥砂），这些物质搬运到一定距离后，经过沉积分异，按一定顺序，在不同的沉积环境中沉积下来，形成不同类型的沉积岩。同时由于河流作用的影响，也不断改变河流的沉积环境。在河流的中、下游，大量的泥岩冲积物堆积下来，形成冲积平原（也称泛滥平原），冲积平原上最主要的地貌是河流作用形成的河谷，河谷上分布有河床、浅滩、天然堤、河漫滩和决口扇等。

在河床内，由于河床周边物质的抗冲性不同，河流作用造成河底凸凹不平，河床其横剖面上游较窄、下游较宽、呈槽形，底部显示出明显的冲刷界面，构成河流沉积单元的基底。河水有深有浅，深水处称为深槽，浅水处称为浅滩。根据浅滩在河床内所处的位置不同，将河床凸岸浅水处沉积称为边滩，位于河中心的浅滩沉积称为心滩。深槽是在水流侵蚀地段形成的，而浅滩是在泥砂堆积地段形成的（图1-2-43）。

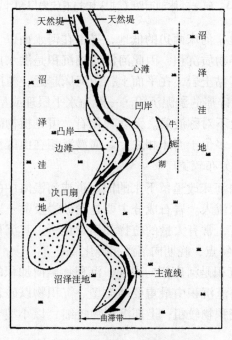

图1-2-43 河流沉积示意图

（2）河流相分类：主要分为以下几个亚类。

①河床相：河床是河谷中经常有流水的部分，由于水流速度较大，河床的冲刷能力强，故沉积物较粗，它是原来细粒物质被冲走后的残留沉积物，故又称滞流沉积。

岩石成分以砂岩为主，有时也有砾岩及砂质砾岩，砾石扁平面大都向上游方向倾斜，可用做判断河流的流向；胶结物多为泥质；在剖面上，其粒度常自下而上由粗变细，呈正旋回沉积，平面上粒度由上游向下游变细；分选自上游向下游变好；斜层理发育，单向倾斜方向与水流方向一致；倾角一般 15°~30°，在剖面是同一层系的细层的倾角一般是上大下小，并有收敛趋势；一般情况下不含动物化石，植物化石多为碎屑，在煤系地层的河床相底部常有硅化木，可作为河流相的鉴定标志，硅化木的排列方向，可示水流方向。在河床沉积中，特别是河床沉积的底部，由于侵蚀作用，其下伏岩层常常有侵蚀切割现象。在侵蚀面上比较凹的地方，一般都充填有砾石以及其他一些大小混杂的碎屑物质。河床相沉积的砂砾岩体的空间形态通常是透镜状，横向变化很大，厚达几米的砂岩可以在几米内迅速尖灭。在垂向上砂体为顶平底凸两侧不对称的（图1-2-44）。

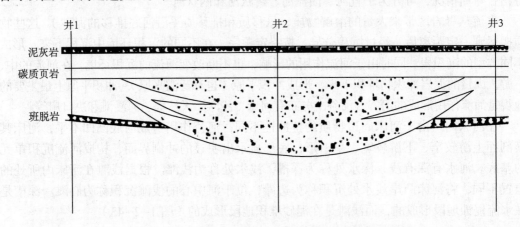

图1-2-44　河床砂体剖面图（河床切割下伏岩层和冲刷现象）

GAB020 河漫滩相的特征②河漫滩相：河漫滩是河床两边的低地，平常在河水面以上，洪水季节被淹没，接受河流所携带的大量悬浮物质沉积，因此河漫滩相沉积是洪水期的产物。岩石成分以细砂岩和粉砂岩为主，也有黏土岩，在平面上，距河床越远，粒度越细、层理变薄，顶部常有薄层含腐殖质和植物碎屑的淤泥沉积。一般为水平层理或呈缓坡状、断续波状层理，也有斜层理。常见泥裂及不对称波痕。无动物化石，可见植物碎屑及较完整的树叶。河漫滩相常与河床相共生，多位于河床相之上。河漫滩相在山区河流两侧分布较少、较窄或没有，在平原河流两侧分布较宽广。

③牛轭湖相：它是由河床改道留下来的旧河道或河漫滩中的洼地积水而成，面积不大，在洪水期间常有河水流入。岩石成分主要是粉砂岩及黏土岩的互层，层理多为带状或不连续带状。化石丰富，常有大量的植物和动物化石。其沉积物有时具有湖泊相的特点，有时具有河漫滩相的特点，晚期向沼泽相转化。

GAB021 边滩和心滩的沉积特点④边滩沉积：边滩沉积是河床侧向侵蚀、沉积物侧向加积的结果。边滩多分布于曲流河的凸岸，它是河流沉积中最重要的类型。沉积物以砂岩为主，分选好，夹有少量的砾石和粉砂，下部沉积物较粗，上部沉积物较细；以小型交错层理为主，有时见波状层理，局部夹有水平层理的砂岩。砂体的厚度和宽度都很大，有时达几十千米。具有凹槽充填沉积，边滩表面的凹槽，在河流高水位和中水位时常被河流淹没，形成凹槽充填沉积。边滩沉积的重要特征就是以砂岩为主、成熟度低、板状交错层理。

⑤心滩沉积：一般发育在网状河流中，沉积物比较复杂，大河与小河不同，同一条河流的上游和下游也不同。总的来说，沉积物较粗，粒径和构造在垂直和水平方向上变化迅速，为砾岩和砂岩互层，偶尔夹有黏土岩和粉砂岩。心从沉积物的平面分布看，河道中心的心滩核心沉积物较粗，为砂、砾岩，其上部和下游沉积物变细，以砂岩为主。常见水平层理、交错层理和微细水平层理；在沉积岩层中多以带状砂岩体出现（图1-2-45）。

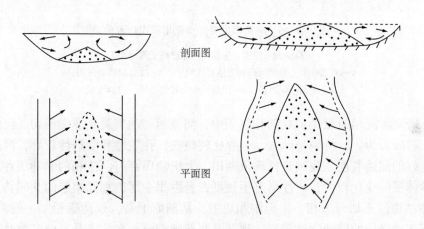

剖面图

平面图

图1-2-45 心滩形成示意图

GAB022 天然堤的沉积特点

⑥天然堤沉积：接近河道、分布于河床两岸的沉积物堆积地貌，称为天然堤。天然堤高于河床，分隔河漫滩。是在洪水期间，当洪水向河漫滩侵入时，悬浮物质中的细砂和粉砂在河床两岸沉积而成的。其沉积特征是细砂、粗粉砂、细粉砂呈互层，砂体两侧不对称，向河床一侧的坡度较陡，颗粒较粗，厚度较大；向河漫滩一侧的坡度较平缓，颗粒较细，厚度较薄，逐渐向河漫滩过渡。天然堤随每次洪水上涨而不断升高，其高度和范围与河流大小成正比。高度还受洪水所达到最大高度的控制。大部分天然堤上长有植物，并发育了土壤层。由于沉积物受到暴晒，常有干裂缝。天然堤由于位置较高，排水良好，粉砂的渗透性也较强，故沉积物常被局部氧化成棕色。

⑦决口扇沉积：洪水期间，河水常由天然堤低处溢出，或在天然堤决口而分为若干分流（指状流），向泛滥平原低处流去，形成扇状堆积物，称为决口扇。其沉积物常较天然堤粗，有砂、粉砂和少量泥质。

GAB023 决口扇、泛滥盆地的沉积特点

⑧泛滥盆地沉积：泛滥平原常受天然堤约束，中心地势最低，呈盆地状，故称泛滥盆地（洼地）。通常在天然堤外侧、地势低洼、地势平坦的地方。沉积物粒径较细，以泥质和细粉砂为主。由于长期暴露于空气中，常有干裂缝及局部氧化痕迹，在半干旱地区或干湿季节交替明显的地区，泛滥平原细粒沉积物的表层，由外来的碳酸钙溶液沿裂缝进入岩石内沉淀而形成钙结核，这是泛滥平原的重要特征。

上述沉积亚相为河流冲积平原上各种沉积的总貌，几种主要沉积亚相沉积的位置关系如图1-2-46所示。

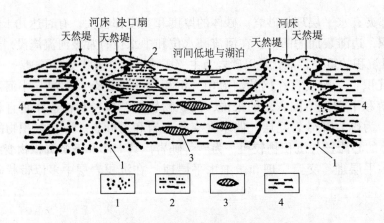

图1-2-46　河流相主要沉积亚相沉积位置关系

（横剖面示意图，注意其河床已高于河漫滩）

1—河道砂岩（包括河道和天然堤沉积）；2—决口扇砂岩沉积；

3—湖沼淤泥沉积；4　河漫滩泛滥带的泥质、粉砂沉积

（3）研究河流相的意义：在陆相沉积中，河流相与油气关系非常密切。河流相沉积以砂岩、粉砂岩为主，特别是砂岩，一般比较疏松，孔隙性和渗透性较好，河床相砂岩常常是良好的储油气层。我国克拉玛依油田、大庆油田都有河流相的储油层存在。河流相沉积砂体横向变化较大，岩性形态不规则，是洪积—河流相储集层的共同特点。河漫滩相的储油物性不如河床相，牛轭湖相更差，从剖面上看，以河床相（一般为正韵律）沉积中下部砂岩层的储油物性较好，顶部及底部则较差。在注水开发中多数是底部先见水，水洗厚度较小，对叠加形河床砂岩则呈现多段多韵律水洗特征。所以研究河流相沉积对油田开发是非常有意义的。目前大庆油田利用河流相沉积理论，通过细分沉积单元追溯单砂体等精细地质研究，在厚层开发中取得了较好的效果。

GAB024 湖泊相的概念

3）湖泊相

湖泊沉积是陆相沉积中分布最广泛的沉积环境之一。我国中生代和新生代地层中，常有巨厚的湖泊相沉积，松辽盆地的白垩纪湖相沉积就很发育。

GAB025 湖泊相的分类

按湖水含盐度不同可将湖泊相分为淡水湖泊相和盐湖相两类，二者沉积条件有很大差别。

（1）淡水湖泊相：淡水湖泊相多位于陆上气候潮湿和地势低洼的地方，常是河流汇集的场所，水体占有一定面积；湖水含盐度低，属酸性—弱碱性环境；水动力较弱，有波浪和底流两种作用方式，其沉积环境和水动力条件与海盆有许多相似之处。

沉积特征：沉积以黏土岩为主，次为砂岩、粉砂岩和碳酸盐岩，砾石较少；各种层理发育，湖盆深部以水平层理为主，边缘以交错层理、斜波状层理为主；淡水生物化石发育，岩性横向分布比较稳定。由湖盆边缘到中心，岩石类型常由粗到细围绕湖盆中心略呈环带状分布［图1-2-47（a）］，故可分为各种沉积亚相带，但环带并非是整齐对称的［图1-2-47（b）］。

淡水湖泊的相带可划分为：湖滨相带、近岸相带、湖泊三角洲相带、砂堤、砂洲等亚相，还可划分为浅湖相带、深湖相带和岛屿相带。由于各相带沉积环境不同，其沉积条件、氧化—还原环境也不同，在湖泊沉积中，形成各种不同类型的砂、砾岩体，这些砂岩体往往是良好的油气储层。

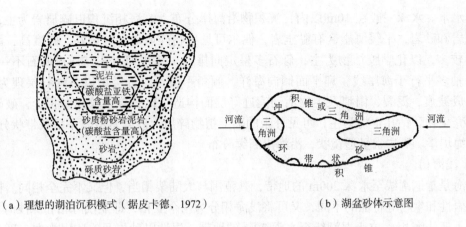

（a）理想的湖泊沉积模式（据皮卡德，1972）　　　（b）湖盆砂体示意图

图1-2-47　湖泊相砂体沉积示意图

（2）盐湖相：盐湖分布于干燥气候区，这里蒸发量大于注入量和降雨量的总和，一般情况下湖水没有出口。盐湖和淡水湖常呈过渡交替关系。

盐湖沉积过程往往有一定的规律。初期湖水含盐量不高，主要为碳酸盐岩类沉积，其后沉积硫酸盐岩类，末期沉积盐岩，最后盐湖干涸，变为盐渍地，以致为沙漠或草原所覆盖。

盐湖沉积也有多旋回性，即在沉积剖面上，碳酸盐岩—硫酸盐岩—盐岩系列多次重复出现。这是由于湖盆下沉和气候周期性的变化所引的。

（3）研究湖泊相的意义：湖泊相沉积是陆相油气生成和储集的主要场所。我国的大庆油田、胜利油田均有湖泊相沉积。陆相湖泊沉积虽受湖泊范围限制，分布不如海相沉积广阔，但由于湖泊周围碎屑物质及有机物的供给充分，常常形成良好的生油岩和储油岩。深湖区为还原环境，生物遗体保存较好，有利于向油气转化，是良好的生油环境。黑色和灰黑色黏土岩是良好的生油岩。半深湖区具有弱还原环境，其中灰黑色黏土岩可作为生油岩，粉砂岩是储层。浅湖区为弱氧化—还原环境，生油条件不好，但发育良好的砂岩层，靠近生油区，具备良好的储油条件。滨湖区为氧化环境，一般生、储油条件都差。湖泊三角洲相中的三角洲砂岩体是很好的储层。特别是三角洲前缘砂岩体粒度较细，分选较好，储集性质甚佳。湖相沉积在垂向剖面上，往往是生油岩层与油、气储层有规律地分布，形成完整的生、储、盖组合，有时甚至具有多套生、储、盖组合。生、储、盖组合受沉积旋回的控制，湖泊沉积所具有的连续性韵律（旋回）是形成生、储、盖组合的有利条件。

另外，在盐湖沉积中，含有大量的暗色泥岩，具备一定的生油条件，但以盐岩和泥岩为主的盐湖沉积，主要作为特好的盖层存在。盐湖沉积早期可有较多化石，但种类较少，个体较小，中晚期一般没有动物化石，晚期可见到植物化石。

2. 海相沉积

海相沉积物具有规模大，纵向、横向分布稳定的特点。海相沉积面积广，层位稳定，以碳酸盐岩及黏土岩为主，碎屑岩次之。海相碎屑岩的成分单纯，分选好，由岸及远粒度由粗变细，更远则是黏土沉积，沉积环境由氧化环境变成还原环境。一般将海相划分为滨海相、浅海相、半深海相、深海相。

1）滨海相

滨海沉积发生在大陆架最上部的涨、退潮线之间，沉积物在退潮时露出水面，涨潮时处于水下。水深一般在10m以内，沉积物沿海岸分布。滨海相沉积以碎屑岩为主，主要为砾岩和砂岩，平缓海岸区有黏土岩，偶尔可见生物碎屑岩。分选好，圆度高，胶结物种类较多，以化学胶结物为主，砾石多呈定向排列，其排列方式与河成砾石不一样，砾石长轴多平行于海岸线，扁平面倾向海洋，倾角平缓。层理类型以各种斜层理为主，常见浪成波痕、泥裂、雨痕及生物活动痕迹等层面构造，化石含量较浅海相少，破碎介壳、厚壳生物和钻孔生物为主，可见外来的陆上植物碎屑。砂岩常沿海岸呈条带状分布，形成滨海堤岸。砾岩常呈透镜状，沿海岸断续分布。

2）浅海相

J（GJ）AB011
浅海相沉积的概念

浅海是指退潮线至水深200m的地带，其范围与大陆架相当，但又不完全相同。根据水深、岩性和生物等特征的不同，又可将浅海相分为两个亚相，即亚浅海相和深浅海相。

（1）亚浅海相：位于退潮线至水深70m的地带，岩性以砂岩及粉砂岩为主，砾石较少。分选及磨圆较好，胶结物为铁质、钙质或泥质。层理以水平层理为主，波状层理和平缓的交错层理也比较常见，有时可见浪成波痕；生物繁盛，化石丰富，底栖动物和藻类常大量富集而形成各种生物岩。

（2）深浅海相：位于水深70～200m之间的地带，与亚浅海相成过渡关系。由于水体加深，生物减少，碎屑岩很少，以碳酸盐岩和黏土岩为主，粒度较细；水动力条件较弱，水体宁静，水平层理发育。

J（GJ）AB012
半深海相、深海
相沉积的概念

3）半深海相和深海相

半深海沉积发生在大陆斜坡；深海沉积发生在大洋底部。由于处于深水，环境安静，主要沉积的是各种远洋软泥。如半深海相的蓝色软泥、红色软泥、绿色软泥等；深海相的石灰质软泥、含硅藻和放射虫的硅质软泥和红色软泥等；化石以浮游生物为主，缺少底栖动物和植物。另外，由强烈的地震和构造运动使大陆架上原已沉积的沉积物被搅动掀起，大陆斜坡上的沉积物也发生滑动，这些都可产生大量的泥砂，形成巨大的浊流沉积，浊流中所含的砂、粉砂及砾石等碎屑颗粒与泥一起被搬运至深海，形成巨厚的浊积岩。

4）研究海相的意义

我国有着广泛的海相地层分布。海相地层中发育着一系列的生、储、盖组合，是勘探油气田的重要方向。例如，中东地区，我国的川南、任丘、义和庄等地已发现的油气田，都属于海相地层产油。

生油层：在浅海相黏土岩和碳酸盐岩中，化石丰富，常含有大量的有机质，具备良好的生油条件，是重要的生油岩。

储层：海相石英砂岩类，多为泥质胶结，储油物性好。具有孔隙、溶洞、裂缝的海相碳酸盐岩，储油量大，产量高。

盖层：海相泥质岩、泥灰岩、石膏等，是良好的盖层，巨厚的致密块状灰岩也可作为盖层。

此外，由于地壳的升降运动，在海进与海退过程中形成的各类砂岩体，是良好的储油圈闭。海退砂体底部的暗色海相页岩是有利的生油岩，海进砂体顶部的海相页岩是良好的盖层。目前，世界上所发现的海相砂岩体油气田，大多属于海退型砂体储层。

3. 海陆过渡相沉积

凡处于过渡地带的各种沉积相，统称海陆过渡相。海陆过渡环境的最大特征是海水含盐度往往不正常，常因河流注入而淡化或因闭塞蒸发而咸化。常与海相和陆相毗邻，包括潟湖相、三角洲相、砂洲、砂坝、砂嘴相等，其中与油气关系最密切的是潟湖相和三角洲相。

J（GJ）AB014 潟湖相沉积的概念

1）潟湖相

潟湖相位于大陆和海洋之间的海湾地区，由于砂坝，砂洲、堤岛等离岸沉积的发育，把海湾与海洋完全隔开或基本隔开，形成一个封闭或基本封闭的湖盆状态。其沉积物多为原来海滩沉积的重新分配和由陆上来的少数物质。可分为淡化潟湖、咸化潟湖和沼泽化潟湖三个亚相。

（1）淡化潟湖相：常形成于潮湿气候区。沉积物以黏土岩为主，次为石灰岩；由于水体淡化，生物种类单调，淡水生物大量繁殖，形成淡化潟湖相所特有的苔藓虫礁灰岩；构造以水平层理为主，斜层理不发育，有时可见波痕。

（2）咸化潟湖相：形成于气候干旱的地区。沉积物以纯化学沉积及细碎屑沉积为主有盐渍化和石膏化砂质黏土岩；生物种类单调，瓣鳃类、腹足类、介形虫等空前繁盛；具有水平层理，斜层理不发育，常有盐晶印痕、龟裂、波痕等层面构造。

（3）沼泽化潟湖相，通常是在湿热气候条件下由滨海平原区的淡化潟湖逐渐淤积而成。潟湖发展的后期，与广海隔绝，水流不通，植物丛生，植物遗体就地掩埋，形成泥炭沼泽。沉积物以黏土岩为主，还有粉砂岩、砂岩和石灰岩等，有时可见油页岩；具有水平层理及韵律层理，常含黄铁矿及菱铁矿结核，植物化石丰富。沼泽化潟湖相的一个重要特征是含有煤层。可形成储量很大的近海煤田，山西太原的煤田即属此类。

GAB026 三角洲相的沉积特点

2）三角洲相

河、海过渡三角洲一般位于海湾边缘的河口地区（图1-2-48），处于地壳持续稳定下沉地带。有机物的堆积厚度大，其物质来源主要是河流带来的碎屑物质，岩性主要是细砂岩、粉砂岩、黏土岩。陆生植物、淡水动物和海生动物遗体混杂在一起，沉积物中富含有机质，沉积速度快，埋藏迅速，有利于油气的生成；各种砂体发育，有利于油气的聚集。

三角洲的发育情况和形态特征主要受河流作用与蓄水盆地能量（波浪、潮汐、海流）的对比关系的控制，按照河流输入物质数量由多到少、水盆能量由弱到强的顺序，把三角洲形态分成：鸟足状（舌状）三角洲、扇形（朵状半圆形）三角洲、鸟嘴形三角洲和海湾形（三角形）三角洲（图1-2-49）。

按其成因类型，三角洲可分为建设性三角洲和破坏性三角洲。

（1）建设性三角洲的沉积特征：建设性

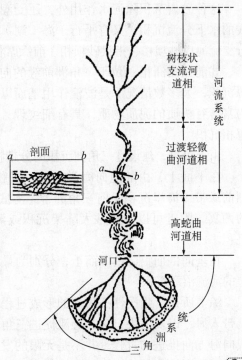

图1-2-48 河流—三角洲体系平面图

GAB028 建设性三角洲的沉积特点

三角洲的沉积可分为陆上和水下两部分。陆上部分为三角洲平原相，水下部分为三角洲前缘相和前三角洲相。

①三角洲分流平原相：是指河流分叉至分流河口部分。砂岩的形成主要受河流作用的控制，砂岩体形态以枝状为主，具正韵律。沉积相有分支流河床相、天然堤相、分支河床相、沼泽相和决口扇。

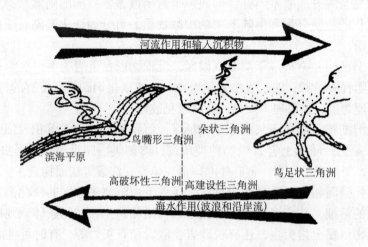

图1-2-49　三角洲形态示意图（据斯克拉顿，1960）

②三角洲前缘相（水下部分）：指河口以下河流入海（湖）部分，代表三角洲海（湖）岸线向海（湖）推进作用所形成的粗碎屑沉积，分选好，是较好的储油岩。

这种砂岩沉积除河水作用外，还受潮（浪）的作用，其砂体既有垂直于海（湖）岸线的水下分流沉积，又有平行于海（湖）岸线的坝式反韵律沉积。三角洲前缘相可分为分支流河口砂坝相、指状砂坝相、前缘席状砂和远砂坝相等亚相。

③前三角洲相：位于三角洲前缘的向海前方，它是三角洲向海推进时最先引进的陆源沉积，大多数情况下是波浪作用基面以下的沉积，处于波浪所不能及的深度。沉积物为富含有机质的泥质物质，具有细纹理，是良好的生油层。前三角洲含海相化石，纯属海相沉积。

由上可见，建设性三角洲沉积的分带特征非常明显。

在平面上，由陆地向海洋方向，沉积相带依次为三角洲平原带（陆上沉积）三角洲前缘带（海岸沉积）前三角洲带（海底沉积）。这三带大致呈环带状分布。在三角洲的两翼，附近可以为正常大陆架沉积或潟湖沉积，再远处，海岸有海滩、堤岛、潟湖沉积。

在垂向剖面上，由下而上，分别为最细的前三角洲泥、三角洲前缘砂、三角洲平原上的河流沼泽沉积。

综上所述，建设性三角洲的形成过程，主要是在河流的作用下，由分支河流将泥砂携带入海，以及由决口扇、心滩促进三角洲平原不断向海方向扩展。但分支河流使海岸线向海方向推进的过程，并不是无限的发展，当分支河流改道、泥砂来源断绝时，就开始了三角洲沉积的破坏期，海水将河流带来的泥砂进行改造，使之再行分布，形成了新的沉积体，即破坏性三角洲。

（2）破坏性三角洲的沉积特征：与建设性三角洲的沉积环境不同，破坏性三角洲向海洋的延伸部分，完全变成了海相；向陆地方向的延伸部分，则为湖泊相、沼泽相和河流相的复合体。沉积一般较慢较薄。典型的破坏性三角洲的成因主要是潮汐作用。河流带来的物质经过潮流的作用，碎屑物质常在潮沟或潮沟的两侧聚集成一系列长条状砂体，在波浪作用较强的情况下，也可形成一系列海滨砂滩；而黏土物质则被带到三角洲的潮成平原或被带进海中。剖面上，潮成三角洲的最下部是海相泥质沉积，往上是潮成砂，再往上是潮成平原富含有机质的沉积，最上面是三角洲平原和河流的沉积。

GAB027 破坏性三角洲的沉积特点

3）研究海陆过渡相的意义

J（GJ）AB013 研究海陆过渡沉积相的意义

潟湖是良好的生油环境。因为大多数潟湖地区生物繁茂，虽然生物种类不多，但数量仍然不少。潟湖底部通常都处于还原环境，有利于生物遗体的保存，特别是那些处于地壳稳定下沉地带的潟湖，有机物的堆积可以达到相当大的厚度，其底部的还原环境可以长期保持，对于石油的生成有着特殊重要的意义。三角洲与石油的关系尤为密切。三角洲区具备有利的生、储、盖组合及圈闭条件，这是一个具有经济价值的油气田必须具备的因素。

（1）生油岩：前三角洲带常有粉砂质黏土和泥质沉积，且含丰富的有机质，而且是在海底的还原环境下沉积的，其沉积迅速、埋藏快，这对于有机质的保存和向油、气转化特别有利，是重要的生油岩。

（2）储油层：三角洲前缘带中沉积的各种砂体（包括中心带和过渡带砂体），一般分选好，质纯，粒度适中，储油物性好。这些储油岩常和前三角洲及潟湖等生油岩相共生，容易形成油气聚集。

（3）盖层：三角洲平原中的泥沼沉积和前三角洲泥岩以及海进阶段形成的黏土夹层，均可作为良好的盖层和隔层。

（4）圈闭：三角洲沉积速度快，厚度大，在沉积过程中形成的各类圈闭，如凸透镜状的各种砂体非常容易被周围不渗透层所包围，形成"地层岩性油气藏"；同生断层、底辟构造、盐丘等常发生于三角洲前缘砂及前三角洲泥岩厚层地带，这不仅可有地层岩性油气藏，也可有构造油气藏。上述圈闭都是在沉积过程中形成的，形成时间早，对于油气聚集是有利的。

二、油田沉积相研究及现场应用

1. 沉积相研究的目的及特点

J（GJ）AB015 油田沉积相的研究目的及特点

油田沉积相研究要依据盆地区域沉积相研究成果，圈定油田所处的沉积体系和大的相带位置。其主要目的是为了详细掌握油田储层特征、提高油田开发效果、提高油田采收率。其研究范围着重于油田本身，并以油砂体为主要研究对象，从控制油水运动规律出发，研究单元常常要划分到单一旋回层，岩相要描述到单一成因的砂体，并且要以单一砂体的几何形态、规模、稳定性、连通状况及内部结构的详细研究为核心。这些特点与区域性沉积相的研究是有明显区别的，但它与区域相的研究成果又是分不开的，为了区别于区域性沉积相的研究，称之为油田沉积相研究。

J（GJ）AB016 沉积相的研究方法

2. 油田沉积相研究的方法

在油田内以砂层组为单元划分沉积相，主要依据的资料有：砂岩体的几何形态、测井曲线资料、区域岩相古地理研究成果、岩心观察和分析化验资料。

1）确定区域背景

区域背景是依据盆地区域沉积相研究成果，圈定油田所处的沉积体系和大的相带位置。

2）细分沉积单元

细分沉积单元是油田沉积相研究的基础工作。由于陆相砂、泥岩沉积层常常具有明显的多级旋回性，因此可普遍采用"旋回对比，分级控制"的总原则，按照不同沉积环境砂体发育的不同模式，具体进行沉积单元的划分对比。选择在区域内能够连续追溯的最小沉积单元，作为油田沉积相研究的基本作图单元。在河流—三角洲沉积区，一般以一次河流或三角洲旋回层为基本作图单元最为理想。但盆地各处沉积单元的发育状况不总是一致，往往从边缘向盆地中心沉积单元数目逐渐增多，研究区域越大，能够连续追溯的单元也变得越大，越复杂，必要时可进行分区解剖。

细分沉积相研究，其步骤可概括为：以全油田稳定分布的最小沉积旋回—砂层组为单元确定沉积大相，划分沉积时间单元、建立砂层组的沉积模式、确定各时间的相互关系、划分不同的沉积相带及所属亚相类型。

J（GJ）AB017
划相标志的选择

3）划相标志的选择

判断古代沉积环境的关键在于如何认识各种沉积特征的指相指标，以及如何选择好研究区域内有代表性的、能清楚反映各种相变的有效特征和标志。划相标志包括沉积体的岩性组合、层理结构、岩体形态、矿物组成、古生物、接触关系及地球化学特征等。

如某油田根据浅水湖盆河流—三角洲相的沉积特征，选择泥质岩的颜色、岩性组合与旋回性、层理类型与沉积层序、生物化石与遗迹化石、特殊岩性与特殊矿物，以及特殊构造、沉积现象为主要的和基本的划相标志，并以其综合沉积程序为主要定相依据。目前在油田上主要还是应用取心井资料，总结岩电关系，广泛应用测井曲线的形态来划相，这是近年来新出现的划相方法。具体做法如下。

（1）单井分小层划分沉积单元，并按曲线形态初步确定沉积相别。

（2）根据沉积特征对比不同沉积相带的砂体连通关系。相同相带的砂体连通为一类连通。不相同相带的砂体连通为二类连通，不同河道的砂体连通为三类连通。

（3）绘制不同单元砂体沉积相带图。按不同沉积环境勾绘砂体平面图（即沉积相带图），参考现代沉积中相带的组合与演变关系，在砂体平面分布图中具体确定各类亚相的类型与分布状况。

（4）在亚相的划分基础上，依据现代砂体的各种沉积特征，进一步确定砂体成因类型，探讨各类砂体的沉积方式、内部结构特征与夹层的分布状况。

（5）建立沉积模式，总结砂体分布组合特征。根据各相带不同成因砂体的组合方式及发育状况，建立本区砂体的沉积模式，把各种沉积现象有机地联系起来，并进一步研究砂体在油田纵、横向上分布组合特征，必要时可对油田进行分区、分段的综合描述。研究各类砂体的水淹特征。应用油田分层动态资料，研究不同开发阶段各类砂体的剩余油分布特点，研究各种地质因素对油层开发效果的影响，研究各类砂体的储量比例及可采储量，为油田开发提供各种地质依据。

沉积相划相的基本标志有：泥质岩的颜色，岩性组合与旋回性，层理类型与沉积层序，生物化石与遗迹化石，特殊岩性与特殊矿物，特殊构造，沉积现象。

例如，某油田为大型陆相河流—三角洲沉积油层，依据本地区地质情况总结各类沉积环境的曲线特征及定相指标，做出该区细分沉积标准（表1-2-3）。

表1-2-3　地区细分油层沉积相标质标准汇总表

沉积相		岩性组合特征	曲线形态		油层	性质
	细分相带		自然电位	微电极	韵律性	渗透串级差（倍）
三角洲平原相	河床相（分支流河床未单独分出）	中—细粒砂岩与杂色泥岩组合	上渐 底突		正底部突变	11.7
	边滩过渡相	细粒砂岩与灰绿色泥岩组合	微锯齿 上渐 底突		以正为主	7.9
		细粒砂岩与灰绿色泥岩组合	微锯齿		以正为主 少量复合	4.0
		细粒砂岩与过渡性岩性的组合	微锯齿		不明显	4.2
	河漫滩	薄层粉砂岩与泥粉、粉泥、泥岩互层	锯齿状		薄互层	—
	河间洼地	灰黑色、灰绿色泥岩为主与过渡性岩性组合	微起伏		—	—
	河口砂坝	细粒砂岩	圆滑 上渐 底突		以正为主 其次为反	—
三角洲前缘相	砂堤砂脊	细粒砂岩与过渡性岩性组合	顶突 下渐或箱状		复合为主	6.2
	薄层砂	薄层砂岩与灰绿色泥岩组合	锯齿状		薄互层	—
	湖湾	灰黑色—灰绿色泥岩组合	微起伏		—	

项目五　油层对比

GAB014 油层
对比的概念
一、油层对比的概念

在油田开发过程中要想了解整个区域的地质情况，必须把各个单井的剖面进行综合分析、对比，从而在整体上认识沉积地层空间分布特征。这一系列工作称为地层或油层对比。其中油层对比也称为小层对比。

油层对比实质上是地层对比在油层内部的继续和深化，油层对比要求的精确度更高，对比单元划分得更细，选用的方法综合性更强，油层对比是在区域性地层对比清楚的前提下进行的。

区域性地层是以地层的岩性、结构、构造、古生物化石等作为分层对比的依据，是确定地层层位关系的对比。区域地层对比中应用的资料是多方面的，但最基础的是岩性、古生物、矿物及沉积旋回特征；而油层对比是指在一个油田范围内，对经地层对比已确定含油层系中的油层部分进行细分层的对比，油层对比也建立在岩心资料的基础上，以地层的岩电性特征为对比依据，油层对比的任务有两条，其一是确定油层组、砂岩组、小层界线，其二是对比单砂层的连通状况。通过对单砂层的连通状况的分析进而认识每个小层的砂体分布规律及特点，为油田开发提供基础资料。

二、碎屑岩油层对比

油层对比工作的基本方法是以岩性为基础，以各种测井曲线特征为手段，参考有关油、水分析资料，在标准层控制下，采用"旋回对比、分级控制"的油层对比方法来划分小层。

GAB015 油层
对比选择测井
曲线的标准
（一）油层对比资料的选择

在油田上，能够提供油层特性研究的资料有录井、测井、地震、化验、试油试采资料等。因此在油层对比时，正确选择资料是油层对比工作顺利进展的一项重要举措。

我国陆相湖盆沉积的砂岩油田，油层主要是碎屑岩和黏土岩互层，由于这两类岩层的电性差别大，曲线形态和岩性对应关系清楚。而测井曲线又具有测速快、剖面连续的特点，所以在油田上通过取心井进行大量的岩性对比，最后选择测井曲线作为油层对比最为广泛采用的资料还是比较经济适用的。

运用测井资料进行油层对比，必须选取适用的多种测井资料，加以综合运用，因为任何一种测井资料都很难将油层的特性全面反映出来。只有选取合适的多种电测资料，相互取长补短，才能比较全面地将油层岩性、电性、物性及含油性综合反映出来。

进行油层对比，选择测井资料的标准是：

（1）较好地反映油层岩性、物性、含油性特征；

（2）清楚地反映岩性标准层特征；

（3）较明显地反映岩性组合旋回特征；

（4）清楚反映各种岩性界面；

（5）要求精度高，并为生产中普遍采用的测井方法。

根据以上原则，在油层对比中，各油田要结合实际情况选取相应的测井系列。在对比大地层单位时，主要考虑测井曲线的大幅度变化和组合关系，而小地层单位进行对比时，则主要考虑单层曲线形状、厚度、组合变化及电性的方向性升高或降低等。大庆油田小层对比选用的是1:200的2.5m底部梯度电极系视电阻率曲线、自然电位曲线和微电极曲线。这三条曲线在反映油层特性上各具有优、缺点，综合运用可较好地反映油层的岩性、物性、含油性、岩性界面及标准层特征。也有的油田小层对比选用1:200的2.5m底部梯度电极系视电阻率曲线、自然电位曲线或自然伽马、声波时差曲线。这要根据各油田的具体情况而定。

（二）标准层确定

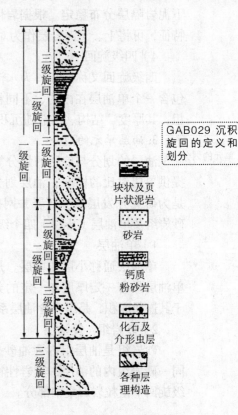

GAB016 选择标准层的条件

标准层是在地层剖面上岩性相对稳定，厚度不太大，岩性或电性、物性、化石等特征明显，分布广泛的岩层。标准层和沉积旋回是有一定内在联系的，标准层往往是在沉积条件发生较大变化时形成的一种特殊岩层，因此，它常出现在一定级次的沉积旋回界面附近。由于标准层具备了上述特点，所以油层对比离不开标准层。油层剖面中标准层选得越多，油层对比也就容易。一般来说，标准层常选择某些有特征的岩性，如陆相碎屑岩剖面中的石灰岩、油页岩、碳质页岩和火山碎屑岩；陆相湖泊沉积中的黑色泥页岩；碳酸盐岩剖面中某些石膏夹层、白云岩层等。它们作为标准层有特殊的岩性，电性特征易于识别，对比时容易掌握。根据标准层的稳定程度，可将标准层分为两级，其特征如下。

一级标准层：岩性、电性特征明显，在三级构造内分布稳定，稳定程度可达90%以上的层。

二级标准层（辅助标准层）：岩性、电性特征较突出，在三级构造的局部地区具有相对稳定性，稳定程度在50%~90%。在已确定油层组界线的基础上，配合次一级旋回特征划分砂岩组和单油层。

（三）沉积旋回的划分和分级

GAB029 沉积旋回的定义和划分

沉积旋回是指地层剖面上相似岩性的岩石有规律重复出现的现象。可以是岩石的岩性、颜色、结构、构造等方面表现出来的规律性重复。沉积岩的岩性及岩相变化的规律是受沉积环境控制的，而沉积环境的变化是由地壳升降、气候、水动力强弱的变化因素所决定。由于这些因素变化的不平衡，所以沉积剖面上的沉积旋回就表现出不同的旋回性和不同的级次，如图1-2-50所示。

1. 沉积旋回的划分

沉积旋回按粒度序列变化可划分为正旋回、反旋回及复合旋回。

1）正旋回

正旋回的特点是砂岩的粒度由下到上逐渐变细，正旋回底粗上细，一般情况下正旋回底部都有不同程度的剥蚀现象，即底部砂岩有下伏岩层的搅混碎块，与下部

图1-2-50 沉积旋回分级示意图

岩层为突变接触，接触面凹凸不平。

2）反旋回

反旋回与正旋回相反，粒度由下到上逐渐变粗，即底粗上细的旋回。

3）复合旋回

复合旋回的粒级变化是由细到粗再由粗到细的旋回，也有时出现由粗到细再由细到粗的粒级变化。复合旋回有时也称为过渡类型旋回。

2. 沉积旋回的分级

沉积旋回可分为四级，其特征如下。

GAB030 各级沉积旋回的特点

1）一级旋回

一级旋回是受区域性一级构造运动控制的沉积旋回，在全区稳定分布，是包含着若干油层组在内的旋回性沉积，相当于生油层与储油层或储油层与盖层的组合。每套含油层系一般都有古生物或微体古生物标准层用来控制旋回界线。

2）二级旋回

二级旋回是受二级构造控制的沉积旋回，包括在一级旋回中的次一级旋回。其中包含了几个油层组。每个油层组只是二级旋回中油层特征基本相近的部分。一般以标准层或辅助标准层来控制旋回界线。

3）三级旋回

三级旋回是受局部构造运动控制的沉积旋回，在三级构造范围内稳定分布，是二级旋回包含的次级旋回。它与砂岩组大体相当，其中发育的含油砂岩有一定的连续性，上、下泥岩隔层分布稳定。根据岩性组合类型、演变规律、厚度变化及电测曲线的形态组合特征，可将上、下泥岩层作为对比时确定旋回界线的依据。

4）四级旋回

四级旋回又称韵律，为水流强度所控制的，包含在三级旋回中的次一级旋回。它是包含一个单油层在内的、不同粒度序列岩石的一个组合。在这个组合中，单油层粒度最粗，其厚度、结构、构造随沉积相带的变化而有所不同。

GAB031 油层单元的划分

3. 油层单元的划分

油层的划分与旋回的划分等级是对应的，旋回划分是以岩性组合为依据，目的在于提供单层对比的标准；油层划分是以油层特性的一致性与垂向上的连通性为依据，目的是为研究开发层系、部署井网提供地质基础。一般将油层单元分为含油层系、油层组、砂岩组及单油层（小层）四个级别，其划分原则如下。

1）单油层

单油层通称小层或单层。是砂岩组内单一砂岩层，其岩性、储油物性基本一致，且单油层具有一定厚度和一定的分布范围，单油层间应有泥岩隔层分隔，其分隔面积应大于其连通面积，是组合含油层系的最小单元，相当于沉积韵律中的较粗的部分。

2）砂岩组（复油层）

砂岩组是油层组内含油砂岩集中发育的层段，由若干相互邻近的单油层组合而成，同一砂岩组内的油层，其岩性特征基本一致，上下均有比较稳定的泥岩隔层，相当于三级旋回中粗粒岩石集中部分。

3）油层组

油层组是同一沉积环境下连续沉积的油层组合，由若干油层特性相近的砂岩组组合而成，油层的岩性、物性和分布状况基本相同，具有同一水动力系统，各油层组间有较厚的、稳定的、非渗透的隔层隔开，可作为开发层系的基本单元，相当于二级沉积旋回中岩性较粗的部分。

4）含油层系

含油层系是若干油层组的组合。是一个一级沉积旋回的连续沉积，是岩石类型相近、油水分布特征相同的油层组合。含油层系的顶、底界面与地层时代分界线具有一致性。

例如，大庆油田某区将萨尔图、葡萄花含油层系逐级划分为 5 个油层组、15 个砂岩组、45 个单油层，见表 1—2—4。

表1—2—4　大庆油田某区萨、葡油层层组划分表

油层对比单元	油层组	砂 岩 组	单 油 层
油层组名称	萨Ⅰ组	$S_Ⅰ1\sim5$	$S_Ⅰ1$、$S_Ⅰ2$、$S_Ⅰ3$、$S_Ⅰ4+5$
	萨Ⅱ组	$S_Ⅱ1\sim3$、$S_Ⅱ4\sim6$、$S_Ⅱ7\sim9$、$S_Ⅱ10\sim12$、$S_Ⅱ13\sim16$	$S_Ⅱ1$、$S_Ⅱ2$、$S_Ⅱ3$、$S_Ⅱ4$、$S_Ⅱ5$、$S_Ⅱ6$、$S_Ⅱ7$、$S_Ⅱ8$、$S_Ⅱ9$、$S_Ⅱ10$、$S_Ⅱ11$、$S_Ⅱ12$、$S_Ⅱ13$、$S_Ⅱ14$、$S_Ⅱ15+16$
	萨Ⅲ组	$S_Ⅲ1\sim3$、$S_Ⅲ4\sim7$、$S_Ⅲ8\sim10$	$S_Ⅲ1$、$S_Ⅲ2$、$S_Ⅲ3$、$S_Ⅲ4$、$S_Ⅲ5+6$、$S_Ⅲ7$、$S_Ⅲ8$、$S_Ⅲ9$、$S_Ⅲ10$
	葡Ⅰ组	$P_Ⅰ1\sim4$、$P_Ⅰ5\sim7$	$P_Ⅰ1$、$P_Ⅰ2$、$P_Ⅰ3$、$P_Ⅰ4$、$P_Ⅰ5$、$P_Ⅰ6$、$P_Ⅰ7$
	葡Ⅱ组	$P_Ⅱ1\sim3$，$P_Ⅱ4\sim6$、$P_Ⅱ7\sim9$、$P_Ⅱ10_1\sim10_2$	$P_Ⅱ1$、$P_Ⅱ2$、$P_Ⅱ3$、$P_Ⅱ4$、$P_Ⅱ5$、$P_Ⅱ6$、$P_Ⅱ7$、$P_Ⅱ8$、$P_Ⅱ9$、$P_Ⅱ10_1$、$P_Ⅱ10_2$
合计	5	15	45

油层对比中的旋回级次划分，是在区域地层对比基础上的发展与深化，区域地层对比与油层对比旋回级次存在对应关系见表 1—2—5。

表1—2—5　沉积旋回级次与地层、油层单元对照表

区域地层对比		油层对比	
沉积旋回级次	地层单元	沉积旋回级次	油层单元
一	系	一	含油层系
二	组	二	若干油层组
三	段	三	砂岩组
四	砂岩组	四	若干单油层

（四）油层对比方法

J（GJ）AB002
湖泊相油层对比的方法

我国大多数油气田的储层为内陆湖泊相及三角洲相碎屑岩类沉积。湖泊相沉积的岩性及厚度比较稳定，具有明显的多级沉积旋回及较多的标准层，而河流—三角洲相沉积环境相对变化较大，岩性及厚度都不稳定。由于沉积特征不同，其对比方法也不同。例如，大庆油田湖泊相油层对比采用"旋回对比，分级控制"的对比方法，而河流相沉积油层对比则采用研究沉积相带、划分时间单元的对比方法。

对比时，由于油层组的划分一般与地层单位一致，因此，可用地层对比方法进行对比；而砂岩组及单油层的对比主要是在油层组对比界线和标准层的控制下，以岩性和电性所反映的特点作为对比依据。

1. 基本对比程序

J（GJ）AB001
油层对比的程序

1）建立该区油层对比标准图

油层对比时，在横向上依据由点（井）到线（剖面），由线到面（全区）的原则。即先对比相邻井点，再逐渐扩展到剖面，然后对全区各剖面线进行对比。用点和线的对比结果去控制面的对比，建立该区油层划分对比标准图，即油层组、砂岩组、小层划分典型曲线特征、岩电关系特征描述都有标准图，可在全区取心井中挑选有代表的曲线汇编而成。反过来还可以用标准图的对比界线验证井点对比是否正确。纵向上对比时，按旋回级次，由大到小逐级对比，即先对比含油层系，再对比油层组，在油层组内对比砂岩组，在砂岩组内对比小层。再由小到大逐级验证。

GAB032 建立
骨架剖面的方法

2）建立骨架剖面

所谓的"骨架剖面"，就是根据油层发育特征，在区块内拉几条横剖面和纵剖面，逐井逐层追溯对比，把标准层涂上颜色，把界线也标在图上，把相同界线连成线，能非常直观地看到各油层组、砂岩组、小层的曲线特征。这样，周围的井油层对比时界线不至于出现偏差，若出现了偏差，到另一条剖面其界线对不上时，反过来还可以查找。骨架剖面的建立便于全区"统层"，在新井进行分层对比时使用方便。骨架剖面是在对比中建立起来的，随着对比工作的深入，标准剖面需要不断完善。油层对比应有一个先后次序，尤其在油田较大、井数较多时，更应该如此。

3）单井准备工作

油田上，油层对比主要应用测井曲线进行对比。可将主要用于油层对比的测井曲线汇编成单井对比图。例如，20世纪60年代，大庆油田就把对比常用的2.5m底部梯度电极系、自然电位及微电极三条曲线，汇编成单井电测资料图，作为油层对比的基础资料。这样对比起来方便些。目前随着测井曲线进机技术的发展，完全可以单独输出某几条曲线，汇编成单井对比图，作为油层对比的基础资料。另外在油层对比之前要找好被对比井周围临井资料，确定对比关系。

4）掌握标准层的岩电特征

掌握标准层的岩电特征是油层对比的关键，标准层的电性特征一般有以下两种形式。

（1）单一电性特征：在测井曲线上，标准层特征明显，很容易与上下围岩区别，例如，大庆油田的薄层钙质层，微电极曲线反映为明显的细长"尖峰"状，声波时差曲线却为低值（图1-2-51）。

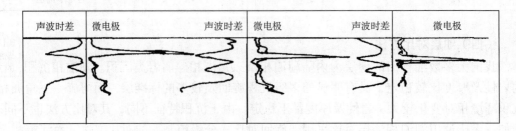

图1-2-51　标准层测井典线特征

（2）岩性组合特征：不同岩石类型组成的稳定性层组（或层段）在测井曲线上反映为明显的组合特征。例如，大庆油田喇嘛甸构造的 $P_I 1\sim 2$ 层，该层为厚层砂岩组合，分布稳定，只要打开测井图，几乎每口井都可找到厚 $18\sim 22m$ 的厚砂层，该层电阻率曲线值高，自然电位负异常也高，微电极幅度差也相应地高，几乎每口井均可见到，所以一看到它就可断定它是 $P_I 1\sim 2$ 层，与全井其他层形成明显的对照，可作为对比组合的标志。

2. 对比方法

1）湖泊相油层对比

形成于陆相湖盆沉积环境的砂岩油气层，大多具有明显的多级沉积旋回和清晰的多层标准层，岩性和厚度变化均有一定的规律。因此，常采用在标准层控制下，按"旋回—厚度"的对比方法进行油层对比。大庆油田总结出一套"岩性相近、曲线形态相似、厚度大致相等"的小层对比方法，即在标准层的控制下，按照沉积旋回的级次及厚度比例关系，从大到小逐级对比，划出油层组、砂岩组、小层界线。

（1）用标准层对比油层组：根据标准层的分布规律及二级旋回的数量和性质，用标准层确定对比区内油层组间的层位界限。

如图 1-2-52 列举了三口井的部分剖面图，剖面的顶、底均为大段泥岩，顶部 I 号层为灰黑色泥岩和介形虫泥岩，在区域范围内分布稳定，为区域标准层。底部 III 号层为厚度 $20\sim 30cm$ 的黑灰色介形虫泥岩，其下一层是电性特征明显的钙质砂岩层，分布稳定，因此该层可作为对比标准层，在剖面中部还有一层层位稳定的灰黑色泥岩，但因邻近层的电性不稳定，只能作辅助标准层。由于该区含油层系为一正旋回沉积，故该剖面以 II 号辅助标准层为界，上下分为两个二级旋回，即两个油层组。

油层组对比要掌握三个关键：①标准层控制；②油层组特征（岩性成分、旋回性、厚度、电性特征）；③分析油层组界线附近的岩性电性特征，在没有标准层情况下要掌握旋回性和辅助标准层。

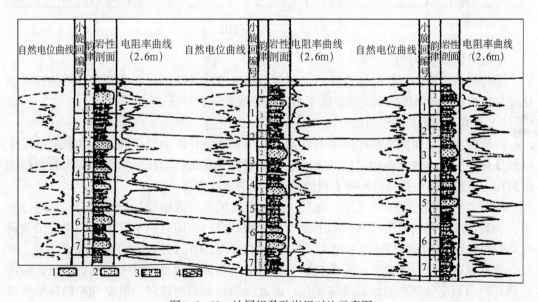

图1-2-52　油层组及砂岩组对比示意图

1—砂岩；2—粉砂岩；3—泥质粉砂岩；4—泥岩

（2）利用沉积旋回对比砂岩组：砂岩组一般为油层组内的三级旋回，对比时各三级旋回均按水进类型考虑，即以水退作为三级旋回的起点（底界），水进结束作为终点，为砂岩组顶界，顶、底界之间剖面即为砂岩组沉积地层，剖面上各砂岩组顶部一般均有一层分布稳定的泥岩，该泥岩可作为砂岩组顶面标准层。

砂岩组对比从四个方面入手：①掌握砂岩组的旋回性、岩性组合特征、电性曲线形态及其厚度特点；②把握住砂岩组顶底界泥岩、钙质层曲线特征；③分析砂岩组在对比削面中所处的位置及相邻砂岩组的特征；④假如砂岩组的组合特征不明显，顶底泥岩（钙质层）也不发育，可根据油层组的厚度变化趋势来确定砂岩组界线。

（3）利用岩性和厚度对比小层：在油田范围内同一时间沉积的单油层，其岩性和厚度都具有相似性。在划分和对比单油层时，应先在三级旋回内分析其单砂层的相对发育程度、泥岩层稳定程度，将三级旋回分为若干韵律，韵律内较粗粒含油部分即是单油层。井间小层可进行岩性及厚度的对比，连对比线时应按其具体情况表示出层位的合并、劈分和尖灭（图1-2-53）。

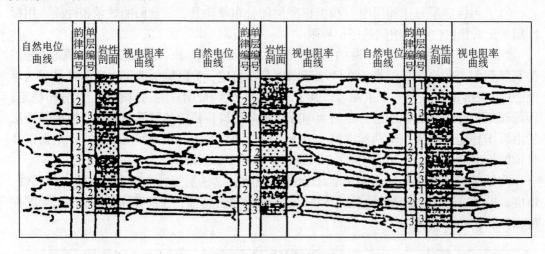

图1-2-53 小层对比图

小层对比要掌握的四个要点：

①分析各小层的岩性电性特征；②掌握辅助标准层及其特征；③掌握小层的厚度变化及与临近小层的厚度比例关系；④掌握小层顶底界泥岩特征。

2）河流—三角洲沉积油层对比

J（GJ）AB003
河流—三角洲相
油层对比的方法

由于河流—三角洲沉积中河流的切割、充填和夷平作用使岩层的厚度在横向上发生剧烈变化，因此一般不能用"旋回—厚度"的对比方法进行对比，对于这类沉积相的油层对比，目前我国一些油田采用了划分时间单元的对比方法。

所谓"时间单元"的含义是，在同一时间形成的某一段地层的岩性组合。从理论上讲，一套含油层系内的沉积从时间上是可以无限细分的，而时间单元大小的确定则依研究目的而对于河流沉积相这样不稳定沉积的油层，往往采用划分时间单元的对比方法。

为了准确划分时间单元，要求在砂岩组内尽可能多挑选出岩性—时间标准层，但由于砂岩组内稳定分布的岩性标准层较少，因此我国目前采用以同一时期沉积的砂层距离最近标准层等距离为依据，提出了应用等高程划分沉积时间单元的方法，具体含义是：采用岩性—时间标准层作控制，把距同一标准层等距的砂岩顶面作等时面，将位于同一等时面上的砂岩划分为同一时间单元。

下面以大庆油田萨中地区葡I_{1-4}砂层组为例进行细分时间单元（图1-2-54），对比的具体步骤如下：

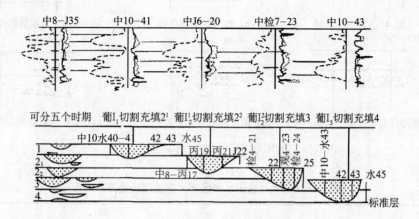

图1-2-54 按时间单元划分油层对比方法

（1）在砂层组上部（或下部）选择一个标准层，标准层尽量靠近砂层组顶（或底）界面；

（2）统计砂层组内主要砂层（单层厚度大于2m）的顶界距标准层距离；

（3）分析主要砂层的顶部与上部（或下部）的标准层距离，根据多数砂层顶面出现的位置，确定划分几个时间单元；

（4）全区综合对比统一时间单元，可将与统一时间单元一致的单元合并到邻近的时间单元中去。

对于跨时间单元的厚砂层，则需确定是一个时间单元下切作用形成的，还是河流又下切又叠加而形成的。

目前大庆油田采用以下几个方面加以综合判断：

（1）若砂层只具有一个完整的正韵律，则为一次河流下切作用形成的，故应为一个时间单元；

（2）若砂层由多个正韵律组合而成，则该砂层为多个时间单元；

（3）泥岩夹层将厚层砂岩上下划分为两个时间单元；

（4）以邻井对比的多数井划分为准，可用动态资料加以验证。

3. 连接对比线

油层对比最后要把油层的层位关系、厚度变化、连通情况用对比线连接起来。常用对比线连接形式（图1-2-55）。

也有的油田油层较多，为了便于保存，把小层对比成果整理成油层连通关系表，用数据表的形式反映油层的连通情况。应用此表和其他资料可编制油砂体图、剖面图。另外将此表输入计算机，也便于应用计算机绘图（表1-2-6）。

表中"0"表示该层与被对比井不连通。写"断失"的为4号井1~（4+5）层断失，6号井4+5层为未钻穿，3号井表格边上的粗线表示相应层段被断层隔开，在"备注"内写上主井的断层数据。其井位关系示意如图1-2-56所示。

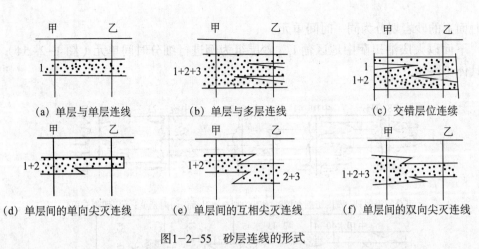

(a) 单层与单层连线　　　(b) 单层与多层连线　　　(c) 交错层位连续

(d) 单层间的单向尖灭连线　　(e) 单层间的互相尖灭连线　　(f) 单层间的双向尖灭连线

图1-2-55　砂层连线的形式

表1-2-6　××油田××区××井油层连通关系表

层号	对 比 井						备　注
	1井	2井	3井	4井	5井	6井	
1	1	0	1	断失	1	1	
2	2	2	2	断失	0	2	
3	0	3	3	断失	3	0	
4+5	$4+5^{1,2}$	4+5	$4+5^{1,2,3}$	断失	4+5	未钻穿	

制表人：　　　　审核人：　　　　日期：

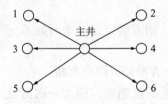

图1-2-56　井位关系

三、碳酸盐岩油层对比

对于碳酸盐岩储层的研究，不能沿用碎屑岩储层的研究方法。由于我国四川对碳酸盐岩研究时间长、经验丰富，因此将四川常用的方法加以简单的介绍。

（一）储集单元的划分

在碳酸盐岩的油气藏中，形成具有工业价值的产层要具备两个条件：一是储层应具有孔隙、裂缝发育的渗透性层段；二是储层上下有抑制油气散失的封闭条件。因此，在研究碳酸盐岩储层时，以研究岩层是否具有储集封闭条件为依据，结合岩层在纵向上岩性组合序列，将岩层划分为若干基本单元。在碳酸盐岩储层的划分与对比中，将这种在剖面上按岩性组合划分的、能够储集与保存油气的基本单元称为储集单元（图1-2-57）。

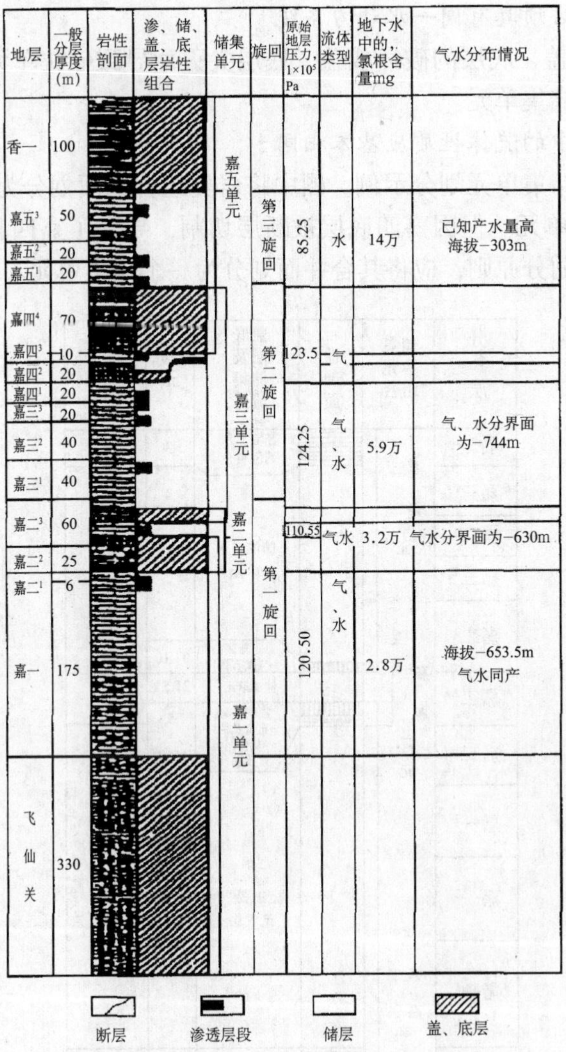

地层	一般分层厚度(m)	岩性剖面	渗、储、盖、底层岩性组合	储集单元	旋回	原始地层压力,1×10⁵Pa	流体类型	地下水中的,氯根含量mg	气水分布情况
香一	100			嘉五单元					
嘉五³	50				第三旋回	85.25	水	14万	已知产水量高 海拔-303m
嘉五²	20								
嘉五¹	20								
嘉四⁴	70			嘉三单元	第二旋回	123.5	气		
嘉四³	10								
嘉四²	20								
嘉四¹	20								
嘉三³	20						气、水		
嘉三²	40					124.25		5.9万	气、水分界面为-744m
嘉三¹	40								
嘉二³	60			嘉二单元		110.55	气水	3.2万	气水分界画为-630m
嘉二²	25				第一旋回		气、水		
嘉二¹	6								
嘉一	175			嘉一单元		120.50	气、水	2.8万	海拔-653.5m 气水同产
飞仙关	330								

图例:断层　渗透层段　储层　盖、底层

图1-2-57　储集单元模式

一个储集单元应包括储层、渗透层、盖层和底层。以渗透层和盖层最为重要,前者决定储集单元的产油能力,后者决定储集单元的保存能力。储集单元是碳酸盐岩油气对比的基础。

在地层剖面上划分储集单元,应考虑以下原则。

1. 同一储集单元必须具备完整的储、渗、盖、底岩性组合

在正常情况下,碳酸盐岩沉积旋回,由正常浅海碳酸盐岩开始到蒸发岩结束。由上而下的次序为石灰岩—白云岩—硬石膏—盐岩—钾岩—石灰岩或白云岩。其中硬石膏和盐岩是良好的盖层,而石灰岩和白云岩则是良好的储层。

2. 在储集单元划分中,主要考虑盖、底、储的岩类组合

因此在储集单元的划分中,底、储、盖的上下界面,不受地层单元界面限制,可与地层单元界面一致,也可不一致。

3. 同一储集单元必须具有同一水动力系统

例如，因断层对盖、底层的破坏或盖、底层尖灭而导致储集单元之间水动力系统连通，则应合并为一个储集单元。

4. 同一储集单元中的流体性质应基本相同

如图 1-2-58 为储集单元划分示例。图中将岩类组合剖面划分为嘉一、嘉二、嘉三、嘉四、嘉五五个储集单元。但因嘉四底层被断层切割，导致了嘉四和嘉三储集单元在水动力上连通，则根据划分原则，应将其合并而划分为一个储集单元。

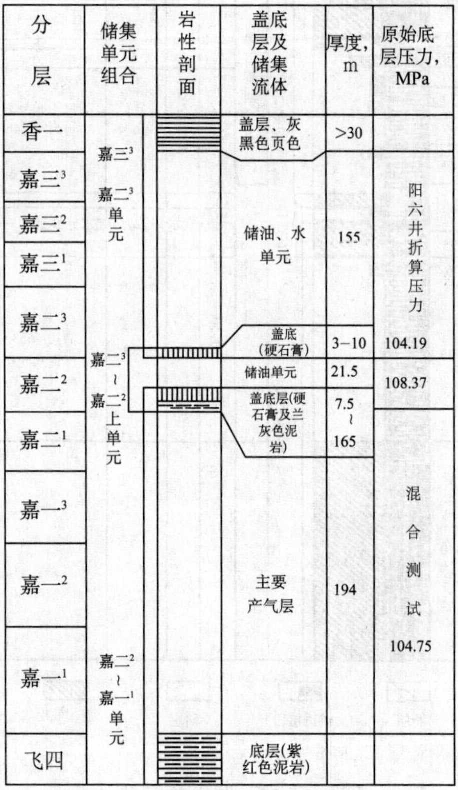

分层	储集单元组合	岩性剖面	盖底层及储集流体	厚度，m	原始底层压力，MPa
香一	嘉三³~嘉二²单元		盖层，灰黑色页色	>30	阳六井折算压力
嘉三³			储油、水单元	155	
嘉三²					
嘉三¹					
嘉二³	嘉二³~嘉二²上单元		盖底（硬石膏）	3~10	104.19
嘉二²			储油单元	21.5	108.37
嘉二¹			盖底层(硬石膏及兰灰色泥岩)	7.5~165	混合测试104.75
嘉一³	嘉二²~嘉一¹单元		主要产气层	194	
嘉一²					
嘉一¹					
飞四			底层(紫红色泥岩)		

图1-2-58　某气田三叠系嘉陵江组储集单元划分图

（二）储集单元的对比

储集单元的连续性与稳定性的研究是通过储集单元间的对比来完成的。储集单元的对比是依据在标准层控制下的盖、底层岩性对比来进行的。

由于是岩性的对比，所以储集单元对比与地层单元对比所依据的基本原理和方法都是相似的。其差别是：储集单元对比的界面，可以斜切几个地层单元界面，不受地层层位关系限制。一个储集单元可以相当于若干个地层单元，有些岩性均匀的白云岩块油气藏，一个储集单元可以包括十几个小层，具有几百米高的油柱。

现以阳高寺气田 Te_2^2 储集单元为例，说明储集单元的对比方法。如图 1-2-59 所示为阳高寺气田 Te_2^2 储集单元对比图。

为了解 Te_2^2 储集翠元沿构造长轴的变化，选分布在长轴上的 12 井、9 井、10 井进行水平对比，其步骤如下。

（1）建立柱状剖面，划分储集单元。根据气田Te组的储、盖、底岩性组合，油、气、水分布规律和原始地层压力资料，将剖面划分为 Te^1，Te_1^2，Te_2^2，Te_2^3 及 Te^3 储集单元。

（2）选择标准层，确定水平对比基线。根据地层分析，选取 Te_2^2 底蓝灰色泥岩作为标准层，将水平对比线置于标准层底面之上。

（3）将各井置于水平对比线的相应位置上，按比例绘制各井的岩性剖面及测井曲线，并划出储集单元。

（4）连接对比线，逐井对比，用对比线把相应的储集单元及地层连接起来。一般储集单元用虚线连接，地层用实线连接。

（5）用动态资料验证。为落实划分和对比的储集单元是否合理，可应用油气层原始地层压力、油—水和油—气界面位置、流体性质等资料加以验证。

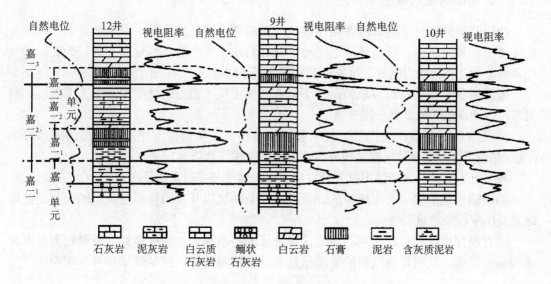

图1-2-59 阳高寺气田 Te_2^2 储集单元对比图

（三）产层对比

目前现场一般采用产层段、产层组、产层带等产层单位，它反映岩性、厚度、岩类组合关系特征。

1. 产层分组

产层段：是产层的基本单位，同一产层段岩性一致，产层段的厚度及其间的隔层厚度都很小，分布不够稳定。在同一构造上，相邻几口井可以进行对比。

产层组：岩性基本一致，本身厚度及其间隔层厚度都比较大，它是由若干个产层段组成的，它的分布比较稳定，是在同一构造内进行对比的基本单位。

产层带：由若干个产层组组成，它本身厚度和其间隔层厚度都很大，是一个储集单元中较大的产层单位；在一个产层带中，各产层组的产性产能等都可能不一致。

产层的划分，各地区应根据地质条件具体分析并进行划分。

2. 产层对比

由于碳酸盐岩裂缝性产层并不像碎屑岩裂缝储层那样较规则地沿地层横向延伸和变

在纵向出现的部位也往往不一致。所以在产层对比时，一是要求储集单元对比的可靠，二是集层内部要有一定数量的对比标准层。

产层的对比方法同储集单元的对比一致。

（1）在标准层控制下，在岩性相同的层段，逐井逐层连接对比线。

（2）全井层位相当，即使岩性不同或渗透层出现的部位不同，若试采资料证明两井之间连通，也可连线对比。若两井不连通，只能将两井之间暂作尖灭或断层处理，待进一步取得资料后，予以补充修正。

项目六　油田储量

J（GJ）AB018
油田储量的概念

一、油田储量的概念

油田储量是指一个油田内埋藏在地下的石油和天然气的数量。由于地质上、技术上和经济上的种种原因，目前还不能把地下储存的油、气全部采到地面上来，为此，油气储量可分为三类：地质储量、可采储量和剩余可采储量。

地质储量：是指在地层原始条件下具有产油（气）能力的储层中原油（天然气）的总量，以地面条件的重量单位表示。

可采储量：是指在现代工艺技术和经济条件下，从储油层中所能采出的那部分油（气）储量。可采储量是反映油田开发水平的一个综合性指标。

剩余可采储量：是指油田投入开发后，可采储量与累积采出量之差。

油田储量是油气田勘探成果的综合反映，是油气田开发的物质基础、国家制定能源政策及国家投资的重要依据。

随着勘探程度的提高和对油田的认识程度的不断深入，油田储量的准确程度也不断地提高。目前，我国将油气田的地质储量又分为预测储量、控制储量和开发探明储量三大类。

J（GJ）AB020
地质储量的分类

1. 预测储量

预测储量相当于其他矿种的D～E级储量。

预测储量是在地震详查以及其他方法提供的圈闭内，经过预探井钻探获得油（气）流或油（气）层有显示后，根据区域地质条件分析和类比，对有利地区按容积法估算的储量。该圈闭内的油层变化、油水关系尚未查明，储量参数是由类比法确定的，因此可估算一个储量范围值。预测储量是制订评价钻探方案的依据。也为进一步勘探部署提供依据，而不能作为编制油气田开发方案的依据。因此，预测储量的可靠程度是比较低的。

2. 控制储量

控制储量相当于其他矿C～D级储量。

控制储量是在某一圈闭内预探井发现工业油（气）流后，以建立探明储量为目的，在评价钻探过程中钻了少数评价井后所计算的储量。该级储量通过地震和综合勘探新技术查明了圈闭形态，并对所钻的评价井已做了详细的单井评价；通过地质—地球物理综合研究，已初步确定类型和储层沉积，并大体控制了含油面积和储层厚度的变化趋势，

对油藏复杂程度、产能大小和油气质量已做出了初步评价。所算的储量相对误差不超过
±50%。

控制储量可作为进一步评价钻探，编制中期和长期开发方案、规划的依据。

3. 探明储量

探明储量是在油田评价钻探阶段完成或基本完成后计算的储量，是在现代技术和经济条件下可提供开采并能获得经济效益的可靠储量。探明储量是编制油田开发方案、进行油田开发建设投资决策和油田开发分析的依据。

探明储量按开发和油藏复杂程度分为以下三种。

1）已开发探明储量（简称Ⅰ类，相当其他矿种的A级）

研发探明储量是指在现代经济技术条件下，通过开发方案的实施，已完成开发钻井和开发设施建设，并已投入开采的储量。该储量是提供开发分析和管理的依据，也是各级储量误差对比的标准。新油田在开发井网钻完后，即应计算已开发探明储量，并在开发过程中定期进行复核。当提高采收率的设施建成后，应计算所增加的可采储量。

2）未开发探明储量（简称Ⅱ类，相当其他矿种的B级）

未开发探明储量是指已完成评价钻探，并取得可靠的储量参数后所计算的储量。它是编制一切方案和进行开发建设投资决策的依据，其相对误差不得超过 ±20%。

3）基本探明储量（简称Ⅲ类，相当其他矿种的C级）

多含油气层系的复杂断块油田、复杂岩性油田和复杂裂缝性油田，在完成地震详查、精查或三维地震，并钻了评价井后，在储量计算参数基本取全、含油面积基本控制住的情况下所计算的储量为基本探明储量。该储量是进行"滚动勘探开发"的依据。在滚动勘探开发过程中，部分开发井具有兼探的任务，应补取算准储量的各项参数。在投入滚动勘探开发后的三年内，复核后可直接升为已开发探明储量。基本探明储量的相对误差应小于 ±30%。

二、油、气储量的综合评价

（一）储量综合评价

储量综合评价是衡量勘探经济效果、指导储量合理利用的一项重要工作。储量综合评价内容主要是根据储量规范要求，储量评价应包括储量可靠性评价、储量品质综合评价方面的内容。储量综合评价主要从储量规模、储量丰度、油气藏埋深、储层物性、原油物性与非烃类气体含量进行储量品质的分类。

申报的油气储量按产能、储量丰度、地质储量、油气藏埋藏深度四方面进行综合评价。

1. 按产能大小划分

对于油的储量可根据千米井深的稳定产量、每米采油指数和流度划分为高产、中产、低产、特低产四个等级。而对于天然气的储量仅根据千米井深的稳定产量划分为高产、中产、低产三个等级（表1–2–7）。

表1-2-7　油、气储量综合评价（按产能）

评价等级	千米井深的稳定产量		每米采油指数	流度，K/μ
	油，t/（km·d）	气，10^4m³/（km·d）	油，t/（mPa·d·m）	油，$10^{-3}\mu$m²/（mPa·s）
高产	> 15	< 10	> 1.5	> 80
中产	5~15	3~10	1~1.5	30~80
低产	1~5	< 3	0.5~1	10~30
特低产	< 1	—	< 0.5	< 10

2. 按地质储量丰度划分

对油藏的储量可按地质储量丰度划分为高丰度、中丰度、低丰度、特低丰度四个等级，而对于气藏仅分为高丰度、中丰度、低丰度三个等级（表 1-2-8）。

表1-2-8　油、气储量综合评价（按储量丰度）

评价等级	储量丰度	
	油，10^4t/km²	气，10^8m³/km²
高产	> 300	> 10
中产	100~300	2~10
低产	50~100	< 2
特低产	< 50	—

3. 按油、气田地质储量大小划分

对油田可按地质储量大小划分为特大油田、大型油田、中型油田和小型油田四个等级，而对于气田只分大型油田、中型油田、小型油田三个等级（表 1-2-9）。

表1-2-9　油、气储量综合评价（按地质储量）

评价等级	地质储量	
	油，10^8t	气，10^8m³
特大型油田	> 10	—
大型油田	1~10	> 300
中型油田	0.1~1	50~300
小型油田	< 0.1	< 50

4. 按油、气藏埋藏深度划分

按油、气藏埋藏深度划分为浅层、中深层、深层、超深层四个等级。仅浅层油藏和中深层油藏与气藏划分标准略有差别（表 1-2-10）。

表1-2-10　油、气储量综合评价（按埋藏深度）

评价等级	埋藏深度，m	
	油藏	气藏
浅层油藏	< 2000	< 1500
中层油藏	2001～3200	1500～3200
深层油藏	3200～4000	3200～4000
超深层油藏	> 4000	> 4000

（二）特殊储量

J（GJ）AB024
特殊储量的分类

特殊储量是指根据流体性质、勘探开发难度及经济效益，在开发上需要采取特殊措施的储量。这类储量开发难度一般较大，因此储量规范要求将这类储量单独列出，并加以说明。

1. 稠油储量

稠油又称重质油，由于稠油中轻质馏分少，沥青及胶质含量很高，所以稠油密度大、黏度高。储量规范将地下原油黏度大于 50mPa·s 的原油划归为稠油。按稠油油藏开发的特点分为三类：第一类，用目前常规方法可以开采；目前我国原油地下黏度小于100mPa·s，一般的注水抽油就可以开采。第二类，利用现代热力驱动技术可以开采，并具有经济效益；目前我国注蒸汽采油的技术，深度可以达到1400m，可以开采黏度达到1500mPa·s 的原油。第三类，利用现代采油工艺技术尚不能开采，或无开采经济价值，第三类稠油储量实际上为表外储量。

2. 高凝油储量

原油凝固点在 40℃以上者为高凝油。对于这类原油需要特殊的开采和集输工艺技术，在储量统计中要单独列出。

3. 低经济储量

低经济储量是指达到工业油、气流标准，但开发难度大、经济效益低的储量。如低产油（气）层、特低产油（气）层、高含水油层（试油含水率大于 60%）等。

4. 非烃类天然气储量

非烃类天然气包括硫化氢、二氧化碳和氮气。工业气井中非烃类天然气含量大于以下标准者，应计算储量；硫化氢含量大于 0.5%，二氧化碳含量大于 5%，氮含量大于0.05%。

5. 超深层储量

超深层储量是指井深大于4000m、开采工艺要求高、开发难度较大的储量。

项目七　现场岩心描述

一、现场岩心描述

岩心是在钻井过程中用取心钻具从地下取出的岩石样品。岩心是最直观的油、气、水特性的第一性资料。

J（GJ）AB004
取心的目的

（一）取心的目的

（1）了解岩性和岩相特征。通过对重矿物、粒度和薄片鉴定等分析，判断沉积环境。

（2）研究古生物化石及其分布特征，确定地层时代，进行地层对比。

（3）通过对岩心的观察、分析可以发现油、气层，并对岩心的含油、气、水产状进行观察描述。

（4）研究生油层特征及生油各项指标。

（5）明确油层分布，合理划分油层组、砂岩组和小层。

（6）研究储集层的储油物性（孔隙度、渗透率、含油饱和度），建立储集层物性参数图版，确定和划分有效厚度和隔层标准，为储量计算和油田开发方案设计提供可靠资料。

（7）研究储集层的"四性（岩性、物性、电性、含油性）"关系，进行定性和定量解释。

（8）研究地层倾角、地层接触关系、裂隙、溶洞及断层发育情况等。

（9）检查油田开发效果，研究不同开发阶段油层的水洗特征和水淹层驱油效率。研究水淹层的岩电关系，进行定性和定量解释。了解开发过程中所必需的其他资料数据。

（10）为钻井过程中的钻井液、可钻性及采油过程中的压裂、酸化等提供岩石的物理和化学资料。

J（GJ）AB005
岩心标注的内容

（二）现场岩心观察

在地质研究中，经常需要看岩心，我们平时看到的岩心都是经过地质取心录井整理好的岩心，一般装在岩心盒里、按照井深顺序已经编好序号，在看岩心时有几点注意事项。

（1）不要弄乱顺序，从哪拿出来的一定按原来的位置放回去，注意放回的岩心方向一定和拿出时的方向一致。

（2）看岩心要看新鲜面，一般含油砂岩都是劈开的，一定要以劈开的新鲜面描述为准。

（3）熟悉岩心标注的下列内容。

密闭取心井的岩心出筒后应及时整理岩心，清理密闭液后马上进行涂漆、丈量、编号，及时取样、化验分析，时间要在 2h 之内完成。

①岩心盒的编号与岩心排列。岩心盒两头都有盒号，岩心盒的正面标有井号，岩心在盒内的顺序按从左到右摆放，如图 1-2-60 箭头所示。

②漆框内容及编号。一般岩心都有一个 4cm×2.5cm 的漆框，漆框标明的内容如图 1-2-61 所示。

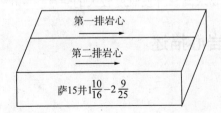

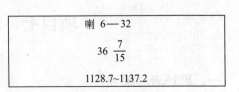

图1-2-60　岩心盒编号和岩心排列示意图　　　　图1-2-61　漆框内容及编号示意图

第一行数字为井号；第二行数字，左侧整数为取心筒次，右边分母为本次取心划分的总块数，分子是本块岩心编号；第三行数字表示该岩心取的深度（m）。

③岩心中1cm圆形的漆点。它是长度记号，是在岩心方向线上的整米或半米长度的记号。

④一般岩心油砂部分每隔10cm（或20cm）编一个号，这是样品编号，它与岩心柱状图上的编号是对应的。

⑤岩心装盒时，按取心顺序自上而下、自左向右的方向装入岩心盒。在岩心盒内两次取心接触处放一个隔板，隔板上标注的是上次取心底和下次取心顶的有关数据。

J（GJ）AB008
岩心含油气水特征的描述

（三）岩心描述

采油厂进行岩心描述与录井公司不一样，一般都是为了某种单一的目的而进行的，如沉积相研究、岩电关系确定、厚度划分、油层对比、剩余油分析等。不管是哪种岩心描述目的，必须在观看取心井之前，了解本井取心井段、进尺及收获率，最好是拿横向图或岩心柱状图对照观看，增强岩电关系的感性认识。

岩心描述的内容包括岩石名称、颜色、含油气水产状、矿物成分、胶结物、结构、构造、化石、含有物、滴酸反应程度和接触关系等。关于岩石的胶结物、结构、构造等基础知识前面已讲过。

下面以碎屑岩为例，介绍一下岩心描述有关知识。

J（GJ）AB006
岩石定名的方法

1. 岩石定名

岩石定名要概括岩石的基本特征，包括颜色、含油气、水产状及特殊含有物和岩性。例如，棕褐色含油含砾细粒砂岩；灰色含介形虫钙质粉砂岩。

（1）碎屑岩往往是不同粒径组成的，在这种情况下给岩石定名时，将次要（含量少的）颗粒放在前面，主要颗粒（含量多的）放在后面。

（2）当岩石颗粒、钙质等含量为25%~50%时，定名时用×质或×状表示，如泥质粉砂岩、砾状砂岩。

（3）当岩石中次要颗粒含量在10%~25%时，用"含"字表示，将"含"字放在次要颗粒之前，如含泥细砂岩。

（4）当岩石中次要颗粒小于10%时，不参与定名作描述。

2. 颜色描述

岩石的颜色反映岩石中的矿物成分和沉积环境。地质工作者在给岩石定名时，把颜色放在最前面，碎屑岩的颜色包括单一颜色、混合颜色和杂色三种。

（1）单一颜色：为一种颜色，如灰色、红色，常在前面加上形容词深、浅来说明，如深灰色、浅红色。

（2）混合色：指两种颜色比较均匀地分布在岩石内，往往是其中一种突出，另一种次之，描述时将主要颜色放在后边，次要颜色放在前边，如灰白色粉砂岩，白色为主，灰色次之。

（3）杂色：一般由三种以上颜色混合组成，或各自呈不均匀分布，如斑块、斑点和杂乱分布，往往是以某一种颜色为主，其他颜色杂乱分布，如紫红夹灰绿色粉砂质泥岩，以红色为主，紫色次之，再次之是杂色中绿色多，灰色少。

3.岩心含油、气、水特征的描述

岩心刚出筒时就要认真细心观察岩心含油、气、水产状特征，并做好记录或必要的试验、取样等，以作为详细描述时的补充。描述岩心含油、气、水特征时，除对构造特征、岩石结构进行描述外，还要突出描述岩心的含油饱满程度、产状特征等。特别指出的是，不应忽视对低含油产状如油浸、油斑、油迹的描述。

J（GJ）AB007
岩石含油产状
的描述

1）含油产状特征描述

含油产状特征是指油在岩石内的存在状态，描述时要结合岩石结构、构造等说明油在岩石内的分布状况；对含油饱满程度的描述，一般用含油饱满、含油较饱满和含油不饱满等形式表示岩心的含油饱满程度，含油级别一般根据含油产状、含油饱满程度和含油面积来确定。

（1）油砂：含油饱满，含油画积大于80%，岩心颗粒均匀，油味浓，原油染手，油脂感强，颜色较深。

（2）含油：含油较饱满，含油面积为50%～80%，颜色较油砂浅，多为棕色或浅棕色等，局部砂岩颗粒分选较差，并夹有少量泥质条带或含有少量其他含有物等。岩心刚出筒时，无原油外溢，劈开岩心新鲜面油脂感较强，捻碎后染手。

（3）油浸：含油面积为25%～50%，一般多为泥质粉砂岩，在砂粒富集处含油，多呈条带、斑块状含油，劈开岩心后不染手，含油不饱满。在描述岩心时，一般根据其含油面积确定颜色，若含油面积达到50%左右，可按含油颜色定名。如浅棕色油浸粉砂岩、油浸泥质粉砂岩等。若含油面积在50%以下时，可按岩石本色定名。如灰绿色油浸泥质粉砂岩。

（4）油斑：含油面积为10%～25%，一般多为粉砂质泥岩。在砂质富集的斑块、条带处含油，含油不饱满。在描述岩心时，按岩石颜色定名。如灰绿色油斑粉砂质泥岩或油斑泥质粉砂岩。

（5）油迹：对于含油面积小于10%的含油产状一般称为油迹。不单独定含油级别，只是在描述岩心时，将其含油产状特征、分布状况记录在描述奉上即可。

2）含油含水岩心描述

油水过渡段取心或水淹层调整井取心，都是岩心中既含油也含水。在观察此类岩心时，常常用到滴水试验法来说明岩心中的含水程度。

滴水试验应在劈开的岩心新鲜面上进行；用滴瓶取一滴水，滴在含油岩心平整的新鲜面上，然后观察水珠的形状和渗入情况。一般分为五级（图1-2-62）。

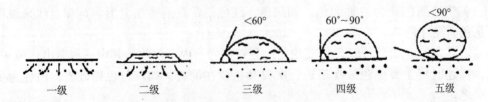

图1-2-62　岩心滴水试验示意图

（1）一级：水珠立即渗入。

（2）二级：10min 内渗入。

（3）三级：10min 内水珠呈凸镜状，润湿角小于60°。

（4）四级：10min 内水珠呈馒头状（半圆状），润湿角为 60°～90°。

（5）五级：10min 内水珠形状不变，润湿角大于 90°。

油水比例相近为三级。一级、二级是含水多，四级、五级是含油多。

（四）接触关系描述

地层岩性的接触关系是指不同岩性接触面及其沉积变化特征。现场描述一般分三种类型。

（1）渐变接触：不同岩性逐渐过渡，无明显界限。

（2）突变接触：不同岩性分界明显，但为连续沉积。

（3）冲刷面：不同岩性接触处有明显冲刷切割现象，并常有下伏沉积物碎块等。

在描述不同岩性接触关系时，重点描述不同类型接触面的岩性、颜色、成分、结构、构造、含有物及接触面的其他沉积特征。

二、岩心资料的整理方法

J（GJ）AB009
岩心资料的整理方法

岩心盒内筒次之间应用隔板隔开，并贴上岩心标签，注明块数、长度、深度、筒次，以便区别和检查。在同一地区的油层原始含油、含水饱和度的大小，主要和油层的孔隙度有关。在取心过程中，由于压力的降低、溶解气的脱出，地面分析的含油、含水饱和度将损失一部分。目前含油饱和度、含水饱和度是岩样直接分析的数据，为计算饱和度差值及水驱油效率，应把目前含油饱和度换算成地下体积计算。

岩心综合数据的整理目前应用电子计算机处理原始数据的方法，包括基础数据运算、脱气校正、层段累加平均、水洗判断等。岩心综合数据包括单块岩样分析数据和分层段水洗综合数据。根据岩心资料整理编绘岩心柱状图及油层水洗状况综合柱状图是密闭取心检查井的一项重要成果，是研究油层水淹状况、潜力分布及开发动态分析的基础资料。

三、岩心资料的应用

J（GJ）AB010
岩心资料的应用

岩心资料是油田勘探和开发的最重要的地质基础，主要用于检查水驱砂岩油田不同开发阶段各类油层的水淹动用状况、剩余油分布特点，评价各类油层注水开发效果，为油田开发调整决策提供技术支持。岩心常规物性分析主要应用于开发方案设计、储量计算、油气层评价。

在基础井网的初期开发阶段，密闭取心主要针对主力油层，观察了解油层中注入水的分布情况，油层的水洗特点和驱油效率的高低。深入研究主力油层的水洗特征和水洗规律，研究油层水洗前后特性的变化及其对驱油效率的影响，对油田不同地区各类油层的水驱效果和可采储量进行分析评价。取心目的层除较好油层外，侧重于对有效厚度小于 1.0m 的薄差层及表外储层选样分析。

模块三　油田开发基础知识

项目一　油田开发知识

一、井别与井号

根据"油气勘探工作条例"和"油气勘探工作程序与地震地质解释评价工作流程、要求"，对井别划分和井号编排提出以下规定。

（一）井别划分

1. 探井的分类

CAC001 探井的分类

探井分类要与我国的勘探阶段划分、勘探程序结合起来；要与油气勘探的钻探目的紧密结合起来。我国探井分类主要有：地质井、参数井、预探井、评价井、水文井。

（1）地质井：在盆地普查阶段，由于地层、构造复杂，用地球物理勘探方法不能发现和查明地层、构造时，为了确定构造位置、形态和查明地层层序及接触关系而钻的井。

（2）参数井（地层探井、区域探井）：在油气区域勘探阶段，在已完成了地质普查或物探普查的盆地或坳陷内，为了解一级构造单元的区域地层层序、厚度、岩性及生油、储油和盖层条件和生储盖组合关系，并为物探解释提供参数而钻的探井。它属于盆地（坳陷）进行区域早期评价的探井。

（3）预探井：在油气勘探的圈闭预探阶段，在地震详查的基础上，以局部圈闭、新层系或构造带为对象，以发现油气藏、计算控制储量和预测储量为目的的探井。它属于新油气藏（田）的发现井。按其钻井目的又可将预探井分为：

①新油气田预探井，它是在新的圈闭上找新的油气田的探井。

②新油气藏预探井，它是在油气藏已探明边界外钻的探井，或在已探明的浅层油气藏之下，寻找较深油气藏的探井。

（4）评价井：在地震精查的基础上（对复杂区应在二维地震评价的基础上），在已获得工业性油气流的圈闭上，为查明油气藏类型、构造形态、油气层厚度及物性变化，评价油气田的规模、产能及经济价值，以建立探明储量为目的而钻的探井。滚动勘探开发中与新增储量密切相关的井，也可列为评价井。

（5）水文井：为了解水文地质问题和寻找水源而钻探的井。

2. 开发井的分类

CAC002 开发井的分类

（1）开发井：如地震精查构造图可靠、评价井所取的地质资料比较齐全、确认了探明储量之后，可根据编制的该油气田开发方案，为完成产能建设任务按设计开发井网所钻的井。

对探明储量风险较大，或地质构造复杂、储层岩性变化大的油气藏，可减小开发方案内所拟定的开发井密度，先钻一套基础井网，作为开发准备井。为落实探明储量，准备产能建设，获得试采资料，为进行油藏工程研究做好开发准备，逐步将油气田转入正式开发。

（2）调整井：油气田全面投入开发若干年后，根据开发动态及油藏数值模拟资料，为提高储量动用程度，提高采收率，须分期钻一批调整井，根据油气田调整井开发方案加以实施。

（二）井号编排

1. 探井井号编排

CAC003 探井的井号编排

（1）参数井：以基本构造单元盆地统一命名。取井位所在盆地名称的第一个汉字加"参"字组成前缀，后面再加盆地内参数井序号（阿拉伯数字）命名，例如，江汉盆地第一口参数井命名为"江参1井"。

（2）预探井：以井位所在的十万分之一分幅地形图为基本单元命名或以二级构造带名称命名。取地形图分幅名称的第一个汉字加分幅地形图单元内预探井布井顺序号命名。若地形图分幅名称的第一个汉字与该盆地其他地形图分幅名称的第一个汉字或区域探井井号字头同音或同字，应选用地形图分幅名称中不同音、不同字的字作为井号字头。若设计预探井井位所在的地形图分幅名称与区域探井所在的二级构造单元名称均同音或同字，则可选用地形图分幅内次一级地名中的第一个或其他汉字作为井号的字头。

以二级构造带井号名称命名时，采用二级构造带名称中的某一汉字加该构造带上预探井布井顺序号命名。

预探井井号应采用1~2位阿拉伯数字。

（3）评价井：以发现工业油气流之后的控制储量所命名的油气田名称为基础，取井位所在油气田名称的第一个汉字命名。没有控制储量的以预测储量所命名的油气田名称为准进行井号命名。若油气田名称的第一个汉字与该盆地内其他井别井号命名的字头或其他油气田名称中的字同音或同字时，应由第一个以外的汉字加油气田内评价井布井顺序号组成。

评价井井号应采用3位阿拉伯数字。

（4）地质井：以一级构造单元统一命名。取井位所在一级构造单元名称的第一个汉字加大写汉语拼音字母"D"组成前缀，后面再加一级构造单元内地质井布井顺序号（阿拉伯数字）命名。

（5）水文井：以一级构造单元统一命名。取井位所在一级构造单元名称的第一个汉字加汉语拼音字母"S"组成前缀，后面再加一级构造单元内水文井布井顺序号命名。

2. 开发井井号编排

CAC004 开发井的井号编排

开发井按井排编号，按"油气田、油气藏或开发区块的第一个汉字－井排－井号"命名。在井号的后面加小写的"X"，再加阿拉伯数字命名的井号称为定向井。

3. 海上钻井井号编排

海上探井按"区块－构造－井号"命名方案。采用经度1°、纬度1°面积分区，每区用海上或岸上的地名命名。区内按经度10′、纬度10′分块，每区划分为36块。每块内根据物探解释对局部圈闭进行编号。每个圈闭所钻的预探井为1号井，评价井为2号井，3 号井，…号井。如 BZ28-1-1 井，即渤中（BoZhong）区 28 块 1 号构造 1 号井。

海上油田开发井号编排，按"油田的汉语拼音字头－平台号－井号"命名。如埕北（ChengBei）油田用两座钻井平台 A，B 进行开发，每个平台设计钻井开发井 27 口，A 平台的井号编排为 CB－A－1 井至 CB－A－27 井；B 平台的井号编排为 CB－B－28 井至 CB－B－54 井。

二、注水开发油田的三大矛盾及其治理对策

注水开发油田油层多非均质，由于油层渗透率在纵向上和平面上的差异性，导致注入水沿着高渗透层或高渗透区窜流，中低渗透层或中低渗透区吸水很少，从而引起一系列矛盾，归纳起来主要有三大矛盾。

GAC008 三大矛盾的表现形式

（一）三大矛盾

注水开发油田存在地下三大矛盾是层间矛盾、平面矛盾、层内矛盾。

GAC001 层间矛盾的概念及表现形式

1. 层间矛盾的概念及表现形式

对于多油层非均质的油田，由于经济技术和油层本身特点等原因，不可能一个小层部署一套井网，进行单层开采，因此一套开发层系（一口井）往往要开采几个甚至更多的油层。各个油层的性质、渗透率、连通状况往往差异较大，在笼统注水或放大注水时，在油水井中就出现了层与层之间的相互干扰现象。在非均质多油层油田分层注水后，由于高中低渗透层的差异，各层在吸水能力、水线推进速度、地层压力、采油速度、水淹情况等方面产生的差异，造成了层间矛盾。

在注水井中，高渗透层吸水能力强，占全井吸水量的比例较大，水线前缘很快向生产井突进，形成单层突进，油层压力高；低渗透层吸水能力差，吸水量少或不吸水，水线推进慢，油层压力低。在采油井中，就出现了高产液层与低产液层、高压层与低压层、出水层与纯出油层的相互干扰。造成渗透率高、连通好的油层先动用、先受效、先水淹，表现为产液能力高，成为全井产量的主力层；而中、低渗透性油层则由于渗透率较低、连通性差，受高压层的干扰，致使这些层动用差、不见效，表现为少出油或不出油。

在油井生产过程中，层间矛盾主要表现为层间干扰。由于各油层性质、层间干扰差异较大，又在同一生产压差下生产，造成各小层压力不同。井底流压的高低主要受好油层的控制，当好油层的压力升高时，井底流压也升高，此时由于生产压差的缩小，差油层就不能发挥作用。特别是好油层见水后，油的相渗透率降低，地层压力上升，井底流压升高，从而导致低压层不出油。因此，能否使层间矛盾获得较好的解决，是油井能否长期稳定生产、油田能否获得较高采收率的关键所在。

在实际生产中，注水井高渗透层吸水能力强，吸水量可占全井吸水量的 30%～70%，水线前缘向生产井突进快，形成单层突进，中低渗透层吸水能力弱，当注水压力较低时，水线前缘向生产井突进慢。生产井中，高渗透层渗透率高，受到的注水效果好，是主力油层，中低渗透层受注水效果差。而高渗透层注水见效后，地层压力和流动压力明显上升，形成高压层，这样就会影响中低渗透层的产能，全井产量递减较快，含水上升快。

GAC002 平面矛盾的概念及表现形式

2. 平面矛盾的概念及表现形式

油层在平面上的油水运动主要受井网类型、油层渗透率变化和油水井工作制度的控制，油层渗透率在平面上分布的不均匀性，造成注入水推进不均匀，这种注入水在油层

平面上的不均匀推进，称为油层的平面矛盾。如果不考虑井网和油水井工作制度的影响，注入水总是首先沿着油层高渗透部位窜入油井后再向四周扩展。

井网对油层平面上的油水井分布有明显影响，主要体现在生产以后各排生产井之间存在一个压力平衡区（滞留区也称"死油区"），其流体静止。不同注水方式油滞留区分布是不同的。由于渗透率的高低不一，连通性不同，使井网对油层控制情况不同，注水后使水线在平面上推进快慢不一样，造成压力、含水和产量不同，构成了同一层各井之间的差异。

另外，注采完善程度的高低可以加快或减缓油水运动速度，甚至可以改变水流方向。水井工作制度对油水运动的影响主要表现在改变注、采井底压力的高低和驱动压差的大小后，改变油水在油层中流动的速度和流动方向。如油、水井强注强采，油水在油层中流动速度就快；否则就慢。加强或控制某个方向的注采强度，就可以改变流体在油层中的流动方向。一般堵水和压裂可以较好地改善平面矛盾。

平面矛盾的表现一般有三种：注水井周围各方向渗透率不同，致使油井见水时间相差较大；注水井投注时间不同，水线在平面上推进距离相差较大；注水井两侧开采层系和井排距不同，对配水强度要求有矛盾。具体表现为高渗透区出现犬牙交错的舌进，低渗透区或连通差的区内出现低压区和死油区。

3. 层内矛盾的概念及表现形式

影响油层内油水运动的主要因素有以下几点：

GAC003 层内矛盾的概念及表现形式

（1）油层内渗透率高低分布不均匀，单层内的非均质性，即岩石的颗粒直径分选程度、韵律性、渗透率、层理结构和表面性质在纵向上的差异和夹层的影响，使单层内部水淹程度和水驱油效率出现差异。油层内的非均质性是受沉积控制的，一个油层的上、中、下不同部位的岩性是有差异的。因此，一个单独发育的油层内部，注入水也是不均匀推进的，渗透率越高，吸水能力越强，水的推进速度越快，使注入水不能波及整个油层厚度，造成水淹状况的不均匀，从而降低水淹厚度和采收率，这种现象称为层内矛盾。

（2）层内不同渗透率段的渗透率级差、层内各渗透率段的厚度变化以及层内纵向上渗透率组合方式对层内油水运动的影响。油井见水前，高渗透率段水线推进速度很快，见水后，高渗透段的水线推进速度才有所下降；在油层正韵律的情况下，高渗透段与低渗透段厚度比值越大，纵向波及系数越大，开发效果越好。

（3）油水黏度比的影响。油水黏度越接近时，水驱油越接近活塞式推进；油水黏度比越大，水驱油过程的黏性推进越严重。在高低渗透段中，油水黏度比越大，推进速度差距越大，反之则比较均匀。

（4）重力作用的影响。当油层较厚时，使注入水沿油层底部推进；正韵律的非均质油层，渗透率越高，渗透率级差越小，重力作用也越明显。反之，重力作用不明显。

层内矛盾在生产实际中的现象突出表现为层中指进：厚油层内高渗透部位见水后形成水流的有利通道，使油层含水上升速度加快，阶段驱油效率低，注入水利用率低。厚层内部各部位水线推进速度不一致，油井见水时，水淹厚度小，无水驱油效率低，其主要原因有：

（1）注水初期，渗透率高的部位水线推进快，又由于水淹区阻力小，因此它与中低渗透率部位相比水线推进速度相差很大，这种现象称为水驱油不稳定现象。

（2）高渗透率部位水淹区内流动阻力小，压力普遍升高，使相邻的中低渗透部位的纯油区中的压力也升高，这样就造成中低渗透部位油水前缘附近压力梯度减小，使该部位水线推进减慢。

高渗透率部位水淹区内压力损耗大幅度减少，使高渗率部位油层中的压力升高，油将从压力高的部位向压力低的中低渗透部位的纯油区流动，造成层内串流。

综合以上各种因素影响，油层内部水淹状况大体可分为三种类型。

> **GAC004 水淹状况的分类**

（1）底部水淹型：注入水沿油层底部高渗透段突进，自上而下，水洗程度依次递减，驱油效率逐渐提高，上部未洗厚度较大。这种类型主要在正韵律油层中出现。

（2）分段水淹型：在油层中出现多段水淹，每一个水淹段也是自下而上，水洗油程度和驱油效率呈现分段变化趋势。这种类型主要出现在复合韵律的油层中。

（3）均匀水淹型：层内水淹相对均匀，这种类型多出现在油层岩石颗粒较细、渗透率较低而相对较均匀的油层，或者高渗透段不在油层底部的反韵律油层中，这种情况油层底部未水洗厚度大。

层内矛盾在正韵律的厚油层中表现尤为突出。为了研究层间矛盾，通常用各阶段的水淹厚度系数来衡量。

$$水淹厚度系数 = \frac{油层的水淹厚度}{油层厚度} \times 100\% \qquad (1-3-1)$$

（二）治理对策

油田开发过程中须解决的问题很多，每个问题都有其自己特殊的本质，在目前已经掌握的工艺手段特定作用的基础上，对不同的矛盾用不同的方法解决，才能取得预期的效果。

1. 层间矛盾的治理

> **GAC005 层间矛盾调整的方法**

层间矛盾是注水开发油田最普遍、最主要的问题。由于油层性质不同，各个小层的出液启动压力也不同。渗透率高、油水井连通性好的油层，启动压力低；反之，渗透率低、油水井连通性差的油层，启动压力高。产生层间矛盾的根本原因是纵向上油层的非均质性导致层间差异较大，各层注水受效程度不同，造成各层油层压力和含水率相差悬殊，好油层和差油层在同一工作制度下生产，在全井同一流动压力的条件下，生产压差差异较大，使差油层出油状况越来越差，影响全井以致全区开发效果。

增大差油层的生产压差是解决这一问题的根本措施，一方面通过提高差油层的油层压力；另一方面要降低井底流压，即降低好油层的油层压力。根据不同情况一般采取以下两套措施。一是以高压分层注水为基础的注水量完成好向差、高向低的转移，提高油层性质差、吸水能力低的油层的吸水能力；适当控制油层性质好、吸水能力好高油层的注水量，甚至局部停注；在必要时，放大全井生产压差或把高压高含水层堵掉；还可对已受效而生产能力仍然较低的油层进行压裂改造，以提高其产能。二是调整层系、井网和注水方式。对于仅靠调整压差和工艺措施不能完全解决问题的油区，如果层间矛盾非常突出，对全油田开发有很大影响，在考虑经济效益的前提下，适当进行层系、井网和注水方式的调整。

所谓层系调整，是以精细地质研究成果为基础，分析油砂体的开发和储量动用状况评价，将动用差、基本未动用和局部动用差的油砂体划为调整对象。然后根据所划分调整对象的油层性质、分布特点以及吸水能力和生产能力确定井网密度、布井方式和注水方式。

在调整层系、井网和注水方式时，必须做好与老井网的配套调整，以不加剧原井层间矛盾为原则，进行层系井网的互相利用或互换，必要时可进行油水井的补充布井和补充射孔；但在油层较多或调整对象储量比较可观的情况下，一般可以选择另外部署一套差油层调整井网的方式。

2. 平面矛盾的治理

GAC006 平面
矛盾的调整方法

平面矛盾的本质是在平面上注入水受油层非均质性控制，形成不均匀推进，造成局部渗透率低的地区受效差，甚至不受效。因此，调整平面矛盾，就是要使受效差的区域受到注水效果，提高驱油能量，达到提高注水波及面积和原油采收率的目的。解决这一问题的根本措施，一方面通过分注分采工艺，对高含水带油井堵水，对低含水带油层压裂，调整注水强度，加强受效差区域的注水强度；另一方面改变注水方式，（由行列注水改面积注水）或补射孔、钻井缩小井距等方法，以加强受效差地区的注水。

3. 层内矛盾的治理

GAC007 层内
矛盾的调整方法

层内矛盾的实质也是不同部位受效程度和水淹状况不同，高压高含水段干扰其他层段，使其不能充分发挥作用。层内矛盾突出的是高渗透率厚油层。解决层内矛盾本质上就是要调整吸水剖面，扩大注水波及厚度，从而调整受效情况；同时调整出油剖面，以达到多出油少出水的目的。解决这一问题通常从两方面入手，一是提高注水井的注水质量，从分层注水、分层堵水、分层测试和分层采油四方面入手；二是对不同层段采取对应的措施，选择性酸化（增注）选择性压裂和选择性堵水。

总之，三大矛盾调整的核心问题是分层注好水，达到保持油层压力、降水、增油、实现稳产的目的。所说的"注好水"，就是根据不同油层的地质特点和发育状况，调整注水量，缓解层内、层间、平面的矛盾，增加差油层的见效层位、见效方向、受效程度，尽量延长高产能稳产期，得到较好的注水开发效果。

项目二　油田开发方式

一、注水方式分类

CAC005 注水
方式的概念

注水方式是指注水井在油田上所处的部位以及注水井和采油井的排列关系。在井网密度确定之前要先确定注水方式。一般分为四类，即边缘注水、切割注水、面积注水和点状注水。目前，多数油田采用面积注水方式。开发方式一般分为两大类，一类是利用油藏的天然能量开发，另一类是采取补充油层能量的方式进行开发，采取人工注水或注气的方式进行补充油层能量，保持油层压力。

（一）行列切割注水

CAC006 行列
切割注水的概念

行列切割注水是采用一定的注采井距将注水井成行（或列）均匀布在一条线上，注水井排将油田切割成若干个较小的区域，即切割区，切割区内均匀分布三至五排采油井，采油井排与注水井排基本平行，称为行列切割注水。在行列切割注水中，有纵切割注水、横切割注水和环状切割注水，它们是依据注水井排的布井方向进行划分的。一般只适用于大面积油藏、储量丰富、油层性质好、分布相对稳定、连通状况较好的油田，对非均质程度较高的油藏一般不适用。可以根据油田地质特征选择最佳切割方向和切割井距，采用横向切割、纵向切割、环状切割的形式。

（二）面积注水

面积注水是将采油井和注水井按一定几何形状和一定密度均匀布置在整个开发区上，同时进行注水和采油，是一种强化注水方式。

1. 面积注水的主要特点

CAC008 面积注水的主要特点

（1）面积注水实施步骤比较简单，可以一次投注或投产。对早期进行面积注水开发的油田，注水井经过适当排液即可转入全面注水。

（2）采油井均处于注水受效第一线上，直接受注水井影响，为了均衡开发，各类井必须一次投入开发。

（3）面积注水方式的采油速度，一般均高于行列注水，在一定工作制度下，主要取决于井网和井距。

（4）采用面积注水方式的油田，水淹状况复杂，动态分析难度大，调整比较困难。

2. 面积注水的适用条件

CAC007 面积注水的适用条件

（1）面积注水适用于油田面积大、地质构造不够完整、断层分布复杂的油田。

（2）当油层渗透性差、流动系数较低、用切割式注水阻力较大、采油速度较低时适用面积注水。

（3）油层分布不规则，延伸性差，多呈透镜状分布，用切割式注水不能控制多数油层，注入水不能逐排影响生产井时，采用面积注水方式比较合适。

（4）油田开发后期强化开采以提高采收率时适用面积注水。

（5）虽然油层具备采用切割注水或其他注水方式的条件，但要求达到较高采油速度时也可以考虑面积注水。

（6）对非均质油藏油砂体几何形态不规则者尤其适宜面积注水。

3. 面积注水类型

不同性质的油层要求不同的油水井井数比和不同的井网形式。油田按采油井和注水井相互位置和组成井网形状的不同，一般将面积注水分为五种类型。

CAC009 四点法面积井网的概念

1）四点法面积井网

四点法面积井网呈等边三角形，注水井按一定的井距布置在等边三角形的三个顶点上，采油井位于三角形的中心，一口注水井给周围六口采油井注水，一口采油井受周围三个方向的注水井的影响［图1-3-1（a）］。注水井与每口采油井距离相等，注水井与采油井井数比例为1：2，显然，这样的井网注水井负担较重。

CAC010 五点法面积井网的概念

2）五点法面积井网

五点法面积井网呈均匀的正方形，注水井和采油井都呈正方形，一口注水井给周围四口采油井注水，同样一口采油井受周围四个方向的注水井的影响［图1-3-1（b）］。它是一种强采强注布井方式，注水井与采油井井数比例为1：1，注水井与每口采油井距离相等，注水比较均匀，油井收效良好，随着油田的逐渐开发，正越来越多地被普遍采用。

根据理论计算和室内模拟试验，在油层均质等厚条件下，油水黏度比或流度比为1

时，五点法面积井网油井见水时的扫描系数为 0.72，随着注水强度的提高，面积波及系数逐渐增大。所以，五点法面积井网最终采收率较高。

CAC011 七点法面积井网的概念

3）七点法面积井网

七点法面积井网呈等边三角形，注水井按一定的井距布置在正六边形的顶点，呈正六边形，三口采油井布置在三角形的三个顶点上，采油井位于注水井所形成的正六边形的中心，一口注水井给周围三口采油井注水，一口采油井受周围六个方向的注水井的影响［图 1-3-1（c）］。注水井与每口采油井距离相等，注水井与采油井井数比例为 2:1，因注水井是采油井井数的 2 倍，所以注水强度较高，最终采收率也较高。

CAC012 九点法面积井网的概念

4）九点法面积井网

九点法面积井网每口采油井受周围八个方向的注水井影响，［图 1-3-1（d）］，中心注水井距角井距离大于注水井距边井距离，在油层性质变化不大时，边井往往首先收到注水效果，角井在其后见效。注水井与采油井井数比例为 3:1，也是注水强度较高的一种井网方式。

CAC013 反九点法面积井网的概念

5）反九点法面积井网

反九点法面积井网呈正方形，由八口采油井组成一个正方形，正方形的中心是一口注水井，四口采油井位于正方形的四个角上，称为角井；另四口采油井位于正方形的四条边的中点上，称为边井，这样，反九点法面积井网一口注水井给周围八口采油井注水，其中四口角井四口边井，作为角井的采油井受四口注水井的影响；作为边井的采油井受两口注水井的影响［图 1-3-1（e）］，注水井与采油井井数比例为 1:3，反九点法面积井网是经常被采用的面积注水井网中的一种。

因反九点法面积井网的中心注水井距角井距离大于注水井距边井距离，所以，在油层性质变化不大时，边井往往首先受到注水效果，角井在其后见效。

（三）边缘注水

边缘注水适用于油田边水比较活跃、油水界面清晰、油田规模较小、地质构造完整、油田边部和内部连通性能好、油层渗透率较高、油层稳定的油田。边缘注水一般在油水过渡带地区较适用，根据油水过渡带情况分为三种。

1. 缘内注水

注水井部署在内含油边界以内，按一定井距环状排列，与等高线平行。一般适用于过渡带区域内渗透性很差无法注水的油田（图 1-3-2），可防止原油外流，减少注入水的损失。

2. 缘上注水

注水井部署在外含油边界上或在油藏内距外含油边界较近处，按一定井距环状排列，与等高线平行。一般适用于过渡带区域内渗透性较差的油田（图 1-3-3），可提高注水井的注入能力和驱油效果。

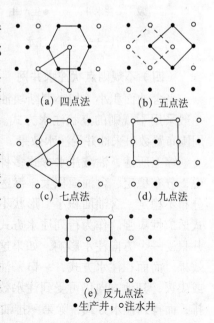

(a) 四点法　　　(b) 五点法

(c) 七点法　　　(d) 九点法

(e) 反九点法
● 生产井；○ 注水井

图 1-3-1　面积注水类型

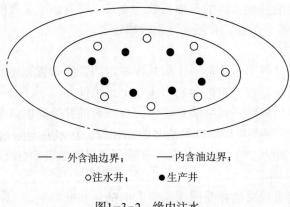

——外含油边界；   ——内含油边界；

○注水井；   ●生产井

图1-3-2   缘内注水

3. 缘外注水

注水井部署在外含油边界以外，与等高线平行。按一定井距环状排列。一般适用于过渡带区域内渗透性较好的油田（图1-3-4），可保持过渡带地层压力，提高开发效果。

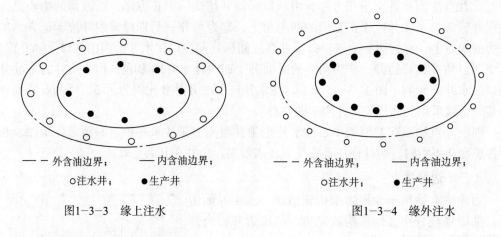

——外含油边界；   ——内含油边界；　　　　　——外含油边界；   ——内含油边界；

○注水井；   ●生产井　　　　　　　　　　　○注水井；   ●生产井

图1-3-3   缘上注水　　　　　　　　　　　图1-3-4   缘外注水

（四）不规则点状注水井网

当含油面积小（如小型断块油田），油层分布不规则，规则的面积井网难以部署时，一般采用不规则的点状注水方式。可以根据油层的具体情况选择合适的井作为注水井，周围布置数口采油井受注水效果。

综上所述，油藏注水方式多种多样，不同性质油层所适应的注水方式不同。一般来说，分布稳定、含油面积大、渗透率较高的油层，行列注水或面积注水都能适应，但是分布不稳定、含油面积小、形状不规则、渗透率低的油层，面积注水方式比行列注水方式适应性更强。作为行列注水方式，油水井呈线状分布，除中间井排外，其他井排的油井只受一个方向注水影响，如果这一个方向的油层性质变差或尖灭，油层就受不到注水效果。而面积注水方式，一口采油井受效于周围若干口注水井，某个方向油层性质变差或尖灭，其他方向仍可受到注水效果。而且面积注水方式的油井都处于注水受效的第一排，而行列注水方式，除第一排油井外，其他各排油井均受到前排油井排的遮挡，显然，效果不如面积注水方式好。

二、注水方法及水质要求

油田注水就是利用地面注水站的高压注水泵将经过净化处理的水通过配水间和注水井向油层内注水。相对其他物质来说，水的来源广，数量充足，价格比较低廉，而且能满足油田开发的需求。因此，用水做驱替液，即以水换油开发油田的经济效益较高。

（一）油田注水方法

油田注水的方法按配水性质可分为笼统注水和分层注水两种。

1. 笼统注水

注水井不分层段，多层合在一起，在同一压力下的注水方式称为笼统注水。笼统注水井只在套管中下入一光油管，以达到保护套管、建立注入水循环体系、方便控制的目的。笼统注水只适合于油层单一、渗透率较高的油层。对渗透率差异较大、多油层的油田不适用。笼统注水可分为正注与反注。

CAC014 笼统注水的概念

1）正注

正注是从油管向油层注水的方法。

正注井的注入水沿油管进入地层，由于油管横截面积小，水流速度快，所以水质受到的影响小，同时又防止了对套管的冲刷，而当油管有损坏时，可起出地面更换。因此，目前注水开发的油田多采取正注方式。正注时的井口压力为：

$$p_{油压} = p_{管损} + p_{启动} + \Delta p - p_{水柱} \qquad (1-3-2)$$

式中 $p_{油压}$——井口油压，MPa；

$p_{管损}$——水沿油管流动时的压力损失，也称垂直管损，MPa；

$p_{启动}$——地层开始吸水时的压力，MPa；

Δp——注水井流动压力差，MPa；

$p_{水柱}$——从井口到井底的静水柱压力，MPa。

2）反注

反注也叫套注，是从套管向油层注水的方法。

注入水沿油管与套管的环形空间流向井底后进入油层。由于油套环形空间面积大，水流速度慢，所以水对套管的冲刷面积大，对水质影响较大。反注时套压相当于正注时的油压，相反，油压相当于正注时的套压。

2. 分层注水

CAC015 分层注水的概念

根据油层的性质及特点，把性质相近的油层合为一个注水层段，应用以封隔器、配水器等为主组成的分层配水管柱，将不同性质的油层分隔开来，用不同压力对不同层段定量注水的方法称为分层注水。分层注水是针对非均质、多油层油田注水开发的工艺技术，在一个注水井点同一井口注水压力下，既可以加大差油层的注水量，也可以控制好油层的注水量，分为正注与合注两种方法。

1）正注井

水进入油管后，经配水嘴注入油层的方法称为正注。其注水压力除了受油管摩擦阻力的影响外，还受水嘴阻力的影响，因此各层的注水压差不同。

当不带配水嘴时，其注水压差是：

$$\Delta p = p_{井口} + p_{水柱} - p_{管损} - p_{启动} \qquad (1-3-3)$$

当带配水嘴时，其注水压差是：

$$\Delta p = p_{井口} + p_{水柱} - p_{管损} - p_{嘴损} - p_{启动} \qquad (1-3-4)$$

式中　Δp——油层或注水层段总压差，MPa；

　　　$p_{井口}$——井口注水压力，MPa

　　　$p_{水柱}$——静水柱压力，MPa；

　　　$p_{管损}$——注水时油管沿程压力损失，MPa；

　　　$p_{嘴损}$——水通过水嘴造成的压力损失，MPa；

　　　$p_{启动}$——油层开始吸水时的井底压力，MPa。

分层正注井的套管压力只反映全井注水层段中最上面一层的注入压力；油压反映的是克服地下水嘴损失等压力后剩余的压力。

2）合注井

在同一口注水井中，从油管与套管同时向不同层段注水的方法称为合注。

合注井的油管中下入带有封隔器、配水器等井下工具的管柱，油管中注水与分层正注井相同；套管向封隔器以上的油层注水。合注井的工艺简化了井下分层管柱，使注入各小层的水量可靠，测调方便。合注井的油管压力与套管压力的意义是相同的。

CAC016 注入水的基本要求 **（二）注入水的基本要求及水质标准**

1. 注入水的基本要求

（1）水量充足，取水方便，价格低廉，能满足油田注水量的要求。

（2）水质稳定，与油层岩性及油层水有较好的配伍性，注进油层后不产生沉淀和堵塞油层的物理化学反应。

（3）驱油效率好，不会引起地层岩石颗粒及黏土膨胀，能将岩石孔隙中的原油有效地驱替出来。

（4）不携带悬浮物、固体颗粒、菌类、藻类、泥质、黏土、原油、矿物盐类等，以防引起堵塞油层孔隙的物质进入油层。

（5）对生产设备腐蚀小，或者经过简便工艺处理便可以使腐蚀危害降到允许的标准。

CAC017 注入水的水质标准 **2. 油藏注入水水质标准**

（1）注入水中固体悬浮物浓度及颗粒直径指标见表 1-3-1。

（2）注入水中总铁含量不大于 0.5mg/L。

表1-3-1　固体悬浮物浓度及颗粒直径指标

注入层渗透率条件，μm^2	固体悬浮物浓度，mg/L	颗粒直径，μm
< 0.1	≤ 1	≤ 3
0.1~0.6	≤ 3	≤ 3
> 0.6	≤ 5	≤ 5

（3）注入水中二氧化碳不大于 30mg/L。

（4）注入水含油指标见表 1-3-2。

表1-3-2　注入水含油指标

注入层渗透率条件，μm^2	含油浓度，mg/L
< 0.1	≤ 5
> 0.1	≤ 10

（5）注入水对生产及处理设备流程的腐蚀率不大于 0.076mm/d。

（6）注入水溶解氧控制指标见表 1-3-3。

表1-3-3　注入水溶解氧控制指标

总矿化度，mg/L	溶解氧浓度，mg/L
> 5000	≤ 0.05
< 5000	≤ 0.5

（7）注入水中二价硫含量不大于 10mg/L。

（8）注入水中腐生菌（TGB）和硫酸盐还原菌（SRB）控制指标见表 1-3-4。

表1-3-4　腐生菌和硫酸盐还原菌控制指标

注入层渗透率条件，μm^2	TGB，个/mL	SRB，个/mL
< 0.1	< 102	< 102
0.1~0.6	< 103	< 102
> 0.6	< 104	< 102

（9）注入水在管壁设备中的沉淀结垢要求不大于 0.5mm/d。

（10）注入水滤膜系数指标见表 1-3-5。

表1-3-5　滤膜系数指标

注入层渗透率条件，μm^2	MF 值
< 0.1	≥ 20
0.1~0.6	≥ 15
> 0.6	≥ 10

注：各油田根据各自工艺、油层发育条件等不同情况，对注水水质标准要求不同。

（三）油田压力指标

油田压力是驱油的动力，是反映油田能量大小的重要指标，常用的压力指标有原始地层压力、地层压力（静止压力与流动压力）、饱和压力等。

CAC018 原始地层压力的概念

1. 原始地层压力

原始地层压力是指油层在未开采时测得的油层中部压力，单位为 MPa，一般通过探井、评价井（资料井）试油时下井下压力计至油（气）层测得。原始地层压力也可用试井法、压力梯度法求得。地层压力是指地层孔隙内流体所承受的压力，主要来源于边水或底水的水柱压力。由于油层是一个连通的水动力系统，当油藏边界有供水区时，在水柱的压头作用下，油层在各个水平面上将具有相应的压力数值；有些油层虽然没有供水区，但在油藏形成过程中，经受过油水运移时的水动力作用，地质变异时的动力、热力及生物化学等作用，使油层内就具有某个数值的压力，也就是原始地层压力。

原始地层压力的数值与油层形成的条件、埋藏深度及地表的连通状况等有关，在相同水动力系统内，地层埋藏深度越深，其压力越大。据世界油田地层压力统计，地层埋藏深度每增加 10m，地层压力增加 0.07~0.12MPa，通常可用下式近似地计算地层各点的压力：

$$p = a \cdot \frac{H \cdot \rho}{100} \tag{1-3-5}$$

式中　p——原始地层压力，MPa；

　　　H——油层中部深度，m；

　　　ρ——井内液体相对密度；

　　　a——比例系数（0.07～0.12）。

CAC019 地层压力的概念

2. 地层压力

地层压力是指地层孔隙内流体所承受的压力油田投入开发后，原始地层压力的平衡状态被破坏，地层压力分布状况发生变化，这种变化贯穿于油田开发的整个过程，直至油田开采终了才会停止。这种处于变化状态的地层压力，用静止压力和流动压力来表示。

油层开采一段时间后，关井恢复压力，到恢复稳定时所测得的压力称为静止压力或目前地层压力；在油井生产过程中所测得的油层中部压力称为流动压力。注水井在正常生产时它的流动压力是大于地层压力的。

CAC020 饱和压力的概念

3. 饱和压力

饱和压力是表示溶解在原油中的天然气开始从原油中分离时的压力，是在原始地层条件下测得的压力。当油层压力高于饱和压力时，天然气全部溶解在原油中，开发过程中油层内只有单相流动；当油层压力低于饱和压力时，油层中呈油、气两相流动；同样，当井底流压低于饱和压力时，不仅在井底，而且在井底附近地带也是油、气两相流动。两相流动时，油层中含油饱和度降低，油的相渗透率降低，油流阻力增大，油井饱和压力越低，热能损失就越大，此时会严重影响原油采收率。饱和压力越低，弹性驱动能力越大，放大生产压差有利于提高油井产量和采油速度。所以在油田开发和动态分析时，要对饱和压力与油层压力或流动压力之间的关系进行分析研究。

4. 总压差

总压差是指目前地层压力与原始地层压力之差，它标志着油田天然能量的消耗情况。

项目三　油田开发方案

ZAC001 油田开发的概念

一、油田开发概念

油田开发是一个油田从投入开发直至结束的全过程。具体是指依据勘探成果和开发试验，在综合研究的基础上，对具有工业价值的油田，按照国家对原油生产的要求和原油市场形势，从油田的实际情况和生产规律出发，制定合理的开发方案，并对油田进行建设和投产，使油田按预定的生产能力和经济效益长期生产，直至开发结束。

从开发工作进程角度看，一个油田的开发，一般划分为三个阶段：第一阶段是开发前期的准备工作，通过对勘探资料和开发试验的分析对比，基本明确油田的地质构造、地质储量以及储层物性等地质特点；第二阶段是编制油田开发设计方案并组织实施，根据油田实际情况和开发规律，选择最佳的油田开发方案，同时组织投产；第三阶段是针对不同开发阶段的开发方案进行不断调整，即在开发过程中，随着对油田认识的不断加深，针对不同开发阶段采用不同开发方案，以实现不同时期的产量需求。

二、油田开发方针

石油是一种重要的战略物资，对国民经济发展有特殊意义，为了更合理有效地开发油田，必须加强对油田开发工作的宏观控制。因此，在充分确定和掌握了油田地质构造和油气水分布规律、储量分布以及油层性质基础上，根据国家对产油量的需求以及市场的变化，引导油田高效益、可持续发展的开发方向和目标，选择合理的开发方案，包括井网部署、能量补充方式、开发速度、产能预测、开发年限及经济效益，以达到高效合理开发油田的目的。为此，油田开发必须遵守以下方针：

（1）经济效益；

（2）稳产年限；

（3）采收率如何；

（4）采油速度大小；

（5）油田地下能量的利用和补充；

（6）技术工艺。

这几方面是互相关联的，即在满足国家对石油需要量的基础上，符合油田的实际需要，制定出科学合理的开发方针，同时在开发过程中不断补充和完善，以达到较好的经济效益。大庆油田在实际开发过程中，针对不同开发阶段的不同矛盾，采取不同的调整措施，取得了较好的开发效果。但是，各个油田地质特点和发育状况不同，应针对具体情况，制订出适合油田的、合理的开发方案。

三、油田开发方案

ZAC002 油田开发的方针、方案

油田开发方案，就是从油田地下客观情况出发，选用适当的开发方式，部署合理的开发井网，对油层进行合理的划分和组合，选择一定的油井工作制度和投产程序，促使和控制石油从油层流向生产井井底。而所有这些油田开发方法的设计就称为油田开发方案。决定开发一个油田之后，首先必须编制设计油田开发方案。

油田开发方案是指在油田开发方式与方案指导下，为实现开发方针所规定的目标，在油气藏开采过程中的油藏工程、钻井工程、采油工程、地面工程和投资等具体的技术设计和计划安排。油田开发方案的制定，要根据油田地质特点和市场变化，遵循经济效益、稳产年限、采收率、采油速度、油田地下能量的利用和补充、技术工艺等方针。油藏开发工作的重要技术文件，是油田有计划有步骤地投入开发的一切工作的依据，油藏投入开发必须有正式批准的开发方案，又称油藏总体开发方案。油田开发方案必须是在详探和先导性开发试验的基础上，经过认真分析、充分论证的一个使油田投入长期和正式生产的总体部署和设计。油田开发方案是油田开发的基础和前提，从根本上决定了油田开发效果和经济效益，如果方案制订的不合理，即使开发过程中进行多次调整，也解决不了根本问题，达不到预期的效果，因此，油田开发方案的编制设计工作非常重要，必须认真地对待。

四、油田开发原则

ZAC003 油田开发的原则

任何一个油田都可以用各种不同的开发方案进行开采，不同的开发方案，将会带来不同的效果，必须选择最佳的、合理的开发方案，以取得较好的开发效果。我国合理开发油田的总原则可归纳为：在总投资最少、同时原油损失尽可能最少条件下，能保证国家或企业原油需求量，获取最大利润的开发方式，一般应遵循以下几点：

（一）具体原则

（1）最充分地利用天然资源，保证油田获得最高的采收率。

（2）在油田客观条件允许的前提下（指油田地质储量、油层物性、流体物性），科学地开发油田，完成原油生产计划任务。

（3）提高油田稳定时间，并且在尽可能高的产量上稳产。

（4）取得最好的经济效益，也就是用最少的人力、物力、财力，尽可能地采出更多的原油。

（二）具体规定

ZAC004 油田开发的具体规定

（1）规定开采方式与注水方式：在开发方案中，必须明确规定油田以什么方式进行采油，什么驱动类型，如何转化开采方式，转化的时间及其相应的措施。如果油田必须注水，应确定注水时间，早期注水、中期注水还是晚期注水，及采取什么样的注水方式。

（2）规定采油速度和稳产年限：采油速度和稳产期必须根据油田地质开发条件和工艺技术水平以及经济效益来确定；不同的油田，合理的采油速度及稳产期限不同，要有不同的规定。

（3）确定开发层系：一个开发层系是由一些独立的，而且是上下有良好隔层，油层性质相近，油层构造形态、油水分布、压力系统基本相近，具有一定储量和一定生产能力的油层组成的。作为一套独立的井网进行开发。当开发一个多油层油田时，正确地划分和组合开发层系，是开发方案中一个重大决策。一个油田用一套层系或是用几套层系开发，涉及油田基本建设规模的大小，也是决定油田开发效果的重要因素，因此必须慎重地加以解决。

（4）确定开发步骤：开发步骤是指从布置基础井网开始，一直到完成注采系统、全面注水和采油的整个过程中，必经的阶段和每一步的具体做法。合理的开发步骤是根据科学开发油田的需要而制定的。对于一个多油层的油田来说，应包括以下几个方面：

①基础井网的部署：基础井网是以某一主要含油层为目标而首先设计的基本生产井和注水井，它也是进行开发方案设计时提供油田地质研究数据的井网。

②确定生产井网和射孔方案：根据基础井网提供的油田基础数据，在分析对比的基础上，全面部署各层系的生产井网，依据层系和井网确定注水井和采油井的原则，编制方案进行射孔投产。

（5）确定合理的布井原则：在保证一定采油速度的条件下，采用井数最少的井网，并最大限度地控制住地下储量以减少储量损失。因为井网是涉及油田基本建设的中心问题，也是涉及油田今后生产效果的根本问题，因此除了进行地质研究以外，还要应用渗流力学的方法进行动态指标的计算和经济指标的预测，最后做出方案的综合评价，并选出最佳方案。

（6）确定合理的采油工艺技术和增产增注措施：针对油田的具体地质开发特点，提出应采用的采油工艺手段，使地面建设符合地下实际情况，使增产增注措施能够充分发挥作用。

（三）编制油藏开发方案的基本条件

（1）认真完成油藏评价和开发前期工程的各项工作。必须经过室内实验、专题研究、试采或现场先导试验，系统地取全取准各项资料，对油藏的认识比较清楚。

（2）开发方案设计技术要求中所有规定的静态、动态资料和各种数据已经收集得比较完整和准确，关键的技术参数不能用替代数据进行设计计算。

（3）开发方案设计必须以符合油藏实际的地质模型和已落实的探明地质储量为基础，以可靠的生产能力为必要条件，以确保开发方案设计的科学性、准确性。开发方案设计中的油藏工程设计，地质储量、可采储量、产能及采油速度等主要开发指标在实施中要具有较高的符合程度。实施后验证不得低于设计指标的 90%。

五、油藏开发方案的主要内容

ZAC005 油藏开发方案的主要内容

油田开发方案的编制和实施是油田开发的中心环节。油田开发方案是由油藏工程设计、钻井工程设计、采油工程设计、地面建设工程设计和经济评价五个部分组成，是一个统一的有机整体，环环相扣，不可分割。在选择油田开发方案时，即要保证国家对油田采油量的要求，又要保证经济有效地增加储量动用程度。

（一）油藏工程设计

油藏工程设计主要包括：

（1）油藏描述和建立地质模型：油藏描述的主要内容包括构造、储层、储集空间、流体、渗流物理特性、压力和温度系统、驱动能量与驱动类型。通过油藏描述，建立符合油藏实际的、正确的地质模型，以此作为油藏工程设计的基础。

（2）评价或核算地质储量，计算可采储量：主要内容包括所使用的计算方法、参数的确定、划分的储量级别及地质储量计算结果。

（3）确定开发方式、开发层系、井网和注采系统：主要内容包括对天然能量、人工补充能量及选择何种开发方式的论证分析，层系划分、储量控制和产能分析以及不同井网对储量控制程度分析等。

（4）确定压力系统、生产能力、吸水能力和采油速度：主要内容包括油藏压力的保持水平和整个注采压力系统的确定，采油指数和分阶段合理生产压差的确定，人工改造油层及新技术应用对产能的影响，试采试注资料分析等。

（5）开发指标预测和推荐方案的论证分析：主要是应用常规油藏工程方法和油藏数值模拟方法计算不同开发阶段、不同开发层系的指标，一般预测 15 年。对比不同方案，选定合理、可靠的油井产能及采油速度。

（6）提出对钻井、完井、测井、采油工程及动态监测方案的建议和要求。

（二）钻井工程设计和采油工程设计

在油藏评价的基础上，结合油藏工程设计的基本要求，编制钻井工程设计和采油工程设计。

（1）选择钻井类型：主要包括直井、定向井、水平井或丛式井等。

（2）根据储层评价和岩心分析资料，选择油层以上及油层井段的钻井液体系，既要保证上部地层安全钻进，又要做到保护油层。

（3）根据开采方式、油井产量（包括开发后期采液量）注水要求、采油工艺及增产措施等要求选定套管尺寸、规格及强度，然后确定套管程序、井身结构及注水泥工艺。

（4）选择完井方式：根据油藏类型、储集层岩性及原油性质，确定套管射孔、割缝衬管、砾石充填或裸眼等完井方式。

（5）根据油藏工程研究结果，进行流入和流出曲线及节点分析，优化开采方式，预测自喷开采期及转换人工举升的时机和方式。

（6）进行岩心敏感性试验，提出开采过程保护油层的措施，进行油管敏感性分析，选择合理的油管尺寸；进行射孔敏感性分析，确定射孔弹型和枪型，从而决定孔密、方位角、孔径及射孔深度。

（7）根据油田注水开发方案，确定注水压力、水质标准、注水井排液标准、注水方式（合注、分注）注水工艺设备，以及分层测试的方法。

（8）根据储集层岩性，选择压裂、酸化等增产措施；对出砂油层，选择防砂方法。

（9）针对原油及地下流体性质和产出液中的腐蚀性介质，选择井下管柱及防蜡、防垢、防腐等井保护措施。

（10）确定井下作业类型，测算井下作业工作量，并估算其配套队伍、工具、装备及辅助设施。

（三）地面工程设计

根据油藏工程设计和钻采工程设计，确定正确的地面工程设计。

（1）地面工程设计主要包括：原油集输和处理、天然气处理、油田注水及污水处理系统，油田供电、水源、道路、通信等配套设施建设，以及地面建设投资评价。

（2）油藏地面工程布局要依据整个油区的规划进行总体部署，按各个开发阶段的要求分期实施，地面工程要分专业规划，采油工程与地面工程整体优化，使整体系统的效率高、效益好。

（3）油气工程原则上要同步建设，搞好综合利用，减少和消除天然气放空。油气水集输处理与计量、原油储运、天然气加工、供电供水、道路以及通信等，都要从中国国情和当地的经济、地理及社会状况出发，选择先进实用、安全可靠、环境保护好、有较强适应性的工艺技术，既方便油藏生产管理，又可为最终获得最好经济效益创造条件。

（4）新油藏的配套工程，不应"小而全、大而全"，应按照专业化、社会化的管理体制，以石油行业和当地社会为依托，进行适度部署规划。

（四）经济评价

经济评价主要包括勘探开发投资、油气成本和单位能耗、生产建设投资评价、开发方案各项经济技术指标对比及选择等，并进行各项经济指标的汇总。

六、油藏开发方案优化

J（GJ）AC004
油藏开发方案
的优化方法

油田开发方案是油田开发的基础和前提，从根本上决定了油田开发效果和经济效益。在油藏工程、钻井工程及地面工程等专业设计方案的基础上，经过综合技术经济分析和全系统优化，最终确定油藏开发方案，并提出实施要点。

油藏开发方案追求的目标是经济效益好、采收率高，为此，方案优化的原则应当是：争取收回建设投资后，留有尽可能多的剩余可采储量；对可以利用或部分利用天然能量开采的油藏（或区块）要利用天然能量，尽早回收投资；对一个油区要考虑一定的稳产期、高产期；单个油藏及有接替储量的区块，稳产期长短不作为方案选择的标准；具备高速开采条件的油藏，应根据油藏条件、市场状况确定开采速度；在油藏开发初期尽量利用天然能量开采的油藏，初期不建注水工程，不建或少建备用机组及设施（可预留扩建位置）。

总体方案优化要着重做好以下三方面工作：

（1）在编制油藏工程、钻井工程、采油工程和地面建设工程等专业方案时，应进行"一体化组合设计"，各专业并行、交叉研究，相互结合，加快设计速度，保证质量，互相衔接和相互制约，追求总体上的高效益。

（2）在进行整体技术经济评价过程中，注意优化各专业衔接的参数，要做全流程的节点分析，重点是采油井井底压力、井口压力、进站压力和注入压力，以整体开发体系的能耗及经济效益作为选择依据。

（3）要在各专业经济评价的基础上，进行综合经济技术评价。按我国"石油工业建设项目经济评价方法"的要求，计算动态和静态指标，评价期不少于 8 年，有条件的要测算采出可采储量 80% 以前的经济指标。

油藏开发方案设计及优化在油藏开发中的作用举足轻重。如新疆彩南油田，开发设计经过四次优化，减少钻井 87 口，在方案实施过程中经过分析对比，又一次减少钻井 17 口，同时又不断对钻井工艺设计和地面工艺设计进行优化，取得了较高的经济效益，这与开发早期介入、多专业协同、优化开发方案是紧密相关的。

七、油藏开发体系的划分

世界上大多数油藏都是多油层油藏，层间非均质是影响多油层油藏开发效果的重要因素，我国的陆相油藏具有更多的小层，油层之间差异极大，不能同井开采。多年来，我国的油藏开发在借鉴国外经验的基础上，结合实际油藏地质条件和天然能量不足的特点，在陆相油藏注水开发过程中，以合理组合开发层系为基础，实行分层注采技术，充分发挥了多油层的生产能力，取得了较好的开发效果。因此在多油层油田的开发时，首先应考虑如何合理地划分、组合层系，以达到合理开发油藏的目的。

J（GJ）AC001
划分开发层系
的必要性

1. 划分开发层系的必要性

划分开发层系，就是根据油藏地质特点和开发条件，将性质相近的油层组合在一起，采用与之相适应的注水方式、井网和工作制度分别进行开发，从而解决多油层非均质油藏开发中的层间矛盾，达到提高油田开发效果的目的。

20 世纪 40 年代以前，世界油藏的开发形式主要是依靠天然能量开采，以消耗油层压力开采，一般采收率仅为 10% 左右，使近 90% 的原油储量在地下被废弃浪费；随着油藏开发理论和技术的发展，逐步转化为采取注水保持地层能量开采。但初期多采用笼统合采的办法进行开采；随着油田开发经验的积累，人们逐渐认识到实施分层开采是调整多油层层间差异的根本措施，采收率的提高必须以同井分层注水为主，实施分层监测、分层改造、分层堵水等工艺技术，从而实现多套独立层系的开采技术，以缩小不同性质油层之间的层间干扰，提高各类油层储量动用程度；减缓油田综合含水上升速度，控制油藏产水量的增长；提高注入水利用率，扩大注入水波及体积；增加油田可采储量，改善油藏开发效果。

（1）分层开发才能充分开发各油层的生产能力。

地层压力是驱油的动力，由于各油层的沉积环境等复杂因素的影响，各油层渗透率的差异较大，高渗透层吸水多、压力水平高；低渗透层吸水少、能量补充少，压力水平低。例如，大庆油田萨十区 4-2 井，高渗透层地层压力为 10.07MPa，而低渗透层地层压力为 8.43MPa。而且随着油田注水量的增多，这种压力差异还会加剧。在油井井底流压较高时，低渗透层出油少，甚至不出油；多层合采，高产水层的流动压力超过低渗透层压力一定程度时，不仅低渗透层不出油，还会出现高渗透层的水倒灌进入低渗透层的现象，因此，高渗透层往往很快水淹，而低渗透层又"喝不饱水"，生产能力将受到限制，出现油、水层互相干扰，影响采收率。只有分层开采才能控制高渗透层的吸水，并强化对低渗透层的注水，使中、低渗透层保持较高地层压力，这样才能使各类油层都具有足够的驱油能量，发挥多油层的生产能力。

（2）分层开采有利于减缓层间矛盾。

我国大多数油藏为陆相多油层，层间非均质比较严重。根据岩心资料，不同油层渗透率级差一般在 10～30 倍，在这种层间非均质性十分严重的地质条件下，多油层合注合采，必然产生严重的层间干扰，只有采取分层开采，才能缓解层间干扰，改善油藏开发效果。

（3）分层开采有利于降低含水上升速度。

实行分层开采，将沉积类型、渗透率、原油黏度相近的油层组合在一起，使层间压力差异减小，油水井运动接近，水线推进相对均匀，可避免单层突进严重，并可提高中、低渗透层的生产能力。例如，20 世纪 60 年代大庆萨中地区开发层系划分较粗，分两套层系分别多层合注合采，注水仅 3 年，相距 600m 的第一排生产井中有 60% 见水，无水采收率仅为 2.5%～4.5%，每采出 1% 的油，含水就上升 9%～12%，而含水每上升 1%，产油量就下降 1%。20 世纪 60 年代末开始调整开发层系实行分层开采，含水上升率逐年下降，产油量逐渐趋于稳定。

（4）分层开采可扩大注入水波及体积，增加储量动用程度。

要提高油藏注水开发整体经济效益，必须动用各类油层的储量，使多油层都能得到动用。只有注进水，才能采出油，达到扩大注入水波及体积、增加储量动用程度的目的。如河南双河油田较早采取了分层开采，并不断细分开发层系，由 7 套细分为 12 套；尽管油层为砂、砾岩，非均质严重，但由于实行厂分层开采，纵向上砂体动用了 77.5%～87.8%，实现了 12 年采油速度在 2% 以上，取得了较好的开发效果。

（5）分层开发是部署井网和生产设施的基础。

确定了开发层系，就相应确定了各层系井网的井数，因而使得研究和部署井网、注采方式、地面生产设施的规划和建设成为可能。对于每一套开发层系，都要独立地进行开发设计和调整，对其井网、注采系统、工艺手段都要独立做规定。对于多油层油田，如果在设计当初由于各种原因未划分开发层系，那么在开发过程中也不得不进行调整，其效果明显差于最初就划分开的开发方式。

（6）采油工艺技术的发展水平要求进行分层开发。

一个多油层的油田，油层数目可能有几个甚至几十个，开采井段有时可达数十米甚至数百米，单就目前的采油工艺分采分注，尽管它们能发挥很大的作用，但也不可能把所有的井层分开，达到分层开采的目的。因而必须划分开发层系，使一个生产层系内部的油层不至于过多，井段不至过长。这样就更好地发挥了工艺手段的作用，使油田开发达到更好的效果。

（7）分层开发是油田开发的要求。

开发油田过程中用一套井网开发不能充分发挥各油层的作用，尤其是当主要出油层较多时，为了发挥各油层的作用，就必须划分开发层系，这样才能最大限度地发挥各油层的出油潜力，获得较好的开发效果。

J（GJ）AC002
划分开发层系的原则

2. 划分开发层系的原则

油藏开发层系的划分直接关系到油藏开发效果，划分开发层系，就是要根据油藏地质条件和开发特征，合理地确定油层开发组合的基本单元，这个单元必须是能形成独立的油水运动的空间。根据国内外的经验教训，合理组合和划分开发层系的原则有以下四条：

（1）一套开发层系控制的储量和单井产量，应具有开发的经济效益。

每套开发层系都应具有相对独立的开发部署及相应的资金投入。开发层系划分过细，虽然可以发挥每个油层的作用，但在一定的井距下，如果油层厚度很薄，单井控制产量很低，会使油藏开发经济效益很差。所以，层系划分必须保证每套层系内单井平均控制储量达到一定的界限，而使产油量达到一定水平，实现一定的经济效益。我国陆相油藏一般以油层厚度 10m 左右、单井控制储量 20×10^4t 上下组合成一套开发层系，层内采用分层开采技术。

（2）一套层系内层数不宜过多，井段应比较集中，并具有较好的上、下隔层。

同一套开发层系内油层的构造形态、压力系统油水边界和原油物性应比较接近。一套层系内层数过多，必然会加大层间差异；特别是夹有多个高渗透层，就会过早出现多层见水，加剧油藏分层监测和调整的复杂性，影响开发效果。根据数值模拟结果，在相同地质条件下，对 9 个小层分三种情况进行分析；一套层系内有 9 个小层；两套层系分别有 4 个和 5 个小层；三套层系各有 3 个小层。对比不同层系对含水上升率和采收率的影响（表 1-3-6），其结果表明，合理划分和组合开发层系，使含水上升慢，采收率高。

表1-3-6 层系划分对开发效果的影响

指 标	含水上升率，%	最终采收率，%
一套层系（9个小层）	2.72	34.4
两套层系（4，5个小层）	2.51	35.4
三套层系（各3个小层）	2.32	42.6

一套开发层系内油层的井段比较集中，开采方式应以相同为原则，这样有利于油井的生产，可以避免因为井段分散产生的干扰现象；对于厚度、渗透率、注水和注水受效程度不同的油层，应采用不同的开采方式，并划分成不同的开发层系。

在一个开发层系的上下应具有良好的隔层，以保证一套层系的独立开采，因此在划分和组合开发层系时要对隔层厚度有一定的要求。统计大庆油田 354 个层段压裂资料，泵压为 17.0MPa 时，511 个隔层仅压窜了两个，占总层数的 0.4%，其厚度分别为 11.2m 和 4m。所以，应根据油藏具体情况，确定隔层厚度，以保证一套开发层系的独立开发。

（3）一套层系内油层沉积条件应相同，分布形态和分布面积应大体相近，同时渗透率级差较小。

油层的非均质性和物理性质主要受沉积条件的控制。沉积条件不同，油层分布形态、分布面积、渗透率、沉积韵律均不相同，若组合在一套层系中，对水驱控制程度影响很大。渗透率级差是产生层间干扰的基本因素，数值模拟研究表明，渗透率级差对油藏最终采收率影响极大，级差越大，采收率越低，不出油的油层厚度比例越大（表1-3-7，表1-3-8）。统计大庆油田喇南和杏南地区38口井资料显示，在喇南地区渗透率级差不宜大于5，在杏南地区渗透率级差不宜大于3。因此，一套层系内渗透率级差的影响范围，要根据不同油藏的具体条件确定。

表1-3-7 不同渗透率级差对油藏采收率的影响

渗透串级差，K_{max}/K_{min}	1	3	5	7
采收率，%	46.3	32.2	27.8	24.8

表1-3-8 大庆某小层渗透率级差对开发效果的影响（38口井）

地区	渗透率级差	统计层数	统计厚度	出油			不出油		
				层数	厚度，m	出油厚度比例，%	层数	厚度，m	不出油厚度比例，%
喇南	< 5	195	295.2	155	250.3	86.5	40	38.9	13.5
	> 5	103	60.7	26	23.6	38.8	77	37.3	61.2
杏南	< 3	196	559.5	142	492.4	88.0	54	67.1	12.0
	> 3	643	392.8	28	54.3	13.8	615	338.5	86.2

同样原油性质差异大的油层合注合采，也必然会出现层间干扰，大量注入水进入高渗透层，干扰低渗透层，因此，同一开发层系内，构造形态，油、水、气分布，压力系统和石油性质应当接近一致。

（4）划分开发层系，应考虑与之相适应的采油工艺，避免分得过细。

合理开发层系的划分和先进开采技术的采用，都是解决层间矛盾的重要途径，但是它们不能互相代替。分层开采工艺的发展，进一步提高了层系划分的效果，而合理地划分层系，则为充分发挥分层开采工艺创造了条件，两者相辅相成。一般来说，工艺上分层段能力越大，层系可以划得简单一些；分层段能力越小，就应划得细一些。采油井层系可以不需要详细划分，而注水井的层系则要详细划分。分层注水井划分的段数，一般应在4~5段以内，每层段有1~2个小层，这样才可能取得较准确的分层测试资料，同时便于管理。

大庆油田的开发实践证明，把主力油层和非主力油层分开、单独注水开采，有利于开发过程中各项调整措施的进行，发挥两类油层的作用。特别是随着分层注采工艺技术的发展，把两类油层井注水系统分开，在注水井上分注，在采油井上合采，取得了较好的开发效果和经济效益。

3. 划分、组合开发层系的基本方法

具体划分与组合层系时，应根据层系划分的原则，对油区取得的所有资料进行分析、对比、研究，确定合理的开发组合。

J（GJ）AC003
划分开发层系
的基本方法

（1）划分、组合开发层系的基本方法。

研究和掌握油层特性。具体掌握以下三个方面：

①确定油层的沉积模式，研究其沉积环境和岩性特征。油田开发实践证明，只要油层的沉积条件相近，油层性质就相近，在相同的井网形式下，其开采特点也基本一致。因此，在划分组合开发层系时，应把油层的沉积条件相近的油层组合在一起，用一套井网来开发。

②研究油层内部的韵律性，以便划分小层和进行油田的分层工作，韵律性在一定程度上也同时反映出油层沉积条件。

③研究油层分布的形态和性质，油砂体是构成油层的基本单元，因此应从油砂体入手来研究油层的分布形态与性质，同时要对各井油层的有效厚度、渗透率、岩性等资料进行统计分析，以便研究油层性质及其变化规律，为合理地划分和组合开发层系提供依据。

（2）研究各类油砂体特性，了解合理划分与组合开发层系的地质基础。

对各油层组的油砂体进行分类，研究每一个油层组内不同渗透率的油砂体所占储量的百分数。通过分类研究，掌握不同油层组的特点、差异程度及其对开采方式、井网的不同要求。

（3）确定划分层系的基本单元。

划分开发层系的基本单元，指大体上符合一个开发层系基本条件的油砂组，它本身可以独立开发，也可以把几个基本单元组合在一起作为一个开发体系。每个基本单元上、下必须具有良好的隔层，并有一定的储量和生产能力。

（4）对已开发地区进行油砂体动态分析，为合理划分与组合开发层系提供生产实践依据。

（5）综合对比，选择层系划分、组合的最佳方案。

同一油田，由于参数组合的不同，可以有几个不同的层系划分的开发方案进行对比，择优选用，一般按油层组或砂岩组形式进行划分。

（6）及时进行开发层系调整。

当油田正式投产以后，依据大量的静、动态资料，分析开发中出现的矛盾，可进一步认识油层，如果符合或基本符合方案要求，就继续开发下去；否则就要进行及时的调整，使调整后的方案尽量符合实际。如果以后又出现新矛盾，那么再进行调整。认识矛盾，解决矛盾，直到油田开发结束为止。

4. 合理划分与组合的层系开发效果

我国开发层系的划分经历了由粗到细的发展过程。

1980 年统计我国 73 个采用注水开发的砂岩油田资料，采用 1~2 套开发层系的有 53 个油田，占 73%。20 世纪 70 年代，我国部分油田一些主力油层进入中含水期，仅采出地质储量的 10% 左右，但大量检查井岩心和分层测试资料显示，见水层为占厚度比例较小的高渗透层，而大多数中、低渗透层水淹级别较低，储量动用状况较差。统计大庆油田 1973~1975 年 641 口采油井分层测试资料，油层见水厚度仅为 17.9%~36.0%。均反映出油层开发层系开发过粗，虽然进行了分层注水，一般水驱控制程度只有 50%~60%，40%~50% 的油层厚度几乎没有动用。因此，从 20 世纪 70 年代开始，进行了细分开发层系试验，使中、低渗透层采油速度提高了一倍。

因此，1980～1990 年是我国油田进行细分开发层系的 10 年，老油藏进行了细分开发层系调整，新油田合理组合开发层系。如大庆喇嘛甸油田，由原一套半层系细分为四套层系，含水上升率由未调整前的 4.93% 下降到 1.6%，水驱控制储量由 53%～62% 提高到 80% 以上，中、低渗透层出油厚度由占全层厚度 40% 上升到 70%，取得了较好的开发效果。

项目四　油水井配产配注

一、油田开发的综合调整

ZAC006 油田开发综合调整的概念

一个油田的开发过程，就是对一个油田不断认识的过程，为了获得较好的开发效果和经济效益，须对油田不断进行调整，须采取不同的调整方法和手段，各种调整措施常常须互相密切配合，因此称为油田开发的综合调整，调整的过程是建立在油田动态分析的基础上的，概括起来，大体上可分为两种类型：一种是开发层系、井网的调整，这是较大规模的阶段性调整；另一种是在原井网注采条件下，通过采取各种工艺措施进行的经常性调整，也称为综合调整。一般油田开发调整应以经济效益为中心，尽可能地提高油田最终采收率，以充分合理地利用天然资源为原则。油田开发方案编制时要做资料收集、整理及分析和调整井网布置及指标测算对比等方面的工作。资料收集主要有油水井每天的生产参数及油水井井史等，方案调整前要依据收集的资料绘制相关的图件和关系曲线。

（一）油田开发综合调整的任务

不同油田不同的开发时期，油田调整的任务和目的是不同的，油田调整的方法也不一样。

（1）油田投入实际开发后，发现油田开发设计不十分符合油田实际，达不到各项开发指标的要求，因此，须对原开发设计进行调整和改变。

（2）改变油田开发方式的调整，由靠天然能量开采方式调整为人工注水、注气等开发方式。

（3）根据国家对原油生产的需求和石油市场的形势，要求提高采油速度，增加产量，须采取提高注采强度和加密井网等调整措施。

（4）为改善油田开发效果，延长油田稳产期和减缓油田产量递减而采取的调整措施。如分层工艺技术措施、三次采油的措施等。

（二）调整方案开发指标测算的特点

调整方案开发指标测算，是在原开发方案已经过一定程度的实施，取得了较多的静态地质资料和开发动态资料的情况下进行的，特别是开发启动后期进行的调整，则开发动态的资料更为丰富。因此调整方案指标的测算与原开发方案指标测算有一定的区别。

调整方案开发指标计算，是在油田情况比开发初期情况复杂得多的情况下进行的，测算的难度增大，往往出现各指标之间的相互矛盾，个别指标要做一些人为的调整。

二、油水井配产配注

（一）编制采油井配产方案

ZAC007 编制
采油井配产方
案的方法

油井配产就是把已确定的全油田（区块）年产油量的指标通过科学预算比较合理地分配到单井。油井配产内容包括未措施老井配产、措施老井配产和新井配产三部分。

编制油井配产方案时，既要考虑油井的生产能力和措施井的增产效果，还要考虑不同含水级别油井产液量的高低对全油田综合含水的影响。特别是在高含水后期，一定要搞好产液结构调整工作。因此配产时，高含水井配产要少些，原则上不安排提液措施，对层间和平面矛盾突出的井可安排堵水措施，含水低的井则配产高些。供液能力强的井可安排提液措施，对具备条件的低产井可安排压裂改造措施。

在油田开发动态分析、配产配注和开发生产规划中常用递减率来分析油区、油田、区块以及注采井组或单井的开发变化规律并预测未来的发展趋势。因此递减率的运用极为广泛。

在油田生产动态分析中，用下式计算年自然递减率：

$$D' = (Q_0 - Q_t)/Q_t \qquad (1-3-6)$$

式中　Q_0——上年度的年产油量，t；

　　　Q_t——本年度的老井年产油量，t；

　　　D'——年递减率，小数。

在油田开发数据计算中，上级部门规定计算老井自然递减率的方法为：

$$A = (q_n\Sigma T - Q)/q_n\Sigma T \qquad (1-3-7)$$

式中　q_n——上年末标定的老井日产量，t/d；

　　　Q——老井阶段累积产油量，t；

　　　ΣT——阶段累积日历天数，d；

　　　A——阶段递减率，小数。

在日常分析应用中，也可以这样计算自然递减率：

$$D = (q_0 - q_t)/q_0 \qquad (1-3-8)$$

式中　q_0——开始发生递减时的初始日产量，t/d；

　　　q_t——递减后第 t 月的日产量，t/d；

　　　D——自然递减率，%。

上述三种基本形式计算的自然递减率目前在全国开发系统中广泛应用，但其存在根本区别（以年自然递减率为例）：式（1-3-6）计算的年自然递减率反映的是本年度老井产油量相对于上年度总产油量的递减，对比起点包括上年度的整个时间阶段。由于上年度产油量 Q_0 中包括新井产量，所以新井产量及产能的高低都直接影响计算年度的自然递减率。式（1-3-7）所反映的年自然递减率一般用年末日产标定上一年的产量，是本年累积产油量相对于上年度末生产能力（或称为标定产油量）的递减，它与本年度内每个时间点的生产能力变化密切相关，是油田产能递减过程的综合表现。式（1-3-8）表示的自然递减率是本年度末的生产能力比上年度末生产能力的递减，只与两个端点产量有关，而与中间变化过程无直接关联，一般定义为产能递减率。

按照产量与时间的关系式来区分，递减规律主要分四种：直线递减规律、指数递减规律、双曲线递减规律和调和递减规律。

ZAC008 未措施老井的配产方法

1. 未措施老井配产

未措施老井配产，要充分结合本油田油藏类型所处开发阶段的特点，结合前几年年度以及本年度的实际情况，采用多种可行的油藏工程方法和经验公式进行预测，并考虑下年度可能出现的影响因素，如钻井控注影响，大面积注采系统调整等对产量的影响。立足于本井目前的实际生产能力，以上一年度的变化趋势为依据，预测其产量随时间的变化趋势，依据各区域的实际状况，通过多种预测结果进行分析对比，确定下年度未措施老井产量。一般采用自然递减法进行预测。

自然递减法是根据本井上一年度的实际生产数据，计算出月度自然递减率，再以上一年12月的实际日产油为初始值，预测下一年度逐月的平均日产油量。

自然递减率是反映油田老井在未采取增产措施情况下的产量递减速度，用百分数表示，无论是在自然递减率还是综合递减率的计算中，都应该减去新井产油量。

$$D_{t自} = \frac{q_{01} \times T - (Q_1 - Q_2 - Q_3)}{q_{01} \times T} \times 100\% = (1 - \frac{Q_1 - Q_2 - Q_3}{q_{01} \times T}) \times 100\% \qquad (1-3-9)$$

式中　$D_{t自}$——自然递减率，%；

Q_1——当年 $1 \sim n$ 月的累积核实产油量，计算年递减率时，用年核实产油量，t；

Q_2——当年新井 $1 \sim n$ 月的累积核实产油量，计算年递减率时，用新井年核实产油量，t；

Q_3——老井当年 $1 \sim n$ 月的累积措施核实增油量，计算年递减率时，用老井年措施核实增产油量，t。

或用以下公式计算（产油量可以用年产油量或平均日产油量）：

$$D_{t自} = 1 - \frac{当年核实年产油 - 当年新井核实年产油 - 当年老井措施核实年增油}{上年核实年产油} \times 100\%$$

$$(1-3-10)$$

ZAC009 措施老井的配产方法

2. 措施老井配产

措施老井配产是弥补老井产量自然递减的重要内容，措施内容主要包括油井补孔、压裂、酸化、机采井"三换"。机采井三换是指抽油机井小泵换大泵、电泵井小泵换大泵、抽油机井换电泵井等三项措施，一般可采用广义 IPR（流压与产量关系曲线）曲线法预测产液量，再考虑措施井含水，计算出初期日产油，进行配产。配产时根据油田目前措施手段达到的水平、规模和掌握的措施增产潜力，按措施后可能达到的计产天数和日增油量，预测其产量随时间的变化趋势，结合措施油层的具体特征，利用多种经验，预测出措施后初期日产油量及以后的产量变化。下面着重介绍两种措施老井的配产方法。

1）油井压裂

在压裂工艺条件一定的情况下，油井压裂后产液量的增加值与压裂层的地层系数存在一定关系，可以根据本油田的实际数据得出压裂后日增液和压裂层的地层系数。

可预测出油井压裂后的产液量增加值，再依据同类层含水下降同时估算出压裂层含水，预测出压裂后初期日产液量。

2）油井堵水

高产水层被封堵后，接替层的产能随生产压差放大而增加，产量变化值等于未封堵层产量变化与封堵层原产油量的差值。

3. 新井配产

ZAC010 新井的配产方法

新井产量是弥补油田产量综合递减的主要措施。新井配产可采用新井产能建设的安排和建成产能的方案指标，预测新井当年产油量，一般为新建生产能力的1/4～1/2。

1）采油指数法

（1）用试油井或老井分层测试资料确实采油指数。

（2）预测新井地层系数。

（3）确定新井生产压差。

（4）计算新井日产油。

2）采油强度法

（1）用试油井或老井分层测试资料，测算出新井采油强度。

（2）预测新井射开有效厚度。

（3）计算新井日产油量，即有效厚度乘以采油强度。

（4）预测当年新井产液量，用新井设计的采液强度和有效厚度相乘。

ZAC011 注水井配注方案的编制方法

（二）编制注水井配注方案

注水井的配注就是把已确定的全油田（区块）的年总配注水量比较合理地分配到单井和分层井的各层段。在注水井内下封隔器，把油层分隔成几个注水层段，对不同注水层段装有不同直径水嘴的配水器，这种注水工艺，就称为分层配注。编制注水井配注方案时，由于对油田地下油水运动规律认识的局限性，方案实施后，总会或多或少地存在一些问题，或者暴露出一些新的矛盾，这就需要对原来的配注方案进行调整，因此，每年都要对注水井配注方案进行调整，每年新的调整一般都是在上一年度的基础上进行的。这种调整既有阶段性，又有延续性，它贯穿于油田开发的全过程。

1. 编制注水井分层配注方案

注水井的分层配注是为了解决层间矛盾，把注入水合理地分配到各层段，保持地层压力。配注方案的调整包括配注水量的调整、注水层段的调整和层段配注水量调整。对渗透性好、吸水能力强的层控制注水；对渗透性差、吸水能力弱的层加强注水。使高渗透性、中渗透性、低渗透性的地层都能发挥注水作用，实现油田长期高产稳产，提高最终采收率。

2. 注水量调整的类型

ZAC012 注水量调整的类型

针对调整目的不同，注水量调整的类型也不同。

（1）以油田开发平面调整为目的的层段配注水量调整，是指针对油砂体内由于平面非均质性造成的各井点间产量、含水、压力差异较大的问题，而控制主要来水方向的注水量，加强非主要来水方向的注水量调整。

（2）以油田开发层间调整为目的的层段配注水量调整，是针对层间非均质性造成的各油层之间的动用状况差异较大的问题，降低高渗透、高含水层的注水量，增加低渗透、低含水层的注水量调整。

（3）为了适应油井措施后的开采需要而进行的对应层段注水量调整称措施针对性调整。笼统注水井改为分层注水井后，全井配水量一般要按需要调整。

（4）针对某些低压区块，为提高油层压力而增加注水量称为恢复压力提水。

对于预防注水井套管损坏而调整的注水量，通常是以控制或停注而调整注水量。

ZAC013 注水井的调整措施 **3. 注水井的调整措施**

注水井配注调整的方案确定后，应优选调整措施，其顺序是调整注水压力、测试调整、作业调整层段、改造油层增注。

（1）测试调整：即通过改变层段水嘴来达到增加或减少水量的目的。在分层测试调整配注的过程中，提高注水压力的方法有两种，一是在泵压能够满足注水压力需求的情况下，放大注水，二是缩小吸水能力强的层段水嘴。

（2）提高注水能力：若水嘴已无增大的余地，又要增加注水量，可采用提高注水压力的办法来完成。但注水压力的提高不能超过油层破裂压力。另外，要控制注水流速，避免喉道堵塞。各油层破裂压力应当用其岩石在室内测定或通过水动力学试井方法测定，若无此项资料，可用下式近似计算：

$$P_i = C \cdot H \qquad (1-3-11)$$

式中　　P_i——油层破裂压力，MPa；

C——上覆岩层压力梯度，MPa/m（由密度测井资料得出，大庆油田为 0.023MPa/m）；

H——射开油层的顶部深度，m。

（3）增注改造措施：若水嘴已放到最大，注水压力已经无法提高，还要提高注水量，就要考虑对注水井采取增注改造措施，包括压裂、酸化等。

ZAC014 注水层段的调整类型 **4. 调整注水层段**

分层注水是解决多油层非均质油藏层间矛盾和平面矛盾的有效手段之一，注水层段划分得是否合理，将直接影响开发效果的好坏，在每年编制注水井配注方案时，都要对已不适应目前开采状况的注水井进行注水层段调整。

1）注水层段的调整类型

（1）细分注水层段。

（2）改变注水层段位置。

（3）笼统注水井改为分层注水井。

（4）分层注水井改为笼统注水井。

2）注水层段的划分、组合及调整原则

（1）以砂岩组为基础，以油砂体为单元划分注水层段，区块内尽可能统一，便于综合调整。

（2）油层性质和吸水能力相近的层段尽可能组合在一起注水。

（3）油井主要见水层对应的水井主要吸水层须单卡，单注。

（4）对应油井上采取压裂、堵水等措施的层尽可能单卡，注水。

（5）厚油层中，层内隔层相对稳定的尽可能分层段注水。

（6）层段之间不发生窜槽现象。

（7）对气顶外第一排注水井和套变井区的相应层段应单独划分。

（8）在一口注水井中，注水层段的划分既要能达到细分注水的目的，也不能分得过细，因为层段过多，封隔器级数增加，密封率有可能减小，一般分 3～5 段即可。

新井分层注水或笼统井改分层注水，在划分注水层段时，也可参照上述原则。

ZAC015 注水层段配注水量的调整方法

5. 调整层段配注水量

全油田或区块配注水量确定后，就要把总水量分配到单井和层段。对于上一年度完成配注较好，也能够适应下一年度注水量要求的注水井，可以暂不做调整；对开发状况差的井组，则要根据油井的动态变化趋势和实际需要进行调整，力求达到井组内注采平衡，调整平面和层间矛盾，改善油层动用状况。

调整步骤和方法如下：

（1）以注水井组为单元，根据井组的注采平衡需要，确定单井配注水量。

首先，以油井为中心，根据各注水井与之连通的实际状况劈分配产液量和油量。在油层参数变化不大的情况下，可按相关水井的井数把油井配产液量和油量平均分到每口注水井上；若地层参数变化比较大，可按各方向注水井的地层系数比例劈分。其次，根据井组以前的实际数据，确定阶段注采比与地层压力变化值的关系，根据预定的地层压力调整幅度，确定合理的注采比，从而确定配注水量。

以注水井为中心的注采井组在编制单井配注方案时，若油层参数变化比较大，可按各方向采油井的地层系数比例劈分配注量。

全井配注水量确定后，可与该井以前的注水情况进行对比分析，判断这种调整是否合理。

（2）根据油层平面和纵向上的非均质程度及井组开采动态反映，正确划分配注层段性质。配注层段的性质，可分为限制层、加强层、接替层。

①控制层：主要为高渗透层、相关油井的高含水层、高压层和堵水层的对应层段。

停注层：即无采油井点的层段，部分控制层也可按停注层处理。

②加强层：主要为低渗透层、相关油井的低含水层、低压层和压裂层的对应层段。

③平衡层；处于控制层与加强层之间的层段。

（3）根据配注层段性质和油井动态变化，确定层段配注水量。

ZAC016 注水层段性质的确定方法

①确定层段配注水量的步骤如下：

a. 控制层：注水强度小于平均注水强度。

b. 加强层：注水强度大于平均注水强度。

c. 平衡层：注水强度接近平均注水强度。

d. 停注层：配注水量为零。

在确定各层段的具体配注水量数值时，若相关油井有分层测试资料，可按上述步骤确定；否则可按层段的水淹状况、压力水平、井组措施及油井动态变化情况增加或减少配注水量。在确定注水层段的划分和配注量时，应对油井采取措施的对应层提前做好培养和保护。

新井分层配注、笼统井改分层注水的井也可参照上述步骤进行。

②层段配注水量的调整类型有以下六类：

a. 平面调整：针对油砂体内由于平面非均质性造成的各井点间产量、含水、压力差异较大的问题，要控制主要来水方向的注水量，加强非主要来水方向的注水量。

b. 层间调整：针对油井合采时因层间非均质性造成的各油层之间运用状况差异较大的问题，需降低高渗透、高含水层的注水量，增加低渗透、低含水层的注水量。

c. 为油井措施调水：为适应油井措施后的开采需要而进行的注水量调整，如对应油井压裂层段增加注水量，堵水层段减少注水量等。

d. 为恢复压力提水：指为提高低压区块的压力水平而增加注水量；反之，为降低特高压力区块的地层压力，适当减少注水量。

e. 为控制套损调水：指为防止套管损坏而调整注水量，如"变径段"停注，"未落实段"降注等。

f. 试验调水：指为进行某项试验调整注水量。

（4）配注方案的汇总：单井配注方案编制完成后，要进行区块及全油田的汇总，并与全区计划水量及工作量安排进行比较，必要时做适当调整。值得提出的是，由于每年都有部分井要进行关井作业、测压等工作量，因此，配注水量必须略高于实注水量要求，才能保证油田实际注水能够满足油田开发的需要。

（三）注水井吸水剖面监测

ZAC017 注入剖面测井的概念

1. 吸水剖面的概念

分层流量监测主要是指注水井吸水剖面监测和采油井产出剖面监测，测得注水井分层吸水量和采油井分层产液量、产水量，这对于非均质多油层油田来说，分层动态监测对了解分层动用状况和采取相应的措施是很重要的。吸水量一般用相对吸水量表示。要求每年选取部分注水井测吸水剖面，一般每口井每两年录取一次分层吸水剖面，特殊井可加密录取。注水井吸水剖面测井简称注入剖面测井，是在一定的注水压力和注水量的条件下，利用放射性同位素示踪法、流量法、井温法等测试注水井每个层段或单层的吸水量的测井方法，目前大量采用的是放射性同位素载体法。注入剖面测井是生产测井的一种，是为了了解注水井的吸水状况而进行的测井。流量计注入剖面测井是通过连续测量井内流体沿轴向运动速度的变化确定井的注入剖面。注入剖面测井中通常把单相流体的流动状态划分为层流、紊流、过度流。

应用吸水剖面资料可分析出注水井的吸水层位和吸水能力，为注水井分层注水的层段划分及配水量的确定提供资料依据。

ZAC018 注入剖面的测试原理

2. 放射性同位素示踪注水剖面测井

在正常的注水条件下，用放射性同位素测井是用放射性核素释放器将吸附有放射性同位素离子的固体载体释放到注水井中预定的深度位置载体与井筒内的注入水混合，并形成一定浓度的活化悬浮液，活化悬浮液随注入水进入地层，由于放射性核素载体的直径大于地层孔隙喉道，活化悬浮液中的水进入地层，而核素载体滤积在井壁地层的表面。地层吸收的活化悬浮液越多，地层表面滤积的载体也越多，放射性核素的强度也相应增高，即地层的吸水量与滤积载体的量和放射性核素的强度成正比。设放射性核素载体与水混合而成的活化悬浮液是均匀的，那么放射性强度也是均匀的。在释放放射性核素后，井内射开地层部位的内表面上吸附一层放射性核素载体。

ZAC019 产出剖面的概念

3. 采油井产出剖面监测

1）产出剖面的概念

在油井正常生产条件下，测得各生产层或层段沿井深纵向分布的产出量，为了解每个小层的产油情况、产水率及压力的变化，所进行的各种测井统称为产出剖面测井。在生产井生产过程中，由于受各种因素的影响（如油井工作制度的改变、抽油设备的故障、地层物性差异及周围注水井干扰等），油井的生产状态是不断变化的，应随时跟踪油井的动态变化。

ZAC020 产出剖面的测试原理

2）产出剖面的测量方法

产出剖面测井已逐步由单参数发展为多参数组合测井，同时不断采用新方法、新结构、新工艺以提高仪器的精度、灵敏度和可靠性，适应高压、大排量、高含水及各种特殊测井条件的要求。在产出剖面测井解释方面，发展了多相流测井解释方法，在生产状态下，井筒内的流动为油水两相、油气两相、气水两相或油、气、水三相流动，产出剖面测井分析研究必须建立在多相流的基础上。对于产出剖面测井，在测量流量的同时，还要测量含水率或持率及井内的温度、压力、流体密度等有关参数。对于油水两相流的生产井，测量体积流量和含水率两个参数，即可确定油井的产出剖面和分层产水量。

产出剖面测井普遍采用涡轮流量计测量产出量，涡轮流量计有连续流量计和集流式流量计。连续流量计适合于高产液井的测量；集流式流量计适合于低产液井的测量。其他流量测量方法有示踪法、分离方法和相关测量方法。

3）产出剖面测井资料的应用：

产出剖面测井资料是在油井正常生产的条件下获得的有关油井的信息，在油田的开发中具有广泛的应用。

①了解每个小层的出油情况、见水状况及压力变化。

②定量或定性解释采油井每个油层的产液量、含水率、产油量和产水量。

③测量油井的温度变化、体积流量、含水比、流体密度等参数。

④利用产出剖面测井可以测量油井各生产层或层段的产出流体量。

4.动态监测内容

动态监视内容主要包括五个方面：即压力监测、分层流量监测、剩余油分布监测、井下技术状况监测以及油气、油水界面监测。

1）压力监测

注水开发的油藏，油层压力的变化直接关系着油藏开发效果，而且在开发过程中要保持注采平衡。因此压力监测工作非常重要，每年压力监测工作量一般为动态监测总工作量的50%。

油藏开发初期，一般要测原始油层压力，并绘制原始油层压力等压图和压力系数剖面图，以确定油藏水动力系统。油藏投入开发以后，一般采用实测压力和不稳定调节井方法进行测试。根据动态监测系统要求，固定测压井点要能反映开发单元的压力分布情况，分布比较均匀，以便能掌握全油藏油层压力在开发过程中的变化情况。

油层压力监测主要通过井下压力计测压来实现，主要测油井的流动压力、静止压力和压力恢复曲线等。通常采用弹簧式或弹簧管式井下压力计，测量压差时可采用电传式井下压力计。

2）分层流量监测

为了掌握油田开发过程中采油井和注水井的分层产油量、产水量以及分层注水量，须要进行流体的流量监测。分层流量监测，是注水开发油藏采取以分层注水为重点的一整套分层开采技术的最直接的依据，是认识分层开采状况和采取改善油藏注水开发效果及措施的重要基础。分层流量监测主要包括吸水剖面监测、产液剖面监测、注蒸汽剖面监测。

（1）注水井吸水剖面监测。

注水井测吸水剖面是指注水井在一定的注水压力和注入量条件下，采用同位素载体法、流量法、井温法等测得各层的吸水量，一般用相对吸水量表示。相对吸水量即分层吸水量与全井吸水量的比值。

（2）产液剖面监测。

油井测产液剖面是指在油井正常生产的条件下测得各生产层或层段的产出流体量。由于产出可能是油、气或水单相流，也可能是油气、油水或气水两相流，或油气水三相流，因此在测量分层产出量的同时，应根据产出的流体不同，测量含水率、含气率及井内的温度、压力和流体的平均密度等有关参数。另外随着聚合物驱油工业化应用在我国的不断应用，1997 年已开始采用示踪法测试聚合物驱产液剖面。

（3）注蒸汽剖面监测。

这是随着稠油油藏注蒸汽开采而开展起来的一种测试方法，主要采用 TPS 三参数测井和井温法测试。

总之，通过对流体的流量监测，可以绘制出油井各油层纵向上的产出剖面，根据定期检测的结果，将同一口井，对不同时间所测得的产出剖面进行对比，可以准确地了解地层中每个油层产液量及产油量的变化情况，制定改造措施，使之获得好的措施效果。对注水井可绘制出吸水剖面，同样也可根据不同时间测得的吸水剖面来了解各油层吸水量变化。

（4）剩余油分布监测。

随着油藏开发的不断深入，必须不断研究地下油、水分布规律，确定剩余油分布和特点，采取有效措施，从而达到提高采收率的目的。主要方法有钻密闭取心检查井、水淹层测井、试油以及碳氧比能谱测井和井间监测等方法。

在油藏不同开发阶段，有针对性地部署油基钻井液取心、高压密闭取心或普通密闭取心井，是一项十分有效的动态监测手段。通过对取心岩样含水状况的逐块观察、试验分析、指标计算，取得每个小层的水洗程度和剩余油饱和度等资料。一般将油层水洗程度分为强洗、中洗、弱洗和未洗四类，根据水洗程度计算油层的含油饱和度、含水饱和度和剩余油饱和度。

项目五　油田开发阶段与调整

J（GJ）AC006
油田开发阶段
划分的意义

一、划分油田开发阶段的意义

油田开发同其他事物一样，必然有其发生、发展和衰亡的过程，因而在开发过程中显示出阶段性。认识、掌握油田开发全过程的客观规律，科学、合理地划分开发阶段，具有重要意义。

（一）有利于搞好油田开发方案的编制

在油藏开采过程中，开发工作者对其客观规律的认识是不断深化和完善的，因此，很多油田开发方案的编制，依据当时国家的要求和经济形势，必然有很多不完善不合理的地方，还没有摆脱一次部署的局限，要求控制较多的水驱储量，所以初次井网密度较大，注水方式、层系划分缺乏灵活性，最后调整被动，效果不好。明确划分开发阶段后，可以分阶段有步骤地部署井网，重新组合划分层系和确定注水方式等，做到不同开发部署适合不同开发阶段的要求。

（二）有利于搞好油田开发

划分开发阶段就是要明确开发过程中不同阶段的主要开采对象，认识影响高产稳产的主要矛盾，从而采取有效措施，合理安排油田开发工作，达到改善油田开发效果的目的。

（三）有利于搞好油田地面建设

明确各阶段的开采特点及相应措施，铺设地面油气集输管线及各项工程就可以有计划、有步骤地进行，避免其规范过大或过小而造成的浪费，有利于人力、物力、财力的合理使用。

总之，油田开发的过程是一个复杂的矛盾发展过程，研究油田开发阶段的划分，就是要研究油田开发过程不同阶段的矛盾特点和解决矛盾的措施办法，合理地划分油田开发阶段，有助于系统地研究油田开发状况改善开发效果的技术措施，从而合理地安排油田开发工作，指导油田开发。

二、划分油田开发阶段的方法

J（GJ）AC005
开发阶段划分
的方法

下面油田开发各阶段的划分主要以水驱开发为出发点。

（一）按产量划分的开发阶段

按产量划分开发阶段是以油藏的采油量随时间的变化（如平均年产油量或平均年采油速度的变化）作为划分开发阶段的主要标准，并分析其他指标的变化。把开发过程划分为四个阶段：油藏投产阶段、高产稳产阶段、产量迅速下降阶段和收尾阶段。

（1）油藏投产阶段：一般为 3～10 年，主要受油田规模、储量和面积大小的影响，随着科学技术日新月异的变化，投产阶段的年限也会变化。

（2）高产稳产阶段：一般为 10～15 年，主要受稳产期采油速度和最高采液速度高低的控制，一般采油速度为 1.5%～2.5%，阶段采出地质储量的 20%～25%。

（3）产量迅速下降阶段：一般为 15～30 年。

油田总的开发年限一般为 40～50 年，但是随着科学技术的不断进步，对油藏达到的认识越来越深入、精细，采油新方法正越来越迅速地被应用到油藏开发中，相应油藏的开发年限正逐渐被延长，原油采收率将不断提高。

（二）按开采方法划分的开发阶段

（1）一次采油阶段：利用天然能量开采，井数、产油量迅速上升，并达到最高水平。随着天然能量的消耗，地层压力、产量迅速下降，大多数油井停止自喷，改用抽油机或电泵生产。这一阶段可采出地质储量的 10%～15%。

（2）二次采油阶段：利用人工注水、注气补充油藏能量，使地层压力回升，产量上升并稳定在一定的水平上，随着油井含水的增加，产量也会降到很低水平。这一阶段可采出地质储量的 20%～25%。

（3）三次采油阶段：利用各种驱替剂，即用注水以外的技术提高驱油效率，扩大水淹体积，提高最终采收率，其特点是高技术、高投入、高采收率和较高的经济效益。

（三）按开采的油层划分的开发阶段

（1）第一阶段：主力油层和中、低渗透层中发育较好的油层充分发挥作用，油田产量稳定在较高水平上，此时多数较差油层基本未动用。这一阶段可采出地质储量的 20%～25%，综合含水达到 50%～60%。

（2）第二阶段：中、低渗透率油层接替稳产阶段。这一阶段中，主力油层含水较高，产量递减，因此必须充分发挥中、低渗透率油层的作用，才能使产量继续保持在较高的水平上。这一阶段大体可以采出地质储量的 10%～15%，综合含水达到 70%～80%。

（3）第三阶段：高含水开采阶段。这个阶段主力油层和中、低渗透率油层多数含水较高，产量递减迅速。该阶段持续时间长，可采出地质储量的 20% 左右，最终综合含水可达 98%。

这三个阶段不是截然分开的，而是相互衔接逐步转化的，对一个大油田来说，各油层的接替工作是不断转化的，应根据各油田油层的发育状况，做好产量接替。

（四）按综合含水率划分的开发阶段

这一方法是中国科学院院士童宪章在 1981 年提出来的，它是以含水上升率的变化趋势作为划分水驱油藏开发阶段的标准，分为四个开发阶段。

（1）低含水阶段：含水率为 0～25%。无水采油期包括在这个阶段中，其特点是含水率较低，一般不会因产水而影响油井的产油能力，油田的稳产也不致受到威胁。

（2）中含水阶段：含水率为 25%～75%，阶段采出程度一般在 12.5% 左右。

（3）高含水阶段：含水率为 75%～90%。这一阶段水油比值较大，注水量也须大量增加，而使原油成本上升。

（4）特高含水阶段：含水率为 90%～98%。这一阶段为水驱油藏开发晚期，进入了水洗油阶段，但对于原油黏度很高的油藏，很大一部分储量必须在此阶段采出。

三、油田开发的综合调整

一个油田的开发过程，就是对一个油田不断认识的过程，为了获得较好的开发效果和经济效益，须对油田不断进行调整，须采取不同的调整方法和手段，各种调整措施常常须互相密切配合，因此，称为油田开发的综合调整。概括起来，大体上可分为两种类型：一种是开发层系、井网的调整，这是较大规模的阶段性综合调整；另一种是在原井网注采条件下，通过采取各种工艺措施进行的经常性调整，也称综合调整。一般油田开发调整应以经济效益为中心，尽可能地提高油田最终采收率，以充分合理地利用天然资源为原则。

（一）油田综合调整的任务

不同油田不同的开发时期，油田调整的任务和目的是不同的，油田调整的方法也不一样。

（1）油田投入实际开发后，发现油田开发设计不十分符合油田实际，达不到各项开发指标的要求，因此，须对原开发设计进行调整和改变。

（2）改变油田开发方式的调整，由靠天然能量开采方式调整为人工注水、注气等开采方式。

（3）根据国家对原油生产的需求和石油市场的形势，要求提高采油速度，增加产量，须采取提高注采强度和加密井网等调整措施。

（4）为改善油田开发效果，延长油田稳产期和减缓油田产量递减而采取的调整措施。如分层工艺技术措施、三次采油的措施等。

（二）调整内容

J（GJ）AC007
油田综合调整
的内容、任务

油田综合调整的主要内容包括：层系调整、注水方式及井网调整、注采系统调整、开采方式调整和生产制度调整几个方面。

J（GJ）AC008
层系调整的概念

1. 层系调整

一个油藏层系划分得是否合理，主要看其储量动用状况。因此，要通过多种方法明确未动用储量的分布，分析造成储量动用差的原因，如同一开发层系内，各层的分布状况、岩石物性、原油性质等差异较大，油层层数过多和厚度过大，开采井段过长等，都会影响储量动用状况，降低开发效果。因此作为一个独立的开发层系，在具有一定可采储量，油井有较高生产能力的前提下，层数不宜过多，射孔井段不宜过长，厚度要适宜；与相邻开发层系间应具有稳定的隔层，以便在注水开发条件下不发生窜流和干扰；同一开发层系内，油层的构造形态、压力系统、油水分布、原油性质等应比较接近。油层的裂缝性质、分布特点、孔隙结构、油层润湿性应尽可能一致，以保证注水方式的基本一致。若原划分的开发层系与这些要求相差较多，则须进行层系调整。

层系调整的主要做法是：

（1）层系调整和井网调整同时进行。对于原层系井网中开发状况不好、储量较多的差油层，可以单独作为一套开发层系，用加密井网开发，虽然打井较多，投资较大，但可获得较好的开发效果和较高的经济效益。

（2）细分开发层系调整。如果一个开发区的井网基本上合理，主要是层划分不合理，则可以进行细分开发层系的调整，井网调整放在从属地位。

（3）井网开发层系互换。这种方式的应用条件是一个开发区内两套层系的井网基本一样，又处于大致相同的开发阶段，互换层系可减少钻井和建设投资，但封堵和射补孔工作量大，也会造成一些储量损失。

（4）层系局部调整。根据井钻遇油层发育情况和油水分布状况的分析，跨层系封堵部分井的高含水层，补射开差油层或重新认知后有开采价值的油层，进行局部的层系调整，也能收到较好的开发效果。

J（GJ）AC009
注水方式选择的
方法

2. 注水方式及井网调整

井网调整是油田综合调整内容之一，它主要用于解决平面问题，其调整的目的是提高开发对象的水驱程度和产液强度。井网调整主要是调整层系的注水方式和选择合理的井网，层系与井网关系密切，经常相互结合进行调整。

1）注水方式的选择

选择注水方式应根据油层非均质特点，尽可能做到调整后的油井多层、多方向受效，水驱程度高；注水方式的确定要同压力系统的选择结合起来，注水方式的选择，要能够满足采油井所需产液量提高和保持油层压力的要求，确定合理的的油水井数比，使注入水平面波及系数增大，保证调整后层系既有独立的注采系统，又能与原井网搭配好，注采关系协调，提高总体开发效果；裂缝和断层发育的油藏，其注水方式要视油藏具体情况灵活选定，如采取沿裂缝注水和断层附近不布注水井等。特别需要强调的是注水方式的确定要留有余地，便于今后继续进行必要的调整，同时还要有利于油藏开发后期向强化注水方向的转化。

　　2）合理井距的选择

　　选择合理井距要求：选择的井距要有较高的水驱控制程度；要能满足注采压差、生产压差和采油速度的要求；要有一定的单井控制可采储量，有较好的经济效益；要处理好新老井的关系，因为调整井的井位受原井网制约，新老井的分布尽可能均匀，注采协调；以经济效益为中心，研究不同油藏井网密度和最终采收率的关系，防止出现低效井。

　　井网调整主要靠新钻调整井来实现，部分地区也可采取老井补射孔、卡封等工艺手段完成。

<table><tr><td>J（GJ）AC010
注采系统的调
整方法</td></tr></table>

3. 注采系统调整

注采系统调整主要指对原井网注水方式的调整，一般不钻井或钻少量井。注采系统调整主要有以下几种类型。

　　（1）开发实践表明，原来采用边外注水或边缘注水，油藏内部的采油井受效差，应在油藏内部增加注水井。

　　（2）原来采用的行列注水（不包括线状注水），中间井排注水无效或注水效果较差，应在中间井排增加点状注水或调整为不规则的面积注水方式。

　　（3）由于断层影响，造成断层附近注采不完善，注水无效或存在"死油"区，在断层地区进行局部注采系统调整，如增加点状注水井点。

　　（4）裂缝发育而且主裂缝方向清楚的油藏，注水开发以后，沿裂缝迅速水窜，甚至造成油井暴性水淹，可将沿裂缝水窜油井转注，形成沿裂缝注水，能收到较好的水驱油效果。

　　（5）原来采用反九点法井网注水，随着油井含水上升，产液量增长，注水井数少，满足不了注采平衡的需要，可调整为不完整的五点法井网（注采井数比为1：2）或完整的五点法井网注水（注采井数比为1：1）。

　　（6）在进行井网调整时，调整井的井位受原井网制约，新老井的分布要尽可能均匀，保持注采协调。

　　（7）井网调整主要靠新钻调整井来实现，部分地区也可采取老井补孔、卡封等工艺手段。

　　油藏驱动方式的调整也是阶段性油藏开发的内容，例如原定靠边水等天然能量开发的油藏转为全面注水开发等。

<table><tr><td>J（GJ）AC011
开采方式调整
应注意的问题</td></tr></table>

4. 开采方式调整

开采方式调整主要是指油井由自喷开采方式转换为人工举升开采方式，开采方式调整时应注意以下几个问题。

　　（1）合理选择改变开采方式的时机。如果油层能量仍较充足，应尽量采用较经济的自喷开采方式；当油井含水上升到靠自喷开采已不能满足增加产液量的要求时，应及时地改变开采方式，转为人工举升采油。

自喷开采后期，出现注水压力过高，甚至超过破裂压力，使套管损坏增多；油层压力过高，造成油水过渡带原油外流；油井含水过高：对低渗透层开采干扰加剧；以及地面集输管网回压过高，输油困难等情况时，都需要及时改变开采方式。

（2）开采方式调整后，要做好压力系统的调整。油井由自喷开采转为机械开采，采油井流压大幅度下降，如果流压大大低于饱和压力，井底会出现油、气、水三相流，影响开采油井的地层压力、流动压力以及注水井的注水压力（流动压力）的确定。

（3）自喷开采方式转换为人工举升开采方式时，要搞好单井产量预测。根据产量预测情况选择合理的机、泵、杆类型，本着经济、有效的原则，充分发挥机采设备的作用。

大批油井同时进行不同的机械开采方式的转换，油藏压力系统将发生变化，也应注意进行调整。

J（GJ）AC012
生产制度的调整方法

5. 生产制度调整

调整生产制度是为了控制油田地下三大矛盾的发展和激化，同时也使机械采油设备处在合理的工作状态中，为此，对溶解气驱油来说应尽量控制其气油比上升的速度；对注水开发的油田来说在于延长油井的无水和低含水采油期，调整生产制度可以采取控制生产和强化生产的方式进行。自喷油井和潜油电泵是通过缩放油嘴来实现生产制度的调整，其他机械采油井是通过改变抽汲参数来实现生产制度的调整的。

1）控制生产

（1）限制生产：对采油井来说，限制生产是指通过提高井底压力，即减少生产压差以降低油井产量。限制生产适用于水舌附近及气顶附近，是为避免水舌和气顶的继续突进而采取的措施。

（2）停止生产：对限制无效的区域（如水淹严重的油井，或采取限制产量后含水上升速度增加更快的油井等），应对注采井采取关井停产、停注的办法，以限制水舌的继续深入，控制气顶的突进。

2）强化生产

强化生产，是指对采油井增加采油压差以增加采出量。对注水井则用提高注水强度以增加注水量；在放大采油压差或提高注水压力后仍见不到显著效果时，可以进行酸化、压裂等改造油层的措施。强化生产措施适合于水线落后的地区、注水效果不显著地区、渗透率偏低的油层地区。

实行笼统注水、笼统采油的油田，生产制度的调整往往会使油田动态变得相对复杂，因此要慎重进行调整。调整生产制度的工作也往往只能笼统地进行。对于层间差别显著的油田来说，限制与强化的措施，往往只能影响到高渗透的主力油层，所以制定限制措施时，也以主力油层为目标；即使强化生产措施超出了主力油层而波及非主力油层，对调整工作来说，也是有益的。对于层间差别不是很大的油田来说，限制措施起着降低生产水平的作用，而强化措施有可能影响非目的层，使油田动态更加复杂，所以必须慎重从事。

J（GJ）AC013
层系井网和注水方式的分析方法

（三）对层系、井网和注水方式的分析

油田开发方案中对层系、井网和注水方式的确定，是以地震资料和为数不多的探井、

资料井所取资料以及短期小规模试采资料为依据的。这些资料，一是数量不够充分，所得认识不可能全面；二是以原始的、静止的资料为主，不能全面地、深入地反映开发后的情况。存在一定的局限性和原始性。因此，在投入注水开发后，要依据动态资料，深入研究层系、井网、注水方式的适应性，重新认识，不断调整。

油田注水开发后，由于不同油层对开发井网的适应程度各不相同，各类油层的吸水能力、产液能力、注采平衡情况以及油层压力相差很大，在开采过程中形成了层间矛盾，不但影响油田的高产、稳产，而且降低了开发区的无水采收率和阶段采收率。因此，对层系井网和注水方式进行研究，重新认识，在此基础上根据不同油田地质特点和开发条件，合理地划分和组合开发层系，将油层性质相近的油层组合在一起，采用与之相适应的注水方式、井网和工作制度分别开发，是解决注水开发非均质多油层油田层间矛盾，提高油田开发效果的重要措施。

层系、井网和注水方式的分析，主要以储量运用程度为基本内容，分析注入水在纵向上各个油层和每个油层平面上波及的均匀程度。

一般说来，对油层储量运用程度分析后，如果认为不够理想，则应首先研究注水方式的适应性，在分析注水方式的基础上再分析层系组合问题。

四、砂岩油田在开采过程中的层间差异

J（GJ）AC014
层间差异状况
的分析方法

由于沉积环境不同，使油层的分布形态、岩性、物性等差异较大，开发层系内各小层的渗透率、原油黏度不同。我国注水开发的多油层砂岩油田虽然广泛采用了分层注水方式，但由于储油层非均质严重，加之油层压力和井底压力保持较高，分层压力差异大，使得开发过程中层间干扰突出。多油层砂岩油田在开采过程中存在三大矛盾：即平面矛盾、层间矛盾和层内矛盾。在油田开发过程中，各个小层的地层压力、驱动阻力和水淹情况是不断变化的，这些变化又使油层差异更加突出，使一些油层过早水淹，而一些油层长期得不到动用。

根据单层油水流动速度公式：$\bar{v}=(-K/\mu)gradp$（K——油层有效渗透率；μ——油层中原油黏度；$gradp$——驱动压力梯度）。在其他条件相同时，各层的油水运动速度与有效渗透率成正比，与原油黏度成反比，与驱动压力梯度成正比。这说明层间差异主要是由各小层的渗透率和原油黏度引起的。在多层合采的情况下，各小层由于渗透率和黏度的不同，要获得相同的流动速度，需要不同的生产压差，就目前的生产工艺而言，在多层合采条件下是无法实现的，因此造成渗透率低、黏度大的小层在多层合采条件下动用程度低或不动用，影响了油田开发效果。

J（GJ）AC015
开发层系适应性
分析方法

（一）开发层系适应性分析

一个油田开发层系划分得是否合理，能否适应油田地质特征条件的要求，应重点分析油田储量动用状况和未动用储量的分布、成因，为层系、井网调整提供可靠依据。

1. 分析研究油田储量动用状况

估算油田水驱动用储量。一般选用以下两种方法进行估算。

（1）利用水驱曲线估算：油田全面开发进入稳定生产后，当含水率达到一定的数值时，油田累积产油量与累积产水量的对数呈直线关系。

（2）利用分层测试资料估算：利用油井产液剖面资料统计油层动用厚度，最后估算

出水驱动用储量。

2. 分析研究不同类型油层动用状况

分析研究不同类型油层动用状况一是利用分层测试资料；二是利用注水井分层吸水测试资料；三是根据密闭取心检查井资料来研究分层动用状况。应用以上三项资料可以对油层进行定性定量的分析。

3. 分析研究造成部分储量动用差的原因

明确了储量动用情况和剩余油分布之后，就要进一步分析造成一部分储量未动用的原因。一般说来，差油层开发效果差的原因主要有以下三种类型：一是多层合采层间干扰严重；二是井网控制程度低；三是渗透率低，井间流动阻力过大。因此，要确定是否由于层系划分组合的不合理，还要分析以下几项内容。

（1）一套层系内各油层的沉积特征对开发效果的影响：不同的沉积环境，决定了油层物性的好坏，而油层物性的差异又决定了油层开发效果。因此，油田开发后，要根据开发井网所钻的油水井地球物理测井资料，进一步研究各套油层的沉积环境，并根据分层测试资料研究不同含水阶段各套油层的动用情况。

（2）一套层系内各油层的渗透率级差对开发效果的影响：即使同一沉积环境下沉积的油层，渗透率高低也不尽相同。因此，必须研究一套层系内油层渗透率级差大小对油层动用状况的影响。

（3）一套层系内油层层数和厚度对开发效果的影响：在一套层系内，即使沉积条件基本一致，渗透率级差不大，但由于射开层数过多，厚度过大，对开发效果影响也比较大。大量的国内外油田开发实际资料证实，开发层系内的油层数、厚度与油层动用厚度、采油强度、最终采收率有着直接的关系。随着层系内油层数和厚度的增加，油层动用厚度比例明显降低，采液强度下降，采收率降低。

（4）层系内油层润湿性对开发效果的影响：层系内油层润湿性不是一成不变的，主要受束缚水饱和度影响，随着渗透率降低，束缚水饱和度增高，当束缚水饱和度增加到25%～30%以后，油层润湿性由亲油转向亲水。例如，大庆油田油层润湿性与渗透率有较明显的关系。空气渗透率小于 $0.3\mu m^2$ 的油层是亲水的，大于 $1.2\mu m^2$ 的油层是亲油的。

当不同润湿性的油层组合为一套开发层系时，由于亲油油层的两相流动系数比亲水油层大，所以亲油油层的地层压力比亲水油层高。由于亲油油层的渗透率高，见水早，进入高含水期后随着两相渗流阻力减小，地层压力更高，将加剧对低渗透亲水油层的层间干扰，使低渗透的亲水油层的储量得不到动用。

4. 注水方式适应性分析

油田开发中，注水方式选择是否合理，对油田的最终采收率、采油速度、经济效益有着直接的影响。

研究分析注水方式的合理性，应首先研究开发层系中油层的特性、流体的性质及其他地质因素对注水方式的要求；在此基础上，分析注水方式是否满足开发方案中对最终采收率、采油速度和经济效果等各项开发指标的要求，并根据新的需要提出合理的调整意见。下面对不同注水方式进行比较和分析。

（1）不同注水方式对油层的控制程度：合理的注水方式，应当最大限度地适应油层分布状况，并能控制最大的面积和储量。人们常用水驱控制程度来分析和衡量不同注入方式和井网对油层的适应性。

对于分布稳定、面积大、形态较规则的油层，行列注水和面积注水都能较好地控制住油层的面积和储量；对于一些分布不稳定、形态不规则或呈透镜体状态分布的油层，在相同井网密度下，面积注水要比行列注水更适应一些。

采用面积注水方式，在相同井距下，由于油水井数比不同，对油层的水驱控制程度也不一样。对一些分布不稳定、形态不规则或呈透镜体状分布的油层，应尽可能选择油水井数比小一些的注水方式。

（2）不同注水方式下储量动用程度：在油层条件、井网密度均相近的情况下，由于面积井网油井都处于注水受效的第一线，而且受效方向多，因此动用状况比行列注水方式好。对渗透率较低、平面非均质较严重的油层尤为如此。

（3）不同注水方式下的采油速度：在油层条件、井网密度均相近的情况下，面积注水方式可获得比行列注水较高的采油速度。这是由于行列注水方式的注水井成排布于第一排生产井的同侧，中间井排处于注水受效的二线；面积注水方式的注水井按一定规则分布在每口油井的周围，每口油井都处于注水受效的第一线，在相同地层条件下，与水井的连通厚度大，受效条件好，所以面积注水方式比行列注水方式的生产井受效充分，生产能力旺盛。

采用面积注水方式，在相同井距下，不同的油水井数比对采油速度也有较明显的影响。油水井数比低，注水受效方向多，油井地层压力高，相应单井产量和采油速度要高。

（4）不同注水方式的含水上升率：理论和实践资料研究表明，影响含水上升率的主要因素有三种：油层的性质、油水黏度比和油层的出油状况。在油层性质、油水黏度比、井网密度相近的情况下，影响含水上升率的因素主要是油层出油状况的均匀程度。

在低含水阶段，面积注水方式比行列注水方式含水率上升速度慢，采出程度高。这是由于在低含水期，面积井网的生产井都处在注水受效的第一线，平面上水线推进均匀，平面干扰现象不严重。同时，由于含水较低，层间干扰现象不严重，使油层动用比较均匀。

中含水期以后，行列注水方式则要比面积注水方式含水上升速度慢，有利于生产。这是因为面积注水井网进入中含水期后，生产井一般是多向多层见水。

5.开发井网适应性分析

国内外开发实例表明，一个油田的初期井网不一定是最佳井网，也不可能适应油田开发的每一个阶段。随着油藏开发的不断深入，井网一般都要经过再次甚至多次调整，以最大限度地满足油田开发地下要求。合理开发井网的选择，既要考虑最大限度地提高各类油层的控制程度，提高油田最终采收率，又要考虑不同开发阶段注采平衡的需要，更要考虑油田开发的整体经济效益。

J（AC）016
开发试验效果的
分析方法

6.油田开发试验效果分析

油田开发试验对开发好油田具有指导作用，因此，开发试验效果分析更重要，是油田开发动态分析不可缺少的一项重要内容。

油田开发试验效果分析，要根据其特定目的和内容，调动一切动态监测手段，详尽录取一切必要的资料和室内分析数据，采用一切动态分析的理论和方法进行认真的分析和研究。为开发好油田提供指导性作用。

油田开发试验效果分析的内容，一般包括以下几个方面：

（1）试验项目提出的依据及要达到的目的和目标。

（2）试验区的选择及其地质特点和开发历程。

（3）对试验区油层的再认识和地质储量的重新计算。

（4）阐述根据试验设计要求进行试验的全过程中，每个阶段的成果、特点和出现的问题，以及根据问题和阶段特点对试验设计的校正、修改及其实践。

（5）试验成果，将试验中取得的成果经过系统整理，逐项加以总结，并与国内外同类试验或开发成果进行对比，指出达到的水平。

（6）得出主要结论和建议：即将上述试验中取得的资料和成果进行综合分析，总结出带有指导性的结论和定量的或定性的有关技术政策界限等，最后根据这些结论提出全油田推广实施的建议。

（二）油田年度综合调整方案的基本内容

油田年度综合调整方案是油田开发工作者在不断加深油藏地质认识的基础上，根据油田当前开发形势及动态变化趋势，为完成原油生产计划，不断提高油田开发水平和最终采收率，对油田年度开发调整工作的全面部署。它作为组织年度油田生产的依据，每年都要进行一次。因此，编制好油田年度综合调整方案，是贯彻执行油田开发方针、增强油田稳产基础、实现油田开发良性循环的一项重要工作。油田年度综合调整方案的主要内容包括五个方面。

1. 油田开发形势及存在的主要问题

通过认真分析上一年度油田综合调整方案的实施效果，结合一年一度的地下大调查，重点找出目前油田开发中存在的几个主要矛盾和问题，明确主攻方向。

2. 油田综合调整目标及主要开发指标的预测、分解和安排部署

根据国家下达的原油生产计划和上级部门下达的各项开发指标以及五年规划制定的工作目标，确定年度综合调整目标。主要包括年产油量、综合含水、年注水量、年产液量、递减率、地层压力水平等。在对上述各项指标的构成进行分解、预测的基础上，合理安排措施工作量。

3. 油田综合调整的指导原则

根据油田当前存在的主要问题和综合调整目标，确定调整原则。主要包括：综合调整的总体原则，区块（层系）调整原则，注水井注水层段和配注水量调整原则，油井压裂、堵水、"三换"等措施选井选层原则等。这些原则应具有针对性和阶段性，在一定程度上又具有灵活性。

4. 油水井调整方案的编制及结果

根据既定的调整原则，着手编制油水井单井配产配注方案，并逐级汇总。在油田年度综合调整方案中给出油田（区块）总的配产配注结果、油水井措施工作量及动态监测工作量安排。

5. 综合调整方案的实施要求

主要包括实施油水井调整方案的进度安排及其他需要强调的事项。

模块四　安全管理知识

CAD001 安全管理的概念、意义、原则

项目一　安全管理概论

一、安全管理工作

安全管理是管理者对安全生产进行计划、组织、指挥、协调和控制的一系列活动，以保护职工的安全与健康，保证企业生产的顺利发展，促进企业提高生产效率。

（一）安全管理的意义

安全管理是企业经营管理中的一项重要工作，做好安全管理和劳动保护工作具有重要的意义。

（1）做好安全管理和劳动保护是党和国家的一项重要政策，是一项重要而艰巨的任务。

（2）做好安全管理和劳动保护工作是企业日常生产经营活动的重要保证。

（3）做好安全管理和劳动保护工作是现代企业文明的重要标志。

（4）做好安全管理和劳动保护工作是企业经济效益的最直接的体现。

（5）做好安全管理和劳动保护工作是企业员工思想稳定和社会安定的一个重要因素。

（二）安全管理的概念

安全管理既指对劳动生产过程中的事故和防止事故发生的管理，又包括对生活和生产环境中的安全问题的管理。

（三）安全管理的原则

1. "安全第一、预防为主"的原则

要求各企业在生产经营过程中把安全工作放在首位，采取各种措施保障劳动者的安全和健康，将事故和危害的事后处理转变为事故和危害的事前控制。

2. 生产与安全齐抓共管的原则

企业生产的管理人员，把安全和生产作为一个有机的整体，安全和生产一起管理。

CAD002 安全管理的工作内容、任务

（四）安全管理的内容

（1）贯彻执行国家法律规定的工作时间、法定的休息和休假制，和国家对女工及未成年特殊保护的法令。

（2）参与安全管理政策、法规、规章制度的制定并组织实施。

（3）建立安全管理机构和安全生产责任制，制定安全技术措施计划，进行安全生产的监督检查。

（4）进行伤亡事故的调查、分析、处理、统计和报告，开展伤亡事故规律性的研究及事故的预测预防。

（5）开展劳动保护宣传教育工作，普及劳动保护科学技术知识。

（五）安全管理工作的任务

（1）制定安全法规、制度，预防、控制和消除生产过程中的各种不安全因素。

（2）经常开展群众性的安全教育和安全检查活动。

二、安全色

ZAD008 安全色的概念

安全色即传递安全信息含义的颜色，包括红、蓝、黄、绿四种颜色。为了使人们对周围存在不安全因素的环境、设备引起注意，需要涂以醒目的安全色，提高人们对不安全因素的警惕。

（一）安全色的概念

安全色是表达安全信息的颜色，表示禁止、警告、指令、提示等意义。正确使用安全色，可以使人员能够对威胁安全和健康的物体和环境做出尽快的反应，迅速发现或分辨安全标志，及时得到提醒，以防止事故、危害发生。

安全色用途广泛，如用于安全标志牌、交通标志牌、防护栏杆及机器上不准乱动的部位等。安全色的应用必须是以表示安全为目的和有规定的颜色范围。

（二）含义和用途

（1）红色：表示禁止、停止、消防和危险的意思。禁止、停止和有危险的器件设备或环境涂以红色的标记。如禁止标志、交通禁令标志、消防设备、停止按钮和停车、刹车装置的操纵把手、仪表刻度盘上的极限位置刻度、机器转动部件的裸露部分、液化石油气槽车的条带及文字，危险信号旗等。

（2）黄色：表示注意、警告的意思。需警告人们注意的器件、设备或环境涂以黄色标记。如警告标志、交通警告标志、道路交通路面标志、皮带轮及其防护罩的内壁、砂轮机罩的内壁、楼梯的第一级和最后一级的踏步前沿、防护栏杆及警告信号旗等。

（3）蓝色：表示指令、必须遵守的规定。如指令标志、交通指示标志等。

（4）绿色：表示通行、安全和提供信息的意思。可以通行或安全情况涂以绿色标记。如表示通行、机器启动按钮、安全信号旗等。

（5）黑色、白色两种颜色一般作安全色的对比色，主要用作上述各种安全色的背景色，例如，安全标志牌上的底色一般采用白色或黑色。

ZAD009 安全标志的概念、分类

（三）安全标志

安全标志是用以表达特定安全信息的标志，由图形符号、安全色、几何形状（边框）或文字构成，用以表达特定的安全信息，使用安全标志的目的是提醒人们注意不安全的因素，防止事故的发生，起到保障安全的作用。当然，安全标志本身不能消除任何危险，也不能取代预防事故的相应设施。

1. 分类

安全标志不仅类型要与所警示的内容相吻合，而且设置位置要正确合理，否则就难以真正充分发挥其警示作用。

安全标志分为禁止标志、警告标志、指令标志、提示标志四类。

2. 含义

（1）禁止标志的含义是禁止人们不安全行为的图形标志。其基本形式为带斜杠的圆形框，圆形和斜杠为红色，图形符号为黑色，衬底为白色。

（2）警告标志的含义是提醒人们对周围环境引起注意，以避免可能发生危险的图形标志。其基本形式是正三角形边框、三角形边框及图形为黑色，衬底为黄色。

（3）指令标志的含义是强制人们必须做出某种动作或采用防范做事的图形标志。其基本形式是圆形边框、图形符号为白色，衬底为蓝色。

（4）提示标志的含义是向人们提供某种信息的图形标志，其基本形式是正方形边框，图形符号为白色，衬底为绿色。

三、办公室消防安全管理规定

ZAD010 办公室消防安全管理规定

（一）职责

办公室应制定防火措施并指定部门防火安全负责人，落实执行有关消防安全的规章制度。

（1）检查本办公室的消防安全情况。

（2）纠正违章行为，及时发现消除安全隐患，并向有关部门报告。

（二）规定

办公室消防安全管理规定如下：

（1）办公室内不得存放易燃易爆物品。

（2）办公室内废弃的可燃物品、办公设备及办公家具应及时清理或退库处理，不得乱堆、乱放。

（3）未经有关部门批准，未做好安全可靠的防护措施，办公室内严禁明火作业。

（4）允许吸烟的办公室应设有烟缸，吸剩的烟头、用过的火源必须熄灭后放入烟缸，不得随手乱扔。打火机应避免在阳光和高压下暴晒暴烤。

（5）办公室内的供配电设施及用电设备，周围 30cm 内不得存放磁带、书刊、纸张等可燃物品；照明灯具与可燃物品安全距离不得小于 50cm，室内严禁使用电热器具。室内电源插头及接线板应使用合格产品，不得乱拉临时电线，墙壁每个电源插头拖带负荷总量不得超过 2000W，接线板不准串接、搭接使用。不准将无插头电器电线直接引入插座进行电路联接。

（6）办公室内的消防探头、喷淋头严禁遮挡，严禁在消防管网和喷淋头上吊挂杂物及镜片等物品。

（7）消防报警探头下方 80cm 内，严禁存放物品。

（8）有报警探头、喷淋系统、气体灭火系统、排烟设施的室内装修隔断应事先报有关部门审核，严禁因增建隔断或建房中房破坏消防设施的保护格局。

（9）办公室的出入口及消防通道应保持畅通，不得堵塞。

（10）办公室工作人员应熟悉各自办公室周围的疏散通道情况并保证其畅通。当发生不可控制的火情时，能迅速撤离，最大限度地减少人员伤亡。撤离应通过疏散楼梯，不得乘坐电梯。

（11）办公室工作人员应熟悉本办公室附近所配置的消防器材和使用方法，发现火情应沉着、迅速进行扑救，同时抢救出重要文件、器材，及时报警和保护好现场。

（12）每天下班前，各办公室都要进行一次防火检查，切断电源，关好门窗。

项目二　石油、天然气火灾特点及预防

一、石油、天然气火灾特点

（一）石油火灾特点

> CAD004 石油火火的特点

1. 燃烧速度快

对石油来讲，燃烧速度与油品在容器内的状况和油品性质有直接关系。如油罐直径越大，燃烧速度越快；初温越高，燃烧速度越快，储罐中低液位燃烧比高液位燃烧的速度快，轻质油比重质油燃烧速度快，不含水石油产品比含水石油产品燃烧速度快。石油着火后，火焰沿其表面蔓延的速度可达 $0.5 \sim 2m/s$。

2. 火焰温度高，辐射热量大

由于石油的热值大（热值是指单位重量或单位体积的可燃物质在完全烧尽时所放出的热量），如原油 10500 热值为 kcal/kg，汽油 11200 热值为 kcal/kg，它们在燃烧时放出的热量大，火焰温度高，石油的火焰温度一般在 1000℃以上。

3. 易发生爆炸，火势极易蔓延

由于石油及轻质油产品极易挥发，并易与空气形成爆炸性混合物，遇到点火源时可能先爆炸后燃烧，也可能先燃烧后爆炸，而爆炸易使容器破坏，使油品溢流而扩大火势。

4. 含有水分的油品易发生突沸

原油和沸溢性油品在燃烧时产生的热量，除用于加热表层至沸点和供液体蒸发所需热量外，还有一部分余热在液体表层积储，使燃烧液体升温，并向油品深度方向加热，形成高温层。由于油内含有的水分随热传播逐渐被汽化，以比原油体积大 1700 倍瞬间膨胀，或由于热波传播到水垫层，从而引起强烈的沸溢，沸喷，能将燃油抛出 $70 \sim 120m$ 远。

5. 石油火灾燃烧的猛烈阶段，扑救比较困难

在猛烈燃烧阶段，由于燃烧放出大量热，促使油品急剧蒸发，迅速参与燃烧反应，因而燃烧面积迅速扩大，火势猛、温度高，辐射强烈，扑救比较困难。

根据石油火灾的上述特点，凡生产、加工、使用石油及石油产品的单位应做好预防工作，防止火灾的发生；在一旦发生火灾时，应立即行动，力争将其扑灭在初期阶段，尽量减少火灾危害。

（二）天然气火灾特点

> CAD005 天然气火灾的特点

1. 燃烧性强

气体不需要蒸发、熔化等过程，在正常条件下就具备燃烧条件，比液体、固体易燃，燃烧速度快，放出热量多，产生的火焰温度高，热辐射强，造成的危害大。

2. 爆炸危险度大

天然气的爆炸浓度极限范围宽，爆炸空气重，易扩散积聚，爆炸威力大。

3. 有毒

天然气中含有微量的硫化氢和其他一些杂质气体，对人体健康有一定的危害。

二、石油火灾的预防

（一）通过日常管理预防火灾事故

1. 建立健全消防安全制度

建立健全消防安全制度主要包括：消防安全教育、培训、防火巡查、消防安全设施管理与维护等。

2. 落实消防安全责任制

落实消防安全责任制是指确定各级消防安全责任人，牢固树立"安全自抓、隐患自除、责任自负"的消防安全责任主体意识。

3. 及时整改火灾隐患

对存在的火灾隐患，及时予以消除，并记录备案，无法消除的要将危险部位停产整改。

4. 强化消防安全宣传教育和培训

以多种形式经常性地开展消防安全教育、安全培训活动，提高员工自我保护意识和对火灾危害的认识以及预防、处置、报警、撤离的技能水平。

5. 制定灭火应急预案并定期进行演练

（二）控制与消除火源

（1）消除火源，在爆炸危险岗位区域加强火源管理，生产施工动火严格执行动火审批，严格落实安全防火措施。

（2）防止因设备密封不严，长期无防腐，老化、破损而发生跑、冒、滴、漏现象。

（3）严格执行电气设备管理规定，并要定期检修，防止电弧、电火花、电热或漏电现象发生。

（4）爆炸危险岗位区域采用报警装置，排风设备完善，防止爆炸性气体积聚。

（5）生产设备上的安全仪表、附件必须齐全、灵敏、有效。

项目三　电气火灾与预防

一、电气火灾的特点与预防

（一）电气火灾的概念

电气火灾一般是指由于电气线路、用电设备、器具以及供配电设备出现故障性释放的热能，如高温、电弧、电火花以及非故障性释放的能量以及电热器具的炽热表面，在具备燃烧条件下引燃本体或其他可燃物而造成的火灾，也包括由雷电和静电引起的火灾。

电气火灾主要包括以下四个方面：

1. 漏电火灾

当漏电发生时，泄漏的电流在流入大地途中，如遇电阻较大的部位时，会产生局部高温，致使附近的可燃物着火，从而引起火灾。此外，在漏电点产生的漏电火花，同样也会引起火灾。

2. 短路火灾

由于短路时电阻突然减少，电流突然增大，其瞬间的发热量也很大，大大超过了线路正常工作时的发热量，并在短路点易产生强烈的火花和电弧，不仅能使绝缘层迅速燃烧，而且能使金属熔化，引起附近的易燃可燃物燃烧，造成火灾。

3. 过负荷火灾

当导线超过负荷时，加快了导线绝缘层老化变质。当严重过负荷时，导线的温度会不断升高，甚至会引起导线的绝缘发生燃烧，并能引燃导线附近的可燃物，从而造成火灾。

4. 接触电阻过大火灾

在有较大电流通过的电气线路上，如果在某处出现接触电阻过大这种现象时，就会在接触电阻过大的局部范围内产生极大的热量，使金属变色甚至熔化，引起导线的绝缘层发生燃烧，并引燃附近的可燃物或导线上积落的粉尘、纤维等，从而造成火灾。

（二）电气火灾的特点

CAD008 电气火灾的特点

1. 电气火灾的季节性特点

电气火灾多发生在夏季、冬季。一是因夏季风雨多，当风雨侵袭，架空线路发生断线、短路、倒杆等事故，引起火灾；露天安装的电气设备（如电动机、闸刀开关、电灯等）淋雨进水，使绝缘受损，在运行中发生短路起火；夏季气温较高，对电气设备散热有很大影响，一些电气设备，如变压器、电动机、电容器、导线及接头等在运行中发热，温度升高就会引起火灾。二是因冬季天气寒冷，如架空线受风力影响，发生导线相碰放电起火，大雪、大风造成倒杆、断线等事故；使用电炉或大灯泡取暖，使用不当，烤燃可燃物引起火灾；冬季空气干燥，易产生静电而引起火灾。

2. 电气火灾的时间性特点

许多火灾往往发生在节日、假日或夜间。由于有的电气操作人员思想不集中，疏忽大意，在节日、假日或下班之前，对电气设备及电源不进行妥善处理，便仓促离去；也有因临时停电不切断电源，待供电正常后易引起失火。电气火灾的时间性特点也包括失火后，节日、假日或夜间现场无人值班，难以及时发现，而蔓延扩大成灾。

（三）电气火灾的预防

CAD009 电气火灾的预防措施

随着现代科学技术的发展，人们的物质生活水平发生了巨大变化，电能相应地得到了广泛的开发与利用。电能的应用既造福了人类社会，同时也给人类带来了电击和电气火灾事故的危险。

（1）短路起火是指当两导线短路时，电流增大，导线绝缘层被破坏，线芯温度迅速上升，绝缘层自燃引起的火灾。防止短路起火的措施主要有以下几点：

①避免短路发生，使绝缘层完整无损。

②保持绝缘水平。导线要避免过载、过电压、高温腐蚀以及被泡在水里等。

③在敷设导线时，应采用阻燃配管，防火电缆、防火线槽等。

④若已经发生短路，则应迅速切断电路，限制火势沿线路蔓延，防止线路互串。应注意在未切断电源时，不能泼水以免造成一些不应有的损失及人员伤亡等。

（2）预防接地故障火灾，首先应在电气线路和设备的选用和安装上尽量防止绝缘损坏，以免接地故障的发生。对此，除了采取预防短路火灾的措施外，还应采取以下措施：

①在建筑物的电源总进线处，装设漏电保护器，应注意用于防火的漏电保护必须装在电源总进线处，以对整个建筑物起防火作用。

②在建筑物电气装置内实施总等电位联结。当故障电压沿 PE 线进入线路时，建筑物内线路上处于同一故障电压，这样做后消除了电位差，电弧、电火花无从发生，也就满足了防火要求。

（3）安装电气火灾报警监控系统。电气火灾监控系统可以为用户省电降耗、保护设备、隐患预测、防火减灾。

（四）电气火灾监控系统

CAD010 电气火灾监控系统的特点

电气火灾具有一定的特殊性，在没有发生电气火灾之前，看不见，摸不着，就像一个黑匣子，完全不知道里面到底是怎么一回事。所以必须借助现代科技手段，将看不见，摸不着的信息转换成感觉器官能够接收到的信息，这就是电气火灾监控系统（漏电火灾报警系统）。电气火灾监控系统把电气火灾发生的前期表现出来的征兆，通过技术手段转换成可识别的信息，以达到对电气火灾监控的目的，在电气火灾发生之前发出报警信息。

（1）从产生电气火灾发生的机理看主要有：

①故障部位局部长时间发热，造成绝缘进一步下降，最终造成线路短路，导致火灾；

②另一个是故障部位产生的电弧或电火花瞬间释放热量造成线路短路，导致火灾。

（2）电气火灾监控系统：

①剩余电流式电气火灾监控系统可以长期不间断地实时监测线路剩余电流的变化，随时掌握电气线路或电气设备绝缘性能的变化趋势，剩余电流过大时及时报警并指出报警部位，便于查找故障点，真正对电气火灾具有预警作用。

②电气火灾监控系统主要用于人身触电时及时切断电源，防止电击事故发生，电气火灾监控系统安装在配电室和配电箱处，实时检测供电线路干线、次干线的剩余电流，如超过剩余电流报警值，立即发出声光报警信号，提示检修，主要用于预防漏电引起的电气火灾。

二、电气火灾的灭火方法

ZAD001 断电灭火的注意事项

针对电气设备火灾燃烧猛、蔓延快、易形成大面积燃烧、烟雾大、气体有毒的特点，一般常用以下几种灭火方法。

（一）断电灭火

电力线路或电气设备发生火灾时，首先应设法切断电源，然后组织扑救。在切断电源时应注意以下几点：

（1）剪断电线时，应穿戴绝缘靴和绝缘手套，用绝缘胶柄钳等绝缘工具将电线剪断，不同相电线应在不同部位剪断，以免造成线路短路。剪断空中电线时，剪断的位置应选择在电源方向的支持物上，防止电线剪断后落地造成短路触电伤人事故。

（2）电源线切断后要防止对地短路，触电伤人及线间短路。

（3）在主要开关未断开之前，不允许用隔离开关切断负载电流，以免产生电弧，造成设备和人身伤亡。

（4）切断电容器和电缆后，因仍有残留电压，灭火时要按带电灭火的要求进行灭火。

（5）切断用磁力启动器启动的电气设备时，应先按"停止"按钮，再拉开隔离开关。

（二）带电灭火

ZAD002 带电灭火的注意事项

在不得已需要带电灭火时，应注意以下几点：

（1）应按灭火剂的种类选择适当的灭火机。二氧化碳、四氯化碳、二氟一氯一溴甲烷（即 1211）二氟二溴甲烷或干粉灭火机的灭火剂都是不导电的，可用于带电灭火。泡沫灭火机的灭火剂（水溶液）有一定的导电性，而且对电气设备的绝缘有影响，不宜用于带电灭火。

（2）可用水进行带电灭火。但因水能导电，必须采取适当安全措施后才能进行灭火。灭火人员在穿戴绝缘手套和绝缘靴，水枪喷嘴安装接地线情况下，可使用喷雾枪灭火。

（3）对架空线路等空中设备灭火时，人体位置与带电体之间仰角不应超过 45°，以免导线断落伤人。

（4）如遇带电导线断落地面，应画出警戒区，防止跨步电压伤人。扑救人员需要进入灭火时，必须穿上绝缘靴。

（5）在带电灭火过程中，人应避免与水流接触，防止地面水浸导电引起触电事故。

（6）灭火时，灭火器和带电体之间应保持足够的安全距离。

三、充油电气设备的火灾扑救

ZAD003 充油电气设备的火灾扑救注意事项

在油田，充油电气设备一般指变压器、油断路器、电容器等。

（1）变压器、油断路器、电容器等充油电气设备使用的油，闪燃点大都在 $130\sim140℃$ 之间，有较大的危害性。如果只是容器外面局部着火，而设备没有受到损坏时，可用二氧化碳、四氯化碳、1211、干粉等灭火剂带电灭火。如果火势较大，应先切断起火设备和受威胁设备的电源，然后用水扑救。

（2）如果容器设备受到损坏，喷油燃烧，火势很大时，除切断电源外，有事故储油坑的应设法将油放进储油坑，坑内和地面上的油火应用泡沫灭火剂扑灭。

（3）要防止着火油料流入电缆沟内。如果燃烧的油流入电缆沟而顺沟蔓延时，沟内的油火只能用泡沫覆盖扑灭，不宜用水喷射，防止火势扩散。

（4）灭火时，灭火机和带电体之间应保持足够的安全距离。用四氯化碳灭火时，扑救人员应站在上风方向以防中毒，同时灭火后要注意通风。

四、触电危害

ZAD004 触电的危害

触电可分为直接触电和间接触电。

（一）直接触电

触电是指电流通过人体而引起的病理、生理效应，触电分为电伤和电击两种伤害形式。电伤是指电流对人体表面的伤害，它往往不致危及生命安全；而电击是指电流通过人体内部直接造成对内部组织的伤害，它是危险的伤害，往往导致严重的后果，电击又可分为直接接触电击和间接接触电击。

直接接触电击是指人身直接接触电气设备或电气线路的带电部分而遭受的电击。它的特征是人体接触电压，就是人所触及带电体的电压；人体所触及带电体所形成接地故障电流就是人体的触电电流。直接接触电击带来的危害是最严重的，所形成的人体触电电流总是远大于可能引起心室颤动的极限电流。

（二）间接触电

间接接触电击是指电气设备或是电气线络绝缘损坏发生单相接地故障时，其外露部分存在对地故障电压，人体接触此外露部分而遭受的电击。它主要是由于接触电压而导致人身伤亡的。

（三）触电的影响因素

发生触电后，电流对人体的影响程度，主要决定于流经人体的电流大小、电流通过人体持续时间、人体阻抗、电流路径、电流种类、电流频率以及触电者的体重、性别、年龄、健康情况和精神状态等多种因素。

电流通过人体所产生的生理效应和影响程度，是由通过人体的电流（I）与电流流经人体的持续时间 $f(t)$ 所决定的。

五、触电伤害急救

ZAD005 触电伤害的急救方法

人体触及电体，或者带电体与人体之间闪击放电，或者电弧波及人体时，电流通过人体进入大地或其他导体，称为触电。触电时人体会受到程度不同的伤害，触电急救必须动作迅速、方法正确。

（一）脱离低压电源的方法

脱离低压电源的方法可用"拉""切""挑""拽""垫"五字来概括。

（1）"拉"指就近拉开电源开关、拔出插销或瓷插保险。此时应注意拉线开关和板把开关是单极的，只能断开一根导线，有时由于安装不符合规程要求，把开关安装在零线上。这时虽然断开了开关，人身触及的导线可能仍然带电，这就不能认为已切断电源。

（2）"切"指用带有绝缘柄的利器切断电源线。当电源开关、插座或瓷插保险距离触电现场较远时，可用带有绝缘手柄的电工钳或有干燥木柄的斧头、铁锹等利器将电源线切断。切断时应防止带电导线断落触及周围的人体。多芯绞合线应分相切断，以防短路伤人。

（3）"挑"如果导线搭落在触电者身上或压在身下，这时可用干燥的木棒、竹竿等挑开导线或用干燥的绝缘绳套拉导线或触电者，使之脱离电源。

（4）"拽"救护人可戴上手套或在手上包缠干燥的衣服、围巾、帽子等绝缘物品拖拽触电者，使之脱离电源。

（5）"垫"如果触电者由于痉挛手指紧握导线或导线缠绕在身上，救护人可先用干燥的木板塞进触电者身下使其与地绝缘来隔断电源，然后再采取其他办法把电源切断。

（二）脱离高压电源的方法

（1）立即电话通知有关供电部门拉闸停电。

（2）如电源开关离触电现场不远，则可戴上绝缘手套，穿上绝缘靴，拉开高压断路器，或用绝缘棒拉开高压跌落保险以切断电源。

（3）往架空线路抛挂裸金属软导线，人为造成线路短路，迫使继电保护装置动作，从而使电源开关跳闸。抛挂前，将短路线的一端先固定在铁塔或接地引线上，另一端系重物。抛掷短路线时，应注意防止电弧伤人或断线危及人员安全，也要防止重物砸伤人。

（4）如果触电者触及断落在地上的带电高压导线，且尚未确证线路无电之前，救护人不可进入断线落地点 8～10m 的范围内，以防止跨步电压触电。进入该范围的救护人员应穿上绝缘靴或临时双脚并拢跳跃地接近触电者。触电者脱离带电导线后应迅速将其带至 8～10m 以外立即开始触电急救。只有在确证线路已经无电，才可在触电者离开触电导线后就地急救。

（三）现场急救

当判定触电者呼吸和心跳停止时，应立即按心肺复苏法就地抢救。所谓心肺复苏法就是支持生命的三项基本措施，即通畅气道、口对口（鼻）人工呼吸、胸外按压（人工循环）。

六、安全电压概念

安全电压，是指为了防止触电事故而由特定电源供电所采用的电压系列。

ZAD007 安全电压的概念

为防止触电事故，规定了特定的供电电源电压系列，在正常和故障情况下，任何两个导体间或导体与地之间的电压上限，不得超过交流电压 50V。

七、安全电压的等级

我国规定的安全电压的等级分为 42V、36V、24V、12V、6V。当电源设备采用 24V 以上的安全电压时，必须采取防止可能直接接触带电体的保护措施。因为尽管是在安全电压下工作，一旦触电虽然不会导致死亡，但是如果不及时摆脱，时间长了也会产生严重后果。另外，由于触电的刺激可能引起人员坠落、摔伤等二次性伤亡事故。

在潮湿环境中，人体的安全电压为 12V。当安全电压超过 24V 时应采取接地措施。

项目四　常用灭火方法及灭火器的使用

一、常用灭火方法

CAD003 常用灭火的方法

火灾是一种常见多发的破坏性极强的灾难。火灾产生的形式多种多样，包括闪燃、自燃、燃烧和爆炸，并具有突发性、复杂性和严重性。发生火灾时除了及时报 119 火警外，要采取积极措施灭火，常用的灭火方法主要有以下四种。

（一）冷却法

冷却法是将灭火剂直接喷射到燃烧的物体上，使燃烧物的温度降低到燃点以下，停止燃烧。或者将灭火剂喷洒到火源附近的物体上，使其不受火焰辐射热的威胁，避免形成新的着火点。常见的冷却法就是用清水灭火，以及二氧化碳冷却降温灭火。

（二）隔离灭火法

隔离灭火法是将火源处与周围的可燃物质隔离，使火源因没有燃烧物质而熄灭。如将火源附近的可易燃、易爆和助燃物搬走，有时也可以拆除与火源相连的建筑物，使燃烧中断。

（三）窒息灭火法

窒息灭火法是指防止空气流入燃烧区，或用不燃烧物质冲淡空气，使燃烧物质得不到足够氧气而熄灭的方法。如用不燃或难燃物覆盖燃烧区，或在燃烧区撒土，撒沙子，用湿毛毡覆盖火焰。

（四）抑制法（中断化学反应法）

抑制法是指将灭火剂掺入燃烧反应过程中去，使燃烧过程中产生的游离烃消失，形成稳定分子或低活性的游离烃，从而使燃烧的化学反应中断，停止燃烧的方法。

二、常用灭火器的使用

ZAD006 常用灭火器的类型灭火器种类多种多样，不同型号的灭火器适宜扑救不同的火灾。正确使用灭火器材，对于预防和消灭生产过程中的各类火灾事故具有重要的意义。

（一）手提式轻水泡沫灭火器

手提式轻水泡沫灭火器是一种新型高效灭火器，适用于扑救固体类、油类，特别是石油制品的初期火灾。但不适用扑灭水溶性可燃、易燃液体和电气、轻金属火灾。

轻水泡沫灭火器是将轻水泡沫灭火剂与压缩气体同存储于灭火器桶内，灭火剂由压缩气体的压力驱动而喷射出灭火。

（二）手提式干粉灭火器

手提式干粉灭火器适用于扑救油类、石油产品、有机溶剂、可燃气体和电气设备的初期火灾。

干粉灭火剂主要由碳酸氢钠，硝酸钾、云母粉等组成。

干粉灭火剂从灭火器喷出雾状干粉，覆盖在燃烧物的表面，使燃烧的连锁反应停止，不能继续燃烧。

干粉灭火器的优点是灭火效率高，绝缘性能好，灭火后对机器设备无污染，长期保存不易变质。

（三）手提式二氧化碳灭火器

二氧化碳灭火器适用于扑救面积不大的珍贵设备，档案资料、仪器仪表、6000V 以下电器及油脂火灾。

二氧化碳相对密度为 1.529，比空气重。液态的二氧化碳变成气体后，比原来液态的体积大 760 倍。二氧化碳气在灭火时能够置换燃烧表面的空气。当二氧化碳在空气中的浓度达 35% 以上时，燃烧就会停止。

（四）手提式 1211 灭火器

手提式 1211 灭火器主要用于扑救油类、电器、仪表、图书、档案等贵重物品的初起火灾。

1211 灭火剂是属于卤代烷灭火剂的一种，1211 即二氟一氯一溴甲烷。它是一种高效能灭火剂，主要通过干扰、抑制的连锁反应，起到一定的冷却，窒息作用，达到灭火目的。

1211 灭火器对于建筑物内的各种材料，电气设备不腐蚀、不污染，用量小，灭火效果高，长期储存不易变质。

第二部分

初级工操作技能及相关知识

模块一　油水井管理

项目一　相关知识

一、抽油机井资料录取内容及要求

（一）抽油机井资料录取内容

抽油机井资料录取内容包括：抽油机井录取产液量、油压、套压、电流、采出液含水、示功图、动液面（流压）静压（静液面）8 项。

（二）抽油机井资料录取要求

1. 产液量录取要求

（1）采用玻璃管、流量计量油方式，日产液量 ≤ 20t 的采油井，每月量油 2 次，两次量油间隔不少于 10d；日产液量 > 20t 的采油井，每 10d 量油 1 次，每月量油 3 次。分离器（无人孔）直径为 600mm，玻璃管量油高度为 40cm；分离器直径为 800mm，玻璃管量油高度为 50cm；分离器直径为 1000mm、1200mm，玻璃管量油高度为 30cm。采用流量计量油方式，每次量油时间为 1~2h。

（2）对于不具备玻璃管、流量计计量条件以及冬季低产井，可采用示功图法、液面恢复法、翻斗、计量车、模拟回压称重法等量油方式，日产液量 > 10t 的采油井，每月量油 2 次；日产液量 ≤ 10t 的采油井，每月量油至少 1 次，两次量油间隔在 20~40d。其中，采用液面恢复法量油每次不少于 3 个点，且对于日产液量 ≤ 1t 的采油井，每季度量油至少 1 次，发现液面变化超过 ±100m 等异常情况应进行加密量油。

（3）措施井开井后，一周内量油至少 3 次。对采用玻璃管、流量计量油方式且日产液量 > 20t 的采油井应加密量油，一周内量油至少 5 次。

（4）量油值的选用要求如下：

①对新井投产、措施井开井，每次量油至少 3 遍，取平均值，直接选用。

②对无措施正常生产井每次量油 1 遍，量油值在波动范围内，直接选用。超量油波动范围，连续复量至少 2 遍，取平均值。对变化原因清楚的采油井，量油值与变化原因一致，当天量油值可直接选用；对变化原因不清楚的采油井，当天产液量借用上次量油值，应第二天复量油 1 次，至少 3 遍，取平均值，产液量选用接近上次量油值，并落实变化原因。

③日产液量计量的正常波动范围：

日产液量 ≤ 1t，波动不超过 ±50%；

CBB002 分离器的计量标准

CBC009 采油井产液量录取要求

CBC010 量油值的选用要求

1t < 日产液量 ≤ 5t，波动不超过 ±30%；

5t < 日产液量 ≤ 50t，波动不超过 ±20%；

50t < 日产液量 ≤ 100t，波动不超过 ±10%；

日产液量 > 100t，波动不超过 ±5%。

（5）抽油机井开关井，生产时间及产液量扣除当日关井时间及关井产液量。当抽油机停机自喷生产时，资料录取按自喷井进行管理。

CBC011 采油井热洗扣产的标准

（6）抽油机井热洗扣产要求如下：

①对采用热水洗井的采油井：

日产液量 ≤ 5t，热洗扣产 4d；

5t < 日产液量 ≤ 10t，热洗扣产 3d；

10t < 日产液量 ≤ 15t，热洗扣产 2d；

15t < 日产液量 ≤ 30t，热洗扣产 1d；

日产液量 > 30t，热洗扣产 12h。

②对采用原井筒液或热油洗井的采油井，热洗不扣产。

③热洗井均不扣生产时间。

CBC012 采油井油套压的录取标准

2. 油压、套压录取要求

正常情况下油压、套压每 10d 录取 1 次，每月录取 3 次。对环状、树状流程首端井、栈桥井等应加密录取，定压放气井控制在定压范围内。

压力表的使用和校验：固定式压力表，传感器为机械式的压力表每季度校验 1 次，传感器为压电陶瓷等电子式的压力表每年校验 1 次。快速式压力表，传感器为机械式的压力表每月校验 1 次，传感器为压电陶瓷等电子式的压力表每半年校验 1 次。压力表使用中发现问题及时校验。使用压力表录取的压力值应在使用压力表量程的 1/3~2/3 范围内。

CBC013 机采井电流的录取标准

3. 电流录取要求

正常生产井每天测上下冲程电流 1 次。电流波动大的井应核实产液量、泵况等情况，查明原因。

1）抽油机井电流录取标准

抽油机井正常生产井每天测 1 次上下冲程电流。电流波动大的井应核实产液量、泵况等情况，查明原因。

2）螺杆泵井电流录取标准

螺杆泵井正常生产井每天录取 1 次电流。电流波动大的井应核实量油、泵况等情况，落实原因。

3）电泵井电流录取标准

电泵井正常生产井每天录取 1 次电流。采用纸质电泵卡片的正常井每周更换 1 张卡片，异常井每天更换 1 张卡片，措施井开井后每天更换 1 张卡片，连续 7d。采用多功能保护器等存储电流资料的正常井每周录取回放 1 次，异常井及措施井开井每天录取回放 1 次，连续 7d。

CBC014 采出液含水录取要求

4. 采出液含水录取要求

（1）取样时避免掺水等影响资料的录取，双管掺水流程采油井应先停止掺水后取样，井口停止掺水至少 5min 或计量间停止掺水 10～30min。

（2）采出液在井口取样，先放空，见到新鲜采出液，一桶样分 3 次取完，每桶样量取够样桶的 1/2～2/3。

（3）对非裂缝油藏未见水或采出液含水＞98% 的采油井每月取样 1 次；对 0＜采出液含水≤98% 及裂缝油藏的采油井每月录取 3 次含水资料，且月度取样与量油同步次数不少于量油次数。

（4）含水值的选用要求：

①对新井投产、措施井开井的采油井，取样与量油同步，含水值直接选用。

②对无措施正常生产井，含水值在波动范围内，直接选用。含水值超过波动范围，对变化原因清楚的采油井，采出液含水值与变化原因一致，当天含水值可直接选用；对变化原因不清楚的采油井，当天采出液含水借用上次化验采出液含水值，应第二天复样，选用接近上次采出液含水值，并落实变化原因。

③采出液含水值的正常波动范围：

采出液含水值≤40%，波动不超过 ±3 个百分点；

40%＜采出液含水值≤80%，波动不超过 ±5 个百分点；

80%＜采出液含水值≤90%，波动不超过 ±4 个百分点；

采出液含水值＞90%，波动不超过 ±3 个百分点。

（5）样品保护知识。

①取样后要盖好样桶，防止水、泥、砂、油等杂质进入桶内。

②含水高的井，样桶提放要平稳，防止油样溅出桶外。

③不允许将样桶放置在温度超过 40℃ 的地方，油样未化验前不准开盖，不可加温，以防水及轻馏成分损失。

④雨天必须将样桶遮盖严，防止雨水混入，影响资料的真实性。

⑤必须专井专桶专用，样桶清洁不渗不漏。

> CBC015 采油井含水化验数值选用标准

5. 示功图、动液面（流压）录取要求

（1）正常生产井示功图、动液面每月测试 1 次，两次测试间隔不少于 20d，不大于 40d。示功图与动液面（流压）测试应同步测得，并同步测得电流、油压、套压资料。发现异常情况及时测试。日产液量≤5t 的采油井，动液面波动不超过 ±100m；日产液量＞5t 的采油井，动液面波动不超过 ±200m。超过波动范围，落实原因或复测验证。

（2）措施井开井后 3～5d 内测试示功图、动液面，并同步录取产液量、电流、油压、套压资料。

（3）测试仪器每月校验 1 次。

> CBC016 采油井动液面示功图的录取标准

6. 静压（静液面）录取要求

动态监测定点井每半年测 1 次静压，两次测试间隔时间为 4～6 个月。在正常生产情况下，若采用液面恢复法，则静压力波动不超过 ±1.0MPa，若采用压力计实测，则静压波动不超过 ±0.5MPa。超过范围落实原因，原因不清应复测验证。

（三）间抽井资料录取要求

能够满足月度资料录取要求的采油井，按照月度资料录取要求录取相关资料；不能满足月度资料录取要求的采油井，在开井周期内按资料录取的间隔时间要求录取资料。

间抽井资料选取生产稳定时录取有代表性的资料。

二、注水井资料录取内容及要求

（一）注水井资料录取内容

注水井录取注水量、油压、套压、泵压、静压、分层流量测试、洗井、水质8项资料。

（二）注水井资料录取要求

CBC017 注水井日注水量的录取标准

1. 注水量录取要求

（1）注水井开井每天录取注水量。对能够完成配注的注水井，日配注量 ≤ 10m³，注水量波动不超过 ±2m³；10m³ < 日配注量 ≤ 50m³，日注水量波动不超过配注的 ±20%；日配注量 > 50m³，日注水量波动不超过配注的 ±15%，超过波动范围应及时调整。对完不成配注井，按照接近允许注水压力注水或按照泵压注水。水表发生故障应记录水表底数，按油压估注水量，估算时间不得超过 48h。

CBC018 注水井油套压的录取标准

（2）关井 30d 以上的注水井开井，按相关方案要求逐步恢复注水。

（3）分层注水井封隔器不密封和分层测试期间不得计算分层水量，待新测试资料报出后，从测试成功之日起计算分层水量。

（4）注水井放溢流时，采用流量计或容器计量，溢流量从该井日注水量或月度累计注水量中扣除。

（5）干式计量水表每半年校验 1 次，涡街式电子水表每两年校验 1 次。使用其他新式仪表，按要求定期校验。

2. 油压、套压、泵压录取要求

（1）油压录取要求：注水井开井每天录取油压，注水井关井 1d 以上，在开井前应录取关井压力。注水井钻井停注期间每周录取 1 次关井压力。

（2）套压录取要求：下套管保护封隔器井和分层注水井每月录取 1 次，两次录取时间相隔不少于 15d。发现异常井加密录取，落实原因。措施井开井一周内录取套压 3 次。冬季 11 月 1 日至次年的 3 月 31 日可不录取套压。

（3）泵压录取要求：注水井泵压在监测井点每天录取 1 次。

3. 静压录取要求

动态监测定点井每年测静压 1 次，静压波动不超过 ±1.0MPa，超过波动范围落实原因，原因不清应复测验证。

CBC019 注水井的分层测试标准

4. 分层流量测试录取要求

（1）正常分层注水井每 4 个月测试 1 次，分层测试资料使用期限不超过 5 个月。正常注水井发现注水超现场与测试注水量规定误差，应落实变化原因，在排除地面设备、仪表等影响因素后，在两周内进行洗井或重新测试。

（2）分层注水井测试提前 3d 以上进行洗井，洗井后注水量稳定方可测试。

（3）注水井分层测试前，进行试井队使用的压力表与现场使用的压力表比对，电子流量计测取的井口压力与现场录取的油压比对，压力差值不超过 ±0.2MPa。超过波动范围落实原因，整改后方可测试。

（4）注水井分层测试前，进行井下流量计和地面水表的注水量比对，以井下流量计测试的全井注水量为准，日注水量 ≤ 20m³，两者差值不超过 ±2m³；20m³ < 日注水量 ≤ 100m³，两者误差不超过 ±8%；100m³ < 日注水量 ≤ 200m³，两者差值不超过 ±8m³；日注水量 > 200m³，两者差值不超过 ±16m³。超过波动范围落实原因，整改后方可测试。

（5）关井 30d 以上的分层注水井开井后，在开井 2 个月内完成分层流量测试。

（6）笼统注水井要求一年测指示曲线 1 次。

三、采油（气）注水（入）井资料填报管理规定

CBC004 原始资料的数据填写要求

（一）资料的填写及录入

1. 资料的填写

采油（气）注水（入）井班报表、原始化验分析成果等原始资料采用手工方式填写。

综合资料应用中国石油天然气股份有限公司油气水井生产数据管理系统（A2）[以下简称油气水井生产数据管理系统（A2）]生成，其他资料通过手工填写或录入计算机。

资料的手工填写要求如下：

（1）原始资料要求用蓝黑墨水钢笔或黑色中性笔填写，同一张报表字迹颜色相同。

（2）原始资料填写内容按资料录取有关规定及时准确地填写，数据或文字正规书写，字迹清晰工整，内容齐全准确，相同数据或文字禁止使用省略符号代替。

（3）采油井班报表中产液量单位，吨（t），数据保留 1 位小数；压力单位，兆帕（MPa），数据保留 2 位小数；采出液含水，百分比数值，无量纲，数据保留 1 位小数。注水（入）井班报表中注水（入）量单位，立方米（m³），数据保留整数位；压力单位，兆帕（MPa），数据保留 1 位小数。采气井班报表中产气量单位，万立方米（10⁴m³），数据保留 4 位小数；压力单位，兆帕（MPa），数据保留 2 位小数。其他数据按相关要求保留小数位。

（4）原始资料中的采油（气）注水（入）井井号、油层层号按规范要求书写。如杏 1–1–25、北 4–8– 丙 48、萨高 163–422、萨 156、南 2–丁3–P39、南 5–2–更水 22、南 8–4–侧斜水 48、南 260–平341、葡111–检53 等。油层号标明油层组、小层号，如萨 II²、葡 I³、高 I³⁻⁵ 等。

（5）班报表除按规定内容填写外，还要求把当日井上的工作填写在报表备注栏内，例如，测试、测压、施工内容、设备维修、仪器（仪表）校对、洗井、检查油嘴、取样、量油、气井排水等，开关井填写开、关井时间，注水（入）井填写开、关井时的流量计底数。

（6）采油（气）注水（入）井措施关井，应扣除生产时间。抽油机井热洗填写洗井时间、压力、温度等相关数据，同时根据相应规定扣除产量。注水（入）井洗井时，填写洗井时间、进出口流量、溢流量或漏失量等相关数据，并在备注中标明洗前洗后水表底数。注水（入）井放溢流填写溢流量。

（7）原始资料若发现数据或文字填错后，进行规范涂改，在错误的数据或文字上画"—"，把正确的数据或文字整齐清楚地填在"—"上方。

（8）班报表要求岗位员工签名。

CBC005 原始资料工作项目填写要求

2. 资料的录入

采油（气）注水（入）井班报表、原始化验分析成果等数据录入油气水井生产数据

管理系统（A2）。

（二）采油（气）、注水（入）井班报表的整理和上报

（1）采油（气）、注水（入）井班报表填写完成后，要求当日上交到资料室。

（2）资料室负责审核整理采油（气）、注水（入）井班报表，并录入油气水井生产数据管理系统（A2）。

（3）资料室负责应用油气水井生产数据管理系统（A2）生成采油（气）井、注水（入）井生产日报，并在当日审核上报。

（三）采油（气）、注水（入）井月度井史的整理和上报

（1）采油（气）、注水（入）井月度井史由资料室负责应用油气水井生产数据管理系统（A2）生成。

（2）采油（气）、注水（入）井月度井史，除按规定内容填写外，应把压裂、堵水、大修、转抽、转注等重大措施，常规维护性作业施工内容及发生井下事故、井下落物、井况调查的结论，以及地面流程改造等重大事件随时记入大事记要栏内。

（3）新投产、投注井在投产后两个月内，把钻井、完井、测试、化验等资料录入井史。

（4）资料室负责每月底最后一日将当月月度井史数据审核上报。

（5）资料室负责单井年度井史在次年一月份打印整理。

（四）化验分析资料的整理和上报

（1）矿（作业区）的化验室负责所属采油井采出液含水，以及采气井采出气体的组分化验和采出液的水质分析化验，厂或注入队的化验室负责所属采油井采出液含水、含碱、含表活剂等化验及浓度、黏度等测定，注入液含碱、含表活剂等化验及浓度、黏度、界面张力等测定。

（2）采油（气）、注入队负责把当日所取的化验样品在当日送到化验室，化验室第二天报出化验分析日报。

（3）采出液含水、含碱、含表活剂等化验及浓度、黏度等测定的原始记录，以及采气井采出气体的组分化验和采出液的水质分析化验的原始记录，注入液含碱、含表活剂等化验及浓度、黏度、界面张力等测定的原始记录由化验室负责填写。化验室每天报出的化验分析日报通过网络传输或手工报表等交接方式交资料室一份。

（4）每天的化验分析资料由资料室负责当日录入油气水井生产数据管理系统（A2）。

（五）上传资料的审核

通过油气水井生产数据管理系统（A2）上传的资料要求逐级认真审核，当发现外报资料出现错误时，应及时报告，经上级业务主管确认批准后及时逐级更正，同时填写更正记录，并标明出现错误原因及更正数据或文字，更正记录保存期一年。

四、油的计量

油井产量的计量是油田生产管理中的一项重要工作，将油井产量准确及时的计量，对掌握油藏状况，制度生产方案，具有重要的指导意义。目前国内各油田采用的油井产量计量方法主要有玻璃管量油、翻斗量油、两相分离密度法和三相分离计量。

油井的量油方法很多，现场上常用的量油方法，按基本原理可分为容积法和重力法两种；按控制方法可分为手动控制和自动控制两种。对于具有低效开发区块的油田，根据现场实际经验，总结出功图法量油和液面恢复法量油，其中功图法量油包括两种量油方式，一种是面积法，另一种是有效冲程法。

下面主要介绍最常用的分离器玻璃管量油方法。

CBB001 玻璃管量油的原理

（一）分离器玻璃管量油的原理

在分离器侧壁装一高压玻璃管及其附件，与分离器构成连通器。根据连通器平衡原理，分离器液柱的压力与玻璃管内水柱的压力是平衡的。因此，在使用分离器玻璃管量油时，根据连通器平衡原理，知道水柱高度，就可换算出分离器内液柱高度。只是因油、水的密度不同，上升的高度也不同，分离出的气体从气口排出。根据水柱高度换算出分离器内油柱高度，再根据水柱上升高度所需的时间计算出分离器单位容积，从而求出油井日产液量。分离器玻璃管量油的原理是采用定容积计算的方法。

（二）计算方法

根据以上原则：

$$H_{液} \cdot \rho_{液} g = h_{水} \cdot \rho_{水} g \qquad (2\text{-}1\text{-}1)$$

计算分离器内液柱上升高度 $H_{液}$：

$$H_{液} = \frac{h_{水} \cdot \rho_{水} g}{\rho_{液} g} \qquad (2\text{-}1\text{-}2)$$

计算分离器内液柱重量：

$$\begin{aligned} G &= H_{液} \cdot \rho_{液} g \cdot A \\ &= h_{水} \cdot \rho_{水} g \cdot A \\ &= h_{水} \cdot \rho_{水} g \cdot \pi R^2 \end{aligned} \qquad (2\text{-}1\text{-}3)$$

式中　$H_{液}$、$h_{水}$——液、水上升高度，m；

　　　$\rho_{液}$、$\rho_{水}$——液、水的密度，kg／m³；

　　　A——分离器内横截面积，m²；

　　　R——分离器内半径，m；

　　　G——液柱重量，t。

如果水柱上升所需时间为 t（单位为 s），则每秒产油量 q（单位为 t/s）为：

$$q = \frac{h_{水} \cdot \rho_{水} g \cdot \pi R^2}{t} \qquad (2\text{-}1\text{-}4)$$

每天产液量 Q 为

$$Q = \frac{86400 h_{水} \cdot \rho_{水} g \cdot \pi R^2}{t} \qquad (2\text{-}1\text{-}5)$$

式中　t——量油时间，s；

　　　Q——产液量，t/d。

对于有人孔的分离器，在标定量油高度时一般应避开人孔，减少计量的麻烦。

CBB004 油气分离器的作用及结构

五、分离器相关知识

油气分离器主要是用来分离油和气，计量油气的产量、沉水、沉砂等。其次用来控制井口出油管线的回压。目前现场上使用的油气分离器类型较多，但基本结构大体相同，都是由外壳、油气混合进口、油出口、气出口、排污口等所组成。为了使油气分离器在生产过程中能够安全地运行，上部装有安全阀。

CBB006 油气分离器的基本原理

1. 油气分离器的基本原理

（1）重力沉降原理。

油气主要靠气液密度不同实现分离。但它只能除去 100μm 以上的液滴，保证不了分离效果，必须与其他分离方法配合。它主要适用于沉降阶段。

（2）离心分离原理。

当液体改变流向时，密度较大的液滴具有大的惯性，就会与分离器壁相撞，使液滴从气流中分离出来，这就是离心分离。它主要适用于初分离段。

（3）碰撞分离原理。

气流遇上障碍改变流向和速度，使气体中的液滴不断在障碍面内聚集，由于液滴表面张力的作用而形成油膜。气流在不断地接触，将气体中的细油滴聚集成大油滴，靠重力沉降下来。

CBB003 量油分离器的种类

2. 油气分离器的种类

矿场上油气分离器的种类很多。按外形可分为立式、卧式、球形；按用途可分为生产分离器、计量分离器、三相分离器；按压力大小可分为真空分离器、低压分离器、中压分离器、高压分离器；按内部结构分为伞状和箱伞状分离器。

3. 油气分离器的特点

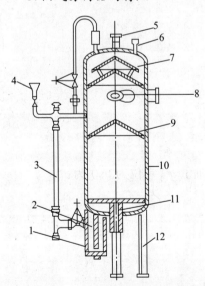

图2-1-1　立式分离器示意图

1—水包；2—水包隔板；3—量油玻璃管；
4—加水漏斗；5—气出口；6—安全阀；
7—分离伞；8—油气混合进口；9—当油帽；
10—筒体；11—油出口；12—支架

立式油气分离器便于控制液面，易于清洗泥砂等脏物。缺点是处理气量较卧式的小。卧式分离器处理气量大，但液面控制困难，不易清洗泥砂等脏物。球形油气分离器承压较高，但制造麻烦，分离空间和液体缓冲能力受到限制，液面控制要求严格。

4. 常用的油气分离器

（1）立式分离器。

立式切向进口伞状结构分离器的结构如图2-1-1所示。立式分离器油气分离的工作原理是：当油气混合物沿着切线方向进入分离器后，立即沿着分离器壁旋转散开，油的相对密度大，被甩到分离器壁上而下滑，气的相对密度小则集中上升。部分液滴落在挡油帽上散开，油气进一步分离，油沿挡油帽下滑，气上升。上升的气体经下层分离伞面收集集中，从顶部开口处上升进入上层分离伞，沿上层分离伞面上升，这样一收一扩并几次改变流动方向，尤其在通过伞斜面过程中，使初分离出来的气体中携带的小油滴吸附在分离伞的斜面上，聚集成较大的油滴而下滑落入分离器的下部，然后经油出口排出分离器。而经两次分离脱出的比较纯净的天然气则从分离器顶部的气出口排出。

（2）卧式油气分离器。

卧式油气分离器与立式油气分离器相比，具有处理量大的特点，因此，卧式油气分离器适用于高产井。卧式油气分离器具体结构如图2-1-2所示。

卧式油气分离器的油气分离原理是：当油气混合物从进口进入油气分离器后，喷到隔板上散开，因扩散作用使溶于油中的天然气分离出来。油靠自重下落从隔板下部弓形缺口通过，气体由隔板上半部的许多小孔通过进入分离器箱。携带有小油滴的天然气在分离箱内多次改变流动方向，小油滴被凝聚下落。分离器下部油经出油阀排出分离器，而经分离后比较纯净的天然气从气出口排出。油中的水、砂等污物，因质量较重，下沉在油气分离器底部，可定期清除。

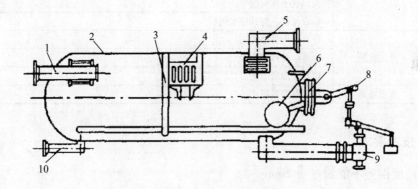

图2-1-2 卧式分离器示意图

1—油气混合物进口；2—分离器壳体；3—隔板；4—分离箱；5—气出口；
6—浮标；7—人孔盖；8—连杆机构；9—油阀；10—排污管

项目二　录取油井产液量

一、准备工作

（一）设备

配备有玻璃管量油分离器的计量间。

（二）材料、工具

F扳手1把，计算器1个，秒表1个，碳素笔1支，巡回检查记录本1本，2m钢圈尺1个，擦布若干。

（三）人员

1人操作，劳动保护用品穿戴齐全。

二、操作规程

序　号	工　序	操作步骤
1	检查流程	检查流程，关闭掺水阀门15min
		校对现场资料
2	倒量油流程	先开进分离器阀门，关闭进汇管阀门
		打开玻璃管上、下流阀门
		打开分离器气平衡阀门
3	量油	迅速关闭分离器出油阀门
		量油分3次完成，同时记录量油时间
		压液面
4	倒回生产流程	排液
		关闭玻璃管下、上流阀门
		先开进汇管阀门，关闭进分离器阀门
		关闭气平衡阀门
		检查流程，打开掺水阀门
5	对比数据	计算平均量油时间
		计算单井日产液量
		填写采油班报表
6	清理场地	用具整理后带走

三、技术要求

量油高度误差不能超过 $\pm 2mm$。

四、注意事项

（1）检查玻璃管液面，一定要先开上阀门，后关下阀门。

（2）倒流程时一定要先开后关，油气分离器不能憋压，即量油时气平衡阀如没有打开，一是会量油不准，二是会造成憋压，如被量油井产量高，会导致油气分离分离器安全阀跑油事故。

项目三　取抽油井井口油样

一、准备工作

（一）设备

正常生产的抽油机井1口（掺水伴热井口流程）。

（二）材料、工具

污油桶1个，擦布若干，取样扳手1把，标准取样桶1个，碳素笔1支，巡回检查记录本。

（三）人员

1人操作，劳动保护用品穿戴齐全。

二、操作规程

序　号	工　序	操作步骤
1	检查核实	检查流程、核实取样井号
2	停掺水	关严掺水阀、停掺水（停掺水标准为 10～15min）
3	排污	关掺水阀 10min 后，打开取样阀门放"死油"，将"死油"放到放空桶内，放空至见到新鲜油后为止
4	取样	缓慢打开取样阀门取样，一桶油样分 3 次取完
		开关取样阀平稳操作
		每次取样间隔 1～2min
		油样量应取到样桶的 1/2～2/3
		取样后盖好盖，防止倾洒
5	调节掺水	取完油样关闭取样阀，打开掺水阀冲管线，调节掺水量
6	填写记录	填写井号、日期、时间、取样人
7	清理场地	收拾工具，清洁场地

三、技术要求

取样时，要先放净"死油"，必须排污后再取样。

四、注意事项

取样时，要注意风向，人要站在上风口操作，防止油气中毒。

项目四　取注水井井口水样

一、准备工作

（一）设备

正常生产的注水井 1 口。

（二）材料、工具

200mm 活动扳手 1 把，污油桶 1 个，擦布若干，水样瓶 1 个，记录纸 1 张，碳素笔 1 支。

（三）人员

1 人操作，劳动保护用品穿戴齐全。

二、操作规程

序号	工序	操作步骤
1	核实	核实取样井号
2	检查井口流程	检查注水井及配水间流程
3	排污冲洗取样瓶	侧身缓慢打开放空阀门，将滞留在管内的"死水"排出
		用所取样品的水洗刷取样瓶
		洗刷取样瓶 3 次以上
4	取水样	取水样至取样瓶的 2/3 高度处
		关闭放空阀

续表

序号	工序	操作步骤
5	贴标签送交化验	盖好取样瓶盖
		在纸签上写明井号、取样人、取样时间
		送交化验室
6	清理场地	收拾工具，清洁场地

三、技术要求

（1）注水井注入水水质化验水样必须在注水井井口取。

（2）注水井取完水样后要盖好取样瓶，用棉纱擦净取样瓶外和取样阀门上的溅出物。

四、注意事项

开关阀门要侧身并缓慢操作。

项目五　录取油井压力

一、准备工作

（一）设备

准备正常生产的油井（抽油机或电动潜油泵）1 口，井口油套压装置齐全。

（二）材料、工具

校验合格的压力表（1.0MPa、1.6MPa）压力表各 1 块，生料带 1 卷，擦布若干，记录单 1 张，250mm、200mm 活动扳手各 1 把，通针 1 根，300mm 钢锯条 1 根，钢丝钩 1 个，碳素笔（蓝黑或黑）1 支。

（三）人员

1 人操作，劳动保护用品穿戴齐全。

二、操作规程

序　号	工　序	操作步骤
1	检查压力表	检查压力表外观完好、有铅封、合格证在有效期内、有量程线在 1/3~2/3，压力表合格
2	选择压力表	观察、记录压力值，选择正确量程压力表
3	清理	清理表接头内扣，通传压孔；通新表传压孔
4	缠生料带密封	在新表螺纹上顺时针方向缠生料带
5	安装新压力表	安装新压力表，用扳手将新压力表安装好
6	摆正位置	安装好压力表后，位置摆正，便于观看；清理生料带，擦拭
7	试压检查	侧身缓慢打开压力表阀门试压；压力启稳，检查不渗不漏，开大阀门后回半圈
8	录取压力填写数据	观察压力值，做好记录：填写井号、油压、套压、时间、录取人
9	关阀门	侧身关闭压力表控制阀门
10	卸压力表	用扳手卸松压力表，压力表卸压，指针落零
11	取下压力表	缓慢取下压力表，防止掉落
12	清理场地	操作结束清理现场杂物，将工具摆放指定位置

三、技术要求

（1）录取的压力值必须在表的量程1/3～2/3，否则要更换量程适合的压力表再录取读数。

（2）压力表在携带、使用过程中严禁震动或撞击。

（3）压力表应安装在便于观察，易于更换的地方；安装地点应避免振动和高温，要有足够的光线照明。

（4）压力表螺纹没有卸松时，不许用手扳压力表整体卸表。

（5）使用活动扳手时禁止推扳手，以防伤手。

（6）更换压力表时应用通针清理上、下传压孔。

四、注意事项

（1）检查压力表时放空或卸表要缓慢，特别是放空时要准备放空桶，并缓慢放空，防止放空时污水、污油四溅。

（2）开关阀门要侧身并缓慢操作。

项目六　录取注水井压力

一、准备工作

（一）设备

正常生产的注水井1口，井口油套压力表装置齐全。

（二）材料、工具

校验合格的压力表（16MPa、25MPa）压力表各1块，生料带1卷，擦布若干，记录单1张，250mm、200mm活动扳手各1把，通针1根，300mm钢锯条1根，钢丝钩1个，碳素笔（蓝黑或黑）1支。

（三）人员

1人操作，劳动保护用品穿戴齐全。

二、操作规程

序　号	工　序	操作步骤
1	检查压力表	检查压力表外观完好、有铅封、合格证在有效期内、有量程线在1/3～2/3，压力表合格
2	选择压力表	观察、记录压力值，选择正确量程压力表
3	清理	清理表接头内扣，通传压孔；通新表传压孔
4	缠生料带密封	在新表螺纹上顺时针方向缠生料带
5	安装新压力表	安装新压力表，用扳手将新压力表安装好
6	摆正位置	安装好压力表后，位置摆正，便于观看；清理生料带，擦拭
7	试压检查	侧身缓慢打开压力表阀门试压；压力启稳，检查不渗不漏，开大阀门后回半圈
8	录取压力填写数据	观察压力值，做好记录；填写井号、油压、套压、时间、录取人
9	关阀门	侧身关闭压力表控制阀门
10	卸压力表	用扳手卸松压力表，压力表卸压，指针落零
11	取下压力表	缓慢取下压力表，防止掉落
12	清理场地	操作结束清理现场杂物，将工具摆放指定位置

三、技术要求

（1）录取的压力值必须在表的量程 1/3～2/3，否则要更换量程适合的压力表再录取读数。

（2）压力表在携带、使用过程中严禁震动或撞击。

（3）压力表应安装在便于观察，易于更换的地方；安装地点应避免振动和高温，要有足够的光线照明。

（4）压力表螺纹没有卸松时，不许用手扳压力表整体卸表。

（5）使用活动扳手时禁止推扳手，以防伤手。

（6）更换压力表时应用通针清理上、下传压孔。

四、注意事项

（1）检查压力表时放空或卸表要缓慢，特别是放空时要准备放空桶，并缓慢放空，防止放空时污水污油四溅。

（2）开关阀门要侧身并缓慢操作。

项目七　测取抽油机井上、下电流

一、准备工作

（一）设备

正常生产的抽油机井 1 口，备用校验合格的钳形电流表指针式、数字式各 1 块，低压试电笔 1 支。

（二）材料、工具

50mm 螺丝刀 1 把，碳素笔 1 支，记录纸 1 张，绝缘手套 1 副。

（三）人员

1 人操作，劳动保护用品穿戴齐全。

二、操作规程

序　号	工　序	操作步骤
1	准备	准备钳形电流表、笔、纸、螺丝刀、擦布
2	选表	选择指针式钳形电流表
3	调整	检查钳口，校零位，电流表指针归零
4	选挡	选择挡位依次从大到小，换挡时将导线移开钳口
5	测量	测量导线居中垂直钳口
		电流表换挡时移开导线
6	取值读表	读取上行程峰值 $I_{上}$
		读取下行程峰值 $I_{下}$
		记录数据，计算平衡率
7	确定调整方向	当平衡率为 85%～100% 时，可不调整；当平衡率 < 85% 时，配重块向远离输出轴的方向调整，当平衡率 > 100% 时，配重块向靠近输出轴的方向调整
8	清理场地	收拾工具，清洁场地

电流值（A）	$I_上 =$	$I_下 =$
平衡率计算公式	平衡率 $=I_下 /I_上$	
计算平衡率	平衡率 $=$	
判断调向	调向：	

三、技术要求

（1）因各单位使用的钳形表型号不统一，使用前要检查电流表各挡位的功能，以免拔错挡位，损坏电流表。

（2）表头部分不得随意拆动，不得猛烈震动或击打。

（3）每次测量后将挡位置于电流最高挡或 OFF 挡，并开几次钳口，以免下次使用时因为未选择量程就进行测量而损坏仪表。

（4）读值时，眼睛、指针、刻度成一条垂直于表盘的直线。

（5）注意平衡率公式为，下电流峰值除以上电流峰值，平衡率 $=I_下 /I_上$。

四、注意事项

（1）在测量过程中不得切换量程，否则就会造成二次回路瞬间开路，感应出高电压而击穿表内元件。若是选择的量程与实际数值不符，需要变换量程时，应先将钳口打开，使钳口脱离导线。

（2）测量时应戴绝缘手套站在绝缘垫上，读数时要注意安全，切勿触及其他带电部分。

项目八　采油井日产液量取值

一、准备工作

（一）设备

可容纳 20~30 人教室 1 间。

（二）材料、工具

采油井班报表数据 1 份［正常井量油时间（未超波动）低产液井量油时间（超波动）高产液井量油时间（超波动）措施井量油时间各 1 口］，采油井综合数据 1 份（与上相同井号），空白的数据对比表 1 张，A4 演算纸少许，碳素笔 1 支，计算器 1 个，15cm 直尺 1 把。

（三）人员

多人操作，劳动保护用品穿戴齐全。

二、操作规程

序　号	工　序	操作步骤
1	审核报表	审查相关数据（班报表）
2	对比数据	填写当日数据与前一日数据对比表
3	取值	未超波动井取值，备注清取值依据
		低产液量井超波动取值，备注清取值依据
		高产液量井超波动取值，备注清取值依据
		措施井取值，备注清取值依据

序　号	工　序	操作步骤
4	计算产油	用所取数值计算单井实际产油量，$Q_o = Q_1 \cdot (1-f_w)$
5	综合记录	填写综合记录
6	整理资料、用具	资料试卷上交，用具整理后带走

注：各油田按实际标准执行。

三、技术要求

备注清楚取值依据，各井符合产量波动范围。

项目九　采油井扣产

一、准备工作

（一）设备

可容纳 20~30 人教室 1 间。

（二）材料、工具

准备班报表，停产单井量油时间 1 口、热洗 4h 低产井单井量油时间 1 口，热洗 3h 中产井单井量油时间 1 口、热洗 3h 高产井单井量油时间 1 口，与上相同井号的采油井综合记录，空白的采油井班报表 4 张，A4 演算纸少许，碳素笔 1 支，计算器 1 个，15cm 直尺 1 把。

（三）人员

多人操作，劳动保护用品穿戴齐全。

二、操作规程

序　号	工　序	操作步骤
1	计算	计算单井产液量（4 口），填写在班报表
2	扣产	正常停产井扣产
		低产井热洗井扣产
		中产井热洗井扣产
		高产井热洗井扣产
3	计算实际产量	计算停产井当日实际生产数据： 生产时间 $t_开 = 24 - t_关$； 日产液量 $Q_{1实} = Q_{1日} \cdot t_开$； 日产油量 $Q_o = Q_{1实} \cdot (1-f_w)$； 日产水量 $Q_水 = Q_{1实} \cdot f_w$
4	填写综合记录	填写综合记录（4 口）
5	整理资料、用具	资料试卷上交，用具整理后带走

注：各油田按实际标准执行。

三、技术要求

（1）备注清楚热洗扣产依据，各井符合哪一条扣产时间规定。

（2）对采用原井筒液或热油洗井的采油井，热洗不扣产。

（3）热洗井均不扣生产时间。

项目十 采油井化验含水取值

一、准备工作

（一）设备

可容纳 20~30 人教室 1 间。

（二）材料、工具

准备化验含水报表，未超波动的正常井（含水）1 口，超波动（高、低）的正常井（含水）2 口，措施井（含水 1）口，与化验含水报表同日的采油井班报表（与上相同井号），与上相同井号的采油井综合记录，空白的生产数据对比表 1 张，A4 演算纸少许，碳素笔 1 支，计算器 1 个，15cm 直尺 1 把。

（三）人员

多人操作，劳动保护用品穿戴齐全。

二、操作规程

序　号	工　序	操作步骤
1	审查报表	审查、计算相关数据（填写班报表）
2	对比	对比数据（填写对比表）（4 口）
3	判别	判别含水是否超范围（4 口）
4	取值	正常井取值（未超波动范围）
		正常井取值（含水上升超波动）
		正常井取值（含水下降超波动）
		措施井取值
5	计算油量	用所采用含水值计算单井生产数据（4 口井的产油量、产水量） 日产液量 $Q_{l实} = Q_{l日} \cdot t_{开}$； 日产油量 $Q_o = Q_{l实} \cdot (1 - f_w)$； 日产水量 $Q_水 = Q_{l实} \cdot f_w$
6	综合记录	填写综合记录（4 口）
7	整理资料、用具	资料试卷上交，用具整理后带走

三、技术要求

备注清化验含水取值依据，各井符合哪一条含水取值规定。

项目十一 审核采油井班报表

一、准备工作

（一）设备

可容纳 20~30 人教室 1 间。

（二）材料、工具

准备油井基本数据表 1 张，采油井班报表 1 张，碳素笔 1 支。

（三）人员

多人操作，劳动保护用品穿戴齐全。

二、操作规程

序　号	工　序	操作步骤
1	审核油井班报表	审核基础数据
		审核压力数据
		审核现场数据
2	审核量油测气数据	审核生产数据
		审核量油数据
		审核测气数据
3	报表整洁	油井报表无涂改
4	整理资料、用具	资料试卷上交，用具整理后带走

三、技术要求

班报表的填写要符合各单位规定的资料填写标准要求，各项数据准确无误。

项目十二　审核注水井班报表

一、准备工作

（一）设备

可容纳 20~30 人教室 1 间。

（二）材料、工具

准备注水井基本数据表 1 张，注水井班报表 1 张，碳素笔 1 支。

（三）人员

多人操作，劳动保护用品穿戴齐全。

二、操作规程

序　号	工　序	操作步骤
1	审核注水井班报表	审核基础数据
		审核压力数据
		审核现场数据
2	计算注水量	审核定压、定量区间
		审核水量计算
		审核备注相关内容
3	报表整洁	水井报表无涂改
4	整理资料、用具	资料试卷上交，用具整理后带走

三、技术要求

班报表的填写要符合各单位规定的资料填写标准要求，各项数据准确无误。

项目十三　计算玻璃管量油常数及产量

一、准备工作

（一）设备

可容纳 20～30 人教室 1 间。

（二）材料、工具

准备分离器玻璃管量油参数 1 张，1 口采油井的三次量油时间，A4 演算纸 1 张，普通答卷纸 1 张，碳素笔 1 支，计算器 1 个，15cm 直尺 1 把。

（三）人员

多人操作，劳动保护用品穿戴齐全。

二、操作规程

序　号	工　序	操作步骤
1	列出计算参数	根据给出的已知条件列出计算分离器玻璃管量油参数
2	列出公式	玻璃管量油常数计算公式： $$K = 86400 h_水 \cdot \rho_水 g \cdot \pi R^2$$ 玻璃管量油产液量计算公式： $$Q = \frac{86400 h_水 \cdot \rho_水 g \cdot \pi R^2}{t}$$ 式中　$h_水$——玻璃管水柱上升高度，m； 　　　$\rho_水$——水的密度，1kg/m³； 　　　R——分离器半径，m； 　　　t——量油时间，s
3	计算量油常数	代入公式中的常数
4	计算实际量油数据	计算平均量油时间
		计算实际量油常数
		计算实际产液量
5	报表整洁	报表清洁、无涂改
6	整理资料、用具	资料试卷上交，用具整理后带走

【例 2-1-1】已知：某计量间用 ϕ800mm 无人孔分离器量油，量油高度为 40cm，共量油 3 次，分别用了 130s、140s、110s，水的密度 $\rho_水$=1kg/m³，求玻璃管量油常数及产液量。

解：D=800mm=0.8m，h=40cm=0.4m，$\rho_水$=1kg/m³，t=24h=86400s，则

$$Q = \frac{1}{4} \cdot \pi \cdot D^2 \cdot h \cdot \rho \cdot 86400$$

$$= \frac{1}{4} \times 3.14 \times 0.8^2 \times 0.4 \times 1 \times 86400 = 17362.9（t）$$

三次量油平均时间 $t' = \dfrac{130 + 140 + 110}{3} = 126.7（s）$

则日产液量 $Q_液 = \dfrac{量油常数}{量油时间} = \dfrac{17362.9}{126.7} = 137（t）$

【知识链接一】 采油工程基础知识

CBA001 完井
的概念

一、完井基础知识简介

（一）完井的概念

完井（wellcompletion）是指裸眼井钻达设计井深后，使井底和油层以一定结构连通起来的工艺。完井是钻井工作最后一个重要环节，又是采油工程的开端，与之后的采油、注水及整个油气田的开发紧密相连。而油井完井质量的好坏直接影响到油井的生产能力和经济寿命，甚至关系到整个油田能否得到合理的开发。

完井过程的任何一个环节，都会对以渗透率为主的油层特性引起或产生不同程度的损害，所以选用与产能性能相匹配的完井方法，可以保护油气层，减少对油气层的损害，提高油气井产能及寿命。

采油地质在油层分析中也必须了解完井方法及过程。目前国外使用的完井种类较多，在美国，油气完井方法设计要收集工程、地质、油层损害方面的数据，将其输入到计算机中，用完井程序处理，选出使油气井获得最佳的经济效益的完井方法。我国采用的完井方法主要是以套管射孔为主的方法，约占完井井数的80%以上。个别灰岩产能用裸眼完井，少数热采式出砂油田用砾石充填完井。但我国在完井方法的选择上，尤其在一些参数的确定上与国外先进技术尚有差别。

CBA002 勘探
开发对完井的
要求

勘探开发对油气井完井的共同要求是：

（1）最大限度地保护油气层，防止对油气层造成损害。

（2）减少油气流入井筒的阻力。

（3）有效封隔油气水层，防止各层之间相互窜扰。

（4）能有效防止油层出砂，防止井壁坍塌，保障油气井长期稳产。

（5）可以实施注水、压裂、酸化等特殊作业，便于修井。

（6）工艺简便易行，施工时间少，成本低，经济效益好。

CBA003 套管
完井方法

（二）完井的方法

完井方法一般分为套管完井和裸眼完井两大类。套管完井包括套管射孔完井和尾管射孔完井；裸眼完井包括先期裸眼完井、后期裸眼完井、筛管完井和筛管砾石充填完井。

1. 套管完井

1）套管射孔完井

（1）定义。

套管射孔完井是用同一尺寸的钻头钻穿油层直至设计井深，然后下油层套管至油层底部并注水泥固井，最后射孔，射孔弹射穿油层套管、水泥环并穿透油层一定深度，从而建立起油（气）流的通道。套管射孔完井法的优点是将生产的油层射开，其余的层段全是封隔的，各层间的油、气、水不会相互窜通，有利于分层开采、分层采取措施和便于分层管理，有利于防止井壁坍塌，便于选择出油层位，适应性强。

（2）套管射孔井筒与产能的连通参数。

①射孔孔径：正常探井和开发井为10mm，特殊作业井不大于25mm。

②射孔孔眼几何形状：短轴与长轴之比不小于 0.8。

③射孔孔眼轨迹：沿套管表面螺旋状分布。

④射孔密度：正常探井和开发井 10～20 孔／m，特殊作业井可根据情况确定，一般不超过 30 孔／m。

⑤射孔深度：射孔深度除要求穿透套管和水泥环外，还要尽量通过油层损害区进入无损害区。

2）尾管射孔完井

尾管射孔完井是技术套管下至油层顶界，钻开油层后下入尾管并悬挂在技术套管上，经注水泥和射孔后构成井筒。

尾管射孔完井一般用于较深的油气井，不但便于上返作业，还减少套管、油井水泥用量和施工作业工作量，降低钻井成本。

2. 裸眼完井

CBA004 裸眼
完井方法

1）先期裸眼完井

先期裸眼完井是在油层顶部下入技术套管并固井，然后用小钻头钻开产层，完井后油气层尾部直接与井眼相通。

先期裸眼射孔完井适用于产层物性一致，井壁坚固稳定，能卡准地层，准确地在油层顶界下入套管，也适用于裂缝性油层。

2）后期裸眼完井

后期裸眼完井是在钻开产层以后，将油层套管下至产层顶部，注入水泥完井。

3）筛管完井

筛管完井是在钻穿产层后，把带筛管的套管柱下入油层部位，然后封隔产层顶界以上的环形空间的完井。这种完井法适用于低压、低渗透、不产水的单一裂缝性产层，一般不提倡使用。

4）筛管砾石充填完井

筛管砾石充填完井是在油层部分的井眼下入筛管，在井眼与筛管环形空间填入砾石，使之起到防砂和保护产层的作用，最后封隔筛管以上环形空间完井。油层的油通过砾石和筛管流入井内。

（三）固井

1. 概念

向井内下入一定尺寸的套管串后，在井壁和套管间的环形空间内注入水泥浆进行封固，这套施工工艺称为固井。固井质量好坏对一口井以及整个油田的勘探开发都有较大的影响。

2. 固井的目的

CBA005 固井
的概念、目的

（1）保护井壁，防止井身坍塌。

（2）封隔油、气、水层，使油气流在井内形成一条畅流到地面的通道。

（3）便于安装井口设备，控制井喷，使油、气、水按其设定管路流动。

表层套管固井时，水泥浆通常返至地面；技术套管固井时，水泥浆应返至整个封隔地层以上 100m；油层套管固井时，水泥浆一般返至封隔的油气层以上 100m 的地方。对高压气井，水泥浆应返至地面以提高套管抗内压能力。

（四）射孔

1. 概念

射孔是采用特殊聚能器材进入井眼预定层位进行爆炸开孔让井下地层内流体进入孔眼的作业活动。目前国内外广泛使用的射孔器有枪弹式射孔器和聚能喷流式射孔器两大类。

1）射孔器类型

目前世界各国的射孔技术按输送方式可以分为两类：一类是电缆输送射孔；另一类是油管输送射孔，从技术工艺趋势来看，油管输送射孔将会越来越广泛使用。按其穿孔作用原理可分为子弹射孔技术、聚能式射孔技术、水力喷射射孔技术、机械割缝式射孔技术、复合射孔技术等。

目前常用的射孔工具是聚能喷流射孔器。

2）射孔条件

射孔条件是指射孔压差、射孔方式和射孔工作液。

3）射孔参数

射孔参数主要包括射孔深度、孔径和孔密等。

4）射孔工程技术要求

（1）射孔层位要准确。

（2）单层发射率在 90% 以上，不震裂套管及封隔的水泥环。

（3）合理选择射孔器。

（4）要根据油气层的具体情况，选择最合适的射孔工艺。

5）射孔工艺

要根据油层和流体的特性、地层伤害状况、套管程序和油田生产条件，选择恰当的射孔工艺，其工艺可分为正压和负压工艺，用高密度射孔液使液柱压力高于地层压力的射孔为正压射孔；将井筒液面降低到一定深度，形成低于地层压力建立适当负压的射孔为负压射孔。

2. 射孔参数优化设计

要获得理想的射孔效果，必须对射孔参数进行优化设计。进行正确而有效的射孔参数优选，取决于以下三个方面：一是对于各种储层和地下流体情况下射孔井产能规律的量化认识程度；二是射孔参数、伤害参数和储层及流体参数获取的准确程度；三是可供选择的枪弹品种、类型的系列化程度。

射孔参数优化设计主要考虑三个方面的问题：各种可能参数组合的产能比、套管伤害情况和孔眼的力学稳定性（疏松地层）。产能比是优化目标函数，后两者是约束条件，对特殊井（压裂井、水平井、砾石充填井等）还应做特殊考虑。

1）射孔优化设计资料准备

（1）收集射孔枪、射孔弹基本数据：射孔参数优化时，调查射孔枪的参数。射孔枪的参数包括枪外径、适用孔密、相位角、枪的工作压力和发射后外径以及适用射孔弹型号。

（2）射孔弹穿深、孔径校正数据：

①根据混凝土靶穿透数据转换为贝雷砂岩靶数据。一些油田建立了简易的混凝土靶

以检验射孔弹性能。要将混凝土靶穿透数据折算为贝雷砂岩靶数据，这个数据对优化设计、产能预测和分析十分必要。

②射孔弹井下穿深和孔径的校正。在实际井下条件下，穿深和孔径与地面贝雷砂岩靶的数据可能会有很大的不同。

a. 枪与套管的间隙 δ 校正：最佳间隙为 $0 \sim 13 mm$。若 δ 为 $16 \sim 24 mm$，应将地面孔深、孔径数据乘以 0.95。若 $\delta \geq 25 mm$，应再乘以 0.95。

b. 下井时间和井内温度校正：若可能超过耐温、耐时范围，应将地面孔深乘以 $0.95 \sim 0.85$。

c. 射孔液静水压力校正：根据格里戈良和 L.A.Behrman 等的研究表明，射孔液压力增大会使孔深和孔径减小。这里由于聚能射流在穿过液层时会在液体中形成空隙。射孔液压力越大，空腔收缩回原始状态的时间就越短，使穿透能力下降。

d. 因目前国内岩心靶测试是在"井"内压力 10.5MPa 下进行的，若实际压力不同则需校正。当井底压力 $\rho_w < 10.5 MPa$ 时，应将地面穿深、孔径乘以 1.05；若 ρ_w 为 $15 \sim 24 MPa$ 时，应乘以 0.95；若 $\rho_w \geq 25 MPa$ 时，应再乘以 0.95。

e. 产层套管级别和层数校正：若为 N80 套管，地面数据应乘以 0.95；若为 P110，应乘以 0.90。双层套管时，地面孔深应乘以 0.6，地面孔径应乘以 0.85；三层套管时，地面孔深应乘以 0.4，地面孔径应乘以 0.6。

f. 岩石孔隙度校正：射孔弹的穿透能力随岩石孔隙度减小（抗压强度增大）而减小。

③钻井伤害参数的计算：钻井伤害参数（伤害深度、伤害程度）是影响射孔优化设计的两个重要参数。目前确定钻井伤害参数的方法有裸眼中途测试方法、测井方法、反求法、经验法等。

2）射孔参数对各类油气层产能的影响

CBA008 射孔参数对油气层产能的影响

油井产能比随着孔深、孔密的增加而增加，但提高幅度逐渐减小，即靠增加孔深、孔密提高产能应该有一限度。从经济角度讲，孔深在达到 800mm 以前，孔密在达到 24 孔/m 以前，增加孔深、孔密的效果比较明显。目前我国射孔弹穿透砂岩深度在 450mm 左右，孔密也多在 16 孔/m 或 20 孔/m，发展深穿透射孔弹和高孔密射孔工艺，仍有很大的潜力。当然，在实践中应综合考虑成本、对套管的损坏、工艺和井下情况等约束性条件、科学地选择孔深和孔密。

孔深穿过地层伤害区后，产能比有明显上升，故应尽量控制钻井液伤害深度，如采用钻井液屏蔽暂堵技术等。

就射孔参数对产能的影响而言，其规律与普通砂岩油藏相同，只是射孔参数的选择应该考虑一些特殊要求。主要包括孔眼的力学稳定性、孔眼的砂堵和附加压降损失等问题。

在疏松砂岩射孔时，当储层压力较低，岩石应力较高时，孔眼可能产生剪切破坏。如果产量或压差较高时，可能导致孔眼周围压力梯度增高，而使孔眼发生张力破坏。孔眼的力学性质不稳定会导致储层大量出砂甚至坍塌。除了限制生产压差，采用合理的井底防砂结构外。孔眼的几何尺寸和空间分布也很重要。

（五）诱喷排液

1. 概念

油气井在完井之后，通常井内充满钻井液，并且钻井液柱造成的压力一般超过事先所估算的油藏压力。因此，在油井完成后进入试油阶段的第一步就是要设法降低井底压力，使井底压力低于油藏压力，让油气流入井内，这一工作称为诱喷排液（诱导油流），是试油工作的第一道工序。该工作也是为了清除井底砂砾和泥浆等污物，降低井底及其周围地层对油流的阻力。

要降低井底压力，可通过降低井内液柱高度或井内液体相对密度来实现。常用的诱喷方法有：替喷法、抽汲法、气举法等，选择时应视油层性质、完井方法及油层压力等情况而定。

但无论选择哪种方法，都应该遵循下述基本原则：

（1）将井底和井底周围地层的脏物排出，使油层孔隙畅通，以利于油气流入井筒。

（2）能建立起足够大的井底压差。

（3）应缓慢而均匀的降低井底压力，不致破坏油层结构。

2. 替喷法的概念

替喷法是用密度较轻的液体将井内密度较大的液体替出，从而降低井中液柱压力，达到使井内液柱压力小于油藏压力的目的。具体实施是先用低密度液体替出井中的压井液。

替喷法有三种：

（1）一般替喷法：就是把油管下至油层中、上部，用泵把替喷用的液体连续替入井中，直至把井中的全部压井液替出为止。该方法简便，但油管鞋至井底的这段压井液替不出来。

（2）一次替喷法：就是把油管下到人工井底，用替喷液把压井液替出，然后上提油管到油层中部或上部完井。它只限于用在自喷能力不强、替完替喷液到油井喷油之间有一段间歇，来得及上提油管的油井。

（3）二次替喷法：就是把油管下到人工井底，替入一段替喷液，再用压井液把替喷液替到油层部位以下，之后上提油管至油层中部，最后用替喷液替出油层顶部以上的全部压井液，这样既替出井内的全部压井液又把油管提到了预定的位置。

3. 抽汲法的概念

经过替喷诱导仍不能自喷的原因可能是：

（1）油层压力低，替喷后井内液体仍大于油层压力。

（2）钻井、固井或射孔过程中的泥浆污染造成油层孔隙堵塞。

在这种情况下可采用抽汲方法使其达到自喷的目的。

抽汲法就是利用一种专用工具把井内液体抽到地面，以达到降低液面即减少液柱对油层所造成的回压的一种排液措施。

抽汲的主要工具是油管抽子。常用的抽子有阀抽子和无阀抽子，又称两瓣抽子。它们的结构不同，但总的要求是抽子在油管中既要下放自由，上提时又密封良好。抽子接在钢丝绳上用修井机、钻机或电动绞车作动力，通过地滑车、井架天车在下入井中在油管中上下活动，上提时把抽子以上的提出井口，在抽子下面产生低压，油层中的液体就不断地抽出地面。

抽汲不但有降压诱喷的作用，还有解除油层某种堵塞的作用，因此适用于喷势不大的井或有自喷能力，但在钻井过程中，由于钻井液漏失，钻井液滤液使油层受到损害的油井。对于疏松、易出砂的油层，应避免猛烈抽汲，以避免造成大量出砂。

4. 气举法的概念

气举法是利用压缩机向油管或套管内注入压缩气体，使井中液体从套管或油管中排出的方法。该方法的优点是比抽汲法效率高，可以大大提高试油速度。缺点是由于井内液体回压能急速下降，因此只适合于油层岩石坚实的砂岩或碳酸盐岩的油井的排液。

对于一些胶结疏松的砂岩，要控制好气举深度和气举排液速度，以免破坏油层结构而出砂。

1）常规气举法

常规气举法分为正举和反举。正举是从油管注入高压压缩气体，使井中液体从套管返出；反举与正举相反，高压气体从油管环形空间注入，液体及液体混合物从油管返出。一般正举时压力变化比较慢，而反举压力下降十分剧烈，容易引起地层出砂。

多级气举阀气举排液是根据排液的需要设计多个气举阀管柱进行气举。该方法的特点是油井液柱回压的下降是逐级降低的，在油井与油层之间逐步建立压差，这样不致破坏油层岩石结构而引起的出砂。同时，可降低启动压力，增加举升深度。

2）混气水排液法

混气水排液法是通过降低井筒液体比重的方法来降低回压。

3）连续油管气举排液

连续油管气举排液是用连续油管车把连续油管下入生产管柱中，然后把连续油管与液氮泵车或制氮车连通，液氮车把低压氮升至高压，再使其蒸发，从连续油管注入生产管柱中，井中压井液从连续油管和生产管柱的环形空间到达地面。

4）泡沫排液法

泡沫液体是指由不溶性或微溶性气体分散于液体中所形成的分散体系，其主要成分是气体、液体和起泡剂。

5. 井口驱动单螺杆泵排液法

对稠油、高凝油油井的排液，采用常规的排液方法难以完成，可采用螺杆泵排液法。

（六）试油

1. 概念

试油就是利用专用的设备和方法，对通过地震勘察、钻井录井、测井等间接手段初步确定的可能含油（气）层位进行直接的测试，并取得目的层的产能、压力、温度、油气水性质以及地质资料的工艺过程。

试油的主要目的：

（1）探明新区、新构造是否有工业性油气流。

（2）查明油气田的含油面积及油水或气水边界以及油气藏的产油（气）能力、驱动类型。

（3）验证对储层产油、气能力的认识和利用测井资料解释的可靠程度。

（4）通过分层试油、试气取得各分层的测试资料及流体的性质，确定单井（层）的合理工作制度，为制定油田开发方案提供重要依据。

（5）评价油气藏，对油、气、水层做出正确的结论。

2. 试油工艺

CBA014 试油工艺的分类

1）注水泥塞试油

注水泥塞试油一般是从下往上试，最下一层试油后，从地面将一定数量的水泥浆顶替到已试油层与待试油层之间套管中，待水泥塞凝固后形成一个水泥塞，封住下面的已试油层，然后在射开上面的试油层段，进行诱喷求产等工作。这种通过注水泥塞自下而上地逐层试油的方法称为注水泥塞试油。

试油后需钻掉水泥塞才能投产。

在水泥塞试油中，水泥塞高度一般都在 10m 以上，最长可以达到 20~30m，但从工艺上来说注水泥塞试油速度较慢。为了提高试油的速度，在配置水泥浆时，可以加入催凝剂（氧化钙），以缩短水泥的初凝时间。

2）用封隔器分层试油

用封隔器分层试油是在一口井中可一次射开多层，然后根据需要下入多级封隔器，将测试层段分为二层、三层或四层，同时进行多层试油，也可以取得几层合试的资料。

在测试过程中若遇到出水层段或油水同层，可以分别测试，也可以不起出油管柱，投入堵塞器堵水后继续对其他层段进行试油。

在测试方法上除地面计量外，可在井下管柱内装上分层压力计、流量计和取样器，以便测取分层的地层压力、流动压力、分层产液量和分层取样来测定含水量及流体物性。也可以在求某层产量的同时，测取其他层的压力资料或进行取样。总之，这种试油工艺既速度快，又表现出很大的灵活性。

CBA015 中途测试试油的概念

3）中途测试工具试油

中途测试是指在钻井过程中遇到油气显示马上进行测试的工艺。特点有降低钻探成本、提高试油速度、能及时发现油气层。

中途测试工具有两种形式：常规支撑式和膨胀跨隔式。

（1）常规支撑式中途测试是利用钻杆对封隔器施加的压重使封隔器座封，因此封隔器下部需要支撑尾管，并且在整个测试过程中，必须保持钻杆对封隔器的压重。它的关井和流动测试是由旋转开关来控制的，当流动测试完毕后，在井口旋转钻杆，旋转开关关闭（此时为关井状态），测试层的压力上升，由井底压力计记录压力恢复资料，同时连续其下面的取样器也关闭，以捕集流体样品。

（2）膨胀式跨隔式中途测试是在井下装一个膨胀泵，由井口旋转钻杆来驱动泵的四个活塞，将环形空间的钻井泵入封隔器的脱皮筒内，使封隔器座封，不需要钻具加压及使用尾管。测试完后，能平衡、收缩和释放封隔器。该方法可使用两个封隔器，将测试层位与上、下层位隔开，因此，可用于大段裸眼井的选层测试中。

CBA016 井身结构的概念

二、油水井井身结构

油水井井身结构是井眼内下入的各类高压钢管（即套管）的层次，各层套管的尺寸、下入深度以及各层套管外水泥的封固井段，射孔井段等的总称。每口井的井身结构都是按钻井目的、完井深度、地质情况、钻井技术水平以及采油、采气、注水、注气等技术要求设计的。

（一）下入井耳套管种类

为防止地表土层坍塌、引导钻头钻进、建立钻井液循环，钻井开始时人工挖的浅井或用大直径钻头钻开地表，下入较大直径的管子，周围用混凝土固定。一般用 14m 螺纹管，下入深度 2～40m。

1. 表层套管

为了防止井眼上部地表疏松层的坍塌及上部地层水的侵入而下的套管。由于表层套管有固定的井口装置，在井继续往下钻进入高压层后，就有把握控制高压油气水层，避免井喷及火灾事故的发生。表层套管经常使用的有 406.4mm、355.6mm、304.8mm、254mm 四种。

表层套管下入深度（30～500m）随各地区地层情况而不同，具体深度应以能保证隔离地层疏松层，延长第二次开钻的裸眼长度，尽量避免下技术套管为原则。

2. 技术套管

由于钻井技术的限制而不得不在钻井过程中下入的套管称技术套管，也称为中间套管。

钻井过程中，如遇到高、低压层，其中一层的复杂情况未及时处理，或遇到了处理无效层、流砂层、膨胀性页岩，钻井性能无法控制，使钻井在技术上无法保证，就必须下入一层技术套管以巩固井壁。技术套管的尺寸通常有 304.8mm、254mm、203.2mm 三种，其深度及层数视具体情况而定。

3. 油层套管

油层套管是井内下入的最后一层套管，用来保护井壁和形成油气通道，其深度和尺寸针对产层的深度及产量的需要而确定，油层套管一般采用 177.8mm 和 127mm 两种。

井身结构中的套管顺序如图 2-1-3 所示。

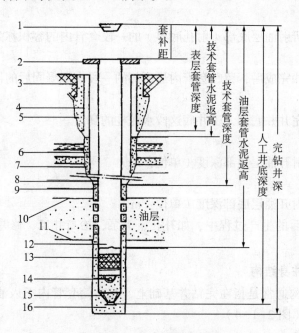

图2-1-3 井身结构示意图

1—方补心；2—套管头；3—导管；4—表层套管；5—表层套管水泥环；6—技术套管；7—技术套管水泥环；
8—油层套管；9—油层套管水泥环；10—油层上线；11—油层下线；12—人工井底；13—胶木塞；
14—承托环；15—套管鞋；16—完钻井底

（二）采油需要掌握的完井数据

1. 完钻井井深

完钻井井深是指裸眼井井底至方补心上平面的距离。

2. 方补心

方补心是钻机正常钻井时，安装在钻台上的转盘能扣住方钻杆，使方钻杆与转盘一起转动的部件称方补心，简称补心。

3. 套补距

套补距是钻井时的方补心上平面与套管头短节法兰平面的距离。

4. 油补距

油补距是带套管四通的采油树，其油补距为四通上法兰面至补心上平面的距离。不带套管四通的采油树，其油补距是指油管挂平面至补心上平面的距离。

5. 套管深度

套管深度是套补距、法兰短节与套管总长之和。

6. 油管深度

油管深度是油补距、油管头长与油管总长之和。

7. 水泥返高

水泥返高是固井时油层套管与井壁之间环形空间内水泥上升的高度，具体指水泥环上端至补心上平面的距离。一般情况下水泥返高要高出油层 50~100m，其作用是封隔各个油层，防止油气层乱窜，加固井壁防止坍塌。

8. 水泥帽

水泥帽是固井时从井口到地下 40m 左右处，套管与井壁之间封固的水泥环。

9. 沉砂口袋

从人工井底到所射油层底部（射孔底界）的一段套管内的容积称为沉砂口袋。

10. 人工井底

人工井底是固井完成后，留在套管内最下部的一段水泥凝固后的顶面。

11. 水泥塞

水泥塞是指从完钻井底到人工井底这段水泥柱的高度。

12. 射孔顶界

射孔顶界是指射开油层顶部深度（单位：m）。

13. 射孔底界

射孔底界是指射开油层底部深度（单位：m）。

以上数据在以后的生产过程中，如补孔、下泵、抬高井口、修井等措施时的丈量管柱都要用到。

（三）注水井井身结构

注水井井身结构通常是指在完钻井基础上，在井筒套管内下入油管，配水管柱及井口装置组成的结构（图 2-1-4）。

1. 注水井数据要求

（1）套管规范。

（2）油管规范及下入深度。

（3）封隔器和配水器的位置及级数。

（4）油层深度。

（5）井口装置。

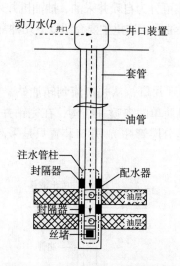

图2-1-4　注水井结构及生产原理示意图

注水井是水进入地层经过的最后装置，在井口有一套控制设备，其作用是悬挂井口管柱，密封油、套环形空间，控制注水、洗井方式和进行井下作业。按功能分为分层注入井和笼统注入井；按管柱结构可分为支撑式注水井和悬挂式注水井；按套管及井况可分为大套管井、正常井和小直径井。除井口装置外，注水井内还可根据注水要求（分注、合注、洗井）分别安装相应的注水管柱。注水井可以是生产井转成的或专门为此目的而钻的井。

2. 注水井生产原理

如图 2-1-4 所示，一定压力的地层动力水通过井口装置，从油管（正注）进入到井下配水器对油层进行注水，其注水能量传递过程为：

$$P_{油层}=P_{井口}+H \cdot r-P_{损失} \qquad (2-1-6)$$

式中　$P_{油层}$——注入油层中的压力，MPa；

　　　$P_{井口}$——注水井井口注水压力，MPa；

　　　H——注水井油层中部深度，m；

　　　r——注入水相对密度；

　　　$P_{损失}$——注水井管损与水压力损失，MPa。

在油田开发过程中，通过专门的注水井将水注入油藏，保持或恢复油层压力，使油藏有较强的驱动力，以提高油藏的开采速度和采收率。

注水井井距的确定以大多数油层都能受到注水作用为原则，使油井充分受到注水效果，达到所要求的采油速度和油层压力。注水井的吸水能力主要取决于油层渗透率和注水泵压，为使油层正常吸注水井水，注水泵压应低于油层破裂压力。

注水井是注入水从地面进入油层的通道，井口装置与自喷井相似，不同点是无清蜡闸门，不装井口油嘴，可承载高压。

多个注水井构成注水井组，注水井组的注入由配水间来完成。在配水间可添加增压泵，在井口或配水间可另加过滤装置。一般情况下，在配水间或增压站可对每口注水井进行计量。

（四）采油井结构及生产原理

目前采油井在各个油田大体可分为自喷井采油、抽油机井采油、电动潜油泵井采油、电动螺杆泵井采油、水力活塞泵井采油等，这里主要介绍以下几种常见的采油井结构及生产原理。

CBA020 自喷井采油原理

1. 自喷井结构及生产原理

1）自喷井结构

自喷采油是指原油从井底到井口、从井口流到转油站，全部都是依靠油层自身的能量来完成。如图 2-1-5 所示为最简单的自喷井结构，在完钻井井身结构内下入油管及喇叭口（如是分层开采井，则下入的是分层管柱），井口装置只是采油树，依靠油嘴来调节产量。

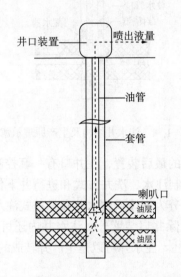

图2-1-5　自喷井结构及生产原理示意图

2）自喷采油生产原理

油层液从油层流入到井底，靠自身能量由喇叭口（或配产管柱）进入油管，再到井口通过油嘴喷出。

当通过钻井、完井射开油层时，由于井中的压力低于油层内部的压力，在井筒与油层之间就形成了一个指向井筒方向的压力降。在原始条件下，油层岩石与孔隙空间内的流体处于压力平衡状态，一旦钻开油层，这种平衡就被破坏。这时，由于压力降低引起岩石和流体的弹性膨胀，其相应体积的原油就被驱向井中。如果地层压力足够的话，就可将原油举升到井口以上，形成自喷采油；自喷采油的基本设备包括井口设备及地面流程主要设备，有设备简单、操作方便、油井产量高、采油速度高、生产成本低等特点，是一种最佳的采油方式。

2. 抽油机井结构及采油原理

CBA021 抽油机井结构

1）抽油机井结构

抽油机井结构包括井口装置（采油树）地面抽油机设备、井下抽油泵设备、抽油吸入口（筛管）机械动力传递装置（抽油杆）油管和套管。抽油吸入口装置可根据对油层不同的开采情况，如堵水、分层配产等来选配不同的生产管柱。地面抽油机设备是由电动机、减速箱和四连杆机构组成。井下抽油设备是由抽油泵组成，抽油泵悬挂在套管中油管的下端。中间部分是由抽油杆组成。

抽油机井采油是油田应用最广泛的采油方式。它是靠人工举升井筒液量来采油的（图2-1-6）。

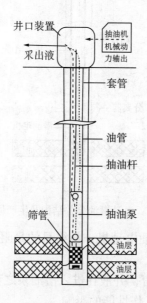

图2-1-6　抽油机井结构及生产原理示意图

抽油机井采油方式的确定主要有两种情况：一是因为自喷井能量下降而转抽；二是油井开采投产时因能量较低而直接安装抽油机井采油。

2）抽油机采油生产原理

CBA022 抽油机井采油原理

地面抽油机的机械能通过抽油杆带动井下深井泵往复抽吸井筒内的液体，降低井底压力（流压），从而使油层内的液体不断地流入井底，泵抽出的液体经由井口装置即采油树沿管网流出。

3）抽油机的工作原理

电动机将其高速旋转运动传递给减速箱的输入轴，经中间轴后带动输出轴，输出轴带动曲柄作低速旋转运动。曲柄通过连杆经横梁拉着游梁后臂（或前臂）摆动（或者是连杆直接拉着游梁后臂），游梁的前端装有驴头，活塞以上液柱及抽油杆柱等载荷均通过悬绳器悬挂在驴头上。驴头随同游梁一起上下摆动，游梁驴头便带动活塞作上下的垂直的往复运动，就将油抽出井筒。

3. 电动潜油泵井结构及采油原理

CBA023 电动潜油泵井结构

1）电动潜油泵井结构

如图2-1-7所示为常见的电动潜油泵，由三部分组成。

（1）井下部分。

电动潜油泵井下部分包括潜油电动机、保护器、分离器和多级离心泵。

①潜油电动机：在电动潜油泵机组中使用的电动机为二级三相鼠笼式异步电动机，是电动潜油泵机组的动力源。

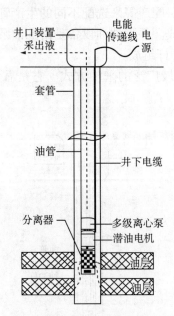

井口装置
采出液
电能
传递线 电源
套管
油管
井下电缆
分离器
多级离心泵
潜油电机
油层
油层

图2-1-7　电动潜油泵井结构及生产原理示意图

②保护器：主要是保护潜油电动机，最终目的是阻止井液进入潜油电动机，避免烧毁潜油电动机。

③分离器：对于含气井而言，井液在进入潜油泵之前，要先通过油气分离器进行气、液分离，以减少气体对潜油泵工作性能的影响。

④多级离心泵：是电动潜油泵机组中主要的工作机，井下液体被多级离心泵抽送到地面。

（2）中间部分。

电动潜油泵中间部分为潜油电缆，其主要功能是将地面电缆输送给井下的潜油电机。

（3）地面部分。

电动潜油泵地面部分包括控制柜、变压器、接线盒和特殊井口等。

①接线盒：是连接控制柜到井口之间的潜油电泵动力电缆，防止油井中易燃气体通过电缆进入控制柜，发生火灾或爆炸。

②井口：电动潜油泵井口是一个偏心并带有电缆密封装置的特殊油管柱，既可以密封动力电缆出口，又可以承受全井管柱及电泵机组的重力。

电动潜油泵是一种排量较高的抽油设备，该设备适用于受水驱控制的油井、高含水液量大的油井和低气液比的油井。使用电动潜油泵采油具有强化采油、免修期长、自动化程度高等优点。它也是人工举升采油的一种方法。

CBA024 电动
潜油泵井采油
原理

2）电动潜油泵井采油原理

地面电能通过电缆传递给井下潜油电动机，潜油电动机再把电能转换为机械能带动多级离心泵，把井内液体加压，通过油管经采油树举升到地面；在多级离心泵不断抽吸过程中，井底压力（流压）降低，从而使油层液体不断流入井底。

CBA025 螺杆
泵井结构

4. 螺杆泵井结构及采油原理

1）螺杆泵井结构

螺杆泵井结构由电控部分、地面驱动部分、杆柱部分、管柱部分、配套工具五部分组成。

（1）电控部分：包括电控箱、电缆。螺杆泵整机的控制由电控箱完成，起着监控和保护作用。

（2）地面驱动部分：包括驱动装置、电动机。

螺杆泵地面驱动装置是指油管头下法兰以上与地面出油管线相连接部分设备的总称，是为井下螺杆泵提供动力和适宜的转速，承受杆柱的轴向载荷，为油井采出液进入地面输油管线提供通道，并密封采出液、防止其渗漏到井场。

（3）杆柱部分：包括井下螺杆泵、专用抽油杆、光杆。

（4）管柱部分：包括油管、筛管、丝堵、尾管。

（5）配套工具部分：包括螺杆泵井口、抽油杆扶正器、油管扶正器、锚定装置等。

CBA026 螺杆
泵井采油原理

2）螺杆泵采油原理

通过地面驱动装置，使井下抽油杆带动转子旋转，由抽油杆柱传递动力，举升井内流体的井下装置称为螺杆泵。

地面驱动井下单螺杆泵是将电动机动力经皮带、减速箱传递到光杆、抽油杆。抽油杆下部与井下螺杆泵转子相连，驱动井下螺杆泵工作。

井下螺杆泵是一种容积泵，是摆线内啮合螺旋齿轮副的一种应用。螺杆泵的转子和定子作相对转动时，封闭腔室能做轴向移动，使其中的液体从一端移向另一端，实现机械能和液体能的相互转化，从而实现举升液体的作用。

地面驱动井下单螺杆泵是一种新型的举升设备，该技术融合了柱塞泵和离心泵的优点，无阀、运动件少、流道简单、过流面积大、油流扰动小，在开采高黏度、高含砂和含气量较大的原油时，同其他采油方式相比具有独特的优点。

【知识链接二】　采油井设备及其性能

为了保证油水井安全和按计划生产，必须在井口和站内安装一些能控制、调节油气产量并能把产出的油气分离、加热、外输的设备，这些设备统称为井站设备，井站设备通过各种管件组合成为集输油系统。

为了引导油气的流动方向，控制调节油气产量，保证油水井安全生产，在井口安装一套设备，这些设备称为井口装置。井口装置通过管件串连成一个系统，分为自喷井和抽油井两种井口装置（图 2-1-8、图 2-1-9）。

一、自喷井井口装置

自喷井井口装置一般由采油树、套管头和油管头三个部分组成。

CBA027 采油
树的作用

（一）采油树

采油树是自喷井和机采井等用来开采石油的井口装置。它是油气井最上部的控制和调节油气生产的主要设备，主要由套管头、油管头、采油（气）树本体三部分组成。

采油树的作用如下：

（1）悬挂油管，承托井内全部油管柱重量。

（2）密封油管与套管间的环形空间。

（3）控制和调节油井的生产，引导井筒中的油气进入出油管线。

（4）保证各项井下作业施工的顺利进行。

（5）录取油、套压力资料，便于测压、清蜡等日常管理。

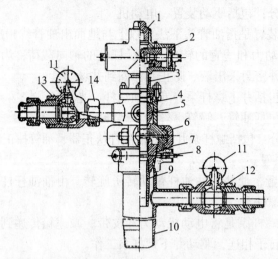

图2-1-8　自喷井井口装置示意图

1—丝堵；2—清蜡阀门；3—连接法兰；4—密封圈；5—球阀（总阀门）；6—卡箍；7—油管悬挂器；

8—顶丝；9—油管挂短节；10—套管连接短节；11—压力表；12—球阀（套管阀门）；

13—球阀（油管阀门）；14—活接头

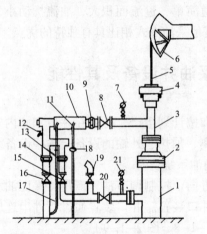

图2-1-9　抽油机井井口装置示意图

1—套管；2—法兰盘；3—三通；4—密封填料盒；5—光杆；6—驴头；7—油压表；8—生产阀门；

9，13，14，18—活接头；10—油嘴套；11—蒸汽管线（进口）；12—取样阀门；15—连通阀门；

16—同压阀门；17—蒸汽管线（进口）；19—试井阀门；20—套管阀；21—套压表

只有一侧有出油管的采油树，称为单翼采油树；两侧都有出油管的，称为双翼采油树。采油树装有油嘴（阻流嘴），通过更换不同内径的油嘴来控制油气的产量。

（二）采油树的结构

CBA028 采油树的结构

采油树主要由总阀门、生产阀门、清蜡阀门和其他各种阀门，三通、四通、法兰、短节等部件组成（图2-1-10）。

1．总阀门

总阀门装在油管头的上面，是控制油、气流入采油树的主要通道。因此，在正常生产时它都是开着的，只有在需要长期关井或其他特殊情况下才关闭。

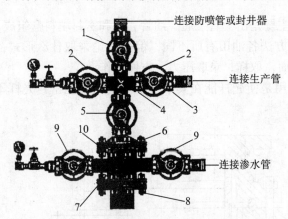

图2-1-10 CY250型采油树组成示意图

1—测试阀门；2—左右生产阀门；3—卡箍；4—油管四通；5—总阀门；6—上法兰；7—套管四通；
8—下法兰；9—左右套管阀门；10—油管挂顶丝

2. 生产阀门

生产阀门安装在油管四通或三通的侧面，它的作用是控制油、气流向出油管线。正常生产时，生产阀门总是打开的，在更换或检查油嘴及油井停产时才关闭。

3. 清蜡阀门

清蜡阀门是装在采油树最上端的两个对称的阀门，上方可连接清蜡防喷管等。清蜡及下其他测试仪器时，要将清蜡阀门打开；清蜡和测试完毕后，再将它关闭。

4. 节流阀门（油嘴）

油嘴的作用是在生产过程中直接控制油层的合理生产压差，调节油井产量。它是调整、控制自喷井、电泵井合理工作制度的主要装置。一般装在采油树一侧的油嘴套内，也可装在采油树一侧的油嘴套内，也可装在井下或站内计量分离器前。

5. 取样阀门

取样阀门装在油嘴后面的出油管线出油管线上，它是用来取油样或检查更换油嘴时放空用的。

6. 回压阀门

回压阀门的作用是在检查和更换油嘴、维修生产阀门及井下作业时，防止集油管线的流体倒流。

（三）采油树附件

1. 套管头

套管头装在整个井口装置的最下端，其作用是连接井内各层套管，并密封各层套管的环形空间［图2-1-11（a）］。

2. 油管头

油管头装在套管头的上方，包括油管悬挂器和套管四通。

油管悬挂器的作用是悬挂下入井中的油管、井下工具，密封油套环形空间［图2-1-11（b）］。

套管四通的作用是进行正、反循环压井、观察套管压力以及通过油套管环形空间进行各项作业。

二、抽油井井口装置

抽油井井口装置主要是由套管三通、油管三通和密封填料盒组成（图2-1-9）。

其他附件的连接方法各油田有所不同，但是不论采取什么形式，抽油井井口装置必须能测示功图、动液面，取样，录取压力，方便操作。

密封填料盒的作用是使光杆能在其中上下活动，又能密封光杆不漏油，起密封作用的是密封填料。

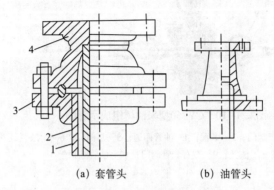

（a）套管头　　　　　（b）油管头

图2-1-11　套管头和油管头的结构

1—外层套管；2—内层套管；3—法兰盘；4—套管头

【知识链接三】　机械采油

CBA029 机械采油的分类

当油层的能量不足以维护自喷时，则必须人为地从地面补充能量，才能把原油举升到井口。如果补充能量的方式是用机械能量把油采出地面，就称为机械采油。

目前，国内外机械采油装置主要有杆泵和无杆泵两大类。

有杆泵也称抽油泵，是通过油管和抽油杆下到井中，沉没在液面以下一定深度，靠抽汲作用将油排出地面的井下设备。因为抽油泵所抽汲的液体中含砂、蜡、水及腐蚀性物质，且又在数百米到数千米的井下工作，泵内压力较高，因此选择抽油泵应满足下列条件：

（1）结构简单、强度高、质量好，连接部分密封可靠。

（2）制造材料耐磨和抗腐蚀性好，使用寿命长。

（3）规格类型能满足油井排液量的需要，适应性强。

（4）便于起下。

（5）结构上应考虑防砂、防气，并带有必要的辅助设备。

无杆泵不借助抽油杆来传递动力的抽油设备。目前无杆泵的种类很多，如水力活塞泵、电动潜油离心泵、射流泵、振动泵、螺杆泵等。目前应用最广泛的还是游梁式抽油机深井泵装置。因为此装置结构合理、经久耐用、管理方便、适用范围广。

一、抽油泵

CBA030 抽油泵的分类

（一）抽油泵的分类

抽油泵是有杆泵抽油系统中的主要设备，作业时安装在井下油管柱的下部，沉没在井液中，通过抽油机、抽油杆传递的动力直接进行油井内液体的抽汲。根据油井的深度、生产能力、原油性质不同，所需要的抽油泵结构类型也不同。有杆抽油泵分为管式泵和杆式泵两大类。对于符合抽油泵标准设计和制造的抽油泵称为常规抽油泵，对具有专门用途的抽油泵，如抽稠油泵、防气泵、防砂泵、防腐泵和耐磨泵等，称为特殊用途的抽油泵。有杆泵按有无衬管又有整筒泵和组合泵之分，整筒泵的泵筒是由一个整体的无缝钢管加工而成，组合泵是外筒内装有许多节衬套组成的泵筒。整筒泵有许多优点，是国内外抽油泵的发展方向。我国目前两种泵同时使用，但组合泵已处于淘汰的趋势。

CBA031 管式
抽油泵的结构

1. 管式抽油泵

管式抽油泵的泵筒直接接在油管柱下端，柱塞随抽油杆下入泵筒内［图2-1-12（a）、图2-1-12（b）］。管式抽油泵只有泵筒和柱塞两大部分，其特点是结构简单，泵径可设计得较大，理论排量大。一般用于供液能力强、产量较高的浅、中深油井，但作业时必须起出全部油管，修井工作量大。

管式抽油泵主要由泵筒、固定阀和带有游动阀的空心柱塞组成。分为整筒式管式抽油泵和组合泵筒式抽油泵。

2. 杆式抽油泵

CBA032 杆式
抽油泵的结构

杆式抽油泵是柱塞和泵筒组装成套的总成，随抽油杆下入到油管内［图2-1-12（c）］。杆式抽油泵具有内外两层工作筒，一般设计泵径较小，泵排量较小，作业时只需起出抽油杆就可以将泵带至地面进行检修，不需要动油管柱，作业工作量小。一般用于液面较低、产量较小的深井。

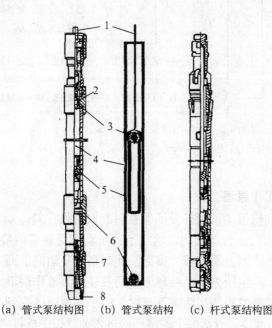

(a) 管式泵结构图　(b) 管式泵结构　(c) 杆式泵结构图

图2-1-12　抽油泵类型及结构图

1—抽油杆；2—泵外接箍；3—游动阀；4—活塞；5—桑筒；6—固定阀；7—下接箍；8—接油泵头

杆式抽油泵主要由泵筒、柱塞、游动阀、固定阀、泵定位密封部分及外筒等组成，分为定筒式杆式泵和动筒式泵两大类。

CBA033 抽油泵的结构

（二）抽油泵的结构

抽油泵是由许多零部件组成的，它的质量好坏直接影响着抽油泵的使用期限和排油效率的高低。

1. 工作筒

工作筒是抽油泵的主体，它由外管、衬套、接箍组成。其作用一是压紧衬套；二是连接固定阀和油管。

2. 活塞

活塞也称柱塞，是用无缝钢管制成的空心圆柱体，两端有内螺纹，用以连接游动阀或其他零件。柱塞两端均有倒角，便于组装，表面镀铬并有环状防砂槽。

3. 游动阀

游动阀也称排出阀，一般油田现场习惯称游动阀，它由阀球、阀座及阀罩组成。双阀泵只有一个游动阀装在活塞的上端；三阀泵有两个游动阀，分别装在活塞的上下端。

4. 固定阀

固定阀也称吸入阀，除了有阀球、阀座、阀罩外还有打捞头，供油井作业时捞出或便于其他作业等。

（三）抽油泵型号表示方法

抽油泵型号表示方法如下。

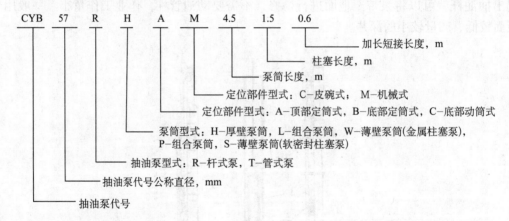

```
CYB   57   R   H   A   M   4.5   1.5   0.6
```

- 加长短接长度，m
- 柱塞长度，m
- 泵筒长度，m
- 定位部件型式：C—皮碗式；M—机械式
- 定位部件型式：A—顶部定筒式，B—底部定筒式，C—底部动筒式
- 泵筒型式：H—厚壁泵筒，L—组合泵筒，W—薄壁泵筒(金属柱塞泵)，P—组合泵筒，S—薄壁泵筒(软密封柱塞泵)
- 抽油泵型式：R—杆式泵，T—管式泵
- 抽油泵代号公称直径，mm
- 抽油泵代号

CBA034 抽油泵的工作原理

（四）抽油泵的工作原理

抽油泵是依靠抽油机带动抽油杆使活塞在衬套内部做往复运动来抽油的。

当抽油杆带动活塞向上行运动时，活塞上的游动阀受油管内液柱压力的作用而关闭，当活塞行至上死点后，活塞上面的液体排出。此时泵内（活塞下面）压力降低，使环形空间压力大于泵内压力，产生压力差。在环形空间液柱压力差作用下，井内液柱将固定阀顶开而进入泵内，完成吸液过程。当活塞下行时，由于泵内液体受到压缩使压力增高，将固定阀关闭。同时，泵内液体顶开活塞上的游动阀进入油管，完成排液过程（图2—1—13）。

活塞上、下活动一次称为一个冲程，即"驴头"带动光杆运动的最高点与最低点之间的距离（m）。在一个冲程内，深井泵应完成一次进油和一次排油过程。这样活塞不断上下运动，游动阀与固定阀不断地交替关闭和打开，井内液体就不断进入工作筒，从而上行进入油管，使油管液面不断上升到井口排入出油管线。泵的工作原理也可以简单地概括为：活塞上行时吸液入泵，排液出井；活塞下行时泵筒内液体进入油管，不排液出井。

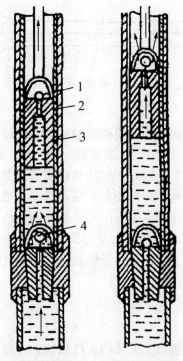

(a) 活塞上行   (b) 活塞下行

图2-1-13 深井泵工作原理图

1—游动阀；2—衬套；3—活塞；4—固定阀

（五）抽油杆柱系统

1. 光杆的分类及用途

光杆分为普通型和一端镦粗型两种。

CBA035 光杆的分类

普通型光杆两端均为相同的抽油杆螺纹，杆体直径大于两端螺纹最大外径，两端无镦粗头，其特点是两端可互换，在一端磨损严重后，可更换另一端继续使用，能充分利用杆体的全部。

一端镦粗型光杆是光杆的一端镦粗并加工出抽油杆螺纹，另一端未镦粗并加工有普通螺纹、杆体直径小于墩头直径，其特点是镦粗端螺纹连接性能好，但两端不可互换。

光杆主要用于连接驴头毛辫子与井下抽油杆，并同井口密封填料盒配合密封抽油井口。

2. 抽油杆的结构与分类

CBA036 抽油杆的结构

1）抽油杆的结构

抽油杆杆体是实心圆形断面的钢杆，两端为镦粗的杆头。杆头由外螺纹接头、卸荷槽、推承面台肩、扳手方径、凸缘和圆弧过渡区组成。外螺纹接头用来与接箍相连接，扳手方径用来装卸抽油杆接头，是卡抽油杆钳用。

抽油杆的技术规范如图 2-1-14 所示。

抽油杆公称直径有 16mm（$^5/_8$in）19mm（$^3/_4$in）22mm（$^7/_8$in）和 25mm（1in）等四种，抽油杆长度一般为 8m 左右，但为了方便配杆柱而特别加工的有 1.0m、1.5m、2.5m、3.0m、4.0m 等五种长度的抽油杆短节。其结构特点：抽油杆是一种长径比很大的细长杆，刚度低，柔性大，易弯曲，制造过程中易变形。目前国产抽油杆从制作材料上分为两种，一种是碳钢抽油杆，另一种是合金钢抽油杆。

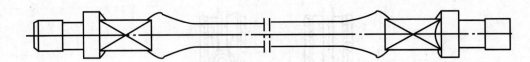

图2-1-14　抽油杆柱示意图

CBA037 抽油杆的分类

2）抽油杆的分类

常用的抽油杆主要有钢制抽油杆（简称抽油杆）玻璃纤维抽油杆、空心抽油杆三种类型。钢制抽油杆结构简单、制造容易，成本低，直径小，有利于在油管中上下行运动，主要用于常规有杆泵抽油方式，连接井下抽油泵柱塞与地面抽油机。玻璃纤维抽油杆主要特点是耐腐蚀、重量轻，有利于降低抽油机悬点载荷，节约能量，弹性模量小。适用于含腐蚀性介质严重的油井，在深井中应用可降低抽油机负荷和加深泵挂，并能实现超行程工作，提高抽油泵效。空心抽油杆由空心圆管制成，两端为连接螺纹，成本较高，适用于高含蜡、高凝固点的稠油井，有利于热油循环，热电缆加热等特殊抽油工艺；还可通过空心通道向井内添加化学药品。

CBA038 抽油机井的抽油参数

（六）抽汲参数及泵效

1. 抽油机井的工作原理

由电动机供给动力，经减速箱装置及四连杆机构，将高速旋转的机械能变为抽油机驴头低速往复运动的力，从而带动深井泵工作，进而不断地把井筒里的液体举升到地面。

2. 抽油机井抽油参数

抽油机井抽油参数是指地面抽油机运行时的冲程、冲数（冲次）及井下抽油泵的泵径，它是抽油机井生产管理过程十分重要的生产参数。

1）冲程（S）

抽油机工作时，光杆在驴头的带动下做上下往复运动，光杆运动的最高点与最低点之间的距离称为冲程（单位：m）。冲程的大小可在抽油机连杆与曲柄的连接孔处调整。

2）冲数（n）

冲数是指抽油机带动抽油杆每分钟上下往复运动的次数，（单位：次/min）。改变抽油机电动机的皮带轮直径，可改变抽油机的冲数。冲数也称冲次。

3）泵径（D）

泵径是指抽油泵工作筒内直径的尺寸（单位：mm）。

4）抽油泵理论排量

抽油泵在理想的情况下，活塞一个冲程可排出的液量称为抽油泵的理论排量。在数值上等于活塞上移一个冲程时所让出的体积。计算公式如下：

$$Q_{理}=1440S\cdot n\cdot(\pi\cdot D^2/4) \qquad (2-1-7)$$

式中　$Q_{理}$——抽油泵理论排量，m³/d；

　　　S——活塞冲程长度，m；

　　　n——抽油机井冲数，次/min；

　　　D——抽油泵活塞直径，m。

由于$1440\pi/4$对各种直径的泵都是一个常数，用K表示，可将公式改为：

$$Q_{理} = K \cdot S \cdot n \cdot D^2 \qquad (2-1-8)$$

5）抽油机泵效

抽油机的实际产液量与抽油泵的理论排量的比值称为泵效。严格地讲，这只能称为视泵效，因为抽油泵抽汲时应考虑液体的体积系数和油管、抽油杆的伸长或缩短引起的冲程损失等因素，但这样计算较烦琐，而且生产实践证明没有必要，因此现场一般以视泵效来代替实际泵效。公式如下：

$$\eta = (Q_{实} / Q_{理}) \times 100\% \qquad (2-1-9)$$

式中　η——抽油机井泵效，%；

　　　$\rho_{液}$——采出液体的相对密度；

　　　$Q_{实}$——抽油机井实际产液量，m^3/d；

　　　$Q_{理}$——抽油机井理论排量，m^3/d。

6）沉没度

抽油机生产时，抽油泵的固定阀到油井动液面之间的距离称为沉没度（图2-1-15），即泵沉没在动液面以下的深度。保持一定的沉没度可以防止抽油泵受气体影响或抽空，有利于提高泵效。抽油机井的沉没度为泵挂深度减去油井动液面深度。用公式表示如下：

$$H_{沉} = H_{泵} - H_{动} \qquad (2-1-10)$$

式中　$H_{沉}$——沉没度，m；

　　　$H_{泵}$——泵度，m；

　　　$H_{动}$——动液面深度，m。

7）动液面

抽油机井正常生产时，油管和套管环形空间的液面高度即为动液面。

8）静液面

抽油机井关井停产后，油套管环形空间的液面就要上升，经过一段时间后，液面上升到一定位置，并且稳定下来，这时的液面称为静液面。液面是用回声仪测得的。

根据动、静液面深度及油井液体的混合密度，可以计算出井底流压、静压。

CBA039 抽油机悬点载荷的分类

9）抽油机悬点载荷

由于抽油机工作时驴头悬点始终承受着上下往复交变载荷（图2-1-15），根据其性质，悬点的承受载荷可分为静载荷、动载荷及其他载荷，而理论和现场实践都已证明其他载荷与静载荷、动载荷相比可以忽略不计，所以这里只重点介绍静载荷与动载荷。

（1）静载荷：通常是指抽油杆和液柱所受的重力以及液柱对抽油杆柱的浮力所产生的悬点载荷。

由图2-1-16可知抽油机上行（上冲程）时，游动阀关闭，悬点（光杆）所受的静载荷（抽油杆（柱）重力）为：

$$W_r = f_r \cdot \rho_s \cdot L \cdot g \qquad (2-1-11)$$

式中　W_r——静载荷，N；

　　　f_r——杆截面积，mm^2；

ρ_s——钢材相对密度；

L——杆长，m。

活塞上的液柱载荷：

$$W_1 = (f_\rho - f_r) \cdot L \cdot \rho \cdot g \qquad (2-1-12)$$

式中　W_1——液柱载荷，N；

　　　f_ρ——泵截面积，mm²；

　　　f_r——杆截面积 mm²；

　　　L——杆长，m；

　　　ρ——液体相对密度。

抽油机下行（下冲程）时，固定阀关闭，游动阀开启，悬点（光杆）所受静载荷为抽油杆（柱）在液体中重力：

$$W' = f_r \cdot (\rho_s - \rho) \cdot L \cdot g \qquad (2-1-13)$$

式中　W'——杆在液体中重力，N，即抽油杆（柱）自重减去液体对其浮力。

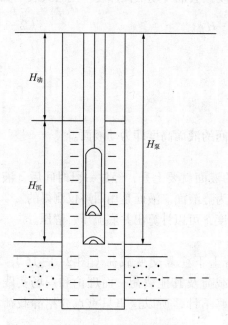

图2-1-15　沉没度示意图

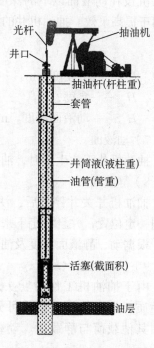

图2-1-16　抽油机井示意图

（2）动载荷（惯性载荷）：惯性载荷是由于抽油机运转时驴头带着抽油杆柱和液柱做变速运动，因而产生杆柱和液柱的惯性力。

如果忽略抽油杆和液柱的弹性影响，则可以认为两者各点的运动规律是完全一致的。惯性的大小和方向随着抽油杆运动速度大小和方向而变化，在上下冲程开始时惯性载荷最大，而方向相反，所以在计算惯性载荷时，通常是计算最大值。

（3）驴头悬点最大、最小载荷：根据抽油机运动的特点，抽油机在上、下冲程中悬点载荷是不同的，上冲程时为最大载荷，下冲程为最小载荷。

二、潜油电泵

（一）潜油电泵概念

潜油电泵全称是潜油电动离心泵，是在井下工作的多级离心泵，同油管一起下入井内，地面电源通过潜油泵专用电缆输入井下电机，使电机带动多级离心泵旋转，将井中的原油举升到地面。它是机械采油中相对排量较大的一种无杆泵采油方式。在 $\phi140mm$ 套管中可达到 $700m^3/d$，适应中高液排量、高凝油、定向井、中低黏度井，扬程可达 2500m，井下工作寿命长、地面工艺简单、管理方便、经济效益明显等特点，近二十多年来在油田得到广泛应用，是油田长期稳产的重要手段之一。

在离心泵出口上部装有单流阀，其作用是在停机时将油管内的流体与离心泵隔离，避免液体倒流造成离心泵叶轮倒转，同时便于下一次启动。在单流阀上部装有泄压阀，用于起出机组作业时，将油管内液体泄入井筒（图 2-1-17）。

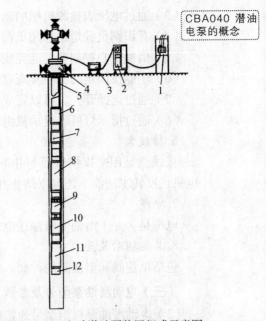

图2-1-17　电动潜油泵装置组成示意图

1—变压器；2—控制屏；3—接线盒；
4—井口（特殊采油树）；5—电缆（动力线）；
6—卸压阀；7—单流阀；8—多级离心泵；
9—油气分离器；10—保护器；
11—潜油点机；12—测试装置

（二）潜油电泵各装置作用

1. 潜油电动机

潜油电动机是机组的动力设备，它将地面输入的电能转化为机械能，进而带动多级离心泵高速旋转；它位于井内机组最下端。

2. 多级离心泵

多级离心泵是给井液增加压头并举升到地面的机械设备，它由两个部分组成，即转动部分（轴、键、叶轮及轴套等）和固定部分（导壳、泵壳、轴承外套等）。

3. 保护器

保护器安装在潜油电动机的上部，用来保护潜油电动机。潜油电动机虽然结构上和地面电动机基本相同，但它在井下工作环境比较恶劣（油、气、水的压力和温度等），因此要求密封高，以保证井液绝不能进入电动机内；还要能补偿电动机内润滑油的损失，平衡电动机内外腔的压力，传递扭矩。

4. 油气分离器

油气分离器能使井液通过时（在进入多级离心泵前）进行油气分离，减少气体对多级离心泵特性的影响；目前各油田所使用的油气分离器有沉降式和旋转式两种。

5. 控制屏

控制屏是电动潜油泵机组的专用控制设备。电动潜油泵机组的启动、运转和停机都是依靠控制屏来完成的。它主要是由主回路、控制回路、测量回路三个部分组成的。

其功能是：

（1）能连接和切断供电电源与负载之间的电路；

（2）通过电流记录仪，把机组在井下的运行状态反映出来；

（3）通过电压表检测机组的运行电压和控制电压；

（4）有识别负载短路和超负荷来完成机组的超载保护停机功能；

（5）借助中心控制器，能完成机组的欠载保护停机；

（6）还能按预定的程序实现自动延时启动；

（7）通过选择开关，可以完成机组的手动、自动两种启动方式；

（8）通过指示灯可以显示机组的运行、欠载停机、过载停机三种状态。

6. 接线盒

接线盒是用来连接地面与井下电缆的，具有方便测量机组参数和调整三相电源相序（电机正反转）功能，还可以防止井下天然气沿电缆内层进入控制屏而引起的危险。

7. 电缆

电缆是为井下潜油电机输送电能的专用电线。

8. 其他辅助装置

包括单流阀和泄压阀两种阀。

（三）电动潜油泵型号及参数

（1）电动潜油泵机组型号通常由下列代号表示。

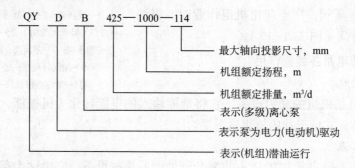

（2）电动潜油泵主要参数如下：

排量—电动潜油泵的最大额定排量（单位：m³/d）。

扬程—电动潜油泵机组打水时的最大扬程（单位：m）。

功率—潜油电机输出额定功率（单位：kW）。

效率—排量效率，油井实际产液量与额定排量之比（单位：%）。

（四）潜油电泵的优点

CBA043 潜油电泵的优点

（1）大排量采液是潜油电泵采油方法的主要优点。但是，目前潜油电泵也经常应用于产液量比较低的油井。

（2）潜油电泵能够把油井中位于上部水层的水转注到下部的注水层中。

（3）操作简单，管理方便，在市区应用有得于美化环境、减少噪声。

（4）能够较好地运用于斜井、水平井以及海上采油。

（5）容易处理腐蚀和结蜡。

（6）容易安装井下压力及温度等测试装置，并通过电缆将测试信号传递到地面，进行测量读数。

（7）为适应油井产量递减或发生变化，可采用变频装置调节电源频率来实现，但投入费用较高。

（8）免修期较长，油井生产时效相对比较高。

三、地面驱动螺杆泵概述

（一）地面驱动螺杆泵的工作原理

动力源将动力传递给驱动头，通过驱动头减速后，再由方卡子将动力传递给光杆，光杆与井底抽油杆连接将动力直接传至井底的螺杆泵。

螺杆泵举升的原油沿抽油杆与油管的环形空间上升到井口，进入输油管道，井口上端有一密封填料盒，密封住旋转的光杆。

（二）地面驱动螺杆泵的优缺点

1. 优点

CBA044 螺杆泵井的优点

（1）节省一次投资，螺杆泵与电动潜油泵、水利活塞泵和游梁式抽油机相比，其结构简单，价格低。

（2）地面装置结构简单，安装方便，可直接坐在井口套管四通上，占地面积小。

（3）泵效高、节能、管理费用低。由于螺杆泵是容积泵，流量无脉动，轴向流动连续，流速稳定，因此它与游梁式抽油机相比，没有液柱和机械传动的惯性损失。泵容积效率可达90%，它是现有机械采油设备中能耗最小、效率较高的机种之一。

（4）适应黏度范围广，可以举升稠油。一般来说，螺杆泵适合于黏度为8000mPa·s（50℃）以下的各种含原油流体，因此多数稠油井都可应用。

（5）适用于高含砂井。理论上看，螺杆泵可输送含砂量达80%的砂浆。国产螺杆泵可以在含砂量3%左右的情况下正常生产。

（6）适应高含气井。螺杆泵不会气锁，故较适合于油气混输，但井下泵吸入口的游离气会占据一定的泵容积。

（7）允许井口有较高回压。在保证正常抽油生产情况下，井口回压可控制在1.5MPa以内或更高，因此对边远井集输很有利。

（8）当发动机或电动机停转时，在某些情况下，砂沉积在泵的上部。与有杆泵比较，螺杆泵有更大的可能恢复工作。

2. 缺点

CBA045 螺杆泵井的缺点

（1）定子由橡胶制造，最容易损坏，若定子寿命短，则检泵次数多，每次检泵，必须起下管柱，增加了检泵费用。

（2）泵需要流体润滑，如果供液不足造成抽空，泵过热将会引起定子弹性体老化，甚至烧毁。

（3）定子的橡胶不耐高温，不适合在注蒸汽井中应用。

（4）虽然螺杆泵操作简单，若操作人员不经适当操作训练，操作不正确，也会造成泵损失。

（5）螺杆泵与有杆泵比较，总压头较小。目前大多数现场应用是在井深1000m左右的井。批量生产的泵装置压头都比较低。高压头泵排量较小，当下泵深度大于2000m时，扭矩大，杆断脱率较高，使井下作业工作量增大，技术还不过关。

（6）螺杆泵抽油杆以旋转方式运动，抽油杆与油管之间发生磨损碰撞，易造成抽油杆和油管的损坏。

CBA046 螺杆泵井各装置的作用

（三）地面驱动螺杆泵各装置的作用

1. 螺杆泵地面驱动头

驱动头是地面的一个主要减速装置，它将动力源的高转速降低到适合螺杆泵及抽油杆的转速，一般为 150～500r/min、目前应用的驱动头的结构形式主要有三种，偏置式、平衡式和一体式，其中平衡式稳定性好，油田应用较多。

2. 动力源

电机通过皮带轮将动力传至驱动装置，操作简便，易于管理，是应用最广泛的一种。

3. 井口密封

螺杆泵抽吸的液体到达井口，流入集油管线，其井口回压一般应保持 1.0MPa 左右，以保证液体流送到计量间。从工程应用角度考虑，井口密封填料密封最低压力不应小于 1.0MPa，由于洗井解堵时压力可达到 10.0MPa，因此井口密封的短期最大压力应达到 10.0MPa。

4. 防反转机构

螺杆泵在运转后，井下抽油杆柱积累了一部分变形能量，再加上液面深度与油管内的液体的高度差，在螺杆泵停机时，抽油杆柱将高速反转，如果不加以限制，势必会造成抽油杆柱的脱扣，因此，在螺杆泵驱动装置上应该安装防反转机构或采取其他措施。

5. 螺杆泵

螺杆泵是井下的主要设备它由定子和转子组成。其中定子是由橡胶衬套黏接在钢体外套内形成的，衬套的内表面是双螺旋曲面，它与螺杆泵转子相配合。转子在定子内转动，实现抽吸功能。

6. 防转锚

为了实现螺杆泵的定子和转子间的相对转动，在定子下端必须安装防转锚。当螺杆泵正常运转抽油时，抽油杆柱带动转子正转，并通过摩擦力带动定子和油管柱正转，此时连接在定子上的防转锚牙块伸出，与套管咬死，阻止油管柱和定子正转，从而实现螺杆泵定子和转子的相对运动。

7. 防脱器

在下泵过程中，先将定子和油管柱下井后，再将转子和抽油杆柱下井。此时，由于转子外形为螺旋线，在下放过程中会发生旋转，而转子和抽油杆柱又连接在一起，若抽油杆柱不旋转势必会导致抽油杆脱扣，防脱器装在抽油杆和转子之间，当转子正向转动时，防脱器跟着转子转动，而上部的抽油杆则静止不动，这样在抽油杆和转子之间安装防脱器来防止脱扣现象的发生。

8. 扶正器

为了使螺杆泵和抽油杆柱保持稳定运转、不发生震动和杆管磨损，需要在油管柱和抽油杆柱上分别安装扶正器，扶正器是螺杆泵采油系统中不可缺少的井下配套工具。

【知识链接四】　资料标准

CBB008 采油井应录取资料的内容

由于各油田发育的状况不同，开采特点各不相同，制定的标准也有所不同，在实际鉴定工作中以自己的标准进行审核，下面以大庆油田的标准为例进行介绍。

一、采油井应录取的资料及其标准

（一）录取资料

1. 产能资料

油井的日产液量、日产油量、日产水量、日产气量以及分层的日产液量、产油量、产水量。

2. 压力资料

压力资料包括油井的地层压力、井底流动压力、井口的油管压力、套管压力、集油管线的回压以及分层的地层压力。它们可以反映油藏内的驱油能量及从油层到井底一直到井口的压力和剩余压力多少，同时可以明确不同油层的驱油能量。

3. 水淹状况资料

水淹状况资料包括油井所产原油的含水率、分层的含水率，以及通过在开发过程中钻检查井和调整井录取分层含水率和分层驱油效率等。它可直接反映剩余油的分布及储量动用状况。

4. 产出物的物理、化学性质

产出物的物理、化学性质包括油井所产油、气、水的物理、化学性质。它可以反映开发过程中的油、气、水性质的变化。

5. 机械采油井工况资料

机械采油井工况资料包括机采井的示功图、动液面、热油（水）洗井、电流、冲程、冲数、泵径、泵深等资料。它可以反映机械采油井工作制度是否合理。

6. 井下作业资料

井下作业资料包括施工名称、内容、主要措施参数及完井管柱结构等。如油井压裂，包括压裂深度，层位，压裂时的排量、时间、破裂压力，加砂的粒度、性质、砂量，压裂液名称、用量等。

（二）录取标准

CBB009 采油井资料全准标准

（1）油压套压齐全、准确：油套压力每月 25d 以上为全；每 10d 测一次，压力表每月校对一次，误差不超过其标定界限为准。

（2）流压静压齐全、准确：流压每月测一次，静压每半年测一次为全。

（3）产量齐全、准确：每月 25d 以上为全。日产液量波动范围参照最新资料管理规定标准为准。上级部门临时下达调整产量执行标准时，以临时规定为准，直至临时调整期结束重新按照资料管理规定标准执行。

（4）气油比齐全、准确：地层压力高于饱和压力的井，每月测 1 次为全；低于饱和压力的井，每 10d 测 1 次为全。

（5）原始含水化验资料齐全、准确：正常见水井每 10d 取样 1 次，进行含水化验，含水超出波动范围时必须加密取样。每月至少1次与量油同步。

含水值波动范围按照最新资料管理规定标准执行。波动超过规定的应重新取样化验，找出波动原因。核实含水连续取样三次化验含水值选用最接近核实前含水为准。

（6）分层产量、分层压力、见水层位齐全、准确：定点测压井每半年测试一次，并在压力波动许可范围之内；否则必须重新测试，并找出波动原因。

（7）液面、示功图齐全、准确：每月进行一次液面检测，而且与量油、测示功图同时进行。

（8）指定取样、齐全准确：对上级业务部门指定要取样进行原油物性、天然气成分、水质检测等项目分析的油水井，要按时按要求进行取样，以保证资料的齐全准确。

CBB010 注水井应录取资料的内容

二、注水井应录取的资料及其标准

（一）录取资料

1. 吸水能力资料

吸水能力资料包括注水井的日注水量、分层日注水量。它们直接反映注水井全井和分层的吸水能力及其实际注水量。

2. 压力资料

压力资料包括注水井的地层压力、井底注入压力、井口油管压力、套管压力、供水管线压力。它们直接反映了注水井从供水压力到井底压力的消耗过程、井底的实际注水压力，以及向地下注水产生的驱油能量。

3. 水质资料

水质资料包括注入和洗井时的供水水质、井口水质、井底水的水质，水质一般包括含铁、含油、含氧、含悬浮物等项目。用它们反映注入水质的好坏和洗井后井筒达到的清洁程度。

4. 井下作业资料

井下作业资料包括作业名称、内容、主要措施的基本参数、完井的管柱结构等。如分层配注井有：所分层段、封隔器位置、每个层段所用水嘴等；又如酸化井有：酸化深度、层位，挤酸时的压力、排量，酸的配方，完井管柱等。

CBB011 注水井资料录取标准

（二）录取标准

（1）注水量齐全、准确：注水井每天有仪表记录水量、分层注水井有分层注水资料为全。

（2）油压、套压、泵压齐全、准确：油压、套压、泵压每月有25d连续资料为全，压力表每季度校对一次，水表每半年校对一次，误差在波动范围之内为准。

（3）分层注水量齐全、准确：四个月进行一次分层测试，经审核合格为准，其他特殊情况也要安排分层测试。

（4）洗井资料齐全、准确：注水井洗井时，进出口洗井液量应同时计量，并记录洗井时间、进出口流量等资料，在当月注入量中扣除洗井过程中的溢流量或加入漏失量。

CBB012 非常规资料的录取要求

三、其他非常规资料的录取

除上述常规资料之外，为明确油田开发中一些特殊问题和异常现象，还要录取一些资料。例如，为明确套管是否变形，要进行多井臂测井和电磁测井；为明确油田存在的气夹层或局部气顶及其变化，要进行井温或放射性内容的测井；为明确一些井的严重出砂（往往因套管破裂引起），须进行工程测井和从井底捞取砂样并分析其成分；为明确一些新层的密封性，要进行水文勘探；为摘清一些油井的来水方向，要在其周围注水井注入不同化学成分的指示剂（或称示踪剂），并在油井产出物中进行化学分析等。

四、油井和注水井资料的整理

CBB014 油、水井综合记录和井史的整理

众所周知，录取的原始资料是分散的、零碎的，里面有很多不准确的成分，必须经过分析鉴别和核实，能重新录取的需重新录取。对于录取的资料要通过各种表格进行整理，尽量做到系统化、条理化。

1. 采油、注水班报表的整理

油水井班报表是油水井最基础、最原始的一份报表，它是采油工人录取填写的第一性资料，记录了油水井每天的生产数据直接为油田生产管理和动态分析提供第一性资料。油水井班报表，在不同油田和不同开发阶段其格式各异，但包含内容大致相当。

1）采油井班报表

采油井班报表一般包括自喷井，抽油机井、电泵井等多种采油方式。

油井班报主要应包含以下内容：井号、日期、生产时间、油嘴、油压、产量、回压、温量油测气情况、清蜡热洗情况、掺油或掺水情况、机采井电流、作业施工、关井维修等。

采油工人按时进行检查填报后由井长（站长）审查签字，上交地质管理部门。

2）注水井班报表

注水井班报主要应包含以下内容：井号、日期、生产时间、注水方式、注入压力（泵压、油压、套压）水表读数或流量计压差、日注水量、小层吸水量等。注水井因各种原因关井时，要在班报表备注上注明关井原因，并在当日注水时间里扣除关井时间。

CBB013 油、水井班报表的整理

2. 油、水井综合记录的整理

采油井和注水井的综合记录是以一口井为单位把每天的生产数据，包括生产时间、井口资料、测试测压资料、分析化验、清蜡情况、停产等按日历逐条记录在一个表格上，每月一张，月底计算液量、油量、产出水量、注入量等合计、平均数值。

3. 采油、注水曲线的整理

采油、注水曲线是将综合记录上的数据以曲线方式绘制在方格纸上，每口井每年绘制一张。以采油曲线为例：横坐标是时间，一般每毫米代表一天；纵坐标有不同的坐标轴，分别代表生产时间、油嘴、地层压力、液面、产液、产油、含水、油压和套压等。注水曲线也是一样，只是纵坐标转化换为注水井的各项参数。

4. 油、水井井史数据的整理

油、水井单井井史数据是根据油、水井月综合记录汇总出单井月平均日数据，代表本井本月的生产情况。项目包括生产时间、井口压力、产液、产油、产水（注水）测压、化验含水等，重大事件记录在备注当中，每月一行，一年一张，作为单井开采的历史保存，便于查阅。

其他还有注入井测试资料、液面资料、示功图资料、压力资料、管柱资料、各种图幅资料的整理等。

【知识链接五】　计算审核及监测资料

一、采油队、注入队建立、保存的资料

（一）原始资料项目

原始资料包括：采油井班报表（采油井日生产数据）；注水（入）井班报表［注水（入）井日生产数据］；电泵井电流卡片；采油井采出液含水（含碱、含表活剂和水质分析）注入井聚合物溶液浓度（黏度、界面张力）等资料；笼统注水井指示曲线。

保存要求：

（1）采油、注水（入）井班报表，电泵井电流卡片，采出液含水（含碱、含表活剂和水质分析）和注入井聚合物溶液浓度（黏度、界面张力），笼统注水井指示曲线等原始资料保存期为一年。

（2）采油、注水（入）井日生产数据需录入上传到油气水生产数据管理系统（A2），报表保存期为一年。

（二）综合资料项目

综合资料包括：采油井综合记录；注水（入）井综合记录；采油井月度综合数据；注水（入）井月度综合数据；采油井月、年度井史；注水（入）井月、年度井史。

保存要求：

（1）采油、注水（入）井综合记录、月度综合数据和月度井史存储在油气水生产数据管理系统（A2）。

（2）采油、注水（入）单井年度井史打印、存档，并永久保存。

（三）管理资料项目

管理资料包括：资料录取计划表；单井注水（入）方案；四类井（常关井、资产核销井、报废井、未进采油井系统的不能生产井）管理记录；计量仪表校验合格证，采油、注入队管理资料。

其中，采油，注入队管理资料包括：

（1）采油队开发管理指标统计表。

（2）采油队开发数据。

（3）采油队开发曲线内容包括：

①日注水量（蓝色、折线）；

②日产液量（棕色、折线）；

③日产油量（大红色、折线）；

④综合含水（绿色、折线）；

⑤流压（紫色、折线）。

横坐标为时间，纵坐标自上而下标明上述内容。

（4）采油、注入队开发简史，根据采油、注入队油水井生产及开采特点，分阶段用

文字叙述。

（5）采油、注入队生产指挥图包括：

①中转站、计量间、变压器位置；

②采油、注水（入）井井号；

③油、气、水干线规范长度，电力线路，干线阀组等。

管理资料的保存要求如下：

（1）资料录取计划表、计量仪表校验合格证、单井注水（入）方案等原始资料随时更新，保存期为一年。

（2）四类井管理记录随时更新，并存储在计算机上。

（3）采油队开发管理指标和开发数据每月统计一次，并存储在计算机上，每年打印、存档，永久保存。

（4）开发曲线每月录入数据一次，所形成的年度曲线存储在计算机上，永久保存。

（5）开采简史、生产指挥图每年更新一次，并存储在计算机上。

（四）基础资料项目

1. 采油井基础数据

采油井基础数据包括井号、井别、投产时间、开采层位、砂岩厚度、有效厚度、人工井底深度、原始压力、饱和压力、见水时间、采油树型号等。抽油机井基础数据还包括抽油机型号、转抽时间、电机功率、泵径、泵深等。电泵井基础数据还包括电泵型号、泵深等。螺杆泵井基础数据还包括螺杆泵型号、泵深、螺杆泵转数等。提捞采油井基础数据还包括转提捞采油时间、工作参数、提捞周期等。

> CBC003 采油井、注入井基础数据管理要求

2. 注水（入）井基础数据

注水（入）井基础数据包括井号、井别、投产时间或转注时间、开采层位、砂岩厚度、有效厚度、人工井底深度、采油树型号、分注井封隔器型号、原始压力、饱和压力等。聚驱注入井基础数据还包括注入泵型号、排量等。

保存要求：采油、注水（入）井单井基础数据随时更新，并存储在油气水生产数据管理系统（A2），永久保存。

二、采油队、注入队使用的其他资料

（一）资料项目

1. 测试资料

测试资料包括示功图、动液面测试资料；注水（入）井分层流量测试资料；油田动态监测资料；采油井测压资料；注水（入）井测压资料；采油井产出剖面；注水（入）井注入剖面；其他资料。

2. 作业施工资料

作业施工资料包括采油井施工总结和注水（入）井施工总结。

（二）资料使用

采油、注入队使用的示功图、动液面和注水（入）井分层流量测试、动态监测、作业施工资料可上网查询。

三、水驱油水井资料录取管理规定

CBC013 机采井电流的录取标准

（一）螺杆泵井资料录取内容及要求

1. 螺杆泵井资料录取内容

螺杆泵井录取内容包括产液量、油压、套压、电流、采出液含水、动液面（流压）静压（静液面）七项。

2. 螺杆泵井资料录取要求

1）产液量录取要求

螺杆泵井产液量录取要求与抽油机井资料录取要求相同。

2）油压、套压录取要求

螺杆泵井油压、套压录取要求与抽油机井资料录取要求相同。

3）电流录取要求

正常生产井每天录取 1 次电流。电流波动大的井应核实量油、泵况等情况，落实原因。

4）采出液含水录取要求

螺杆泵井采出液含水录取要求与抽油机井资料录取要求相同。

5）动液面（流压）录取要求

螺杆泵井动液面录取要求与抽油机井资料录取要求相同。

6）静压（静液面）录取要求

螺杆泵井静压录取要求与抽油机井资料录取要求相同。

（二）电泵井资料录取内容及要求

1. 电泵井资料录取内容

电泵井录取内容包括产液量、油压、套压、电流、采出液含水、动液面（流压）静压（静液面）七项。

2. 电泵井资料录取要求

1）产液量录取要求

电泵井产液量录取要求与抽油机井资料录取要求相同。

2）油压、套压录取要求

（1）正常情况下油、套压每 5d 录取 1 次，每月录取 6 次，异常情况应加密录取。

（2）压力表的使用和校验要求与抽油机井资料录取要求相同。

3. 电流录取要求

生产井每天录取 1 次电流。采用纸质电泵卡片的正常井每周更换 1 张卡片，异常井每天更换 1 张卡片，措施井开井后每天更换 1 张卡片，连续 7d。采用多功能保护器等存储电流资料的正常井每周录取回放 1 次，异常井及措施井开井每天录取回放 1 次，连续 7d。

4. 采出液含水录取要求

电泵井采出液含水录取要求与抽油机井资料录取要求相同。

5. 动液面（流压）录取要求

电泵井动液面录取要求与抽油机井资料录取要求相同。

6.静压（静液面）录取要求

电泵井静压录取要求与抽油机井资料录取要求相同。

（三）新井投产前后资料录取内容及要求

CBC020 新井投产前后资料录取要求

1.新井投产前录取的资料内容

投产前录取内容包括射孔日期和射孔方式、枪型、射孔层位、分层射孔孔数及孔密、未发射弹数、一次引爆弹数、钻井液浸泡时间、替喷水量及过油管射孔井的钻井液替出情况。其中，钻井液替出情况包括替入清水量、替钻井液时油管下入深度、停止替钻井液时出口水质。

2.新井投产后初期录取的资料内容及要求

（1）新井投产后第一个季度内选取 15% 以上的监测井测压力恢复曲线。

（2）抽油机井选取 25% 以上监测井半年内进行分层测试找水 1 次。

（3）注水井投注后测 1 次指示曲线，在分层配注前根据需要测 1 次同位素吸水剖面，为分层提供依据。

（4）采油井选取定点监测井做 1 次油样分析、气分析，见水井做 1 次水分析。

（5）新井投产后量油、取样化验同措施井要求。

四、注水（入）井洗井管理规定

CBC021 注水（入）井的洗井条件

（一）注水（入）井洗井条件

（1）新钻注水（入）井投注、采油井转注前（试注前）洗井。

（2）作业施工井开井前洗井，下不可洗井封隔器的井在封隔器释放前洗井。

（3）周期注水、冬季停注、钻井停注恢复注水及其他特殊原因关井超过 30d 的水驱注水井，开井前洗井。

（4）正常注水井在注入过程中，因井筒或近井地带油层污染等原因导致注入能力下降超过配注水量 15%，不能满足注入方案要求的注水井，对下可洗井封隔器的井，应进行洗井。

（5）注水井分层流量测试前应提前 3d 以上洗井。

（二）注水（入）井洗井方式

CBC022 注水（入）井洗井方式

（1）对下入可洗井封隔器的注水井，采用反循环洗井，根据现场情况：

①采用罐车运输洗井液方式洗井（以下简称罐车洗井）。

②采用高压泵车循环洗井。

（2）对下入不可洗井封隔器的注水井，采用放溢流的方式，达到洗井目的。

（3）聚驱注入井在注聚过程中，按照现场情况，采用适当的洗井方式进行洗井。

（4）聚驱注入井在空白水驱阶段和后续水驱阶段按照水驱注水井洗井方式进行洗井。

（三）注水（入）井洗井操作要求

CBC023 注水（入）井洗井操作要求

（1）注水（入）井洗井前应关井降压 30min 以上，冬季可适当缩短关井时间，然后放溢流 10min，再进行洗井。

（2）洗井过程中应平稳操作，连续泵入洗井液，进口排量可根据实际情况调整，进口排量应由小到大，出口排量大于进口排量。

（3）采用罐车洗井的正常注水（入）井，井口排量应控制在 $10m^3/h$ 以上，洗井液量至少达到 30m³。对含油、含杂质较多的洗井难度大的特殊井，应延长洗井时间，增加洗井液量。

（4）采用高压泵车循环洗井的注水（入）井，井口排量应控制在 15～25m³/h，连续循环洗井时间至少达到 2h。

（5）下入不可洗井封隔器的注入井放溢流时，开关阀门应平稳操作，溢流量由小到大，排量不大于 10m³/h。

（四）注水（入）井洗井资料录取及洗井质量要求

（1）注水（入）井洗井时，进出口洗井液量应同时计量（或估算洗井液量），记录洗井时间、进出口流量等资料，并在当月注入量中扣除洗井过程中的溢流量或加入漏失量。

（2）洗井质量采用目视比浊法观察洗井液进行判断，达到进出口水质一致，为洗井合格。

（3）环保要求如下：

①注水（入）井洗井过程中应确保洗井流程无渗漏，井场无污染。

②洗井液在运送过程中应保证无泄漏。

③洗井液应在指定地点排放。

五、水表的使用与维护

干式高压水表的使用与维护要点如下：

（1）新投产的流程每一次使用高压干式水表时，必须检查流程各部位有无松动和渗漏之处。

（2）投产前先把表机芯拿出，将管线内部冲洗干净，以防焊渣、砂石等杂物堵塞和打坏机芯。

（3）使用时应先将表内部灌满水排气，以防止冲坏机芯。

（4）开井时应先将水表出水阀门平衡打开 1～2 圈，再平稳打开水表来水阀门，并记下开井时间及水表累积注水量。

（5）关井时，应先关来水阀门，后关出水阀门，记下关井时间和水表累积注水量。若长时间关井，应将注水井井口阀门关闭，将表内存水放净。

（6）如注水井阀门不严，地层里的水倒流，使水表倒转，此时应立即关井对水表检查校验。

（7）水表在使用中应定期清洗，并按时送标。

（8）调节水量时，要调节出水阀门，严禁用水表来水阀门控制水量。

六、聚合物驱采出井资料录取内容及要求

（一）聚合物驱采出井资料录取内容

（1）聚合物驱抽油机井录取内容包括产液量、油压、套压、电流、采出液含水、示功图、动液面（流压）静压（静液面）采出液聚合物浓度、采出液水质十项。

（2）聚合物驱螺杆泵井录取内容包括产液量、油压、套压、电流、采出液含水、动液面（流压）静压（静液面）采出液聚合物浓度、采出液水质九项。

（3）聚合物驱电泵井录取内容包括产液量、油压、套压、电流、采出液含水、动液面（流压）静压（静液面）采出液聚合物浓度、采出液水质九项。

（二）资料录取要求

（1）聚合物驱抽油机井的产液量、油压、套压、电流、示功图、动液面（流压）静压（静液面）录取要求按水驱抽油机井资料录取要求执行。

（2）聚合物驱螺杆泵井的产液量、油压、套压、电流、动液面（流压）静压（静液面）录取要求按水驱螺杆泵井资料录取要求执行。

（3）聚合物驱电泵井的产液量、油压、套压、电流、动液面（流压）静压（静液面）录取要求按水驱电泵井资料录取要求执行。

> CBC026 聚驱采出液含水录取要求

（三）采出液含水录取要求

（1）聚合物驱采出井在空白水驱和后续水驱阶段的采出液含水资料录取要求按水驱的规定执行。

（2）聚合物驱采出井在见效后应加密取样，每 5d 取样化验采出液含水 1 次，每月录取 6 次含水资料，且月度取样与量油同步次数不少于量油次数。

（3）含水下降阶段，含水值下降不超过 5 个百分点，可直接采用；含水值下降超过 5 个百分点，当天含水借用上次采出液含水值，并于第二天复样，选用接近上次含水值。在含水下降过程中，含水上升值不超过 3 个百分点，可直接采用；含水值上升超过 3 个百分点，当天含水借用上次采出液含水值，并于第二天复样，选用接近上次含水值，并落实变化原因。

（4）含水处于稳定或上升阶段，含水值波动不超过规定的采出液含水的正常波动范围，可直接采用，含水值超波动范围，当天含水借用上次采出液含水值，并于第二天复样，选用接近上次含水值，并落实变化原因。

（四）采出液聚合物浓度录取要求

（1）采出液未见聚合物采出井，采出液聚合物浓度每月化验 1 次；采出液见聚合物采出井，采出液聚合物浓度每月化验 2 次，两次间隔不少于 10d，与采出液含水同步录取，采出液聚合物浓度值直接选用。

（2）当采出液含水加密录取时，根据开发要求，适当选取部分样品同步进行采出液聚合物浓度化验，并同步选用采出液含水值与采出液聚合物浓度值。

（五）采出液水质录取要求

（1）采出液见聚合物采出井，采出液水质每月化验 1 次，与采出液含水同步录取，采出液水质资料直接选用。

（2）当采出液含水加密录取时，根据开发要求，适当选取部分样品同步进行采出液水质化验，并同步选用采出液含水值与采出液水质数据。

七、聚合物驱动注入井资料录取内容及要求

> CBC027 聚驱母液注入量、注水量录取要求

（一）聚合物驱动注入井资料录取内容

聚合物驱动注入井录取内容包括母液注入量、注水量、油压、套压、泵压、静压、分层流量测试及注入液聚合物浓度、黏度九项。

（二）油压、套压、泵压、静压、分层流量测试录取要求

聚合物驱动注入井油压、套压、泵压、静压、分层流量测试录取要求按（Q/SY

DQ0916—2010）的规定执行。

CBC028 聚驱注入液聚合物浓度、黏度录取要求

（三）聚合物驱动母液注入量、注水量录取要求

（1）注入井开井每天录取母液注入量、注水量。对能够完成配注的注入井，日配母液注入量 ≤ 20m³，母液注入量波动不超过 ±1m³；日配母液注入量 > 20m³，母液注入量不超过配注的 ±5%，超过波动范围应及时调整；对完不成配注井，按照接近允许注入压力注入母液或按照泵压注入母液。

（2）注水量按照注入井方案配比调整注水，配比误差不超过 ±5%。

（3）关井 30d 以上的注入井开井，按相关方案要求逐步恢复注水。

（4）分层注入井封隔器不密封和分层测试期间不得计算分层水量，待新测试资料报出后，从测试成功之日起计算分层注入量。

（5）注入井放溢流时，采用流量计或容器计量，溢流量从该井日注入量或月度累计注入量中扣除。

（6）电磁、涡街流量计每两年校验 1 次。流量计发生故障应记录底数，按油压估算注入量，估算时间不得超过 24h。

（四）聚合物驱动注入液聚合物浓度、黏度录取要求

（1）每年 4~10 月，注入液聚合物浓度、黏度井口取样每月 2 次，两次间隔时间在 10d 以上。

（2）冬季 11 月 1 日至次年 3 月 31 日，每月录取至少 1 次。

（3）注入浓度、黏度正常波动范围为 ±10%。在波动范围内，直接选用。超过波动范围，对变化原因清楚的注入井，注入浓度、黏度波动与变化原因一致，当天注入浓度、黏度值可直接选用。

（4）对变化原因不清楚的注入井，第二天复样，选用接近上次采用的浓度、黏度值，并落实变化原因。

（五）周期注入井资料录取要求

周期注入井资料录取要求按水驱注水井的规定执行。

模块二 绘 图

项目一 相关知识

一、注水工艺

油田注水分笼统注水和分层注水两种方式，但我国大部分油田都是非均质多油层砂岩油藏，各类油层在层间、平面和层内有很大的差异性，通过分不同的开发层系，每口井仍有几个或十几个小层进行开采，各层之间的渗透率仍然存在较大差异，这些差异对注水井开发效果有很大影响。分层注水是调整油田层间矛盾，提高注水波及系数的一项工艺措施。

分层注水就是在同一口注水井中，利用封隔器将多油层分隔为若干层段，使之在加强中、低渗透率油层注水的同时，通过调整井下配水嘴的节流损失，降低注水压差，对高渗透率油层进行控制注水，以此调节不同渗透率油层吸水量的差异。

正常的分层注水及其工艺维护需要应用到各类井下工具，井下工具按功能分为封隔器、控制工具和修井工具三类。

（一）封隔器

> CBE001 封隔器的概念

1. 封隔器的概念

封隔器是指带有密封元件并以此在井筒内把油层分隔为几个层段，以调整层段注水量或产液量，保护套管的封隔工具。封隔器通过机械、水利或其他方式的作用，使胶皮筒鼓胀密封油套环形空间，把上下油层封隔开，达到某种施工的目的。封隔器与油井配产器、注水井配水器以及其他辅助工具配合使用时可以实现分层采油、分层定压注水、分层测压、分层取样、分层压裂、分层酸化等。

封隔器性能的基本要求是下得去、能密封、耐得久、起得出和配套使用。封隔器的基本参数包括工作压力、温度、钢体最大外径和通径四个基本参数。

> CBE002 封隔器的型号表示方法

2. 封隔器的型号表示方法

封隔器分类代号用分类名称第一个汉字拼音大写字母表示，后面数字依次各代表支撑方式、坐封方式、解封方式、钢体最大外径。

封隔器分类代号见表2-2-1。

表2-2-1 封隔器分类代号

分类名称	自封式	压缩式	楔入式	扩张式
分类代号	Z	Y	X	K

封隔器支撑方式代号见表 2-2-2。

表2-2-2　封隔器支撑方式代号

分类名称	尾管支撑	单向卡瓦	悬挂	双向卡瓦	锚瓦
分类代号	1	2	3	4	5

封隔器坐封方式代号见表 2-2-3。

表2-2-3　封隔器坐封方式代号

分类名称	提放管柱	转动管柱	自封	液压	下工具	热力
分类代号	1	2	3	4	5	6

封隔器解封方式代号见表 2-2-4。

表2-2-4　封隔器解封方式代号

解封方式名称	提放管柱	转管柱	钻铣	液压	下工具	热力
解封方式代号	1	2	3	4	5	6

封隔器钢体最大外径直接用其外径数值，以阿拉伯数字表示，单位为 mm。

例如，K344—114 型系列封隔器代码表示无支撑（3）液压坐封（4）液压解封（4），钢体最大外径为 114mm 的水力扩张式封隔器。

CBE003 控制工具的型号表示方法

（二）控制工具

分层开采井下工艺管柱常用的控制工具，是指除封隔器以外的井下工具，主要包括配水器、堵塞器、支撑器、油管悬挂器、投捞器、安全接头、打捞矛、磨铣工具、丢手接头、活门开关等工具。另外验窜用的节流器、压裂用的喷砂器也是分层开采井下工艺管柱的控制工具。

控制类工具型号编制方法如下：分类代号工具型式代号尺寸特征或使用性能参数工具名称。

（1）分类代号：用 K 表示控制工具的分类代号。

（2）工具型式代号：用工具型式名称中的两个关键汉字的第一个拼音字母表示，见表 2-2-5。

表2-2-5　控制类工具型式代号

序号	工具特征	代号	序号	工具特征	代号	序号	工具特征	代号	序号	工具特征	代号
1	桥式	QS	6	喷嘴	PZ	11	侧孔	CK	16	卡瓦	QW
2	固定	GD	7	缓冲	HC	12	弹簧	TH	17	锚爪	MZ
3	偏心	PX	8	旁通	PT	13	轨道	GD	18	水力	SL
4	滑套	HT	9	活动	HD	14	正洗	ZX	19	连接	LJ
5	阀	PE	10	开关	KG	15	反洗	FX	20	撞击	ZJ

（3）工具名称：用汉字表示。

例如，KQS-110型配产器表示为控制类工具，最大外径为110mm的桥式配产器。

配水器是分层注水管柱中用来进行分层配水的重要工具，按其结构分为空心和偏心两种。配水器的结构主要由固定部分的工作筒和活动部分堵塞器组成。

配水器通常与封隔器配套使用，用于进行分层配产和不压井起下作业的一种井下工具。它是分层采油井生产管柱中重要的井下工具，可以达到分层定量配产的目的。

CBE004 配水器和配产器的概念

（三）分层注水管柱的分类

CBE005 分层注水管柱的分类

同井分层注水的重要技术手段是采用分层配水管柱来实现的。分层注水的工艺方法有：单管多层分注、油套管分层注水及多管分层注水三种。目前最常用的是单管多层分注工艺技术。下面介绍单管多层分注工艺技术。

单管多层分注工艺技术是指井中只剩下一根管柱，利用封隔器将整个注水井封隔成几个互不连通的层段，每个层段都装有配水器，注入水由油管入井，通过每个层段装好的配水器上的水嘴流出，控制注水量，将水注入各个层段。单管多层分注管柱按配水器的结构分为固定式配水管柱和活动式配水管柱两种。

1. 固定式配水管柱

固定式配水管柱主要由油管、水力压差式封隔器、固定式配水器（节流阀）测试球座及底部单流阀等组成。固定式配水器的水嘴安装并固定在配水器上。

固定式配水器的主要缺点：更换水嘴时必须起下油管；因受球座直径的影响，使配注级数受到限制；测分层水量时需要多次投捞测试工具，因此这类管柱已经被空心配水管柱和偏心配水管柱所代替。

2. 活动式配水管柱

活动式配水管柱分为空心活动式配水管柱和偏心活动式配水管柱。

1）空心活动配水管柱

（1）空心活动配水管柱由空心活动配水器、水力压差式封隔器、底部单流阀组成，由油管连接下入井内。

（2）空心活动配水管柱技术要求：各级配水器的开启压力大于0.7MPa；各级空心配水器的水芯子直径自上而下依次减小，投送时自下而上逐级投送，打捞时自上而下逐级打捞。

（3）优点和缺点。

优点：便于测试，更换水嘴不需要动管柱。

缺点：因受配水器尺寸的限制，所以使用级数受到限制；调整下一级配水嘴时，必须捞出上一级，所以投捞次数多。

2）偏心活动配水管柱

（1）偏心配水管柱由偏心配水器、水力压差式封隔器、底球及撞击筒组成，由油管连接下入井内。

（2）偏心配水管柱的技术要求：封隔器应按照编号顺序下井；各级配水器的堵塞器编号不能混淆，以免数据搞混，资料不清。

（3）偏心配水管柱的优点：结构紧凑，调整水嘴方便，用钢丝投捞，可以投捞其中任意一级，适用于深井多油层。目前各油田已广泛应用。

活动式配水管柱主要特点是可实现不动管柱任意调换井下配水嘴和进行分层测试。

例如，由 Y341-114H 型组成的偏心式可洗井分层注水管柱可实现分层井的定期洗井；由 Y141-114 型组成的偏心式分层注水管柱，为尾管支撑管柱，可直接坐在井底。

（四）分层开采工艺管柱结构示意图的绘制

（1）在 A4 白纸上部居中位置上写上结构示意图的名称："××井分层开采工艺管柱结构示意图"。

（2）在下井管柱的名称下面适当位置，居中画一长 50~60mm 的细实横线。在横线中央垂直画一条点划线（代表井筒轴线）。

（3）在竖线两侧对称画四条垂线，内侧两条垂线比外侧两条垂线要短 10mm。内侧两条线代表套管。间距一般为 14mm。外侧两条垂线代表井壁，间距一般为 18mm。

（4）在内侧两垂线的下端点分别画上一小三角符号，代表套管下入深度。再将外侧两垂线段的端点，用横线连接代表钻井井深。

（5）在代表套管的两条线距下端点三角符号 10mm 处，用横线连接，代表人工井底。

（6）沿代表井壁左侧的垂线分别画出各射孔层位，各层位置和层间距比例适当。每个层位用两平行横线所夹面积表示，两条平行线分别表示油层顶界和底界，标好层段数据。

（7）在靠表示井身图形的上部适当位置，画上断裂线。并在表示井壁和套管的垂线之间对称画上连线表示水泥返高。

（8）在表示井壁的右侧垂线上与水泥返高、目前人工井底、套管深度、井身等平齐的位置引出标注线，并标注名称及深度。

（9）沿轴线两侧，间距 5~6mm 向下画两条垂线，长度适当，代表下井管柱，其下端点的位置为设计完成管柱位置。

（10）选择特征符号，按一定比例，在代表下井管柱的两条垂线上适当位置，画出设计管柱的下井工具。

（11）在表示井壁的右侧垂线上与表示下井工具符号顶界平齐的位置各引出一条横线，并在其上标注下井工具名称。

（12）按给出的数据，在井身结构图上标注管柱深度及下井工具名称、完成深度数据，如图 2-2-1 所示。

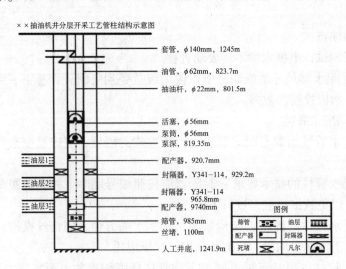

图2-2-1　抽油机井分层开采工艺管柱结构示意图

CBE006 分层开采工艺管柱结构示意图的绘制基础

在现场绘制分层开采管柱图时，如果没有要求标注水泥返高时，可以不画井壁线，其余不能省略。

（五）分层注水井管柱示意图的绘制

CBE007 注水井分层注水管柱的绘制

1. 准备工作

（1）准备用具：A4白纸一张、铅笔、碳素笔、直尺、橡皮、三角板。

（2）生产数据：准备一口井的试配施工总结，从试配施工总结中记录该井的完井数据、井下所有工具名称、规格、下入深度、支撑方式、注水层段等资料与数据。

2. 操作程序

（1）将图纸纵向摆放。

（2）在图纸上方中间位置，距图纸上边25mm左右处标注图名，即：××分层注水井管柱示意图，图名两边的剩余空间要相对等距，在图名下方中间选择示意图位置，其大小适中，要留出适当空间标注井下工具，要求绘制的示意图既要符合要求，又要大方美观；需要熟知表示井下工具的统一图示，绘制分层注水井管柱示意图时采用统计图标（封隔器、偏心配水器、挡球、丝堵）。

（3）绘制管柱示意图。

①绘制基线：在图名下方10~20mm适中位置画一条较粗的横基线，基线的长度略长于管柱图中的套管，表示为管柱示意图的地面，在基线适当位置向下引画出间隔对称的四条垂线，长度根据间断符号而定，可以自左向右逐条变长，也可以长短不一。

②绘制间断符号：在基线下10mm左右处，绘制垂线间断符号。

③绘制套管：在间断符号下面向下绘制两条与基线下引四条垂线中外侧的两条垂线相对应的垂线，一直绘制到图纸的下方，为四条垂线中的最长，表示管柱图的套管。

④绘制人工井底：在垂线下端，用一条横线将其连接，横线下面画剖面线，为该井的人工井底。

⑤绘制注入层段：在套管垂线的左外侧，靠下方约1/2处绘制油层，采用较短的横直线表示注水层段，上下两条横线表示为注水层段的上下边界线，两条线之间为一个注入层段，两条横线间距的大小表示注入层段的薄与厚，在两条横线内标注注水层段号，管柱图中绘制的层段数应按给定或是自定。

⑥绘制油管：在间断符号下面绘制两条与基线下引四条垂线中内侧的两条垂线相对应的垂线，向下绘制到注入层段底界以下。

⑦绘制封隔器：在注入层段上方绘制一级封隔器为保护封隔器，在两个注入层段间的夹隔层位置上绘制层间封隔器，起到封隔油层的作用，分几个注入层段就需绘制几级封隔器，封隔器之间采用油管垂线连接在一起。

⑧绘制偏心配水器：绘制在两级封隔器之间，与油管重叠，表示一个配注层段，在最底一级封隔器下面也要绘制偏心配水器，也表示一个配注层段；如果在两级封隔器之间，没有绘制偏心配水器，只绘制油管线表示光油管通过的长期停注层。

⑨绘制底部挡球：在管柱下部要绘制洗井单流阀即底部挡球；如果分注管柱为支撑式，在挡球下面再绘制筛管、丝堵，并坐落在人工井底；如果为悬挂式，底部以挡球结束，管柱悬挂在人工井底。

（4）标注图示：在管柱图右侧对应井下工具的下界面位置标出一条横线为标示线，

在标示线后面，依次标注工具名称、规格、下入深度。

3.操作提示

（1）标注井下工具时应在工具下界面引出标示线。

（2）线条清晰，比例对称，字迹工整，符号、数据准确。

（3）在油层以上，注水井管柱一定要绘制保护封隔器。

（4）绘制井下工具时要使用已有的标准图形。

如图2-2-2、图2-2-3、图2-2-4所示为两个不同封隔器级别的分层管柱图，在画注水井分层注水管柱图时，要依次画完整井下实际封隔器及配水器等井下工具，在两条油管线内对准注水层段的对应位置画配水器。在两条套管线内（等宽度）对准注水层段间夹（隔）层位置画封隔器，丝堵要画在油管最末端，有中球（筛管）的要画在最下一级配水器与丝堵之间靠近丝堵的位置。在绘制注水井分层注水工艺过程中，油层上底线与上一级封隔器下底线之间以及油层下底线与下一级封隔器上底线之间要有一定距离，封隔器不能卡在油层上。

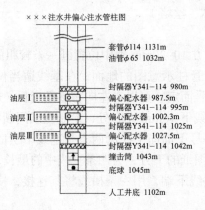

图2-2-2　四级三段分层注水管柱图

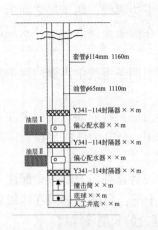

图2-2-3　三级两段分层注水管柱图

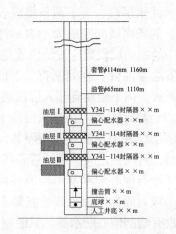

图2-2-4　三级三段分层注水管柱图

（六）注水井单井配水流程的组成与绘制

1.井间注水系统生产流程及其装置

根据各油田注水生产工艺流程特点及其通用性，这里主要介绍以下两种流程。

CBE008 单井
配水间注水流程

1）单井配水间注水流程

如图 2-2-5 所示，配水间与井口在同一井场，其特点是管损小，控制注水量或测试调控准确。它适用于行列注水井网。

CBE010 注水
井单井配水流程
的绘制

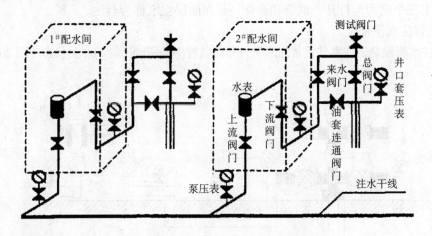

图2-2-5　单井配水间注水流程示意图

配水间正常注水时的作用是将注水站来水，经来水总阀门、单井注水上、下流控制阀门、水表计量与单井井网管线连接进行注水。单井配水间主要是由来水总阀门、单井注水上下流控制阀门、干式水表、压力表、放空阀组成。注水井单井配水间的作用是用来调节和控制注水井注水量、改洗井流程的操作间。当配水间与井口在同一井场，不但正常注水时，注水量控制更为准确，而且进行分层测试调整水量也比较方便。注水井单井流程不仅要满足注水流量要求，还要满足耐高压要求。

2）多井配水间注水流程

如图 2-2-6 所示，数口井共用一个配水间，它调控水量方便，但管损（井间距离长）较大，故准确率差一些，它适用于面积注水井网。

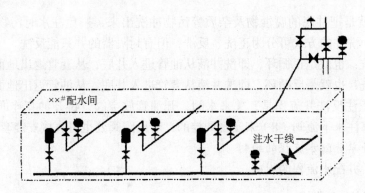

图2-2-6　多井配水间注水流程示意图

2. 注水井井口生产流程

注水干线（汇管）内的动力水从水表上流阀进入水表，经下流阀调控到井口。

1）注水方式

（1）来水闸阀通过注水总阀门由油管向油层注水称为正注。

（2）由直通闸阀通过套管向油层注水称为反注。

（3）上三个闸阀均打开，油管和套管一起向油层注水称为合注。

CBE009 注水井工艺的正常流程

2）正常注水流程

正常注水流程是指注水井正常注水时，井口装置中各闸阀所处的开关状态（图2-2-7）。

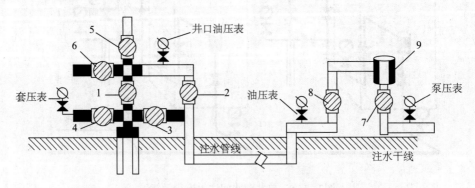

图2-2-7　注水井井口生产流程图

1—注水总阀；2—来水阀；3—油套连通阀；4—套压阀；5—测试阀；6—油管放空阀；
7—注水上流阀；8—注水下流阀（注水调控阀）；9—水表

注水井正常注水时，应全部打开的阀门是：注水上流阀（7）、来水阀（2）和注水总阀（1）。应控制的阀门是注水下流阀（8）。

水井正注的流程是：配水间的来水经生产阀门、总阀门，从油管注入油层中。注水井反注洗井时应先开套管阀门，然后关闭井口生产阀门。

单井配水间配水流程是：注水站高压水→上流阀门→高压水表→下流阀门（配水阀门）→井口。

3. 洗井

洗井：就是把井底的腐蚀物及杂质等污物冲洗出来，避免注水时污物堵塞油层而影响注水效果。洗井的方式可分为正洗、反洗，但有封隔器的井只能反洗。

（1）正洗：也就是正循环，即洗井液从油管进入井底，从套管返出地面。

（2）反洗：也就是反循环，即洗井液从套管进入井底，从油管返出地面。

注水井正注反洗井流程是，关来水阀，开油管放空阀，再开油套连通阀。注水井注水量主要是靠注水下流阀（8）来实现调控的，套压阀阀处也可直接安装套压表。

4. 注水井单井配水流程的绘制

注水井单井配水流程的组成。

二、绘制注水曲线

（一）注水曲线的概念及用途

1. 概念

注水曲线是以时间为横坐标，以注水井各项指标为纵坐标画出的注水井生产记录曲线，它反映注水指标随时间的变化过程。

2. 用途

（1）利用注水曲线可以分析注水井注水强度，注水压力的变化。

（2）掌握注水井生产能力，编制注水井配产计划。

（3）判断水井生产状况。

（4）分析注水效果，调整注采方案。

CBD001 井组注水曲线的概念、用途

CBD002 井组注水曲线绘制方法和技术要求

（二）绘制曲线

（1）绘前准备：将井组内各井注水泵压、油压、套压、全井日注量等数据按井数取平均值，得到井组每月平均值。

（2）建立直角坐标系：选择合适的左右上下边距（一般为 2～4cm）。以时间为横坐标，以各项生产参数为纵坐标，一般包括（从上至下）开井数、注水泵压、油压、套压、全井及分层日注水量，并标好适当的坐标刻度值。

（3）描点连线：将绘制井组的各项注水指标值与日历时间相对应的点在坐标系中标出并连线。开井数画成一段直线，连成城垛状曲线。其余数据各相邻点用直线连接，形成有棱角的折线。

（4）措施标注：将本井组内的各项措施内容和日期注明在曲线上。

（5）上墨着色：一般规定日注水为蓝色，其他可任选，在图示中标明即可，标出图名。

（三）技术要求

（1）曲线图的横坐标大部分以 1 个月或 1d（也可间隔几日）画点，可根据点的多少，确定点与点之间的距离。采用月度选值 1 个月 1 点的取值。

（2）各项颜色选择要按地质部门的规定执行，一般注水量选用蓝色，其他可任选，保证协调美观。

（3）纵坐标的设计要合理，各项参数的标值要考虑其上、下波动范围，并能显示波动趋势，但不能相互交叉。

（4）资料真实，标点准确，比例选择合适，图幅清晰整洁。

三、指示曲线的概念及用途

CBD003 注水指示曲线的概念、用途

（一）概念

注水指示曲线是在稳定流动条件下，注水压力与注水量之间的关系曲线。

分层指示曲线是各分层实测的不同注入压力与对应注水量绘制的关系曲线。

根据指示曲线的形状及斜率变化，指示曲线的作用是：

（1）分析水井吸水能力的变化。

（2）用来分析判断井下配水工具的工作状况。

（二）几种常见指示曲线

1. 直线型指示曲线

（1）直线型递增式曲线（图 2-2-8 线 1），该曲线反映地层吸水量与注水压力成正比。

（2）垂式指示曲线（图 2-2-8 线 2），排除仪表及人为操作等原因，该曲线表明油层渗透率很差，即随着注水压力的增加，注水量没有增加；但也有可能是井下管柱出现了问题，如水嘴堵塞等。

（3）递减式指示曲线（图2-2-8线3），该曲线的出现是仪表、设备等方面有问题造成的。

2. 折线式指示曲线

（1）曲拐式指示曲线（图2-2-9线1），该曲线的出现是仪表、设备等方面有问题造成的。

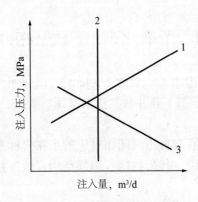 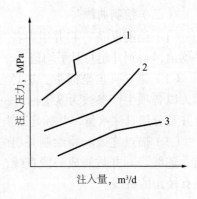

图2-2-8　直线型指示曲线　　　　　图2-2-9　折线式指示曲线

（2）上翘式指示曲线（图2-2-9线2），该曲线排除仪表、设备、操作原因后，主要与油层性质有关，表明地层条件差，渗透率较低，随注水压力的增大，注水量增加值减少，所以曲线上翘。

（3）折线式指示曲线（2-2-9线3），该曲线表明注水压力较高时，有新层开始吸水；或者当注水压力提高到一定程度后，地层产生微小裂缝，导致油层吸水量增加。

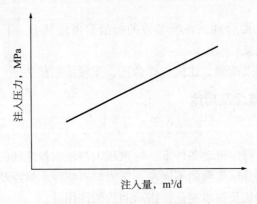

图2-2-10　××井指示曲线

上述6种指示曲线中，直线型递增式和折线式属于正常指示曲线，其他4种主要受工艺、仪表、测试误差、水嘴堵塞等影响，称为异常指示曲线，不能作为判断井下情况和认识地层吸水能力的依据。

（三）绘制注水指示曲线

CBD004 注水指示曲线绘制方法和技术要求

1. 绘制前准备

（1）选取资料数据：绘制分层注水指示曲线需选取分层测试资料、数据；绘制笼统井注水指示曲线需选取井口测试资料、数据。

（2）摆放曲线纸：绘制分层注水指示曲线时，在一张纸上既要绘制小层曲线，也要绘制全井曲线；绘制笼统井注水指示曲线只需绘制一条曲线，但测试点多曲线长，因此无论是绘制分层还是笼统井注水指示曲线，曲线纸均需横向摆放。

2. 建立坐标系

（1）建区：笼统注水井只绘制一条全井的注水指示曲线，无须分区；分注井要绘制小层、全井的独立注水指示曲线，为此需进行分区，每区只绘制一个层段或井的曲线；建区时按层数加全井在曲线纸上建立相应个数的区，以三个层段的井为例，需建四个区域；在纸上等比划分四个区，前三个区为小层，第四个区为全井。

（2）建坐标：笼统注水井在曲线纸上只建立一个较大的直角坐标系；分注井每个区建立一个独立的直角坐标系；横坐标为注水量（m³/d），纵坐标为油压（MPa），在纵横坐标线上标注等量刻度，刻度下方标注相应数值；在纵坐标的左上方、横坐标的右下方填写名称、单位。

（3）曲线绘制位置：笼统注水井、分注井的注水指示曲线只能在各自坐标内绘制，在同一坐标内可以绘制不同时期的曲线，但必须是同层或同井；标注图名：在每个坐标系上部或横坐标下方的中间位置标注图名"××井×层注水指示曲线"或"××井注水指示曲线"（图2-2-10）。

3. 绘制分注井注水指示曲线

（1）点坐标点：在已建立坐标系中依据小层或全井的三组测试数据，将测试压力与注水量关系点分别点在各自坐标系中。

（2）连线：用直线将一个坐标系中两个相近坐标点连接，在平面坐标中，形成一条近似直线的折线式曲线；其他层段采用同样方法，将各自坐标中坐标点相连，形成各层及全井各自独立的注水指示曲线；笼统井注水指示曲线绘制只在一个坐标系中进行，其方法与任意一小层的绘制方法相同；在同一坐标中可以多次绘制，方便以后曲线对比、分析使用。

（四）技术要求

（1）建区时要考虑注水井段层数，平面分布要合理美观，层段数过多时，可采用两张曲线纸绘制。

（2）标注刻度时要等距，原点是否为0均可。

（3）在横坐标和纵坐标标注数值时，要兼顾两次或多次测试数据，不能使后测曲线画到坐标以外。

（4）曲线分析时一条曲线只能判断是否合格，两条曲线才能分析注水状况及能力变化。

项目二 绘制井组注水曲线

一、准备工作

（一）设备

可容纳20~30人教室1间。

（二）材料、工具

准备注水井生产数据表1张，空白曲线构成数据表1张，35cm×25cm曲线纸1张，演算纸少许，12色彩色笔1套，HB铅笔1支，绘图笔或碳素笔1支，30cm直尺1把，计算器 1 个，15cm 三角板 1 个，普通橡皮 1 块。

（三）人员

多人操作，劳动保护用品穿戴齐全。

二、操作规程

序　号	工　序	操作步骤
1	绘前准备	将井组内注水泵压、油压、套压、全井日注水量按井数取平均值
2	建立坐标	选择合适的左右上下边距（一般为 2~4cm），以时间（d）为横坐标，以各项生产参数为纵坐标
		在纵坐标从上至下为开井数（口）、注水泵压（MPa）、油压（MPa）、套压（MPa）、全井及分层日注水量（m³/d），并标好适当的坐标刻度值
3	绘制曲线	将绘制井组的各项注水指标值与日历时间相对应的点在坐标系中标出并连线；开井数画成一段直线，连成城垛状曲线；其余数据各相邻点用直线连接，形成有棱角的折线
4	措施标注	将本井组内的各项措施内容和日期注明在曲线上
5	标注图名	在图上方中心适当位置，标注曲线名称
6	清图	清除图纸上多余点、线、字
		图纸清洁、无乱涂画
7	整理资料、用具	资料试卷上交，用具整理后带走

三、技术要求

（1）曲线图的横坐标大部分以 1 个月或 1d（也可间隔几日）画点，可根据点的多少，确定点与点之间的距离。采用月度选值 1 个月 1 点的取值。

（2）各项颜色选择要按地质部门的规定执行，保证协调美观。

（3）纵坐标的设计要合理，各项参数的标值要考虑其上、下波动范围，并能显示波动趋势，但不能相互交叉。

（4）资料真实，标点准确，比例选择合适，图幅清晰整洁。

项目三　绘制注水井指示曲线

一、准备工作

（一）设备

可容纳 20~30 人教室 1 间。

（二）材料、工具

准备三个层段以上注水井分层测试资料 1 份，35cm×25cm 曲线纸或绘图纸 1 张，演算纸少许，12 色彩色笔 1 套，HB 铅笔 1 支，绘图笔或碳素笔 1 支，30cm 直尺 1 把，计算器 1 个，15cm 三角板 1 个，普通橡皮 1 块。

（三）人员

多人操作，劳动保护用品穿戴齐全。

二、操作规程

序　号	工　序	操作步骤
1	绘前准备	选取分层注水井分层测试资料数据
		选取笼统注水井井口测试资料数据
		摆放图纸，曲线纸均需横向摆放
2	建区	笼统注水井只绘制一条全井的注水指示曲线，无须分区
		建区时按层数加全井在曲线纸上建立相应个数的区，以三个层段的井为例，需建四个区域；在纸上等比划分四个区，前三个区为小层，第四个区为全井
3	建坐标	笼统注水井在曲线纸上只建立一个较大的直角坐标系
		分注井每个区建立一个独立的直角坐标系
		横坐标为注水量（m^3/d），纵坐标为油压（MPa），在纵横坐标线上标注等量刻度，刻度下方标注相应数值；在纵坐标的左上方、横坐标的右下方，填写名称、单位
4	曲线绘制位置	笼统注水井、分注井的注水指示曲线只能在各自坐标内绘制
		在同一坐标内可以绘制不同时期的曲线，但必须是同层或同井
5	标注图名	在每个坐标系上部或横坐标下方的中间位置标注图名"××井×层注水指示曲线"或"××井注水指示曲线"
6	绘制曲线	在已建立坐标系中依据小层或全井的三组测试数据，将测试压力与注水量关系点分别点在各自坐标系中
		用直线将一个坐标系中两个相近坐标点连接，在平面坐标中，形成一条近似直线的折线式曲线
7	清图	清除图纸上多余点、线、字
		图纸清洁、无乱涂画
8	整理资料、用具	资料试卷上交，用具整理后带走

三、技术要求

（1）建区时要考虑注水井段层数，平面分布要合理美观，层段数过多时，可采用两张曲线纸绘制。

（2）标注刻度时要等距，原点是否为 0 均可。

（3）在横坐标和纵坐标标注数值时，要兼顾两次或多次测试数据，不能使后测曲线画到坐标以外。

（4）笼统井注水指示曲线绘制只在一个坐标系中进行，其方法与任意一小层的绘制方法相同；在同一坐标中可以多次绘制，方便以后曲线对比、分析使用。

项目四　绘制注水井单井配水工艺流程示意图

一、准备工作

（一）设备

可容纳 20～30 人教室 1 间。

（二）材料、工具

准备单井配水流程参数 1 份，A4 绘图纸 1 张，HB 铅笔 1 支，绘图笔 1 支，30cm 直尺 1 把，15cm 三角板 1 个，普通橡皮 1 块。

（三）人员

多人操作，劳动保护用品穿戴齐全。

二、操作规程

序 号	工 序	操作步骤
1	绘制前	摆放图纸
		设定图框
		确定比例
		标注图名
2	绘制井口	绘制地面基线
		绘制注水井口
		绘制井下管柱
3	绘制配水	绘制配水系统
4	绘制流程	绘制地面流程
5	标示	标注流程的标示序号
6	标注图例	在图中标注图例
7	清图	清除图纸上多余点、线、字
		图纸清洁、无乱涂画
8	整理资料、用具	资料试卷上交，用具整理后带走

三、技术要求

绘制流程时，阀门和仪表要用已有的统一标准符号。

项目五　绘制注水井分注管柱示意图

一、准备工作

（一）设备

可容纳 20~30 人教室 1 间。

（二）材料、工具

准备三个层段以上的分层注水井施工总结 1 份，A4 绘图纸 1 张，HB 铅笔 1 支，绘图笔 1 支，30cm 直尺 1 把，15cm 三角板 1 个，普通橡皮 1 块。

（三）人员

多人操作，劳动保护用品穿戴齐全。

二、操作规程

序 号	工 序	操作步骤
1	绘制前	摆放图纸：将图纸纵向摆放
		确定比例
		标注图名：在图纸上方中间位置，距图纸上边 25mm 左右处标注图名，即：×× 分层注水井管柱示意图，图名两边的剩余空间要相对等距
2	绘制地面井位基线	在图名下方 10～20mm 适中位置画一条较粗的横基线，基线的长度略长于管柱图中的套管，表示为管柱示意图的地面。在基线适当位置向下引画出间隔对称的四条垂线，长度根据间断符号而定，可以自左向右逐条变长，也可以长短不一
3	绘制间断符号	在基线下 10mm 左右处，绘制垂线间断符号
4	绘制套管	在间断符号下面向下绘制两条与基线下引四条垂线中外侧的两条垂线相对应的垂线，一直绘制到图纸的下方，为四条垂线中的最长，表示管柱图的套管
5	绘制人工井底	在垂线下端，用一条横线将其连接，横线下面画剖面线，为该井的人工井底
6	绘制注入层段	在套管垂线的左外侧，靠下约 1/2 处绘制油层，采用较短的横直线表示注水层段，上下两条横线表示为注水层段的上下边界线，两条线之间为一个注入层段，两条横线间距的大小表示注入层段的薄与厚，在两条横线内标注注水层段号，管柱图中绘制的层段数应按给定或是自定
7	绘制油管	在间断符号下面绘制两条与基线下引四条垂线中内侧的两条垂线相对应的垂线，向下绘制到注入层段底界以下
8	绘制封隔器	在注入层段上方绘制一级封隔器为保护封隔器，在两个注入层段间的夹隔层位置上绘制层间封隔器，起到封隔油层的作用，分几个注入层段就需绘制几级封隔器，封隔器之间采用油管垂线连接在一起
9	绘制偏心配水器	在两级封隔器之间，与油管重叠，表示一个配注层段，在最底一级封隔器下面也要绘制偏心配水器，也表示一个配注层段；如果在两级封隔器之间，没有绘制偏心配水器，只绘制油管线表示光油管通过的长期停注层
10	绘制底部挡球	在管柱下部要绘制洗井单流阀即底部挡球，如果分注管柱为支撑式，在挡球下面再绘制筛管、丝堵，并坐落在人工井底；如果为悬挂式，底部以挡球结束，管柱悬挂在人工井底
11	标注图示	在管柱图右侧对应井下工具的下界面位置标出一条横线为标示线，在标示线后面，依次标注工具名称、规格、下入深度
12	标注图例	标注图例
13	清图	清除图纸上多余点、线、字
		图纸清洁、无乱涂画
14	整理资料、用具	资料试卷上交，用具整理后带走

三、技术要求

（1）标注井下工具时应在工具下界面引出标示线。

（2）线条清晰，比例对称，字迹工整，符号、数据准确。

（3）在油层以上，注水井管柱一定要绘制保护封隔器。

（4）注水井管柱封隔器不能跨注水层段，要绘制在注水层段的上方及下方。

（5）绘制井下工具时要使用已有的标准图形。

模块三　综合技能

项目一　相关知识

一个油田在投入开发之前，油层处于相对静止状态，从第一口井投产以后处于不停的变化之中。特别是非均质、多油层的注水开发油田，随着油层内原始储量的不断减少，注水量的不断增多，各类油层的动态变化就更为复杂。因此，要通过每天观察到的油水井生产变化数据，分析判断地下油水变化情况，不断摸索总结各类油层中的油水运动规律，掌握油水变化特点，并依据这些客观规律，不断提出和采取相应的调整措施，使油田始终朝着有利于改善油田开发效果的方向发展，以便充分挖掘地下油层潜力，确保油田的高产稳产。

单井动态分析主要是分析油井、水井工作制度是否合理，工作状况是否正常，生产能力有无变化；分析射开各层产量、压力、含水、油气比、注水压力、注水量变化的特征；分析增产增注措施的效果；分析油井井筒举升条件的变化、井筒内脱气点的变化、阻力的变化、压力消耗情况的变化。根据分析结果，提出加强管理和改善开采效果的调整措施。

一、油井动态分析的内容

通过原始资料，找出变化规律（趋势），分析变化原因，提出调整措施，评价措施效果。

CBF001 产油下降原因分析

CBF002 产油上升原因分析

CBF003 油井产液量下降原因分析

（一）找出变化规律（趋势），指出存在问题

（1）根据连续的生产资料找出变化趋势，例如，日产液、日产油、含水率等的变化趋势。

（2）与资料全准率要求对比，产能的变化趋势。

（二）分析变化原因

CBF004 油井产液量上升原因分析

CBF005 采油井含水上升原因分析

分析变化原因时必须坚持从"地面"到"井筒"，再到"地下"的原则，依次进行分析。另外分析时还要从"油井（水井）"到"水井（油井）"，再到"油井（水井）"，轮换进行分析。

1. 地面分析

CBF006 采油井含水下降原因分析

CBF007 采油井油压上升原因分析

（1）计量的原因：不按规定取样、掺水阀门关不严、掺水系统压力过高。化验操作不当或设备参数故障：从取样、称样、化验到填表逐个找原因。

（2）井口流程分析：集输流程不畅通，造成回压高。

（3）合理套压控制：套压过高、动液面下降、液面降至泵吸入口，发生气侵，泵效降低。

2.井筒分析

（1）抽油井泵效分析。

①油层供液能力的影响：油层发育好，与水井连通好，注水受效好，地层压力高，泵效高。

②出砂、结蜡、漏气、泵漏、杆断的影响（砂、蜡、气、腐、垢、断、脱、卡、磨、漏）：

油井出砂，导致泵漏失，砂卡或砂埋油层；气大，泵充不满，泵筒不能及时打开，降低泵效；井筒结蜡，阀门不严，导致泵漏失，抽油机运行阻力增大；泵漏、油管漏、杆断、杆脱，油井泵效会大大降低。

③原油黏度的影响：油流阻力大，阀门打开滞后，抽油杆不易下行，降低泵充满系数。

④原油中含有腐蚀性物质时，腐蚀泵的部件，使泵漏失。

⑤设备因素：泵的材质和工艺质量差，下泵作业质量差，衬套与活塞间隙选择不当或阀门球与座不严，影响泵效。

⑥工作方式：

一般采用小泵径，大冲程，小冲次，可减少气体对泵效的影响；油黏度过大，采用大泵径，大冲程，低冲次；对于抽喷井选用高冲次，快速抽汲，增强诱喷作用；对于深井，可下入较大的泵，长冲程，适当冲次；对于浅井，可下入较大的泵，小冲程，快冲次。

（2）沉没度（动液面）。

动液面是指抽油井在正常生产时，油套压环形空间中的液面深度。深井泵的沉没度是指深井泵固定阀门淹没于动液面之下的深度，即泵挂深度与动液面深度的差值。合理的动液面深度，应以满足油井有较旺盛的生产能力所需沉没度要求为条件。沉没度过小，会降低泵的充满系数。

3.地下分析

1）油水井基本情况

（1）地面流程及管理制度。

（2）井下管柱结构、泵、杆的情况。

（3）油层情况：全井有多少小层，射孔情况，连通情况，主产液层，高含水层，射开砂岩厚度、有效厚度、地层系数、原油黏度、密度、地层压力等。

（4）油层井史（钻井情况、压裂、酸化、堵水、补孔）情况。

（5）注水井的注水情况：全井有多少小层，射开砂岩厚度、有效厚度、地层系数、层段划分、各层段的性质、配注量、实注量、注水强度等。

对注水井内配注管柱结构，封隔器密封情况，以及所进行过的压裂酸化等也应了解清楚。

2）相连通水井生产情况

（1）注水井全井和小层能否完成配注，若超注或欠注应明确原因。

（2）通过吸水剖面明确水井主要吸水层。

3）油井生产情况

（1）油井产能情况及变化趋势（产液量、产油量、含水率、液面高度、地层压力）。

（2）通过产液剖面明确主要产液层及高含水层。

（3）通过连通图、相带图、油砂体平面图及水井主要吸水层、油井主要产液层，判断油井主要来水方向。

（4）通过地层压力和注采比变化情况，分析油井供液能力及是否地下亏空。

（5）通过流压或液面变化情况，分析油井排液情况及抽汲参数是否合理及泵况是否正常。

（6）通过产量变化、井壁阻力系数和钻井液情况，分析井壁污染情况。

（7）通过剩余油及注采对应关系，分析油井能否采取补孔、堵水、压裂等措施提高产量。

（8）当产液、含水率异常，通过产液剖面、井温曲线和声波变密度（声幅）判断套管损坏情况及井壁窜槽情况。

4）邻近同层系开采的油井

（1）邻井压裂、水井注水量未调整或调整后流向邻近连通更好的油井。

（2）邻井堵水，水井注水量未调整。

（3）邻井长期关井突然开井。

（4）邻井套管断、漏、窜槽。

CBF008 注水井油压变化原因分析
CBF009 井口注水量上升原因分析
CBF010 井口注水量下降原因分析
CBF011 注水井启动压力高原因分析
CBF012 注水井启动压力低原因分析

（三）采取措施

根据分析的原因，采取相应措施。

（四）评价措施效果

根据产能变化，分析措施后的效果。

二、水井动态分析的内容

通过原始资料，找出变化规律（趋势），分析变化原因，提出调整措施，评价措施效果。

（一）找出变化规律（存在问题）

（1）根据连续的注水生产资料，找出变化趋势，如油压下降、注水量增加的变化趋势。

（2）根据资料全准率要求对比，检查全井及分层的注水情况。例如，正常注水及超欠注情况。

（二）分析变化原因

分析变化原因时必须坚持从"地面"到"井筒"，再到"地下"的原则，依次进行分析。

1. 地面分析

（1）计量的原因。仪表不准或人为读值不准、井口装置某阀门损坏、压力表损坏、流量计指针不归零、挡板孔径小或大。

（2）井口流程。地面管线渗漏、穿孔或堵塞，井间管线串流或阀门闸板脱落，下流引线堵塞，泵压升高使注水量增大。

2. 井筒分析

1）油套压变化

正注井的油管压力：注入水来自泵站，经过地面管线和配水间到注水井，该注水井井口的压力，因此也称为井口压力。

正注井的套管压力：油管与套管环形空间的压力，下封隔器的井，套管压力只表示第一级封隔器以上油管与套管之间的压力。

由此可以看出，引起注水井压力变化的原因有：封隔器失效、配水器被堵或脱落、管外窜槽、底部阀门球或阀门球座不密封、节流器失效、油管穿孔、泵压变化、地面管线穿孔或被堵。

2）注水量上升

引起注水量上升的原因有：封隔器胶皮破裂、底部阀球与球座密封不严、配水器刺大或脱落、节流器失效、管外窜槽、油管穿孔或其螺纹漏水、封隔器失效。

3）注水量下降

引起注水量下降的原因有：水嘴堵塞、滤网堵、配水器弹簧启动压力过高、油管堵。

4）油、套压、启动压力和注水量变化的一般表现及其原因

（1）当油管穿孔漏失、第一级封隔器失效或套管外水泥窜槽时，油、套管压力和注水量都会有明显的变化。例如，第一级封隔器以上油层吸水量大，则会出现明显的套压上升，油压下降，注水量上升。

（2）当第二级、第三级封隔器失效时，油压下降，注水量上升。

（3）当水嘴堵塞或脱落时，油压和水量会有明显变化。油压上升，注水量下降，说明水嘴堵塞。油压下降，注水量上升，说明水嘴脱落。

5）测试资料的分析

测试资料分析有时只有油压、套压的变化情况，不能确切地分析出井筒故障，需要用测试资料绘制指示曲线，相结合进行分析。

3. 地下分析

1）水井的基本情况

具体内容与油井一致。

2）水井生产情况

注水井全井及小层能否完成配注、超注或欠注，并明确超注或欠注存在的原因。

（1）注水量变化情况：

注水量上升：由于不断注水，改变了油层的含水饱和度而导致相渗透率变化，使油层吸水能力增强；周围油井降压开采，进行了酸化、压裂等增注措施，井网加密等使吸水能力增强。

注水量下降：地层被赃物堵塞（由于水质不合格）地层压力回升；层间干扰增大；地层吸水能力降低；周围油井堵水，水井注水量未调整。

（2）油层堵塞情况分析。

由于注入水质不合格或注入水与地层及其液体不配伍，造成油层堵塞，注水压力上升，吸水指数下降，注水量下降。这时应及时检测化验，找出原因，采取相应对策。

（3）注水井分层吸水量变化情况分析。

利用同位素测井测得的注水井吸水剖面资料或微差井温测井等方法，分析各小层的吸水情况。一方面以现状分析各小层间吸水的差异情况；另一方面使用连续的吸水剖面资料分析各小层吸水状况的变化，找出主要吸水层和次要吸水层。

（4）注采比的变化和油层压力情况分析。

为保持油田的注采平衡，一般要求注到地下水的体积应等于采出流体的地下体积，无论全井还是分层，都要求达到注采平衡的要求。当注采比大，且油层压力高，说明注入量大于采出量。

3）周围生产井的含水率变化分析

由于注入水在油层内推进不均匀，必然造成周围生产井见水时间和含水率变化的差异。通过各生产井含水率变化分析，对那些见水快和含水率上升快的油井，要找出其水窜层位和来水方向。

（三）采取措施

1. 地面和井筒故障应采取措施

测试、校验仪表、维修管线和设备，更换和解除水嘴堵塞，修复油管漏孔，封隔器验封（不密封更换），检查及修复套管，更换节流器，配水器和底部球阀。

2. 地下存在问题应采取措施

（1）油层堵塞，采取酸化处理。

（2）把吸水较差的小层，尽可能单卡（单独组合为一个层段）出来，加强注水。

（3）对于一些与周围油井主产层连通的欠注层，应通过酸化、压裂等油层改造措施增加注水量。

（4）对于超注层，通过调配水嘴等措施，把注水量降到合理范围。对严重超注而且造成水害层，可考虑暂时停注。

（5）对于层数过多，油层物性差异大，在目前工艺管柱条件下，无法满足各油层的注水需要，而且造成水驱波及程度很低的注水井，应研究对开发层系进行重新划分或增钻完善注水井来解决。

（6）油层含水上升快的主产层对应的注水层段，应控制注水或在油井上封堵该层。

（四）评价措施效果

油井进行措施后，把措施前后的生产数据对比，从而评价措施的效果。

项目二　分析判断现场录取的注水井生产数据

一、准备工作

（一）设备

可容纳 20~30 人计算机室 1 间。

（二）材料、工具

准备 5 口井以上的注水井班报 1 张，与注水井班报相同井号注水井综合记录，空白

资料对比表 1 张，空白资料分析表 1 张，钢笔或碳素笔 1 支，计算器 1 个，2H 铅笔 1
支，普通橡皮 1 块。

（三）人员

多人操作，劳动保护用品穿戴齐全。

二、操作规程

序　号	工　序	操作步骤
1	计算	计算班报表中相关数据（5 口注水井）
2	对比	对比资料（填写资料对比表）
3	判断	判断现场录取的资料正常与否
4	分析原因	分析不正常原因（注水量资料）
		分析不正常原因（压力资料）
5	提出措施	提出处理意见
6	填写	填写注水井综合记录
7	整理资料、用具	资料试卷上交，用具整理后带走

三、技术要求

（1）分析原因条理清晰、问题查找准确。
（2）提出措施应严谨全面。

项目三　分析判断现场录取的抽油机井生产数据

一、准备工作

（一）设备

可容纳 20~30 人计算机室 1 间。

（二）材料、工具

准备 5 口井以上的抽油机井班报 1 张，与抽油机班报相同井号抽油机井综合记录，
空白资料对比表 1 张，空白资料分析表 1 张，钢笔或碳素笔 1 支，计算器 1 个，2H 铅笔
1 支，普通橡皮 1 块。

（三）人员

多人操作，劳动保护用品穿戴齐全。

二、操作规程

序　号	工　序	操作步骤
1	计算	计算班报表中相关数据（5 口抽油机井）
2	对比	对比资料（填写资料对比表）

续表

序　号	工　序	操作步骤
3	判断	判断现场资料的正常与否
4	分析	分析不正常原因（量油资料）
		分析不正常原因（压力资料）
		分析不正常原因（电流资料）
5	提出措施	提出处理意见
6	填写	填写抽油机井综合记录
7	整理资料、用具	资料试卷上交，用具整理后带走

三、技术要求

（1）分析原因条理清晰、问题查找准确。

（2）提出措施应严谨全面。

项目四　应用计算机准确录入 Word 文档

一、准备工作

（一）设备

可容纳 20~30 人计算机室 1 间。

（二）材料、工具

现场提供资料 1 份，现场指定打印纸若干，考场提供计算机 1 台（与打印机连好），打印机 1 台。

（三）人员

多人操作，劳动保护用品穿戴齐全。

二、操作规程

序　号	工　序	操作步骤
1	准备	检查机器运行状态，启动 Word
2	创建文档	按试题内容进行录入
3	排版文档	排版文档
		标题
		正文
4	保存打印文件	文件保存位置
		打印输出或保存
5	退出关机	退出 Word
6	整理资料	资料试卷上交

项目五　应用计算机准确录入 Excel 表格

一、准备工作

（一）设备

可容纳 20~30 人计算机室 1 间。

（二）材料、工具

现场提供资料 1 份，现场指定打印纸若干，考场提供计算机 1 台（与打印机连好），打印机 1 台。

（三）人员

多人操作，劳动保护用品穿戴齐全

二、操作规程

序　号	工　序	操作步骤
1	准备	检查计算机各种设备齐全好用，整理相关资料
2	录入前准备	按操作程序开机；进入相应的软件程序；选定"新建"，创建表格
3	制作表格对表格进行排版	页面设置
		表格排版
		表格设置、排版
		设置页眉页脚
4	保存打印文件	文件保存位置
		打印输出或保存
5	退出关机	退出 Excel，按正常操作关机
6	整理资料	资料试卷上交

第三部分

中级工操作技能及相关知识

模块一　油水井管理

项目一　相关知识

通过本模块的学习，掌握计算注水井启动压力、注水井层段相对吸水百分数、油井流压、油井动液面的方法，明确相应的概念和原理，以便在实际生产中应用。

ZBC001 注水井启动压力、静水柱压力及嘴损的概念

一、注水井启动压力、静水柱压力及嘴损

注水井开始吸水时的压力称为启动压力，注水井启动压力的高低反映了地下油层的压力水平。油层启动压力上升，注水量减少，说明在相同注水压力下，注水量有大幅度的减少，地层吸水能力下降。测定启动压力一般采用降压法，当用流量计测定时，测出流量计指针落零时的压力，当用水表测定时，测出水表指针不走时的压力。

静水柱压力是指从井口到油层中部的水柱压力，也称为水柱压力（MPa）。静水柱压力 =（油层中部深度 × 水的重度）/100。

管损是注水井正注时，注入水在油管内的沿程压力损失（$p_{管损}$），可以从管损曲线中查出。

ZBC002 启动压力的研究方法及应用

嘴损是分层注水井注入水通过水嘴的压力损失（$p_{嘴损}$）。

目前启动压力的研究主要有三种方法：室内物理实验模拟方法，数值实验方法和试井解释方法。一般低渗透油田，随着开发的深入有效渗透率会逐渐下降，启动压力呈梯度上升，这对注水开发十分不利。启动压力的变化，可以间接证明油层物性的变化。注水井实施酸化措施后，油层启动压力下降，注水量上升，说明酸化措施效果较好。低渗透油藏储层孔喉微细，比表面大，渗流速度小，在低速渗流时不再符合线性渗流规律，渗流速度和驱动压力关系是一条曲线。当渗流速度增加到一定程度时，渗流速度和驱动压力的关系变成一条直线，但是该直线不再通过原点。将该直线延长与压力轴相交，在压力轴上的截距即称为拟启动压力梯度。大量低渗透油藏岩心的实验结果表明低渗透油藏低速渗流时不遵循达西定律，存在拟启动压力梯度。拟启动压力梯度能反应渗流偏离达西定律的程度。拟启动压力梯度能综合反应流体在低渗透多孔介质中的渗流特征。

（一）井口有余压时

注水井停注后，井口有剩余压力，此时可以平稳控制注水，使注水流量计水量笔尖落零或水表没有读数。

（1）当油层无控制注水（笼统注水即未装水嘴）时：

$$p_{启动} = p_{井口} + p_{水柱} - p_{管损}$$

（3-1-1）

（2）当油层控制注水（分层注水即装水嘴）时：

$$p_{启动} = p_{井口} + p_{水柱} - p_{管损} - p_{嘴损} \qquad (3-1-2)$$

式中　$p_{启动}$——地层开始吸水的压力，MPa；

　　　$p_{井口}$——水量为零时井口的压力，MPa；

　　　$p_{水柱}$——井筒中水柱压力，MPa；

　　　$p_{管损}$——井中油管损失的压力，MPa；

　　　$p_{嘴损}$——水嘴损失的压力，MPa。

（二）井口没有压力时

注水井停注后，井口油套压也归零，此时可以用分层指示曲线延长的方法计算启动压力。

（1）当油层无控制注水（笼统注水即未装水嘴）时：

$$p_{启动} = p_{水柱} - p_{管损} \qquad (3-1-3)$$

（2）当油层控制注水（分层注水即装水嘴）时：

$$p_{启动} = p_{水柱} - p_{管损} - p_{嘴损} \qquad (3-1-4)$$

式中　$p_{启动}$——地层开始吸水的压力，MPa；

　　　$p_{水柱}$——井筒中水柱压力，MPa；

　　　$p_{管损}$——井中油管损失的压力（通过管损曲线查得），MPa；

　　　$p_{嘴损}$——水嘴损失的压力（通过水嘴曲线查得），MPa。

水柱的高度和管损要从井筒中某一深度的水面算起，利用注水指示曲线的延长线与压力坐标轴的交线推算液面深。

公式为：

$$p_{水柱} = p_{水柱1} - p_{水柱2} \qquad (3-1-5)$$

式中　$p_{水柱}$——井筒中液面到某一层的水柱压力，MPa；

　　　$p_{水柱1}$——从井口算到某层的水柱压力，MPa；

　　　$p_{水柱2}$——从井口算到水柱液处的水柱压力，MPa。

（三）实测注水井指示曲线、启动压力

1. 准备工作

准备工用具：压力表、秒表、记录夹、注水井指示曲线记录纸、记录笔、巡回检查记录本、F扳手。

2. 操作程序

（1）抄写数据：选抄测试井近期相对稳定的注水数据，即注水泵压、油压、套压、日注水量、允许压力等，便于现场对比。

（2）检查现场井口数据：依次检查该井测试前的注水数据，即油压、套压、泵压，用秒表记录瞬时注水量或用瞬时流量计测量瞬时流量，并记录在记录本上；数据对比：用检查数据与抄写数据对比，数据相近方可测试，数据相差较大，需要对资料进行重新验证。

（3）测试前准备：

①安装油压表：将准备好的压力表安装在井口油压录取位置上。

②放大油压：侧身开大控制注水阀门，逆时针旋转阀门手轮，边旋转边观察油压变化，当油压放大至接近该井最高允许压力点时停止，观察油压变化，10~30min 后，油压基本稳定在允许压力附近时录取油压值，同时记录此时瞬时流量；如果油压超过或未达到允许压力，应进行小幅度调整，直到达到允许压力点时再录取瞬时流量。

（4）采用降压法测试注水指示曲线，一般采用 0.5MPa 作为一个间隔压差，逐级下降进行注水指示曲线、启动压力测试。

具体步骤如下：

①控制阀门：侧身顺时针旋转阀门手轮，边控制边观察油压变化，当油压从允许压力点下降至一个间隔压差时停止旋转阀门。

②稳定油压：10~20min 后，油压基本稳定在要控制的压力点附近时录取油压值，记录此时瞬时流量，若未达到要求应继续控制直至接近应达到的油压值后记录此时瞬时流量，若控制过大，应重新放大至上一压力点后再重新控制。

③重复①、②操作步骤逐级向下控制，每控制一个间隔压差，就记录一次瞬时流量。

④确定注水井启动压力：当控制到水表不转，注水量为零时，准确记录此时油压，此油压为注水井的启动压力。

（5）恢复正常注水：注水井注水指示曲线、启动压力测试完成后，按配注要求恢复该井正常注水。

（6）收尾工作：

①恢复正常注水后，检查井口设备有无渗漏，并做好记录。

②检查录取的数据是否存在漏项、缺项，否则需要重新测试，重新录取全井指示曲线数据。

③检查工作完成后，收拾工具，清理现场。

3.操作提示

（1）注水井口是高压区，操作时要严格按操作规程进行，注意安全。

（2）开关阀门时要侧身、缓慢，操作平稳。

（3）井口与配水间相距较远，测试注水指示曲线时应有两人配合。

二、调整注水井注水量

（一）掌握调整控制注水井注水量的方法、步骤

（1）当用高压干式水表计量注水量时，计算出本井日注水量的合格范围，将上、下限水量分别除以 1440，折算出本井每分钟配注水量的合格范围。

（2）读取本井的注水压力值，应控制在本井破裂压力值以下；如果是分层井，注水压力应控制在规定压力范围内。

（3）利用秒表计时，测量出每分钟的实际注水量。

（4）将配注水量和实际注水量进行比较，当实际注水量大于上限配注水量时，适当缓慢关小下流阀门；当实际注水量小于下限配注水量时，适当缓慢开大下流阀门。并重复计时测算，直至实际注水量达到配注水量范围内（此时应注意压力值在所要求的范围内）。

（5）当用流量计计量注水量时，计算出本井日注水量的合格范围，将上、下限水量分别除以 24，折算出本井每小时配注水量的合格范围。然后根据挡板直径查表或通过计算查出每小时注水量指针应处的格数范围。

（6）根据查出的格数范围，调节下流阀门，使指针到位。指针一般应在 30～70 格，如果超出此范围，应更换合适的孔径挡板。

（二）技术要求

（1）因操作注水井属高压工作范围，调整注水量时，必须穿戴好劳动保护用品。

（2）调节水量必须使用下流阀门控制。

（3）调大注水量时，应先将注水量调过配注量，再缓慢回关阀门，使注水量达到配注要求。

（4）操作阀门要平稳，防止损坏计量仪表和井下封隔器。

（5）开关阀门时，人身体要站在阀门侧面。

（6）读数必须准确无误。

三、互换法校对压力表

（1）穿戴好劳动保护用品，准备 250mm 活动扳手、黄油、麻丝少许以及笔和记录纸。核对井号，确定是目的井。

（2）擦干净压力表表面，记录校前压力表读数。关闭压力表截止阀门，卸松放压孔放空，没有放压孔阀门的应缓慢卸松压力表 2～3 圈。待压力表内压力落零后，再卸下压力表。

（3）在标准压力表上装好压力表接头，接头粗螺纹一头与阀门连接，细螺纹一头与压力表连接，加密封垫或麻丝。

（4）使用合适的扳手，上紧标准压力表。压力表装好后，关闭放空阀门，打开截止阀门，确认不渗不漏后，记录稳定后的压力表读数。

（5）对比前后两块表值，差值不大于原压力表盘上的精度值为合格，可继续使用原表，否则需更换压力表。

（6）换上原表或新压力表。

四、取聚合物注入井溶液样

ZBB008 聚合物注入井溶液样的录取方法

聚合物注入井的溶液样采集分为低压取样和高压取样，其中储罐出口、泵前是低压取样点，泵后、一泵多井流程的母液调节器、井口为高压取样点。聚合物溶液高压取样时，取样器安装后应无渗漏，取样器的取样阀门、放空阀门、总阀门应处在关闭状态，聚合物溶液高压取样完毕后，应全部放空取样器，关闭所有阀门。

1. 取样前准备

（1）检查各泵应处于正常工作状态。

（2）检查取样井应处于正常工作状态，母液泵应处于正常工作状态，清水量波动不大。

（3）检查取样器应无渗漏。

2. 取样方法

（1）将检查完好的取样器安装好，关闭取样器所有阀门。

（2）完全打开取样器进液总阀门，再慢慢打开放空阀门，使放空阀门处于全开状态。

（3）放净取样器内所有气体，1～2min 后，慢慢关放空阀门，使放空液流均匀后停止关放空阀门。

（4）待放空液流变得清澈后，迅速关闭取样器进液总阀门。

（5）把放空阀门旋转至全开位置，慢慢打开取样阀门。

（6）用取样液冲洗样瓶 2～3 次后，开始正常取样。

（7）取样后把试样放在安全处和不易污染处。

3. 取样后注意事项

（1）取样完毕后，取样阀门继续处于开启状态，使取样器内液体全部流尽，以免干燥结膜。

（2）液体流尽后，关闭所有阀门。

（3）在运输和保管试样时，注意防止污染。

五、关于油井流压、动液面的有关知识

（一）油井流压

ZBC006 油井流压的计算

计算油井流压的压力校正曲线是校正压力计时做出来的，有严格的校正数据。压力校正曲线是以压力为横坐标，应变值为纵坐标的直角坐标系，如图 3-1-1 中 1，2，3 分别表示加温温度为 $100℃$、$80℃$ 和在室温 $20℃$ 时的校正曲线。

另外，因测压深度受各方面条件的限制，测压仪器不能准确下至油层中部或基准面，为了计算出油层中部或基准面压力，需要把测压仪器下入深度处的压力按实测压力梯度进行折算。一般意义上油井的流动压力，都是指油层中部的流动压力。

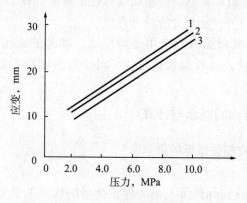

图3-1-1　压力校正曲线

因此，一般用所测得的压力梯度值，将实测压力折算到油层中部。

（二）油井动液面

采油井在正常生产过程中测得的油套管环形空间中的液面深度，称为油井的动液面。通过了解抽油井和电泵井的液面高度，可以确定泵挂深度，分析深井泵的工作状况和油层供液能力，进而确定以下参数。

抽油泵的沉没度：

$$H_{沉}=H_{泵}-H_{动}$$

（3-1-6）

流压：

$$p_{wf}=(H_油-H_动)\cdot r/100 \qquad (3-1-7)$$

式中　$H_沉$——沉没度，m；
　　　　$H_泵$——泵挂深度，m；
　　　　$H_动$——动液面深度，m；
　　　　p_{wf}——流压，MPa；
　　　　r——油层中部深度，m。

　　探测液面是利用声波在井下传播时遇到界面发生反射的原理进行测量。油井动液面曲线，波形 A 是井口放炮时记录下来的脉冲信号，一般称为井口波；波形 B 是声波由井口传至回音标，再由回音标反射到热感收音器时记录下来的脉冲信号，称为音标波；波形 C 是声波由井口传至液面，再由液面反射到热感收音器时记录下来的脉冲信号，称为液面波（图 3-1-2）。

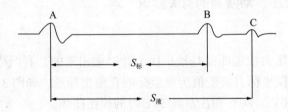

图3-1-2　油井动液面曲线

ZBC007 油井动液面沉没度、流压的计算　　在实际生产中，往往因油管内壁结蜡、井口漏气、仪器状况及操作问题，使测井曲线发生变异和杂波干扰，此时需认真分析曲线以便能正确计算。

　　另外，常用到采用管外接箍来计算液面深度。

　　近年来，电子计算机在油田的应用逐渐广泛，油井的流压、动液面以及注水井的层段吸水等计算都陆续应用了计算机技术，但对于采油地质工来说，基本功仍是非常重要的。

六、与泵效有关指标的概念与计算

（一）抽油机井泵效相关指标的概念

ZBC009 深井泵的泵效计算

1. 抽油机井泵效

　　泵效是指抽油机井的实际排量与泵的理论排量的比值的百分数，也称为视泵效。在实际生产中，深井泵的实际泵效还受液体的体积系数、油管和抽油杆的伸长、缩短引起的冲程损失影响，但由于影响较小、计算烦琐，在现场应用中一般忽略不计，用视泵效代替实际泵效。

2. 泵的理论排量

　　抽油泵的理论排量是指深井泵在理想的情况下，活塞一个冲程可以排出的液量。在数值上等于活塞上移一个冲程时所让出的体积。

　　每一冲程的排量：

$$V=\frac{\pi}{4}\cdot D^2\cdot L \qquad (3-1-8)$$

每日的理论体积排量：

$$q_{理} = 1440 \cdot V \cdot n \qquad (3-1-9)$$

式中　n——抽油机冲次，次/min；

　　　V——每冲程抽出的液体体积，m³；

　　　D——泵径，mm；

　　　L——活塞冲程长度，m；

　　　$q_{理}$——泵的理论排量，m³。

由于 $1440 \times = \dfrac{\pi}{4} \times D^2$ 对某一种直径的泵是固定的常数，可以用 K 表示，并称为泵的排量系数（表3-1-1）。

表3-1-1　深井泵排量系数

泵径，mm	38	43	44	56	70	83	95
面积，10^{-4}m²	11.34	14.52	15.20	24.63	38.48	54.10	70.88
K	1.63	2.09	2.19	3.54	5.54	7.79	10.21

即每日的理论体积排量为：

$$q_{理} = K \cdot L \cdot n \qquad (3-1-10)$$

每日的理论重量排量为：

$$Q'_{理} = K \cdot L \cdot n \cdot \rho_{液} \qquad (3-1-11)$$

混合液的密度：

$$\rho_{液} = \rho_{水} \cdot f_{水} + \rho_{油} \cdot (1 - f_{水}) \qquad (3-1-12)$$

式中　$\rho_{水}$——水的密度（一般可取1），kg/m³；

　　　$\rho_{油}$——地面脱气原油密度，kg/m³；

　　　$f_{水}$——含水率，%。

因此

$$\eta = \frac{q'_{实际}}{q'_{理论}} \times 100\% = \frac{q'_{实际}}{K \cdot L \cdot n \cdot \rho_{液}} \times 100\% \qquad (3-1-13)$$

式中　η——泵效，%；

　　　$q'_{实际}$——泵的实际日产量，kg/d；

　　　$q'_{理论}$——泵的理论日产量，kg/d。

（二）电泵井排量效率相关指标的概念

由于电泵井型号中含有电泵井的理论排量的数据，计算泵效时直接代入式（3-1-13）即可。

目前国内电泵井已经初步形成系列，下面以大庆油田为例简单介绍（表3-1-2）。

表3-1-2 大庆油田电泵井理论排量数据

制造厂	型 号	转速, r/min	额定排量, m³/d	最大扬程, m	效率, %	需用轴功率, kW	外径, mm
大庆电泵公司	QYB	2850	20	1000～2500	37	9	98～101
			30		41	12	
			50		45	16	
			80		55	20	
			100		56	24	
			150		60	32	
			200		60	44	
			250		60	52	
			320		62	63	
			425		57	90	

ZBC008 深井泵的理论排量计算

（三）螺杆泵井排量效率相关指标的概念

螺杆泵就是在转子和定子组成的一个个密闭的独立的腔室基础上工作的。转子运动时（作自转和公转），密封空腔在轴向沿螺旋线运动，按照旋向，向前或向后输送液体。螺杆泵是一种容积泵，所以它具有自吸能力，甚至在气、液混输时也能保持自吸能力。

螺杆泵井的理论排量计算公式：

$$Q=5760e \cdot D \cdot T \cdot n \qquad (3-1-14)$$

式中 Q——螺杆泵的理论排量，m³/d；

e——转子偏心距，m；

D——转子截圆直径，m；

T——定子导程 m；

n——转子的转速，r/min⁻¹。

现场应用中，根据选用泵的型号可计算出理论排量：

$$Q=1440q \cdot n \times 10^{-6} \qquad (3-1-15)$$

式中 q——螺杆泵的每转排量，mL/r；

螺杆泵的实际排量 Q' 为：

$$Q'=Q \cdot \eta_v \qquad (3-1-16)$$

式中 η_v——泵的容积效率（一般为 0.7 左右）。

项目二　测试注水井指示曲线、启动压力

一、准备工作

（一）设备

注水井1口。

（二）材料、工具

擦布适量，记录单1张，F扳手1把，秒表1块，25MPa压力表1块，碳素笔（蓝

黑或黑）1 支。

（三）人员

1 人操作，劳动保护用品穿戴齐全。

二、操作规程

序 号	工 序	操作步骤
1	检查核实	检查流程、核实录取数据井号
2	抄写数据	抄写原注水数据（油压、泵压、破裂压力、配注量、注水量）
3	测试前	检查注水流程，录取注水数据（油压、泵压、瞬时水量）
		安井口油压表
4	放大注水	放大注水
		录取注水数据（油压、瞬时水量）
5	测试注水指示曲线	控制注水量
		每停一个台阶录取油压、瞬时注水量数据
6	测试注水启动压力	测试启动压力（注水量为 0 时的油压）
7	恢复正常注水	放大控制阀门
8	清理场地	收拾工具，场地清洁
9	安全文明操作	按国家或企业颁发有关安全规定执行操作

三、技术要求

（1）降压台阶约为 0.5MPa，误差 0.1MPa。
（2）每停一个台阶压力稳定后录取水量。

四、注意事项

（1）开关阀门要侧身，平稳操作。
（2）该项目为操作试题，考核过程按评分标准及操作过程进行评分。

项目三　调整注水井注水量

一、准备工作

（一）设备

注水井 1 口。

（二）材料、工具

擦布适量，记录单 1 张，F 扳手 1 把，瞬时流量计数器 1 个，计算器 1 个，秒表 1 块，25MPa 压力表 1 块，碳素笔（蓝黑或黑）1 支。

（三）人员

1 人操作，劳动保护用品穿戴齐全。

二、操作规程

序　号	工　序	操作步骤
1	检查核实	检查流程、核实操作井号
2	录取对比调前数据	计算新方案瞬时注水量（m³/min）
		录取调前井口数据（油压、瞬时水量、水表底数）
		对比数据（油压、泵压、注水量、破裂压力、新方案瞬时注水量）
		确定井口压力范围
3	调整注水量	缓慢调整控制注水阀门
		及时观察井口压力变化
		录取瞬时水量
		与新方案瞬时水量对比
4	填写记录	记录井号、水表底数
5	安全文明操作	开关阀门时，人身体要站在阀门侧面
		按国家或企业颁发有关安全规定执行操作

三、技术要求

（1）采用下流阀门调整注水量。

（2）达到调整范围，稳定 3min 后录取井口数据（瞬时流量、油压、水表底数）。

（3）超范围要重新调整，直到调整到要求值为止（±10%），读数要准确实际注水量控制在合格范围之内。

四、注意事项

（1）开关阀门要侧身，操作阀门要平稳，防止损坏计量仪表。

（2）该项目为操作试题，考核过程按评分标准及操作过程进行评分。

项目四　校对安装压力表（比对法）

一、准备工作

（一）设备

抽油机井 1 口。

（二）材料、工具

擦布适量，记录单 1 张，生料带 1 卷，不同量程检校合格压力表各 1 块，活动扳手 250mm、200mm 各 1 把，通针 100×ϕ2mm 1 根，钢锯条 300mm 1 根、碳素笔（蓝黑或黑）1 支。

（三）人员

1 人操作，劳动保护用品穿戴齐全。

二、操作规程

序　号	工　序	操作步骤
1	检查核实	检查流程、核实操作井号
2	检查压力表	检查并选择校对后、量程合适的压力表
3	录取压力值	录取井口压力数值
4	拆卸压力表	关闭压力表控制阀门
		用扳手卸松取下压力表
		清理阀门内扣，通上下孔
5	安装校对后的压力表	用扳手将所选新压力表安装好
		安装好后压力表，位置摆正，便于观看
		缓慢打开压力表控制阀门
6	试压对比压力值	录取、记录压力值；比对压力差；计算原压力表误差
7	清理场地	收拾工具，场地清洁
8	安全文明操作	按国家或企业颁发有关安全规定执行操作

三、技术要求

（1）顺时针缠胶带。
（2）拆卸压力表过程中能够正确使用扳手。

四、注意事项

（1）开关阀门要侧身，操作阀门要平稳，防止损坏计量仪表。
（2）该项目为操作试题，考核过程按评分标准及操作过程进行评分。

项目五　取聚合物注入井溶液样

一、准备工作

（一）设备准备

聚驱注入井 1 口。

（二）材料、工具

250mL 取样瓶 1 个，污油桶 1 只，取样标签若干，专用取样器 1 个，碳素笔 1 支（自备），巡回检查记录本 1 本。

（三）人员

1 人操作，劳动保护用品穿戴齐全。

二、操作规程

序号	工序	操作步骤
1	检查核实	检查流程、核实取样井号

续表

序　号	工　序	操作步骤
2	安装检查	安装取样器
		检查取样器
3	放空	打开总阀门、缓慢打开放空阀门
3	放空	排液延时，排液量大于取样器体积或延时 5min
4	开关阀门	关闭放空阀门、总阀门，再打开放空阀门、打开取样阀门
5	取样	冲洗取样瓶
		取样 1/2～2/3
		填写标签
		取样完放净取样器内的液体
6	取样后	检查、拆卸取样器
7	清理场地	收拾工具、场地清洁
8	安全文明操作	按国家或企业颁发有关安全规定执行操作

三、技术要求

（1）安装取样器后关闭取样阀门、放空阀门、进液总阀门。
（2）取样时，要先放空，必须排污后再取样。

四、注意事项

（1）开关阀门要侧身，操作阀门要平稳，防止损坏计量仪表。
（2）该项目为操作试题，考核过程按评分标准及操作过程进行评分。

项目六　计算产量构成数据

一、准备工作

（一）设备

可容纳 20～30 人教室 1 间。

（二）材料、工具

油田生产计划完成公报 12 个月，月度油田开发综合数据（月度）12 个月，月度各项措施数据（月度）12 个月，生产数据表（空白）1 张，产量构成数据表（空白）1 张，答卷 1 份，演算纸少许，碳素笔 1 支，HB 铅笔 1 支，橡皮 1 块，计算器 1 个。

（三）人员

1 人操作，劳动保护用品穿戴齐全。

二、操作规程

序　号	工　序	操作步骤
1	填写数据	填写生产数据
2	计算全区产量	列出月度日产量计算公式：月度日产量 = 月度总产油量 ÷ 当月日历天数
		计算全区月度日产量

续表

序　号	工　序	操作步骤
3	计算数据	计算新井月度日产量
		计算压裂措施月度日产量
		计算换泵措施月度日产量
4	填写构成表	填写产量构成数据表

【例3-1-1】　根据表中2016年某油田某区块的生产数据，求

（1）列出月度日产量计算公式；

（2）计算全区月度日产量；

（3）计算新井月度日产量；

（4）计算压裂措施月度日产量；

（5）计算换泵措施月度日产量；

（6）用递减法填写产量构成数据表。

表3-1-3　某油田某区块生产数据

时间，月	月度总产油量，t	新井月产油量，t	压裂月产油量，t	换泵月产油量，t	月度日产油量，t/d	新井日增油量，t/d	压裂日增油量，t/d	换泵日增油量，t/d
2015.12	9331	0	0	155				
2016.1	9300	0	0	124				
2	8584	0	465	124				
3	9114	0	465	372				
4	8760	0	372	310				
5	9331	0	310	713				
6	9300	310	248	682				
7	9548	372	186	589				
8	9269	341	124	620				
9	8340	372	0	558				
10	8370	310	0	465				
11	8250	403	0	465				
12	8308	434	0	434				

表3-1-4　2016年某油田某区块产量构成数据表

时间，月	月度日产产油量坐标点	新井日产油坐标点	压裂日产油坐标点	换泵日产油坐标点	新井日增油量，t/d	压裂日增油量，t/d	换泵日增油量，t/d
2015.12							
2016.1							
2							
3							
4							
5							
6							

时间，月	月度日产产油量坐标点	新井日产油坐标点	压裂日产油坐标点	换泵日产油坐标点	新井日增油量，t/d	压裂日增油量，t/d	换泵日增油量，t/d
7							
8							
9							
10							
11							
12							

解：

根据：月度日产量＝月度总产油量÷当月日历天数，计算结果见表3-1-5。

表3-1-5 某油田某区块生产数据

时间，月	月度总产油量，t	新井月产油量，t	压裂月产油量，t	换泵月产油量，t	月度日产油量，t/d	新井日增油量，t/d	压裂日增油量，t/d	换泵日增油量，t/d
2015.12	9331	0	0	155	301	0	0	5
2016.1	9300	0	0	124	300	0	0	4
2	8584	0	465	124	296	0	15	4
3	9114	0	465	372	294	0	15	12
4	8760	0	372	310	292	0	12	10
5	9331	0	310	713	301	0	10	23
6	9300	310	248	682	310	10	8	22
7	9548	372	186	589	308	12	6	19
8	9269	341	124	620	299	11	4	20
9	8340	372	0	558	278	12	0	18
10	8370	310	0	465	270	10	0	15
11	8250	403	0	465	275	13	0	15
12	8308	434	0	434	268	14	0	14

递减法填写产量构成数据表，见表3-1-6。

表3-1-6 2016年某油田某区块产量构成数据表

时间，月	月度日产产油量坐标点	新井日产油坐标点	压裂日产油坐标点	换泵日产油坐标点	新井日增油量，t/d	压裂日增油量，t/d	换泵日增油量，t/d
2015.12	301	301	301	296	0	0	5
2016.1	300	300	300	296	0	0	4
2	296	296	281	277	0	15	4
3	294	294	279	267	0	15	12
4	292	292	280	270	0	12	10
5	301	301	291	268	0	10	23
6	310	300	292	270	10	8	22
7	308	296	290	271	12	6	19

时间，月	月度日产产油量坐标点	新井日产油坐标点	压裂日产油坐标点	换泵日产油坐标点	新井日增油量，t/d	压裂日增油量，t/d	换泵日增油量，t/d
8	299	288	284	264	11	4	20
9	278	266	266	248	12	0	18
10	270	260	260	245	10	0	15
11	275	262	262	247	13	0	15
12	268	254	254	240	14	0	14

三、技术要求

（1）计算、填写各项数据准确无误。

（2）该项目为技能笔试题，计算结果按评分标准进行评分。

项目七　计算机采井理论排量及泵效

一、准备工作

（一）设备

可容纳 20～30 人教室 1 间。

（二）材料、工具

1 口抽油机井生产参数资料，1 口电泵井生产参数资料，1 口螺杆泵井生产参数资料，油井综合数据表（空白）1 份，答卷 1 份，演算纸少许，碳素笔 1 支，HB 铅笔 1 支，橡皮 1 块，计算器 1 个。

（三）人员

1 人操作，劳动保护用品穿戴齐全。

二、操作规程

序　号	工　序	操作步骤
1	选取参数	填写油井参数表（抽油机井、电泵井、螺杆泵井）
2	列出理论排量计算公式	列出抽油机井理论排量计算公式：$$Q'_{理}=K \cdot L \cdot n \cdot \rho_{液}$$ 混合液的密度：$$\rho_{混}=\rho_{水} \cdot f_{水}+\rho_{油} \cdot (1-f_{水})$$ 式中 $\rho_{水}$——水的密度（一般可取 1），kg/m³； $\rho_{油}$——地面脱气原油密度，kg/m³； $f_{水}$——含水率，%； K——排量系数
		电泵井理论排量从电泵井型号信息中获取
		列出螺杆泵井理论排量计算公式：$Q=1440qn \times 10^{-6}$

续表

序　号	工　序	操作步骤
3	计造词算理论排量	计算抽油机井理论排量
		计算电泵井理论排量
		计算螺杆泵井井理论排量
4	列出泵效计算公式	列出抽油机井泵效计算公式：$\eta=q_实 \div q_理 \times 100\%$
		列出电泵井泵效计算公式：$\eta=q_实 \div q_理 \times 100\%$
		列出螺杆泵井泵效计算公式：$\eta=q_实 \div q_理 \times 100\%$
5	计算泵效	计算抽油机井泵效
		计算电泵井泵效
		计算螺杆泵井泵效
6	填写数据	填写综合数据表（抽油机井、电泵井、螺杆泵井）

【例 3-1-2】　某抽油机井实际日产液量 80 t/d，冲程 3m，冲次 9n，采用泵径为 ϕ70mm，求该井理论排量及泵效是多少（ϕ70mm 泵的排量系数 ϕ 为 5.54，混合液密度为 0.9 t/m³）？

解：

①理论排量 = 排量系数 × 冲程 × 冲次

即
$$Q_理论 = K \cdot S \cdot N$$
$$= 5.54 \times 3 \times 9$$
$$= 149.6 （m^3）$$

②泵效 = 实际排量 / 理论排量 × 100%

即
$$\eta = Q_实际 / Q_理论 \times 100\%$$
$$= （80/0.9）/149.6$$
$$= 59.4\%$$

答：该井泵效为 59.4%。

三、技术要求

（1）计算、填写各项数据准确无误。

（2）该项目为技能笔试题，计算结果按评分标准进行评分。

项目八　计算机采井沉没度

一、准备工作

（一）设备

可容纳 20~30 人教室 1 间。

（二）材料、工具

1 口抽油机井动液面资料，1 口电泵井动液面资料，1 口螺杆泵井动液面资料，机采井施工总结井号同上，油井综合数据表井号同上，油井参数表（空白）1 张，答卷 1 份，演算纸少许，碳素笔 1 支，HB 铅笔 1 支，橡皮 1 块，计算器 1 个。

（三）人员

1 人操作，劳动保护用品穿戴齐全。

二、操作规程

序　号	工序	操作步骤
1	选取参数	填写油井参数表（抽油机井、电泵井、螺杆泵井）
2	列出公式	抽油机井沉没度＝阀门深度－液面深度
		电泵井沉没度＝电泵深度－液面深度
		螺杆泵井沉没度＝螺杆定泵深度－液面深度
3	计算	计算抽油机井沉没度
		计算电泵井沉没度
		计算螺杆泵井井沉没度
4	填写数据	填写综合数据表（抽油机井、电泵井、螺杆泵井）

三、技术要求

（1）计算、填写各项数据准确无误。

（2）该项目为技能笔试题，计算结果按评分标准进行评分。

【知识链接一】　气举采油

一、气举采油工艺过程

> ZBA001 气举
> 采油工艺过程

　　气举是在油井停喷后恢复生产的一种机械采油方法，也可作为自喷生产的能量补充（帮助实现自喷），气举采油工艺过程是通过向井筒内注入高压气体的方法来降低井内注气点至地面的液柱密度，以保持地层与井底的压差，使油气继续流出并举升到地面。

　　气举有连续气举和间歇气举两种主要方式。一口井究竟是用哪种气举方式，应根据井的特性来确定。通常高产液指数、高井底压力的井，采用连续气举方式；而产液指数及井底压力都较低的井，则采用间歇气举方式。油气自一组采油井中采出后，经过采油汇管送到油气分离器，分离后的原油送到储罐，分离出的气体送到压气站加压，其中气举气经注气管汇再送到每口井气举，经气举阀门进入液柱中。气举工艺所需的设备，除了地面管汇及一般的流量、压力计量和监控的仪表外，主要是地面的压缩机站和井中的气举阀门。

（一）气举采油的优点和局限性

1.气举采油的优点

（1）气举井下设备的一次性投资低，尤其是深井，一般都低于其他机械采油方式的投资。

（2）能延长油田开采期限，增加油井产量。

（3）气举采油的深度和排量变化的灵活性大，举升深度可以从井口到接近井底，日产量可以从 1t 以下到 3000t 以上。

（4）大多数气举装置不受开采液体中腐蚀性物质和高温的影响。

（5）井下无摩擦件，故适宜于含砂含蜡和高含水（95%）的井。

（6）易于在斜井、定向井、丛式井和井筒弯曲的井中使用，尤其适合于油气比高的井。

ZBA002 气举采油的优点

（7）维持生产的费用大大低于其他类型机械采油方式，在深井中更为明显。

（8）产量可以在地面控制；气举的主要设备（压缩机组）装在地面，容易检修和维护。

（9）占地少，适合于居民区和海上油田。

ZBA003 气举采油的局限性

2. 气举采油的局限性

（1）必须有充足的气源。虽然可以使用氮气或废气，但与使用当地产的天然气相比成本高，且制备和处理困难。

（2）气体压缩机站增加了投资，基本建设费用高。

（3）采用中心集中供气的气举系统，不宜在大井距的井网中使用，但目前已有不少油层连通性较好的油田，采用把气顶作为气源，气举后再通过注入井把气注回到气顶，解决了这个问题。

（4）使用腐蚀性气体气举时，需增加气体的处理费用和防腐措施费用。

（5）连续气举是在高压下工作，安全性较差；在注气压力下，含水气体易在地面管线和套管中形成水合物，影响气举的正常工作。

（6）套管损坏了的高产井不易采用气举。

（7）乳化液和黏稠液难以气举，因此不适合用于原油含蜡高和黏度高的结蜡井和稠油井。

（8）单独用于小油田和单井的效果较差。

ZBA004 气举采油方式

（二）气举采油方式

ZBA005 连续气举的概念

1. 连续气举

连续气举又称连续流动气举。连续气举类似于自喷井。气体连续地通过油、套管环形空间注入，通常经过在深部安装的气举阀门进入油管，与来自地层内的流体混气。注入气加上地层气使进入举升管柱内的总气量增加，降低了注气点以上的流动压力梯度，使流体被举升到地面。

连续气举的注气量视井况操作方法而异，一般每 300m 举升深度的注采比为 2.5~4.5。连续气举多数井的井底压力较为稳定，注气速度和注气量也相对稳定。连续气举法采油可以获得高产量，因此，多数中、高产井都采用此法生产。

连续气举其井下设备主要有气举阀门和工作筒。气举阀门能随注气压力的改变而调节其节流孔的大小，来保证合理的注入气量。

2. 间歇气举

间歇气举即周期性气举，注入一定时间的天然气后停止注气，举升液体"段塞"，从出油管线快速排出，随后又重复注气。如此反复循环进行。间歇气举适用于低液面、低流压的井。

间歇气举的注气时间、循环周期和注气量等都必须进行控制和调节。应用的间歇气举阀门要求能快速关闭，一经打开能立即尽可能大的开启注气孔，以满足短时间内注入足够气量的要求。

间歇气举由于采用不连续注气方式，在注气系统中会产生较大的压力波动和流量变化，地面设备必须能适应这种变化的要求。

3. 腔室气举

腔室气举是一种闭式间歇气举方式，实行腔室气举时，注入气进入腔室后位于被举升液体之上，在注入气体进入油管前液体段塞的速度已经达到或接近举升速度，从而可以减少注入气的窜流，也就是减少了损失。

4. 柱塞气举

柱塞气举是一种特殊类型的间歇气举方式，是靠柱塞推动上部的液柱向上运动，防止气体的窜流和减少液体的回落，提高气体举升效率。

采用柱塞气举，可以靠油井自身能量，也可靠注入气补充能量进行举升。靠本井气体举升的油井，无动力消耗，设备投资少，且易于管理，便于地面调节。

（三）气举井井下装置

1. 井下注气管柱

井下注气管柱分单管注气管柱和多管注气管柱。

2. 气举阀门

气举阀门是气举采油系统的关键部件，主要是启动注气压力，把井内液面降至注气点的深度，并在此深度上以正常工作所需的注气压力按预期的产量进行生产。气举阀门基本上是一种井下压力调节器。阀门的设定压力在地面由弹簧或波纹管充气来调定。启闭控制方式有套管压力控制、油管压力控制或两者共同控制多种。

3. 气举工作筒

气举工作筒分固定式和可捞式偏心工作筒，主要用来安装气举阀门。固定式工作筒气举阀门装在筒外，调整阀门时必须起出油管；偏心可投捞式工作筒气举阀门装在筒内，调整阀门时可用专用投捞工具进行，不用起出油管。

4. 偏心投捞工具

偏心投捞工具为可投捞式偏心气举阀门的配套使用工具。

5. 柱塞气举井下工具

1）柱塞

柱塞采用尼龙毛刷软密封结构，内有一单流阀门。上行时单流阀门关闭形成一个活塞，下行时单流阀门顶开，油流通过柱塞内部通道使柱塞顺利下落。

2）卡定器

卡定器靠斜面将三片卡瓦紧紧卡定在油管短接上，向下越砸越紧。可按设计深度和油管一起下井，作为柱塞下落的最低位置。

3）缓冲器

缓冲器安装在卡定器上面，用以缓冲柱塞下落井底的力，同时用来撞击阀门杆，关闭柱塞内部阀门孔。

4）井口防喷盒

井口防喷盒用来缓冲柱塞上升至井口的冲击力和避免撞击柱塞内的阀门，以打通柱塞通道，使柱塞顺利下落。

ZBA006 气举
井井下装置的
用途

ZBA007 气举
采油地面设备
的用途

（四）气举采油地面设备

气举采油地面设备主要有压缩机、集配气系统和气体净化设备等。

1. 压缩机

压缩机是增压气举工艺中的主要设备，用来提高注入气体的压力。气举用压缩机的压比高、排量大。由于往复式压缩机对于加压气体的温度、压力和排量等参数变化时的适应和调节能力好，所以气举多用往复式压缩机。

2. 压缩机气举系统

（1）压缩机气举系统分类：

按供气方式分为开式、半闭式、闭式系统。

按配气管网分类分为单井式、成组式、环形配气压缩机气举系统。

（2）闭式循环气举系统设计原则。

闭式循环气举系统是采用集中控制压缩机站的方法。举升一口井或邻近数口井的人工举升系统。

3. 气举采油主要控制设备

（1）时间周期控制器：间歇气举用来设定和调节注气时间和注气循环周期，有机械式时间周期控制器和电子式时间周期控制器两种。

（2）气动薄膜阀：与时间控制器配合，用于控制注气量的大小或开关注气管线。

（3）注气压力控制阀：用作稳定气举井注气压力，使井下气举阀有一个恒定的打开压力，防止气压波动，造成上部气举阀打开或刺坏气举阀。

【知识链接二】 清蜡与防蜡

ZBA008 影响
结蜡的因素

一、影响结蜡因素的分析

原油组成是影响结蜡的内因，温度和压力等是影响结蜡的外因。

（一）原油性质和含蜡量

原油中所含轻质馏分越多，则蜡的结晶温度越低，保持溶解状态的蜡量也就越多。

（二）原油中的胶质和沥青质

胶质为表面活性物质，可吸附于石蜡结晶表面阻止结晶的发展；沥青质是胶质的进一步聚合，对石蜡起良好的分散作用。因此，胶质、沥青质可以减轻结蜡，但又对蜡具有增黏作用，使之不易被油流冲走。

（三）压力和溶解气

压力高于饱和压力时，蜡的初始结晶温度随压力的降低而降低；压力低于饱和压力时，蜡的初始结晶温度随压力的降低而升高。因此，采油过程中气体的分离能够减低油对蜡的溶解能力和油流温度，使蜡容易结晶析出。

（四）原油中的水和机械杂质

原油中的水和机械杂质对蜡的初始结晶温度影响不大，但油中的细小砂粒及机械杂质会成为石蜡结晶的核心，加剧结蜡过程。原油含水上升可减缓液流温度的下降速度，并在管壁形成连续水膜，使结蜡程度有所降低。

二、油井结蜡的危害

ZBA009 油井结蜡的危害

石蜡是原油中一种含量很高的成分，对于溶有一定量石蜡的原油，在开采过程中，随着温度、压力的降低和气体的析出，溶解的石蜡便以结晶析出、长大聚集和沉积在管壁等固相表面上，即出现所谓的结蜡现象。油井结蜡危害有以下几点：

（1）井口、地面管线的结蜡，井口回压增大，深井泵压头增大。

（2）深井泵出口结蜡、油管沿程损失增大、地面驱动系统负荷增大。

（3）下泵部位结蜡、泵的吸油状况变差。

（4）泵吸入口以下结蜡，泵效降低，易烧泵。

（5）结蜡对产量的影响：缩小了油管孔径，增大抽油杆外径，增加了油流阻力，使油井减产，严重时会把油井堵死，发生卡泵现象。深井泵结蜡易产生泵漏失，降低泵的充满系数，减少抽油井的产量。

（6）结蜡对悬点载荷的影响：抽油机井在生产过程中，如果油管内结蜡严重，在结蜡井段的摩擦阻力增大。上冲程中增加悬点载荷；下冲程中故减小悬点载荷。也就是说，结蜡引起交变载荷的增大，影响抽油杆工作寿命。

（7）结蜡易造成杆管偏磨，增加作业工作量。

（8）上下电流增大，增加无功功率，浪费电能。

三、油井结蜡规律

ZBA010 油井结蜡的规律

国内各油田的油井均有不同程度的结蜡现象，总结分析有以下规律：

（1）原油中含蜡量越高，油井结蜡越严重。

（2）油井开采后期较开采初期结蜡严重。

（3）高产井及井口出油温度高的井结蜡不严重或不结蜡。

（4）油井见水后，低含水阶段结蜡严重，随含水量升高到一定程度后结蜡减轻。

（5）表面粗糙的油管容易结蜡，油管清蜡不彻底的容易结蜡。

（6）出砂井容易结蜡。

（7）抽油井最容易结蜡的地方是在深井泵的阀门罩和进口处及泵筒以下尾管处。

由于石油组成复杂，油井的生产过程各不相同，温度、压力的变化和溶解气的逸出等也都比较复杂，因此对油井结蜡过程和结蜡规律的认识还需要不断深入和提高。

四、油井防蜡技术

根据生产实践经验和对结蜡的认识，为防止油井结蜡，应从两个方面着手。

（一）创造不利于石蜡在管壁上沉积的条件

根据实验观察分析，管壁越粗糙，表面越亲油和油速度越小，就越容易结蜡。因此，提高管壁的光滑度，改善表面的润湿性是防止结蜡的一条重要途径。

（1）油管内衬和涂层防蜡，其作用主要是改善油管表面和管壁表面的润湿性，使蜡不易沉积，达到防蜡的目的。

（2）涂料油管，即在油管内壁涂一层固化后表面光滑而且亲水性强的物质，最早使用的是普通清漆，但由于其在管壁上黏合强度低，因而效果较差。

（二）抑制石蜡结晶的聚集

在油井开采的大多数情况下，石蜡结晶的析出几乎是不可避免的，但从石蜡结晶开始析出到蜡沉积在管壁上还有一个使石蜡分子结晶长大和聚集的过程。因此，在含蜡石油中加入防止和减少石蜡聚集的某些化学药剂，例如，抑制剂，也是防止结蜡的一条重要途径。

在油流中加入防蜡抑制剂，主要作用是包住石蜡分子阻止石蜡结晶；改变油管表面的性使之由亲油变成亲水；分散石蜡结晶，防止聚集和沉积。

防蜡抑制剂主要有活性剂型和高分型。

1. 活性剂型防蜡剂

活性剂型防蜡剂通过在蜡结晶表面上的吸附使蜡的表面形成一个不利于石蜡在它上面继续结晶长大的极性表面，因此，可使石蜡结晶保持微粒的状态，被油流带走。

2. 高分子型防蜡剂

高分子型防蜡剂都是些油溶性的、具有石蜡结构链节的、支链线性的高分子，因为这些高分子在浓度很小的情况下就能形成遍及整个原油的网状结构，而石蜡就可在这网状结构上析出，因而彼此分离，不能互相聚集长大，也不易在钢铁表面沉积，而很易被油流带走。高压聚乙烯就是一种典型的高分子型防蜡剂。

另外，现场还采用电磁防蜡技术，这里就不做介绍了。

五、油井清蜡技术

清蜡就是当蜡从油流中析出来附着在管壁上，使管壁内径缩小影响生产，采取一定的手段将其清除。

油井技术和热力清蜡。结蜡后应及时清除，目前清蜡方法主要有：机械清蜡、热力清蜡和化学清蜡等。

（一）机械清蜡技术

机械清蜡就是用专门的刮蜡工具（清蜡工具），把附着于油管内壁和抽油杆上的蜡刮掉，靠油流将刮下的蜡带走。这是一种既简单又直观的清蜡方法，在自喷井和有杆泵抽油井中广泛应用。

1. 自喷井清蜡

自喷井机械清蜡方法是最早使用的一种清蜡方法。它是以机械刮削方式清除油管内沉积的蜡。合理的清蜡制度必须根据每口油井的具体情况来制定，而且要根据油井变化及时调整。首先要掌握结蜡规律，按清蜡周期清蜡，避免延期清蜡作业，使油井结蜡能及时刮除，保证油井压力和产量不受影响。清蜡深度一般要超过结蜡最深点或析蜡点以下 50m。

2. 有杆泵抽油井清蜡

有杆泵机械清蜡是利用安装在抽油杆上的活动刮蜡器来自动清除油管和抽油杆上的蜡。目前油田上常用的是尼龙刮蜡器。

尼龙刮蜡器表面亲水不易结蜡，且摩擦系数小、强度高、耐磨、耐腐蚀。

（二）热力清蜡技术

热力清蜡是利用热能提高抽油杆、油管和液流的温度，当温度超过析蜡温度时，能起防止结蜡的作用，当温度超过蜡的熔点时，则可起到清蜡作用。一般常用的方法有热载体循环洗井、电热自控电缆加热、热化学清蜡等三种方法。

1. 热载体循环洗井清蜡

一般采用热容量大，对油井不产生伤害或伤害小，经济性好而且比较容易得到载体，如热油、热水等。用这种方法将热能带入井筒中，提高井筒温度，超过蜡的熔点使蜡融化，随洗井液带出油井，达到清蜡的目的。一般有两种循环方法，一种是油套环形空间注入热载体，反循环洗井，边抽边洗，热载体连同产出的井液通过抽油泵一起从油管排出。另一种方法是空心抽油杆热清洗蜡，它是将空心抽油杆下至结蜡深度以下 50m，下接实心抽油杆，热载体从空心抽油杆注入，经空心抽油杆底部洗井阀，正循环，从抽油杆和油管环形空间返出。

2. 井下自控热电缆清蜡

井下自控电热电缆的特性决定了它可以自动控制温度，保持井筒内恒温。当控制井温达到析蜡温度以上时，则起防蜡的作用，但要连续供电保持温度，也可作为清蜡措施，按清蜡周期供电加热至井筒温度超过熔蜡温度。

3. 热化学清蜡

为清除井底附近油层内部和井筒沉积的蜡，曾采用热化学清蜡方法，它是利用化学反应产生的热能来清除蜡堵。

【知识链接三】 油田套管损坏防治技术

油水井是油田生产的基本单元，其套管损坏后，不但会使原有的注采系统受到破坏、影响原油产量，修复已损坏的套损井，也要投入较多的资金。因此，随着油田开发的深入，套管保护和套损井的治理就成为油田开发管理的一项重要课题。

一、套管损坏形态

根据国内外油田套管损坏资料，套管损坏基本类型有套管变形、套管破裂、套管错断腐蚀穿孔和套管密封性破坏等几种。

（一）套管变形

ZBA014 套管变形的分类

套管变形是指套管的变形没有超过套管塑性范围的一种套管损坏类型。主要有 5 种变形形态，即椭圆变形、径向凹陷变形、缩径变形、扩径变形和弯曲变形。

（1）套管出现椭圆变形往往是由于套管受不均匀挤压造成的，变形截面呈椭圆形状。

（2）由于地层某一方向侧向应力集中或由于套管本身某局部位置质量差，强度不够，在固井质量差即长期注采压差作用下，套管局部某处产生缩径，而某处扩径，使套管在横截面上呈内凹形椭圆形，这种径向内凹陷型套管变形是套损井中基本变形形式。

（3）在泥岩吸水后膨胀形成外挤力或强大的轴向拉力的作用下，套管往往出现缩径变形。

（4）套管弯曲变形形态是指变形套管出现轴向偏移，并伴随椭圆变形。严重弯曲变形的套管，内径已不规则，多呈椭圆变形，长短轴之差不太大。弯曲变形是一种比较多见的复杂套损井况，也是较难修复的高难井况，往往是变形部位的井径已恢复或超过正常井径，但通径规仍然下不去，不能正常工作。

（二）套管破裂

ZBA015 套管损坏基本类型

套管破裂分为两种形式，一种是纵向破裂，另一种是四周破裂。套管破裂主要是由于射孔造成的，或因注采压差及作业施工压力过高而造成的。此外当套管钢材有划痕、裂缝缺陷或氢脆也可能造成脆性破裂。

（三）套管错断

套管错断分为非坍塌型和坍塌型两种。

（1）非坍塌型套管错断：油水井的泥岩、页岩层由于长期受注入水侵入形成浸水域，泥岩、页岩经长期水浸，膨胀而发生岩体滑移，当这种地壳升降、滑移速度超过30mm/年时，将导致套管被剪断，发生横向（水平）错位。

（2）坍塌型套管错断：地层滑移、地壳升降等因素，导致套管错断。

（四）套管腐蚀穿孔

腐蚀造成套管大面积穿孔或内外壁出现麻凹是油田常见的一种套管损坏形式。腐蚀孔洞多发生在油层顶部以上，特别是无水泥环固结井段往往造成井筒周围地面冒油、漏气、严重的还会造成地面塌陷。

（五）套管密封性破坏

套管密封性破坏主要表现在套管连接处，导致套管外返油、气、水。这种套管损坏现象在油田比较常见，造成套管密封性损坏的主要原因是拉伸造成脱扣或套管螺纹质量等原因造成的。

二、套管损坏检测方法

ZBA016 套管
损坏检测方法

（一）取套观察法

取套观察是最直接了解套管变形的一种方法。但该方法工艺复杂，难度大，尤其对于深井和水泥固井段更是如此。虽然该方法施工时间长，费用高，很难大面积推广，但把变形的套管取出地面分析是各种测井工艺达不到的，并为检查射孔提供可靠依据。

（二）通径、打铅印测量变形的形态和位置

判断、证实井下状况是处理井下事故和油水井大修作业的首要前提。目前现场大量应用的是通径规和打铅印。多用通径规可以得到变形的位置和大致最小内径，再利用打铅印即可得到变形形态和基本准确的最小内径。

（三）微井径仪测量套管内径

微井径仪主要用于检测套管内径变化。该仪器是电阻式转换测量仪器，其主要原理是当套管内径改变使微井径电桥阻值改变通过放大及地面仪表记录，并相应转化成井径值，即可得到随井深不同的井径变化曲线。

（四）电磁探伤仪测壁厚变化、裂缝和内径变化

磁测井仪是一种采用电磁法测量仪器，属于非接触型磁力探伤仪。它的主要用途是检查井下套管的质量状况，确定套管内壁或外壁腐蚀、缺损和套管内径的变化。

（五）井壁超声彩色成像测井仪检测套损

井壁超声彩色成像测井仪是20世纪80年代发展的一种新型仪器，主要用于在套管内诊断套管变形，如错断、弯曲、破裂、孔洞、腐蚀等各种类型损坏的情况。

铅模打印印痕与小直径陀螺测斜仪和单照井斜仪组合测定套损方位。

三、套管损坏机理

ZBA017 套管
损坏机理

对于套管损坏，国内外不少学者进行多方面的研究，观点各异，主要归纳为以下7个方面：

（1）在相邻区块地层压力相差较大的情况下，基于浮托理论，高孔隙压力可相对增加地层斜面上的剪切力，导致岩体位移、套管损坏。

（2）标准层油页岩水平层理发育，具有硬岩性薄弱面的特点，当注入水窜入标准层时，会沿着密集叠置的介形虫和叶肢介等古生物化石层理面扩散，形成浸水域，使泥岩容易整体成片开裂，当岩石受到剪切应力作用时，就会沿标志层的化石薄弱面进行应力释放，导致成片套损。

（3）依据构造应力理论，认为在构造轴部、断层附近应力集中，注水采油过程中引起扰动应力变化，易使套管损坏。

（4）高压注水、超破裂压力注水容易导致套管损坏。

（5）基于热胀冷缩原理：即注水降低了岩石的温度，使水平周向应力降低，易使套管损坏。

（6）腐蚀因素：主要有高矿化度的地层水、硫酸氢根、硫酸还原菌、硫化氢和电化学等腐蚀。

（7）其他因素：套管本身质量不好、射孔或压裂工艺不当等工程因素以及井下作业维修过程中操作不平稳等。

四、套管损坏的原因

ZBA018 套管
损坏的地质因素

（一）地质因素

1. 泥岩吸水蠕变和膨胀造成套管损坏

只有在未射孔井段，当围岩压缩应力大于套管挤压强度时，泥岩吸水膨胀的体积力无释放之处时才有可能将套管挤压变形，通常这种挤压变形形态为缩径变形。

2. 油层出砂造成套管损坏

油层上覆地层重力主要靠油层来承担。当油层大量出砂后，破坏了岩石骨架的应力平衡，油层压力在开采过程中出现较大幅度的下降。当上覆地层压力大大超过油层孔隙压力和岩石骨架结构应力时，相当一部分应力转嫁给套管，当转嫁到套管的压力大于套管的极限强度时，套管失稳，出现弯曲、变形或错断。

3. 岩层滑动造成套管损坏

从众多开发油田的地质资料看，地下岩层或多或少有软弱夹层，多则四五层，少则一层。在软弱夹层不吸水泥时，在原始地应力的作用下岩层保持稳定。但软弱夹层一般都具有较强的吸水能力，在油田注水开发过程中，当注水压力达到一定值后，注入水通过裂缝窜到软弱夹层，使它吸水，改变其物理性能，强度降低，导致岩层失稳滑动，从而造成油水井套管损坏。

4. 断层活动造成套管损坏

在油田开发过程中，由于地壳升降、地震和高压注水作用等原因，使原始地层压力发生变化，将引起岩体力学性质和地应力的改变，使原有平衡的断层被诱发复活，特别是注入水侵蚀后，更加剧对套管的破坏作用，造成成片套损区的发生。

5. 盐岩蠕变、坍塌和塑性流动引起套管损坏

因空洞的增大，上覆岩层在重力作用下发生坍塌，使盐岩层与套管产生点接触，形成点载荷或非均匀外载，特别是坍塌岩块强烈撞击套管，形成冲击载荷，使套管损坏。

6. 地震活动造成套管损坏

地震后大量水通过断裂带或因固井胶结质量不好的层段进入油顶泥岩、页岩，泥岩、页岩吸水后膨胀、又产生黏塑性，使岩体沿断裂带产生缓慢的水平运动，这种缓慢的蠕变速度超过 10mm/ 年时，致使油水井套管遭到破坏。

（二）工程因素

ZBA019 套管
损坏的工程因素

地质因素是客观存在的因素，往往在其他因素引发下成为套损的主导因素。采油工程的注水，地层改造中的压裂、酸化，钻井过程中的套管本身材质，固井质量，固井过程中套管拉伸、压缩等因素，是引发诱导地质因素产生破坏性地应力的主要原因，因此，对于一个油田的某一区域、某一口井，这些因素综合作用的结果出现了套损井、套管损坏区块。

1. 套管材质问题

套管本身存在微孔、裂缝，螺纹不符合要求及抗剪、抗拉强度低等质量问题，在完井后的长期注采过程中，将会出现套管损坏现象。

2. 固井质量问题

在许多情况下套管损坏往往是由于固井质量差造成的。具体有以下几种情况：

（1）固井过程中，有时钻井液返高分两级，但在大多数情况下，上下两级之间的水泥连接不好。

（2）分段下套管时，有时下一段套管的管外水泥返高达不到高度，在下部管段没有加固部分的压缩负荷中增加一个补充负荷，温度的变化导致产生一个补充压缩力。

（3）固井水泥一般比钻井中应用的钻井液密度大，而驱动固井水泥的流体常常是低密度钻井液或水，结果造成套管外部静压力大于套管内部静压力，套管外流体的静压力在套管鞋上产生向上压缩力，套管内压力产生向下重力，当两个力差很大时，套管实际处于压缩状态，因此在井眼扩大部分或水泥不适当部分出现套管弯曲。

（4）由于井眼不规则或固井时存在混浆井段，在封固井段内，水泥浆侯凝期间放热不均匀，温度的变化使套管热胀冷缩，导致套管变形破裂。

3. 射孔对套管损坏的影响

射孔造成套管损坏的主要原因是：（1）会出现管外水泥破裂，甚至出现套管破裂。（2）射孔时，深度误差过大，或者误射，这对于二次加密井，三次加密井的薄互层尤为重要。（3）射孔密度选择不当，将会影响套管强度。如在低渗透的泥砂岩油层采用高密度射孔完井，长期注水或油井油层酸化、压裂改造，短时间的高压也会将套管损坏。

4. 井位部署的问题

断层附近部署注水井，容易引起断层滑移而导致套管严重损坏。注水井成排部署，容易加剧地层孔隙压差的作用，增大水平方向的应力集中程度，最终导致成片套损井的出现。

5. 注水引起套管损坏的机理

油田注水开发后，随注水压力升高，油层孔隙压力也随之升高。孔隙压力升高有提

高驱油能力的作用，但在一定条件下也会引起套管变形。

6. 大型增产措施造成的套管损坏

压裂施工时，压裂液中的石英砂或陶粒砂等支撑剂在强大压力的驱动下通过套管孔眼进入地层，从而使孔眼不规则扩大，降低套管抗挤压强度。套管接箍和丝扣部位以及固井质量差的井段很容易产生破裂。此外，油井酸化时由于排酸不及时造成套管腐蚀，有部分井因多次进行酸化施工，从而加快了套管的腐蚀速度，使套管穿孔、漏失。

（三）腐蚀造成套管损坏

ZBA020 套管
损坏的腐蚀因素

套管腐蚀的后果严重，一旦套管腐蚀穿孔，将出现多点破漏。腐蚀会加速套管的疲劳进而过早变形损坏。

1. 电化学腐蚀

电化学腐蚀的基础是电子转移，是油田常见套管腐蚀形式。一般，要发生电化学腐蚀需要具备以下条件，即必须存在不同金属和传导电解质。而这两个条件是很容易满足的，这主要是由于套管与套管、套管与接箍，甚至在同根套管内其成分都不完全相同，因而很容易满足第一个条件，至于第二个条件，当存在矿化度很高的地层水就很容易满足，所以电化学腐蚀被认为是最普通的腐蚀形式。

2. 化学腐蚀

化学腐蚀主要是指不能产生明显电压的化学反应，这种腐蚀主要是套管与腐蚀性液体之间的直接发生化学反应的结果，这种腐蚀基本上发生在套管壁上，油田中最常见的化学腐蚀是酸腐蚀。

3. 细菌腐蚀

大量试验表明，回注污水中含有细菌，有少数油田油井产出液含有不少细菌，其腐蚀以铁细菌和硫酸盐还原菌为主。在温度较适宜（$40\sim60\,℃$），且氧气有补充情况下，铁细菌繁殖较快，并可形成细菌活跃带。没有氧气补充时，铁细菌的生长可受到抑制，但在有较充足的营养物质的情况下，硫酸还原菌便得到一定发展。

4. 结垢腐蚀

这里的结垢是指腐蚀产物如 FeS、$FeCO_3$、FeO 等铁化物，及通常所指的在钢铁表面的沉积物如 $CaCO_3$、$MgCO_3$、$CaSO_4$、$BaSO_4$ 及硅垢污泥等，这些结垢很不均匀，不但起不到保护作用，相反会加速腐蚀。垢下腐蚀是一种综合性腐蚀。其机理是：介质中所含活性阴离子穿透垢层后吸附在金属表面，对金属表面的氧化膜产生破坏作用。

五、套管损坏的预防措施

套管损坏主要是由于地质、工程和腐蚀等因素导致套管所受外挤压力超过其抗挤压强度而引起的，因此预防套管损坏措施：一是如何防止外挤力超过套管屈服强度，包括防止注入水进入非油层，以达到防止泥页岩蠕变、层间滑动、断层复活、盐岩侵蚀坍塌等方法；二是提高套管强度来增加抗外挤力，主要包括提高套管抗挤等级、套管的壁厚，用双层套管和防止射孔严重伤害套管等方法；三是防止套管腐蚀。

（一）提高套管抗挤压强度

ZBA021 提高
套管抗挤压强
度的措施

（1）加强套管下井前的检测和保护。

（2）采用高强度套管，要加大套管自身的"抗"挤强度，做到"能让则让，让不了则抗"。

（3）改进套管设计，应采用泥页岩蠕变形不均匀"等效外挤应力"作为套管抗最大抗挤强度。

（4）采用厚壁套管，所谓厚壁套管就是将一般套管的壁厚加大，以增大其抗挤压强度的套管，一个空管对点载荷的承受能力与钢的强度成正比，与壁厚平方成正比。显然，为提高承受点载荷能力，增加壁厚比增加强度更为有效。

（5）采用双层组合套管，所谓双层组合套管就是在套管内下入小套管，然后往环形空间内注水泥，形成一个整体组合结构。

（6）改善射孔工艺、减少射孔对套管挤压强度的影响。应该说射孔对套管抗挤压强度的影响是不可避免的，关键是要控制其影响程度，实践和理论证明射孔影响套管抗挤压强度主要与使用的射孔器械、射孔工艺如孔密、孔径、相位等有关。

（7）采用预应力套管完井，预应力完井是避免套管在注蒸汽热采过程中的热应力损坏的主要方法之一。

ZBA022 防止注入水窜入软弱地层的措施

（二）防止注入水窜入软弱地层

注水开发的油田往往由于高压注入水进入软弱泥页岩夹层和断层接触面引起泥岩蠕变或断层复活，地应力释放，造成油水井套管成片损坏。

（1）提高钻井、完井的施工质量，防止套管渗漏或窜槽，造成非油层部位进水。

（2）保持断层上、下盘地层压力平衡，防止或减缓断层局部活动及断层面水浸。

（3）防止高压注水及地层内孔隙压力不平衡造成局部应力集中或形成浸水域。

（4）压裂改造时防止垂直裂缝延伸到软弱夹层。对于一个油田进行压裂方案设计时，一定要认真的了解压裂层、盖层的岩性及它的弹性模量、泊松比、抗张强度等力学系数，根据这些力学参数设计合理的排量，防止裂缝上下延伸到盖层。

（5）合理设计注采井网：由于过早通过裂缝或固井的窜槽进入软弱层，结果常常造成高含水井的套管损坏，故选择合理注采井网、延迟水淹是防止套管损坏的一种方法。

（6）维持合理的注采压差：油田开发都应适时、适量、低于破裂压力注水，保持适当孔隙压力，并使油田内部各区块孔隙压力保持基本平衡，以避免套管损坏。

（三）防止油层出砂

油井出砂，水井吐砂，一方面影响油水井生产，另一方面在出砂层位形成空洞，空洞位置的套管失去支撑，当覆盖层发生坍塌，其塌落的岩石块撞击套管很容易造成套管损坏。因而在开采过程中应防止地层出砂。

ZBA023 套管损坏井的修复工艺技术

六、套管损坏井的修复、利用和报废

（一）套管损坏井的修复

套管损坏井的修复是对已经损坏的油水井套管进行修理，以便恢复其生产能力。由于套管损坏井井下状况较为复杂，往往有几种损坏类型和形态在同一口井中并存。因此，套管损坏井的修复，要根据不同的井下状况和不同的地质方案要求，合理地选择修复工艺，甚至是几种修复工艺的组合应用，才能获得经济有效的结果。

目前主要的修复工艺技术有：整形、磨铣、加固、取、换套、补贴和堵漏等。

1. 套管整形工艺技术

套管整形工艺技术是采用机械方法或化学方法对套管变形、错断部位进行冲击挤胀、碾压挤胀、高能气体扩张复位，使变形或错断部位的套管基本恢复原径向尺寸或通径的一项修复技术。

2. 磨铣扩径工艺技术

磨铣扩径工艺技术是应用磨铣工具对套管变形或错断部位进行磨削或铣削处理，使其基本恢复原来通径的一种工艺技术。

3. 非坍塌型小通径套管损坏井的整形扩径技术

套管损坏井段的通径越小，修井的难度越大，修复的成功率越低，这是修井工作者的共识。

非坍塌型小通径套管损坏井的整形扩径技术，是大庆油田针对近几年来小通径套管损坏井不断增加的实际情况，研究开发的一种新的修复工艺技术。

4. 加固技术

套管加固是在整形、磨铣扩径复位后，对套管变形、错断口恢复部位进行的钢管内衬式加固，使套管损坏部位保持较大的井眼通道，起防止再次损坏和维持生产的作用。

5. 取、换套工艺技术

取、换套工艺技术是把损坏的套管取出来，下入新套管与井内剩余的完好套管连接上，然后根据需要采取固井或不固井方式完井。取换套管工艺技术是修复套管损坏最彻底的手段，但它受技术条件和经济条件的限制，目前比较经济可靠的取套深度为 900m 以上，取套井的井况也限制与 $5\frac{1}{2}$in 以下的井，套管损坏部位通径应在 35mm 以上，而且不存在大段弯曲的情况。

6. 套管补贴工艺技术

套管补贴是利用机械力使钢制钢管紧紧补贴在套管破漏部位，堵住漏点。

7. 堵漏工艺技术

由于套管质量。管外油、气、水的腐蚀和施工造成套管在不同位置形成不同类型漏失，影响了油水井正常生产，因此必须采用各种方法将漏失点封堵，以保证正常采油、注水。

8. 下小套管工艺技术

当套管腐蚀损坏严重，损坏段太长，无法作一般修套技术修理时可采取在原损坏套管中下小套管的方法进行修理。

9. 重新封固工艺技术

对于套管严重破裂损坏或套管受到严重腐蚀的井，也可采用重新完井的方法修复油井，使油井恢复生产。

（二）套管损坏井的利用

ZBA024 套管损坏井的利用方法

在油田开发过程中，当套管损坏后，用目前修套技术无法修理或修复的费用大而不能修理，但又觉得报废一口井可惜时，或由于套损井破坏开采井网影响产能时，工程技术人员已总结一套充分利用套损井的方法，这些方法既经济又行之有效，基本解决目前套损井利用的问题。

1. 套损井的侧钻

侧钻工艺技术是在油井某一特定深度固定一个导斜器，利用其斜面的造斜与倒斜作用，用专用工具如铣锥对套管侧面开窗，形成通向油层的必要通道，然后用侧钻工具从窗口钻开油层至设计深度，然后下入套管固井射孔完井。

2. 套损井侧斜

套损井侧斜是大庆油田近两年研究成功并投入应用的一种套损井有效利用的新技术。该项技术主要应用于已经永久性工程报废的套损井和目前工艺技术难以修复的套损井，其应用的前提是射孔井段必须达到彻底报废，层与层之间不产生窜流。

该项技术的一次性投入费用较高，超过相同深度的新井费用，但可节省钻更新井的占地以及地面管线铺设等费用，也可以利用原井口的设备，还可以使严重的套损井在尽可能短的时间内恢复生产，因此具有较好的应用前景。

3. 应用小直径封隔器堵水和分层注水

当油、水井套管变形损坏后，其内径大于 100mm，则可应用小直径封隔器实现油井机械堵水和水井分层注水。

<table><tr><td>ZBA025 套管
损坏井的报废
方法</td></tr></table>

（三）套管损坏井的报废

目前，对于无法修复的严重损坏井，以及修复施工中因各种原因而不能完成施工的井，出于开发的需要，往往采取工程报废处理，以便在补钻更新井、调整井、或侧钻、侧斜利用，而不影响该区块的开采。工程报废工艺主要有水泥封固永久报废和重泥浆压井暂时报废两种工艺类型。一般对需要报废的注水井采取水泥封固永久报废处理，然后钻更新井以代替报废井。因油井有相当大的生产潜能，一般不作为永久报废处理，而采取暂时报废处理，待修井工艺发展到可以修复这种井况时，再修复利用这些油井，以减少大量报废成本。

1. 普通固井水泥浆永久报废

水泥浆永久报废工艺技术主要选用严重损坏的注水井，部分需补钻调整井而需要做报废处理的油井。水泥浆封固永久报废就是对射孔井段、错断、破裂部位的井筒循环挤注固井水泥浆，使射孔井段或错断、破裂部位以上 100～50m 至人工井底充满水泥浆，固化后，封固所有油层井段，达到永久封固报废的目的。水泥浆封固的优点是一次施工即可达到永久报废的目的，其关键在于油层部位的封堵处理。

2. 重泥浆压井暂时报废

重泥浆压井暂时报废适用于严重套损而目前暂时无法彻底修复的油井，以及少部分因地质方案需要不做永久性报废处理的注水井。对实施修复工艺比较复杂，投入成本较高，预计施工周期较长的井，也作暂时报废处理。

3. 微膨水泥浆封固永久报废

微膨水泥浆封固永久报废工艺技术是 1998 年以来，大庆油田针对大部分需要工程报废井很难捞净井内落物的实际情况，以及普通固井水泥浆用于落物井报废性能存在不足，其所配成水泥浆由于凝固时间长和体积减缩的原因，有可能发生油、气、水窜，达不到层间不窜的要求的问题，从至少要实现高渗透油层彻底报废这个目的出发，研究开发的一种永久性工程报废技术。该项技术使永久性工程报废的施工工序更加简化、施工周期大大缩短、费用显著降低，经过干扰试井对报废效果进行验证，效果也很好，目前在大庆油田得到广泛应用。

【知识链接四】　油水井站生产工艺流程

一、井间注水系统生产流程及其装置

把从井里采出的油气混合液输送到油库或用户的整个过程称为油气集输。井间（站）生产工艺流程是油气集输的起点。

（一）配水间注水系统生产流程

根据各油田注水生产工艺流程特点及其通用性，主要介绍以下两种流程。

1. 单井配水间注水流程

配水间与井口在同一井场，其特点是管损小，控制注水量或测试调控准确。它适用于行列注水井网。

2. 多井配水间注水流程

数口井同用一个配水间，它调控水量方便，但管损（井间距离长）较大，故准确率差一些，它适用于面积注水井网。

ZBA026 注水系统的生产流程

（二）注水井井口生产流程

注水干线（汇管）内的动力水从水表上流阀门进入水表，经下流阀门调控到井口，为注水井井口流程。注水井注水量主要是通过井口下流阀门来实现调控的。

1. 注水方式

（1）来水阀门通过注水总阀门由油管向油层注水称为正注。

（2）由直通阀门通过套管向油层注水称为反注。

（3）来水阀门、注水总阀门、直通阀门均打开，油管和套管一起向油层注水称为合注。

ZBA027 注水井的注水方式

2. 正常注水流程

正常注水流程是指注水井正常注水时，井口装置中各阀门所处的开关状态。

正常注水流程中关闭的阀门有油套连通阀门、测试阀门、油管放空阀门；小开的阀门为套压阀；全开大的阀门有注水上流阀门、来水阀门、注水总阀门；控制的阀门为注水下流阀门。

注水井注水量主要是靠注水下流阀门来实现调控的，另外套压阀门有的油田被去掉，直接安装套压表。

ZBA028 关井降压流程

3. 关井（降压）流程

注水井关井一般都是指生产上的关井（非油层不吸水），并且多数是作业调整等上措施前需要的关井，它不仅是停注，而且也是降压。作业抬井口时，井底压力要由原来的高压状态慢慢降低下来，主要是防止抬井口时压力突然下降导致套管损坏或变形，所以说关井降压是注水井管理工作中一项非常重要的操作，必须认真对待。其操作也很简单，只需关闭来水阀门或注水下流阀门即可。

ZBA029 注水井的投注流程

4. 注水井的投注

注水井从完钻到正常注水，一般要经过排液、洗井、试注之后才能转入正常的注水。

（1）排液：注水井在注水前通常要进行排液放喷。其目的是：清洗井底周围油层内的脏物；排出井底附近油层中的一部分原油，造成一个低压地带，为注水创造有利条件。排液放喷的强度以不破坏油层结构为原则，含砂量一般控制在 0.2% 以内。

（2）洗井：洗井就是把井底的腐蚀物及杂质等污物冲洗出来，避免注水时污物堵塞油层而影响注水效果。

洗井的方式可分为正洗、反洗，但有封隔器的井只能反洗。

正洗：也就是正循环，即洗井液从油管进入井底，从套管返出地面。

反洗：也就是反循环，即洗井液从套管进入井底，从油管返出地面。

（3）试注：新井投注或油井转注前的试验与施工过程称为试注。它是为了了解地层吸水能力的大小。而地层吸水能力的大小常以吸水指数来表示。

吸水指数：注水井在单位注水压差作用下的日注水量称为油层吸水指数，其计量单位为 $m^3/(d \cdot MPa)$。

可根据吸水指数的变化，分析判断注水井的井下工作状况。

试注时间的长短，以注水量稳定为原则，一般要试注 3～5d。

（4）转注（也称投注）：是指转入正常注水。注水井经过排液、洗井、试注，取全取准试注的资料后，就具备了转注的条件，再经过配水就可以转为正常注水了。

进行注水操作倒流程时，要注意必须先关后开，先开井口，后开配水间注水阀门。要按配注方案进行定压定量注水，注水压力不应超过油层破裂压力，否则容易损伤油层或造成套管变形。

二、井站（间）集油系统生产工艺流程

（一）井站（间）集油系统生产流程图

油田的集油系统生产工艺流程是根据各油田特点不同选择的，主要有单管生产流程、双管生产流程和三管生产流程。

`ZBA030 集油系统单管生产流程`

1. 单管生产流程

单管生产流程为从油井产出的油气混合物进入分离器后，分别计量油、气产量，计量以后，油、气又重新混合起来，混输到转油站。该流程是将油井串联在单管上，利用油层剩余压力将油气密闭输送到联合站，它的特点是多井串联进站。该流程适用于压力高、单井产量也高、油井能量差别小，采用横切割注水的行列式开发井网。井场设有分离器、水套炉，进行单井油气计量和加热保温。集油管线上有分气包和干线炉。利用伴生气就地为集油管线分段加热。

`ZBA031 集油系统多管生产流程`

2. 双管生产流程

一般情况下油田上采用的双管流程有蒸汽伴随保温流程和掺热水（油）流程等。双管生产流程的特点是集油能力强、面积大，适应各种常规采油生产作业，且调控分开便于操作，特别是在气候寒冷地区还便于掺水保管线。

3. 三管生产流程

热水（蒸汽）伴随流程是将热水从泵站送到井口，再从回水管返回，原油单独用一条生产管线。与双管不同的是多了一条回水管线，所以称为三管生产流程。

（二）其他生产流程

1. 量油生产流程

首先关闭被量油井掺水阀门（双管生产的不用），再开量油汇管总阀门及单井量油阀门，关来油汇管阀门，单井采出液经计量管进入量油分离器内，若玻璃管量油，则开分

离器量油出口阀门（此时流量计与外输汇管的直通阀门是开的），即可实现数次量油；若流量计量油，则开分离器量油出口阀门及流量计进出门阀门（此时关上流量计与外输汇管的直通阀门），即可实现连续量油。

2. 测气生产流程

以双波纹管差压计为例，在上述量油的同时，开分离器气出口阀门，再开测气挡板前后连接差压计的两个阀门，关测气平衡阀门，在气体经单流阀门并连续进入外输汇管时即可从差压计上读数测气。

（三）抽油机井生产流程

1. 油水井开关的概念

油水井的开关在采油管理工作中有两个含义：一是地质（资料）上的关井，即只要油井无产量（连续无产量 24h），不管井是否处在采油（如抽油机在运转）状态都称为关井；注水井不吸水（连续不吸水 24h）就称为关井。地质（资料）上的关井与生产流程无关。二是生产上的关井，即油井生产阀或总阀门关死就称为关井；注水井同样是井口注水（来水）阀门或配水间注水阀门关死也称为关井，关井就是井间生产流程不通。

如果关井时间超过 48h，就称为暂闭井。开发中把油井因高含水或低产无效益井指令性的关井称为计划关井。

2. 抽油机井生产流程

（1）正常生产流程：是指抽油机井正常生产时井口装置中各阀门所处的开关状态。

此时井口关闭的阀门有套管热洗阀门、直通阀门；半开的阀门有套管测试阀门、油压阀门；全开的阀门有生产总阀门、生产一次阀门、回压阀门；控制的阀门只有掺水阀门，它是双管伴热流程中的特别之处，可根据不同的油田生产管理情况（条件），装置水嘴或是针型阀门等。

（2）双管生产流程：如果抽油机井因产能较高等原因，不需要掺水伴热，就可改为双管生产流程，即在正常生产流程状态下打开直通阀门（注意计量间的双管生产回油阀门及时打开且同时关闭掺水总阀门），关闭掺水阀门就可双管出油生产。

（3）热洗流程：在正常生产流程状态下，打开套管热洗阀门，在打开前可根据（各油田生产客观条件）需要决定是否先打地面循环，即直通阀门（减少洗井初期管损），再关闭掺水阀门，其余阀门均不动。

3. 电动潜油泵井生产流程

由于电动潜油泵井本身的特点（即停泵等于停产）决定了电动潜油泵井的开关及抽油设备启停的内容含义基本是相同的。

（1）正常生产流程：指电动潜油泵井正常生产时井口装置中各阀门所处的开关状态。

此时井口关闭的阀门有套管热洗阀门、直通阀门、测试（防喷）阀门；半开的阀有套管测试阀门、油压阀门；全开的阀有生产总阀门、生产一次阀门、回压阀门、双管出油阀门；对产能起控制调节作用的有油嘴。

（2）掺水伴热流程：如果电动潜油泵井产能较低，特别是在较寒冷地区的低温时节，出液较稠，需要掺水伴热时，就可改双管生产流程为单管生产流程，即在正常生产流程状态下打开计量间掺水阀门，同时关闭计量间双管出油阀门，根据生产实际情况用双管出油阀门来调节掺水量。此时一定要控制好或关闭套管放气阀。

【知识链接五】 油水井作业

ZBA036 油水井作业的定义

油水井在生产过程中，随着时间的延长，会出现各种异常现象，使油水井不能正常生产甚至停产，为了使丧失注采能力的井恢复生产，需要进行修井作业。以提高油井产量，改善井下技术状况和油气田开发效果，提高油田最终采收率而采取的一系列井下工艺称为井下作业。无论采用何种举升采油方式，由于油田开发方案调整、设备故障等原因使油井不能正常生产都需要进行作业。油水井作业的内容包括检泵、换封、冲砂、井下事故的处理等。

一、油水井作业的内容

（一）检泵

ZBA037 检泵的原因

1. 检泵的原因

（1）油管、油杆、泵体结蜡严重，影响了油井的产量。

（2）由于地层水、蜡、砂的影响，造成了深井泵阀门漏失量下降。

（3）受砂、蜡的影响，使活塞被卡死。

（4）阀门总成严重腐蚀，使泵失去了工作能力。

（5）油杆柱或油管断脱。

（6）由于液面降低而须加深泵挂。

（7）井下分采工具的失效与更换。

（8）管螺纹、管身渗漏及油管挂密封填料损坏造成的油套连通。

ZBA038 影响检泵施工质量的因素

2. 影响检泵施工质量的因素

（1）作业施工中若管柱上有裂缝，螺纹不严会造成漏失，使油井产量下降。换封质量好坏对油井都有很大影响，压力过大，会损坏封隔器元件或使油管柱的弯曲变大。

（2）丈量管柱的准确与否直接影响油井生产，若管柱长度不准，会造成卡错层位，导致产量急剧下降，不出油而是大量出水、出气等。

（3）压井液性能的好坏、压井方法的合理性、对油层造成的污染情况都是影响施工质量的因素。根据压井液的相对密度选择压井液，压井液量为井筒容积的 1.5~2.0 倍，以减少压井液对地层的污染。

（4）压井过程中要注意观察井口泵压、进出口排量和压井液相对密度变化而不至于引起井漏、井喷。

ZBA039 检泵的依据

3. 检泵的依据

检泵的依据主要是根据生产中各种管理资料和实测示功图来分析是否需要检泵和属于哪种类型的检泵。

在检泵中，采油队的任务是到修井现场监督检查施工工序是否完整，是否符合设计要求；核实验证抽油装置的故障是否与分析预测相符，特别检查深井泵的损坏情况，为今后分析油井故障积累知识与经验，另外还要核对抽油杆与管柱是否相符。其计算方法为：泵挂深度＝油补距＋油管挂＋泵上油管总长＋油管附件长＋泵有效长度（单位：m）。

驴头至下死点时：油杆柱＝光杆方入＋油杆总长＋油杆附件长＋活塞长＋防冲距

（单位：m）。

油杆柱长总是大于泵挂总长。

ZBA040 封隔器和换封的概念

（二）换封

封隔器是为了满足油水井某种工艺技术目的或油层技术措施的需要，由钢体、封隔件、控制部分构成的井下分层封隔的专用工具。试油、采油、注水和油层改造都需要选取合适的封隔器或封隔器组，完成对油层的措施技术。

封隔器在井下管柱的正常生产中，由于油、气、水等介质对胶皮的腐蚀，封隔器零部件的机械故障和修井质量等因素影响，封隔器使用时间久了都会失去其设计作用。为了保证油水井的正常生产，必须把失去其设计作用的封隔器起出更换。这种井下作业施工称为换封。

影响换封质量的因素有以下三个方面。

ZBA041 影响换封质量的因素

（1）压井液性能的好坏和压井方法的合理性对油层造成的污染情况。若换封后产量降低了，首先要考虑是否对油层造成了污染。

（2）换封质量好坏对油井生产的影响。各类封隔器加压都不同，加压过大，损坏封隔器元件或使油管柱的弯曲变大；加压小了，通常会导致封隔器胶皮密封不严，使产量降低，含水、含气上升等。

（3）管柱的准确与否直接影响油井生产。一是管柱长度不准；二是管柱上有裂缝或螺纹不严造成漏失。前者造成卡错层位，导致产量急剧下降，不出油而是大量出水、出气等。后者在水力泵、电动潜油泵中显得突出，即漏失后的油水有相当部分又回到泵的吸口，使油井产量下降。

（三）冲砂

向井内打入高速流动的液体，靠水力作用将井底砂面冲散然后靠冲砂液的动力把砂子带到地面，从而清除井底的积砂，恢复和提高采油井的产量或注水井的注入量，这种方法称为冲砂。井底积砂过多，影响油井正常生产或掩埋部分乃至全部油层时需要进行冲砂。

1. 冲砂的程序及技术要求

1）冲砂的程序

ZBA053 冲砂的程序

（1）下冲砂管柱：当探砂面管柱具备冲砂条件时，可以用探砂面管柱直接冲砂；如探砂面管柱不具备冲砂条件，需下入冲砂管柱冲砂。

（2）连接冲砂管线：在井口油管上部连接轻便水龙头，接水龙带，连接地面管线至泵车，泵车的上水管连接冲砂工作液罐。水龙带要用棕绳绑在大钩上，以免冲砂时水龙带在水击震动下卸扣掉下伤人。

（3）冲砂：当管柱下到砂面以上 3m 时开泵循环，观察出口排量正常后缓慢下放管柱冲砂。冲砂时要尽量提高排量，保证把冲起的沉砂带到地面。

（4）接单根：当余出井控制装置以上的油管全部冲入井内后，需要大排量打入井筒容积 2 倍的冲砂工作液，保证把井筒内冲起的沙子全部带到地面。停泵，提出连接水龙头的油管卸下，接着下入一单根油管。连接带有水龙头的油管，提起 1～2m，开泵循环，待出口排量正常后缓慢下放管柱冲砂。如此一根接一根冲到人工井底。

（5）大排量冲洗井筒：冲至人工井底深度后，上提 1～2m，用清水大排量冲洗井筒 2 周。

（6）探人工井底：冲砂结束后，下放油管实探人工井底，连探三次管柱悬重下降10～20kN，与人工井底深度误差在0.3～0.5m，为实探人工井底深度。

ZBA054 冲砂的技术要求

2）冲砂的技术要求

（1）冲砂施工中如果发现地层严重漏失，冲砂液不能返出地面时，应立即停止冲砂，将管柱提至原始砂面以上，并反复活动管柱。

（2）高压自喷井冲砂要控制出口排量，应保持与进口排量平衡，防止井喷。

（3）冲砂至井底（灰面）或设计深度后，应保持 0.4m³/min 以上的排量继续循环，当出口含砂量小于 0.2% 时为冲砂合格。然后上提管柱 20m 以上，沉降 4h 后恢复探砂面，记录深度。

（4）冲砂深度必须达到设计要求。

（5）绞车、井口、泵车各岗位密切配合，根据泵压、出口排量来控制下放速度。

（6）泵车发生故障需停泵处理时，应上提管柱至原始砂面 10m 以上，并反复活动管柱。

（7）提升设备发生故障时，必须保持正常循环。

（8）采用气化液冲砂时，压风机出口与水泥车之间要安装单流阀门，返出管线必须用硬管线，并固定。

2. 冲砂液的要求

冲砂液是指进行冲砂时所采用的液体。所用的冲砂液有钻井液，油、水、乳化液，气化液等。

ZBA042 冲砂液的要求

对冲砂液的要求是：

①具有一定的黏度，以保证有良好的携砂能力。

②具有一定的密度，以便形成适当的液柱压力，防止冲砂过程中造成井喷。

③性能稳定，能保证油层的渗透性，对油气层的损坏要小。

④在洗井时，由于液柱的压力作用，洗井液可能进入地层，所以要使洗井液在冲砂中能容易排出。

⑤在满足冲砂的条件下，应尽可能采用来源广、价格便宜的冲砂液。

在冲砂时，为了防止污染油层，应在冲砂液中加入表面活性剂进行处理。对压力不高的井（常以清水压力与地层压力相当来衡量），多使用清水，低压井采用混气液冲砂，但压力较高的井多用钻井液或卤水。

ZBA043 冲砂的方法

3. 冲砂的方法

按冲砂液循环方式的不同，可将冲砂方法分为正冲、反冲和正反混合冲等三种。油井冲砂选用哪一种方式应根据油层的深浅、套管尺寸的大小、洗井设备的能力等来选择。

（1）正冲法：油水井冲砂一般选用正冲法。正冲是指冲砂液从油管泵进入井内，在冲砂管口流出，并以较高的流速冲刷砂面，被冲散的砂子与冲砂液混合，一起沿着油套管环形空间返至地面的冲砂方法。这种方法冲砂能力强，对那些沉在井底、较为坚固的砂子有效程度较高。但携砂液从套管环形空间返出时，因环形空间面积较大而降低了携砂液的上返速度，因此，对冲砂液性能要求较高，排量不宜过大。对套管尺寸较小的井，在接单根前应彻底循环，以防在接单根时造成砂卡管柱。

（2）反冲法：反冲法是冲砂液从套管泵入，携砂液从油管返出的冲砂方法。该法的好处是携砂液上返速度快，易于将砂子带出，其次是在接单根时不需彻底循环就可以避免砂卡油管。这种冲砂方法适用于探井、套管尺寸较大的油水井。

（3）正反混合冲法（简称混冲）：此法是指冲砂时正冲、反冲交替进行。

（四）井下事故的处理

ZBA044 油水井大修和小修

1）油水井小修和大修

油水井在生产过程中，井下装置会出现一些机械故障，有的油水井还会出现严重的砂卡、蜡卡和落物卡。在修井中，因操作失误或违章作业或盲目施工也会造成井下事故及卡钻事故。这些事故根据其处理时的难易程度分为油水井大修和小修。

（1）油水井大修：是指油井的复杂事故处理，如井下工具的解卡、水泥卡钻、封堵漏层、补贴加固套管、更换套管及侧钻等。油井大修动用的设备功率大，修井工期较长，动用工具较多，修井技术较复杂，而且风险也比较大。

（2）油水井小修：是指维护油水井正常生产的施工和一些简单的解卡和打捞，如抽油杆、油管的砂卡、蜡卡，打捞落井钢丝、电缆、钢丝绳等。小修动用的设备功率小，修理工期短，修理技术较简单，而且动用工具少，成功率也高。

ZBA047 井下事故处理一般规定

2）井下事故处理一般规定

（1）明确井下落物的有关资料，如落物形状、深度；生产资料，如产量、压力及出砂、结蜡情况等；油井资料，如套管直径、损坏情况、射孔井段及固井情况等，尤其是套管资料一定要明确，它是选择打捞工具的一个重要依据。

（2）根据有关资料编写施工工程设计，申报主管部门审批。

（3）根据施工设计要求做好施工准备，如动力设备、井架、工具等。

（4）根据事故情况选择适当的井下工具。所选用的工具必须有进退余地，加工质量良好，做到即使处理不了也不会造成井下事故的恶化。

（5）严格按施工设计施工，坚持"好中求快、成效为主、修必彻底、不留后患"的原则。

二、油水井主要作业设计及效果统计

为了提高油田采收率及获得较高的经济效益，对油、水井采取一系列技术性措施，是采油地质工作者的责任。技术措施中最主要的是油水井的增产增注措施。通过增产措施的实施，可以改变石油在地层内渗流的条件，增加油井的产量。

（一）油水井作业设计

ZBA045 电泵井施工设计内容

1. 电泵井施工设计内容

（1）油井基本数据：包括人工井底、水泥塞深度、套管尺寸及深度、套管壁厚、套管最小内径。

（2）油井生产数据：包括选值日期、日产液、日产油、动液面、含水、含砂、黏度、水总矿化度、原油密度。

（3）选泵设计数据：包括潜油电机功率、外径、保护器型号、分离器型号、泵型、扁电缆长度、变压器、控制。

（4）电潜泵生产管柱示意图。

（5）备注。

ZBA046 一般油井作业地质设计内容

2. 一般油井作业地质设计内容

（1）油井基本数据：包括完钻井深、原人工井深、水泥返高、水泥塞深度、套管尺寸及深度、套管最小壁厚、套管最小内径、油补距、实射层位、实射井段、实射厚度、投产日期。

（2）油层数据：包括层位、井段、砂层厚度、有效厚度、渗透率、实射井段、实射厚度、岩性分析。

（3）油井生产数据：

①正常生产状况下：选值日期、层位、泵径、工作参数、日产液、日产油、含水、泵效、示功图解释、静压、流压、静液面、动液面、原油密度、黏度、水总矿化度。

②目前生产状况下：选值日期、层位、泵径、工作参数、日产液、日产油、含水、泵效、示功图解释、静压、流压、静液面、动液面、原油密度、黏度、水总矿化度。

③存在问题及原因分析。

④作业目的及要求。

⑤备注（卡封附近套管接箍、验串层位深度、套管变形、井下落物、出砂、高压油气水层及低压层压力估算值、其他需说明的情况）。

⑥目前存在问题及井内情况说明。

⑦油层数据及配注：包括层位。

⑧卡封井段套管接箍位置。

⑨测试成果及目前井下管柱。

ZBA048 井下作业单井日增产(注)量的计算

（二）井下作业增产（注）效果统计

井下作业的一个重要目的是为了改造油、水层，实现原油产量增加。增产增注效果指标就是反映增产增注措施作业后增加的产油量或注水量。

增产（注）效果指标有单井日增产（注）量和累积增产（注）量两个指标。

1. 单井日增产（注）量

单井日增产（注）量是指经过压裂、酸化、堵水等增产（注）措施作业后平均每井次获得的平均日增产（注）量（单位：t/d/ 次）。计算公式为：

$$平均每井次日增产(注) = \frac{措施作业井日增产(注)量之和}{措施作业井次} \qquad (3-1-17)$$

式（3-1-17）中的"措施作业"是指增产增注措施作业。

为了分析比较不同增产措施的效果，有时需要按增产措施作业项目计算平均单井日增产（注）量。例如按压裂、酸化、堵水等措施项目分别计算平均单井日增产（注）量。

2. 累积增产（注）量

累积增产（注）量是指实施增产（注）措施后获得的当年累积增产（注）量，分为累积单井年增产（注）量和累积年增产（注）量。前者为该井施工后至年底为止的总增产（注）量；后者为所有措施井到年底为止的总增产（注）量。

计算增产或增注量时，必须遵照有关部门的具体规定进行，一般应注意以下几个问题。

（1）油气水井在作业前不能生产的，作业后的产量（注水量）全部作为增产量或增注量，并从作业后开井起算到年底为止。

ZBA049 井下作业累积增产(注)量的计算

（2）油气水井作业前仍有产量（注水量）时，应将作业后稳定的日产（注）量与作业前一月内的平均日产（注）量对比，将增加的部分作为增产（注）量，计算到与措施前月平均日产（注）量相同为止。到年底仍有效的应计算到年底为止。

（3）作业中如有注入井内的自用油，应将其扣除后再计算产量。

（三）油水井作业质量要求

ZBA050 油井投产作业质量要求

1. 油井投产作业质量要求

（1）钻井液相对密度要按本井或邻井近期压力计算，相对密度附加系数不得超过 1.5%。

（2）油管必须丈量准确，上紧螺纹达到不刺、不漏。

（3）替喷冲砂必须到人工井底，而且水量要充足，排量不得小于 20m³/h，出口相对密度达到 1.01。

（4）油管完成深度符合要求。

（5）保证油管、套管环形空间畅通。

ZBA051 注水井投注作业质量要求

2. 注水井投注作业质量要求

射孔投注前必须对套管试压，标准是：15MPa 的压力，稳定 30min，压力下降小于 0.5MPa 为合格。

（1）压井不得漏失，压井液相对密度附加系数不得超过 10%。

（2）探砂面一律用光油管硬探，并且以连续 3 次数据一致为准。

（3）冲砂管柱不刺、不漏，其深度在砂面以上 2m 左右进行冲砂，排量不低于 20m³/h。

（4）冲砂至井底误差不超过 0.3m。

ZBA052 上抽转抽作业质量要求

3. 上抽转抽作业质量要求

（1）抽油杆和油管下井前必须用蒸汽刺净。

（2）下井工具的规范、型号、深度应符合设计要求，且无损坏。

（3）下井的回音标外径不小于 $\phi108$mm，防冲距、光杆长度合适，上冲程不碰井口，下冲程不碰泵。

【知识链接六】 油水井压力及测试基础知识

ZBC003 注水井分层测试的概念和分类

一、注水井分层测试

目前，我国注水油田中，为缓解层间矛盾，大多采取分层注水工艺。为了解各油层的吸水能力，鉴定分层配水方案的准确性，检查封隔器的密封程度以及配水器的工作状况等就要采取分层测试，即在分层注水井内，采用测试工具和流量计定期测试分层吸水量及其他变化。

目前按测试工具可分为两类：

（1）投球测试：主要测试固定式配水管柱和空心式配水管柱。

（2）井下流量计测试：主要测试偏心式配水管柱。

另外，还有采用不同测试工具的直接测试方法，主要测试油套合注井。

ZBC004 注水井投球测试原理

（一）投球测试

使用投球测试时应先用降压法测全井指示曲线，然后再测出各层段的指示曲线。投球测试采用水量"递减逆算法"求各层段吸水量。每投一个球，便堵死钢球以下的层段，地面流量计反映的水量是这个钢球以上层段的吸水量。直到投最后一级钢球后的流量计读数才是从上数起第一个层段的吸水量，然后递减流量计读数，即用从上数起，第二级球投后的吸水量，减掉第一级球投后的吸水量，便得出从上数起第二个层段的吸水量，同样，可求出所有层段的吸水量。

ZBC005 井下流量计测试方法

（二）井下流量计测试

井下流量计测试适用于偏心配水管柱，主要由导流部分、分流部分和记录部分组成。

1. 测试方法

（1）仪器下过井口，速度可以加快（250m/min 左右），操作平稳，防止中途急刹车。

（2）仪器下到第一级配水器以上 50m 左右，应平稳减慢下放速度（50m/min 左右），下到最下一级配水器时，速度再减缓，依靠仪器自重，开定位爪，防止仪器内的钟表因碰撞振坏。

（3）把仪器提到最下一级配水器以上 2~3m，再下放仪器坐在配水器定位台阶上进行测每点测 3~5min。

（4）要求在每个层段（逐级配水器）上，用降压法调整 4~5 个压力点及相应的注水量，其中一个点在正常注水压力点上，压力点间隔要均匀。第一个测压点可延长 2~3min，便于在测试卡片上识别注水层段次序。这样自下而上每级配水器都测试一遍，起出仪器，取出测试卡片，经现场检查卡片合格。

2. 资料整理

偏心配水管柱测试是通过井下流量计测试出记录卡片，其卡片是井下流量计浮子的位移随时间变化的关系曲线（图3-1-3），因此，通过井下流量计测得吸水记录卡片各层段水量台阶高度（浮子位移），便可在先校对好的流量计位移关系曲线上（图3-1-4），直接查出各层段吸水量。

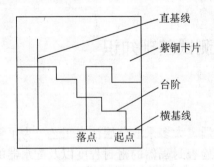

图3-1-3　井下流量计记录卡片图

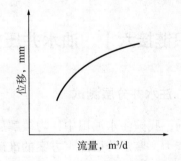

图3-1-4　流量—位移关系曲线

ZBC010 常用的注水井封隔器特点

（三）常用的几种封隔器

封隔器种类多种多样，简单介绍以下几种：

（1）Y111 型封隔器，该工具可以单独使用或与 Y211-115 型封隔器联用，可以进行分层试油，分层采油，分层卡水等作业，该工具的优点在于结构简单，工具短，坐封可靠，操作方便。

Y111 型封隔器属于支撑式封隔器，需要加压密封，该工具支撑在井底（Y211–115 型封隔器）上，下放管柱，加压，剪断销钉，压缩胶筒，密封油套环形空间。需要解封时，直接上提管柱即可。结构较简单，但单独使用时，一般不能超过二级，否则坐封困难。

（2）Y341–114 型封隔器属于可洗井封隔器，是一种可以反循环洗井的分层注水封隔器。由于采用三级液缸的结构，因而使封隔件的密封更加可靠，同时封隔器的初封压力很小，仅为 1MPa 左右，容易实现移动位置后的重复坐封，这是该封隔器的最大特点。

（3）Y211–115 型封隔器，主要用于分层试油、分层采油、卡水防砂、分层注水等井下作业，该工具具有结构简单，操作使用方便等优点。将该工具直接连在管柱上，滑坏销钉处于短轨道位置，封隔器即可顺利下井。下到预定位置，通过上提，下放管柱将滑环销钉由短轨道换入长轨道，继续下放，锥体撑开卡瓦，卡住套管壁，再下放，剪短销钉，压缩胶筒，密封油套环空。一般情况下坐封力为 8～100kN，最大不超过 100kN。上提管柱直接解封。

（4）K344–114 型封隔器是扩张式封隔器，用于油田的分层注水、分层酸化、分层挤堵、分层压裂等施工工艺。K344–114 型封隔器由膨胀密封胶筒、中心管、接箍等部件组成，无支撑（悬挂支撑）、液压坐封、液压解封，当该封隔器下到预定位置时，从油管加液压，内外压差达 0.5～0.7MPa 时，胶筒胀大，密封油套环形空间时，放掉油管内压力，胶筒即收回解封。特点是无须打压即可正常坐封，工艺简单，使用方便。

油水井配产、配注后，封隔器密封状况直接影响配产、配注效果，因此要对封隔器密封状况进行验证。验证封隔器密封性的压力卡片，凡不落基线，时钟停走，卡片移动等都属不合格卡片。

二、动态监测基本内容

ZBC011 油田动态监测的概念

油藏动态监测是提高油田采收率、搞好油藏调整的基础工作，它贯穿于油藏开发的全过程。油藏动态监测，就是运用各种仪器、仪表，采用不同的测试手段和测量方法，测得油藏开发过程中井下和油层中大量具有代表性的、反映动态变化特征的第一手资料。在此基础上，系统整理、综合分析各种测试资料，深化油藏开发规律认识，预测开发变化趋势和指标，制定符合油藏实际的开发设计、技术政策和调整措施，以指导油藏合理开发。因此，油田动态监测工作应受到高度重视，并建立动态监测系统，监测工作量应与生产计划一同下达，由各级技术管理部门监督执行。

ZBC012 动态监测系统部署的原则

（一）动态监测系统部署的原则

动态监测系统就是按油藏开发动态要求的监测内容，对独立的开发单元，确定一定数量具有代表性的调整、形成定期录取第一性资料的监测网络。

建立监测系统的原则如下：

（1）按开发区块、层系均匀布置，监测井点必须有代表性，确保监测资料能够反映全油田的真实情况。

（2）根据油藏地质特点和开发要求，确定监测内容、井数比例和取资料密度，确保动态监测资料的系统性。

（3）监测井点应具有连续性，一经确定，不宜随意更换。

（4）固定井监测与非固定井的抽样监测相结合、常规监测与特殊动态监测相结合。

（5）新区、新块、新层系投入开发时，要相应增加监测井点。油水井要对应配套监测。

（二）动态监测内容

ZBC013 油田压力监测的概念

动态监视内容主要包括五个方面：压力监测、分层流量监测、剩余油分布监测、井下技术状况监测以及油水、油气界面监测。

1. 压力监测

注水开发的油藏，油层压力的变化直接关系着油藏开发效果，而且在开发过程中要保持注采平衡。因此压力监测工作非常重要，每年压力监测工作量一般为动态监测总工作量的50%。

油藏开发初期，一般要测原始油层压力，并绘制原始油层压力等压图和压力系数剖面图，以确定油藏水动力系统。油藏投入开发以后，一般采用实测压力和不稳定调节井方法进行测试。根据动态监测系统要求，固定测压井点要能反映开发单元的压力分布情况，分布比较均匀，以便能掌握全油藏油层压力在开发过程中的变化情况。

油层压力监测主要通过井下压力计测压来实现，主要测油井的流动压力、静止压力和压力恢复曲线等。通常采用弹簧式或弹簧管式井下压力计，测量压差时可采用电传式井下压力计。

ZBC014 油田分层流量监测的概念

2. 分层流量监测

为了掌握油田开发过程中采油井和注水井的分层产油量、产水量以及分层注水量需要进行流体的流量监测。分层流量监测，是注水开发油藏采取以分层注水为重点的一整套分层开采技术的最直接的依据，是认识分层开采状况的主要手段，也是采取改善油藏注水开发效果及措施的重要基础。分层流量监测主要包括注水井吸水剖面监测、产液剖面监测、注蒸汽剖面监测。

ZBC015 吸水剖面产液剖面监测的概念

1）注水井吸水剖面监测

注水井测吸水剖面是指注水井在一定的注水压力和注入量条件下，采用同位素载体法、流量法、井温法等测得各层的吸水量，一般用相对吸水量表示。相对吸水量即分层吸水量与全井吸水量的比值。

2）产液剖面监测

油井测产液剖面是指在油井正常生产的条件下测得各生产层或层段的产出流体量。由于产出可能是油、气或水单相流，也可能是油气、油水或气水两相流，或油、气、水三相流，因此在测量分层产出量的同时，应根据产出的流体不同，测量含水率、含气率及井内的温度、压力和流体的平均密度等有关参数。另外随着聚合物驱油工业化应用在我国的不断应用，1997年已开始采用示踪法测试聚合物驱产液剖面。

ZBC016 注蒸汽剖面监测的概念

3）注蒸汽剖面监测

注蒸汽剖面监测是随着稠油油藏注蒸汽开采而开展起来的一种测试方法，主要采用TPS三参数测井和井温法测试。

总之，通过对流体的流量监测，可以绘制出油井各油层纵向上的产出剖面，根据定期检测的结果，将同一口井，对不同时间所测得的产出剖面进行对比，可以准确地了解地层中每个油层产液量及产油量的变化情况，制定改造措施，使之获得好的措施效果。

对注水井可绘制出吸水剖面，同样也可根据不同时间测得的吸水剖面对比来了解各油层吸水量变化。

3. 剩余油分布监测

随着油藏开发的不断深入，必须不断研究地下油、水分布规律，确定剩余油分布和特点，采取有效措施，从而达到提高采收率的目的。主要方法有钻密闭取心检查井、水淹层测井、试油以及碳氧比能谱测井和井间监测等方法。

ZBC017 密闭取心检查井录取资料内容

1）密闭取心检查井

ZBC018 取心井的设计要求

在油藏不同开发阶段，有针对性地部署油基钻井液取心、高压密闭取心或普通密闭取心井，是一项十分有效的动态监测手段。通过对取心岩样含水状况的逐块观察、试验分析、指标计算，取得每个小层的水洗程度和剩余油饱和度等资料。一般将油层水洗程度分为强洗、中洗、弱洗和未洗四类，根据水洗程度计算油层的含油饱和度、含水饱和度和剩余油饱和度，并通过对岩心水洗状况的描述，掌握不同时期油层的水淹状况。

首先要及时收集整理密闭取心检查井所录取的资料，主要资料内容有：岩心综合柱状图和油层水洗状况综合柱状图；岩石综合数据的计算整理；岩样密闭率计算；编制含油、含水饱和度关系曲线；原始含油、含水饱和度的确定；脱气对油、水饱和度的影响及校正工作等。

然后在岩心分析的基础上进行有目的的试油，进一步验证各类油层的产能、含水压力等状况，通过试油资料与岩心和测井解释的水淹状况对比，建立水淹程度与测井曲线的关系，更好地指导油田资料录取和油田调整工作。

密闭取心检查井，可直接观察油层水洗状况和剩余油分布的情况，是分析油藏潜力和研究油藏开发调整部署最可贵的第一手资料，但其投资多、成本高、技术难度大。因此，合理部署密闭取心检查井，搞好取心井的设计就显得尤为重要，设计人员应注意以下几点：

（1）密闭取心井井位要选择在油层条件和开发效果具有代表性的地区，或开发中主要问题暴露得比较突出的地区，或先导性开发试验区。

（2）要分析取心井区的油层发育情况和开采动态，确定取心层位，预测取心层位的深度、油层压力和水淹状况等。

（3）明确取心要求，提出岩心收获率、岩样密闭率及录取资料应达到的标准。

（4）对固井、测井、试油等提出要求。

ZBC019 水淹层测井监测的概念、方法

2）水淹层测井监测

利用新钻加密井、层系调整井或更新井的时机，分析新井的水淹层解释资料，掌握油藏地下剩余油分布特征，为编制调整井射孔方案提供重要依据。

随着油藏开发时间的延长，特别是注水开发，储层的岩性、物性、含油性特征都会发生变化，电测曲线的原始形态也会有所改变。因此，电测曲线须与密闭取心资料结合，经过计算机程序软件解释，确定油层水淹程度，绘制不同时期分层的含油饱和度分布图，揭示控制剩余油分布的因素，为各时期油藏调整挖潜提供依据。

常用水淹层测井方法包括：自然电位、梯度电极系列、深浅三侧向、声波时差、视电阻率、微电极测井等曲线，近几年发展了新系列水淹层测井，又增加了高分辨率三侧向、高分辨率声波、微球、自然伽马和密度测井。

ZBC020 碳氧比能谱和中子寿命测井的特点

3）碳氧比能谱和中子寿命测井

碳氧比能谱、中子寿命测井均可在一定程度上取得地下剩余油分布资料，但受其监测费用高、精度低、适用条件的限制，碳氧比能谱、中子寿命测井井数较少。大多数油藏开始用井间示踪监测研究剩余油饱和度分布，同时开展了井间地震、井间电位、井间电磁波等试验研究。

ZBC021 井下技术状况监测的概念

4. 井下技术状况监测

随着油藏开发期的延长，油水井套管损坏的问题越来越突出，严重影响油藏的正常开发，做好油水井井下技术状况监测，及时发现套管损坏的部位和程度，并采取相应的修复或工程报废措施，防止套管损坏区面积扩大和注入水乱窜，是油藏开发中越来越重要的一项工作。套管损坏分为变形、破裂、错断、外漏和腐蚀等，检测方法主要依靠工程测井来完成。

ZBC022 油水、油气界面监测的概念及应用

5. 油水、油气界面监测

对于大多数底水不活跃而采用内部注水开发的油藏，油水界面的变化直接关系到油藏的开发效果。因此，从油藏投产开始，必须建立油水界面观察系统，测量油水界面深度，并进行系统的分析，评价不同时期油藏开发效果。

例如，大庆油田具有较大气顶的喇嘛甸油田，采取了早期注水保持地层压力，油气界面上逐步形成水障，保护气顶暂不开发的做法；同时，在油藏开发过程中严格监测油气界面变化，以免气顶气窜入油区，或油浸入气区，影响油藏开发效果。为此，从油藏投产开始，建立了气顶油藏动态监测系统。

气顶油藏动态监测系统主要由气顶监测井、油气界面监测井和油藏监测井三部分组成。气顶监测井主要用来定期监测气顶压力，了解气顶受挤压和扩张情况；油气界面监测井主要用来监测油气界面移动情况，判断油气界面变化；含油区监测井，主要监测压力和气油比的变化。根据定期监测资料绘制气顶油藏压力分布图、油气界面移动图、气顶油藏油层含油厚度图、含油区油井生产气油比图，结合这些地区产油量、产液量和产气量变化综合分析，研究油气界面移动情况和变化趋势，以确定控制界面移动措施。通过以上监测，成功地控制了油气互窜。

【知识链接七】 聚合物驱资料管理规定内容

一、聚合物驱采出井资料管理规定内容

ZBB001 聚合物驱采出井资料录取内容及要求

（一）聚合物驱采出井资料录取内容

聚合物驱抽油机井录取内容包括产液量、油压、套压、电流、采出液含水、示功图、动液面（流压）静压（静液面）采出液聚合物浓度、采出液水质十项资料。

聚合物驱螺杆泵井录取内容包括产液量、油压、套压、电流、采出液含水、动液面（流压）静压（静液面）采出液聚合物浓度、采出液水质九项资料。

聚合物驱电泵井录取内容包括产液量、油压、套压、电流、采出液含水、动液面（流压）静压（静液面）采出液聚合物浓度、采出液水质九项资料。

其中，产液量、油压、套压、电流、示功图、动液面（流压）、静压（静液面）资料

录取要求如下：

（1）聚合物驱抽油机井的产液量、油压、套压、电流、示功图、动液面（流压）静压（静液面）录取要求按 Q/SY DQ0916—2010 的规定执行。

（2）聚合物驱螺杆泵井的产液量、油压、套压、电流、动液面（流压）静压（静液面）录取要求按 Q/SY DQ0916—2010 的规定执行。

（3）聚合物驱电泵井的产液量、油压、套压、电流、动液面（流压）静压（静液面）录取要求按 Q/SY DQ0916—2010 的规定执行。

（二）聚合物驱采出井采出液含水录取要求

> ZBB002 聚合物驱采出井采出液含水录取要求

聚合物驱采出井在空白水驱和后续水驱阶段的采出液含水资料录取要求按 Q/SY DQ0916—2010 的规定执行。

聚合物驱采出井在见效后应加密取样，每 5d 取样化验采出液含水 1 次，每月录取 6 次含水资料，且月度取样与量油同步次数不少于量油次数。

含水下降阶段，含水值下降不超过 5 个百分点，可直接采用；含水值下降超过 5 个百分点，当天含水借用上次采出液含水值，并于第二天复样，选用接近上次含水值。在含水下降过程中，含水上升值不超过 3 个百分点，可直接采用；含水值上升超过 3 个百分点，当天含水借用上次采出液含水值，并于第二天复样，选用接近上次含水值，并落实变化原因。

含水处于稳定或上升阶段，含水值波动不超过 Q/SY DQ0916—2010 规定的采出液含水的正常波动范围，可直接采用，含水值超波动范围，当天含水借用上次采出液含水值，并于第二天复样，选用接近上次含水值，并落实变化原因。

（三）聚合物驱采出井采出液聚合物浓度录取要求

> ZBB003 聚合物驱采出井采出液聚合物浓度录取要求
>
> ZBB004 聚合物驱采出井采出液水质录取要求

采出液未见聚合物的采出井，采出液聚合物浓度每月化验 1 次；采出液见聚合物的采出井，采出液聚合物浓度每月化验 2 次，两次间隔不少于 10d，与采出液含水同步录取，采出液聚合物浓度值直接选用。

当采出液含水加密录取时，根据开发要求，适当选取部分样品同步进行采出液聚合物浓度化验，并同步选用采出液含水值与采出液聚合物浓度值。

采出液水质录取要求：采出液见聚合物采出井，采出液水质每月化验 1 次，与采出液含水同步录取，采出液水质资料直接选用。

当采出液含水加密录取时，根据开发要求，适当选取部分样品同步进行采出液水质化验，并同步选用采出液含水值与采出液水质数据。

二、聚合物驱注入井资料管理规定内容

（一）聚合物驱注入井资料录取内容

聚合物驱注入井录取母液注入量、注水量、油压、套压、泵压、静压、分层流量测试及注入液聚合物浓度、黏度九项资料。

> ZBB005 聚合物驱注入井母液注入量、注水量录取要求

（二）聚合物驱注入井母液注入量、注水量录取要求

（1）聚合物驱注入井开井每天录取母液注入量、注水量。对能够完成配注的注入井，日配母液注入量 ≤ 20m³，母液注入量波动不超过 ±1m³；日配母液注入量 > 20m³，母液注入量不超过配注的 ±5%，超过波动范围应及时调整；对完不成配注井，按照接近允许

注入压力注入母液或按照泵压注入母液。

（2）注水量按照注入井方案配比调整注水，配比误差不超过 ±5%。

（3）关井 30d 以上的注入井开井，按相关方案要求逐步恢复注水。

（4）分层注入井封隔器不密封和分层测试期间不得计算分层水量，待新测试资料报出后，从测试成功之日起计算分层注入量。

（5）注入井放溢流时，采用流量计或容器计量，溢流量从该井日注入量或月度累积注入量中扣除。

（6）电磁、涡街流量计每两年校验 1 次。流量计发生故障应记录底数，按油压估算注入量，估算时间不得超过 24h。

（三）聚合物驱注入井注入液聚合物浓度、黏度录取要求

ZBB006 聚合物驱注入井注入液聚合物浓度、黏度录取要求

（1）每年 4~10 月，注入液聚合物浓度、黏度井口取样每月 2 次，两次间隔时间在 10d 以上；冬季 11 月 1 日至次年 3 月 31 日，每月录取至少 1 次。

（2）注入浓度、黏度正常波动范围为 ±10%。在波动范围内，直接选用。超过波动范围，对变化原因清楚的注入井，注入浓度、黏度波动与变化原因一致，当天注入浓度、黏度值可直接选用；对变化原因不清楚的注入井，第二天复样，选用接近上次采用的浓度、黏度值，并落实变化原因。

ZBB007 聚合物驱注入井现场检查指标及现场资料准确率要求及计算

（四）聚合物驱注入井资料录取现场检查管理规定

本规定适用于检查聚合物驱工业化生产区块聚合物溶液注入井资料录取情况。规定了聚合物驱注入井资料录取现场检查的内容、指标、现场资料准确率计算及管理要求。

1. 现场检查内容

聚合物驱注入井资料现场检查的内容为油压、母液注入量、注水量、瞬时配比误差、底数折算配比误差、现场检查与报表母液量误差、现场检查与测试聚合物溶液注入量误差和母液配注完成率。

2. 现场检查有关指标

1）现场检查指标及现场资料准确率计算要求

（1）油压差值不超过 ±0.2MPa。

（2）瞬时配比误差不超过 ±10%，底数折算配比误差不超过 ±5%。

（3）当母液日注量不大于 20m³ 时，现场检查与报表母液量误差不超过 ±1m³；当母液日注量大于 20m³ 时，现场检查与报表母液量误差不超过 ±5%。

（4）现场检查与测试聚合物溶液注入量误差不超过 ±20%。

（5）母液配注完成率：当允许注入压力与现场油压差值不大于 0.2MPa 时，若母液日注量不大于 10m³，母液配注完成率 ≤107%；若母液日注量大于 10m³，母液配注完成率 ≤105%。当允许注入压力与现场油压差值大于 0.2MPa 时，若母液日注量不大于 10m³，93% ≤ 母液配注完成率 ≤107%；若母液日注量大于 10m³，95% ≤ 母液配注完成率 ≤105%。

（6）现场油压不超过允许注入压力。

2）现场资料准确率的计算

聚合物驱注入井资料现场检查记录中的油压差值、瞬时配比误差、底数折算配比误差、现场检查与报表母液量误差、现场检查与测试聚合物溶液注入量误差、母液配注完

成率和超允许注入压力注入中的任何一项超出规定要求，该井定为不准井。

现场资料准确率按下式计算：

$$A_1=(\ B_1/C_1\ )\times 100\% \qquad\qquad （3-1-18）$$

式中 A_1——现场资料准确率，%；

B_1——现场资料准确井数，口；

C_1——现场检查井数，口。

3）现场检查要求

（1）各级管理部门对聚合物驱注入井资料录取现场检查采取定期检查和随机抽查相结合方式进行。

（2）采油矿每月抽查一次，抽查井数比例不低于矿注入井总数的20%。采油队每月普查一次，并将检查考核情况逐级上报。采油矿、队建立月度检查考核制度。

（3）采油厂每季度至少组织抽查一次，抽查井数比例不低于聚合物驱注入井总数的10%，并分析存在的问题，制定和落实整改措施，编写检查公报，上报油田公司开发部。

（4）油田公司开发部根据管理情况组织抽查，并将抽查情况向全公司通报。

模块二　绘　图

项目一　相关知识

一、绘制采油曲线

ZBD005 采油曲线的概念及用途

（一）采油曲线的概念及用途

1. 概念

采油曲线是以时间为横坐标，以油井各项开采指标为纵坐标画出的油井生产记录曲线，反映采油井开采指标随时间的变化过程。

2. 用途

采油曲线主要应用于：

（1）进行油藏动态分析，选择合理工作制度。

（2）了解油井生产能力，编制油井配产计划。

（3）判断油井存在问题，检查措施效果。

（4）分析注水效果，研究注采调整。

ZBD006 采油曲线的绘制方法

（二）采油曲线的绘制方法

（1）选择合适的左右上下边距（一般为 2~4cm）。以各项生产参数为纵坐标，一般包括开井数日产液量、日产油量、含水率、沉没度，如需要可增加气油比、地层压力、流动压力、油压、套压、原始地层压力等，并标好适当的坐标刻度值。

（2）以日历时间为横坐标，在图纸的下方，建立直角坐标系。

（3）在图纸的左上侧写出开采层位，层位改变后，要注明新层位和更改时间。

（4）将各指标数据与日历时间相对应的点标在建立的直角坐标系中。

（5）将每天的开井数画成一段直线，连成垛状曲线。

（6）其他参数各相邻点用直线连接，形成有棱角的折线。

（7）将本井的各项措施在产量曲线旁注明，并用箭头指明日期。

（8）上墨着色，一般规定：产液量为深红色或紫色曲线，产油量为鲜红色曲线，含水率为绿色曲线，动液面为棕色曲线，其他参数曲线颜色可任选，标出图名。

（三）技术要求

（1）液面坐标从下到上数值从大到小，沉没度坐标与之相反，坐标值从下到上数值从小到大。

（2）资料真实，标点准确，比例选择合适，图幅清晰整洁。

（3）各项颜色选择按地质部门常规执行，笔的色彩协调美观。

（4）绘制曲线能显示波动趋势，但不能相互交叉。

二、绘制注采综合开采曲线

ZBD001 注采综合开采曲线的用途

（一）注采综合开采曲线的概念

注采综合开采曲线是以注水井为中心，联系相邻采油井，反映油井生产和注水随时间变化的曲线。

（二）注采综合开采曲线的用途

（1）能够较直观地及时看出油水井动态变化规律。

（2）划分生产阶段，有利于分阶段重点分析，总结油水动态变化对应关系。

（3）综合阶段变化规律，掌握地下主要对应关系。

（4）分析注水井注水强度，注采平衡状况，压力变化。

（5）分析井组内各油井见效状况，生产变化趋势。

（6）分析各井产量，压力，含水，变化及原因。

（7）提出调整措施。

（三）注采综合开采曲线的绘制方法

（1）准备绘图用具：尺、铅笔、绘图纸和彩色笔等。

（2）收集各项生产数据：油井开井数、日产液量、日产油量、含水率、沉没度、静压以及注水井开井数、注水压力、日注水量等。

ZBD002 注采综合开采曲线的绘制方法和技术要求

（3）整理生产数据成表格形式（表3-2-1）。

表3-2-1　注采井生产数据表

时间	井　数	产　量			平均沉没度，m	静压，MPa	注水压力，MPa	注水量，m³
		产液量，t/d	产油量，t/d	含水，%				
2015.12	5	432	80	81.5	761	8.1	14.0	297

（4）在绘图纸上以选定时间为横坐标，以各项生产数据为纵坐标，建立平面直角坐标系。

（5）纵坐标一般从上至下依次为注水井开井数、注水压力、注水量、油井开井数、产液量、产油量、含水、沉没度、静压，并设计合理的坐标值。

（6）将各指标数据与时间相对应的点在坐标系中标出。

（7）各参数相邻的点用直线连接，形成有棱角的折线。

（8）各项措施及作业等内容在曲线旁注明，并标出日期。

（9）上墨着色，日产油曲线画红色折线，综合含水曲线画绿色折线，沉没度曲线画黑色折线，静压曲线画橙色折线，日注水曲线画蓝色折线，注采比曲线画粉红色折线，标出图名。

（四）技术要求

（1）图幅绘制清晰、整洁。

（2）字迹工整，单位、数据、上色准确。

（3）纵坐标数据点选择合理，要选取将曲线绘制在中间位置数据，使数据既能反映出波动趋势，又美观大方。

（4）绘制注采综合曲线可以是月度、年度，曲线项目可以依据生产需要自定。

三、绘制产量构成曲线

ZBD003 产量构成曲线的概念

（一）产量构成曲线的概念

产量构成曲线是反映一个油田（或区块）未措施老井、当年新投产井以及已投产井采取不同措施的增油量在总产量中的构成情况，也是反映老井递减状况的一组曲线。它是在同一产量同一时间坐标系中以叠加的方式绘制而成的。

产量构成曲线既有定性的概念，也有定量的认识，它可以直观地反映出各种增产措施在油田稳产中所起的作用，能够描述出未措施老井的产量变化，分析油田自然递减率和综合递减率的变化，预测出近期油田动态变化，及时制定相应的措施，控制油田产量的递减。

ZBD004 产量构成曲线绘制方法及注意事项

（二）绘制产量构成曲线的注意事项

（1）油田开发中一般只绘制产油量构成曲线，当然，也可根据需要绘制产液量、产水量或注水量构成曲线。产量大多使用核实数据。一般都在图中标出综合递减率和自然递减率的数值，以方便使用。

（2）按规定新投产井只限于年内投产的井（即每年1月1日～12月31日）才能视为新井。老井措施产量中，只包括属于增产措施的，如压裂、酸化、转抽（换大泵）堵水、补孔等几部分，生产维护性措施不能计入其中。

（3）措施井的时间计算仅仅限定在年内，跨年度即算为未措施产量；但若绘制五年内产量构成曲线时，分项措施（包括新井）的增产油量要在五年内连续计算。

（4）绘制产量构成曲线可以是月度、年度或五年计划，区域单元可以是一个油田、区块、采油厂（矿、队），也可以是一套井网或一套层系。

（5）产量构成曲线的曲线形态一般有两种，一种是放射状（俗称鸡爪图），另一种是柱状图，实际中不多见，这里不做介绍。

（三）产量构成曲线的绘制方法

（1）准备图纸、绘图工具以及生产数据并制成表格的形式。

（2）绘制产量构成曲线的横、纵坐标。以日产水平为纵坐标，以时间（月、季、年）为横坐标。

（3）在纵坐标上标出上年度12月份的平均日产油量，作为年度平均日产油量对比的基准点。

（4）根据起始月（季、年）的产量构成数据，在横坐标的起始月（季、年）按顺序画出全油田平均日产油量、新井平均日产油量和分项的老井措施日增油量的坐标点；再从纵坐标上的基础点开始，分别引申出连接各点的折线，即为起始月（季、年）的产量构成线。

（5）按照以上方法继续连接后面各月（季、年）的坐标点，并依次延伸，就成为各个时期的动态曲线。

（6）绘制压裂产量构成曲线：标注分月压裂产量的构成数据点，以实线连接成折线，并将两条曲线间包围面积涂成紫色，紫色面积即为压裂增油量。

（7）按照（6）方法可绘制未措施老井、酸化、换泵、补孔、新井产量构成曲线，曲线颜色依次为黄色、蓝色、橙色、绿色、红色。

四、工艺流程图各部件绘制方法及识别

在地面工艺流程图中，阀门的图标是"✖"，代表压力表的图标是"◔"，四通的图标是"✚"，管线的图标是"▬▬"，在图名下方约三分之二处从左向右绘制一条较长较粗的横直线，直线下方画剖面线为地面基线。

绘制工艺流程图时，要求立体感明显，比例合理；图标使用标准、准确；流程清楚，简洁明了（图3-2-1）。

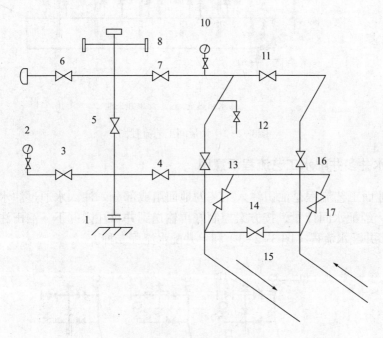

图3-2-1　抽油机井口流程图

1—法兰；2—套压表；3，4—套管阀门；5—总阀门；6，7—生产阀门；8—胶皮阀门；9—密封盒；
10—油压表；11—单流阀；12—取样阀门；13—回压阀门；14—油套连通阀门；
15—直通阀门（小循环）；16—掺水阀门；17—热洗阀门

五、计量间工艺流程图的识别方法

计量站工艺流程的主要设备为采油汇管阀组（油阀组）掺水阀组（水阀组）和油气计量装置（计量分离器和测气波纹管压差计）三大部分。

计量间工艺流程内容如图3-2-2所示：

（1）计量站工艺流程中的掺水系统：泵站来掺水→掺水阀组→单井井口。

（2）计量站工艺流程中的集油系统：单井来油→集油阀组→外输。

（3）计量系统：单井来油→计量站计量阀组→计量分离器→外输液汇管；

计量分离器出气→气体流量计→自力式差压调节器→外输液汇管；

泵站来掺水→掺水计量表→掺水计量阀组→井口。

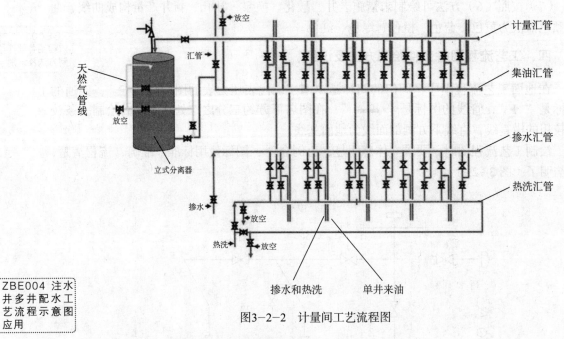

图3-2-2　计量间工艺流程图

六、注水井多井配水工艺流程示意图

注水井地面工艺流程是油田注入工艺的地面组成部分。注入水通过注水站增压，输送到配水间；经配水间计量，按方案控制好再输送到井口注入井下。油田注水井地面工艺流程分为多井配水流程（图3-2-3）和单井配水流程二种。

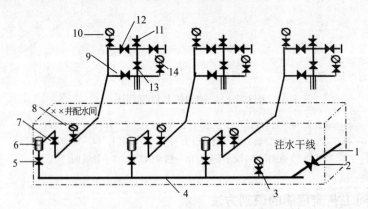

图3-2-3　多井配水间配水流程图

1—注水干线；2—注水站来水阀门；3—泵压表；4—分水器；5—上流阀门；6—高压水表；7—下流阀门；8—注入压力表；9—套管阀门；10—油压表；11—测试阀门；12—油管阀门；13—总阀门；14—套压表

注水井地面工艺流程图中，绘制每组单井配水流程从注水汇管上开始，垂直画一条较短的线，上面画一个阀门为配水流程上流阀门。注水井总阀门上面绘制一个四通为油管四通，油管四通左侧为洗井放空阀门。注水井油管四通的上端阀门为注水井测试阀门。

注水井套管四通左侧为套压表装置。在注水汇管一端，绘制一个短线和阀门，分别为注水站来水管线及干线切断阀门，并用箭头表示水流方向。

绘制注水井工艺流程图可根据配水间与井口的位置关系，可以在两边任意摆布，如果注水井口绘制在图纸左半面，那么地面配水流程就在右半面，反之也可以。

七、机采井地面工艺流程示意图

ZBE005 机采井地面工艺流程示意图内容及绘制方法

（一）机采井地面工艺流程示意图内容及绘制方法

工艺流程图也称生产工艺原理流程图，主要是描述油、气、水（流体介质）的来龙去脉，途经管线、阀组、容器、计量（检测）仪表等设备的规格状况。

工艺流程图中主要内容有：管线间相互连接关系、管线与阀组及设备相互间的关系。绘制工艺流程图时，首先要根据工艺流程的多少，复杂程度选择图纸幅面和标题栏。绘图一定要用实线画出管线走向，与各设备连接成工艺流程图。当管线有交叉而实际并不相碰时，一般采用横断竖不断、主线不断的原则。

（二）抽油机井井口生产流程

1. 正常生产流程

单管生产井口流程是：油井生产出的油水混合物→油嘴→出油管线。

ZBE006 抽油机井地面工艺流程示意图应用

2. 双管生产流程

抽油机井的双管生产流程是在正常生产流程状态下打开直通阀，关闭掺水阀门，实现双管出油生产。双管掺热水生产井口流程包括三部分：掺热水保温流程、热洗流程、地面循环流程。

3. 热洗流程

抽油机井热洗流程是在正常生产流程状态下打开套管阀门和掺水热洗阀门。抽油机井热洗流程为：计量站热水→井口热洗阀门→套管阀门→油套环形空间。

（三）注意事项

抽油机井口流程示意图中，憋压操作时应关闭生产阀门、回压阀门和掺水阀门。

八、分层采油工艺

（一）油井常见生产管柱

ZBE007 油井常见生产管柱

油井的生产管柱，是依据生产层位的特点并结合开发配产方案确定的，一般分为全井合采工艺和分层开采工艺。

1. 全井开采工艺

全井生产采油工艺管柱：

有杆泵生产管柱考虑到深抽，配套油管锚锚定管柱，以减小冲程损失。螺杆泵生产管柱配套螺杆泵锚，防止泵下油管脱扣。

2. 分层开采工艺

1）一体式分层采油工艺管柱

分层采油是根据依据生产层位的不同特点，结合配产方案确定。分层采油是通过井下分层配产工艺管柱来实现。分层采油井是在井内下入封隔器、配产器进行分层开采的井。

该类管柱将生产管柱和堵水管柱合为一体，采用机械式封隔器，上部为泵挂管柱，下部为堵水管柱。机械丢手式分层采油工艺管柱结构主要有封上采下、封下采上，封中间采两边和封闭两边采中间 4 种。

2）丢手式分层采油工艺管柱

（1）机械丢手式分层采油工艺管柱。该类管柱主要有封上采下、封下采上，封中间采两边和封闭两边采中间等。

（2）液压丢手式分层采油工艺管柱。该类管柱结构与机械丢手式相同，特点：Y441 型及 Y445 型封隔器，采用液压坐封、双向锚定方式，且带有封隔件锁紧机构，非常适合于管柱丢手使用。

不仅适用于直井，而且适用于斜井、定向井和水平井。对高压水层的卡封可采用液压丢手式分层采油工艺管柱。

分层采油所含的内容很多，它不仅仅是把生产层分为几段来生产，特别是在油田开发中后时期的堵水、封堵等均是分层采油的范围。抽油机井、螺杆泵井和电动潜油泵井都能实现分层采油。

| ZBE009 机采井分层开采管柱示意图绘制 |

（二）机采井分层开采管柱示意图绘制

机采井分采管柱图绘制要求为填写图头、绘制基线、绘制油套管垂线、画间断线和绘制工具符号。在管柱中必须标注层段、工具名称、型号、深度。

| ZBE010 机采井分层开采管柱示意图识别 |

（三）机采井分层开采管柱示意图识别

机采井分层开采管柱示意图中双管分层管柱是在一口井内同时下入两根油管，在长油管上装一个封隔器以分隔油层，达到分采的目的。

整体管柱内所有生产工具都由油管携带，一次性下入井内。笼统采油管柱在井下不下任何封隔器和配产器。

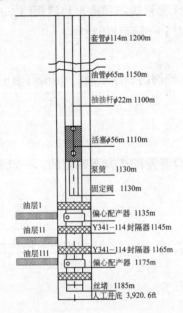

图3-2-4 四级三段分层采油管柱

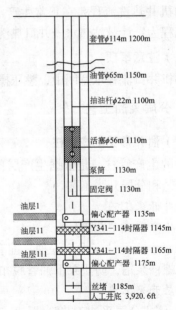

图3-2-5 二级三段分层采油管柱

在如图 3-2-4、图 3-2-5 所示的采油井管柱图，分别是四级三段和二级三段分层采油管柱，在绘制时要看清级数要求。

（四）深井泵分层采油工艺

1. 分层可调配产器

该技术用于高含水、高产液层的试堵，生产过程中可以根据全井供液情况放大或缩小油嘴，实现配产的目的。其原理是采用液压放置的方式来实现对油嘴的高速变换，即通过油井井口油套环空憋压来调整油嘴转换器的油嘴状态，每憋压一次变换一个油嘴，最多可实现 6 种配产方案。

2. 分层衡量配产器

该技术主要用于有准确单层找水资料的配产层，适用于层间干扰较为严重、供液能力变化大的油层。其原理是设计了自动调整进液孔机构，通过进液孔的大小随油层压力的变化来控制液流量。

3. 分层固定配产器

该技术用于判断清楚的高含水、高产液层。其原理是在 DS Ⅲ 配产器的进液孔处采用一定直径的固定油嘴控制产液量。当下井释放时，打开防喷开关，油层液体经下接头上的进液孔进入油嘴，同时顶开上方的单流阀进入油管。

（五）有杆泵 + 射流泵分层采油工艺

水力喷射泵分层采油技术主要由水力喷射泵采油管柱和分层防砂分层采油管柱两部分组成。射流泵与有杆泵组合分层采油工艺的优点：该技术利用高渗透层段产生的液量作为井下射流泵的动力液，在低渗透含油饱和度高层段产生压降，能够提高该地层的产液能力。

（六）螺杆泵分层采油工艺

螺杆泵分层采油的工作原理是：两油层之间用封隔器封隔开，对每个油层都用螺杆泵采油，这样就可以解决以往采油主力油层流压高于辅助油层的矛盾。充分发挥辅助油层的产能。

在螺杆泵分层采油设计过程中，上层油层采用螺杆泵的排量大于下层油层采用螺杆泵的排量。

（七）抽油井管柱图的绘制方法

抽油井管柱图是形象而准确地描述抽油井采油状况的图幅（图3-2-6）。

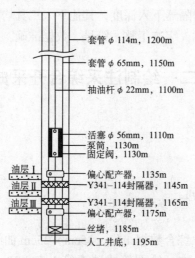

套管 φ 114m，1200m
套管 φ 65mm，1150m
抽油杆 φ 22mm，1100m
活塞 φ 56mm，1110m
泵筒，1130m
固定阀，1130m
油层Ⅰ 偏心配产器，1135m
油层Ⅱ Y341-114封隔器，1145m
油层Ⅲ Y341-114封隔器，1165m
偏心配产器，1175m
丝堵，1185m
人工井底，1195m

图3-2-6　抽油井分采管柱示意图

1. 准备工作

（1）直尺、铅笔、橡皮、绘图纸、绘图笔等用具。

（2）井下工具资料数据：井下工具名称、型号、规范、下入深度，油井钻遇油层、射孔层位等。

2. 操作步骤

（1）核对给定的管柱数据，有无不符的情况，做一个大致的布图构想（管柱整体形式是否带分采管柱、悬挂管柱等）。

（2）在图纸上方标上图名"××井管柱示意图"，并在图名下画上基线。

（3）画垂直基线，确定油管线和套管线。在基线向下垂直方向，图幅中央偏左一点画线，并在两侧对应处画4条垂直实线，最外2条为套管，内2条为油管，注意套管两条线长于油管线。在最下端连横线，即为人工井底。

（4）在套管线左侧标定、画出采油层段，位于垂向高度的中下部位，几段及厚度大致画出，这一定位关系到整个管柱图的布局是否合理，能否准确表达出要表达的内容，一定要选定好。

（5）画管柱图（本图例为带堵水分层管柱）。

①在油层（生产或堵水）对应位置画出配产器及堵水光油管段。

②在夹层位置画出封隔器。

③最下端画丝堵及人工井底。

④在最上一级配产器以上画抽油泵泵筒示意图（如是丢手的，要画筛管，再往上画抽油泵）。

⑤在油管中心画略粗的实垂直线表示抽油杆。

⑥在泵筒与上横基线中间略偏上用橡皮横向擦去油管线、套管线、抽油杆线，并画出横向波浪线，代表管柱间断线。

⑦在管柱图套管外右侧画一短标注线，并在后面注明名称、规格（规范）深度三项内容。

⑧最后全部审核一遍，在图右上方填写年月日及姓名。

3. 注意事项

（1）在密封段中间标出封隔器下入深度，其他下入工具均以下界面标出。

（2）线条清晰，比例对称，字迹工整，符号、数据准确。

项目二　绘制注采综合开采曲线

一、准备工作

（一）设备

可容纳20～30人教室1间。

（二）材料、工具

时间为6个月的采油注水综合数据1份，35cm×25cm曲线纸1张，演算纸少许，12色彩色铅笔1套，HB铅笔1支，绘图笔或碳素笔1支，30cm直尺1把，计算器1个，15cm三角板1个，橡皮1块。

（三）人员

1人操作，劳动保护用品穿戴齐全。

二、操作规程

序号	工序	操作步骤
1	绘前准备	收集各项生产数据，包括注水井开井数、注水压力、注水量、油井开井数、产液量、产油量、含水、沉没度、静压
2	建坐标	在绘图纸上以选定时间为横坐标，以各项生产数据为纵坐标，建立平面直角坐标系
		纵坐标从上至下依次为注水井开井数（口）、注水压力(MPa)、注水量（m³/d）、油井开井数（口）、产液量（t/d）、产油量（t/d）、含水（%）、沉没度（m）、静压(MPa)，并设计合理的坐标值
3	绘制曲线	将各项生产数据与时间相对应的点在坐标系中标出，相邻的点用直线连接，形成有棱角的折线
4	措施标注	各项措施及作业等内容在曲线旁注明，并标出日期
5	标注图名	在图上方中心适当位置，标注曲线名称
		标注图示
6	清图	清除图纸上多余点、线、字
		图纸清洁、无乱涂画
7	整理资料、用具	资料试卷上交，用具整理后带走

三、技术要求

（1）绘制曲线线条清晰，比例对称，字迹工整，符号、数据准确。

（2）标注刻度时要等距，原点是否为0均可。

（3）在横坐标和纵坐标标注数值时，要兼顾最大值和最小值，数据点不能画到坐标以外。

（4）图例要与曲线图幅对应。

（5）该项目为技能笔试题，计算结果按评分标准进行评分。

项目三　绘制产量构成曲线

一、准备工作

（一）设备

可容纳20~30人教室1间。

（二）材料、工具

产量构成数据表1份，35cm×25cm曲线纸1张，演算纸少许，12色彩色铅笔1套，HB铅笔1支，绘图笔或碳素笔1支，30cm直尺1把，计算器1个，15cm三角板1个，橡皮1块。

（三）人员

1 人操作，劳动保护用品穿戴齐全。

二、操作规程

序　号	工序	操作步骤
1	绘前准备	准备图纸、收集产量构成数据并制成表格的形式
2	建立坐标	建立曲线的横、纵坐标，以日产水平为纵坐标，以时间（月、季、年）为横坐标
		在纵坐标上标出上年度 12 月份的平均日产油量，作为年度平均日产油量对比的基准点
3	绘制曲线	根据起始月（季、年）的产量构成数据，在横坐标的起始月（季、年）按顺序画出全油田平均日产油量、新井平均日产油量和分项的老井措施日增油量的坐标点；再从纵坐标上的基础点开始，分别引申出连接各点的折线
4	措施标注	标注分月措施产量的构成数据点，以实线连接成折线，并将两条曲线间包围面积涂成颜色，颜色的面积即为措施增油量
5	标注图名	在图上方中心适当位置，标注曲线名称
		标注图示
6	清图	清除图纸上多余的点、线、字
		图纸清洁、无乱涂画
7	整理资料、用具	资料试卷上交，用具整理后带走

三、技术要求

（1）绘制曲线线条清晰，比例对称，字迹工整，符号、数据准确。

（2）标注刻度时要等距，原点是否为 0 均可。

（3）在横坐标和纵坐标标注数值时，要兼顾最大值和最小值，数据点不能画到坐标以外。

（4）图例要与曲线图幅对应。

（5）该项目为技能笔试题，计算结果按评分标准进行评分。

项目四　绘制井组采油曲线

一、准备工作

（一）设备

可容纳 20～30 人教室 1 间。

（二）材料、工具

采油生产数据 1 份，曲线构成数据表 1 份，35cm×25cm 曲线纸 1 张，演算纸少许，12 色彩色铅笔 1 套，HB 铅笔 1 支，绘图笔或碳素笔 1 支，30cm 直尺 1 把，计算器 1 个，15cm 三角板 1 个，橡皮 1 块。

（三）人员

1 人操作，劳动保护用品穿戴齐全。

二、操作规程

序 号	工 序	操作步骤
1	绘前准备	收集各项生产数据，包括开井数、日产液量、日产油量、含水率、沉没度
2	建立坐标	选择合适的左右上下边距（一般为 2~4cm），以各项生产参数为纵坐标，包括开井数（口）、日产液量（t/d）、日产油量（t/d）、含水率（%）、沉没度（m）并标好适当的坐标刻度值，以日历时间为横坐标，在图纸的下方，建立直角坐标系
		在图纸的左上侧写出开采层位，层位改变后，要注明新层位和更改时间
3	绘制曲线	将各项生产数据与日历时间相对应的点标在建立的直角坐标系中，将每天的开井数和沉没度深度画成一段直线，连成垛状曲线；其他生产数据各相邻点用直线连接，形成有棱角的折线
4	措施标注	将本井的各项措施在产量曲线旁注明，并用箭头指明日期
5	标注图名	在图上方中心适当位置，标注曲线名称
		标注图示
6	清图	清除图纸上多余点、线、字
		图纸清洁、无乱涂画
7	整理资料、用具	资料试卷上交，用具整理后带走

三、技术要求

（1）绘制曲线线条清晰，比例对称，字迹工整，符号、数据准确。

（2）标注刻度时要等距，原点是否为 0 均可。

（3）在横坐标和纵坐标标注数值时，要兼顾最大值和最小值，数据点不能画到坐标以外。

（4）图例要与曲线图幅对应。

（5）该项目为技能笔试题，计算结果按评分标准进行评分。

项目五　绘制注水井多井配水工艺流程示意图

一、准备工作

（一）设备

可容纳 20~30 人教室 1 间。

（二）材料、工具

多井配水流程参数 1 份，A4 绘图纸 1 张，演算纸少许，HB 铅笔 1 支，绘图笔或碳素笔 1 支，30cm 直尺 1 把，15cm 三角板 1 个，橡皮 1 块。

（三）人员

1人操作，劳动保护用品穿戴齐全。

二、操作规程

序　号	工　序	操作步骤
1	绘图前	摆放图纸
		设定图框
		确定比例
		标注图名
2	绘制井口	绘制地面基线
		绘制注水井口
		绘制井下管柱
3	绘制配水	绘制配水系统
4	绘制流程	绘制地面流程
5	标示	标注流程的标示序号
6	标注图例	在图中标注图例
7	清图	清除图纸上多余点、线、字
		图纸清洁、无乱涂画

三、技术要求

（1）绘制图幅线条清晰，比例对称，字迹工整，符号、数据准确。

（2）绘制流程时，阀门和仪表要用已有的统一标准符号。图例要与图幅对应。

（3）该项目为技能笔试题，计算结果按评分标准进行评分。

项目六　绘制机采井地面工艺流程示意图

一、准备工作

（一）设备

可容纳20~30人教室1间。

（二）材料、工具

采油井工艺流程参数1份，A4绘图纸1张，演算纸少许，HB铅笔1支，绘图笔或碳素笔1支，30cm直尺1把，15cm三角板1个，橡皮1块。

（三）人员

1人操作，劳动保护用品穿戴齐全。

二、操作规程

序　号	工　序	操作步骤
1	绘图前准备	摆放图纸
		设定图框
		确定比例
		标注图名
2	绘制井口	绘制地面基线
		绘制抽油机井口
		绘制井下管柱
3	绘制生产流程	绘制地面生产流程
		标注液体流动方向
4	绘制掺热流程	绘制地面掺热流程
		标注液体流动方向
5	标示	标注流程的标示序号
6	标注图例	在图中标注图例
7	清图	清除图纸上多余点、线、字
		图纸清洁、无乱涂画

三、技术要求

（1）绘制图幅线条清晰，比例对称，字迹工整，符号、数据准确。

（2）绘制流程时，阀门和仪表要用已有的统一标准符号。图例要与图幅对应。

（3）该项目为技能笔试题，计算结果按评分标准进行评分。

项目七　绘制机采井分层开采管柱示意图

一、准备工作

（一）设备

可容纳 20～30 人教室 1 间。

（二）材料、工具

2 个层段以上堵水施工总结 1 份，抽油机井检泵施工总结 1 份，A4 绘图纸 1 张，演算纸少许，HB 铅笔 1 支，绘图笔或碳素笔 1 支，30cm 直尺 1 把，15cm 三角板 1 个，橡皮 1 块。

（三）人员

1 人操作，劳动保护用品穿戴齐全。

二、操作规程

序　号	工　序	操作步骤
1	绘制前	正确摆放图纸
		确定比例
		标注图名
2	绘制基线	绘制地面井位基线
3	绘制套管	绘制井下套管
		绘制人工井底
4	绘制分采管柱	绘制井下分采管柱
5	绘制油层	绘制油层层面线
6	绘制抽油管柱	绘制油管
		绘制抽油泵管柱
7	标示	标注井下工具
8	标注图例	在图中标注图例
9	清图	清除图纸上多余点、线、字
		图纸清洁、无乱涂画

三、技术要求

（1）标注井下工具时应在工具下界面引出标示线。

（2）线条清晰，比例对称，字迹工整，符号、数据准确。

（3）绘制井下工具时要使用已有的标准图形。

模块三 综合技能

项目一 相关知识

ZBF016 单井
动态分析的内容

ZBF015 单井
日常管理状况
的分析内容

一、单井动态分析内容

单井动态分析包括四方面的内容：基本情况介绍、动态变化原因及措施效果分析、潜力分析。

（1）单井动态分析中的基本情况包括分析井的井号、井别、投产时间、开采层位、完井方式、射开厚度、地层系数、所属层系、井位关系；油井所用机型、泵径、冲程、冲次，投产初期及目前生产情况；注水井井下管柱、分层情况、注水压力、层段配注和实注水量等。

（2）单井动态变化原因及措施效果分析内容为历史上或阶段内调整挖潜的做法和措施效果，分析各项生产指标的变化原因，油井主要分析压力、产量、含水、气油比等变化情况。注水井单井动态分析的侧重点是分析注水压力、注水量和管柱工作状况等。

（3）单井动态分析中的潜力分析是通过对目前生产状况的分析，明确目前生产潜力。主要有加强生产管理的潜力；放大生产压差或提高注水压力的潜力；油井压裂、堵水的潜力；水井方案调整、细分注水潜力，改造增注潜力等。单井动态分析中的提出下步挖潜措施是通过潜力分析后，提出并论证改善开采效果的管理和挖潜方法。要求所采取措施针对性强，切实可行，有较高的经济效益。

单井动态分析中，采油井动态分析的主要内容有日常生产管理分析、抽油泵工作状况分析、油井压力变化分析、油井含水情况分析、产油量变化分析、分层动用状况分析、气油比变化分析。如果产量、含水、流压和气油比等参数发生了突然变化，说明生产过程中有了问题，要及时分析，找出原因，采取必要的措施。采油井动态分析要首先排除地面设备、工作状况的影响。在抽油机井动态分析中，抽油泵工作状况分析一定要结合油井产量、液面和示功图等资料进行综合分析，不能单纯地依靠某一种资料。油井正常生产过程中产量、含水、流压和油气比等参数一般是比较稳定或渐变的。抽油泵工作状况分析，在分析变化原因时，必须坚持从"地面"到"井筒"再到"地下"的原则，依次进行分析。

（一）油田注水指标在动态分析中的应用

油田开发指标是指在油田开发过程中根据实际生产资料，统计并计算出的一系列能够评价油田开发效果的参数。在油田开发过程中，开发指标具有非常重要的作用，它是评价油田开发工作是否科学合理的重要依据，因此，必须熟练掌握油田开发指标的正确计算和分析方法。

单位砂岩（有效）厚度油层的日注水量称为注水强度，是衡量油层吸水状况的一个指标，注水强度越大说明注水井吸水能力越强。年注入量与油层孔隙体积之比称为注入速度。累积注入量与油层孔隙体积之比称为注入程度。水淹厚度系数是指见水层水淹厚度与该层全层有效厚度之比，水淹厚度系数是衡量油层水淹状况的指标，水淹系数越大，采收率越高。

（二）分析注水井注水指示曲线

1. 注水指示曲线常见的几种形状

注水指示曲线是指注水井在稳定流动的条件下，注入压力随注水量的变化曲线，如图3-3-1所示。通过指示曲线形态及曲线形态的变化，可以判断测试资料数据是否合格，还可以分析注水井或注水层段注水变化状况、注水能力变化及变化原因和产生问题的因素。注水指示曲线分析包括：指示曲线参数计算、判断指示曲线是否合格、分析注水井井下注水状况及注水能力的变化。

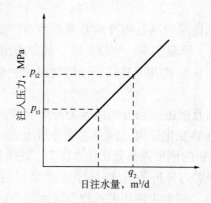

图3-3-1　注水指示曲线

实测中可能有两种类型的指示曲线，即直线型和折线型。如图3-3-2所示，曲线1、2、3为直线型指示曲线，4、5、6为折线型指示曲线。指示曲线的形状反映了地层和井下设备的工作状况，以及测试作业情况。

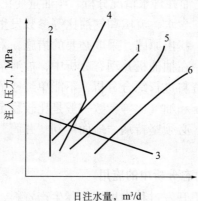

图3-3-2　指示曲线的典型形状

（1）曲线 1 为直线型递增式注水指示曲线。

曲线的小层或全井注水量随注水压力的上升而上升，即注水量与注入压力呈正比，正常反应压力与注水间的关系，此类型曲线为合格曲线，它反映了地层的正常吸水规律。

（2）曲线 2 为垂直型注水指示曲线。

曲线的小层或全井注水量随注水压力上升保持不变，压力与注水间的关系异常，出现此类型曲线原因有两种可能性，一种为油层渗透性极差的情况下，另一种为不合格曲线，其原因是仪表或人为操作出现问题，造成录取数据不准；若小层或全井注不进水或者井下水嘴堵死，小层无法注水，合格的注水指示曲线只能重合在纵坐标轴上；若地层条件差，吸水能力低，只要能注进水，曲线脱离纵坐标轴就会随压力上升，注水量有少量增加。

（3）曲线 3 为直线型递减式注水指示曲线。

曲线的小层或全井注水量随注水压力的上升而下降，压力与注水出现反常关系，此类型曲线为不合格曲线，其原因是仪表设备或人为操作等问题，造成录取数据不准。

（4）曲线 5、曲线 6 为折线型注水指示曲线。

曲线 6 折线型（向下）为下折式指示曲线，表示有新油层在注水压力较高时开始吸水，或是当注入压力增加到一定程度后，地层产生微小裂缝，使油层吸水量增大，从而造成指示曲线向水量轴偏转。

折线型（向上）曲线 5 为上翘式指示曲线，除与仪表、设备、操作有关外，还与油层性质有关，如地层性质差、连通性不好或不连通的"死胡同"油层。这种地层注入水不易扩散，随着油层压力升高，注入水受到的阻力越来越大，使注入量增值减少，造成指示曲线上翘。

（5）曲线 4 为曲拐式注水指示曲线。

曲线 4 反映仪器设备有问题，不能应用。曲线的小层或全井注水量随注水压力的上升，出现时而上升时而下降的现象，压力与注水出现反常关系，此类型曲线为不合格曲线，若测试过程中高点压力超过地层破裂压力，曲线可能出现向水量轴偏移的拐点并形成折线，测试曲线中若出现较大拐点的折线则为不合格曲线，主要原因是录取数据不准确。

2. 利用注水指示曲线计算小层或全井吸水指数

（1）计算指示曲线斜率：

$$k=\Delta p/\Delta Q \tag{3-3-1}$$

同一坐标中两条曲线斜率的计算对比：

$$k_1=(p_2-p_1)/(Q_{\mathrm{I}2}-Q_{\mathrm{I}1})$$

$$k_2=(p_2-p_1)/(Q_{\mathrm{II}2}-Q_{\mathrm{II}1})$$

当 $\Delta p_1=\Delta p_2$ 时，分母 $\Delta Q_1<\Delta Q_2$，则 $k_1>k_2$。

（2）计算小层或全井吸水指数：

$$吸水指数 =\Delta Q/\Delta p \tag{3-3-2}$$

同一小层中两条曲线吸水指数计算对比：

曲线 1 吸水指数 $=(Q_2 - Q_1)/(p_2 - p_1)$

曲线 2 吸水指数 $=(Q_4 - Q_3)/(p_2 - p_1)$

当 $\Delta p_1 = \Delta p_2$ 时，分子 $\Delta Q_1 < \Delta Q_2$，则曲线 1 吸水指数＜曲线 2 吸水指数。

ZBF002 利用注水指示曲线分析油层注水能力变化

3. 利用注水指示曲线分析油层吸水能力变化

分析分层吸水能力的方法有两种：一种是在注水过程中直接进行测试，用所测得的指示曲线来求得分层吸水指数；另一种是用同位素测得吸水剖面，用各层的相对吸水量来表示分层吸水能力。

由式吸水指示曲线计算公式可知，注水指示曲线直线段斜率的倒数即为吸水指数，直线的斜率越小，吸水指数越大。通过对比不同时间内所测得的指示曲线，就可以了解油层吸水能力的变化。以下就几种典型情况进行简要分析。如图 3-3-3 至图 3-3-6 中 I 代表先测得的注水指示曲线，II 代表后测得的注水指示曲线。

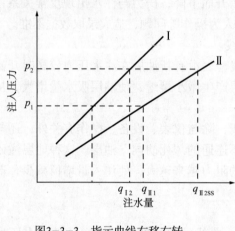

图3-3-3　指示曲线右移右转

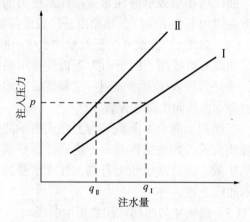

图3-3-4　指示曲线左移左转

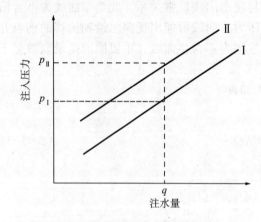

图3-3-5　指示曲线平行上移

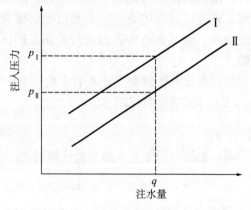

图3-3-6　指示曲线平行下移

1）指示曲线右移右转

如图 3-3-3 所示，注水指示曲线向注水量轴偏转，斜率变小，说明吸水指数增加，油层吸水能力增大。产生这种变化的地层原因可能是油井见水后，流动阻力减小，引起吸水能力增大，也可能是增产措施见效，注水井增加了吸水层段、厚度或地层在注水压力下产生新的裂缝。酸化、压裂都是水井增注措施。

2）指示曲线左移左转

如图 3-3-4 所示，注水指示曲线向注水压力轴偏转，斜率变大，说明吸水指数减小，油层吸水能力下降。产生这种变化的地层原因可能是地层深部吸水能力变差，注入水不能向深部扩散；或者油层污染；油层或水嘴出现堵塞，但没完全堵死造成吸水指数下降等。

3）曲线平行上移

如图 3-3-5 所示，由于曲线平行上移，斜率未变，故吸水指数未变化，但同一注水量下所需的注入压力却增加了，说明地层压力上升，注水启动压力上升。产生这种变化的原因可能是注水见效（注入水使地层压力升高），注采比偏大，也可能是连通的油井堵水、调小参数或关井。

4）曲线平行下移

如图 3-3-6 所示，曲线平行下移，斜率未变，故吸水指数未变，但同一注水量下所需的注入压力却下降了，说明地层压力下降，注水启动压力下降。产生这种变化的原因可能是地下亏空，如注采比偏小，注水量小于采出液量，从而导致地层压力下降，也可能是连通的油井提液（调大参数）。

严格地说，分析油层吸水能力的变化，需要用有效压力绘制油层真实指示曲线。若用井口实测的压力绘制指示曲线，必须是在同一管柱结构的情况下进行测试，而且只能对比吸水能力的相对变化。同一注水井在前、后不同管柱情况下所测得的指示曲线，由于管柱所产生的压力损失不同，因此不能用于对比油层吸水能力的变化。只有校正为有效井口压力并绘制成真实指示曲线后，才能对比分析油层吸水能力的变化。如果是分注井，可用同样的方法对各层及全井进行逐一对比，进而判断各层吸水能力变好还是变差。若是判断可能是配水管柱有问题，则还要参考测试卡片以及吸水剖面来进一步验证。

4.利用注水指示曲线分析注水井注水状况

ZBF013 利用注水指示曲线分析注水井注水状况

分注井通过封隔器、配水器等井下工具实现注水井分层注入，通过调整水嘴大小调节层段注水量，若井下工具出现问题，分层注水状况发生变化，小层或全井注水指示曲线也随之变化，通过分析曲线变化，可以检查注水状况是否正常。一个坐标系中曲线 1 为上一次测试注水指示曲线，曲线 2 为本次测试注水指示曲线，若有多次测试曲线，编号越大越为近期，按自然时间排序依次前推。

1）曲线明显右偏移型

曲线明显向右偏移，斜率变小，吸水指数增大，若压力相同，注水量增加较大，其原因是井下封隔器失效、底部阀门不密封或脱落等原因使井下注水状况发生明显改变；若保护封隔器失效，通过油套压即可判断；若层间封隔器失效，需通过分层测试验证。

2）曲线逐渐右偏移型

经多次测试发现曲线逐渐向右偏移，斜率逐渐变小，吸水指数逐步增大，其原因是井下层段水嘴刺大，时间越长水嘴刺大现象越明显；若层段曲线突然向水量轴偏移，相同压力下注水量突升，其原因是水嘴脱落。

3）曲线明显左偏移型

曲线明显向左偏移并接近纵坐标轴，斜率变大，吸水指数明显减小，其原因是水嘴堵塞，造成层段注水能力大幅下降；若水嘴堵死，指示曲线会与压力轴重合，表明层段注不进水。

ZBF003 油田
开发各阶段含
水变化分析

（三）机采井动态分析内容

1. 油田开发各阶段含水变化分析

油井含水率变化除了受规律性的影响之外，在某一阶段主要取决于注采平衡情况和层间差异的调整程度。在油田开发中，低含水期时由于水淹面积小，含油饱和度高，水的相对渗透率低，含水上升速度缓慢。油田开发中含水期，尤其是高黏度油田，含水上升速度快。油田开发高含水期，原油靠注入水携带出来，含水上升速度减慢。含水稳定井，指含水率变化不大，一般来说，月含水上升速度不超过 2%，年含水上升速度不超过 6%。当机采井一个方向，特别是主要来水方向超平衡注水，必然会导致油井含水迅速上升。而抽油机井的沉没度过小就会降低泵的充满系数，产液量降低。

ZBF004 机采
井沉没度的变
化分析

2. 机采井沉没度的变化分析

动液面是指油井在正常生产时，油管与套管之间环形空间的液面，而沉没度是指从抽油泵固定阀到油井动液面之间的距离，即泵沉没在动液面以下的深度，液面与沉没度的总和等于泵深，抽油泵在工作过程中，固定阀必须依靠油套环形空间的沉没压力作用才能打开。保持一定的沉没度可以防止抽油泵受气体影响或抽空，有利于提高泵效，没有一定的沉没度，就没有产量。在现场实际生产过程中，如果抽油机井的定压放气阀失灵，套压逐渐上升，气体进入抽油泵产生气体影响泵的充满系数，该井的沉没度就会逐渐下降，从而影响泵效；而抽油机井泵漏失、结蜡后产量下降，该井的沉没度变化是上升。

ZBF005 理论
示功图中各曲
线的含义

3. 理论示功图中各曲线的含义

如图 3-3-7 所示，理论示功图的 A 点表示抽油机在驴头处在起点位置，即下死点，此时抽油井光杆承受的载荷为抽油杆在液体中的重量，为最小载荷，点位在纵坐标轴上。理论示功图的 AB 线，当抽油机驴头开始上行时，光杆开始增载，即为增载线，在增载过程中，由于抽油杆因加载而拉长，油管因减载而弹性缩回产生冲程损失，当达到最大载荷 B 点时增载完毕，所以增载线呈斜直线上升。

理论示功图的 B 点，为抽油机增载完，此时抽油机承受的载荷为抽油杆在液体中重量与活塞以上液体重量之和，即为最大载荷，活塞开始上升，固定阀门打开，游动阀门关闭，井底液体流入泵筒。

理论示功图的 CD 线，当抽油机到达 C 点开始下行，光杆开始卸载，即为卸载线，在卸载过程中，由于抽油杆因减载而弹性缩回，油管因加载而拉长，同样产生一个冲程损失，达到最小载荷 D 点时卸载完毕，所以卸载呈斜直线下降。

理论示功图的 DA 线，D 点为抽油机卸载完，此时抽油机承受的载荷仅为抽油杆在液体中的重量，为最小载荷，活塞开始下行，固定阀门关闭，游动阀门打开。理论示功图 BB¹ 虚线，抽油杆上行，游动阀门关闭，固定阀门打开，活塞以上液体中的重量加载在抽油杆上，此时抽油杆因载荷而拉长，油管因减载而缩短，泵塞对泵筒存在冲程损失，其长度表示冲程损失的长度。

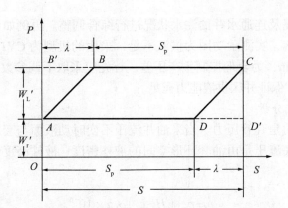

图3-3-7　静载荷作用下的理论示功图

ZBF006 抽油机井热洗质量的效果分析

4. 抽油机井热洗质量的效果分析

抽油机井油管结蜡后易产生泵漏失，降低泵的充满系数，减少抽油机井的产量，现场通常采用热洗的方法进行减小抽油机井的蜡影响，通过热洗，可以降低油流阻力，使油井产量恢复到正常水平。

抽油机井热洗周期的制定主要是分析示功图是否有结蜡影响，产液量是否下降（一般下降 10% 左右），抽油机上下冲程电流偏差大于 5~10A，说明到了热洗周期。对抽油机井进行热洗，如果温度不达标。且不严格操作程序，很容易造成蜡卡，所以抽油机井热洗要求来水（油）温度不低于 75℃。一般正常情况下抽油机井热洗后产量基本能够恢复到正常水平，示功图无结蜡现象，电流恢复到正常水平，说明达到热洗效果。

ZBF007 抽油机井参数调整的效果分析

5. 抽油机井合理工作参数的确定及参数调整的效果分析

ZBF008 抽油机井合理工作参数的确定

实际现场抽油机井的工作上制度可以根据供液能力及地面设备状况进行合理调整，在充分满足抽油机井生产能力（最大产液量）需求的前提下，使用大冲程可以增加排量，降低动液面提高油井产量。分析抽油机井工作参数是否合理，必须在泵况正常的情况下才能进行进一步分析。提高抽汲参数应优先考虑提高地面参数，而其中又以提高冲次为主。在分析抽油机井调参潜力过程中，如果供液能力充足、沉没度连续 3 个月大于 300m，应该选择调大参数，但是由于调大冲次增加抽油机井的动载荷，引起杆柱和地面设备的强烈振动，容易损坏设备，所以调大参数时要考虑设备所能承受的最大载荷问题。如果抽油机井连续供液不足，注水井已无提水措施潜力，建议该井调小参数。

抽油机井合理工作参数的调整，主要是确定合理的生产压差。抽油机井参数调整后，抽油机井的产量、含水流压都会有相应的变化，分析其调整效果，有利于下一步生产制度的确定。一般上调参数的措施效果一般表现为：产量上升，含水稳定，流压下降。例如，某抽油机井液面在井口，泵效为 75%，实测示功图为抽带喷，采用的机型为 CYJ10 3-37HB，冲程为 3m，冲次为 4 次 /min，为提高该井的产量，首先应采取上调参数。这样的井上调参数，可以及时放大生产压差，及时挖潜地下能量。抽油机井在调大参数前应摸清该井潜能，最少结合连续三个月的功图、液面及生产数据，合理地放大生产压差，避免因参数调整过大而造成地下亏空。而抽油机井的沉没度低，要根据抽油机井的实际生产情况及连通水井的注水状况进行综合调整。再例如：某抽油机井沉没度为 50m，泵效为 25%，实测示功图为供液不足，采用的机型为 CYJ10 3-37HB，冲程为 3m，冲次为 9 次 /min，为合理控制生产压差，首先应采取下调参数，同时连通水井也要对应采取增注措施，保证井区供液能力充足。

6. 油井套压变化分析
ZBF009 油井套压变化分析

采油井套压指的是套管压力。当采油井流压不变时动液面与套压之间的关系是液面上升套压上升。井底流压是由油套环形空间的液柱密度、液柱高度及井口套压等因素决定的，其计算式为：

$$p_f = p_c + (H - L_f) \rho_L g \times 10^{-6} \tag{3-3-3}$$

式中　p_c——抽油井井口套压，MPa；

　　　H——油层中部的深度，m；

　　　ρ_L——井中液体密度，kg/m³；

　　　L_f——动液面深度，m；

　　　g——重力加速度，m/s²。

利用动液面可以分析深井泵的工作状态和油层供液能力。对于注水开发的油田，根据油井液面变化，能够判断油井是否见到注水效果，为调整注水层段的注水量以及抽油井的抽汲参数提供依据。

引起采油井套压上升的原因主要有地面管线堵及气体影响。当采油井抽油泵受到气体影响时应及时降低套压。如果抽油机井示功图显示为气影响，井口套压上升，应该及时放套管气以减小气体影响。油井堵水有效开井后，液面下降，油压、套压都会明显下降。

7. 潜油电泵井电流卡片及动态控制图的应用分析
ZBF011 潜油电泵井动态控制图的应用

（1）潜油电泵井电流卡片分析。

ZBF010 潜油电泵井电流卡片的分析

潜油电泵井运行电流卡片可直接反映电泵运行是否正常。潜油电泵井运行电流卡片记录的电流变化与电动机工作电流的变化呈线性关系，因此电流卡片上记录的电流变化情况能够反映电动机的运行状况。研究、分析电流卡片对分析电泵井运行情况和判断电泵井运行中可能出现的各种故障都具有指导意义。

潜油电泵井正常运行情况下的电流，是一条光滑对称的曲线，电流值等于或接近额定电流值。潜油电泵井正常运转一段时间后，由于受井下不正常因素的影响，电流逐渐升高，当电流增加到过载保护电流时，过载保护装置动作会自动停泵。潜油电泵井欠载后，欠载保护器作用会使电泵欠载停机，如果未能使电机停运，电动机空转，说明欠载保护失灵，温度升高会导致电动机或电缆烧毁。

（2）潜油电泵井动态控制图分析。

①准备区块内电泵井的生产数据及相关的各种资料。

②计算区块内电泵井单井的泵效，并根据各井的数据确定每个井在控制图中的位置。潜油电泵井的动态控制图以流压 p_{wf} 为纵坐标，以排量效率 η 为横坐标。电泵井动态控制图流压确定的原则为油田开发制定的合理界限，最佳排量范围是离心泵进出口压力最小与流量合适。

③对每个区域的井进行具体分析。

合理区：处于此区的井工作状态最好，不仅供排协调，而且由于叶轮处于自由浮动的最佳状态下工作，机组寿命最长，系统效率最高。

供液不足区：处于此区的井主要是排液能力大于供液能力，主要是因为注水不够、油层渗透率降低或者电泵选择不合理（偏大）。下步挖潜措施应该为换小泵型。

选泵偏小区：处于此区的井主要是供液能力大于排液能力，主要是因为选泵偏小或注水增大产液量提高而导致电泵选择偏小，是油田挖潜的对象，下步挖潜措施应该为换大泵型。

核实资料区：处于此区的井超过了供排协调的可能范围，大部分井是因为资料出现了较大的偏差，个别靠近曲线的井也可能确实反映了实际情况，下步采取措施应该为核实资料，资料核实清楚后可划入其他区。

生产异常区：处于此区的井排液方面有问题，部分井基本没有排液能力，流压大于9MPa，处于自喷状态。当排液效率很低时，应该是电泵机组出了故障；而 η 大于 0.6 且 p_{wf} 小于 9MPa 的井，则可能是存在油嘴、输油管线结垢等憋压现象。该区域的井下步采取措施正确的为落实原因检电泵。

> ZBF014 螺杆泵井的生产状况分析

8. 螺杆泵井的生产状况分析

螺杆泵井也同其他采油设备一样，如果管理不当、工况不合理或产品质量有问题，也会出现一系列故障。由于螺杆泵采油的特殊性，各类故障的特征反应和诊断方法同其他采油方式有所不同。螺杆泵采油井常见的故障有抽油杆断脱、油管脱落、蜡堵、吸入部分堵塞、定子橡胶脱落等，经过实践及理论探讨，总结出如下诊断法，其中最常用的诊断方法主要有电流法、憋压法两种。

（1）电流法：电流法通过测试驱动电动机的工作电流，根据工作电流大小来诊断泵况的方法。电流法可以诊断表 3-3-1 中的各类故障。

表3-3-1　电流法诊断

工作电流	工况特征	故障形式
接近电动机空载电流	无排量，油套不连通	抽油杆断脱
	油套连通	油管脱落或油管严重漏失，油管头严重漏失
接近正常运转电流	排量很小（相对泵的理论排量）液面较浅	油管漏、长期运转泵定子橡胶磨损严重、失效
	排量很小（相对泵的理论排量）液面较深	泵严重漏失，举升扬程不够，气影响，油层供液能力极差
高于正常运转电流	排量正常，油压正常	结蜡严重
	排量降低，油压明显升高	输油管线堵
	排量正常（投产初期）	定子橡胶溶胀大，定子不合格
周期性波动	脉动出液	转子不连续运转，泵不合格

（2）蹩压法：蹩压法是通过关闭采油树回油阀门进行蹩压，观测井口油压和套压变化进行诊断井下泵况的方法，见表3-3-2。

表3-3-2　蹩压法诊断

油压套压	工况特征	故障形式
油压不上升且不同于套压	无排量	抽油杆断脱
油压不上升且接近套压或油压上升异常缓慢且与套压变化规律一致	无排量或很小	油管脱落，油管严重漏失
油压上升缓慢且不同于套压	排量小，泵效低，动液面较深	泵严重漏失，气影响，供液能力极差
油压与套压接近	油套连通	定子橡胶脱落

（3）扭矩法：通过测光杆扭矩来诊断泵况的方法，如杆断脱就没有光杆扭矩或扭矩很小。

（4）反转法：停机后观察光杆是否有反弹力，如一点反弹力没有或光杆还有一点正转的惯性，则杆断脱的可能性极大。

（5）光杆轴向力法：用吊车或简易井口抬光杆装置测出光杆的轴向力就可判断出杆是否断脱或断脱位置，如在井口附近断脱，在井口用撬杠就可很容易把光杆撬起。

（6）反洗井法：利用掺水向套管灌水调高油井沉没度可诊断出泵的举升能力。当套管灌满水后停机，看油管返液情况，如果油管出液，可认为是油套连通。

（7）提高光杆转速法：因为螺杆泵的排量与压头都与转速有关，因此用提高光杆转速的办法也能诊断出泵的举升能力等问题。

现场采油井结蜡对螺杆泵采油的影响特征包括：井口、地面管线结蜡，井口回压增大，螺杆泵压头降低。螺杆泵井抽油杆脱扣的原因包括三种：一是载荷扭矩过大；二是停机后油管内液体回流，冲击转子反转脱扣；三是作业时油杆上扣不够。

项目二　分析注水指示曲线

一、准备工作

（一）设备
可容纳20~30人教室1间。

（二）材料、工具
典型类型4口井前后两次分层测试资料，典型类型4口井注水指示曲线，典型类型4口井注水井生产数据，空白注水井数据对比表1张，空白测试资料对比表1张，分析答卷1份，演草纸少许，钢笔或碳素笔1支，计算器1个，2H铅笔1支，普通橡皮1块。

（三）人员
1人操作，劳动保护用品穿戴齐全。

二、操作规程

序　号	工　序	操作步骤
1	对比	对比注水井生产数据（填写注水数据对比表）
		测试资料对比（填写测试数据对比表）
2	判断曲线变化	判断曲线形态变化之一
		判断曲线形态变化之二
		判断曲线形态变化之三
		判断曲线形态变化之四
3	分析吸水指数变化原因	分析曲线形态变化之一，吸水能力变化的原因
		分析曲线形态变化之二，吸水能力变化的原因
		分析曲线形态变化之三，吸水能力变化的原因
		分析曲线形态变化之四，吸水能力变化的原因
4	提出措施	提出下步措施

三、技术要求

（1）分析原因条理清晰、问题查找准确。

（2）提出措施严谨全面。

项目三　解释抽油机井理论示功图

一、准备工作

（一）设备

可容纳 20~30 人教室 1 间。

（二）材料、工具

标准抽油机井理论示功图 1 张，分析答卷 1 份，演草纸少许，钢笔或碳素笔 1 支，计算器 1 个，2H 铅笔 1 支，普通橡皮 1 块。

（三）人员

1 人操作，劳动保护用品穿戴齐全。

二、操作规程

序　号	工　序	操作步骤
1	绘制辅助线	绘制载荷辅助线
		绘制冲程辅助线
		标注辅助线的名称、符号

续表

序　号	工　序	操作步骤
2	解释理论示功图	解释示功图的下死点（A 点）
		解释示功图的增载线（AB 点）
		解释示功图的上冲程损失线（BB′ 点）
		解释示功图的上行载荷线（BC 点）
		解释示功图的减载线（CD 点）
		解释示功图的下冲程损失线（DD′ 点）
		解释示功图的下行载荷线（DA 点）
3	书写答卷	卷面清洁、无乱涂改

三、技术要求

（1）分析原因条理清晰、问题查找准确。

（2）提出措施严谨全面。

项目四　分析判断现场录取的螺杆泵井生产数据

一、准备工作

（一）设备

可容纳 20~30 人教室 1 间。

（二）材料、工具

5 口以上螺杆泵井的资料（班报表），5 口以上螺杆泵井综合记录，空白资料对比表 1 张，空白资料分析表 1 张，演草纸少许，钢笔或碳素笔 1 支，计算器 1 个，2H 铅笔 1 支，普通橡皮 1 块。

（三）人员

1 人操作，劳动保护用品穿戴齐全。

二、操作规程

序　号	工　序	操作步骤
1	计算	计算班报表中相关数据（4 口螺杆泵井）
2	对比	对比资料（填写资料对比表）
3	判断	判断现场资料的正常与否
4	分析	分析不正常原因（量油资料）
		分析不正常原因（压力资料）
5	提出措施	提出处理意见
6	填写	填写螺杆泵井综合记录

三、技术要求

（1）分析原因条理清晰、问题查找准确。

（2）提出措施严谨全面。

项目五　分析判断现场录取的电泵井生产数据

一、准备工作

（一）设备

可容纳 20～30 人教室 1 间。

（二）材料、工具

5 口以上电泵井的资料（班报表），5 口以上电泵井综合记录，空白资料对比表 1 张，空白资料分析表 1 张，演草纸少许，钢笔或碳素笔 1 支，计算器 1 个，2H 铅笔 1 支，普通橡皮 1 块。

（三）人员

1 人操作，劳动保护用品穿戴齐全。

二、操作规程

序　号	工　序	操作步骤
1	计算	计算班报表中相关数据（5 口电泵井）
2	对比	对比资料（填写资料对比表）
3	判断	判断现场资料的正常与否
4	分析	分析不正常原因（量油资料）
		分析不正常原因（压力资料）
		分析不正常原因（电流卡片资料）
5	提出措施	提出处理意见
6	填写	填写电泵井综合记录

三、技术要求

（1）分析原因条理清晰、问题查找准确。
（2）提出措施严谨全面。

项目六　分析判断分注井井下封隔器密封状况

一、准备工作

（一）设备

可容纳 20～30 人教室 1 间。

（二）材料、工具

注水井综合记录，3 口以上单井在三层以上分层测试资料，空白测试注水指示曲线 1 张，空白注水数据对比，分析表 1 张，演草纸少许，钢笔或碳素笔 1 支，计算器 1 个，2H 铅笔 1 支，普通橡皮 1 块。

（三）人员

1 人操作，劳动保护用品穿戴齐全。

二、操作规程

序　号	工　序	操作步骤
1	填写数据	填写注水数据（填写注水数据对比表）
2	对比数据	对比注水数据变化状况（填写注水数据对比表）
		对比分层测试卡片（填写测试数据对比表）
3	判断保护封隔器	根据注水数据变化判断保护封隔器密封状况（密封）
		根据注水数据变化判断保护封隔器密封状况（不密封）
		根据注水指示曲线测试判断保护封隔器密封状况（不密封）
4	判断层内封隔器	根据分层测试卡片判断井下层内封隔器的密封状况（密封）
		根据分层测试卡片判断井下层内封隔器的密封状况（某层不密封）
		根据分层测试卡片判断井下层内封隔器的密封状况（全不密封）
5	提出措施	提出下步措施意见

三、技术要求

（1）分析原因条理清晰、问题查找准确。

（2）提出措施严谨全面。

项目七　计算机录入排版并打印 Word 文档

一、准备工作

（一）设备

可容纳 20～30 人计算机室 1 间。

（二）材料、工具

现场提供 500 字以上文字资料 1 份，现场指定打印纸若干，考场提供计算机 1 台（与打印机连好），打印机 1 台。

（三）人员

1 人操作，劳动保护用品穿戴齐全。

二、操作规程

序　号	工　序	操作步骤
1	准备	选取录入文章
2	录入前	检查计算机设备、线路、电路
		按程序打开计算机及其设备，进到桌面
3	录入文字	进入操作系统，打开文字处理软件
		录入文字
		保存
		退出操作系统

续表

序 号	工 序	操作步骤
4	编排文档	选定页面设置，选择纸型
		选定打印预览，重新编排文档
		保存
5	输出打印	打印机内放纸
		输出、打印
6	退出	退出操作界面、程序
		按程序关机

项目八　计算机录入注水井分层测试资料

一、准备工作

（一）设备

可容纳 20~30 人计算机室 1 间。

（二）材料、工具

现场提供 10 口以上注水井分层测试报表 1 份，现场指定打印纸若干，考场提供计算机 1 台（与打印机连好），打印机 1 台。

（三）人员

1 人操作，劳动保护用品穿戴齐全。

二、操作规程

序 号	工 序	操作步骤
1	审查资料	审查、计算相关数据（10 口井、填写测试资料统计表）
2	检查	开机前检查
3	开机	开机
		进入数据采集系统
		打开测试数据录入界面
		选定注水井
4	录入数据	选定日期
		录入数据
5	录后操作	切换到处理界面处理
		切换到查询界面审查录入数据
		打印、输出录入的数据
6	关机	逐步退出操作界面
		关机

理论知识练习题

初级工理论知识练习题及答案

一、单项选择题（每题有4个选项，只有1个是正确的，将正确的选项号填入括号内）

1. AA001　石油在化学上是以（　　）为主体的复杂混合物。
　　A. 氮氢化合物　　　　　B. 氢氧化物　　　　　C. 碳氢化合物　　　　　D. 氧化物

2. AA001　一种以液体形式存在于地下岩石孔隙中的可燃有机矿产是（　　）。
　　A. 柴油　　　　　　　　B. 石油　　　　　　　C. 沥青　　　　　　　　D. 汽油

3. AA001　石油没有确定的（　　）和物理常数。
　　A. 化学成分　　　　　　　　　　　　B. 物理成分
　　C. 有机成分　　　　　　　　　　　　D. 生物成分

4. AA002　利用石油的（　　）可以鉴定岩心、岩屑及钻井液中有无微量石油存在。
　　A. 放射性　　　　　　　B. 红外线　　　　　　C. 导光性　　　　　　　D. 荧光性

5. AA002　含蜡量多时，石油相对密度（　　），可使井底和井筒结蜡，给采油工作增加困难。
　　A. 较大　　　　　　　　B. 为0　　　　　　　C. 较小　　　　　　　　D. 不变

6. AA002　石油的（　　）是"石油有机生成说"的有力证据之一。
　　A. 荧光性　　　　　　　B. 放射性　　　　　　C. 旋光性　　　　　　　D. 含蜡性

7. AA003　在地层条件下，石油的相对密度与石油中溶解的（　　）量、地层压力和温度有关。
　　A. 天然气　　　　　　　　　　　　　B. 石油气
　　C. 二氧化碳气　　　　　　　　　　　D. 碳氢化合物

8. AA003　影响石油（　　）的因素有压力、温度及石油中溶解的天然气量。
　　A. 地层系数　　　　　　　　　　　　B. 饱和度
　　C. 孔隙度　　　　　　　　　　　　　D. 体积系数

9. AA003　地层条件下石油的体积比在地面脱气后的体积要大，一般石油体积系数均（　　）。
　　A. 大于等于1　　　　　B. 小于等于1　　　　C. 大于1　　　　　　　D. 小于1

10. AA004　石油中除碳、氢外，还有氧、（　　）、硫等元素，一般它们总量不超过1%，
　　　　　　个别油田可达5%～7%。
　　A. 钙　　　　　　　　　B. 镁　　　　　　　　C. 铀　　　　　　　　　D. 氮

11. AA004　石油主要是由三种烃类组成，即烷烃、（　　）和芳香烃。
　　A. 烯族烃　　　　　　　B. 烯烃　　　　　　　C. 环烷烃　　　　　　　D. 炔烃

12. AA004　石油中含碳量为（　　），含氢量为10%～14%，碳、氢含量的总和大于95%。
　　A. 78%～88%　　　　　　　　　　　　B. 80%～88%
　　C. 82%～90%　　　　　　　　　　　　D. 80%～90%

13. AA005　根据石油中不同的物质对某些介质有不同的吸附性和溶解性，石油的组分主要以（　　）为主。

A. 油质　　　　　　　B. 碳质　　　　　　　C. 胶质　　　　　　　D. 沥青质

14. AA005　在轻质石油中胶质含量一般不超过4%～5%，而在重质石油中胶质含量可达（　　）。

A. 10%　　　　　　　B. 20%　　　　　　　C. 30%　　　　　　　D. 40%

15. AA005　沥青质的组成元素与胶质基本相同，只是碳氢化合物减少了，而（　　）的化合物增多了。

A. 氧、硫、镁　　　　　　　　　　　B. 氧、硫、钙

C. 氧、硫、氮　　　　　　　　　　　D. 氧、硫、铁

16. AA006　石油在升温过程中，当增加到一定温度时，石油中的某些组分就由液体变为气体而蒸馏出来，这种在一定温度下蒸馏出来的组分称（　　）。

A. 馏分　　　　　　　　　　　　　　B. 还原物

C. 氧化物　　　　　　　　　　　　　D. 蒸馏水

17. AA006　轻汽油在石油中的馏分温度为（　　）以下。

A. 120℃　　　　　　B. 95℃　　　　　　C. 350℃　　　　　　D. 200℃

18. AA006　石油组分是衡量石油品质的标志之一，质量好的石油含（　　）高。

A. 水质　　　　　　　B. 蜡质　　　　　　C. 油质　　　　　　　D. 沥青质

19. AA007　天然气从广义上理解，是指以天然气态存在于（　　）的一切气体。

A. 大气中　　　　　　B. 油层中　　　　　　C. 地层中　　　　　D. 自然界

20. AA007　石油地质学中所指的天然气是指与石油有相似产状的通常以（　　）为主的气体。

A. 烃类　　　　　　　B. 一氧化碳　　　　　C. 丁烷　　　　　　　D. 丙烷

21. AA007　伴随原油共生，与原油同时被采出的（　　）称为伴生气。

A. 气田气　　　　　　B. 油田气　　　　　　C. 泥火山气　　　　　D. 煤层气

22. AA008　在一定压力下，单位体积的石油所溶解的天然气量，称为该气体在石油中的（　　）。

A. 溶解度　　　　　　B. 密度　　　　　　　C. 可溶性　　　　　　D. 浓度

23. AA008　当天然气溶于石油之后，就会降低石油的相对密度、黏度及表面张力，使石油的（　　）增大。

A. 质量　　　　　　　B. 溶解度　　　　　　C. 流动性　　　　　　D. 密度

24. AA008　天然气的压缩系数一般用高压物性实验方法测定，因真实气体比理想气体更容易被压缩，故天然气的压缩系数（　　）。

A. 大于1　　　　　　B. 大于等于1　　　　　C. 小于等于1　　　　D. 小于1

25. AA009　烃类气体中，$CH_4 \geq 95\%$、$C_2^+ < 5\%$ 的天然气，称为（　　）。

A. 湿气　　　　　　　B. 干气　　　　　　　C. 石油气　　　　　　D. 伴生气

26. AA009　与油田、气田有关的天然气，主要是（　　），同时含有数量不等的多种非烃气体。

A. 气态硫化氢　　　　B. 液态硫化氢　　　　C. 液态烃　　　　　　D. 气态烃

27. AA009　烃气主要为 $C_1 \sim C_4$ 的烷烃，即（　　）。

A. 甲烷到乙烷　　　　　　　　　　　B. 甲烷到丙烷

C. 甲烷到丁烷　　　　　　　　　　　D. 乙烷到丁烷

28. AA010　根据（　　），天然气可分为气田气、油田气、凝析气和煤田气。

　　A. 甲烷含量　　　　　　　B. 重烃含量　　　　　　C. 矿藏分类　　　　　　D. 含烃量

29. AA010　凝析气主要是由于油、气藏的埋藏深度加大，处于（　　）下的碳氢化合物为单相气态，采到地面后，由于温度、压力降低而发生凝结，由原来单相气态的碳氢化合物转为液态石油。

　　A. 高温、低压　　　　　　　　　　　　　　B. 高温、高压

　　C. 低温、高压　　　　　　　　　　　　　　D. 低温、低压

30. AA010　气田气中，天然气中主要含（　　），约占80%～98%，重烃气体很少，约占0～5%。

　　A. 甲烷　　　　　　　　　B. 乙烷　　　　　　　　C. 丙烷　　　　　　　　D. 丁烷

31. AB001　由一种或多种矿物有规律组合而成的矿物集合体称为（　　）。

　　A. 沉积岩　　　　　　　　B. 矿藏　　　　　　　　C. 地层　　　　　　　　D. 岩石

32. AB001　根据其成因，岩石可分为（　　）。

　　A. 沉积岩、岩浆岩、变质岩　　　　　　　　B. 岩浆岩、变质岩、碎屑岩

　　C. 沉积岩、岩浆岩、火成岩　　　　　　　　D. 碎屑岩、黏土岩、碳酸岩

33. AB001　由外力作用所形成的（　　）分布面积较广，约占地表岩石面积的75%。

　　A. 岩浆岩　　　　　　　　B. 沉积岩　　　　　　　C. 变质岩　　　　　　　D. 火成岩

34. AB002　以母岩的风化产物为主，在地壳发展过程中，常温常压条件下，受地质外力作用，经过搬运、沉积及成岩作用而形成的一类岩石是（　　）。

　　A. 沉积岩　　　　　　　　B. 岩浆岩　　　　　　　C. 变质岩　　　　　　　D. 火成岩

35. AB002　以碎屑物质为主要成分的岩石称为（　　）。

　　A. 碎屑岩　　　　　　　　B. 粉砂岩　　　　　　　C. 砂岩　　　　　　　　D. 泥岩

36. AB002　根据碎屑颗粒的（　　），碎屑岩又分为砾岩、砂岩和粉砂岩。

　　A. 多少　　　　　　　　　B. 大小　　　　　　　　C. 密度　　　　　　　　D. 质量

37. AB003　黏土矿物主要成分为高岭石、（　　）、水云母等。

　　A. 石灰石　　　　　　　　B. 黏土岩　　　　　　　C. 蒙脱石　　　　　　　D. 泥岩

38. AB003　既能作为生油层又能作为盖层的是（　　）。

　　A. 变质岩　　　　　　　　B. 黏土岩　　　　　　　C. 页岩　　　　　　　　D. 泥岩

39. AB003　目前世界上发现的油气田中，碳酸盐岩类型的油气田占很大的比重，就储量来说，约占世界总量的（　　）左右。

　　A. 60%　　　　　　　　　B. 90%　　　　　　　　C. 80%　　　　　　　　D. 50%

40. AB004　沉积岩的形成可以分为（　　）4个阶段。

　　A. 风化、破坏、搬运、沉积　　　　　　　　B. 风化、剥蚀、沉积、压实

　　C. 破坏、风化、沉积、成岩　　　　　　　　D. 破坏、搬运、沉积、成岩

41. AB004　引起岩石破坏的作用主要有（　　）和剥蚀作用。

　　A. 风化作用　　　　　　　　　　　　　　　B. 日晒作用

　　C. 水流作用　　　　　　　　　　　　　　　D. 化学作用

42. AB004　沉积岩的形成过程主要受到（　　）环境和大地构造格局的制约。

　　A. 成岩　　　　　　　　　B. 地理　　　　　　　　C. 沉积　　　　　　　　D. 温度

43. AB005　构成地壳的岩石暴露地表，在大气、温度、水和生物的共同影响下，使原来岩石的物理性质或化学成分发生改变，这种现象称为（　　）。

A. 剥蚀　　　　　　　　B. 风化　　　　　　　　C. 搬运　　　　　　　　D. 成岩

44. AB005　风化作用可分为三种类型：（　　）作用、化学风化作用和生物风化作用。

A. 地层风化　　　　　　　　　　　　　　B. 风的风化

C. 沉积风化　　　　　　　　　　　　　　D. 物理风化

45. AB005　流水、地下水、冰川和海洋等各种外力，在运动状态下对地面岩石及风化产物的破坏作用称为（　　）作用。

A. 风化　　　　　　　　B. 搬运　　　　　　　　C. 剥蚀　　　　　　　　D. 沉积

46. AB006　母岩风化剥蚀的产物除少部分残留原地外，大部分要在流水、风、冰川等自然运动的介质携带下，离开原地向他处迁移，这个过程称为（　　）作用。

A. 沉积　　　　　　　　B. 搬运　　　　　　　　C. 外力　　　　　　　　D. 流动

47. AB006　碎屑物质和新生成的矿物呈碎屑状态搬运，这种搬运称为（　　）搬运。

A. 流动　　　　　　　　B. 运动　　　　　　　　C. 化学　　　　　　　　D. 机械

48. AB006　在相同的（　　）条件下，不同性质的碎屑圆化速度不同，硬度小的比硬度大的易磨圆，粗粒比细粒易磨圆。

A. 生物　　　　　　　　B. 搬运　　　　　　　　C. 机械　　　　　　　　D. 重力

49. AB007　风化作用与剥蚀作用，二者相互依赖，相互促进地进行着，这样就能不断地为（　　）提供充足的物质来源。

A. 沉积岩　　　　　　　B. 变质岩　　　　　　　C. 岩浆岩　　　　　　　D. 泥岩

50. AB007　随着搬运介质（　　）条件和化学条件的改变，被搬运的物质在适当的场所（如湖泊、海洋）按一定的规律和先后的顺序沉积下来，称为沉积作用。

A. 沉积　　　　　　　　B. 重力　　　　　　　　C. 生物　　　　　　　　D. 动力

51. AB007　根据沉积物沉积的（　　）不同，沉积作用分为海洋沉积和陆相沉积两类。

A. 位置　　　　　　　　B. 环境　　　　　　　　C. 温度　　　　　　　　D. 介质

52. AB008　物理风化作用是指地壳表层岩石即母岩的一种（　　）作用。

A. 胶结　　　　　　　　　　　　　　　　B. 沉积

C. 机械破坏　　　　　　　　　　　　　　D. 化学破坏

53. AB008　岩石发生机械破碎主要原因是由（　　）变化及由此而产生的水的冻结和融化、风的作用、海洋（湖泊）的作用等所引起的。

A. 温度　　　　　　　　B. 压力　　　　　　　　C. 物理　　　　　　　　D. 化学

54. AB008　物理风化作用没有显著的（　　）成分变化。

A. 物理　　　　　　　　B. 化学　　　　　　　　C. 生物　　　　　　　　D. 机械

55. AB009　化学风化作用是指岩石在水、氧气、二氧化碳等作用下发生分解而产生新的（　　）的作用。

A. 元素　　　　　　　　B. 岩石　　　　　　　　C. 矿物　　　　　　　　D. 化合物

56. AB009　具有化学（　　）形成和生物遗体构成结构的岩石称为化学岩或生物化学岩。

A. 成分　　　　　　　　B. 成因　　　　　　　　C. 反映　　　　　　　　D. 物理

57. AB009　生物风化作用可引起岩石的（　　）和化学分解。

A. 成分破坏　　　　　　　　　　　　　　B. 化学破坏

C. 生物破坏   D. 机械破坏

58. AB010 机械沉积是在（   ）的重力大于水流的搬运力时发生的。

A. 地壳   B. 岩石   C. 碎屑   D. 机械

59. AB010 机械沉积作用的结果使沉积物按照（   ）的顺序，沿搬运的方向，形成有规律的带状分布。

A. 黏土—粉砂—砂—砾石   B. 砾石—粉砂—砂—黏土

C. 砂—粉砂—黏土—砾石   D. 砾石—砂—粉砂—黏土

60. AB010 搬运的溶解物质按溶解度大小依次沉积称为（   ）沉积。

A. 物理   B. 化学   C. 生物   D. 地层

61. AB011 海洋中生物死亡后，其含有硅、磷、（   ）的骨骼或贝壳堆积在海底，可以形成磷质岩、硅质岩和石灰岩等。

A. 碳酸钙   B. 碳酸氢钙   C. 硫酸钙   D. 氯化钙

62. AB011 内陆沼泽、大型富营养湖泊、相对封闭的小洋盆和浅海大陆架地区都是有利于（   ）发育的地理环境。

A. 石油   B. 生物   C. 矿物质   D. 天然气

63. AB011 丰富的生物有机质的供给、适宜的（   ）以及具有中等沉积速度的细碎屑物质的沉积是富有机质沉积形成的必要条件。

A. 温度   B. 有利条件

C. 静水环境   D. 生物发育程度

64. AB012 成岩作用主要包括压固脱水作用、（   ）、重结晶作用。

A. 分异作用   B. 胶结作用

C. 沉积作用   D. 风化作用

65. AB012 由松散沉积物变为坚硬沉积岩的过程称为（   ）。

A. 成岩作用   B. 胶结作用

C. 沉积作用   D. 重结晶作用

66. AB012 使松散沉积物紧密结合从而失去水分的作用称为（   ）。

A. 胶结作用   B. 重结晶作用

C. 沉积作用   D. 压固脱水作用

67. AB013 充填在（   ）孔隙中的矿物质将松散的颗粒黏结在一起的作用称为胶结作用。

A. 沉积物   B. 沉积岩   C. 碎屑物   D. 岩石

68. AB013 胶结作用是（   ）沉积物成岩的主要方式，如砾和砂胶结后形成砾岩和砂岩。

A. 黏土   B. 碎屑   C. 分散   D. 颗粒

69. AB013 常见的胶结物成分或者与沉积物同时生成，或者是在（   ）过程中形成的新矿物，或是由以后地下水带来的。

A. 风化   B. 搬运   C. 剥蚀   D. 成岩

70. AB014 重结晶作用可使沉积物颗粒大小、（   ）、排列方向发生改变。

A. 构造   B. 矿物成分   C. 结构   D. 形状

71. AB014 在压力增大、温度升高的情况下，沉积物中（   ）组分发生部分溶解和再结晶，使非晶质变为结晶质，细粒晶变为粗粒晶，从而使沉积物固结成岩。

A. 矿物   B. 生物

C. 有机质   D. 碎屑物质

72. AB014 沉积物在成岩过程中，矿物组分借溶解或扩散等方式，使物质质点发生重新排列组合的现象称为（ ）。

A. 胶结作用   B. 重结晶作用

C. 沉积作用   D. 压固脱水作用

73. AB015 沉积岩的结构按其成因分类，可分为碎屑结构、（ ）结构、生物岩结构和化学岩结构。

A. 泥质   B. 致密   C. 斑块   D. 层理

74. AB015 沉积岩结构为粒状或鱼卵状是（ ）成因形成的。

A. 风化   B. 化学   C. 生物   D. 机械

75. AB015 碎屑结构中，颗粒粒径为 0.05 ~ 2mm 的是（ ）结构。

A. 砾状   B. 粉状   C. 碎屑   D. 砂状

76. AB016 岩石由（ ）被胶结物胶结而成的结构称为碎屑岩。

A. 碎屑物质   B. 黏土矿物   C. 松散沉积物   D. 砾石

77. AB016 碎屑岩结构包括（ ）、颗粒形状、胶结形式等。

A. 密度大小   B. 构造形状

C. 颗粒排列   D. 颗粒大小

78. AB016 碎屑颗粒粒径大于（ ）的为砾状结构。

A. 1mm   B. 2mm   C. 3mm   D. 4mm

79. AB017 泥质岩也称为（ ）岩。

A. 页   B. 泥   C. 碎屑   D. 黏土

80. AB017 具有由极细小的（ ）矿物组成的、比较均匀致密的、质地较软的结构的岩石称为泥质岩。

A. 碎屑   B. 黏土   C. 碎屑和黏土   D. 颗粒

81. AB017 泥质岩结构质地（ ）。

A. 较软   B. 致密   C. 坚硬   D. 松散

82. AB018 沉积岩构造是沉积岩的重要特征之一，也是（ ）的重要标志。

A. 岩石   B. 油层   C. 产状   D. 划相

83. AB018 沉积岩构造是指（ ）在沉积过程中或之后，由于物理与化学作用及生物作用形成的各种构造。

A. 油层   B. 岩层   C. 沉积物   D. 沉积岩

84. AB018 在沉积物的表面岩层的层面上也可出现波痕、（ ）和痕迹化石等层面构造特征。

A. 褶曲   B. 干裂   C. 碎屑   D. 晶粒

85. AB019 沉积岩中由于不同成分、不同颜色、不同结构构造等的渐变、相互更替或沉积间断所形成的成层性质称为（ ）。

A. 结构   B. 层面构造   C. 节理   D. 层理

86. AB019 层理是沉积岩最重要的特征之一，也是识别沉积（ ）的重要标志。

A. 条件   B. 环境   C. 过程   D. 成分

87. AB019　层理是沉积物沉积时在（　　）形成的成层构造，常常是由沉积岩的颜色、结构、成分或层的厚度、形状等沿垂向的变化而显示出来。

　　A. 深水区　　　　　　　B. 层外　　　　　　　C. 层内　　　　　　　D. 浅水区

88. AB020　在沉积环境比较稳定的条件下形成的层理是（　　）。

　　A. 斜层理　　　　　　　　　　　　　　B. 波状层理

　　C. 交错层理　　　　　　　　　　　　　D. 水平层理

89. AB020　水平层理主要形成于（　　）和泥质岩石中，多见于水流缓慢或平静的环境中形成的沉积物内，如河漫滩、牛轭湖、潟湖、沼泽、闭塞的海湾沉积物中。

　　A. 砂岩　　　　　　　B. 粉砂岩　　　　　　　C. 细粉砂　　　　　　　D. 砾岩

90. AB020　水平层理多形成于沉积环境比较稳定的（　　）。

　　A. 广阔浅海和湖底　　　　　　　　　　B. 三角洲或河床底部

　　C. 海、湖盆地底部　　　　　　　　　　D. 海、湖盆地边缘

91. AB021　无论是（　　），一般都是反映浅水沉积环境。

　　A. 波状层理或交错层理　　　　　　　　B. 水平层理或交错层理

　　C. 斜层理或交错层理　　　　　　　　　D. 水平层理或波状层理

92. AB021　斜层理的（　　）代表流水方向。

　　A. 倾斜方向　　　　　　　　　　　　　B. 直线方向

　　C. 交错方向　　　　　　　　　　　　　D. 曲线形状方向

93. AB021　斜层理是水流或风中形成的沙纹或沙波被（　　）以后在岩层剖面上所呈现出的构造特征。

　　A. 搬运　　　　　　　B. 风化　　　　　　　C. 侵蚀　　　　　　　D. 埋藏

94. AB022　在滨海、浅海地带或陆地上的（　　）变化，均可形成交错层理。

　　A. 地形　　　　　　　B. 风向　　　　　　　C. 水流　　　　　　　D. 环境

95. AB022　细层呈波浪状，并平行于层面的层理，称（　　）。

　　A. 波状层理　　　　　　　　　　　　　B. 水平层理

　　C. 斜层理　　　　　　　　　　　　　　D. 交错层理

96. AB022　在细砂岩和粉砂岩中常见的层理是（　　）。

　　A. 水平层理　　　　　　　　　　　　　B. 波状层理

　　C. 斜层理　　　　　　　　　　　　　　D. 交错层理

97. AB023　由于机械原因或生物活动形成并保留在岩层表面或底面上的各种沉积构造，称为（　　）构造。

　　A. 斑痕　　　　　　　B. 沉积　　　　　　　C. 层理　　　　　　　D. 层面

98. AB023　干裂反映的是（　　）环境沉积，可用来鉴定地层沉积的上下顺序。

　　A. 浅水　　　　　　　B. 深水　　　　　　　C. 海水　　　　　　　D. 湖水

99. AB023　根据沉积岩结核的形成时间可分为沉积结核、成岩结核、（　　）结核。

　　A. 前生　　　　　　　B. 后生　　　　　　　C. 生油　　　　　　　D. 砾石

100. AB024　沉积岩的颜色根据成因可分为（　　）色、原生色和次生色。

　　A. 继承　　　　　　　B. 自生　　　　　　　C. 纯白　　　　　　　D. 混杂

101. AB024　次生色其颜色取决于（　）矿物的颜色。

　　A. 原生　　　　　　　　B. 后生　　　　　　　　C. 自生　　　　　　　　D. 母岩

102. AB024　沉积岩的颜色是根据（　）区分的。

　　A. 地质年代　　　　　　　　　　　　　B. 色别种类

　　C. 沉积环境　　　　　　　　　　　　　D. 成因类型

103. AB025　石膏、硬石膏和盐岩特有的颜色是（　）。

　　A. 蓝色和天青色　　　B. 灰色和黑色　　　C. 紫色　　　　　　D. 白色

104. AB025　红色、褐红色、棕色和黄色岩石的颜色反映了岩石形成时的介质条件具有(　)性质。

　　A. 物理　　　　　　　　B. 化学　　　　　　　　C. 强氧化　　　　　　D. 还原

105. AB025　沉积岩中（　）表示没有色素或含钙量太高，如纯洁的岩盐、白云岩、石灰岩、高岭土和石英砂岩等。

　　A. 无色　　　　　　　　B. 白色　　　　　　　　C. 青色　　　　　　　　D. 蓝色

106. AB026　地层是地壳历史发展过程中的天然物质记录，也是一定（　）时间内所形成的岩石的总称。

　　A. 沉积　　　　　　　　B. 历史　　　　　　　　C. 地质　　　　　　　　D. 发展

107. AB026　石油和天然气都储集于地层之中，要想正确认识油田的地质情况，进行油气勘探、开发，就必须确定地质（　）及其相应地层。

　　A. 规律　　　　　　　　B. 现象　　　　　　　　C. 环境　　　　　　　　D. 时代

108. AB026　地层单位中的宇、界、系、统、阶、时、带，主要是根据（　）的发展演化阶段来划分的。

　　A. 地层　　　　　　　　B. 生物　　　　　　　　C. 植物　　　　　　　　D. 动物

109. AB027　群、组、段、层四个单位主要是根据地层岩性和地层（　）关系来划分的。

　　A. 时间　　　　　　　　B. 接触　　　　　　　　C. 沉积　　　　　　　　D. 相互

110. AB027　"界"是国际上通用的最大地层单位，相当于一个（　）时间内所形成的地层。

　　A. 代　　　　　　　　　B. 宇　　　　　　　　　C. 世　　　　　　　　　D. 期

111. AB027　地质年代单位的（　）与地层单位宇、界、系、统相对应。

　　A. 阶、时、带　　　　　　　　　　　　B. 期、时、组

　　C. 群、组、段、层　　　　　　　　　　D. 宙、代、纪、世

112. AB028　地质（　）是指各种地质事件发生的年代。

　　A. 时代　　　　　　　　B. 现象　　　　　　　　C. 时间　　　　　　　　D. 规律

113. AB028　地质时代是表明地层形成先后顺序的（　）概念。

　　A. 规律　　　　　　　　B. 现象　　　　　　　　C. 年龄　　　　　　　　D. 时间

114. AB028　由于（　）是在不同时代里沉积的，先沉积的是老地层，后沉积的是新地层。

　　A. 岩石　　　　　　　　B. 地层　　　　　　　　C. 地壳　　　　　　　　D. 沉积岩

115. AB029　"期"是（　）性的地质时代单位。

　　A. 地方　　　　　　　　B. 区域　　　　　　　　C. 历史　　　　　　　　D. 国际

116. AB029　地质时代单位中（　）是一个自由使用的时间单位。

　　A. 代　　　　　　　　　B. 世　　　　　　　　　C. 时　　　　　　　　　D. 宙

117. AB029　地质时代单位是用以划分地球（　　）的单位。
　　A. 历史　　　　　　　B. 规律　　　　　　　C. 时代　　　　　　D. 区域

118. AB030　地壳运动是形成地质构造的原因，地质构造则是地壳运动的（　　）。
　　A. 原因　　　　　　　B. 结果　　　　　　　C. 现象　　　　　　D. 表现

119. AB030　地壳运动是地球（　　）引起岩石圈的机械运动。
　　A. 引力　　　　　　　B. 应力　　　　　　　C. 外力　　　　　　D. 内力

120. AB030　地壳运动又称（　　）运动。
　　A. 机械　　　　　　　B. 外力　　　　　　　C. 构造　　　　　　D. 应力

121. AC001　在进行探井的（　　）时，要与勘探阶段划分、勘探程序、勘探的钻探目的紧密结合起来。
　　A. 钻探　　　　　　　B. 命名　　　　　　　C. 分类　　　　　　D. 开发

122. AC001　在油气区域勘探阶段，为物探解释提供参数而钻的探井称为（　　）井。它属于对盆地进行区域早期评价的探井。
　　A. 资料　　　　　　　B. 参数　　　　　　　C. 地质　　　　　　D. 探评

123. AC001　在地震精查的基础上，为评价（　　）的规模、产能及经济价值，以建立探明储量为目的而钻的探井称为评价井。
　　A. 油气储量　　　　　　　　　　　　B. 油气层
　　C. 油气井　　　　　　　　　　　　D. 油气田

124. AC002　在地震精查、构造图可靠、评价井所取的地质资料比较齐全、确认了（　　）之后，根据开发方案所钻的井称为开发井。
　　A. 探明储量　　　　　　　　　　　B. 技术可采储量
　　C. 可采资源量　　　　　　　　　　D. 经济可采储量

125. AC002　为完成产能建设任务按开发方案井网所钻的井称为（　　）井。
　　A. 评价　　　　　　　B. 参数　　　　　　　C. 调整　　　　　　D. 开发

126. AC002　落实（　　）储量，准备产能建设，获得试采资料，都是为进行油藏工程研究做好开发准备。
　　A. 地质　　　　　　　B. 预测　　　　　　　C. 探明　　　　　　D. 控制

127. AC003　以井位所在的十万分之一分幅地形图为基本单元命名或以二级构造带名称命名的井称为（　　）。
　　A. 预探井　　　　　　　　　　　　B. 参数井
　　C. 评价井　　　　　　　　　　　　D. 开发井

128. AC003　水文井是以一级构造单元统一命名的，其井号取井位所在一级构造单元名称的第一个汉字，再加汉语拼音字母（　　）组成前缀，后面再加一级构造单元内水文井布井顺序号命名。
　　A. SW　　　　　　　B. S　　　　　　　C. SH　　　　　　D. W

129. AC003　地质井是以一级构造单元统一命名。取井位所在一级构造单元名称的第一个汉字加大写汉语拼音字母（　　）组成前缀，后面再加一级构造单元内地质井布井顺序号（阿拉伯数字）命名。
　　A. D　　　　　　　B. Z　　　　　　　C. DZ　　　　　　D. X

130. AC004 在井号的后面加小写的"x"，再加阿拉伯数字命名的井号称为（ ）井。

    A. 定向   B. 探评   C. 水文   D. 开发

131. AC004 按油田的汉字拼音字头 – 平台号 – 井号编排的井号，是（ ）开发井号。

    A. 陆上油田   B. 海上油田

    C. 陆上丛式井   D. 海上钻井平台

132. AC004 按区块 - 构造 - 井号命名方案，采用经度1°、纬度1°面积分区，每区用海上或岸上的地名命名的井是（ ）。

    A. 海上预探井   B. 海上开发井

    C. 陆上开发井   D. 海上探井

133. AC005 在油田上（ ）所处的部位及注水井与采油井的比例关系和排列形式称为注水方式。

    A. 采油井   B. 注水井

    C. 地层探井   D. 水文井

134. AC005 开发方式一般可分为两大类，一类是利用油藏的天然能量进行开采，另一类是采取（ ）补充油层能量进行开发。

    A. 人工   B. 重力驱动

    C. 气顶气驱   D. 压力

135. AC005 注水方式一般分为四类：即边缘注水、切割注水、面积注水和点状注水。目前，多数油田采用（ ）注水方式。

    A. 边缘   B. 切割

    C. 面积   D. 点状

136. AC006 在油层分布稳定、连通性好、渗透率高、构造形态规则的较大油田适用（ ）注水。

    A. 面积   B. 边缘

    C. 行列切割   D. 点状

137. AC006 采用一定的注采井距将注水井成行或成列均匀布在一条线上，采油井排与注水井排基本平行，称为（ ）注水。

    A. 行列切割   B. 边缘

    C. 面积   D. 点状

138. AC006 利用注水井排将油田切割成若干个较小的区域，这些区域称为（ ）。

    A. 切割距   B. 切割区   C. 采油区   D. 注水区

139. AC007 油田面积大，地质构造不够完整，断层分布复杂的油田，适用于（ ）注水方式。

    A. 面积   B. 行列切割   C. 点状   D. 边缘

140. AC007 油田油层渗透性差，流动系数较低，用切割式注水阻力较大，采油速度较低时，适用于（ ）注水方式。

    A. 边缘   B. 切割   C. 点状   D. 面积

141. AC007 油层分布不规则，延伸性差，多呈透镜状分布，用切割式注水不能控制多数油层，注入水不能逐排影响生产井时，采用（ ）注水方式比较合适。

    A. 面积   B. 行列切割   C. 点状   D. 边缘

142. AC008 面积注水的油田，最显著的特点是采油井（　　）处在注水受效的第一线上。

A. 部分　　　　　　　　B. 全部　　　　　　　　C. 全不　　　　　　　　D. 分批

143. AC008 面积注水方式的采油速度，一般均（　　）行列注水，在一定工作制度下，主要取决于布井系统和井距。

A. 低于　　　　　　　　　　　　　　　　　　　B. 高于

C. 等于　　　　　　　　　　　　　　　　　　　D. 小于等于

144. AC008 对早期进行（　　）注水开发的油田，注水井经过适当排液即可转入全面注水。

A. 面积　　　　　　　　B. 行列　　　　　　　　C. 点状　　　　　　　　D. 边缘

145. AC009 井网呈等边三角形，注水井按一定的井距布置在等边三角形的三个顶点上，采油井位于三角形的中心，这样的注采方式为（　　）面积井网。

A. 点状　　　　　　　　B. 三点　　　　　　　　C. 四点法　　　　　　　D. 五点法

146. AC009 四点法面积井网是一口注水井给周围六口采油井注水，一口采油井受周围（　　）个方向的注水井的影响。

A. 二　　　　　　　　　B. 三　　　　　　　　　C. 四　　　　　　　　　D. 五

147. AC009 四点法面积井网注水井与每个采油井距离相等，注水井和采油井井数比例为（　　）。

A. 1 : 3　　　　　　　　B. 1 : 1　　　　　　　　C. 1 : 2　　　　　　　　D. 1 : 4

148. AC010 随着注水强度的提高，面积波及系数逐渐增大，五点法最终（　　）较高。

A. 产油量　　　　　　　B. 采收率　　　　　　　C. 含水　　　　　　　　D. 产液量

149. AC010 五点法面积井网呈（　　）几何图形布井，注水比较均匀。

A. 正方形　　　　　　　　　　　　　　　　　　B. 直角三角形

C. 钝角三角形　　　　　　　　　　　　　　　　D. 等边三角形

150. AC010 根据理论计算和室内模拟试验，在油层均质等厚条件下，油水黏度比或流度比为 1 时，五点法面积井网油井见水时的扫描系数为（　　）。

A. 0. 32　　　　　　　　B. 0. 52　　　　　　　　C. 0. 27　　　　　　　　D. 0. 72

151. AC011 七点法面积井网呈等边三角形，注水井按一定的井距布置在正六边形的（　　），呈正六边形，采油井位于注水井所形成的正六边形的中心。

A. 边线　　　　　　　　B. 腰线　　　　　　　　C. 中心　　　　　　　　D. 顶点

152. AC011 七点法面积井网，注水井和采油井井数比例为（　　）。

A. 2 : 1　　　　　　　　B. 1 : 2　　　　　　　　C. 1 : 1　　　　　　　　D. 2 : 3

153. AC011 七点法面积井网中，一口注水井给周围（　　）口采油井注水。

A. 二　　　　　　　　　B. 三　　　　　　　　　C. 四　　　　　　　　　D. 五

154. AC012 面积注水井网中，（　　）面积井网，周围由 8 口注水井，中心 1 口采油井组成。

A. 九点法　　　　　　　　　　　　　　　　　　B. 反九点法

C. 七点法　　　　　　　　　　　　　　　　　　D. 反七点法

155. AC012 九点法面积井网每口采油井受周围（　　）个方向的注水井影响。

A. 九　　　　　　　　　B. 八　　　　　　　　　C. 七　　　　　　　　　D. 六

156. AC012 九点法面积井网注水井和采油井井数比例为（　　），是目前注水强度最高的一种布井方式。

A. 4 : 1　　　　　　　　B. 1 : 3　　　　　　　　C. 2 : 1　　　　　　　　D. 3 : 1

157. AC013　反九点法面积井网中作为角井的采油井受（　）口注水井的影响。

　　A. 4　　　　　　　　B. 6　　　　　　　　C. 8　　　　　　　　D. 9

158. AC013　反九点法面积井网注水井和采油井井数比例为（　）。

　　A. 4：1　　　　　　B. 1：3　　　　　　C. 2：1　　　　　　D. 3：1

159. AC013　反九点法面积井网中作为边井的采油井受（　）口注水井的影响。

　　A. 2　　　　　　　　B. 3　　　　　　　　C. 4　　　　　　　　D. 6

160. AC014　只在套管中下入油管，以达到保护套管、方便控制的目的井是（　）注水井。

　　A. 笼统　　　　　　B. 正注　　　　　　C. 反注　　　　　　D. 分层

161. AC014　笼统注水只适用于油层相对单一、渗透率（　）的油田。

　　A. 差异较大　　　　B. 差异较小　　　　C. 较高　　　　　　D. 较低

162. AC014　在同一压力下，不分层段，多层合注的注水方式称为（　）注水。

　　A. 油管　　　　　　B. 套管　　　　　　C. 分层　　　　　　D. 笼统

163. AC015　在同一口注水井中，从油管与油套环形空间同时向不同层段注水的方法称（　）注水。

　　A. 正注　　　　　　B. 反注　　　　　　C. 合注　　　　　　D. 笼统

164. AC015　采用正注方法的分层注水井，注入水进入油管经配水嘴注入油层。其注水压力除了受油管摩擦阻力的影响外，还受水嘴阻力的影响，因此各层的注水压差是（　）的。

　　A. 相同　　　　　　B. 不同　　　　　　C. 上升　　　　　　D. 下降

165. AC015　根据油层的性质及特点，将不同性质的油层分隔开来，用不同压力对不同层段定量注水的方法称为（　）注水。

　　A. 分层　　　　　　B. 正注　　　　　　C. 反注　　　　　　D. 笼统

166. AC016　注入水质的基本要求，水质（　），与油层岩性及油层水有较好的配伍性。

　　A. 单一　　　　　　B. 多杂质　　　　　C. 稳定　　　　D. 不稳定

167. AC016　注入水质的基本要求，（　），能将岩石孔隙中的原油有效地驱替出来。

　　A. 驱油效率好、会引起地层岩石颗粒及黏土膨胀

　　B. 驱油效率好、不会引起地层岩石颗粒及黏土膨胀

　　C. 驱油效率不好、不会引起地层岩石颗粒及黏土膨胀

　　D. 驱油效率不好、会引起地层岩石颗粒及黏土膨胀

168. AC016　注入水的水质要求，在注入油层后不产生沉淀和堵塞油层的（　）反应，是注入水质的基本要求。

　　A. 铁细菌　　　　　　　　　　　　　　B. 硫酸盐还原菌

　　C. 腐生菌　　　　　　　　　　　　　　D. 物理化学

169. AC017　注入水水质标准中的总铁含量小于（　）。

　　A. 0. 5mg/L　　　　　　　　　　　　　B. 0. 05mg/L

　　C. 5. 0mg/L　　　　　　　　　　　　　D. 1. 5mg/L

170. AC017　注入水水质的标准中，对生产及处理设备流程的腐蚀率不大于（　）。

　　A. 0. 76mm/a　　　　　　　　　　　　B. 0.076mm/a

　　C. 0. 067mm/a　　　　　　　　　　　　D. 0. 67mm/a

171. AC017 注入水水质标准中，二价硫的含量不大于（　　）。

    A. 15mg/L   B. 1.0mg/L

    C. 1.5mg/L   D. 10mg/L

172. AC018 油（气）层开采（　　），称为原始地层压力，单位为 MPa。

    A. 之前的地层压力   B. 地层压力

    C. 饱和压力   D. 流动压力

173. AC018 原始地层压力的数值与油层形成的条件、埋藏深度及地表的连通状况等有关，在相同水动力系统内，地层埋藏深度越深，其压力（　　）。

    A. 越稳定   B. 越不稳定   C. 越大   D. 越小

174. AC018 地层压力是指地层孔隙内流体所承受的压力，主要来源于边水或底水的（　　）。

    A. 流动压力   B. 饱和压   C. 油层压力   D. 水柱压力

175. AC019 油井关井测得的（　　）代表的是目前的油层压力。

    A. 油层上部压力   B. 油层中部压力

    C. 油层下部压力   D. 井底压力

176. AC019 正常生产的注水井流动压力（　　）。

    A. 小于静水柱压力   B. 小于饱和压力

    C. 小于生产压力   D. 大于地层压力

177. AC019 在油井生产过程中所测得的油层中部压力称为（　　）。

    A. 饱和压力   B. 井底压力   C. 流动压力   D. 地层压力

178. AC020 饱和压力越低，弹性驱动能力越大，有利于放大（　　）来提高油井产量和采油速度。

    A. 流饱压差   B. 地饱压差   C. 生产压差   D. 总压差

179. AC020 原始饱和压力是指在原始地层条件下测得的（　　）。

    A. 饱和压力   B. 流动压力

    C. 原始地层压力   D. 静止压力

180. AC020 当油层压力高于（　　）时，天然气全部溶解在原油中，开发过程中油层内只有单相流动。

    A. 流动压力   B. 静止压力

    C. 原始地层压力   D. 饱和压力

181. AD001 安全管理既指对劳动生产过程中的事故和防止事故发生的管理，又包括对生活和生产环境中的（　　）的管理。

    A. 安全责任   B. 安全问题

    C. 安全组织   D. 安全技术

182. AD001 安全管理是管理者对安全（　　）进行计划、组织、指挥、协调和控制的一系列活动，以保护职工的安全与健康，保证企业生产的顺利发展，促进企业提高生产效率。

    A. 生产   B. 方针   C. 原则   D. 政策

183. AD001 安全管理工作的原则是"安全第一，（　　）为主"。

    A. 质量   B. 经营   C. 预防   D. 生产

184. AD002　安全管理的工作内容包括贯彻执行国家法律规定的（　　）、法定的休息和休假制以及国家对女工和未成年特殊保护的法令。

  A. 工作要领   B. 工作程序   C. 工作制度   D. 工作时间

185. AD002　安全管理的工作内容包括建立安全管理机构和安全生产责任制，制定安全（　　）措施计划，进行安全生产的监督检查。

  A. 技术   B. 生产   C. 施工   D. 消防

186. AD002　安全管理工作的任务之一就是经常开展（　　）的安全教育和安全检查活动。

  A. 安全管理人员 B. 领导内部   C. 群众性   D. 基层干部

187. AD003　常用的灭火方法主要有冷却法、（　　）、窒息法、抑制法（中断化学反应法）。

  A. 隔离法   B. 直接法   C. 喷射法   D. 扑灭法

188. AD003　防止空气流入燃烧区，或用不燃烧物质冲淡空气，使燃烧物质得不到足够氧气而熄灭的灭火方法就称为（　　）灭火。

  A. 冷却法   B. 隔离法   C. 窒息法   D. 抑制法

189. AD003　将灭火剂掺入到燃烧反应过程中去，使燃烧过程中产生的游离烃消失，形成稳定分子或低活性的游离烃，从而使燃烧的化学反应中断，停止燃烧的灭火方法称为（　　）灭火。

  A. 隔离法   B. 冷却法   C. 窒息法   D. 抑制法

190. AD004　由于石油及轻质石油产品极易挥发，并易与空气形成爆炸性（　　），遇到点火源时可能先爆炸后燃烧，也可能先燃烧后爆炸，而爆炸易使容器破坏，使油品溢流而扩大火势。

  A. 氢化物   B. 二硫化物   C. 碳氢化合物   D. 混合物

191. AD004　石油火灾在猛烈燃烧阶段，由于燃烧放出大量热量，促使油品急剧蒸发，迅速参与燃烧反应，因而燃烧面积迅速扩大，火势猛、（　　），辐射强烈，扑救比较困难。

  A. 温度低   B. 温度高   C. 湿度低   D. 湿度高

192. AD004　凡生产、加工、使用石油及石油产品的单位应做好预防工作，防止火灾的发生；一旦发生火灾时，应立即行动，力争将其扑灭在（　　）阶段，尽量减少火灾危害。

  A. 初起   B. 火势强

  C. 燃烧面积大   D. 火势燃尽熄灭

193. AD005　石油中的天然（　　）不需要蒸发、熔化等过程，在正常条件下就具备燃烧条件。

  A. 物体   B. 液体   C. 固体   D. 气体

194. AD005　石油中（　　）的爆炸浓度极限范围宽，爆炸空气重，易扩散积聚，爆炸威力大。

  A. 液体   B. 天然气   C. 固体   D. 空气

195. AD005　天然气中含有微量的（　　）和其他一些杂质气体，对人体健康有一定的危害。

  A. 碳氢   B. 重质馏分   C. 硫化氢   D. 轻质馏分

196. AD006　确定各级消防安全责任人，牢固树立"安全自抓、隐患自除、责任自负"的消防安全（　　）主体意识。

  A. 责任   B. 制度   C. 规范   D. 培训

197. AD006 以多种形式（　　）的开展消防安全教育、安全培训活动，提高员工自我保护意识和对火灾危害的认识以及预防、处置、报警、撤离的技能水平。

A. 小范围 　　　　B. 临时性 　　　　C. 经常性 　　　　D. 保密性

198. AD006 爆炸危险岗位区域安装报警装置，（　　）设备完善，防止爆炸性气体积聚。

A. 电气 　　　　B. 照明 　　　　C. 报警 　　　　D. 排风

199. AD007 当漏电发生时，漏泄的（　　）在流入大地途中，如遇电阻较大的部位时，会产生局部高温，致使附近的可燃物着火，从而引起火灾。

A. 电流 　　　　B. 电弧 　　　　C. 导线 　　　　D. 电线

200. AD007 由于短路时电阻突然减少，电流突然增大，其瞬间的发热量也很大，大大超过了线路正常工作时的发热量，并在短路点易产生强烈的火花和（　　），不仅能使绝缘层迅速燃烧，而且能使金属熔化，引起附近的易燃可燃物燃烧，造成火灾。

A. 电流 　　　　B. 电弧 　　　　C. 电荷 　　　　D. 电位

201. AD007 当导线超过负荷时，加快了导线绝缘层老化变质，当严重过负荷时，导线的温度会不断（　　），甚至会引起导线的绝缘层发生燃烧，并能引燃导线附近的可燃物，从而造成火灾。

A. 产生电流 　　B. 释放电压 　　C. 升高 　　　　D. 降低

202. AD008 冬季天气寒冷，架空线受风力影响，发生导线（　　）放电起火。

A. 相碰 　　　　B. 分离 　　　　C. 老化 　　　　D. 断裂

203. AD008 冬季空气干燥，易产生（　　）而引起火灾。

A. 电流 　　　　B. 静电 　　　　C. 电压 　　　　D. 电弧

204. AD008 因临时停电不切断（　　），待供电正常后易引起失火。

A. 电流 　　　　B. 电弧 　　　　C. 电源 　　　　D. 电压

205. AD009 若已经发生短路，则应迅速切断（　　），限制火势沿线路蔓延，防止线路互串。

A. 电压 　　　　B. 电流 　　　　C. 电弧 　　　　D. 电路

206. AD009 防火的漏电保护必须装在（　　）总进线处以对整个建筑物起防火作用。

A. 电源 　　　　B. 电线 　　　　C. 电路 　　　　D. 电荷

207. AD009 电气火灾报警监控系统能够起到为用户省电降耗、保护设备、（　　）、防火减灾的功效。

A. 排除隐患 　　B. 数据采集 　　C. 隐患预测 　　D. 统计数据

208. AD010 电气火灾监控系统把电气火灾发生的前期表现出来的征兆通过（　　）手段转换成可识别的信息，以达到对电气火灾监控的目的，在电气火灾发生之前发出报警信息。

A. 科学 　　　　B. 学术 　　　　C. 技术 　　　　D. 教学

209. AD010 剩余电流式电气火灾监控系统可以长期不间断地实时监测线路剩余电流的变化，随时掌握电气线路或电气设备绝缘性能的变化趋势，剩余电流（　　）时及时报警并指出报警部位，便于查找故障点，真正对电气火灾具有预警作用。

A. 过小 　　　　B. 过大 　　　　C. 为零 　　　　D. 回路

210. AD010 电气火灾监控系统主要用于人身触电时及时切断（　　），防止电击事故发生。

A. 电源 　　　　B. 电压 　　　　C. 电流 　　　　D. 电弧

211. BA001 完井是钻井工作（　　）一个重要环节，又是采油工程的开端，与以后采油、注水及整个油气田的开发紧密相连。

A. 最后　　　　　　B. 之前　　　　　　C. 中间　　　　　　D. 流程

212. BA001 选用与产能性能（　　）的完井方法，可以保护油、气层、减少对油气层的损害，提高油气井产能、寿命。

A. 相矛盾　　　　　B. 相匹配　　　　　C. 不适应　　　　　D. 不匹配

213. BA001 完井是指裸眼井钻达设计井深后，使井底和（　　）以一定结构连通起来的工艺。

A. 油气层　　　　　B. 油水层　　　　　C. 油层　　　　　　D. 地层

214. BA002 完井时要求最大限度地（　　）油气层，防止对油气层造成损害。

A. 支撑　　　　　　B. 保护　　　　　　C. 控制　　　　　　D. 封堵

215. BA002 完井时要求尽量（　　）油气流入井筒的阻力。

A. 平衡　　　　　　B. 增加　　　　　　C. 减少　　　　　　D. 双倍增加

216. BA002 完井时要求有效（　　）油气水层，防止各层之间相互窜扰。

A. 封隔　　　　　　B. 支撑　　　　　　C. 封堵　　　　　　D. 控制

217. BA003 套管完井包括套管射孔完井和（　　）射孔完井。

A. 尾管　　　　　　B. 充填　　　　　　C. 钻开　　　　　　D. 平衡

218. BA003 用同一尺寸的钻头钻穿油层直至设计井深，然后下油层套管至油层底部并注水泥固井，最后射孔，射孔弹射穿油层套管、水泥环并穿透油层一定深度，从而建立起油（气）流的通道，这种完井方法称为（　　）完井。

A. 筛管　　　　　　B. 裸眼　　　　　　C. 砾石充填　　　　D. 套管射孔

219. BA003 套管射孔完井法的优点是将生产的油层射开，其余的层段全是（　　）的，各层间的油、气、水不会相互窜通，有利于分层开采、分层采取措施和便于分层管理，有利于防止井壁坍塌，便于选择出油层位，适应性强。

A. 堵塞　　　　　　B. 封堵　　　　　　C. 封隔　　　　　　D. 连通

220. BA004 裸眼完井包括（　　）完井、后期裸眼完井、筛管完井和筛管砾石充填完井。

A. 先期裸眼　　　　　　　　　　　　　B. 中期裸眼
C. 先期裸眼筛管　　　　　　　　　　　D. 先期筛管砾石充填

221. BA004 筛管完井是在钻穿产层后，把带（　　）的套管柱下入油层部位，然后封隔产层顶界以上的环形空间的完井。

A. 油管　　　　　　B. 筛管　　　　　　C. 技术套管　　　　D. 尾管

222. BA004 在油层部分的井眼下入筛管，在井眼与筛管环形空间填入砾石，使之起到防砂和保护产层的作用，最后封隔筛管以上环形空间完井称为（　　）完井。

A. 先期裸眼　　　　　　　　　　　　　B. 后期裸眼
C. 筛管　　　　　　　　　　　　　　　D. 筛管砾石充填

223. BA005 向井内下入一定尺寸的套管串后，在套管和井壁的环形空间内注入水泥浆进行（　　），这套施工工艺称为固井。

A. 封固　　　　　　B. 完井　　　　　　C. 封井　　　　　　D. 完钻

224. BA005 固井的目的之一是保护（　　），防止井身坍塌。

A. 地面　　　　　　B. 井身　　　　　　C. 井口　　　　　　D. 井壁

225. BA005 技术套管固井时，水泥浆应返至整个封隔地层以上（　　）。

    A. 50m　　　　　　B. 100m　　　　　　C. 150m　　　　　　D. 200m

226. BA006 采用特殊聚能器材进入井眼预定层位进行爆炸开孔让井下地层内流体进入孔眼的作业活动是（　　）。

    A. 钻井　　　　　　B. 完井　　　　　　C. 射孔　　　　　　D. 固井

227. BA006 射孔条件是指射孔（　　）、射孔方式和射孔工作液。

    A. 高压　　　　　　B. 压差　　　　　　C. 低压　　　　　　D. 压力

228. BA006 射孔工程技术要求是单层发射率在（　　）以上，不震裂套管及封隔的水泥环。

    A. 90%　　　　　　B. 85%　　　　　　C. 80%　　　　　　D. 75%

229. BA007 射孔参数优化设计取决于各种（　　）情况下射孔井产能规律的量化认识程度。

    A. 油层和地面流体　　　　　　B. 储层和地面流体
    C. 储层和地下流体　　　　　　D. 层系和地下孔隙

230. BA007 射孔参数优化设计主要考虑三个方面的问题：各种可能参数组合的产能比、（　　）情况和孔眼的力学稳定性（疏松地层）。

    A. 套管伤害　　　　　　B. 射孔压实伤害
    C. 钻井伤害带　　　　　　D. 储层损害

231. BA007 射孔弹的穿透能力随岩石（　　）。

    A. 孔隙度减小而增大　　　　　　B. 孔隙度减小而减小
    C. 表面积减小而减小　　　　　　D. 表面积减小而增大

232. BA008 我国射孔弹穿透砂岩深度在（　　）左右，孔密多为 16 孔 /m 或 20 孔 /m。

    A. 400mm　　　　　　B. 430mm　　　　　　C. 450mm　　　　　　D. 500mm

233. BA008 实践中应综合考虑成本、对套管的损坏、工艺和井下情况等约束性条件、科学地选择（　　）和孔密。

    A. 孔深　　　　　　B. 孔眼　　　　　　C. 孔径　　　　　　D. 井眼

234. BA008 在疏松砂岩射孔时，当储层压力较低，岩石应力较高时，（　　）可能产生剪切破坏。

    A. 孔径　　　　　　B. 孔眼　　　　　　C. 孔密　　　　　　D. 孔深

235. BA009 在油井完成后进入试油阶段的第一步就是要设法降低井底压力，使井底压力低于（　　），让油气流入井内，这一工作称诱喷排液（诱导油流），是试油工作的第一道工序。

    A. 气顶压力　　　　　　B. 油藏压力　　　　　　C. 饱和压力　　　　　　D. 原始压力

236. BA009 诱喷排液工作是为了清除井底砂砾和钻井液等污物，降低井底及其周围地层对油流的（　　）。

    A. 阻力　　　　　　B. 助力　　　　　　C. 浮力　　　　　　D. 重力牵引

237. BA009 选择诱喷方法应遵循的原则是把井底和井底周围地层的脏物排出，使油层（　　）畅通，以利于油气流入井筒。

    A. 气孔　　　　　　B. 孔穴　　　　　　C. 流动　　　　　　D. 孔隙

238. BA010 替喷法是用密度较轻的液体将井内密度较大的液体替出，从而降低井中液柱压力，达到使井内液柱压力（　　）油藏压力的目的。

    A. 小于　　　　　　B. 大于　　　　　　C. 小于等于　　　　　　D. 大于等于

239. BA010 把油管下到人工井底，替入一段替喷液，再用压井液把替喷液替到油层部位以下，之后上提油管至油层中部，最后用替喷液替出油层顶部以上的全部压井液，这样既替出井内的全部压井液又把油管提到了预定的位置是（　　）替喷法。

  A. 一次   B. 二次   C. 反   D. 正

240. BA010 只限于用在自喷能力不强、替完替喷液到油井喷油之间有一段间隙，来得及上提油管的油井称为（　　）替喷法。

  A. 反   B. 正   C. 二次   D. 一次

241. BA011 抽汲就是利用一种专用工具把井内液体抽到地面，以达到降低液面即减少液柱对油层所造成的（　　）的一种排液措施。

  A. 回压   B. 套压   C. 油压   D. 流压

242. BA011 抽汲不但有（　　）的作用，还有解除油层某种堵塞的作用。

  A. 降压替喷 B. 升压替喷 C. 降压诱喷 D. 升压诱喷

243. BA011 抽汲法对于疏松、易出砂的（　　），应避免猛烈抽汲，以避免造成大量出砂。

  A. 夹层   B. 断层   C. 气层   D. 油层

244. BA012 气举法的优点是比（　　）法效率高，可以大大提高试油进度。

  A. 抽汲   B. 替喷   C. 排液   D. 试油

245. BA012 气举法的缺点是由于井内液体（　　）能急速下降，因此它只适合于油层岩石坚实的砂岩或碳酸盐岩的油井的排液。

  A. 套压   B. 回压   C. 油压   D. 流压

246. BA012 正举时压力变化比较慢，而反举压力下降十分剧烈，容易引起地层（　　）。

  A. 出液   B. 出水   C. 出砂   D. 出油

247. BA013 利用专用的设备和方法，通过地震勘察、钻井录井、测井等间接手段初步确定的可能含油（气）层位进行直接的测试，并取得目的层的产能、压力、温度、油气水性质以及地质资料的工艺过程称为（　　）。

  A. 排液   B. 试油   C. 诱喷   D. 替喷

248. BA013 通过（　　）能够查明油气田的含油面积及油水或气水边界以及油气藏的产油（气）能力、驱动类型。

  A. 试油   B. 诱喷   C. 排液   D. 替喷

249. BA013 通过分层试油、试气取得各（　　）的测试资料及流体的性质，确定单井（层）的合理工作制度，为制定油田开发方案提供重要依据。

  A. 吸水剖面 B. 产液剖面 C. 分层   D. 低压

250. BA014 在水泥塞试油中，为了提高试油的速度，在配置水泥浆时，可以加入（　　）（催凝剂），以缩短水泥的初凝时间。

  A. 氧化镁   B. 氧化钾   C. 氧化钙   D. 氢氧化钠

251. BA014 用封隔器分层试油是在一口井中可一次射开多层，然后根据需要下入（　　），将测试层段分为二层、三层或四层，同时进行多层试油，也可以取得几层合适的资料。

  A. 单级封隔器 B. 多级封隔器 C. 单级配水器 D. 多级配水器

252. BA014 封隔器分层试油在测试过程中若遇到出水层段或油水同层,可以不起出( ),
投入堵塞器堵水后继续对其他层段进行试油。
A. 配水器　　　　B. 配产器　　　　C. 套管柱　　　　D. 油管柱

253. BA015 中途测试是指在( )过程中遇到油气显示马上进行测试的工艺。
A. 钻井　　　　B. 完井　　　　C. 布井　　　　D. 生产

254. BA015 常规支撑式中途测试是利用钻杆对封隔器施加的压重使封隔器座封,封隔
器下部需要支撑( ),并且在整个测试过程中,必须保持钻杆对封隔器
的压重。
A. 尾管　　　　B. 油管　　　　C. 套管　　　　D. 筛管

255. BA015 中途测试工艺特点是降低钻探成本、提高( )速度,能及时发现油气层。
A. 替喷　　　　B. 诱喷　　　　C. 排液　　　　D. 试油

256. BA016 油水井井身结构是( )内下入的各类高压钢管(即套管)的层次、各层套
管的尺寸、下入深度以及各层套管外水泥的封固井段,射孔井段等的总称。
A. 井眼　　　　B. 炮眼　　　　C. 井口　　　　D. 地层

257. BA016 每口井的井身结构都是按( )、完井深度、地质情况、钻井技术水平以及
采油、采气、注水、注气等技术要求设计的。
A. 钻井时间　　　B. 钻井目的　　　C. 油层情况　　　D. 钻井工具

258. BA016 为了防止井眼上部地表疏松层的坍塌及上部地层水的侵入而下的套管,称为
( )。
A. 技术套管　　　B. 筛管　　　　C. 表层套管　　　D. 油层套管

259. BA017 钻井时的方补心上平面与套管头短节法兰平面的距离称为( )。
A. 油补距　　　　B. 套补距　　　　C. 方补心　　　　D. 套管深度

260. BA017 带套管四通的采油树,其( )为四通上法兰面至补心上平面的距离。
A. 油补距　　　　B. 套补距　　　　C. 方补心　　　　D. 水泥返高

261. BA017 套管深度等于( )加法兰短节再加套管总长之和。
A. 方补心　　　　B. 油补距　　　　C. 套补距　　　　D. 水泥返高

262. BA018 注水井井身结构通常是在完钻井基础上,在井筒套管内下入油管、( )及
井口装置组成的。
A. 配水器　　　　B. 配水管柱　　　C. 配产管柱　　　D. 配水嘴

263. BA018 注水井井身结构需要掌握的资料包括:套管规范、油管规范及下入深度、封
隔器和配水器的位置及( )、油层深度、井口装置。
A. 型号　　　　B. 级别　　　　C. 级数　　　　D. 深度

264. BA018 注水井是水进入( )经过的最后装置,在井口有一套控制设备,其作用是
悬挂井口管柱,密封油,套环形空间,控制注水、洗井方式和进行井下作业。
A. 地面　　　　B. 地层　　　　C. 油管　　　　D. 套管

265. BA019 注水井是注入水从地面进入油层的通道,井口装置与自喷井相似,不同点是
( ),可承载高压。
A. 有清蜡阀门、装井口油嘴　　　　B. 无清蜡阀门、装井口油嘴
C. 无清蜡阀门、不装井口油嘴　　　　D. 有清蜡阀门、不装井口油嘴

266. BA019　注水井的生产原理是一定压力的地层动力水通过井口装置，从油管（正注）进入到井下（　　），对油层进行注水。

　　A. 扶正器　　　　B. 配产器　　　　　C. 封隔器　　　　D. 配水器

267. BA019　注水井井距的确定以大多数油层都能受到注水作用为原则，使油井充分受到注水效果，达到所要求的（　　）速度和油层压力。

　　A. 注水　　　　　B. 采油　　　　　　C. 采气　　　　　D. 注入

268. BA020　自喷采油是指原油从井底到井口、从井口流到转油站，全部都是依靠（　　）自身的能量来完成的采油方式。

　　A. 油层　　　　　B. 井口　　　　　　C. 未射孔层　　　D. 管柱

269. BA020　通过钻井、完井射开油层时，由于井中的压力低于（　　）的压力，在井筒与油层之间就形成了一个指向井筒方向的压力降。

　　A. 地层内部　　　B. 油层内部　　　　C. 地层外部　　　D. 油层外部

270. BA020　自喷采油生产原理是油层液从油层流入到井底，靠自身能量由喇叭口（或配产管柱）进入（　　），再到井口通过油嘴喷出。

　　A. 地层　　　　　B. 油层　　　　　　C. 套管　　　　　D. 油管

271. BA021　抽油机井抽油吸入口装置可根据对油层不同的开采情况配不同的（　　）管柱。

　　A. 生产　　　　　B. 注水　　　　　　C. 采气　　　　　D. 采水

272. BA021　抽油机井结构组成是由井口装置、地面抽油机设备、井下抽油泵设备、筛管、（　　）、油管和套管组成。

　　A. 油嘴　　　　　B. 堵塞器　　　　　C. 抽油杆　　　　D. 配水器

273. BA021　井下抽油设备中抽油泵悬挂在套管中（　　）的下端。

　　A. 尾管　　　　　B. 丝堵　　　　　　C. 筛管　　　　　D. 油管

274. BA022　抽油机井采油是油田应用最广泛的采油方式，是靠（　　）井筒液量来采油的。

　　A. 天然能量　　　B. 人工补充能量　　C. 人工举升　　　D. 重力能量

275. BA022　抽油机采油生产原理是地面抽油机的机械能通过抽油杆带动井下深井泵往复抽吸井筒内的液体，降低井底流压，从而使（　　）内的液体不断地流入井底，泵抽出的液体经由井口装置沿管网流出。

　　A. 地层　　　　　B. 油层　　　　　　C. 油管　　　　　D. 套管

276. BA022　抽油机的工作原理是（　　）将其高速旋转运动传递给减速箱的输入轴，经中间轴后带动输出轴，输出轴带动曲柄作低速旋转运动。

　　A. 电动机　　　　B. 变压器　　　　　C. 抽油泵　　　　D. 电控箱

277. BA023　分离器，对于含气井而言，井液在进入潜油泵之前，要先通过油气分离器进行（　　）分离，减少气体对潜油泵工作性能的影响。

　　A. 气、水　　　　B. 气、液　　　　　C. 油、水　　　　D. 油、液

278. BA023　电动潜油泵井结构中七大件是指潜油电机、（　　）、分离器、多级离心泵、电缆、控制屏、变压器。

　　A. 接线盒　　　　B. 测压阀　　　　　C. 单流阀　　　　D. 保护器

279. BA023　电动潜油泵井口是一个偏心并带有电缆密封装置的特殊油管柱，既可以密封动力电缆出口，又可以承受全井管柱及（　　）的重力。

　　A. 变压器　　　　B. 电泵机组　　　　C. 电缆　　　　　D. 分离器

280. BA024　电动潜油泵井采油原理是地面电能通过电缆传递给井下潜油电动机，潜油电动机再把电能转换为机械能带动多级（　　），把井内液体加压，通过油管经采油树举升到地面。

A. 杆式泵　　　　B. 管式泵　　　　C. 离心泵　　　　D. 分离器

281. BA024　潜油电泵井也是（　　）采油的一种方法。

A. 压力驱动　　　B. 人工举升　　　C. 重力驱动　　　D. 能量自喷

282. BA024　使用电动潜油泵采油具有强化采油、免修期长、（　　）等优点。

A. 自动化程度低　　　　　　　　B. 机械化程度高

C. 机械化程度低　　　　　　　　D. 自动化程度高

283. BA025　地面驱动单螺杆泵结构由电控、（　　）、杆柱、管柱、配套工具五部分组成。

A. 封隔器　　　　B. 地面驱动　　　C. 采油树　　　　D. 减速装置

284. BA025　螺杆泵整机的控制由（　　）完成，起着监控和保护作用。

A. 电控箱　　　　B. 驱动头　　　　C. 电动机　　　　D. 采油树

285. BA025　螺杆泵地面驱动装置是为油井采出液进入地面（　　）管线提供通道，并密封采出液、防止其渗漏到井场。

A. 集油　　　　　B. 注水　　　　　C. 输油　　　　　D. 输气

286. BA026　螺杆泵是一种新型的举升设备，该技术融合了柱塞泵和离心泵的优点，无阀、运动件少、流道简单、过流（　　）大、油流扰动小。

A. 面积　　　　　B. 体积　　　　　C. 速度　　　　　D. 载荷

287. BA026　螺杆泵在开采高（　　）、高含砂和高含气较大的原油时，同其他采油方式相比具有独特的优点。

A. 压力　　　　　B. 浓度　　　　　C. 黏度　　　　　D. 含水

288. BA026　螺杆泵的转子和定子作相对转动时，封闭腔室能做（　　），使其中的液体从一端移向另一端，实现机械能和液体能的相互转化，从而实现举升液体的作用。

A. 纵向移动　　　B. 横向移动　　　C. 轴向移动　　　D. 上下移动

289. BA027　采油树的主要作用是自喷井和机采井等用来开采石油的（　　），是油气井最上部的控制和调节油气生产的主要设备。

A. 井口装置　　　B. 油层通道　　　C. 井下管柱　　　D. 井下工具

290. BA027　采油树的作用是控制和调节油井的生产，引导（　　）中的油气进入出油管线。

A. 井口　　　　　B. 井筒　　　　　C. 井下　　　　　D. 井眼

291. BA027　电泵井的采油树可以通过更换不同内径的（　　）来控制油气的产量。

A. 油管　　　　　B. 水嘴　　　　　C. 油嘴　　　　　D. 堵塞器

292. BA028　采油树主要由（　　）、生产阀门、清蜡阀门和其他各种阀门，三通、四通、法兰、短节等组成。

A. 总阀门　　　　B. 油管头　　　　C. 套管头　　　　D. 节流阀

293. BA028　油嘴的作用是在生产过程中直接控制油层的合理生产（　　），调节油井产量，它是调整、控制自喷井、电泵井合理工作制度的主要装置。

A. 压力　　　　　B. 回压　　　　　C. 压差　　　　　D. 油压

294. BA028 取样阀门装在油嘴后面的出油管线上，它是用来取（　　）或检查更换油嘴时放空用的。

A. 套压　　　　　B. 油样　　　　　C. 油压　　　　　D. 回压

295. BA029 当油层的能量不足以维护自喷时，则必须人为地从地面补充能量，才能把原油举升到井口，如果补充能量的方式是用机械能量把油采出地面，就称为（　　）采油。

A. 自喷　　　　　B. 机械　　　　　C. 四次　　　　　D. 三次

296. BA029 目前应用最广泛的还是(　　)抽油机深井泵装置，此装置结构合理、经久耐用、管理方便、适用范围广。

A. 游梁式　　　　B. 无游梁式　　　　C. 直线式　　　　D. 塔架式

297. BA029 抽油泵所抽汲的液体中含砂、蜡、水及腐蚀性物质，且又在数百米到数千米的井下工作，泵内压力较高，因此选择抽油泵应满足（　　）、质量好，连接部分密封可靠。

A. 结构简单、强度低　　　　　　　B. 结构复杂、强度高

C. 结构简单、强度高　　　　　　　D. 结构复杂、强度低

298. BA030 根据油井的深度、生产能力、原油性质不同,所需要的抽油泵结构类型也不同,因此把有杆抽油泵分为（　　）两大类。

A. 管式泵和杆式泵　　　　　　　　B. 组合泵和杆式泵

C. 管式泵和整筒泵　　　　　　　　D. 组合泵和整筒泵

299. BA030 抽油泵通过抽油机、（　　）传递的动力直接进行油井内液体的抽汲。

A. 筛管　　　　　B. 油管　　　　　C. 尾管　　　　　D. 抽油杆

300. BA030 有杆抽油泵按（　　）可分为整筒泵和组合泵。

A. 连接方式　　　B. 结构类型　　　C. 有无衬套　　　D. 加工方法

301. BA031 管式抽油泵的泵筒直接接在油管柱下端，（　　）随抽油杆下入泵筒内。

A. 柱塞　　　　　B. 泵缸　　　　　C. 衬套　　　　　D. 泵体

302. BA031 管式抽油泵用于（　　）的浅、中深油井。

A. 供液能力强、产量较低　　　　　B. 供液能力弱、产量较高

C. 供液能力强、产量较高　　　　　D. 供液能力弱、产量较低

303. BA031 管式抽油泵主要由泵筒、固定阀和带有（　　）的空心柱塞组成。

A. 缸套　　　　　B. 外管　　　　　C. 吸入阀　　　　D. 游动阀

304. BA032 杆式抽油泵一般用于（　　）的深井。

A. 液面较低、产量较大　　　　　　B. 液面较高、产量较大

C. 液面较高、产量较小　　　　　　D. 液面较低、产量较小

305. BA032 杆式抽油泵具有内外两层工作筒，一般设计（　　）的深井。

A. 泵径较小，泵排量较小　　　　　B. 泵径较小，泵排量较大

C. 泵径较大，泵排量较小　　　　　D. 泵径较大，泵排量较大

306. BA032 杆式抽油泵作业时只需起出（　　）就可以将泵带至地面进行检修，不需要动油管柱，作业工作量小。

A. 固定阀　　　　B. 抽油泵　　　　C. 抽油杆　　　　D. 游动阀

307. BA033　抽油泵是由许多零部件组成的，它的质量好坏直接影响着抽油泵的使用期限和排油效率的高低，零部件质量越好，（　　）。

A. 使用期限越短、排油效率越低　　　　　B. 使用期限越长、排油效率越低

C. 使用期限越短、排油效率越高　　　　　D. 使用期限越长、排油效率越高

308. BA033　活塞也称为柱塞，是用无缝钢管制成的空心圆柱体，两端有内螺纹，用以连接（　　）或其他零件。

A. 游动阀　　　　　B. 固定阀　　　　　C. 泄压阀　　　　　D. 油管

309. BA033　工作筒的作用一是压紧衬套；二是连接（　　）和油管。

A. 抽油杆　　　　　B. 抽油泵　　　　　C. 固定阀　　　　　D. 游动阀

310. BA034　抽油泵是依靠抽油机带动（　　）使活塞在衬套内部做往复运动来抽油的。

A. 采油树　　　　　B. 抽油杆　　　　　C. 抽油泵　　　　　D. 驴头

311. BA034　活塞不断上下运动，游动阀与固定阀不断地交替关闭和打开，井内液体就不断进入（　　），从而上行进入油管，使油管液面不断上升到井口排入出油管线。

A. 工作筒　　　　　B. 喇叭口　　　　　C. 套管　　　　　D. 地层

312. BA034　当（　　）带动活塞上行运动时，活塞上的游动阀受油管内液柱压力的作用而关闭，当活塞行至上死点后，活塞上面的液体排出。

A. 光杆　　　　　B. 抽油泵　　　　　C. 油管　　　　　D. 抽油杆

313. BA035　普通型光杆两端均为相同的抽油杆螺纹，杆体（　　）大于两端螺纹最大外径，两端无镦粗头。

A. 外径　　　　　B. 内径　　　　　C. 半径　　　　　D. 直径

314. BA035　一端镦粗型光杆是光杆的一端镦粗并加工出抽油杆螺纹，另一端未镦粗并加工有普通螺纹、杆体直径（　　）镦头直径。

A. 小于等于　　　　　B. 大于等于　　　　　C. 小于　　　　　D. 大于

315. BA035　光杆主要用于连接驴头毛辫子与井下（　　），并同井口密封填料盒配合密封抽油井口。

A. 筛管　　　　　B. 抽油杆　　　　　C. 抽油泵　　　　　D. 油管

316. BA036　抽油杆的杆体是（　　）断面的钢杆，两端为镦粗的杆头。

A. 实心方形　　　　　B. 空心方形　　　　　C. 空心圆形　　　　　D. 实心圆形

317. BA036　抽油杆按公称（　　）分为 16mm、19mm、22mm 和 25mm 四种。

A. 半径　　　　　B. 直径　　　　　C. 周长　　　　　D. 长度

318. BA036　目前国产抽油杆从制作材料上分为两种，一种是碳钢抽油杆，另一种是（　　）抽油杆。

A. 电加热　　　　　B. 玻璃钢　　　　　C. 合金钢　　　　　D. 铸钢

319. BA037　玻璃纤维抽油杆主要特点是耐腐蚀、重量轻，有利于降低抽油机（　　），节约能量，弹性模量小。

A. 悬点静载荷　　　　　B. 惯性载荷　　　　　C. 振动载荷　　　　　D. 摩擦载荷

320. BA037　钢制抽油杆主要用于常规（　　）抽油方式，连接井下抽油泵柱塞与地面抽油机。

A. 离心泵　　　　　B. 潜油电泵　　　　　C. 射流泵　　　　　D. 有杆泵

321. BA037 玻璃纤维抽油杆适用于含腐蚀性介质严重的油井，在深井中应用可（　　），并能实现超行程工作，提高抽油泵效。

A. 增加抽油机负荷和加深泵挂　　　　　　B. 降低抽油机负荷和加深泵挂

C. 降低抽油机负荷和上提泵挂　　　　　　D. 增加抽油机负荷和上提泵挂

322. BA038 抽油机井的抽油参数是指地面抽油机运行时的（　　）。

A. 冲程、转数及井下抽油泵的泵径

B. 冲程、冲次及井下抽油泵的长度

C. 冲程、冲次及井下抽油泵的泵径

D. 排量、转数及井下抽油泵的长度

323. BA038 抽油机（　　）是指抽油机工作时，光杆运动的最高点与最低点之间的距离。

A. 防冲距　　　　B. 冲程　　　　C. 冲程损失　　　　D. 冲次

324. BA038 抽油泵在理想的情况下,（　　）一个冲程可排出的液量称为抽油泵的理论排量。

A. 活塞　　　　B. 光杆　　　　C. 驴头　　　　D. 抽油杆

325. BA039 由于抽油机工作时（　　）悬点始终承受着上下往复交变载荷，根据其性质，悬点的承受载荷可分为静载荷、动载荷及其他载荷。

A. 驴头　　　　B. 井口　　　　C. 抽油泵　　　　D. 悬绳器

326. BA039 抽油杆和液柱所受的重力以及液柱对抽油杆柱的浮力所产生的悬点载荷称为（　　）。

A. 摩擦载荷　　　　B. 惯性载荷　　　　C. 静载荷　　　　D. 动载荷

327. BA039 惯性的大小和方向随着（　　）运动速度大小和方向而变化，在上下冲程开始时惯性载荷最大，而方向相反。

A. 抽油泵　　　　B. 抽油杆　　　　C. 光杆　　　　D. 驴头

328. BA040 潜油电泵全称是潜油电动离心泵，是在井下工作的多级离心泵，同（　　）一起下入井内，地面电源通过潜油泵专用电缆输入到井下电动机，使电动机带动多级离心泵旋转，将井中的原油举升到地面。

A. 油管　　　　B. 套管　　　　C. 尾管　　　　D. 筛管

329. BA040 潜油电泵在离心泵出口上部装有（　　），其作用是在停机时将油管内的流体与离心泵隔离，避免液体倒流造成离心泵叶轮倒转，同时便于下一次启动。

A. 泄压阀　　　　B. 测压阀　　　　C. 单流阀　　　　D. 控制阀

330. BA040 潜油电泵在单流阀上部装有（　　），用于起出机组作业时，将油管内液体泄入井筒。

A. 控制阀　　　　B. 分离器　　　　C. 保护器　　　　D. 泄压阀

331. BA041 潜油电动机是机组的动力设备，它将地面输入的电能转化为机械能，进而带动（　　）高速旋转；它位于井内机组最下端。

A. 多级离心泵　　　　B. 分离器　　　　C. 保护器　　　　D. 测压阀

332. BA041 潜油电泵（　　）能补偿电动机内润滑油的损失，平衡电动机内外腔的压力，传递扭矩。

A. 离心泵　　　　B. 控制阀　　　　C. 保护器　　　　D. 分离器

333. BA041 潜油电泵（　　）是用来连接地面与井下电缆的，具有方便测量机组参数和调整三相电源相序功能。

A. 电动机　　　　　B. 保护器　　　　　C. 离心泵　　　　　D. 接线盒

334. BA042 电动潜油泵机组的启动、运转和停机都是依靠（　　）来完成的。

A. 接线盒　　　　　B. 控制屏　　　　　C. 电缆　　　　　D. 电动机

335. BA042 潜油电泵控制屏能连接和切断供电电源与负载之间的电路；通过（　　）记录仪，把机组在井下的运行状态反映出来。

A. 电阻　　　　　B. 电荷　　　　　C. 电压　　　　　D. 电流

336. BA042 潜油电泵（　　）通过指示灯可以显示机组的运行、欠载停机、过载停机三种状态。

A. 控制屏　　　　　B. 分离器　　　　　C. 接线盒　　　　　D. 电流表

337. BA043 潜油电泵容易安装井下压力及温度等测试装置，并通过电缆将测试（　　）传递到地面，进行测量读数。

A. 信号　　　　　B. 声波　　　　　C. 电波　　　　　D. 电流

338. BA043 潜油电泵为适应油井产量递减或发生变化，可采用变频装置调节（　　）频率来实现，但投入费用较高。

A. 电流　　　　　B. 电源　　　　　C. 电压　　　　　D. 电荷

339. BA043 潜油电泵（　　）较长，油井生产时效相对比较高。

A. 热洗周期　　　　　B. 清蜡周期　　　　　C. 检泵周期　　　　　D. 免修期

340. BA044 螺杆泵是（　　），流量无脉动，轴向流动连续，流速稳定，因此它与游梁式抽油机相比，没有液柱和机械传动的惯性损失。

A. 容积泵　　　　　B. 计量泵　　　　　C. 柱塞泵　　　　　D. 离心泵

341. BA044 螺杆泵不会气锁，故较适合于（　　）混输，但井下泵吸入口的游离气会占据一定的泵容积。

A. 气液　　　　　B. 油气　　　　　C. 气水　　　　　D. 油水

342. BA044 螺杆泵井在保证正常抽油生产情况下，井口（　　）可控制在 1.5MPa 以内或更高，因此对边远井集输很有利。

A. 套压　　　　　B. 流压　　　　　C. 回压　　　　　D. 油压

343. BA045 螺杆泵需要流体润滑，如果供液不足造成抽空，泵过热将会引起（　　）弹性体老化，甚至烧毁。

A. 定子　　　　　B. 转子　　　　　C. 射流泵　　　　　D. 气液泵

344. BA045 螺杆泵与（　　）比较，总压头较小，目前大多数现场应用是在井深 1000m 左右的井。

A. 射流泵　　　　　B. 抽油泵　　　　　C. 有杆泵　　　　　D. 无杆泵

345. BA045 螺杆泵抽油杆以（　　）方式运动，抽油杆与油管之间发生磨损碰撞，易造成抽油杆和油管的损坏。

A. 正转　　　　　B. 反转　　　　　C. 盘旋　　　　　D. 旋转

346. BA046 驱动头是地面的一个主要减速装置，它将动力源的高转速降低到适合（　　）及抽油杆的转速，一般为 150~500 r/min。

A. 螺杆泵　　　　　B. 深井泵　　　　　C. 有杆泵　　　　　D. 射流泵

347. BA046 螺杆泵在运转后，井下抽油杆柱积累了一部分变形能量，再加上液面深度与油管内的液体的高度差，在螺杆泵停机时，抽油杆柱将高速反转，如果不加以限制，势必会造成（　）的脱扣。

   A. 光杆柱　　　　　B. 抽油杆柱　　　　　C. 油管柱　　　　　D. 套管柱

348. BA046 防脱器装在抽油杆和转子之间，当转子正向转动时，防脱器跟着转子转动，而上部的抽油杆则静止不动，这样在抽油杆和转子之间安装防脱器来防止（　）现象的发生。

   A. 正转　　　　　B. 漏失　　　　　C. 卡泵　　　　　D. 脱扣

349. BB001 在使用分离器玻璃管量油时，分离器液柱的压力与玻璃管内水柱的压力是（　）的。

   A. 平衡　　　　　B. 不平衡　　　　　C. 内大外小　　　　　D. 外大内小

350. BB001 在使用分离器玻璃管量油时，根据连通器平衡原理，知道水柱高度，就可换算出分离器内（　）高度。

   A. 水柱　　　　　B. 气体　　　　　C. 油柱　　　　　D. 液柱

351. BB001 在使用分离器玻璃管量油时，根据水柱上升高度所需的（　），计算出分离器单位容积，从而可求出油井日产液量。

   A. 时间　　　　　B. 压力　　　　　C. 动力　　　　　D. 原理

352. BB002 分离器内径为 600mm 无人孔，规定量油高度为（　）。

   A. 375mm　　　　　B. 400mm　　　　　C. 300mm　　　　　D. 800mm

353. BB002 分离器内径 600mm 且有人孔，其日产量计算公式为：Q=（　）/量油时间。

   A. 9780　　　　　B. 7329　　　　　C. 181035　　　　　D. 21714.9

354. BB002 分离器内径为 800mm 无人孔，规定量油高度为（　）。

   A. 500mm　　　　　B. 400mm　　　　　C. 300mm　　　　　D. 800mm

355. BB003 分离器按（　）大小可分为真空分离器、低压分离器、中压分离器、高压分离器。

   A. 外形　　　　　B. 用途　　　　　C. 压力　　　　　D. 结构

356. BB003 分离器按（　）分为伞状和箱伞状分离器。

   A. 内部结构　　　　　B. 用途　　　　　C. 压力　　　　　D. 外部结构

357. BB003 分离器按（　）可分为生产分离器、计量分离器、三相分离器。

   A. 外形　　　　　B. 用途　　　　　C. 压力　　　　　D. 结构

358. BB004 油气（　）的作用主要是将产出的油气分离，以便计量油气的产量。

   A. 沉砂罐　　　　　B. 配产器　　　　　C. 封隔器　　　　　D. 分离器

359. BB004 一般（　）由外壳、油气混合进口、油出口、气出口、排污口、量油玻璃管组成。

   A. 沉砂罐　　　　　B. 配产器　　　　　C. 封隔器　　　　　D. 分离器

360. BB004 油气分离器还可起控制井口出油管线（　）、沉砂、沉水等作用。

   A. 套压　　　　　B. 回压　　　　　C. 油压　　　　　D. 流压

361. BB005 当油气混合物沿着分离器内挡板（　）进入立式分离器后，立即沿着分离器壁旋转散开。

   A. 切线方向　　　　　B. 垂直方向　　　　　C. 平行方向　　　　　D. 直立方向

362. BB005　当油气混合物进入立式分离器内，（　）的相对密度大，被甩到分离器壁上而下滑，气的相对密度小则集中上升。

　　A. 油水混合物　　B. 污水　　　　　C. 杂质　　　　　D. 纯油

363. BB005　当油气混合物从进口进入分离器后，喷到卧式分离器隔板上散开，因扩散作用使溶于油中的天然气（　）出来。

　　A. 脱离　　　　　B. 解析　　　　　C. 分离　　　　　D. 凝聚

364. BB006　碰撞分离原理是气流遇上障碍改变流向和速度，使气体中的（　）不断在障碍面内聚集，由于液滴表面张力的作用而形成油膜。

　　A. 油滴　　　　　B. 水分子　　　　C. 气分子　　　　D. 液滴

365. BB006　分离器靠重力沉降原理只能除去（　）以上的液滴，它主要适用于沉降阶段。

　　A. 100mm　　　　B. 100cm　　　　C. 100dm　　　　D. $100\mu m$

366. BB006　当液体改变流向时，密度较大的液滴具有大的（　），会与分离器壁相撞，使液滴从气流分离出来，这就是离心分离。

　　A. 惰性　　　　　B. 惯性　　　　　C. 润湿性　　　　D. 渗透性

367. BB007　油井的量油方法很多，现场上常用的量油方法，按基本原理可分为（　）和重力法两种。

　　A. 容积法　　　　B. 面积法　　　　C. 液面法　　　　D. 类比法

368. BB007　现场上常用的量油方法，按控制方法可分为手动控制和（　）两种。

　　A. 程序控制　　　B. 集中控制　　　C. 仪表控制　　　D. 自动控制

369. BB007　目前国内各油田常用的油井产量计量方法主要有（　）、翻斗量油、两相分离密度法和三相分离计量方法等。

　　A. 玻璃管量油　　B. 孔板测气　　　C. 井口取样　　　D. 录取压力

370. BB008　目前（　）应录取的资料有产能资料、压力资料、水淹状况资料、产出物的物理化学性质、机械采油井工况资料、井下作业资料等。

　　A. 注水井　　　　B. 采油井　　　　C. 探井　　　　　D. 资料井

371. BB008　油井（　）资料包括日产液量、日产油量、日产水量、日产气量以及分层的日产液量、产油量、产水量。

　　A. 压力　　　　　B. 产能　　　　　C. 含水　　　　　D. 注水

372. BB008　采油井需要录取的（　）资料包括油井的地层压力、井底流动压力、井口的油管压力、套管压力、集油管线的回压以及分层的地层压力。

　　A. 压力　　　　　B. 动态　　　　　C. 综合含水　　　D. 含聚

373. BB009　原始含水化验资料全准要求：正常见水井每10d取样1次，进行含水化验，含水超出波动范围时必须（　）。每月至少1次与量油同步。

　　A. 人为更改到范围内　　　　　　　B. 处理泵况
　　C. 调整连通水井　　　　　　　　　D. 加密取样

374. BB009　含水值波动超过规定的应重新取样化验，找出波动原因。核实含水连续取样三次，化验含水值选用与核实前含水值对比取（　）为准。

　　A. 最大值　　　　　　　　　　　　B. 最小值
　　C. 最接近　　　　　　　　　　　　D. 三次平均值

375. BB009 分层产量、分层压力、见水层位全准要求：（ ）每半年测试一次，并在规定波动许可范围之内；否则必须重新测试，并找出波动原因。测试结果同步录入综合记录月度选值。

    A. 定点井   B. 套变井   C. 水文井   D. 所有井

376. BB010 目前（ ）应录取的资料有吸水能力资料、压力资料、水质资料、井下作业资料等。

    A. 取心井   B. 探井   C. 采油井   D. 注水井

377. BB010 注水井（ ）资料包括注水井的地层压力、井底注入压力、井口油管压力、套管压力、供水管线压力。

    A. 吸水能力   B. 压力   C. 原始   D. 基础

378. BB010 注水井（ ）资料包括注入和洗井时的供水水质、井口水质、井底水质。

    A. 吸水   B. 水质   C. 水样   D. 含水

379. BB011 注水井油压、套压、（ ）每月有 25 天连续资料为全。

    A. 流压   B. 泵压   C. 全井静压   D. 分层静压

380. BB011 注水井固定式压力表每（ ）校对一次，误差在波动范围之内为准。

    A. 月   B. 半年   C. 季度   D. 年

381. BB011 分层注水量全准要求：（ ）进行一次分层测试，经审核合格为准，其他特殊情况也要安排分层测试。

    A. 一个月   B. 二个月   C. 三个月   D. 四个月

382. BB012 为确定一些油井的来水方向，要在其周围（ ）注入不同化学成分的指示剂。

    A. 采油井   B. 自喷井   C. 注水井   D. 注气井

383. BB012 为确定油田存在的气夹层或局部气顶及其变化，应进行（ ）内容的测井。

    A. 密度或放射性   B. 井温或放射性

    C. 放射性或声波   D. 密度或声波

384. BB012 为确定一些井的严重出砂，需要进行（ ）和从井底捞取砂样并分析其成分。

    A. 工程测井   B. 裸眼测井   C. 井温测井   D. 压力测井

385. BB013 油水井（ ）是油水井最基础、最原始的一份报表，它是采油工人录取填写的第一手资料。

    A. 综合记录   B. 班报表   C. 现场检查   D. 日报

386. BB013 油水井班报表记录了油水井每天的生产数据直接为油田生产管理和动态分析提供（ ）资料。

    A. 间接性   B. 总结性   C. 第二手   D. 第一手

387. BB013 注水井因各种原因关井时，要在班报表备注上注明关井（ ），并在当日注水时间里扣除关井时间。

    A. 结果   B. 原因   C. 类型   D. 性质

388. BB014 采油井和注水井的（ ）是以一口井为单位把每天的生产数据，按日历逐条记录在一个表格上，每月一张。

    A. 日报数据   B. 指标数据   C. 综合记录   D. 井史数据

389. BB014　采油井和注水井的综合记录包括（　　）、井口资料、测试测压资料、分析化验、清蜡情况、停产等。

　　A. 停产时间　　　　　　　　　　B. 生产时间

　　C. 产液剖面数据　　　　　　　　D. 吸水剖面数据

390. BB014　油、水井单井井史数据每月一行，（　　）一张，作为单井开采的历史保存，便于查阅。

　　A. 一月　　　　　B. 一季度　　　　　C. 半年　　　　　D. 一年

391. BC001　采油、注入队应建立的（　　）有采油井班报表（采油井日生产数据）和注水（入）井班报表〔注水（入）井日生产数据〕。

　　A. 管理资料　　　B. 综合资料　　　C. 永久资料　　　D. 原始资料

392. BC001　笼统注水井指示曲线为采油注入队应建立保存的原始资料，保存期为（　　）。

　　A. 永久　　　　　B. 半年　　　　　C. 一年　　　　　D. 一个月

393. BC001　采油、注水（入）井日生产数据报表需录入上传到油气水生产数据管理系统（　　），报表保存期为一年。

　　A. A4　　　　　　B. A2　　　　　　C. A5　　　　　　D. A11

394. BC002　采油注入队采油井（　　）包括采油井综合记录、采油井月度综合数据、采油井月、年度井史。

　　A. 综合资料　　　B. 原始资料　　　C. 永久资料　　　D. 管理资料

395. BC002　采油注入队采油、注水（入）井综合记录、月度综合数据和月度井史存储在油气水生产数据管理系统（　　），采油、注水（入）单井年度井史打印、存档，并永久保存。

　　A. A4　　　　　　B. A5　　　　　　C. A11　　　　　　D. A2

396. BC002　采油注入队（　　）包含资料录取计划表、单井注水（入）方案、四类井管理记录、计量仪表校验合格证等。

　　A. 永久资料　　　B. 原始资料　　　C. 综合资料　　　D. 管理资料

397. BC003　采油井基础内容包括井号、井别、投产时间、开采层位、砂岩厚度、有效厚度、人工井底深度、（　　）、饱和压力、见水时间、采油树型号等。

　　A. 原始压力　　　B. 流压　　　　　C. 静压　　　　　D. 套压

398. BC003　注水（入）井基础数据内容包括井号、井别、投产时间或转注时间、开采层位、砂岩厚度、有效厚度、人工井底深度、采油树型号、分注井封隔器型号、原始压力、饱和压力等。聚驱（　　）还包括注入泵型号、排量等。

　　A. 采出井　　　　B. 注入井　　　　C. 探井　　　　　D. 资料井

399. BC003　采油井基础数据中螺杆泵井基础数据还包括螺杆泵型号、泵深、螺杆泵(　　)等。

　　A. 冲程　　　　　B. 油嘴　　　　　C. 冲次　　　　　D. 转数

400. BC004　采油井班报表的产量数据应保留到（　　）。

　　A. 个位　　　　　　　　　　　　　B. 十位

　　C. 小数点后一位　　　　　　　　　D. 小数点后二位

401. BC004　采出液含水为百分比数值，无量纲，数据应保留（　　）位小数。

　　A. 1　　　　　　　B. 2　　　　　　　C. 0　　　　　　　D. 4

402. BC004 注水（入）井班报表注水（入）量单位为立方米（m³），数据保留（　　）。

　　A. 2 个小数位　　　B. 千分位　　　　　　C. 1 个小数位　　　　D. 整数位

403. BC005 抽油机井热洗事件应在班报表上填写洗井时间、压力、温度等相关数据，同时根据相应规定扣除（　　）。

　　A. 生产时间　　　　B. 产量　　　　　　　C. 掺水量　　　　　　D. 洗井水量

404. BC005 注水（入）井洗井时，填写洗井时间、进出口流量、溢流量或漏失量等相关数据，并在备注中标明洗前洗后（　　）。

　　A. 注水时间　　　　B. 注入量　　　　　　C. 注水压力　　　　　D. 水表底数

405. BC005 原始资料若发现数据或文字填错后，进行规范涂改，在错误的数据或文字上划"—"，将正确的数据或文字整齐清楚地填在"—"（　　）。

　　A. 上方　　　　　　B. 下方　　　　　　　C. 右侧　　　　　　　D. 左侧

406. BC006 采油（气）、注水（入）井班报表填写完成后，要求（　　）上交到资料室。

　　A. 第二天　　　　　B. 提前 1 天　　　　　C. 当日　　　　　D. 当月

407. BC006 报表（　　）以当地主管部门根据实际情况做出规定为准，不做统一规定。

　　A. 备注　　　　　　B. 扣产时间　　　　　C. 结算时间　　　　　D. 生产时间

408. BC006 资料室每天负责应用油气水井生产数据管理系统（A2）生成采油（气）井、注水（入）井生产（　　）。

　　A. 日报　　　　　　B. 月报　　　　　　　C. 综合数据　　　　　D. 选值数据

409. BC007 采油（气）、注水（入）井月度井史由（　　）负责，由油气水井生产数据管理系统（A2）生成。

　　A. 生产办　　　　　B. 转油站　　　　　　C. 工艺队　　　　　　D. 资料室

410. BC007 采油（气）、注水（入）井（　　），除按规定内容填写外，应把压裂、堵水、大修、转抽、转注等重大措施记入大事纪要。

　　A. 常规工作　　　　B. 年报　　　　　　　C. 综合数据　　　　　D. 季报

411. BC007 资料室负责单井当年年度井史在（　　）一月份打印整理。

　　A. 当年　　　　　　B. 次年　　　　　　　C. 当月　　　　　　　D. 次月

412. BC008 矿（作业区）的化验室负责所属采油井采出液（　　），以及采气井采出气体的组分化验和采出液的水质分析化验。

　　A. 产量　　　　　　B. 含水　　　　　　　C. 压力　　　　　　　D. 电流

413. BC008 厂或注入队的化验室负责所属采油井采出液含水、含碱、含表活剂等化验及聚合物的浓度、（　　）等测定。

　　A. 氯离子　　　　　B. 矿化度　　　　　　C. 黏度　　　　　　　D. 分子量

414. BC008 采油（气）、注入队负责把当日所取的化验样品在当日送到化验室，化验室（　　）报出化验分析日报。

　　A. 提前一天　　　　B. 随时　　　　　　　C. 当天　　　　　　　D. 第二天

415. BC009 采用玻璃管、流量计量油方式，日产液量≤20t 的采油井，每月量油（　　）次，相邻两次量油间隔时间不少于 10d。

　　A. 2　　　　　　　　B. 3　　　　　　　　C. 5　　　　　　　　D. 0

416. BC009　采用玻璃管、流量计量油方式计量间量油时，分离器（无人孔）直径为 600 mm，玻璃管量油高度为（　　）。

A. 60cm　　　　　B. 50cm　　　　　C. 30cm　　　　　D. 40cm

417. BC009　采用流量计量油方式，每次量油时间为（　　）。

A. 3 ~ 5h　　　　B. 1 ~ 2m　　　　C. 1 ~ 2d　　　　D. 1 ~ 2h

418. BC010　对新井投产、措施井开井，每次量油至少 3 遍，取（　　），直接选用。

A. 最大值　　　　B. 平均值　　　　C. 最小值　　　　D. 合计值

419. BC010　日产液量计量的正常波动范围：日产液量 ≤ 1t，波动不超过（　　）。

A. ±20 %　　　　B. ±30 %　　　　C. ±40 %　　　　D. ±50 %

420. BC010　抽油机井开关井，生产时间及产液量扣除当日关井时间及关井产液量。当抽油机停机自喷生产时，资料录取按（　　）进行管理。

A. 自喷井　　　　B. 抽油机井　　　C. 螺杆泵井　　　D. 电泵井

421. BC011　单井日产液量在 6 ~ 10t 的抽油机井，热洗后扣产（　　）。

A. 1d　　　　　　B. 2d　　　　　　C. 4d　　　　　　D. 3d

422. BC011　单井日产液量在 11 ~ 15t 的抽油机井，热洗扣产（　　）。

A. 3d　　　　　　B. 4d　　　　　　C. 2d　　　　　　D. 1d

423. BC011　单井日产液量在 30t 以上的抽油机井热洗扣产（　　）。

A. 12h　　　　　B. 3d　　　　　　C. 1d　　　　　　D. 2d

424. BC012　使用压力表录取的压力值应在使用压力表量程的（　　）范围内。

A. 0 ~ 1/2　　　　B. 1/3 ~ 2/3　　　C. 1/3 ~ 1/2　　　D. 1/2 ~ 2/3

425. BC012　正常情况下抽油井油压每（　　）录取一次。

A. 30d　　　　　B. 10d　　　　　　C. 5d　　　　　　D. 15d

426. BC012　正常情况下抽油井套压每（　　）录取一次。

A. 10d　　　　　B. 30d　　　　　　C. 15d　　　　　D. 5d

427. BC013　正常生产的抽油机井（　　）测一次上下冲程电流。

A. 每月　　　　　B. 每小时　　　　C. 每天　　　　　D. 每周

428. BC013　正常生产的螺杆泵井每天录取（　　）次电流，电流应在正常波动范围内。

A. 四　　　　　　B. 三　　　　　　C. 二　　　　　　D. 一

429. BC013　正常生产的抽油机出现（　　）波动大时应核实产液量、泵况等情况，查明原因。

A. 电流　　　　　B. 电压　　　　　C. 电功率　　　　D. 电阻率

230. BC014　抽油机井井口取油样首先应先关闭（　　）阀门。

A. 清蜡　　　　　B. 生产　　　　　C. 掺水　　　　　D. 热洗

431. BC014　采油井取样必须在井口取，先放空，见到新鲜原油，采用定压方法，一桶样分（　　）次取完。

A. 一　　　　　　B. 二　　　　　　C. 三　　　　　　D. 四

432. BC014　采油井必须在井口取样，每桶样量必须取够样桶的（　　）。

A. 1/4 ~ 1/3　　　B. 1/3 ~ 1/2　　　C. 1/3 ~ 2/3　　　D. 1/2 ~ 2/3

433. BC015　对于取样与量油同步，含水值直接选用的井是（　　）的采油井。

A. 采出液含水 > 90%　　　　　　　　B. 新井投产、措施井开井

C. 采出液含水 ≤ 40%　　　　　　　　D. 采出液含水 ≤ 80%

434. BC015 采出液含水＞90%时，波动不超过（   ）。

A. ±3.0%　　　　B. ±3.0　　　　　C. ±4.0%　　　　D. ±4.0

435. BC015 化验含水超波动范围，变化原因不清楚的采油井，应第二天复样，选用（   ），并落实变化原因。

A. 最近一次采出液含水值　　　　B. 接近上次采出液含水值
C. 上限含水值　　　　　　　　　D. 下限含水值

436. BC016 机采井日产液量＞5t时（   ）波动范围不超过 ±200m，超过范围必须查明原因或复测验证。

A. 静液面　　　　B. 静压　　　　　C. 动液面　　　　D. 流压

437. BC016 抽油机井措施井开井后3～5d内必须测试示功图、（   ），并同步录取产液量、电流、油压、套压资料。

A. 静液面　　　　B. 静压　　　　　C. 动液面　　　　　　　　D. 流压

438. BC016 日产液量小于等于5t的采油井，动液面波动不超过（   ）。

A. ±200m　　　　B. ±300m　　　　C. ±400m　　　　D. ±100m

439. BC017 对能够完成配注的注水井，日配注量≤10m³，注水量波动不超过 ±（   ）。

A. 10m³　　　　B. 2m³　　　　　C. 5m³　　　　D. 3m³

440. BC017 对能够完成配注的注水井，10 m³＜日配注量≤50m³，日注水量波动不超过配注 ±（   ）。

A. ±20%　　　　B. ±15%　　　　C. ±10%　　　　D. ±2%

441. BC017 注水井水表发生故障必须记录水表底数，按油压估算注水量的时间不得超过（   ）。

A. 2h　　　　B. 2 月　　　　　C. 2 周　　　　D. 2d

442. BC018 注水井开井每天录取油压，注水井关井 1d 以上，在开井前应录取（   ）。

A. 流压　　　　B. 静压　　　　　C. 关井油压　　　　D. 关井回压

443. BC018 注水井钻井停注期间每（   ）录取 1 次关井油压。

A. 天　　　　B. 月　　　　　C. 季　　　　D. 周

444. BC018 注水井措施开井一周内录取套压（   ）。

A. 3 次　　　　B. 5 次　　　　　C. 7 次　　　　D. 4 次

445. BC019 正常分层注水井每4个月测试1次，分层测试资料使用期限不超过（   ）个月。

A. 3　　　　B. 4　　　　　C. 5　　　　D. 7

446. BC019 注水井分层测试前，进行井下流量计和地面水表的注水量对比，以井下流量计测试的（   ）为准。

A. 小层注水量　　　　　　　　　B. 全井注水量
C. 全井注水量的 85%　　　　　　D. 全井注水量 95%

447. BC019 井下流量计与地面水表的注水量对比，日注水量≤20m³，两者差值不超过（   ），超过波动范围落实原因，整改后方可测试。

A. ±3m³　　　　B. ±5m³　　　　C. ±2m³　　　　D. ±8m³

448. BC020 新井投产前录取的（   ）包括射孔日期和射孔方式、枪型、射孔层位、分层射孔孔数及孔密、未发射弹数、一次引爆弹数等。

A. 射孔资料　　　　B. 井身资料　　　　C. 基础资料　　　　D. 测试资料

449. BC020 新井投产前还需要录取钻井液浸泡时间、替喷水量及过油管射孔井的（　　）替出情况。

  A. 水基   B. 压裂砂   C. 钻井液   D. 酸化液

450. BC020 新井投产后第一个季度内选取（　　）以上的监测井测压力恢复曲线。

  A. 10%   B. 20%   C. 15%   D. 30%

451. BC021 对于下入不可洗井封隔器的井，必须在（　　）释放前吐水。

  A. 配水器   B. 封隔器   C. 配产器   D. 堵塞器

452. BC021 周期注水、冬季停注、钻井停注恢复注水及其他特殊原因关井超过（　　）的水驱注水井，开井前洗井。

  A. 20d   B. 30d   C. 45d   D. 60d

453. BC021 正常注水井在相同压力下，日注水量比测试水量下降超过（　　）时，对下可洗井封隔器的井，应及时进行洗井。

  A. 10%   B. 15%   C. 20%   D. 30%

454. BC022 对下入可洗井封隔器的注水井，采用（　　）洗井，采用罐车运输洗井液方式洗井。

  A. 对流循环 B. 双循环   C. 正循环   D. 反循环

455. BC022 对下入不可洗井封隔器的注水井，采用（　　）的方式，达到清洗井底污染物的目的。

  A. 测试   B. 重配   C. 换水嘴   D. 放溢流

456. BC022 聚驱（　　）在注聚过程中，按照现场情况，采用适当的洗井方式进行洗井。

  A. 采出井   B. 注入井   C. 检查井   D. 探井

457. BC023 采用罐车洗井的正常注水（入）井，井口排量应控制在（　　）以上，洗井液量至少达到 30 m³。

  A. 10 m³/h   B. 5 m³/h   C. 15 m³/h   D. 20 m³/h

458. BC023 在洗井操作过程中，对含油、（　　）较多的洗井难度大的特殊井，应延长洗井时间，增加洗井液量。

  A. 含蜡   B. 含气   C. 含水   D. 含杂质

459. BC023 采用高压泵车循环洗井的注水（入）井，井口排量应控制在 15 ～ 25 m³/h，连续循环洗井时间至少达到（　　）。

  A. 1h   B. 3h   C. 2h   D. 4h

460. BC024 注水（入）井洗井时，对进出口洗井液量应（　　）计量。

  A. 同时   B. 分先后   C. 不需要   D. 用同一个仪器

461. BC024 注水（入）井洗井时，记录洗井时间、进出口（　　）等资料，并填写当日班报表。

  A. 含水   B. 压力   C. 温度   D. 流量

462. BC024 注水（入）井洗井时，（　　）在运送过程中应保证无泄漏，并在指定地点排放。

  A. 洗井液   B. 注入水   C. 硫酸   D. 解堵液

463. BC025 新投产的流程每一次使用高压干式水表时，必须检查流程各部位有无（　　）之处。

  A. 存油和存水 B. 松动和存水 C. 砂石和杂物 D. 松动和渗漏

464. BC025　高压干式水表投产前必须将所有注水流程管道冲洗干净后再装（　　），以防被焊渣，砂石等杂物打坏。

    A. 连杆　　　　　　B. 齿轮　　　　　　C. 指针　　　　　　D. 机芯

465. BC025　高压干式水表使用时应先将表内灌满水排气，以防止冲坏（　　）。

    A. 连杆　　　　　　B. 齿轮　　　　　　C. 指针　　　　　　D. 机芯

466. BC026　聚合物驱采出井在见效后应加密取样，每 5 d 取样化验采出液含水 1 次，每月录取 6 次含水资料，且月度取样与量油同步次数（　　）量油次数。

    A. 必须等于　　　B. 小于等于　　　C. 小于　　　　　D. 大于等于

467. BC026　聚合物驱采出井含水下降阶段，含水值下降不超过（　　）个百分点，可直接采用。

    A. 8　　　　　　　B. 3　　　　　　　C. 5　　　　　　　D. 10

468. BC026　聚合物驱采出井在含水下降阶段，含水值上升超过（　　）个百分点，当天含水借用上次采出液含水值，并于第二天复样，选用接近上次含水值，并落实变化原因。

    A. 3　　　　　　　B. 5　　　　　　　C. 8　　　　　　　D. 10

469. BC027　注入井开井每天录取母液（　　）。

    A. 水矿化度样　　　　　　　　　　　B. 井口聚合物浓黏度样、注水量

    C. 注入量、井口聚合物浓黏度样　　　D. 注入量、注水量

470. BC027　正常开井的注入井，对完不成配注井，按照接近（　　）注入母液或按照泵压注入母液。

    A. 允许注入压力　B. 破裂注入压力　C. 最低注入压力　D. 启动注入压力

471. BC027　注水量按照注入井方案配比调整注水，配比误差不超过（　　）。

    A. ±3%　　　　　　B. ±8%　　　　　C. ±10%　　　　　D. ±5%

472. BC028　注入井聚合物浓度、黏度录取每年 4 ~ 10 月，注入液聚合物浓度、黏度井口取样每月 2 次，两次间隔时间在（　　）以上。

    A. 10d　　　　　　B. 20d　　　　　C. 30d　　　　　D. 5d

473. BC028　注入液聚合物浓度、黏度录取正常波动范围为（　　）。

    A. 5%　　　　　　B. 10%　　　　　C. 3%　　　　　　D. 15%

474. BC028　注入液聚合物浓度、黏度选用时，在波动范围内，（　　）选用。

    A. 上报工艺队后　B. 上报技术员后　C. 直接　　　　　D. 核实后

475. BD001　注水曲线是以（　　）为横坐标，以注水井各项指标为纵坐标画出的注水井生产记录曲线。

    A. 年度　　　　　B. 月份　　　　　C. 时间　　　　　D. 时期

476. BD001　利用注水曲线可以掌握注水井生产能力，编制注水井（　　）计划。

    A. 注水　　　　　B. 配产　　　　　C. 配注　　　　　D. 注采

477. BD001　利用注水曲线可以分析注水效果，（　　）注采方案。

    A. 汇编　　　　　B. 编制　　　　　C. 编写　　　　　D. 调整

478. BD002　绘制注水曲线图的（　　）大部分以 1 个月或 1 日（也可间隔几日）画点，可根据点的多少，确定点与点之间的距离。

    A. 横坐标　　　　B. 纵坐标　　　　C. 坐标系　　　　D. 坐标轴

479. BD002 绘制注水曲线的（　　）的设计要合理，各项参数的标值要考虑其上、下波动范围，并能显示波动趋势，但不能相互交叉。

 A. 横坐标 　　　　　B. 纵坐标 　　　　　C. 坐标系 　　　　　D. 坐标轴

480. BD002 在绘制注水曲线时，一般注水量选用（　　）。

 A. 绿色 　　　　　B. 紫色 　　　　　C. 橙色 　　　　　D. 蓝色

481. BD003 注水指示曲线，是在稳定流动条件下，注水压力与（　　）之间的关系曲线。

 A. 泵压 　　　　　B. 套压 　　　　　C. 注水量 　　　　　D. 产水量

482. BD003 指示曲线的作用是用来分析判断井下（　　）工具的工作状况。

 A. 配产 　　　　　B. 配水 　　　　　C. 堵水 　　　　　D. 封堵

483. BD003 出现折线式指示曲线，表明注水压力较高时，有（　　）开始吸水；或者当注水压力提高到一定程度后，地层产生微小裂缝，导致油层吸水量增加。

 A. 吸水层 　　　　　B. 注水层 　　　　　C. 老层 　　　　　D. 新层

484. BD004 绘制指示曲线在图纸上选择适当处，做（　　）坐标系，横坐标为注入量，纵坐标为注入压力，在横坐标和纵坐标旁标注项目和单位。

 A. 平面 　　　　　B. 钝角 　　　　　C. 直角 　　　　　D. 锐角

485. BD004 根据注水指示曲线，计算该井的吸水指数或注水强度，分析判断本井的井下状况和地层（　　），从而指导今后工作。

 A. 注入压力 　　　　　　　　　　B. 吸水能力
 C. 吸水指数 　　　　　　　　　　D. 注水压差

486. BD004 绘制指示曲线建区时要考虑注水井段（　　），平面分布要合理美观。

 A. 层系 　　　　　B. 层段 　　　　　C. 层位 　　　　　D. 层数

487. BE001 封隔器的密封元件是封隔器上的（　　）。

 A. 坐封剪钉 　　　　　B. 弹簧 　　　　　C. 胶皮筒 　　　　　D. 隔环

488. BE001 安装在油管上的某一部位，用来局部封闭井筒中一定位置上油、套管环形空间，隔开上下相邻油层，消除在同一井筒内各油层之间相互干扰而设置的工具称为（　　）。

 A. 配水器 　　　　　B. 采油工艺 　　　　　C. 配产器 　　　　　D. 封隔器

489. BE001 封隔器是进行（　　）的重要工具。

 A. 分注、分采 　　　　　　　　　B. 分注、合采
 C. 合注、分采 　　　　　　　　　D. 合注、合采

490. BE002 封隔器（　　）代号是用分类名称第一个汉字拼音大写字母表示的。

 A. 分类 　　　　　　　　　　　　B. 支撑方式
 C. 座封方式 　　　　　　　　　　D. 解封方式

491. BE002 封隔器坐封方式为自封式代码用（　　）表示。

 A. 4 　　　　　B. 3 　　　　　C. 5 　　　　　D. 2

492. BE002 Y341-114 封隔器代码的意义是压缩式无支撑液压封隔器，上提管柱就可解封，适用套管直径为（　　）。

 A. 114mm 　　　　　B. 141mm 　　　　　C. 314mm 　　　　　D. 341mm

493. BE003　分层开采井下工艺管柱常用的（　　），是指除封隔器以外的井下工具，主要包括配产器、配水器，活门开关、活动接头、喷砂器等。

A. 控制工具　　　　　　　　　　　　　　B. 施工工具

C. 配产工具　　　　　　　　　　　　　　D. 配水工具

494. BE003　控制类工具分类代号中用（　　）表示控制工具的分类代号。

A. P　　　　　　　B. G　　　　　　　C. Q　　　　　　　D. K

495. BE003　油田上常用的井下控制工具中 KQS-110 型堵水器表示外径为（　　）的控制工具类桥式堵水器。

A. 110mm　　　　　B. 114mm　　　　　C. 105mm　　　　　D. 95mm

496. BE004　配水器是分层（　　）管柱中用来进行分层配水的重要工具。

A. 注气　　　　　　B. 注热油　　　　　C. 采油　　　　　　D. 注水

497. BE004　配水器的结构主要由固定部分的（　　）和活动部分堵塞器组成。

A. 工作筒　　　　　B. 堵塞器　　　　　C. 配产器　　　　　D. 配水器

498. BE004　与封隔器配套使用，用于进行分层配产和不压井起下作业的井下工具称为（　　）。

A. 工作筒　　　　　B. 堵塞器　　　　　C. 配产器　　　　　D. 配水器

499. BE005　同井分层注水的重要技术手段是采用（　　）来实现的。

A. 分层配水管柱　　B. 配产器　　　　　C. 封隔器　　　　　D. 配水器

500. BE005　某井为两个层段注水，其中有一个层是停注层，该井应是（　　）。

A. 分层注水井　　　B. 笼统注水井　　　C. 合层注水井　　　D. 笼统采油井

501. BE005　偏心配水管柱的主要优点是可实现不动管柱任意调换井下（　　）和进行分层测试。

A. 配产器　　　　　B. 封隔器　　　　　C. 配水嘴　　　　　D. 开采工具

502. BE006　断裂线在靠近表示井身图形的（　　）适当位置绘制。

A. 上部　　　　　　B. 下部　　　　　　C. 中间　　　　　　D. 地面水平线

503. BE006　绘制分层开采工艺管柱图时，画管柱垂线方法为：在中心线两侧对称画 4 条垂直实线，两内、外侧分别为（　　）。

A. 套管、油管　　　　　　　　　　　　　B. 油管、套管

C. 内侧套管、外侧套管　　　　　　　　　D. 内侧油管、外侧油管

504. BE006　绘制分层开采工艺管柱图时，画采油层段方法为：沿代表套管左侧的垂线分别画出各射孔层位，各层位置和层间距比例适当。每个层位用两平行横线所夹面积表示，上下两条平行线分别表示油层（　　），标好层段数据。

A. 底界、顶界　　　B. 顶界、底界　　　C. 中界、底界　　　D. 顶界、中界

505. BE007　绘制注水井分层注水管柱图时，在两条油管线内对准注水层段的对应位置画（　　）。

A. 底球　　　　　　B. 撞击筒　　　　　C. 封隔器　　　　　D. 配水器

506. BE007　绘制注水井分层注水管柱图时，在两条套管线内（等宽度）对准注水层段间夹（隔）层位置画（　　）。

A. 底球　　　　　　B. 撞击筒　　　　　C. 封隔器　　　　　D. 配水器

507. BE007　在绘制分层注水井管柱时，（　　）要画在油管最末端。

A. 丝堵　　　　　　B. 撞击筒　　　　　C. 工作筒　　　　　D. 人工井底

508. BE008　单井配水间主要是由来水总阀门、单井注水上下流控制阀板阀、干式水表、压力表、（　　）组成。

A. 安全阀　　　　　B. 截止阀　　　　　C. 放空阀　　　　　D. 分流阀

509. BE008　采用单井配水间注水流程时，当配水间与（　　）在同一井场，注水量控制更为准确。

A. 计量间　　　　　B. 注水干线切断　　　　　C. 分水器阀组　　　　　D. 井口

510. BE008　注水井单井流程不仅要满足注水流量要求，还要满足（　　）要求。

A. 防冻　　　　　B. 耐高压　　　　　C. 耐高温　　　　　D. 防腐蚀

511. BE009　水井正常注水时，应全部打开的阀门是：注水上流阀门、（　　）阀门和注水总阀门。

A. 来水　　　　　B. 套管　　　　　C. 测试　　　　　D. 油套连通

512. BE009　注水井正常注水时，应控制的阀门是（　　）。

A. 回压阀门　　　　　B. 测试阀门　　　　　C. 注水下流阀门　　　　　D. 油套连通阀门

513. BE009　注水井反注洗井时应先开套管阀门，然后（　　）井口生产阀门。

A. 先关后开　　　　　B. 先开后关　　　　　C. 关闭　　　　　D. 打开

514. BE010　在图所示的单井配注工艺图中，①所代表的是（　　）。

A. 生产总阀门　　　　　　　　　B. 水表上流阀门

C. 水表下流控制阀门　　　　　　D. 油套连通阀门

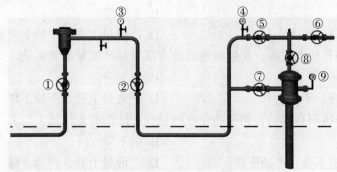

515. BE010　在图所示的单井配注工艺图中，②所代表的是（　　）。

A. 生产总阀门　　　　　　　　　B. 水表上流阀门

C. 水表下流控制阀门　　　　　　D. 油套连通阀门

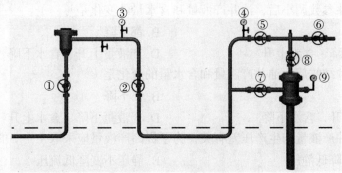

516. BE010　在图所示的单井配注工艺图中，⑤所代表的是（　　）。

A. 油管阀门　　　　　B. 放空阀门　　　　　C. 测试阀门　　　　　D. 总阀门

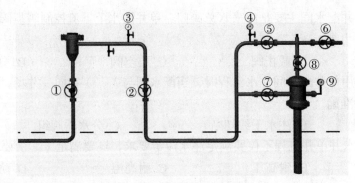

517. BF001　地面管线堵塞后，油井产液量和产油量的变化是（　　）。

A. 都上升　　　　　　　　　　　　　B. 都下降

C. 产液量下降、产油上升　　　　　　D. 产液量上升、产油下降

518. BF001　生产参数调小后，油井产液量和产油量的变化是（　　）。

A. 都上升　　　　　　　　　　　　　B. 都下降

C. 产液量下降、产油上升　　　　　　D. 产液量上升、产油下降

519. BF001　油管漏失后，油井产液量和产油量的变化是（　　）。

A. 都下降　　　　　　　　　　　　　B. 都上升

C. 产液量下降、产油上升　　　　　　D. 产液量上升、产油下降

520. BF002　抽油井调大参数后，油井产液量和产油量的变化是（　　）。

A. 都上升　　　　　　　　　　　　　B. 都下降

C. 产液量下降、产油上升　　　　　　D. 产液量上升、产油下降

521. BF002　抽油井换大泵后，换泵初期油井产液量和产油量的变化是（　　）。

A. 都下降　　　　　　　　　　　　　B. 都上升

C. 产液量下降、产油上升　　　　　　D. 产液量上升、产油下降

522. BF002　油井压裂有效后，初期油井产液量和产油量的变化是（　　）。

A. 都上升　　　　　　　　　　　　　B. 都下降

C. 产液量稳定不变、产油下降　　　　D. 产液量上升、产油下降

523. BF003　油井堵水有效时，油井产液量和含水量的变化是（　　）。

A. 都下降　　　　　　　　　　　　　B. 都上升

C. 产液量下降、含水上升　　　　　　D. 产液量上升、含水下降

524. BF003　油井参数调小后，油井产液量和含水量的变化是（　　）。

A. 都上升　　　　　　　　　　　　　B. 都下降

C. 产液量下降、含水上升　　　　　　D. 产液量上升、含水下降

525. BF003　油井结蜡后，油井产液量和含水量的变化是（　　）。

A. 都上升　　　　　　　　　　　　　B. 都下降

C. 产液量上升、含水下降　　　　　　D. 产液量下降、含水上升

526. BF004　油井产液量与生产压差有关，为了提高产液量应采取（　　）的方法。

A. 流压不变降低静压　　　　　　　　B. 静压不变降低流压

C. 提高静压提高流压　　　　　　　　D. 降低静压提高流压

527. BF004　下列能够起到提高生产压差作用的措施是（　　）。

A. 换大泵　　　　B. 换小泵　　　　C. 机械堵水　　　　D. 调小参数

528. BF004　油井产液量与生产压差有关外，还与采液指数有关，为了提高采液指数应采取（　　）的方法。

A. 油层改造　　　B. 参数调整　　　C. 更换泵径　　　　D. 更换机型

529. BF005　当机械堵水井封隔器失效后，油井含水会呈现（　　）的趋势。

A. 下降　　　　　B. 稳定　　　　　C. 上升　　　　　　D. 先升后降

530. BF005　当化学调剖失效后，油井含水会呈现（　　）的趋势。

A. 稳定　　　　　B. 上升　　　　　C. 下降　　　　　　D. 先升后降

531. BF005　分层注水井高渗透高含水层水嘴刺大，周围油井受效后含水会呈现（　　）的趋势。

A. 上升　　　　　B. 稳定　　　　　C. 下降　　　　　　D. 先升后降

532. BF006　油井堵水有效，含水会呈现（　　）的趋势。

A. 上升　　　　　B. 下降　　　　　C. 稳定　　　　　　D. 先升后降

533. BF006　油井对低产液、低含水层压裂有效，含水会呈现（　　）的趋势。

A. 下降　　　　　B. 上升　　　　　C. 稳定　　　　　　D. 先升后降

534. BF006　注水井调剖有效，连通油井含水会呈现（　　）的趋势。

A. 上升　　　　　B. 稳定后上升　　C. 稳定后下降　　　D. 先升后降

535. BF007　通过分析(　　)和注采比的变化情况,可以分析油井供液能力及是否地下亏空。

A. 地层压力　　　B. 来水压力　　　C. 套管压力　　　　D. 饱和压力

536. BF007　正常生产的采出井，当地面管线出现堵塞后，油压会呈现（　　）的趋势。

A. 上升　　　　　B. 稳定　　　　　C. 下降　　　　　　D. 上升后下降

537. BF007　当泵漏失后，油压会呈现（　　）的趋势。

A. 上升　　　　　B. 稳定　　　　　C. 下降　　　　　　D. 上升后下降

538. BF008　正注井的（　　）压力，表示配水间到注水井井口的剩余压力。

A. 饱和压力　　　B. 泵压　　　　　C. 油管　　　　　　D. 套管

539. BF008　当井下层段水嘴出现堵塞时，在相同的注水量情况下，油压（　　）。

A. 不变　　　　　B. 上升　　　　　C. 下降　　　　　　D. 先下降后上升

540. BF008　某分层注水井油压上升，吸水指数不变，反映出油层压力（　　）。

A. 不变　　　　　　　　　　　　　　B. 上升

C. 下降　　　　　　　　　　　　　　D. 先上升后下降

541. BF009　注水井注水量与吸水指数和注水压力差有关，吸水指数不变时，要提高注水量应采取（　　）的方法。

A. 提高套压　　　B. 提高流压　　　C. 提高静压　　　　D. 降低流压

542. BF009　要提高注水井注水量，可提高吸水指数，应采取（　　）的方法。

A. 注水层改造　　B. 降低流压　　　C. 提高静压　　　　D. 调剖

543. BF009　注水井压裂有效后，注水压力和水量的变化规律正确的是（　　）。

A. 压力和水量都下降　　　　　　　　B. 压力和水量都上升

C. 压力下降水量上升　　　　　　　　D. 压力上升和水量下降

544. BF010 注水井受到污染后，注水压力和水量的变化规律正确的是（　　）。

A. 压力和水量都下降　　　　　　　　B. 压力和水量都上升

C. 压力下降和水量上升　　　　　　　D. 压力上升和水量下降

545. BF010 注水井地面管线堵，注水井井口压力和水量的变化规律正确的是（　　）。

A. 井口压力和水量都下降　　　　　　B. 井口压力和水量都上升

C. 井口压力下降水量上升　　　　　　D. 井口压力上升水量下降

546. BF010 注水井受到污染后，吸水指数的变化规律是（　　）的。

A. 下降　　　　　　　　　　　　　　B. 上升

C. 稳定　　　　　　　　　　　　　　D. 先下降后上升

547. BF011 注水井启动压力指的是（　　）。

A. 注水泵压　　　　　　　　　　　　B. 油管压力

C. 套管压力　　　　　　　　　　　　D. 开始吸水的油压

548. BF011 油层性质越好、与周围油井连通状况越好的注水井启动压力（　　）。

A. 越高　　　　B. 越低　　　　C. 不变　　　　D. 先高后低

549. BF011 油井堵水后连通注水井启动压力的变化规律正确的是（　　）。

A. 降低　　　　B. 升高　　　　C. 不变　　　　D. 先升高后降低

550. BF012 油层压力低周围油井刚刚补过孔，连通注水井启动压力的变化规律正确的是（　　）。

A. 升高　　　　B. 降低　　　　C. 不变　　　　D. 先升高后降低

551. BF012 油层酸化后注水井启动压力的变化规律正确的是（　　）。

A. 降低　　　　B. 升高　　　　C. 不变　　　　D. 先升高后降低

552. BF012 压裂改造后注水井启动压力的变化规律正确的是（　　）。

A. 升高　　　　B. 不变　　　　C. 降低　　　　D. 先升高后降低

553. BG001 按信息处理形式划分，计算机可分为（　　）、模拟计算机以及数字模拟混合电子计算机。

A. 数字计算机　　　B. 混合计算机　　　C. 电子计算机　　　D. 个人计算机

554. BG001 存储器是计算机的记忆和存储部件，衡量存储器的指标首先是存储容量，其次是（　　）。

A. 存储速度　　　　　　　　　　　　B. 价格

C. 存储长度　　　　　　　　　　　　D. 存储数据的位数

555. BG001 计算机系统的存储器一般包括两个部分，一部分是内存储器，另一部分是（　　）。

A. 内外混合存储器　　　　　　　　　B. 随机存储器

C. 外存储器　　　　　　　　　　　　D. 只读存储器

556. BG002 一套完整的、能正常工作的计算机，称为计算机系统。计算机系统由（　　）组成。

A. 显示器和主机两大部分　　　　　　B. 显示器和主机及键盘和鼠标系统

C. 输入系统和输出系统两大部分　　　D. 硬件系统和软件系统两大部分

557. BG002 电子计算机是由控制器、运算器、（　　）、输入和输出设备组成。

A. 显示器　　　　B. 存储器　　　　C. CPU　　　　D. 主机

558. BG002　统一指挥和控制计算机各部分的工作的部件称为（　　），是计算机的"神经中枢"。

A. 运算器　　　　　B. 存储器　　　　　C. 控制器　　　　　D. 处理器

559. BG003　中央处理器简称（　　），是计算机系统的核心。

A. CPU　　　　　B. ALU　　　　　C. VAI　　　　　D. ROM

560. BG003　中央处理器是计算机硬件系统的核心，它是由（　　）组成的。

A. 运算器和存储器　　　　　　　　B. 控制器和存储器

C. 运算器和控制器　　　　　　　　D. 加法器和乘法器

561. BG003　微型计算机的主机包括（　　）。

A. 运算器和显示器　　　　　　　　B. CPU 和内存储器

C. CPU 和 UPS　　　　　　　　D. UPS 和内存储器

562. BG004　计算机的操作系统是（　　）。

A. 应用软件　　　　B. 系统软件　　　　C. 主机　　　　　D. 外部设备

563. BG004　下列软件中，属于应用软件的是（　　）。

A. UNIX　　　　　B. WPS　　　　　C. Windows　　　　D. DOS

564. BG004　下列软件中，属于系统软件的是（　　）。

A. WPS　　　　　B. CCED　　　　　C. Word2003　　　　D. DOS

565. BG005　随机存储器简称（　　）。

A. RAM　　　　　B. EMS　　　　　C. XMS　　　　　D. ROM

566. BG005　计算机内存容量通常是指（　　）。

A. RAM 的容量　　　　　　　　　B. RAM 与 ROM 的容量总和

C. 软盘与硬盘的容量总和　　　　　D. ROM 的容量

567. BG005　计算机内存中的只读存储器简称为（　　）。

A. CMOS　　　　　　　　　　　B. RAM

C. XMS　　　　　　　　　　　　D. ROM

568. BG006　下列不是计算机输出设备的是（　　）。

A. 显示器　　　　　B. 打印机　　　　　C. 绘图仪　　　　　D. 扫描仪

569. BG006　下列设设备中，既是输入设备又是输的设备的是（　　）。

A. 显示器　　　　　B. 磁盘驱动器　　　　C. 键盘　　　　　D. 打印机

570. BG006　用于保存计算机输入输出数据的材料及其制品称为（　　）。

A. 输入输出媒体　　　　　　　　　B. 输入输出通道

C. 输入输出接口　　　　　　　　　D. 输入输出端口

571. BG007　关机时，先关主机，再关外部设备。每次开机和关机之间的时间间隔至少要（　　）。

A. 1s　　　　　　B. 5s　　　　　　C. 10s　　　　　　D. 15s

572. BG007　在 Windows XP 中，按住鼠标器左键，同时移动鼠标器的操作称为（　　），执行该命令后就会弹出一个对话框，要求用户输入选择信息。

A. 单击　　　　　B. 双击　　　　　C. 启动　　　　　D. 拖曳

573. BG007　计算机以键盘为媒介的汉字输入方法很多，比较常用的输入方法有（　　）两种。

A. 五笔字型和全拼音　　　　　　　B. 表形码和智能拼音

C. 区位码和智能拼音　　　　　　　D. 五笔字型和智能拼音

574. BG008　Windows 操作系统是一个（　　）。

　　A. 单用户单任务系统　　　　　　　　　B. 单用户多任务系统

　　C. 多用户多任务系统　　　　　　　　　D. 多用户单任务系统

575. BG008　Windows 操作系统每一个运行的程序在其任务栏中有一个相应的图标及其窗口的标题，使用（　　）键可以在当前运行的几个任务之间切换。

　　A. Alt + Shift　　　　B. Alt + Esc　　　　　C. Alt + Tab　　　　　D. Alt + Enter

576. BG008　符号（　　）不可以作为文件标识名的字符。

　　A. 0 ~ 9　　　　　　B. !　　　　　　　　C. $　　　　　　　　D. >

577. BG009　汉字输入方法中，一般同时按下（　　）键，就可以在中西文之间进行切换。

　　A. Ctrl +空格　　　　B. Ctrl + Alt　　　　　C. Ctrl + Shift　　　D. Shift + Alt

578. BG009　在 Windows 98 和 Windows XP 中，同时按下（　　）键，就可以在输入法之间进行切换。

　　A. Ctrl +空格　　　　B. Ctrl + Alt　　　　　C. Ctrl + Shift　　　D. Shift + Alt

579. BG009　汉字输入法输入栏的候选字、词一般默认值为（　　），当超过此值没有要选的字、词时，可以用翻页按钮将所需字、词逐页选出。

　　A. 8 个　　　　　　　B. 9 个　　　　　　　C. 10 个　　　　　　D. 11 个

580. BG010　在计算机键盘上有些常用的特殊键，Enter为（　　）。

　　A. 空格键　　　　　　B. 回车键　　　　　　C. 删除键　　　　　　D. 返回键

581. BG010　在计算机键盘上有些常用的特殊键，□□□为（　　）。

　　A. 空格键　　　　　　B. 回车键　　　　　　C. 删除键　　　　　　D. 返回键

582. BG010　在计算机键盘上有些常用的特殊键，⊟为（　　）。

　　A. 空格键　　　　　　B. 回车键　　　　　　C. 删除键　　　　　　D. 光标移动键

583. BG011　在计算机 Word 文档正文编辑区中有个闪烁的（　　），代表光标。

　　A. ｜　　　　　　　　B.【　　　　　　　　C. →　　　　　　　　D. ·

584. BG011　在 Word 窗口中，（　　）列表显示常用任务指示，供用户选用。

　　A. 状态栏　　　　　　B. 任务窗格　　　　　C. 编辑区　　　　　　D. 标题栏

585. BG011　在 Word 文档编辑窗口中的"格式刷"按钮的位置在（　　）工具栏内。

　　A. 格式　　　　　　　B. 常用　　　　　　　C. 功能键展示　　　　D. 其他格式

586. BG012　准确地说，存盘就是指通常的（　　）保存在某盘、某文件夹内的过程。

　　A. 某个具体文档　　　B. 某段文章　　　　　C. 某个图片　　　　　D. 某窗口

587. BG012　"保存"在计算机操作中是一个使用频繁的功能，但在（　　）操作时不使用。

　　A. 新建文档　　　　　B. 新建文件夹　　　　C. 编辑文档　　　　　D. 新插入表格

588. BG012　Word 文档以文件形式存放于磁盘中，其文件的默认扩展名为（　　）。

　　A. txt　　　　　　　　B. exe　　　　　　　C. doc　　　　　　　D. sys

589. BG013　在 Word 中，当用户按住（　　）键，再单击"文件"菜单，会发现下拉菜单中出现"全部保存"和"另存为"命令。

　　A. Ctrl　　　　　　　B. Alt　　　　　　　C. Shift　　　　　　D. Alt+Ctrl

590. BG013　在 Word 中，当用户单击（　　）菜单，会发现下拉菜单中出现"另存为""页面设置"和"打印"命令。

　　A."文件"　　　　　　B."编辑"　　　　　　C."视图"　　　　　　D."插入"

591. BG013　在 Word 中，当用户单击（　　）菜单，没有选择任何命令，10s 后会自动弹出下拉菜单"保存""另存为"和"另存为网页"等保存命令。

A. 插入　　　　　　B. 编辑　　　　　　C. 视图　　　　　　D. 文件

592. BG014　Excel 办公软件不仅有对数据的计算、汇总、制作图表的功能，还有（　　）功能。

A. 数据管理　　　　B. 数据统计　　　　C. 数据库管理　　　D. 数据筛选

593. BG014　Excel 是功能强大的电子表格处理软件，具有（　　）等多种功能。

A. 编辑、显示器　　B. 表格制作与绘制　　C. 数据管理与分析　　D. 计算、扫描

594. BG014　Excel 办公软件突出的优点是可以进行（　　）。

A. 文字的编辑　　　B. 报表的制作　　　C. 数据的计算、汇总　　D. 图表的排版

595. BG015　在 Excel 中，一个工作簿就是一个扩展名为（　　）的文件。

A. DOT　　　　　　B. DCX　　　　　　C. BMP　　　　　　D. XLS

596. BG015　使用 Excel 创建工作簿或建立表格，新文档可以是一个空白表格，也可以基于指定的（　　）创建。

A. 单元格　　　　　B. 工作簿　　　　　C. 模板　　　　　　D. 工作表

597. BG015　Excel 保存工作簿时，不仅保存输入的数据，还保存了工作簿的（　　）。

A. 公式　　　　　　B. 风格　　　　　　C. 设置　　　　　　D. 窗口配制

598. BG016　关于网络分类正确的是（　　）。

A. 局域网、广域网、Internet 网　　　　　B. 局域网、Internet 网、国际网

C. Internet 网、广域网、国际网　　　　　D. 局域网、广域网、国际网

599. BG016　广域网和局域网是按照（　　）来划分的。

A. 网络使用者　　　B. 网络作用范围　　C. 信息交换方式　　D. 传输控制协议

600. BG016　常见的单性局域网类型有总线型、环型和（　　）。

A. 直线型　　　　　B. 星型　　　　　　C. 曲线型　　　　　D. 串联型

二、判断题（对的画"√"，错的画"×"）

（　　）1. AA001　液态石油中通常溶有相当数量的气态烃和氧化物。

（　　）2. AA002　含胶质、沥青质多的石油相对密度大。

（　　）3. AA003　如果原油性质、温度基本相同，气油比高者，则饱和压力就大。

（　　）4. AA004　石油的碳氢比（C/H）为 5.9 ～ 8.5。

（　　）5. AA005　石油中的胶质呈浅黄褐色，半固态的黏糊状流体，不能溶于石油醚，也不能被硅胶所吸附，荧光反应为淡黄色，多为环烷族烃和芳香族烃组成。

（　　）6. AA006　石油随温度不同，馏分的产物也有所不同。

（　　）7. AA007　天然气从狭义上是指天然蕴藏于地层中的烃类和非烃类气体的混合物。

（　　）8. AA008　在高压下，天然气的黏度几乎与压力无关，随温度的增加而增大。

（　　）9. AA009　非烃气中还含有微量的惰性气体，如氦气、氩气、氖气等，其含量只有千分之几至百分之几；其中以氦、氩最常见，它们可能同地壳中的放射性作用有关。

（　　）10. AA010　凝析气天然气中主要成分除含甲烷外，乙烷与乙烷以上的重烃较多，在 5% ～ 10% 以上，与石油共生，又称为石油气。

（ ）11. AB001 三大类岩石是可以通过各种成岩作用相互转化的，形成了地壳物质的循环。

（ ）12. AB002 沉积岩中砾岩和砂岩可以形成储藏油气的储层。

（ ）13. AB003 碳酸盐岩和石油的关系密切，它只可以生油不可以储油。

（ ）14. AB004 陆地沉积岩的分布范围比海洋沉积岩的分布范围小。

（ ）15. AB005 岩石风化之后便于进行剥蚀，而岩石风化产物被剥蚀后又便于继续风化。

（ ）16. AB006 机械搬运的营力有流水、风、冰川及湖、海等。

（ ）17. AB007 陆相沉积分为河流、湖泊、冰川等沉积。

（ ）18. AB008 四季变化显著和高温地带，岩石裂隙中水的不断反复冻结和融化使岩石裂隙不断扩大，就好像冰楔子一样直到把岩石劈开崩碎，因此称为冰劈作用。

（ ）19. AB009 在化学风化过程中，岩石和矿物不会破碎，只会分解。

（ ）20. AB010 溶解度小的先沉积，溶解度大的后沉积。

（ ）21. AB011 生物化学沉积由生物化学作用经常引起周围介质条件的改变，从而促进某些矿物质的沉积。

（ ）22. AB012 在沉积地区随着时间的延长，沉积作用间断进行，沉积物越来越厚，从几十米到几百米甚至上万米。

（ ）23. AB013 胶结作用是沉积物在成岩过程中的一种变化。

（ ）24. AB014 一般说，颗粒粗，易溶解的沉积物，容易发生重结晶作用。

（ ）25. AB015 沉积岩的结构是指矿物组分的大小、形状、排列方式以及胶结形式等。

（ ）26. AB016 碎屑颗粒形状可分为棱角状、圆状、极圆状。

（ ）27. AB017 泥质结构的沉积岩，质地较软且碎屑和黏土极细小、均匀致密。

（ ）28. AB018 沉积岩的构造除层理和层面构造外，还有斑点构造、斑块状构造、水下滑动构造、雨痕、缝合线、叠锥构造等常见构造。

（ ）29. AB019 在河流、湖滨、海滨三角洲中有显著的斜层理。

（ ）30. AB020 水平层理的细层可因成分、有机质含量和颜色不同而显现，不会因云母片、炭屑、植物化石等沿层面排列而显现。

（ ）31. AB021 斜层理由流水搬运沉积而成，在河流沉积中普遍存在。

（ ）32. AB022 交错层理由一系列彼此交错、重叠、切割的细层组成。

（ ）33. AB023 常见的波痕有流水波痕和波浪波痕。

（ ）34. AB024 有时把继承色和自生色合称为原生色，次生色又称为后生色。

（ ）35. AB025 恰当地描述沉积岩的颜色，特别是后生色，有相当重要的意义。

（ ）36. AB026 在历史发展的每个阶段，地球表面都有一套相应的地层形成。

（ ）37. AB027 地质时代和地层单位之间有着紧密的关系，完全是对应的关系。

（ ）38. AB028 把各地大致相同时期沉积的某一地层，称为某某时代的地层。

（ ）39. AB029 地质时代单位由宇、界、纪、世四个级别和一个自由使用的时间单位"时"组成。

（ ）40. AB030 地壳运动是产生褶皱、断裂等各种地质构造，引起海、陆分布的变化，地壳的隆起和坳陷以及形成山脉、海沟等的基本原因。

( ) 41. AC001 预探井按其开发目的分为：（1）新油气田预探井，它是在新的圈闭上找新的油气田的探井；（2）新油气藏预探井，它是在油气藏已探明边界外钻的探井，或在已探明的浅层油气藏之下，寻找较深油气藏的探井。

( ) 42. AC002 调整井是油田开发若干年后，为提高储量动用程度，提高采收率分期分批钻的井。

( ) 43. AC003 二级构造带井号名称命名时，采用二级构造带名称中的某一汉字加该构造带上预探井布井顺序号命名。

( ) 44. AC004 BZ28-1-1井，即渤中（BoZhong）区28块1号构造1号井。

( ) 45. AC005 缘上注水是注水井部署在外含油边界上或在油藏内距外含油边界较近处，按一定井距行状排列，与等高线平行。

( ) 46. AC006 行列切割注水可以根据油田地质特征选择最佳切割方向和切割井距，采用横切、纵切、环状切割的形式。

( ) 47. AC007 油田开发后期强化开采，以提高采收率时适用于面积注水。

( ) 48. AC008 采用面积注水方式的油田，水淹状况简单，动态分析难度小，调整比较困难。

( ) 49. AC009 油田按采油井和注水井相互位置和组成井网形状的不同，一般将面积注水分为四种类型。

( ) 50. AC010 五点法面积井网是一种强采强注布井方式，注水井和采油井井数比例为1:3，注水井与每个采油井距离相等，注水比较均匀，油井受效良好。

( ) 51. AC011 七点法面积井网水井是采油井井数的3倍，所以注水强度较高。

( ) 52. AC012 九点法面积井网的中心注水井距角井距离大于注水井距边井距离，所以，在油层性质变化不大时，边井往往首先收到注水效果，角井在其后见效。

( ) 53. AC013 反九点法面积井网4口注水井位于正方形的四角上，称为角井。

( ) 54. AC014 笼统注水井反注时套压相当于正注时的油压，油压相当于正注时的套压。

( ) 55. AC015 非均质多油层注水开发的油田，在一个注水井点同一井口注水压力下，既可以加大差油层的注水量，也可以控制好油层的注水量的工艺技术称分层注水。

( ) 56. AC016 注入水的水质要求携带悬浮物、固体颗粒、菌类、藻类、泥质、黏土、原油、矿物盐类等，以防引起堵塞油层孔隙的物质进入油层。

( ) 57. AC017 油田注入水中固体悬浮物浓度及颗粒直径指标要求为：渗透率<0.1μm^2，固体悬浮物浓度≤1mg/L，颗粒直径≤5μm；渗透率>0.6μm^2，固体悬浮物浓度≤5mg/L，颗粒直径≤3μm。

( ) 58. AC018 由于油层是一个连通的水动力系统，当油藏边界有供水区时，在水柱的压头作用下，油层在各个水平面上将具有相应的压力数值。

( ) 59. AC019 油田开发后，处于变化状态的地层压力，用生产压力和流动压力来表示。

( ) 60. AC020 地层压力是指地层原油在压力降到天然气开始从原油中分离出来时的压力。

（　）61 AD001　生产与安全齐抓共管的原则是企业生产的管理人员，把安全和健康作为一个有机的整体，安全和健康一起管理。

（　）62. AD002　安全管理的工作内容包括进行伤亡事故的调查、分析、处理、统计和报告，开展伤亡事故规律性的研究及事故的预测预防。

（　）63 AD003　火灾是一种常见多发的破坏性极强的灾难，产生的形式多种多样，包括闪燃、自燃、燃烧和爆炸，并具有突发性、复杂性和严重性。

（　）64. AD004　石油着火后，火焰沿其表面蔓延的速度可达 0.5~2m/s。

（　）65. AD005　天然气比液体、固体易燃，燃烧速度快，放出热量少。

（　）66. AD006　对存在的火灾隐患，及时予以消除，并记录备案，无法消除的要将危险部位停产整改。

（　）67. AD007　在有较大电流通过的电气线路上，如果在某处出现接触电阻过大这种现象时，就会在接触电阻过大的局部范围内产生极小的热量，使金属变色甚至熔化，引起导线的绝缘层发生燃烧，并引燃附近的可燃物或导线上积落的粉尘、纤维等，从而造成火灾。

（　）68. AD008　露天安装的电气设备（如电动机、闸刀开关、电灯等）淋雨进水，使绝缘受损，在运行中易发生短路起火。

（　）69. AD009　保持绝缘水平，导线要避免过载、过电流、高温腐蚀以及被泡在水里等。

（　）70. AD010　电气火灾监控系统安装在配电室和配电箱处，实时检测供电线路干线、次干线的剩余电流，如超过剩余电流报警值立即发出声光报警信号，提示检修，主要用于预防漏电引起的电气火灾。

（　）71. BA001　油井完井质量的好坏直接影响到油井的生产能力和经济寿命，甚至关系到整个油田能否得到合理的开发。

（　）72. BA002　完井时要求工艺简便易行，施工时间少，成本低，经济效益好。

（　）73. BA003　套管射孔井筒射孔密度，正常探井和开发井 10~20 孔／m，特殊作业井可根据情况确定，一般不超过 30 孔／m。

（　）74. BA004　先期裸眼射孔完井适用于产层物性一致，井壁坚固稳定，能卡准地层，准确地在油层底界下入套管，也适用于裂缝性油层。

（　）75. BA005　固井的目的之一是封隔油、气、水层，使油气流在井内形成一条畅流到地下的通道。

（　）76. BA006　应根据油层和流体的特性、地层伤害状况、套管程序和油田生产条件，选择恰当的射孔工艺。

（　）77. BA007　射孔液压力越小，空腔收缩回原始状态的时间就越短，穿透能力下降。

（　）78. BA008　油井产能比随着孔深、孔密的增加而增加，提高幅度逐渐增加。

（　）79. BA009　选择诱喷方法的原则是应缓慢而均匀的降低地层压力，不致破坏油层结构。

（　）80. BA010　替喷的方法有一般替喷法、一次替喷法、二次替喷法三种方法。

（　）81. BA011　抽汲法用于喷势不大的井或有自喷能力，但在钻井过程中，由于钻井液漏失，钻井液滤液使油层受到损害的油井。

（　）82. BA012　气举法是利用压缩机向油管或油套环形空间内注入压缩气体，使井中液体从油套环形空间或油管中排出的方法。

（　）83. BA013　试油的目的是验证对油气藏产油、气能力的认识和利用测井资料解释的可靠程度。

（　）84. BA014　中途测试工具试油可在井下管柱内装上分层压力计、流量计和取样器，以便测取分层的地层压力、流动压力、分层产液量和分层取样来测定含水量及流体物性。

（　）85. BA015　中途测试工具有常规支撑式和膨胀跨隔式两种形式。

（　）86. BA016　钻井过程中，如遇到高、低压层，其中一层的复杂情况未及时处理，或遇到了处理无效层、流砂层、膨胀性页岩，钻井性能无法控制，使钻井在技术上无法保证，就必须下入一层油层套管以巩固井壁。

（　）87. BA017　水泥返高作用是封堵各个油层，防止油气层乱串，加固井壁防止坍塌。

（　）88. BA018　注水井内还可根据注水要求（分注、合注、洗井）分别安装相应的注水管柱。

（　）89. BA019　一般情况下，在配水间或增压站可对每口注水井进行计量。

（　）90. BA020　自喷采油具有设备简单、操作方便、油井产量高、采油速度高、生产成本低等特点，是油层能量充足开采初期最佳的采油方式。

（　）91. BA021　抽油机井结构组成井下抽油设备中间部分是由光杆组成。

（　）92. BA022　活塞以上液柱及抽油杆柱等载荷均通过悬绳器悬挂在驴头上。

（　）93. BA023　多级离心泵是潜油电泵机组中次要的工作机，井下液体是被多级离心泵抽送到地面。

（　）94. BA024　电动潜油泵适用于受水驱控制的油井、高含水液量大的油井和低气液比的油井。

（　）95. BA025　螺杆泵地面驱动装置是为井下螺杆泵提供动力和适宜的转速，承受管柱的轴向载荷。

（　）96. BA026　井下螺杆泵是一种体积泵，是摆线内合螺旋齿轮副的一种应用。

（　）97. BA027　采油树的作用是录取油、套压力资料，便于测压、清蜡等日常管理。

（　）98. BA028　正常生产时，生产阀门总是打开的，在更换或检查油嘴及油井停产时才关闭。

（　）99. BA029　目前，国内外机械采油装置主要分有杆泵和无杆泵两大类。

（　）100. BA030　对于符合抽油泵标准设计和制造的抽油泵称为特殊用途的抽油泵。

（　）101. BA031　管式抽油泵分为整筒式管式抽油泵和组合泵筒式抽油泵。

（　）102. BA032　管式抽油泵分为定筒式杆式泵和动筒式泵两大类。

（　）103. BA033　固定阀也称吸入阀，除了有阀球、阀座、阀罩外还有打捞头，供油井作业时捞出或便于其他作业等。

（　）104. BA034　在一个冲程内，深井泵应完成两次进油和两次排油过程。

（　）105. BA035　普通型光杆其特点是两端可互换，在一端磨损严重后，可更换另一端继续使用，不能充分利用杆体的全部。

（　）106. BA036　抽油杆是一种长径比很小的细长杆，刚度低，柔性大，易弯曲，制造过程中易变形。

（　）107. BA037　空心抽油杆适用于高含蜡、高凝固点的高凝油井，有利于热油循环，热电缆加热等特殊抽油工艺。

（　）108. BA038　改变抽油机电动机的皮带轮直径，不可改变抽油机的冲数。

（　）109. BA039　理论和现场实践都已证明其他载荷与静载荷、动载荷相比可以忽略不计。

（　）110. BA040　潜油电泵适应中高液排量、高凝油、非定向井、中低黏度井，扬程可达 2500m。

（　）111. BA041　潜油电泵电缆是为井下潜油电机输送电能的专用电线。

（　）112. BA042　潜油电泵控制屏借助中心控制器，能完成机组的过载保护停机。

（　）113. BA043　潜油电泵容易处理腐蚀和结蜡。

（　）114. BA044　抽油泵泵容积效率可达 90%，它是现有机械采油设备中能耗最小、效率较高的机种之一。

（　）115. BA045　螺杆泵定子由橡胶制造，最容易损坏，若定子寿命短，则检泵次数多，每次检泵，必须起下管柱，增加了检泵费用。

（　）116. BA046　螺杆泵正常运转抽油时，抽油杆柱带动转子正转，并通过摩擦力带动定子和油管柱正转，此时连接在定子上的防转锚牙块伸出，与套管咬死，阻止油管柱和定子正转，从而实现螺杆泵定子和转子的相对运动。

（　）117. BB001　油、水的密度不同，量油时分离器内的油和玻璃管内的水柱上升的高度相同。

（　）118. BB002　分离器内径为 1000mm 且有人孔，规定量油高度为 500mm。

（　）119. BB003　油气分离器的种类一般按外形、用途、压力大小、内部结构进行分类的。

（　）120. BB004　目前现场上使用的油气分离器类型较多，但基本结构各不相同。

（　）121. BB005　卧式分离器与立式分离器相比，具有处理量大的特点，因此，卧式分离器适用于低产井。

（　）122. BB006　分离器的离心分离原理主要适用于初分阶段。

（　）123. BB007　目前玻璃管量油、功图法量油和液面恢复法量油是高产高效采油区主要的三种量油方式。

（　）124. BB008　采油井水淹状况资料可直接反映残余油及储量动用状况。

（　）125. BB009　采油井资料录取油压套压全准要求：油套压力每月 25d 以上为全；每 10d 测一次，压力表每月校对一次，误差不超过其标定界限为准。

（　）126. BB010　注水井压力资料直接反映了注水井从井底压力到供水压力的消耗过程、井底的实际注水压力，以及向地下注水产生的驱油能量。

（　）127. BB011　注水井水表每半年校对一次，误差在波动范围之内为准。

（　）128. BB012　除常规资料录取之外，为明确油田开发中一些特殊问题和异常现象，还要采用特殊手段录取一些资料。

（　）129. BB013　油井班报主要应包含以下内容：井号、日期、生产时间、油嘴、油压、产量、回压、量油测气情况、清蜡热洗情况、掺油或掺水情况、机采井电流、作业施工、关井维修等。

（　）130. BB014　油、水井井史数据代表本井上月的生产情况。

（　）131. BC001　采油、注入队建立、保存的资料包含采油井采出液含水（含碱、含表活剂和水质分析）、注入井聚合物溶液浓度（黏度、界面张力）等资料。

（　）132. BC002　采油注入队采油井综合资料有注水（入）井综合记录、注水（入）井月度综合数据、注水（入）井月、年度井史。

（　）133. BC003　采油、注水（入）井单井基础数据随时更新，并存储在油气水生产数据管理系统（A2），永久保存。

（　）134. BC004　采油井班报表有开关井及措施的抽油井，备注要注明开关井原因及所上的措施，生产时间要扣除关井时间。

（　）135. BC005　测试、测压、施工内容、设备维修、仪器（仪表）校对、洗井、检查油嘴、取样、量油、气井排水等工作内容都需要填写在单井月度井史上。

（　）136. BC006　资料室负责填写采油（气）、注水（入）井班报表。

（　）137. BC007　采油（气）、注水（入）井月度井史，应把常规维护性作业施工内容及发生井下事故、井下落物、井况调查的结论，以及地面流程改造等重大事件随时记入大事记要栏内。

（　）138. BC008　每天的化验分析资料由化验室负责当日录入油气水井生产数据管理系统（A2）。

（　）139. BC009　对于不具备玻璃管、流量计计量条件以及冬季低产井，可采用功图法、液面恢复法、翻斗、计量车、模拟回压称重法等量油方式。

（　）140. BC010　对无措施正常生产井每次量油一遍，量油值在波动范围内，核实三天选接近值选用。

（　）141. BC011　抽油机井热洗扣产：单井日产液大于 30t 的井，热洗扣产 4d。

（　）142. BC012　抽油机井油套压录取中对环状、树状流程首端井、栈桥井等要求应一个月录取油套压。

（　）143. BC013　正常生产的电泵井每天录取一次电流，一张电流卡片记录 7d。

（　）144. BC014　见水油井每 10d 取样一次（每月至少与量油同步进行一次）。

（　）145. BC015　采油井 80% ＜采出液含水量≤ 90%，化验含水波动不超过 ±5 个百分点。

（　）146. BC016　正常生产的抽油机井示功图、动液面每月测试 1 次，两次测试间隔不少于 20d，不大于 40d。

（　）147. BC017　对于完不成配注的井，按照接近允许注水压力或按照泵压注水。

（　）148. BC018　注水井泵压在监测井点每 10d 录取一次。

（　）149. BC019　关井 30 d 以上的分层注水井开井后，在开井 1 周内完成分层流量测试。

（　）150. BC020　注水井新井投注后测 1 次指示曲线，在分层配注前根据需要测 1 次同位素吸水剖面，为分层提供依据。

（　）151. BC021　下入不可洗井封隔器的注水井放溢流时，溢流量由大到小，排量不大于 10m³/h。

（　）152. BC022　聚驱注入井在后续水驱阶段按照聚驱注入井洗井方式进行洗井。

（　）153. BC023　注水（入）井洗井前应关井降压 30 min 以上，冬季可适当缩短关井时间，然后放溢流 10 min，再进行洗井。

（　）154. BC024　洗井质量采用目视比浊法观察洗井液进行判断，达到进出口水质一致，为洗井合格。

（　）155. BC025　水表在使用中，应每半年清洗检查一次，检修周期为一年。

（　）156. BC026　聚合物驱采出井在见效后含水下降阶段，含水值下降超过 5 个百分点，当天含水借用上次采出液含水值，并于第二天复样，选用接近上次含水值。

（　）157. BC027　注入井放溢流时，采用流量计或容器计量，溢流量从该井日注入量或月度累积注入量中扣除。

（　）158. BC028　注入井聚合物浓度、黏度录取冬季 11 月 1 日至次年 3 月 31 日，每月录取至少 3 次。

（　）159. BD001　注水曲线反映了注水指标随压力的变化过程。

（　）160. BD002　绘制注水曲线将绘制 1 个月 1 点的取值采用季度选值。

（　）161. BD003　垂式指示曲线出现，表明油层渗透率很差，即随着注水压力的增加，注水量没有增加；但也有可能是井下管柱出现了问题。

（　）162. BD004　绘制指示曲线在绘图纸上部或下部标注图名：×× 井 ×× 层指示曲线或 ×× 井指示曲线。

（　）163. BE001　通过机械、水利或其他方式的作用，使胶皮筒鼓胀密封油套环形空间，把上下油层封隔开的工具是封隔器。

（　）164. BE002　封隔器解封方式为提放管柱的代码是"2"。

（　）165. BE003　验窜用的节流器、压裂用的喷砂器是分层开采井下工艺管柱的控制工具。

（　）166. BE004　配产器可以达到分层定量配注的目的。

（　）167. BE005　目前活动注水管柱主要分为空心注水管柱和偏心注水管柱。

（　）168. BE006　在代表套管的两条线距下端点三角符号 10mm 处，用横线连接，代表钻井井深。

（　）169. BE007　在绘制注水井分层注水工艺过程中，油层上底线与上一级封隔器下底线之间以及油层下底线与下一级封隔器上底线之间不需要有距离，封隔器可以卡在油层上。

（　）170. BE008　注水井单井配水间的作用是用来调节和控制注水井注水量、改洗井流程的操作间。

（　）171. BE009　单井配水间配水流程是：注水站高压水→高压水表→上流阀门→下流阀门（配水阀门）→井口。

（　）172. BE010　如图所示的单井配注工艺图里，⑨所代表的压力表是油压表。

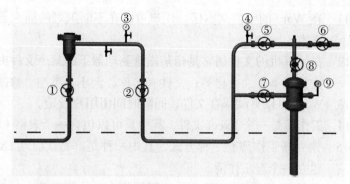

( ) 173. BF001　油管漏失后，油井液面上升，产液量增加。
( ) 174. BF002　补开低含水、低渗透油层有效时，油井呈现产液、产油上升、含水下降的趋势。
( ) 175. BF003　油井油管漏失后，液面及产液量会上升。
( ) 176. BF004　螺杆泵井调大参数后，液面及产液量上升。
( ) 177. BF005　注水井吸水剖面能够显示出层间矛盾突出，高含水层段单层突进，井区油井含水上升等情况。
( ) 178. BF006　当油层出现层间窜槽，油井封堵高含水窜槽层位后，含水呈下降趋势。
( ) 179. BF007　油井压裂有效开井后，日产液上升，油压下降。
( ) 180. BF008　注水井泵压稳定，油压上升，而注水量不升或下降，说明注水井出现异常情况。
( ) 181. BF009　水井酸化是注水井增注的唯一措施。
( ) 182. BF010　注水井水嘴堵通过测试不能够解除，必须作业动管柱处理。
( ) 183. BF011　在投产初期井区无措施情况下，注水井启动压力能反映出地层压力及地层渗透性好坏。
( ) 184. BF012　水井调剖有效，则启动压力将下降。
( ) 185. BG001　计算机操作系统是一种编辑软件。
( ) 186. BG002　计算机的主机是由运算器和存储器部件组成。
( ) 187. BG003　CPU 中的运算器主要功能是算数运算和逻辑运算。
( ) 188. BG004　计算机软件系统一般分为系统软件和应用软件。
( ) 189. BG005　在计算机中，RAM 是指外存。
( ) 190. BG006　根据打印机的原理及印字技术，打印机可分为击打式打印机和非击打式打印机。
( ) 191. BG007　计算机的汉字输入方法很多，按所用媒介可大致分为语音输入、扫描输入、键盘输入等。
( ) 192. BG008　Windows 桌面上，任务栏出现在屏幕的底部，开始菜单位于任务栏上。
( ) 193. BG009　在 Word 中，可以在已存在的文档中插入文本，将插入点放置在想插入文本的位置，输入想输入的文本，则原有的文本将被替换掉。
( ) 194. BG010　在 Word 文档中，按 Alt+Home 键，可将插入点移到文档的开头。

（　　）195. BG011　在 Word 的空白文本区，用户可以在不断闪烁的插入点处输入相应的
文本。

（　　）196. BG012　在计算机的文件通常是指某磁盘驱动器下的某个文件夹内的某个具体
文档（本）、表格等；文件有名称、大小、类型、修改时间。

（　　）197. BG013　Word 可以自动保存文件，间隔时间由用户设定。

（　　）198. BG014　工作簿是一个 Excel 文件，其中只可以包含一个表格（称为工作表）。

（　　）199. BG015　建立新工作簿有三种方式，其中一种是：每次启动 Excel，系统自动
建立一个新工作簿。

（　　）200. BG016　能够进入 Internet 网络的计算机都有一个被称为 MAC 的物理地址，
还有一个 IP 地址。

答　案

一、单项选择题

1. C	2. B	3. A	4. D	5. A	6. C	7. A	8. D	9. C	10. D	11. C
12. B	13. A	14. B	15. C	16. A	17. B	18. C	19. D	20. A	21. B	22. A
23. C	24. D	25. B	26. D	27. C	28. C	29. B	30. A	31. D	32. A	33. B
34. A	35. A	36. B	37. C	38. B	39. D	40. D	41. A	42. B	43. B	44. D
45. C	46. B	47. D	48. B	49. A	50. D	51. B	52. C	53. A	54. C	55. C
56. B	57. D	58. C	59. D	60. B	61. A	62. B	63. C	64. B	65. A	66. D
67. A	68. B	69. D	70. D	71. A	72. B	73. A	74. B	75. D	76. A	77. D
78. B	79. D	80. C	81. A	82. D	83. C	84. B	85. D	86. B	87. C	88. D
89. C	90. A	91. C	92. A	93. D	94. B	95. A	96. B	97. D	98. A	99. B
100. A	101. B	102. D	103. A	104. C	105. B	106. C	107. D	108. B	109. B	110. A
111. D	112. A	113. D	114. B	115. B	116. C	117. A	118. B	119. D	120. C	121. C
122. B	123. D	124. A	125. D	126. C	127. A	128. B	129. A	130. A	131. B	132. D
133. B	134. A	135. C	136. C	137. A	138. B	139. A	140. D	141. A	142.	143. B
144. A	145. C	146. B	147. C	148. B	149. A	150. D	151. D	152. A	153.	154. A
155.	156. D	157. A	158.	159. A	160. A	161. B	162. D	163. C	164. B	165. A
166. C	167. B	168. D	169. A	170. B	171. D	172. A	173. C	174. D	175. A	176. D
177. C	178. C	179. A	180. C	181. B	182. A	183. C	184. D	185. A	186. C	187. A
188. C	189. D	190. D	191. B	192. A	193. D	194. B	195. C	196. A	197. C	198. D
199. A	200. B	201. C	202. A	203. B	204. C	205. D	206. A	207. B	208. C	209. B
210. A	211. A	212. B	213. C	214. B	215. C	216. A	217. A	218. D	219. C	220. A
221. B	222. D	223. A	224. C	225. B	226. C	227. B	228. A	229. C	230. A	231. B
232. C	233. A	234. B	235. B	236. A	237. D	238. C	239. B	240. D	241. A	242. C
243. D	244. A	245. B	246. C	247. B	248. A	249. C	250. C	251. B	252. C	253. B
254. A	255. D	256. A	257. B	258. C	259. B	260. A	261. C	262. B	263. C	264. B
265. C	266. D	267. B	268. A	269. B	270. D	271. A	272. C	273. B	274. C	275. B
276. A	277. B	278. D	279. B	280. C	281. B	282. D	283. B	284. A	285. C	286. A
287. C	288. C	289. A	290. B	291. C	292. B	293. C	294. B	295. B	296. A	297. C
298. A	299. D	300. C	301. A	302. C	303. D	304. D	305. A	306. C	307. D	308. A
309. C	310. B	311. A	312. D	313. D	314. C	315. B	316. D	317. B	318. C	319. A

320. D 321. B 322. C 323. B 324. A 325. A 326. C 327. B 328. A 329. C 330. D
331. A 332. C 333. D 334. B 335. D 336. A 337. A 338. B 339. D 340. A 341. B
342. C 343. A 344. C 345. D 346. A 347. A 348. D 349. A 350. D 351. A 352. B
353. A 354. A 355. C 356. A 357. B 358. D 359. D 360. B 361. A 362. A 363. C
364. D 365. D 366. B 367. D 368. D 369. D 370. D 371. B 372. D 373. D 374. C
375. A 376. D 377. B 378. B 379. B 380. C 381. D 382. C 383. H 384. D 385. B
386. D 387. B 388. C 389. B 390. D 391. D 392. C 393. B 394. A 395. D 396. D
397. A 398. B 399. D 400. C 401. A 402. D 403. D 404. D 405. A 406. C 407. C
408. A 409. D 410. C 411. D 412. D 413. D 414. D 415. D 416. D 417. D 418. B
419. D 420. A 421. D 422. C 423. A 424. D 425. D 426. A 427. C 428. D 429. A
430. C 431. C 432. D 433. D 434. D 435. D 436. D 437. D 438. D 439. B 440. D
441. D 442. C 443. D 444. A 445. C 446. D 447. C 448. A 449. C 450. C 451. B
452. B 453. B 454. D 455. D 456. D 457. D 458. D 459. D 460. D 461. D 462. A
463. D 464. D 465. D 466. D 467. C 468. D 469. D 470. A 471. D 472. A 473. B
474. C 475. C 476. D 477. D 478. A 479. D 480. D 481. C 482. D 483. D 484. C
485. B 486. D 487. C 488. D 489. D 490. D 491. B 492. A 493. D 494.乙 495. A
496. D 497. A 498. C 499. A 500. A 501. C 502. A 503. B 504. D 505. D 506. C
507. A 508. C 509. D 510. B 511. A 512. D 513. 乙 514. B 515. C 516. A 517. B
518. C 519. A 520. A 521. B 522. A 523. D 524. D 525. D 526. D 527. A 528. A
529. C 530. B 531. D 532. D 533. D 534. D 535. D 536. A 537. D 538. C 539. B
540. B 541. B 542. A 543. C 544. D 545. D 546. A 547. D 548. D 549. B 550. B
551. A 552. B 553. C 554. A 555. C 556. D 557. D 558. C 559. A 560. C 561. D
562. B 563. B 564. D 565. A 566. D 567. D 568. D 569. B 570. D 571. C 572. D
573. D 574. C 575. B 576. D 577. A 578. C 579. C 580. D 581. A 582. D 583. A
584. B 585. D 586. A 587. D 588. C 589. C 590. A 591. D 592. C 593. C 594. C
595. D 596. C 597. C 598. D 599. B 600. B

二、判断题

1. ×　正确答案：液态石油中通常溶有相当数量的气态烃和固态烃。　2. √　3. √
4. √　5. ×　正确答案：石油中的胶质呈浅黄褐色，半固态的黏糊状流体，能溶于石油醚，也能被硅胶所吸附，荧光反应为淡黄色，多为环烷族烃和芳香族烃组成。　6. √
7. √　8. ×　正确答案：在低压下，天然气的黏度几乎与压力无关，随温度的增加而增大。　9. √　10. ×　正确答案：油田气天然气中主要成分除含甲烷外，乙烷与乙烷以上的重烃较多，在5%～10%以上，与石油共生，又称为石油气。　11. √　12. ×　正确答案：沉积岩中砂岩和粉砂岩可以形成储藏油气的储层。　13. ×　正确答案：碳酸盐岩和石油的关系密切，它既可以生油也可以储油。　14. √　15. √　16. √　17. √
18. ×　正确答案：四季变化显著和高寒地带，岩石裂隙中水的不断反复冻结和融化使岩石裂隙不断扩大，就好像冰楔子一样直到把岩石劈开崩碎，因此称为冰劈作用。
19. ×　正确答案：在化学风化过程中，岩石和矿物不仅会破碎，还会分解。　20. √

21. √ 22. × 正确答案：在沉积地区随着时间的延长，沉积作用不断进行，沉积物越来越厚，从几十米到几百米甚至上万米。 23. √ 24. × 正确答案：一般说，颗粒细，易溶解的沉积物，容易发生重结晶作用。 25. √ 26. × 正确答案：碎屑颗粒形状可分为棱角状、次棱角状、次圆状、圆状、极圆状。 27. √ 28. × 正确答案：沉积岩的构造除层理和层面构造外，还有斑点构造、斑块状构造、水下滑动构造、缝合线、叠锥构造等常见构造。 29. √ 30. × 正确答案：水平层理的细层可因成分、有机质含量和颜色不同而显现，也可因云母片、炭屑、植物化石等沿层面排列而显现。

31. √ 32. √ 33. × 正确答案：常见的波痕有流水波痕和浪成波痕。 34. √ 35. × 正确答案：恰当地描述沉积岩的颜色，特别是原生色，有相当重要的意义。

36. √ 37. × 正确答案：地质时代和地层单位之间有着紧密的关系，但不完全是对应的关系。 38. √ 39. × 正确答案：地质时代单位由宙、代、纪、世四个级别和一个自由使用的时间单位"时"组成。 40. √ 41. × 正确答案：按其钻井目的又可将预探井分为：（1）新油气田预探井，它是在新的圈闭上找新的油气田的探井；（2）新油气藏预探井，它是在油气藏已探明边界外钻的探井，或在已探明的浅层油气藏之下，寻找较深油气藏的探井。 42. √ 43. √ 44. √ 45. × 正确答案：缘上注水是注水井部署在外含油边界上或在油藏内距外含油边界较近处，按一定井距环状排列，与等高线平行。 46. √ 47. √ 48. × 正确答案：采用面积注水方式的油田，水淹状况复杂，动态分析难度大，调整比较困难。 49. × 正确答案：油田按采油井和注水井相互位置和组成井网形状的不同，一般将面积注水分为五种类型。 50. × 正确答案：五点法面积井网是一种强采强注布井方式，注水井和采油井井数比例为1：1，注水井与每个采油井距离相等，注水比较均匀，油井受效良好。 51. × 正确答案：七点法面积井网水井是采油井井数的2倍，所以注水强度较高。 52. √ 53. × 正确答案：反九点法面积井网4口采油井位于正方形的四角上，称为角井。 54. √ 55. √ 56. × 正确答案：注入水的水质要求不携带悬浮物、固体颗粒、菌类、藻类、泥质、黏土、原油、矿物盐类等，以防引起堵塞油层孔隙的物质进入油层。 57. × 正确答案：油田注入水中固体悬浮物浓度及颗粒直径指标要求为：渗透率 < 0.1μm²，固体悬浮物浓度 ≤ 1mg/L，颗粒直径 ≤ 3μm；渗透率 > 0.6μm²，固体悬浮物浓度 ≤ 5mg/L，颗粒直径 ≤ 5mg/L。 58. √ 59. × 正确答案：油田开发后，处于变化状态的地层压力，用静止压力和流动压力来表示。 60. × 正确答案：饱和压力是指地层原油在压力降到天然气开始从原油中分离出来时的压力。 61. × 正确答案：生产与安全齐抓共管的原则是企业生产的管理人员，把安全和生产作为一个有机的整体，安全和生产一起管理。 62. √ 63. √ 64. √ 65. × 正确答案：天然气比液体、固体易燃，燃烧速度快，放出热量多。 66. √ 67. × 正确答案：在有较大电流通过的电气线路上，如果在某处出现接触电阻过大这种现象时，就会在接触电阻过大的局部范围内产生极大的热量，使金属变色甚至熔化，引起导线的绝缘层发生燃烧，并引燃附近的可燃物或导线上积落的粉尘、纤维等，从而造成火灾。 68. √ 69. × 正确答案：保持绝缘水平，导线要避免过载、过电压、高温腐蚀以及被泡在水里等。 70. √ 71. √ 72. √ 73. √ 74. × 正确答案：先期裸眼射孔完井适用于产层物性一致，井壁坚固稳定，能卡准地层，准确地在油层顶界下入套管，也适用于裂缝性油层。 75. × 正确答案：

固井的目的之一是封隔油、气、水层，使油气流在井内形成一条畅流到地面的通道。 76. √　77. ×　正确答案：射孔液压力越大，空腔收缩回原始状态的时间就越短，穿透能力下降。　78. ×　正确答案：油井产能比随着孔深、孔密的增加而增加，但提高幅度逐渐减小。　79. ×　正确答案：选择诱喷方法的原则是应缓慢而均匀的降低井底压力，不致破坏油层结构。　80. √　81. √　82. √　83. ×　正确答案：试油的目的是验证对储层产油、气能力的认识和利用测井资料解释的可靠程度。　84. ×　正确答案：封隔器分层试油可在井下管柱内装上分层压力计、流量计和取样器，以便测取分层的地层压力、流动压力、分层产液量和分层取样来测定含水量及流体物性。　85. √　86. ×　正确答案：钻井过程中，如遇到高、低压层，其中一层的复杂情况未及时处理，或遇到了处理无效层、流砂层、膨胀性页岩，钻井性能无法控制，使钻井在技术上无法保证，就必须下入一层技术套管以巩固井壁。　87. ×　正确答案：水泥返高作用是封隔各个油层，防止油气层乱串，加固井壁防止坍塌。　88. √　89. √　90. √　91. ×　正确答案：抽油机井结构组成井下抽油设备中间部分是由抽油杆组成。　92. √　93. ×　正确答案：多级离心泵是潜油电泵机组中主要的工作机，井下液体是被多级离心泵抽送到地面。　94. √　95. ×　正确答案：螺杆泵地面驱动装置是为井下螺杆泵提供动力和适宜的转速，承受杆柱的轴向载荷。　96. ×　正确答案：井下螺杆泵是一种容积泵，是摆线内合螺旋齿轮副的一种应用。　97. √　98. √　99. √　100. ×　正确答案：对于符合抽油泵标准设计和制造的抽油泵称为常规抽油泵。　101. √　102. ×　正确答案：杆式抽油泵分为定筒式杆式泵和动筒式泵两大类。　103. √　104. ×　正确答案：在一个冲程内，深井泵应完成一次进油和一次排油过程。　105. ×　正确答案：普通型光杆其特点是两端可互换，在一端磨损严重后，可更换另一端继续使用，能充分利用杆体的全部。　106. ×　正确答案：抽油杆是一种长径比很大的细长杆，刚度低，柔性大，易弯曲，制造过程中易变形。　107. ×　正确答案：空心抽油杆适用于高含蜡、高凝固点的稠油井，有利于热油循环，热电缆加热等特殊抽油工艺。　108. ×　正确答案：改变抽油机电动机的皮带轮直径，可改变抽油机的冲数。　109. √　110. ×　正确答案：潜油电泵适应中高液排量、高凝油、定向井、中低黏度井，扬程可达 2500m。　111. √　112. ×　正确答案：潜油电泵控制屏借助中心控制器，能完成机组的欠载保护停机。　113. √　114. ×　正确答案：螺杆泵泵容积效率可达 90%，它是现有机械采油设备中能耗最小、效率较高的机种之一。　115. √　116. √　117. ×　正确答案：油、水的密度不同，量油时分离器内的油和玻璃管内的水柱上升的高度不同。　118. ×　正确答案：分离器内径为 1000mm 且有人孔，规定量油高度为 300mm。　119. √　120. ×　正确答案：目前现场上使用的油气分离器类型较多，但基本结构大体相同。　121. ×　正确答案：卧式分离器与立式分离器相比，具有处理量大的特点，因此，卧式分离器适用于高产井。　122. √　123. ×　正确答案：目前对于具有低效开发区块的油田，主要有玻璃管量油、功图法量油和液面恢复法量油三种量油方式。　124. ×　正确答案：采油井水淹状况资料可直接反映剩余油及储量动用状况。　125. √　126. ×　正确答案：注水井压力资料直接反映了注水井从供水压力到井底压力的消耗过程、井底的实际注水压力，以及向地下注水产生的驱油能量。　127. √　128. √　129. √　130. ×　正确答案：油、水井井史数据代表本井本月的生产情况。　131. √　132. ×　正确答案：采油注入队注水（入）井综合资料有注水（入）井综合记录、注水（入）井月度综合数据、注水（入）井月、年度井史。　133. √　134. √　135. ×　正确答案：测试、测压、施工内容、设备维修、仪器（仪表）校对、洗井、检查油嘴、取样、量油、气井排水等工作内容都需要填写在油水井班报表上。　136. ×　正确答案：资料室负责审核整理采油（气）、注水（入）井班报表。　137. √　138. ×　正确答案：每天的化验分析资料由资料室负责当日录入油气水井生产数据管理系统（A2）。　139. √　140. ×　正确答案：对无措施正常生产井每次量油一遍，量油值在波动范围内，直接选用。　141. ×　正确答案：抽油机井热洗扣产：单井日产液大于 30t 的井，热洗扣产 12h。　142. ×　正确答案：抽油机井油套压录取中对环状、树状流程首端井、栈桥井等要求应加密录取油套压。　143. √　144. √　145. ×　正确答案：采油井 80% < 采出液含水量 ≤ 90%，化验含水波动不超过 ±4 个百分点。　146. √　147. √　148. ×　正确答案：注水井泵压在监测井点每天录取一次。　149. ×　正确答案：关井 30 d 以上的分层注水井开井后，在开井 2 个月内完成分层流量测试。　150. √　151. ×　正确答案：下入不可洗井封隔器的注水井放溢流时，溢流量由小到大，排量不大于 10m³/h。　152. ×　正确答案：聚驱注入井在后续水驱阶段按照水驱注水井洗井方式进行洗井。　153. √　154. √　155. ×　正确答案：水表在使用中，应每季度清洗检查一次，检修周期为一年。　156. √　157 √　158. ×　正确答案：注入井聚合物浓度、黏度录取冬季 11 月 1 日至次年 3 月 31 日，每月录取至少 1 次。　159. ×　正确答案：注水曲线反映了注水指标随时间的变化过程。　160. ×　正确答案：绘制注水曲线将绘制 1 个月 1 点的取值采用月度选值。　161. √　162. √　163. √　164. ×　正确答案：封隔器解封方式为提放管柱的代码是"1"。　165. √　166. ×　正确答案：配产器可以达到分层定量配产的目的。　167. √　168. ×　正确答案：在代表套管的两条线距下端点三角符号 10mm 处，用横线连接，代表人工井底。　169. ×　正确答案：在绘制注水井分层注水工艺过程中，油层上底线与上一级封隔器下底线之间以及油层下底线与下一级封隔器上底线之间要有一定距离，封隔器不能卡在油层上。　170. √　171. ×　正确答案：单井配水间配水流程是：注水站高压水→上流阀门→高压水表→下流阀门（配水阀门）→井口。　172. ×　正确答案：如图所示的单井配注工艺图里，⑨所代表的压力表是套压表。173. ×　正确答案：油管漏失后，油井液面上升，产液量下降。　174. √　175. ×　正确答案：油井油管漏失后，液面上升，产液量会下降。　176. ×　正确答案：螺杆泵井调大参数后，液面下降、产液量上升。　177. √　178. √　179. ×　正确答案：油井压裂有效开井后，日产液上升，油压上升。　180. √　181. ×　正确答案：水井酸化是注水井增注的有效措施之一。　182. ×　正确答案：注水井水嘴堵通过测试即可不需要作业动管柱处理。　183. √　184. ×　正确答案：水井调剖有效，则启动压力将升高。　185. ×　正确答案：计算机操作系统是一种系统软件。　186. ×　正确答案：计算机的主机是由 CPU 和外存部件组成。　187. √　188. √　189. ×　正确答案：在计算机中，RAM 是指内存。　190. √　191. √　192. √　193. ×　正确答案：在 Word 中，可以在已存在的文档中插入文本，将插入点放置在想插入文本的位置，输入想输入的文本，则原有的文本将向后移动。　194. ×　正确答案：在 Word 文档中，按 Ctrl+Home 键，可将插入点移到文档的开头。　195. √　196. √　197. √　198. ×　正确答案：工作簿是一个 Excel 文件，其中只可以包含一个或多个表格称为工作表）。　199. √　200. √

中级工理论知识练习题

一、单项选择题（每题有 4 个选项，只有 1 个是正确的，将正确的选项填入括号内）

1. AA001　从广义上理解，在油田范围内发育的地下水称为（　　）。
　　A. 地表水　　　　B. 油层水　　　　C. 夹层水　　　　D. 油田水

2. AA001　在油气田（　　）阶段，油田水的动态和成分变化对判断井下情况，分析井间关系，进而合理利用天然驱动能量，都是必不可少的。
　　A. 勘探　　　　　B. 开发　　　　　C. 调查　　　　　D. 枯竭

3. AA001　油田水的深度、（　　）及含盐度等，对钻井过程中的工程措施和钻井液保护都是重要的资料。
　　A. 压力　　　　　B. 温度　　　　　C. 密度　　　　　D. 体积

4. AA002　油田水由于溶解盐类比较多，所以矿化度也较高，密度变化较大，一般均（　　）。
　　A. 大于 1　　　　B. 小于 1　　　　C. 大于等于 1　　　D. 小于等于 1

5. AA002　油田水因含有盐分，黏度比纯水高，其黏度一般都大于（　　）。
　　A. 1.5mPa·s　　　B. 1mPa·s　　　　C. 0.8mPa·s　　　D. 1.2mPa·s

6. AA002　油田水一般呈混浊状，并常带有颜色，含氯化氢时呈（　　）。
　　A. 淡红色　　　　B. 褐色　　　　　C. 淡黄色　　　　D. 淡青绿色

7. AA003　油田水中最常见的（　　）有：Na^+、K^+、Ca^{2+}、Mg^{2+}。
　　A. 阴离子　　　　B. 阳离子　　　　C. 等离子　　　　D. 分子

8. AA003　油田水中还含有一些特有的微量元素，其中有（　　）、溴、锶、硼、钡等。
　　A. 汞　　　　　　B. 铁　　　　　　C. 钠　　　　　　D. 碘

9. AA003　油田水的化学成分非常复杂，其中最常见的（　　）有：Cl^-，SO_4^{2-}，HCO_2^-，CO_3^{2-}。
　　A. 等离子　　　　B. 阳离子　　　　C. 阴离子　　　　D. 金属

10. AA004　水的（　　）表示 1L 水中主要离子的总含量，也就是矿物盐类的总浓度。
　　A. 浓度　　　　　B. 密度　　　　　C. 矿化度　　　　D. 溶解度

11. AA004　在通常情况下，碳酸盐岩储层中的水比碎屑岩储层中的水（　　）高。
　　A. 矿化度　　　　B. 溶解度　　　　C. 浓度　　　　　D. 密度

12. AA004　常用矿化度来表示油层水中含（　　）量的多少。
　　A. 酸　　　　　　B. 杂质　　　　　C. 盐　　　　　　D. 碱

13. AA005　油田水的产状可根据油田水与油气分布的相对位置，分为（　　）、边水和夹层水。
　　A. 油田水　　　　B. 气田水　　　　C. 地表水　　　　D. 底水

14. AA005　边水是聚集在油气层（　　），从油气层边缘部分包围着油气的地下水。

　　A. 上部　　　　　　B. 顶部　　　　　　C. 底部　　　　　　D. 中部

15. AA005　夹层水是夹在同一油气层中的较薄而（　　）不大的地下水。

　　A. 体积　　　　　　B. 面积　　　　　　C. 容积　　　　　　D. 表面积

16. AA006　油气田区分布广泛，（　　）水型的出现一般可作为含油气良好的标志。

　　A. 硫酸钠　　　　　B. 氯化镁　　　　　C. 氯化钙　　　　　D. 碳酸氢钠

17. AA006　在现场油水井动态分析中，经常根据油田水的水型和（　　）的变化来判断油
　　　　　　井的见水情况。

　　A. 总矿化度　　　　B. 水质　　　　　　C. 水量　　　　　　D. 氯化钙

18. AA006　按照苏林分类法，将油田水分为四种类型，即（　　）水型、碳酸氢钠水型、
　　　　　　氯化镁水型和氯化钙水型。

　　A. 氯化钠　　　　　B. 硫酸钠　　　　　C. 硫酸氢钠　　　　D. 碳酸钠

19. AA007　在自然界中（　　）为石油的生成提供了根据。

　　A. 植物　　　　　　B. 动物　　　　　　C. 无机物质　　　　D. 有机物质

20. AA007　石油的有机质主要是指生活在地球上的（　　）。

　　A. 生物遗体　　　　B. 原始森林　　　　C. 原始物质　　　　D. 各种微生物

21. AA007　低等生物多为（　　），死亡后容易被保存，另外它在地史上出现最早，其生
　　　　　　物物体中富含脂肪和蛋白质。

　　A. 藻类　　　　　　B. 水生生物　　　　C. 浮游生物　　　　D. 各种微生物

22. AA008　有利于生油的地理环境能否出现并长期保持，主要是受（　　）所控制的。

　　A. 地质条件　　　　B. 内陆湖泊　　　　C. 地壳运动　　　　D. 浅海区

23. AA008　在（　　）地区水体宁静，氧气含量低具有还原环境，有利于有机物的保存，
　　　　　　是生成石油有利的地理环境。

　　A. 河流源头　　　　B. 前三角洲　　　　C. 江河流域　　　　D. 深海

24. AA008　随着埋藏的深度不断加大，长期保持着还原环境，压力、温度也逐渐增高，
　　　　　　有利于促使（　　）快速向石油转化。

　　A. 氨基酸　　　　　B. 脂肪　　　　　　C. 蛋白质　　　　　D. 有机质

25. AA009　油气生成所需要的温度，随生油母质不同而有差异，已探明的油层多低于
　　　　　　（　　），这也说明生油过程不需要特高的高温条件。

　　A. 150℃　　　　　B. 180℃　　　　　C. 100℃　　　　　D. 200℃

26. AA009　当膨润土作催化剂时，加热到（　　），则会有烃类产生。

　　A. 300℃　　　　　B. 200℃　　　　　C. 100℃　　　　　D. 500℃

27. AA009　油气生成的过程，就是（　　）逐渐演化的过程，也是一个极其复杂的过程，
　　　　　　是漫长地质时期综合作用的结果。

　　A. 有机物　　　　　B. 催化剂　　　　　C. 有机质　　　　　D. 氨基酸

28. AA010　主要生油阶段就是随着埋藏深度的增加，温度和压力不断升高，（　　）活动
　　　　　　逐渐减弱，进入地热主导作用的阶段。

　　A. 细菌　　　　　　B. 生物　　　　　　C. 氧气　　　　　　D. 氮气

29. AA010　有机质经过生物化学分解作用后，同时生成复杂的高分子固态化合物，称为（　　）。

A. 石炭　　　　　　B. 石油　　　　　　C. 干酪根　　　　　　D. 轻质烃

30. AA010　随着沉积物埋藏深度的进一步加深，有机质经受着更高的温度和压力的作用，发生深度裂解，以生成（　　）为主，因此称为热裂解生气阶段。

A. 液态烃　　　　　B. 气态烃　　　　　C. 有机物　　　　　　D. 无机物

31. AA011　由于地壳运动，在倾斜的地层里，更有利于（　　）发挥作用。

A. 水动力　　　　　B. 浮力　　　　　　C. 构造运动力　　　　D. 毛细管力

32. AA011　在沉积物紧结成岩过程中，油气从生油层向临近储层发生同期运移的过程中，（　　）的作用是极为重要的。

A. 地层压力　　　　B. 流动压力　　　　C. 毛细管力　　　　　D. 地静压力

33. AA011　油气运移的动力因素是指地静压力、构造运动力、（　　）、浮力、毛细管力。

A. 水动力　　　　　B. 油动力　　　　　C. 气动力　　　　　　D. 液动力

34. AA012　在生油层中生成的石油和天然气，自生油层向（　　）的运移称为初次运移。

A. 储层　　　　　　B. 水层　　　　　　C. 油层　　　　　　　D. 构造

35. AA012　油气二次运移的主要外力作用是动压力、（　　）和浮力。

A. 地静压力　　　　B. 构造运动力　　　C. 水动力　　　　　　D. 毛细管力

36. AA012　进入储层中的油气在（　　）、水动力等因素的作用下，向一切压力较低处发生大规模的运移，并在局部压力平衡处聚集起来。

A 构造运动力　　　B. 地静压力　　　　C. 毛细管力　　　　　D. 浮力

37. AA013　上覆沉积物负荷所造成的压力称为（　　）。

A. 动压力　　　　　B. 水动力　　　　　C. 地静压力　　　　　D. 浮力

38. AA013　地静压力是海底以上的水体重量、岩石基体和目的层区域以上孔隙空间中流体的（　　）。

A. 总体积　　　　　B. 总面积　　　　　C. 总重量　　　　　　D. 总质量

39. AA013　地静压力是一个由测井推导出的特性，是通过对整个井的编辑和连续的（　　）资料进行计算得到的。

A. 电法测井　　　　B. 密度测井　　　　C. 声波测井　　　　　D. 井温测井

40. AA014　在毛细管内，液面上升还是下降，决定于液体对管壁（　　）。

A. 压力　　　　　　B. 水动力　　　　　C. 润湿程度　　　　　D. 浮力

41. AA014　液体具有尽可能缩小其表面的趋势，在充满油、气、水的岩石中，由于（　　）对岩石孔隙管壁界面的张力不同，润湿程度也不同。

A. 油、气　　　　　B. 油、水　　　　　C. 水、气　　　　　　D. 气、液

42. AA014　在岩石孔隙中，当油与水接触时，界面向水突出，毛细管力指向（　　）。

A. 油　　　　　　　B. 水　　　　　　　C. 气　　　　　　　　D. 液

43. AA015　初次运移的介质是生油层中间隙水（原生水），随着上覆沉积负荷的逐渐增大，而促使油气运移的作用力主要是（　　），次要是毛细管力。

A. 浮力　　　　　　B. 地静压力　　　　C. 水动力　　　　　　D. 毛细管力

44. AA015　油气初次运移的主要动力是地层静压力、地层被深埋所产生的（　）作用以及黏土矿物的脱水作用。

　　A. 浮力　　　　　　B. 吸力　　　　　　C. 压力　　　　　　D. 热膨胀

45. AA015　发生初次运移的主要时期为晚期（　）阶段，与之相应的为晚期压实阶段（相应深度为1500～3000m）。

　　A. 生液　　　　　　B. 生水　　　　　　C. 生油　　　　　　D. 生气

46. AA016　目前认为（　）的岩石类型主要有两种，一种是暗色泥质岩，另一种是碳酸盐岩类。

　　A. 生油层　　　　　B. 储油层　　　　　C. 地层　　　　　　D. 气层

47. AA016　具有生油条件，并能生成一定数量石油的地层称为（　）。

　　A. 储油层　　　　　B. 生油层　　　　　C. 气层　　　　　　D. 盖层

48. AA016　生油层是由（　）物质堆积、保存，并转化成油气的场所。

　　A. 无机　　　　　　B. 化学　　　　　　C. 菌类　　　　　　D. 有机

49. AA017　生油层岩屑中（　）含量的多少，能够间接地反映地层中有机物质含量的多少。

　　A. 有机质　　　　　B. 有机碳　　　　　C. 黄铁矿　　　　　D. 菱铁矿

50. AA017　岩层中呈分散状态的沥青物质是有机物质向油气转化的产物，是油气（　）以后残留的杂质组分，它的存在是岩层有过油气生成的物证。

　　A. 生成　　　　　　B. 还原　　　　　　C. 运移　　　　　　D. 储集

51. AA017　氯仿沥青是（　）在盐酸处理前用氯仿抽检出来的物质。

　　A. 气样　　　　　　B. 油层　　　　　　C. 油样　　　　　　D. 岩样

52. AA018　能够储存和渗滤（　）的岩层称为储层。

　　A. 金属　　　　　　B. 气体　　　　　　C. 流体　　　　　　D. 固体岩石颗粒

53. AA018　油气在地下是储存在岩石的孔隙、（　）和裂缝之中的，就好像海绵充满水一样。

　　A. 孔道　　　　　　B. 孔洞　　　　　　C. 孔密　　　　　　D. 孔眼

54. AA018　石油和天然气生成以后，若没有储层将它们储藏起来，就会散失而毫无价值，因而储层是形成（　）的必要条件之一。

　　A. 油气藏　　　　　B. 油气层　　　　　C. 油气圈闭　　　　D. 储油构造

55. AA019　按其对流体渗流的影响，岩石中的孔隙可分为两类：（　）和无效孔隙。

　　A. 有效孔隙　　　　B. 原生孔隙　　　　C. 次生孔隙　　　　D. 孤立孔隙

56. AA019　岩层埋藏后受构造挤压或地层水循环作用而形成的孔隙是（　）。

　　A. 无效孔隙　　　　B. 粒间孔隙　　　　C. 次生孔隙　　　　D. 原生孔隙

57. AA019　岩石的（　）即岩石具备出各种孔隙、孔洞、裂隙及各种成岩缝所形成的储集空间，其中能储存流体。

　　A. 流动性　　　　　B. 孔隙性　　　　　C. 孔隙　　　　　　D. 渗透性

58. AA020　岩样中所有的孔隙体积和该岩样总体积的比值称为（　），以百分数表示。

　　A. 孔隙度　　　　　B. 流动度　　　　　C. 孔隙空间　　　　D. 孔隙比

59. AA020　储层的（　）越高，则流体通过的能力越强。

　　A. 孔隙度　　　　　B. 绝对孔隙度　　　C. 总孔隙度　　　　D. 相对孔隙度

60. AA020 岩样中所有孔隙空间体积之和与该岩样体积的比值，称为该岩石的（　　），以百分数表示。

　　A. 连通孔隙　　　　B. 孔隙度　　　　C. 有效孔隙度　　　　D. 绝对孔隙度

61. AB001 在野外，确定岩层的产状要素可用地质罗盘来测量，走向和（　　）用方位角来表示，倾角用角度来表示。

　　A. 倾斜角　　　　B. 方位　　　　C. 倾角　　　　D. 倾向

62. AB001 岩层的（　　）是指岩层在空间的位置和产出状态。

　　A. 走向　　　　B. 产状　　　　C. 结构　　　　D. 构造

63. AB001 走向是指岩层的层面与任意水平面交线，其交线称为走向线，走向线（　　）所指的方向即为走向。

　　A. 一端　　　　B. 终端　　　　C. 始端　　　　D. 两端

64. AB002 由于地壳运动等作用，使岩层发生（　　），倾向相背，向上凸起部分称为背斜。

　　A. 断裂　　　　B. 褶皱　　　　C. 叠瓦　　　　D. 弯曲

65. AB002 褶皱构造是油气聚集的主要场所，世界上大多数油田都形成于褶皱构造中，特别是（　　）。

　　A. 向斜构造　　　　B. 褶曲　　　　C. 倾斜构造　　　　D. 背斜构造

66. AB002 褶皱构造中，向斜与背斜总是并存的，相邻背斜之间为向斜，相邻向斜之间为背斜，相邻的向斜和背斜共用一个（　　）。

　　A. 核　　　　B. 翼　　　　C. 轴面　　　　D. 轴线

67. AB003 褶曲在同一层面上各个最大弯曲点的连线称为（　　）。

　　A. 轴线　　　　B. 枢纽　　　　C. 核　　　　D. 翼

68. AB003 褶曲（　　）两侧部分的岩层为翼。

　　A. 轴面　　　　B. 顶部　　　　C. 核部　　　　D. 转折端

69. AB003 褶曲的长、宽、高是决定（　　）大小的三个要素。

　　A. 褶曲　　　　B. 褶皱　　　　C. 圈闭　　　　D. 储层

70. AB004 轴面近于直立，两翼倾向相反，倾角大小近于相等的褶曲称为（　　）褶曲。

　　A. 平卧　　　　B. 倒转　　　　C. 歪斜　　　　D. 直立

71. AB004 在褶曲横剖面的分类中，（　　）的轴面近于水平，两翼地层产状也近于水平并重叠，一翼地层层序正常，另一翼地层层序倒转。

　　A. 歪斜褶曲　　　　B. 倒转褶曲　　　　C. 平卧褶曲　　　　D. 直立褶曲

72. AB004 由于枢纽的起伏，褶曲核部岩层在（　　）上有长度和宽度的变化，根据长宽比或长轴与短轴之比，将褶曲分为五类。

　　A. 纵向　　　　B. 平面　　　　C. 剖面　　　　D. 体积

73. AB005 岩层受力后发生变形，当所受的力超过岩石本身强度时，岩石的（　　）受到破坏，便形成断裂构造。

　　A. 长轴　　　　B. 连通性　　　　C. 连续性　　　　D. 节理

74. AB005 岩石受力发生断裂后，断裂面两侧沿断裂面没有发生明显相对位移的断裂构造称为（　　）。

　　A. 断距　　　　B. 裂缝　　　　C. 断裂　　　　D. 裂变

75. AB005　发育在砾岩和砂岩中的（　　），常切穿砾石和砂粒而不改变方向。

　　A. 地层　　　　　　B. 断层　　　　　　C. 张裂缝　　　　　　D. 剪裂缝

76. AB006　在断层的概念中，（　　）是断层的基本要素。

　　A. 正断层　　　　　B. 裂缝　　　　　　C. 逆断层　　　　　　D. 断层面

77. AB006　断距是指断层面两侧岩块相对滑动的距离。一般都以（　　）距离表示。

　　A. 倾斜　　　　　　B. 水平　　　　　　C. 垂直　　　　　　　D. 曲面

78. AB006　断层线是指断层面和（　　）的交线。

　　A. 倾向　　　　　　B. 走向　　　　　　C. 地面　　　　　　　D. 海平面

79. AB007　岩石受力发生断裂后，断裂面两侧的岩石发生明显的相对位移的断裂构造称
　　　　　　为（　　）。

　　A. 斜向断层　　　　B. 裂缝　　　　　　C. 褶皱　　　　　　　D. 断层

80. AB007　正断层主要由张应力和（　　）作用形成。

　　A. 重力　　　　　　B. 水平挤压　　　　C. 水平剪切　　　　　D. 浮力

81. AB007　平移断层主要受（　　）作用力形成。

　　A. 水平挤压　　　　B. 水平剪切　　　　C. 重力　　　　　　　D. 倾斜

82. AB008　由两条或两条以上走向大致平行而性质相同的断层组合而成的，其中间断块
　　　　　　相对下降，两边断块相对上升的断层组合为（　　）。

　　A. 叠瓦　　　　　　B. 地堑　　　　　　C. 地垒　　　　　　　D. 阶梯

83. AB008　由两条或两条以上走向大致平行而性质相同的断层组合而成，其中间断块相
　　　　　　对上升，两边断块相对下降的断层组合为（　　）。

　　A. 叠瓦　　　　　　B. 地堑　　　　　　C. 地垒　　　　　　　D. 阶梯

84. AB008　当多条逆断层平行排列，倾向一致时，便形成（　　）构造。

　　A. 叠瓦　　　　　　B. 地堑　　　　　　C. 地垒　　　　　　　D. 阶梯

85. AB009　同一类地区在不同地质时期、不同的地壳运动性质所形成的不同地质构造特
　　　　　　征，新老地层或岩石之间的相互关系称为地层的（　　）关系。

　　A. 构造　　　　　　B. 沉积　　　　　　C. 连通　　　　　　　D. 接触

86. AB009　研究地层或岩石的（　　）关系就能够重建地壳运动的历史。

　　A. 接触　　　　　　B. 岩性　　　　　　C. 环境　　　　　　　D. 沉积

87. AB009　地层或岩体之间有可能以断层相接触，其接触面即为（　　）。

　　A. 断层　　　　　　B. 断层倾向　　　　C. 断层面　　　　　　D. 断层线

88. AB010　地层接触关系受（　　）的控制，同时也记录了构造运动的历史。

　　A. 地壳运动　　　　B. 温度　　　　　　C. 断层　　　　　　　D. 构造运动

89. AB010　新老地层产状一致，其岩石性质与古生物演化突变，沉积作用上有间断，接
　　　　　　触处有剥蚀面，剥蚀面与上、下地层平行的接触关系为（　　）接触。

　　A. 整合　　　　　　B. 假整合　　　　　C. 不整合　　　　　　D. 侵入整合

90. AB010　沉积岩的（　　）是岩石遭受过风化剥蚀的表面，常起伏不平，在其凹入部位
　　　　　　常堆积有砾岩。

　　A. 沉积界面　　　　B. 断层面　　　　　C. 剥蚀面　　　　　　D. 地表岩层面

91. AB011　假整合接触与不整合接触的形成过程都存在着（　）及剥蚀面。

　　A. 断裂构造　　　B. 褶皱构造　　　C. 地壳运动　　　D. 沉积间断

92. AB011　角度不整合反映了一次显著的（　）运动及伴随的升降运动。

　　A. 地壳　　　　　B. 构造　　　　　C. 塑性变形　　　D. 水平挤压

93. AB011　不整合接触表示在老地层形成以后发生过强烈的（　），老地层褶皱隆起并遭受剥蚀，形成剥蚀面。

　　A. 风化作用　　　B. 剥蚀作用　　　C. 地壳运动　　　D. 地震

94. AB012　整合接触地层的产状一致，其岩石性质与生物演化连续而渐变，沉积作用上（　）。

　　A. 有地壳运动　　B. 没有沉积　　　C. 有间断　　　　D. 没有间断

95. AB012　地层或岩石的接触关系中，（　）表明该地层是在地壳运动中处于持续下降或持续上升的沉积背景中，在沉积盆地内连续沉积。

　　A. 整合接触　　　B. 假整合接触　　C. 不整合接触　　D. 侵入接触

96. AB012　沉积接触表明，岩浆侵入形成侵入体后（　），侵入体上面的围岩以及侵入体上部的一部分被蚀去，然后地壳下降，在剥蚀面上接受沉积，形成新的地层。

　　A. 地壳持续下降，连续接受沉积　　　　B. 地壳持续上升，连续接受沉积

　　C. 地壳持续上升，未遭受剥蚀　　　　　D. 地壳持续上升，并遭受剥蚀

97. AB013　因为岩浆活动与地壳运动息息相关，所以（　）接触是地壳运动的证据。

　　A. 不整合　　　　B. 假整合　　　　C. 侵入　　　　　D. 整合

98. AB013　侵入接触的主要标志是侵入体与其围岩的接触带有接触（　）现象，侵入体边缘常有捕虏体，侵入体与其围岩石的界线常常不很规则等。

　　A. 变质　　　　　B. 量变　　　　　C. 风化　　　　　D. 剥蚀

99. AB013　侵入体的沉积接触关系，说明侵入体的年龄（　）其直接上覆岩层的年龄，而且在侵入体形成的时期发生过强烈的地壳运动。

　　A. 小于等于　　　B. 等于　　　　　C. 小于　　　　　D. 大于

100. AB014　运动着的石油和天然气，如果遇到阻止其继续运移的遮挡物，则停止运动，并在遮挡物附近聚集，形成（　）。

　　A. 断层　　　　　B. 遮挡物　　　　C. 油气田　　　　D. 油气藏

101. AB014　油气藏是指在单一圈闭中具有（　）压力系统、同一油水界面的油气聚集。

　　A. 统一　　　　　B. 不同　　　　　C. 特殊　　　　　D. 可操作

102. AB014　油气藏形成的物质基础是（　）。

　　A. 储油环境　　　B. 生油条件　　　C. 温度　　　　　D. 盖层

103. AB015　按圈闭成因类型分类，油气藏可分为构造油气藏、地层油气藏、（　）油气藏三大类。

　　A. 背斜　　　　　B. 砂岩　　　　　C. 岩性　　　　　D. 断层

104. AB015　在背斜圈闭中的（　）聚集称为背斜油气藏。

　　A. 油水　　　　　B. 天然气　　　　C. 石油　　　　　D. 油气

105. AB015　在以圈闭成因类型划分的油气藏的分类中，（　）是构造油气藏中的一种。

　　A. 岩性油气藏　　B. 岩性尖灭油气藏　C. 地层油气藏　　D. 断层油气藏

106. AB016 构造油气藏是指油气在（　　）中聚集形成的油气藏。
　　A. 地层圈闭　　　　B. 构造圈闭　　　　C. 断层遮挡　　　　D. 背斜圈闭

107. AB016 基底隆起背斜油气藏其特点是两翼地层倾角（　　），闭合高度较小，闭合面积较大。
　　A. 平缓　　　　B. 较陡　　　　C. 间断　　　　D. 连续

108. AB016 背斜油气藏、（　　）油气藏同属于构造油气藏。
　　A. 古潜山　　　　B. 复合　　　　C. 岩性　　　　D. 断层

109. AB017 在地层的上倾方向上为断层所封闭的圈闭是（　　）。
　　A. 岩性圈闭　　　　B. 构造圈闭　　　　C. 地层圈闭　　　　D. 断层圈闭

110. AB017 由断层与倾斜地层岩性尖灭组成的圈闭及其油气藏：在（　　）上倾方向为不渗透层，在两侧为两条断层所封闭。
　　A. 盖层　　　　B. 储层　　　　C. 断层　　　　D. 地层

111. AB017 由交叉断层与倾斜地层组成的圈闭及其油气藏：在构造图上表现为构造等高线与交叉断层线（　　）。
　　A. 平行　　　　B. 闭合　　　　C. 相交　　　　D. 重叠

112. AB018 沉积层由于纵向沉积连续性中断而形成的圈闭，即与地层不整合有关，油气在其中聚集就成为（　　）油气藏。
　　A. 岩性　　　　B. 地层　　　　C. 背斜　　　　D. 复合

113. AB018 地层油气藏主要包括地层超覆油气藏、地层（　　）油气藏和古潜山油气藏。
　　A. 复合　　　　B. 圈闭　　　　C. 不整合　　　　D. 整合

114. AB018 地层不整合圈闭的形成与区域性的沉积间断及（　　）作用有关。
　　A. 风化　　　　B. 剥蚀　　　　C. 搬运　　　　D. 胶结

115. AB019 古潜山油气藏是一种以（　　）圈闭为主，也有构造、岩性作用的复合成因的油气藏。
　　A. 超覆　　　　B. 断层　　　　C. 地层　　　　D. 遮挡

116. AB019 古潜山油气藏中聚集的油气，主要来自上覆沉积的生油坳陷，它的运移通道以不整合面或有关的（　　）为主。
　　A. 岩性　　　　B. 砂岩　　　　C. 背斜　　　　D. 断层

117. AB019 古潜山油气藏是地质历史的某一时期，地壳运动使一个区域上升，遭受强烈（　　）和剥蚀的作用，在古地形上就形成了突起、凹地的古地貌特征。
　　A. 风化　　　　B. 后生　　　　C. 原生　　　　D. 次生

118. AB020 沉积过程中，当砂岩层向一个方向变薄，直至上下面相交于一点即尖灭在泥岩中，形成（　　）。
　　A. 岩性尖灭圈闭　　　　B. 透镜体圈闭　　　　C. 生物礁块圈闭　　　　D. 古潜山圈闭

119. AB020 由于储层岩性沿上倾方向尖灭于泥岩或渗透性逐渐变差而形成的圈闭中，油气聚集其中就形成了（　　）油气藏。
　　A. 岩性尖灭　　　　B. 砂岩透镜体　　　　C. 生物礁块　　　　D. 古潜山

120. AB020 常见的岩性油气藏主要包括岩性尖灭油气藏、砂岩透镜体油气藏和（　　）油气藏。
　　A. 生物礁块　　　　B. 碳酸盐　　　　C. 古潜山　　　　D. 构造

121. AC001　一个油田从投入开发直至结束的全过程称为油田（　　）。
　　A. 开发　　　　　　B. 发展　　　　　　C. 生产过程　　　　D. 方案

122. AC001　一个油田的开发过程，一般划分为三个阶段，其中（　　）为编制油田开发方案并组织实施阶段。
　　A. 第一阶段　　　B. 第二阶段　　　C. 第三阶段　　　D. 第四阶段

123. AC001　在开发过程中，随着对油田认识的不断加深，针对不同开发阶段采用不同（　　），以实现不同时期的产量需求。
　　A. 开采政策　　　B. 生产方式　　　C. 开发速度　　　D. 开发方案

124. AC002　从油田地下客观情况出发，选用适当的开发方式，部署合理的开发井网，对油层进行合理的划分和组合，选择一定的油井工作制度和投产程序，促使和控制石油从油层流向生产井井底，而所有这些油田开发方法的设计就称为油田（　　）。
　　A. 开发方针　　　B. 开发方案　　　C. 开发原则　　　D. 开发政策

125. AC002　油田（　　）的制定，应根据油田地质特点和市场变化，遵循经济效益、稳产年限、采收率、采油速度、油田地下能量的利用和补充、技术工艺等方针。
　　A. 开发方针　　　B. 开发原则　　　C. 开发方案　　　D. 开发政策

126. AC002　油田开发方案必须是在（　　）的基础上，经过认真分析、充分论证的一个使油田投入长期和正式生产的总体部署和设计。
　　A. 详探　　　　　　　　　　　B. 先导性开发试验
　　C. 初探　　　　　　　　　　　D. 详探和先导性开发试验

127. AC003　我国合理开发油田的（　　）可归纳为：在总的投资最少，同时原油损失尽可能最少的条件下，能保证国家或企业原油需求量，获取最大利润的开发方式。
　　A. 总原则　　　　B. 总方案　　　　C. 总方针　　　　D. 总策略

128. AC003　油田具体开发原则之一是最充分地利用天然资源,保证油田获得最高的(　　)。
　　A. 稳产年限　　　B. 经济效应　　　C. 采收率　　　　D. 采液量

129. AC003　在油田客观条件允许的前提下科学地开发油田，完成原油生产任务也是油田开发具体（　　）之一。
　　A. 要求　　　　　B. 方案　　　　　C. 方针　　　　　D. 原则

130. AC004　如果油田必须注水，应确定注水时间，早期注水、中期注水还是晚期注水，及采取什么样的（　　）。
　　A. 开发方针　　　B. 注水工艺　　　C. 注水质量　　　D. 注水方式

131. AC004　采油（　　）必须根据油田地质开发条件和工艺技术水平以及经济效益来确定。
　　A. 时间和稳产期　　B. 技术和时间　　　C. 速度和稳产期　　D. 方法和稳产期

132. AC004　开发（　　）是指从部署基础井网开始，一直到完成注采系统、全面注水和采油的整个过程中，必经的阶段和每一步的具体做法。
　　A. 步骤　　　　　B. 部署　　　　　C. 方案　　　　　D. 计划

133. AC005　开发方案的编制和实施是油田（　　）的中心环节。
　　A. 建设　　　　　B. 开发　　　　　C. 稳产　　　　　D. 发展

134. AC005 油田开发方案中有油藏工程、钻井工程、采油工程和（　　）等内容。

A. 地面建设工程　　　　　　　　　　B. 供配电系统

C. 集输流程　　　　　　　　　　　　D. 队伍配置

135. AC005 开发方案要保证国家对油田（　　）的要求。

A. 经济效益　　　B. 开发水平　　　C. 发展水平　　　D. 采油量

136. AC006 方案调整资料收集主要有油水井（　　）井口生产参数和油水井井史等。

A. 每班　　　　　　B. 每年　　　　　　C. 每月　　　　　　D. 每天

137. AC006 油田开发方案调整前，要依据收集的资料，绘制有关的图件和（　　）。

A. 井位图　　　　B. 关系曲线　　　C. 油砂体图　　　D. 统计表

138. AC006 一般油田开发调整应以经济效益为中心，尽可能地提高油田（　　），以充分合理地利用天然资源为原则。

A. 最终采收率　　B. 开发水平　　　C. 经济效益　　　D. 可采储量

139. AC007 油井配产就是把已确定的全油田或区块年产油量的指标通过科学预算，比较合理地分配到（　　）。

A. 单井　　　　　B. 区块　　　　　C. 油田　　　　　D. 小层

140. AC007 编制油井配产方案时，要考虑油井的（　　）。

A. 生产能力和措施井的增产效果　　　B. 开采效果和措施井的增产效果

C. 生产能力和未措施井的预增产效果　D. 开采效果和新井的增产效果

141. AC007 编制配产方案时，（　　）原则上不安排提液措施。

A. 高产能井　　　B. 低产能井　　　C. 高含水井　　　D. 低含水井

142. AC008 在对（　　）配产时，要充分结合本油田油藏类型和所处开发阶段的特点，结合近几年及本年度的实际情况，采用多种可行的油藏工程方法和经验公式进行预测。

A. 措施老井　　　B. 未措施老井　　C. 未措施新井　　D. 措施新井

143. AC008 未措施老井配产还应考虑（　　）的影响因素，如钻井控注影响、大面积注采系统调整、油水井工作状况等对产量的影响。

A. 本年度和下年度　　　　　　　　　B. 上年度和下年度

C. 下年度　　　　　　　　　　　　　D. 本年度

144. AC008 在油田开发动态分析、配产配注和开发生产规划中常用（　　）来分析油区、油田、区块以及注采井组或单井的开发变化规律并预测未来的发展趋势。

A. 含水率　　　　B. 递减率　　　　C. 注采比　　　　D. 压力变化

145. AC009 措施井配产是弥补老井产量（　　）的重要内容。

A. 综合递减　　　B. 年度递减　　　C. 自然递减　　　D. 指数递减

146. AC009 对措施老井配产，其措施内容主要包括油井（　　）、机采井"三换"。

A. 压裂、酸化、补孔　　　　　　　　B. 补孔、酸化、调参

C. 酸化、压裂、调参　　　　　　　　D. 补孔、压裂、调参

147. AC009 堵水井配产要考虑堵水后（　　）的产能随生产压差放大而增加，其产量变化值与堵水前后的流压、地层压力、含水、产量比例等有关。

A. 接替层　　　　B. 目的层　　　　C. 邻近层　　　　D. 限制层

148. AC010　当年新井配产是弥补油田产量（　　）的主要措施。

A. 综合递减　　　　B. 年度递减　　　　C. 自然递减　　　　D. 指数递减

149. AC010　新井配产一般为新建生产能力的（　　）。

A. 3/4 ~ 1/4　　　　B. 2/3 ~ 1/3　　　　C. 1/2 ~ 1　　　　D. 1/4 ~ 1/2

150. AC010　预测当年新井产液量，应用新井设计的（　　）和有效厚度相乘。

A. 采油速度　　　　B. 采油强度　　　　C. 采油指数　　　　D. 采液强度

151. AC011　注水井的配注就是把已确定的全油田或区块年的总配注水量比较合理地分配到（　　）。

A. 层段　　　　B. 单井　　　　C. 单井和层段　　　　D. 单井和小层

152. AC011　在注水井内下封隔器，把油层分隔成几个注水层段，对不同注水层段装有不同直径水嘴的配水器，这种注水工艺，称为（　　）工艺。

A. 分层配注　　　　B. 笼统开采　　　　C. 笼统配注　　　　D. 分层开采

153. AC011　配注方案的调整包括配注水量的调整、注水（　　）的调整和层段配注水量调整。

A. 井组　　　　B. 区块　　　　C. 层段　　　　D. 井段

154. AC012　以油田开发平面调整为目的的层段配注水量调整，是指针对油砂体内由于（　　）造成的各井点间产量、含水、压力差异较大的问题，而控制主要来水方向的注水量，加强非主要来水方向的注水量调整。

A. 平面非均质性　　B. 压力不平衡　　　　C. 注采不平衡　　　　D. 平面调整

155. AC012　以油田开发层间调整为目的的层段配注水量调整，是针对层间非均质性造成的各油层之间的（　　）差异较大的问题，降低高渗透、高含水层的注水量，增加低渗透、低含水层的注水量调整。

A. 沉积环境　　　　B. 动用状况　　　　C. 发育状况　　　　D. 采油强度

156. AC012　为适应油井措施后的开采需要而进行的对应层段注水量调整称为措施（　　）。

A. 平面调整　　　　B. 层间调整　　　　C. 针对性调整　　　　D. 试验调整

157. AC013　注水井配注调整方案确定后，一般情况下应优先实施简捷调整措施，其顺序是（　　）。

A. 测试调整、调整注水压力、作业调整层段、改造油层增注

B. 作业调整层段、测试调整、调整注水压力、改造油层增注

C. 改造油层增注、测试调整、调整注水压力、作业调整层段

D. 调整注水压力、测试调整、作业调整层段、改造油层增注

158. AC013　测试调整就是通过改变层段（　　）来达到增加或减少水量的目的。

A. 水嘴　　　　B. 配水量　　　　C. 压力　　　　D. 测试方法

159. AC013　在分层测试调整配注的过程中，（　　）的方法有两种，一是在泵压能够满足注水压力需求的情况下，放大注水；二是缩小吸水能力强的层段水嘴。

A. 降低注水压力　　B. 提高注水压力　　C. 降低配注量　　　D. 提高配注量

160. AC014　注水层段（　　）的类型有：细分注水层段；改变注水层段；笼统注水井改为分层注水井；分层注水井改为笼统注水井。

A. 重配　　　　B. 调整　　　　C. 封堵　　　　D. 调查

161. AC014　注水层段的划分应以（　　）为基础，油砂体为单元，进行注水层段的划分，区块内尽可能统一，便于综合调整。

　　A. 油层组　　　　B. 单砂体　　　　　C. 砂岩组　　　　D. 小层

162. AC014　注水层段的划分是否合理，直接影响（　　）的好坏。

　　A. 注水状况　　　B. 注水质量　　　　C. 吸水能力　　　D. 开发效果

163. AC015　在配注水量时，应以注采井组为单元，根据井组（　　）的需要，确定单井配注量。

　　A. 生产现状　　　B. 注采平衡　　　　C. 产液量　　　　D. 注入能力

164. AC015　以油井为中心的注采井组在编制注水井单井配注方案时，在油层参数变化不大的情况下，可按相关（　　）。

　　A. 注水井的口数把油井配产液量和油量平均分到每口注水井上

　　B. 采油井的口数把油井配产液量和油量平均分到每口采油井上

　　C. 注水井的口数把水井配注量和注水量平均分到每口注水井上

　　D. 采油井的口数把油井配产液量和油量平均分到每口注水井上

165. AC015　以注水为中心的注采井组在编制单井配注方案时，若油层参数变化比较大，可按各方向采油井的（　　）比例劈分配注量。

　　A. 小层个数　　　B. 渗透率　　　　　C. 地层系数　　　D. 有效厚度

166. AC016　根据油层平面和纵向上的非均质程度及井组开采动态需求，配注层段的性质，可分为限制层、（　　）、接替层。

　　A. 控制层　　　　B. 停注层　　　　　C. 加强层　　　　D. 主力层

167. AC016　配注层段性质是加强层的，主要为（　　），相关油井是低含水层、低压层和采油井的压裂对应层段。

　　A. 低渗透层　　　B. 高渗透层　　　　C. 中渗透层　　　D. 均匀层

168. AC016　注水井停注层的属性是（　　）。

　　A. 储备层　　　　B. 控制层　　　　　C. 主力层　　　　D. 加强层

169. AC017　注入剖面测井是利用放射性同位素示踪法测试注水井（　　）的。

　　A. 全井采出量　　B. 分层注水量　　　C. 全井注水量　　D. 分层采出量

170. AC017　为了了解注水井的吸水状况而进行的测井统称为（　　）。

　　A. 注入剖面测井　B. 产出剖面测井　　C. 三相流测井　　D. 氧活化测井

171. AC017　在一定注水压力条件下，测量每个层段或单层的吸水量的测井方法是（　　）。

　　A. 三相流测井　　B. 产出剖面测井　　C. 注入剖面测井　D. 氧活化测井

172. AC018　放射性同位素测井是用放射性核素释放器将吸附有放射性同位素离子的（　　）载体释放到注水井中预定的深度位置。

　　A. 固相　　　　　B. 气相　　　　　　C. 液相　　　　　D. 混合相

173. AC018　放射性核素载体的直径（　　）地层孔隙喉道，活化悬浮液中的水进入地层，而微球载体滤积在井壁上。

　　A. 小于　　　　　B. 大于　　　　　　C. 等于　　　　　D. 小于等于

174. AC018　放射性同位素测井仪测得的地层吸入量与滤积在该段地层对应井壁上的同位素载体量和载体的放射性强度三者之间成（　　）关系。

　　A. 对数　　　　　B. 指数　　　　　　C. 正比　　　　　D. 反比

175. AC019　在油井生产过程中，为了解每个小层的出油情况、见水状况及压力变化所进行的各种测井统称为（　　）测井。

A. 注入剖面　　　　B. 产出剖面　　　　C. 工程　　　　D. 地层参数

176. AC019　利用产出剖面测井测量的参数可以定量或定性解释采油井每个油层的（　　）。

A. 产油量、含水率、产液量　　　　　　B. 产液量、产油量、产水量

C. 产油量、含水率、产水量　　　　　　D. 产液量、含水率、产油量和产水量

177. AC019　利用（　　）测井可以测量油井的温度变化、体积流量、含水比、流体密度等参数。

A. 产出剖面　　　　B. 注入剖面　　　　C. 工程　　　　D. 地层参数

178. AC020　涡轮流量计有连续流量计和（　　）流量计。

A. 不连续　　　　B. 集流式　　　　C. 电导式　　　　D. 半集流式连续

179. AC020　产出剖面测井中，连续流量计适合于（　　）的测量。

A. 高含水井　　　　B. 低含水井　　　　C. 高产液井　　　　D. 低产液井

180. AC020　产出剖面测井方法有涡轮流量计测量、示踪法、相关测量方法和（　　）方法。

A. 分离　　　　B. 过流式　　　　C. 差压平衡　　　　D. 压差密度

181. AD001　断电灭火在切断电容器和电缆后，因仍有残留（　　），灭火时要按带电灭火的要求进行灭火。

A. 电荷　　　　B. 电阻　　　　C. 电流　　　　D. 电压

182. AD001　断电灭火在主要开关末断开之前，不允许用隔离开关切断负载电流，以免产生（　　），造成设备和人身伤亡。

A. 电流　　　　B. 电荷　　　　C. 电弧　　　　D. 电压

183. AD001　断电灭火在切断用磁力启动器启动的电气设备时，应先按"（　　）"按钮，再拉开隔离开关。

A. 开动　　　　B. 停止　　　　C. 中断　　　　D. 中止

184. AD002　带电灭火对架空线路等空中设备灭火时，人体位置与带电体之间仰角不应超过（　　），以免导线断落伤人。

A. 30°　　　　B. 45°　　　　C. 60°　　　　D. 15°

185. AD002　带电灭火如遇带电导线断落地面，应画出警戒区，防止（　　）伤人。

A. 电流　　　　B. 电荷　　　　C. 接触电压　　　　D. 跨步电压

186. AD002　带电灭火对灭火人员在穿戴绝缘手套和绝缘靴，水枪喷嘴安装（　　）情况下，可使用喷雾枪灭火。

A. 接地线　　　　B. 接地棒　　　　C. 接地体　　　　D. 接地电阻

187. AD003　适于变压器、油断路器、电容器等充油电气设备的油，闪燃点大都在（　　）之间，有较大的危害性。

A. 110 ~ 120℃　　B. 120 ~ 130℃　　C. 130 ~ 140℃　　D. 140 ~ 150℃

188. AD003　如果燃烧的油流入电缆沟而顺沟蔓延时，沟内的油火只能用（　　）覆盖扑灭。

A. 泡沫　　　　B. CO_2　　　　C. 干粉　　　　D. CCL_4

189. AD003　用（　　）灭火时，扑救人员应站在上风方向以防中毒，同时灭火后要注意通风。

A. 泡沫　　　　B. 四氯化碳　　　　C. 1211　　　　D. 二氧化碳

190. AD004　触电是指电流通过人体而引起的病理、生理效应，触电分为电伤和（　　）两种伤害形式。

　　A. 电位　　　　　　B. 电波　　　　　　C. 电击　　　　　　D. 电极

191. AD004　直接接触电击带来的危害是最严重的，所形成的人体触电电流总是远大于可能引起（　　）的极限电流。

　　A. 心室增大　　B. 心室早搏　　　　C. 心脏突停　　　　D. 心室颤动

192. AD004　电流通过人体所产生的生理效应和影响程度，是由通过人体的（　　）流经人体的持续时间所决定的。

　　A. 电流与电压　B. 电流与电流　　　C. 电压与电弧　　　D. 电弧与电荷

193. AD005　人体触及电体，或者带电体与人体之间闪击放电，或者电弧波及人体时，（　　）通过人体进入大地或其他导体，称为触电。

　　A. 电压　　　　　B. 电流　　　　　　C. 电荷　　　　　　D. 电阻

194. AD005　触电者触及断落在地上的带电高压导线，且尚未确证线路无电，救护人员在未做好安全措施前，不能接近断线点至（　　）范围内，防止跨步电压伤人。

　　A. 8 ~ 10m　　　B. 10 ~ 12m　　　　C. 6 ~ 8m　　　　　D. 10 ~ 14m

195. AD005　往架空线路抛挂裸金属软导线，人为造成线路短路，迫使继电保护装置动作，从而使（　　）开关跳闸。

　　A. 电流　　　　　B. 电压　　　　　　C. 电源　　　　　　D. 电弧

196. AD006　干粉灭火器的优点是灭火（　　），绝缘性能好，灭火后对机器设备无污染，长期保存不易变质。

　　A. 复燃率高　　B. 粉尘大　　　　　C. 效率低　　　　　D. 效率高

197. AD006　轻水泡沫灭火器是将轻水泡沫灭火剂与压缩气体同储于灭火器桶内，灭火剂由压缩气体的（　　）而喷射出灭火。

　　A. 重力驱动　　B. 水压驱动　　　　C. 压力驱动　　　　D. 动力驱动

198. AD006　1211灭火器是一种高效能灭火器，主要通过干扰、抑制的连锁反应，起到一定的（　　）作用，达到灭火目的。

　　A. 窒息、隔离　B. 冷却、窒息　　　C. 冷却、隔离　　　D. 冷却、中断

199. AD007　安全电压是指为了（　　）事故而由特定电源供电所采用的电压系列。

　　A. 不烧保险　　B. 电路负荷　　　　C. 保证设备功率　　D. 防止触电

200. AD007　为防止触电事故，规定了特定的供电电源电压系列，在正常和故障情况下，任何两个导体间或导体与地之间的电压上限，不得超过交流电压（　　）。

　　A. 42V　　　　　B. 36V　　　　　　C. 50V　　　　　　D. 24V

201. AD007　电源设备采用（　　）以上的安全电压时，必须采取防止可能直接接触带电体的保护措施。

　　A. 24V　　　　　B. 36V　　　　　　C. 12V　　　　　　D. 42V

202. AD008　安全色是指传递安全信息含义的颜色，包括红色、（　　）、黄色、绿色四种颜色。

　　A. 蓝色　　　　　B. 橙色　　　　　　C. 紫色　　　　　　D. 粉色

203. AD008　正确使用安全色，可以使人员能够对威胁安全和健康的物体和环境做出尽快地反应；迅速发现或分辨（　　）标志，及时得到提醒，防止事故、危害发生。

　　A. 禁止　　　　　B. 指令　　　　　　C. 警告　　　　　　D. 安全

204. AD008 安全色的应用必须是以表示（　）为目的和有规定的颜色范围。

    A. 禁止　　　　　　B. 安全　　　　　　C. 指令　　　　　　D. 警告

205. AD009 安全标志是用以表达特定安全信息的标志，由图形符号、（　）、几何形状（边框）或文字构成。

    A. 安全色　　　　　B. 对比色　　　　　C. 安全信号　　　　D. 安全警示

206. AD009 安全标志的分类为（　）标志、警告标志、指令标志、提示标志四类。

    A. 制止　　　　　　B. 阻止　　　　　　C. 禁止　　　　　　D. 防止

207. AD009 提醒人们对周围环境引起注意，以避免可能发生危险的图形标志是（　）标志的含义。

    A. 警告　　　　　　B. 提示　　　　　　C. 指令　　　　　　D. 禁止

208. AD0010 办公室内的供配电设施及用电设备，周围（　）内不得存放磁带、书刊、纸张等可燃物品。

    A. 30cm　　　　　　B. 20cm　　　　　　C. 40cm　　　　　　D. 50cm

209. AD0010 办公室内的消防探头、喷淋头严禁遮挡，严禁在（　）和喷淋头上吊挂杂物及镜片等物品。

    A. 消防栓　　　　　B. 消防通道　　　　C. 消防管网　　　　D. 消防设施

210. AD0010 办公室的出入口及（　）通道应保持畅通，不得堵塞。

    A. 防汛　　　　　　B. 国防　　　　　　C. 防空　　　　　　D. 消防

211. BA001 气举采油工艺过程是通过向（　）内注入高压气体的方法来降低井内注气点至地面的液柱密度，以保持地层与井底的压差，使油气继续流出并举升到地面。

    A. 管柱　　　　　　B. 井筒　　　　　　C. 油管　　　　　　D. 套管

212. BA001 油气自一组采油井中采出后，经过采油汇管送到油气分离器，分离后的原油送到储罐，分离出的气体送到压气站加压，其中气举气经注气管江再送到每口井气举，经（　）进入液柱中。

    A. 工作筒　　　　　B. 定卡器　　　　　C. 气举阀　　　　　D. 缓冲器

213. BA001 气举是在油井停喷后恢复生产的一种（　）采油方法，也可作为自喷生产的能量补充。

    A. 举升　　　　　　B. 自喷　　　　　　C. 人工　　　　　　D. 机械

214. BA002 气举井下设备的一次性投资低，尤其是（　），一般都低于其他机械采油方式的投资。

    A. 浅井　　　　　　B. 深井　　　　　　C. 探井　　　　　　D. 斜井

215. BA002 气举采油的深度和（　）变化的灵活性大，举升深度可以从井口到接近井底。

    A. 排量　　　　　　B. 油量　　　　　　C. 气量　　　　　　D. 液量

216. BA002 气举的主要设备（　）组装在地面，容易检修和维护，产量可以在地面控制。

    A. 控制器　　　　　B. 高压管线　　　　C. 压缩机　　　　　D. 井口设备

217. BA003 气举采油虽然可以使用（　）或废气，但与使用当地产的天然气相比成本高，且制备和处理困难。

    A. 氯气　　　　　　B. 氨气　　　　　　C. 氮气　　　　　　D. 氧气

218. BA003 气举采油采用中心集中供气的气举系统，不宜在（　　）的井网中使用。

A. 小井距　　　　　B. 大井距　　　　　C. 一个区块　　　　　D. 一个油田

219. BA003 连续气举是在（　　）下工作，安全性较差。

A. 低温　　　　　B. 低压　　　　　C. 高温　　　　　D. 高压

220. BA004 间歇气举采用不连续注气方式，在注气系统中会产生较大的压力波动和（　　）变化，地面设备必须能适应这种变化的要求。

A. 含水　　　　　B. 流速　　　　　C. 产量　　　　　D. 流量

221. BA004 柱塞气举是一种特殊类型的（　　）气举方式，是靠柱塞推动上部的液柱向上运动，防止气体的窜流和减少液体的回落，提高气体举升效率。

A. 连续　　　　　B. 间歇　　　　　C. 正　　　　　D. 反

222. BA004 采用（　　）气举，可以靠油井自身能量，也可靠注入气补充能量进行举升。

A. 柱塞　　　　　B. 间歇　　　　　C. 腔室　　　　　D. 连续

223. BA005 连续气举的气体连续地通过油、套管环形空间注入，经过在深部安装的气举阀进入油管，与来自（　　）内的流体混气。

A. 地面　　　　　B. 地层　　　　　C. 油层　　　　　D. 气层

224. BA005 注入气加上地层气使进入举升管柱内的总气量增加，降低了注气点以上的（　　）梯度，使流体被举升到地面。

A. 流动压力　　　　B. 饱和压力　　　　C. 地层压力　　　　D. 地静压力

225. BA005 连续气举的注气量视井况操作方法而异，一般每300m举升深度的注采比为（　　）。

A. 1.5~3.5　　　　B. 3.5~5.5　　　　C. 2.5~4.5　　　　D. 4.5~6.5

226. BA006 气举阀是气举采油系统的关键部件，主要是启动（　　），把井内液面降至注气点的深度，并在此深度上以正常工作所需的注气压力按预期的产量进行生产。

A. 注水压力　　　　B. 注气压力　　　　C. 采油压力　　　　D. 注入压力

227. BA006 气举工作筒分固定式和可捞式偏心工作筒，主要用来安装（　　）。

A. 气举阀　　　　　B. 卡定器　　　　　C. 缓冲器　　　　　D. 柱塞

228. BA006 柱塞内有一单流阀，上行时单流阀关闭形成一个（　　），下行时单流阀顶开，油流通过柱塞通道使柱塞顺利下落。

A. 柱塞　　　　　B. 工作筒　　　　　C. 活塞　　　　　D. 喇叭口

229. BA007 往复式压缩机对于加压气体的温度、压力和（　　）等参数变化时的适应和调节能力好，所以气举多用往复式压缩机。

A. 排量　　　　　B. 流量　　　　　C. 气量　　　　　D. 液量

230. BA007 气动薄膜阀与时间控制器配合，用于控制（　　）的大小或开关注气管线。

A. 注水量　　　　　B. 注气量　　　　　C. 来水量　　　　　D. 来气量

231. BA007 注气压力控制阀，用作稳定气举井注气压力，使井下气举阀有一个恒定的打开压力，防止（　　）波动，造成上部气举阀打开或刺坏气举阀。

A. 回压　　　　　B. 油压　　　　　C. 气压　　　　　D. 套压

232. BA008 采油过程中气体的分离能够减低油对蜡的溶解能力和（　　），使蜡容易析出。

A. 水流温度　　　　B. 油流速度　　　　C. 水流速度　　　　D. 油流温度

233. BA008 原油组成是影响结蜡的内因，（　　）等是影响结蜡的外因。

    A. 温度和产量　　　B. 产量和压力　　　C. 温度和压力　　　D. 产量和湿度

234. BA008 原油（　　）可减缓液流温度的下降速度，并在管壁形成连续水膜，使结蜡程度有所降低。

    A. 含水下降　　　B. 含水上升　　　C. 液量上升　　　D. 液量下降

235. BA009 采油井结蜡，缩小了油管孔径，增大抽油杆外径，增加了油流阻力，使油井减产，严重时会把油井堵死，发生（　　）现象。

    A. 卡泵　　　B. 漏失　　　C. 气锁　　　D. 杆断

236. BA009 油井结蜡引起交变载荷的增大，影响（　　）工作寿命。

    A. 抽油泵　　　B. 抽油杆　　　C. 光杆　　　D. 油管

237. BA009 抽油机井在生产过程中，如果油管内结蜡严重，在结蜡井段的（　　）增大。

    A. 碾压阻力　　　B. 空气阻力　　　C. 流体阻力　　　D. 摩擦阻力

238. BA010 油井见水后，（　　）阶段结蜡严重，随含水量升高到一定程度后结蜡减轻。

    A. 高产量　　　B. 低产量　　　C. 低含水　　　D. 高气量

239. BA010 抽油井最容易结蜡的地方是在深井泵的阀罩和进口处及（　　）以下尾管处。

    A. 丝堵　　　B. 泵筒　　　C. 筛管　　　D. 油管

240. BA010 高产井及井口出油（　　）高的井结蜡不严重或不结蜡。

    A. 含水　　　B. 产量　　　C. 压力　　　D. 温度

241. BA011 防止油井结蜡，应从两个方面着手，一方面是创造不利于石蜡在管壁上（　　）的条件，另一方面是抑制石蜡结晶的聚集。

    A. 气化　　　B. 脱离　　　C. 分离　　　D. 沉积

242. BA011 油管内衬和涂层的作用主要是改善油管表面和管壁表面的润湿性，使蜡不易沉积，从而达到（　　）的目的。

    A. 防蜡　　　B. 清蜡　　　C. 热洗　　　D. 结蜡

243. BA011 在油流中加入防蜡抑制剂，主要作用是包住石蜡分子阻止石蜡（　　）。

    A. 分离　　　B. 结晶　　　C. 沉积　　　D. 聚集

244. BA012 当蜡从油流中析出来，附着在管壁上，使管壁内径缩小，影响生产，就需要采取一定的手段将其清除，这就是（　　）。

    A. 结蜡　　　B. 防蜡　　　C. 刮蜡　　　D. 清蜡

245. BA012 有杆泵机械清蜡是利用安装在抽油杆上的活动刮蜡器来自动清除（　　）和抽油杆上的蜡。

    A. 套管　　　B. 油管　　　C. 抽油泵　　　D. 筛管

246. BA012 用专门的刮蜡工具（清蜡工具），把附着于油管内壁和抽油杆上的蜡刮掉，靠油流将刮下的蜡带走的清蜡方法是（　　）。

    A. 机械清蜡　　　B. 热化学清蜡　　　C. 热洗清蜡　　　D. 化学清蜡

247. BA013 利用热能提高抽油杆、油管和液流的温度，当温度超过析蜡温度时，能起防止结蜡的作用，当温度超过蜡的熔点时，则可起到清蜡作用，这种清蜡方法称为（　　）。

    A. 机械清蜡　　　B. 循环清蜡　　　C. 热力清蜡　　　D. 化学清蜡

248. BA013 热载体循环洗井清蜡是油套环形空间注入热载体，反循环洗井，边抽边洗，热载体连同产出的井液通过（　　）一起从油管排出。

　　A. 射流泵　　　　B. 离心泵　　　　C. 抽油杆　　　　D. 抽油泵

249. BA013 热载体循环洗井清蜡是将空心抽油杆下至结蜡深度以下 50m，下接实心抽油杆，热载体从空心抽油杆注入，经空心抽油杆底部洗井阀，正循环，从抽油杆和（　　）环形空间返出。

　　A. 油管　　　　B. 套管　　　　C. 尾管　　　　D. 筛管

250. BA014 套管弯曲变形形态是指变形套管出现轴向偏移，并伴随（　　）。

　　A. 圆形变形　　B. 椭圆变形　　C. 椭圆错段　　D. 圆形错段

251. BA014 严重弯曲变形的（　　），内径已不规则，多呈椭圆变形，长短轴之差不太大。

　　A. 套管　　　　B. 油管　　　　C. 尾管　　　　D. 筛管

252. BA014 在泥岩吸水后膨胀形成外挤力或强大的轴向拉力的作用下，套管往往出现（　　）变形。

　　A. 椭圆　　　　B. 扩径　　　　C. 缩径　　　　D. 弯曲

253. BA015 套管破裂主要是由于射孔造成的，或因（　　）及作业施工压力过高而造成的。

　　A. 注水压差　　B. 注采压差　　C. 注采平衡　　D. 采油压差

254. BA015 油水井的泥岩、页岩层由于长期受注入水侵入形成浸水域，泥岩、页岩经长期水浸，膨胀而发生岩体滑移，当这种地壳升降、滑移速度超过（　　）时，将导致套管被剪断，发生横向（水平）错位。

　　A. 30mm/ 年　　B. 20mm/ 年　　C. 10mm/ 年　　D. 40mm/ 年

255. BA015 腐蚀孔洞多发生在（　　）以上，特别是无水泥环固结井段往往造成井筒周围地面冒油、漏气、严重的还会造成地面塌陷。

　　A. 地层顶部　　B. 地层底部　　C. 油层顶部　　D. 油层底部

256. BA016 取套观察是最直接了解（　　）的一种方法。

　　A. 套管外漏　　B. 套管变形　　C. 套管错断　　D. 套管破裂

257. BA016 磁测井仪是一种采用电磁法测量仪器，它的主要用途是检查井下（　　）状况，确定套管内壁或外壁腐蚀、缺损和套管内径的变化。

　　A. 套管的质量　　B. 固井的质量　　C. 油管的质量　　D. 工具的质量

258. BA016 判断、证实井下状况是处理井下事故和油水井大修作业的首要前提，目前现场大量应用的是（　　），根据前者可得到变形的位置和大致最小内径，再利用后者即可得到变形形态和基本准确的最小内径。

　　A. 打铅印和微井径仪　　　　　　B. 打铅印和井壁超声彩色成像测井
　　C. 打铅印和通径规　　　　　　　D. 通径规和打铅印

259. BA017 在相邻区块（　　）相差较大的情况下，基于浮托理论，高孔隙压力可相对增加地层斜面上的剪切力，导致岩体位移、套管损坏。

　　A. 原始压力　　B. 地层压力　　C. 饱和压力　　D. 流动压力

260. BA017 高矿化度的（　　）、硫酸氢根、硫酸还原菌、硫化氢和电化学等腐蚀，易使套管损坏。

　　A. 地层水　　　B. 夹层水　　　C. 底水　　　　D. 边水

261. BA017 基于热胀冷缩原理：即注水降低了岩石的（　　），使水平周向应力降低，易使套管损坏。

A. 岩性　　　　　　B. 硬度　　　　　　C. 温度　　　　　　D. 湿度

262. BA018 只有在未射孔井段，当围岩压缩应力（　　）套管挤压强度时，泥岩吸水膨胀的体积力无释放之处时才有可能将套管挤压变形，通常这种挤压变形形态为缩径变形。

A. 小于　　　　　　B. 大于　　　　　　C. 小于等于　　　　D. 大于等于

263. BA018 在油田注水开发过程中，当注水压力达到一定值后，注入水通过裂缝窜到软弱夹层，使它吸水，改变其物理性能，强度降低，导致岩层失稳滑动，从而造成油水井（　　）损坏。

A. 套管　　　　　　B. 油管　　　　　　C. 管柱　　　　　　D. 抽油泵

264. BA018 因空洞的增大，上覆岩层在重力作用下发生坍塌，使盐岩层与套管产生点接触，（　　），特别是坍塌岩块强烈撞击套管，形成冲击载荷，使套管损坏。

A. 形成静载荷或非均匀外载　　　　　　B. 形成点载荷或均匀外载

C. 形成静载荷或均匀外载　　　　　　　D. 形成点载荷或非均匀外载

265. BA019 注水井成排部署，容易加剧地层（　　）压差的作用，增大水平方向的应力集中程度，最终导致成片套损井的出现。

A. 孔隙　　　　　　B. 注水　　　　　　C. 生产　　　　　　D. 注采

266. BA019 油田注水开发后，随（　　）升高，油层孔隙压力也随之升高，孔隙压力升高有提高驱油能力的作用，但在一定条件下也会引起套管变形。

A. 饱和压力　　　　B. 破裂压力　　　　C. 注水压力　　　　D. 允许压力

267. BA019 压裂施工时，压裂液中的石英砂或陶粒砂等支撑剂在强大压力的驱动下通过套管孔眼进入地层，从而使（　　），套管接箍和螺纹部位以及固井质量差的井段很容易产生破裂。

A. 孔眼不规则扩大，提高套管抗挤压强度

B. 孔眼不规则缩小，提高套管抗挤压强度

C. 孔眼不规则缩小，降低套管抗挤压强度

D. 孔眼不规则扩大，降低套管抗挤压强度

268. BA020 化学腐蚀主要是指不能产生明显电压的化学反应，这种腐蚀主要是套管与腐蚀性液体之间的直接发生化学反应的结果，这种腐蚀基本上发生在（　　）壁上，油田中最常见的是酸腐蚀。

A. 套管　　　　　　B. 油管　　　　　　C. 筛管　　　　　　D. 丝堵

269. BA020 细菌腐蚀在温度较适宜（40～60℃），且（　　）有补充情况下，铁细菌繁殖较快，并可形成细菌活跃带。

A. 氮气　　　　　　B. 氨气　　　　　　C. 氧气　　　　　　D. 氯气

270. BA020 垢下腐蚀是一种综合性腐蚀，其机理是介质中所含活性（　　）穿透垢层后吸附在金属表面，对金属表面的氧化膜产生破坏作用。

A. Na^+　　　　　　B. Ca^{2+}　　　　　C. 阳离子　　　　　D. 阴离子

271. BA021 采用（　　）套管，要加大套管自身的"抗"挤强度，做到"能让则让，让不了则抗"。

A. 低强度　　　　　B. 高强度　　　　　C. 防水　　　　　D. 刚性

272. BA021 一个空管对点载荷的承受能力与钢的强度成正比，与壁厚平方成正比，因此，为提高承受点载荷能力，（　　）更为有效。

A. 增加壁厚比增加强度　　　　　　　　B. 增加强度比增加厚度

C. 增加壁厚比增加载荷　　　　　　　　D. 增加强度比增加载荷

273. BA021 采用双层组合套管，就是在（　　），然后往环形空间内注水泥，形成一个整体组合结构。

A. 套管内下入小油管　　　　　　　　　B. 油管内下入小套管

C. 套管内下入小套管　　　　　　　　　D. 油管内下入小油管

274. BA022 提高钻井、完井的施工质量，防止套管渗漏或窜槽，造成（　　）部位进水。

A. 油层　　　　　　B. 非油层　　　　　C. 地层　　　　　D. 非地层

275. BA022 由于过早通过裂缝或固井的窜槽进入软弱层，结果常常造成高含水井的套管损坏，故选择合理（　　）、延迟水淹是防止套管损坏的一种方法。

A. 注采层系　　　　B. 注水压差　　　　C. 注采井网　　　　D. 注采压差

276. BA022 油田开发都应适时、适量、低于（　　）注水，保持适当孔隙压力，并使油田内部各区块孔隙压力保持基本平衡，以避免套管损坏。

A. 地层压力　　　　B. 流动压力　　　　C. 注入压力　　　　D. 破裂压力

277. BA023 套管损坏（　　），修复的成功率越低。

A. 井段的通径越大，修井的难度越大　　B. 井段的通径越小，修井的难度越大

C. 井段越深，修井的难度越小　　　　　D. 井段的通径越小，修井的难度越小

278. BA023 套管加固是在整形、磨铣扩径复位后，对（　　）恢复部位进行的钢管内衬式加固，使套管损坏部位保持较大的井眼通道，起防止再次损坏和维持生产的作用。

A. 套管破裂、错断口　　　　　　　　　B. 套管变形、套管外漏

C. 套管变形、套管破裂　　　　　　　　D. 套管变形、错断口

279. BA023 堵漏工艺技术是管外油、气、水的腐蚀和施工造成套管在不同位置形成不同类型漏失，影响了油水井正常生产，因此必须采用各种方法将漏失点（　　），以保证正常采油、注水。

A. 化堵　　　　　　B. 解堵　　　　　　C. 封堵　　　　　D. 堵水

280. BA024 套损井侧斜主要应用于已经永久性工程报废的套损井和目前工艺技术难以修复的套损井，其应用的前提是（　　）必须达到彻底报废，层与层之间不产生窜流。

A. 补孔井段　　　　B. 射孔井深　　　　C. 射孔井段　　　　D. 补孔井深

281. BA024 套管（　　）技术的一次性投入费用较高，超过相同深度的新井费用，但可节省钻更新井的占地以及地面管线敷设等费用，也可以利用原井口的设备。

A. 侧钻　　　　　　B. 侧斜　　　　　　C. 报废　　　　　D. 堵水

282. BA024 当油、水井套管变形损坏后，其内径大于 100mm，则可应用小直径（　　）实现油井机械堵水和水井分层注水。

    A. 封隔器　　　　　　B. 配产器　　　　　　C. 配水器　　　　　　D. 堵水器

283. BA025 水泥浆永久报废工艺技术，主要选用严重损坏的（　　），部分需补钻调整井而需要做报废处理的油井。

    A. 生产井　　　　　　B. 注水井　　　　　　C. 资料井　　　　　　D. 观察井

284. BA025 水泥浆封固永久报废就是对射孔井段、错断、破裂部位的井筒循环挤注固井水泥浆，使射孔井段或错断、破裂部位以上（　　）至人工井底充满水泥浆，固化后，封固所有油层井段，达到永久封固报废的目的。

    A. 100 ~ 50m　　　　B. 80 ~ 30m　　　　C. 120 ~ 70m　　　　D. 150 ~ 100m

285. BA025 重钻液压井暂时报废适用于严重套损而目前暂时无法彻底修复的油井，以及少部分因（　　）需要不做永久性报废处理的注水井。

    A. 工程方案　　　　　B. 工程因素　　　　　C. 地质方案　　　　　D. 地质因素

286. BA026 多井配水间适用于（　　）注水井网，可控制和调节两口井以上的注水量。

    A. 行列　　　　　　　B. 切割　　　　　　　C. 面积　　　　　　　D. 点状

287. BA026 多井配水间调控水量（　　），但管损（井间距离长）较大，故准确率差一些。

    A. 不便　　　　　　　B. 方便　　　　　　　C. 平稳　　　　　　　D. 缓慢

288. BA026 单井配水间注水流程，其特点是管损（　　），控制注水量或测试调控准确。

    A. 小　　　　　　　　B. 等于零　　　　　　C. 大　　　　　　　　D. 不达标

289. BA027 注水井注水量主要是通过井口（　　）来实现调控的。

    A. 生产总阀门　　　　B. 上流阀　　　　　　C. 下流阀　　　　　　D. 套压阀

290. BA027 注水干线（汇管）内的（　　）从水表上流阀进入水表，经下流阀调控到井口，为注水井井口流程装置。

    A. 混合液　　　　　　B. 地下水　　　　　　C. 地表水　　　　　　D. 动力水

291. BA027 地面动力（一定压力）的水通过井口装置由套管向油层注水称为（　　）。

    A. 配注　　　　　　　B. 合注　　　　　　　C. 反注　　　　　　　D. 正注

292. BA028 注水井关井一般都是指（　　）的关井，并不是油层不吸水关井。

    A. 调配时　　　　　　B. 洗井时　　　　　　C. 调剖上　　　　　　D. 生产上

293. BA028 注水井进行作业调整等上措施前需要（　　）。

    A. 调剖　　　　　　　B. 调配　　　　　　　C. 关井　　　　　　　D. 钻井

294. BA028 注水井关井不仅停注，而且（　　）。

    A. 降压　　　　　　　B. 增液　　　　　　　C. 降液　　　　　　　D. 升压

295. BA029 注水井从完钻到正常注水，一般要经过排液、洗井、（　　）之后才能转入正常的注水。

    A. 降压　　　　　　　B. 试注　　　　　　　C. 试采　　　　　　　D. 投注

296. BA029 注水井洗井就是用洗井液将井内杂质、脏物冲洗出来，以保持井筒和井底的清洁，避免（　　）。

    A. 漏失　　　　　　　B. 封隔器不封　　　　C. 油层堵塞　　　　　D. 底部挡球脱落

297. BA029 新井投注或油井转注前的试验与施工过程称为（　　），它的目的是为了了解地层吸水能力的大小。

　　A. 洗井　　　　　　B. 试注　　　　　　C. 投注　　　　　　D. 排液

298. BA030 自喷生产的单管生产流程是将油井串联在（　　），利用油层剩余压力将油气密闭输送到联合站。

　　A. 掺水管线上　　　B. 双管上　　　　　C. 单管上　　　　　D. 外输油线上

299. BA030 单管生产流程是指从油井产出的油气混合物进入（　　）后，分别计量油气产量，计量以后，油气又重新混合起来，混输到转油站。

　　A. 分离器　　　　　B. 离心泵　　　　　C. 油管　　　　　　D. 流量计

300. BA030 单管生产流程井场设有分离器、（　　），进行单井油气计量和加热保温。

　　A. 掺水炉　　　　　B. 水套炉　　　　　C. 采暖炉　　　　　D. 热洗炉

301. BA031 双管流程的特点是在气候寒冷地区便于（　　）保管线。

　　A. 集油　　　　　　B. 热洗　　　　　　C. 反注　　　　　　D. 掺水

302. BA031 集输过程中热水（蒸汽）伴随流程是将热水从泵站送到井口，再从回水管返回，原油单独用一条生产管线是（　　）集油流程的最显著特点。

　　A. 双管　　　　　　B. 三管　　　　　　C. 单管　　　　　　D. 混合

303. BA031 三管集油流程与双管不同的是多一条（　　）管线，所以称为三管流程。

　　A. 热洗　　　　　　B. 集油　　　　　　C. 回水　　　　　　D. 注水

304. BA032 油井量油时首先关闭被量油井掺水阀（双管生产的不用），再开量油汇管总阀及单井（　　）。

　　A. 下流阀　　　　　B. 上流阀　　　　　C. 热洗阀　　　　　D. 量油阀

305. BA032 测气流程在气体经（　　）并连续进入外输汇管时即可从差压计上读数测气。

　　A. 单流阀　　　　　B. 集装阀　　　　　C. 上流阀　　　　　D. 下流阀

306. BA032 量油流程的流量计量油，开分离器量油出口阀及流量计进出口阀，此时关上流量计与外输汇管的（　　），即可实现连续量油。

　　A. 直通阀　　　　　B. 上流阀　　　　　C. 总阀门　　　　　D. 下流阀

307. BA033 地质资料上只要油井无产量连续过 24h，不管井是否处在采油（如抽油机在运转）状态都称为（　　）。

　　A. 降压　　　　　　B. 关井　　　　　　C. 试采　　　　　　D. 投注

308. BA033 生产上的关井即油井生产阀或总阀门关死就称为关井，关井就是井间生产流程（　　）。

　　A. 改造　　　　　　B. 试注　　　　　　C. 运行　　　　　　D. 不通

309. BA033 如果油水井关井时间超过 48h，就称为（　　）。

　　A. 计划关井　　　　B. 暂闭井　　　　　C. 投产井　　　　　D. 观察井

310. BA034 抽油机井正常生产时（　　）中各闸阀所处的开关状态称为正常生产流程。

　　A. 井下管柱　　　　B. 分离器　　　　　C. 井口装置　　　　D. 计量间

311. BA034 抽油机井正常生产流程井口关闭的闸阀有套管（　　）、直通阀。

　　A. 热洗阀　　　　　B. 总阀门　　　　　C. 生产阀门　　　　D. 下流阀门

312. BA034 机采井现场的（　　）流程是在正常生产流程状态下，打开套管热洗阀，在打开前可根据（各油田生产客观条件）需要决定是否先打地面循环，即直通阀（减少洗井初期管损），再关闭掺水阀，其余阀门均不动。

    A. 单管   B. 双管   C. 热洗   D. 掺水

313. BA035　电动潜油泵井正常生产时井口装置中关闭的闸阀有套管热洗阀、直通阀、（　　）。

    A. 总阀门   B. 生产阀门   C. 清蜡阀门   D. 测试防喷阀

314. BA035　电动潜油泵井正常生产时井口装置中对产能起控制调节作用的是（　　）。

    A. 直通阀   B. 清蜡阀门   C. 总阀门   D. 油嘴

315. BA035　如果电动潜油泵井产能较低，特别是在较寒冷地区的低温时节，出液较稠，需要掺水伴热时，就可改双管生产流程为（　　）生产流程。

    A. 单管   B. 三管   C. 环状   D. 计量间

316. BA036　油水井（　　）的内容包括检泵、换封、冲砂、井下事故处理等。

    A. 作业   B. 大修   C. 检修   D. 措施

317. BA036　以提高油井产量，改善井下技术状况和油气田开发效果，提高油田（　　）而采取的一系列井下工艺称井下作业。

    A. 剩余储量   B. 地质储量   C. 最终采收率   D. 可采储量

318. BA036　油水井在（　　）过程中随着时间的延长，井下管柱会出现各种异常现象。

    A. 检修   B. 生产   C. 大修   D. 措施

319. BA037　抽油机井在生产过程中由于抽油杆和油管断脱需要进行（　　）。

    A. 封堵   B. 检修   C. 大修   D. 检泵

320. BA037　由于地层水、蜡、砂的影响，造成了深井泵阀漏失，使油井产量下降需要（　　）。

    A. 检泵   B. 冲砂   C. 打印   D. 磨铣

321. BA037　由于液面降低而需加深（　　）深度时，可以通过检泵作业来完成。

    A. 人工井底   B. 泵挂   C. 泵径   D. 泵筒

322. BA038　作业施工中若管柱上有裂缝，螺纹不严会造成漏失，使油井（　　）下降。

    A. 产水   B. 含水   C. 动液面   D 产量

323. BA038　根据压井液的相对密度选择压井液，压井液量为井筒容积的（　　），以减少压井液对地层的污染。

    A. 1.5 倍   B. 2.0 倍   C. 1.0 倍   D. 1.5 ～ 2.0 倍

324. BA038　换封质量好坏对油井都有很大影响，压力过大，会损坏封隔器元件或使油管柱弯曲度（　　）。

    A. 变大   B. 变小   C. 趋于正常   D. 不变

325. BA039　在检泵中，采油队负责到修井现场监督检查施工（　　）是否完整，进行作业监督工作。

    A. 工序   B. 设备   C. 人员   D. 车辆

326. BA039　采油队在作业施工过程中负责监督检查是否符合（　　）要求。

    A. 工程   B. 地质   C. 施工设计   D. 计划

327. BA039　采油队在作业施工过程中负责核实验证抽油装置的（　　）是否与分析预测相符。

    A. 耗材   B. 故障   C. 规格   D. 下入深度

328. BA040　分层开采管柱中，（　　）是为了满足油水井某种工艺技术目的或油层技术措施的需要，由钢体、封隔件、控制部分构成的井下分层封隔的专用工具。

A. 油嘴　　　　　　B. 配产器　　　　　　C. 深井泵　　　　　　D. 封隔器

329. BA040　在正常生产过程中，由于井下油、气、水等介质对封隔器胶皮的（　　），会导致封隔器失去其设计作用。

A. 腐蚀　　　　　　B. 保养　　　　　　C. 热洗　　　　　　D. 结蜡

330. BA040　封隔器零部件的（　　）及使用时间久了都会导致封隔器失去其设计作用。

A. 深度下错　　　　B. 机械故障　　　　C. 长度过长　　　　D. 机械原理

331. BA041　若换封后产量降低了，首先要考虑（　　）是否对油层造成了污染。

A. 地层混合液　　　B. 地层水　　　　　C. 地表水　　　　　D. 压井液

332. BA041　各类封隔器加压都不同，加压（　　），损坏封隔器元件或使油管柱的弯曲变大，导致油井不能正常生产。

A. 过速　　　　　　B. 均衡　　　　　　C. 过大　　　　　　D. 过小

333. BA041　换封作业过程中，由于管柱上有裂缝或螺纹不严造成漏失，在水力泵、（　　）中显得突出，即漏失后的油水有相当部分又回到泵的吸口，使油井产量下降。

A. 电潜泵　　　　　B. 外输泵　　　　　C. 掺水泵　　　　　D. 柱塞泵

334. BA042　冲砂液应具有一定的（　　），以防止冲砂过程发生井喷。

A. 密度　　　　　　B. 质量　　　　　　C. 黏度　　　　　　D. 渗透能力

335. BA042　冲砂液应具有一定的（　　），以保障有良好的携砂能力。

A. 温度　　　　　　B. 湿度　　　　　　C. 黏度　　　　　　D. 矿化度

336. BA042　为了防止污染油层，冲砂液中应加入（　　）进行处理。

A. 工业盐　　　　　B. 表面活性剂　　　C. 气化液　　　　　D. 乳化液

337. BA043　正冲法冲砂冲砂液从油管注入，从（　　）返出。

A. 油管　　　　　　　　　　　　　B. 油管和套管一起
C. 油套环形空间　　　　　　　　　D. 油管环形空间进入地层后从邻近油井

338. BA043　适用于探井、套管尺寸较大的油水井的冲砂方法是（　　）。

A. 正冲　　　　　　　　　　　　　B. 反冲
C. 先正后反正反混合冲　　　　　　D. 先反后正正反混合冲

339. BA043　携砂液上返速度快，易于将砂子带出的冲砂方法是（　　）。

A. 正冲　　　　　　　　　　　　　B. 反冲
C. 先正后反正反混合冲　　　　　　D. 先反后正正反混合冲

340. BA044　油水井（　　）动用的设备功率小，修理工期短，修理技术较简单，而且动用工具少，成功率也高。

A. 分注　　　　　　B. 量油　　　　　　C. 测试　　　　　　D. 小修

341. BA044　油水井在生产过程中，井下装置会出现一些（　　），有的油水井还会出现严重的砂卡、蜡卡和落物卡。

A. 机械故障　　　　B. 人为故障　　　　C. 线路故障　　　　D. 系统故障

342. BA044　油水井（　　）是指油水井的复杂事故处理，如井下工具的解卡、水泥卡钻、封堵漏层、补贴加固套管、更换套管及侧钻等。

A. 酸化　　　　　　B. 堵水　　　　　　C. 大修　　　　　　D. 压裂

343. BA045 电泵井施工设计中，油井（　　）数据包括日产液、日产油、动液面、含水、含砂、黏度、水总矿化度、原油密度等数据。

    A. 基本　　　　　　B. 全部　　　　　　　C. 基础　　　　　　　D. 生产

344. BA045 电泵井施工设计包括油井基本数据、（　　）设计数据、油井生产数据、电潜泵生产管柱示意图、备注等几项内容。

    A. 基本　　　　　　B. 选泵　　　　　　　C. 泵况　　　　　　　D. 生产

345. BA045 电泵井选泵设计包括潜油电机功率、外径、保护器型号、分离器型号、（　　）、电缆长度、变压器、控制屏等。

    A. 测压阀深　　　　B. 接线盒型号　　　　C. 泵型　　　　　　　D. 泵深

346. BA046 油井作业的（　　）内容应包括油井基本数据、油层数据、油井生产数据、存在问题及原因分析、作业目的及要求、作业效果预测、目前井下管柱示意图及备注等内容。

    A. 基本设计　　　　B. 地质设计　　　　　C. 基本数据　　　　　D. 生产设计

347. BA046 油井作业的地质设计中，（　　）应包括层位、井段、砂层厚度、有效厚度、渗透率、实射井段、实射厚度、岩性分析等。

    A. 基本数据　　　　B. 基本设计　　　　　C. 油层数据　　　　　D. 生产设计

348. BA046 油井作业地质设计内容的作业效果预测中包括作业后的油井产层（　　）、动液面、日产液、日产油、含水。

    A. 采液指数　　　　B. 采液强度　　　　　C. 采油指数　　　　　D. 静液面

349. BA047 井下事故处理一般规定要求明确（　　）的有关资料，如落物形状、深度。

    A. 油层数据　　　　B. 基本设计　　　　　C. 井下落物　　　　　D. 生产设计

350. BA047 在机采井（　　）处理时要根据有关资料编写施工工程设计，申报主管部门审批。

    A. 井下事故　　　　B. 地面设备故障　　　C. 油层污染　　　　　D. 生产动态

351. BA047 井下事故处理根据施工设计要求做好（　　），如动力设备、井架、工具等。

    A. 备份　　　　　　B. 统计　　　　　　　C. 计划　　　　　　　D. 施工准备

352. BA048 增产增注（　　）指标反映增产增注措施作业后增加的产油量或注水量。

    A. 计划　　　　　　B. 效果　　　　　　　C. 超产　　　　　　　D. 效益

353. BA048 为了分析比较不同增产措施的效果，有时需要按增产措施作业项目计算（　　）每井次日增产（注）量。

    A. 当年　　　　　　B. 累积　　　　　　　C. 平均　　　　　　　D. 当月

354. BA048 累积增产（注）量是指实施增产（注）措施后获得的（　　）累积增产（注）量。

    A. 当日　　　　　　B. 当月　　　　　　　C. 当季　　　　　　　D. 当年

355. BA049 作业中如有注入井内的自用油，应将其用量扣除后再计算（　　）。

    A. 含水　　　　　　B. 压力　　　　　　　C. 产量　　　　　　　D. 流压

356. BA049 油气水井在作业前（　　）的，作业后的产量（注水量）可以全部作为增产量或增注量计算。

    A. 不能生产　　　　　　　　　　　　　　B. 低产

    C. 持续生产但油管漏失的　　　　　　　　D. 正常生产

357. BA049 油气水井作业前仍有产量（注水量）时，应将作业后（　）的日产（注）量与作业前一月内的平均日产（注）量对比，计算增产增注量。

A. 最低　　　　　B. 平均　　　　　C. 稳定　　　　　D. 最高

358. BA050 油井投产质量要求钻井液相对密度要按本井或邻井近期（　）计算。

A. 含水　　　　　B. 温度　　　　　C. 产量　　　　　D. 压力

359. BA050 油井投产质量要求钻井液相对密度附加系数不得超过（　）。

A. 15%　　　　　B. 1.5%　　　　　C. 3.0%　　　　　D. 30%

360. BA050 油井投产质量要求（　）必须丈量准确，上紧螺纹达到不刺、不漏。

A. 泵挂深度　　　B. 泵径　　　　　C. 泵深　　　　　D. 油管

361. BA051 注水井投注施工质量要求套管试压标准是：15MPa 的压力，稳定（　），压力下降小于 0.5MPa 为合格。

A. 3min　　　　　B. 30min　　　　C. 15min　　　　D. 10min

362. BA051 注水井投注施工质量要求压井不得漏失，压井液相对密度附加系数不得超过（　）。

A. 25%　　　　　B. 5%　　　　　　C. 15%　　　　　D. 10%

363. BA051 注水井投注施工质量要求探砂面一律用（　）硬探，并且以连续 3 次数据一致为准。

A. 套管　　　　　B. 冲砂管柱　　　C. 光油管　　　　D. 抽油杆

364. BA052 上抽转抽施工质量要求抽油杆和油管下井前必须用（　）刺净。

A. 蒸汽　　　　　B. 污水　　　　　C. 明火　　　　　D. 钻井液

365. BA052 上抽转抽施工质量要求（　）下井工具的规范、型号、深度应符合要求。

A. 设计　　　　　B. 标示　　　　　C. 制造　　　　　D. 组装

366. BA052 上抽转抽施工质量要求（　）、光杆长度合适。

A. 防冲距　　　　B. 理论排量　　　C. 扭矩　　　　　D. 套补距

367. BA053 当探砂面管柱具备冲砂条件时，可以用探砂面管柱直接冲砂；如探砂面管柱不具备冲砂条件，必须下入（　）冲砂。

A. 废弃的油管柱　　　　　　　　　　B. 套管柱

C. 冲砂管柱　　　　　　　　　　　　D. 正常注水管柱

368. BA053 连接冲砂管线时在井口（　）上部连接轻便水龙头，接水龙带，连接地面管线至泵车，泵车的上水管连接冲砂工作液罐。水龙带要用棕绳绑在大钩上，以免冲砂时水龙带在水击震动下卸扣掉下伤人。

A. 法兰　　　　　B. 萝卜头　　　　C. 油管　　　　　D. 驴头

369. BA053 当管柱下到砂面以上（　）时开泵循环，观察出口排量正常后缓慢下放管柱冲砂。冲砂时要尽量提高排量，保证把冲起的沉砂带到地面。

A. 2m　　　　　　B. 3m　　　　　　C. 4m　　　　　　D. 1m

370. BA054 冲砂施工中如果发现地层（　），冲砂液不能返出地面时，应立即停止冲砂，将管柱提至原始砂面以上，并反复活动管柱。

A. 封隔器失效　　B. 严重漏失　　　C. 水嘴刺大　　　D. 严重断脱

371. BA054 高压自喷井冲砂要控制出口排量，应保持与进口排量（　），防止井喷。

A. 不均匀　　　　B. 平衡　　　　　C. 压差　　　　　D. 过大

372. BA054 冲砂时泵车发生故障需停泵处理时，应上提管柱至原始砂面（　　）以上，并反复活动管柱。

    A. 2m　　　　　　B. 5m　　　　　　　C. 15m　　　　　　D. 10m

373. BB001 聚合物驱螺杆泵井录取产液量、油压、套压、电流、采出液含水、动液面（流压）、静压（静液面）、（　　）聚合物浓度、采出液水质九项资料。

    A. 注入母液　　B. 采出油　　　　　C. 注入液　　　　　D. 采出液

374. BB001 聚合物驱（　　）录取产液量、油压、套压、电流、采出液含水、动液面（流压）、静压（静液面）、采出液聚合物浓度、采出液水质九项资料。

    A. 注入站　　　B. 转油站　　　　　C. 电泵井　　　　　D. 注入井

375. BB001 聚合物驱抽油机井的产液量、油压、套压、电流、（　　）、动液面（流压）、静压（静液面）录取要求按 Q/SY DQ0916—2010 的规定执行。

    A. 注水压差　　B. 示功图　　　　　C. 泵压　　　　　　D. 来水压力

376. BB002 聚合物驱采出井在见效后的含水下降阶段，含水值下降超过 3 个百分点，当天含水借用上次采出液含水值，并于第二天复样，选用（　　）上次含水值。

    A. 等于　　　　B. 小于　　　　　　C. 大于　　　　　　D. 接近

377. BB002 聚合物驱采出井在见效后（　　）过程中，含水上升值不超过 3 个百分点，可直接采用。

    A. 含水稳定　　B. 含水下降　　　　C. 含水上升　　　　D. 含水变化

378. BB002 聚合物驱采出井在见效后含水处于稳定或上升阶段，含水值波动不超过资料管理规定的采出液含水的正常波动范围，可直接采用，含水值超波动范围，当天含水借用上次采出液含水值，并于（　　）复样，选用接近上次含水值，并落实变化原因。

    A. 当天　　　　B. 第二天　　　　　C. 一周内　　　　　D. 三天内

379. BB003 聚合物驱采出井采出液未见聚合物，采出液聚合物浓度（　　）化验 1 次。

    A. 每月　　　　B. 每天　　　　　　C. 每周　　　　　　D. 每季度

380. BB003 聚合物驱采出井采出液见聚合物后，采出液聚合物浓度每月化验（　　）次。

    A. 1　　　　　　B. 2　　　　　　　C. 3　　　　　　　D. 5

381. BB003 当采出液含水加密录取时，根据开发要求，适当选取部分样品同步进行采出液聚合物（　　）化验，并同步选用采出液含水值与采出液聚合物浓度值。

    A. 湿度　　　　B. 浓度　　　　　　C. 矿化度　　　　　D. 温度

382. BB004 聚合物采出井水质录取要求每（　　）化验 1 次。

    A. 周　　　　　B. 月　　　　　　　C. 年　　　　　　　D. 日

383. BB004 聚合物采出井水质录取要求与采出液（　　）同步录取。

    A. 电流　　　　B. 产量　　　　　　C. 压力　　　　　　D. 含水

384. BB004 聚合物采出井水质录取要求当采出液含水加密录取时（　　）采出液含水值与采出液水质数据。

    A. 滞后选用　　B. 分步选用　　　　C. 核实选用　　　　D. 同步选用

385. BB005 母液注入量、注水量录取要求注入井开井（　　）录取母液注入量、注水量。

    A. 每天　　　　B. 每小时　　　　　C. 每月　　　　　　D. 每季度

386. BB005 母液注入量、注水量录取要求关井（　　）以上的注入井开井，按相关方案要求分步恢复注水。

　　A. 12d　　　　　　　B. 30d　　　　　　　C. 10d　　　　　　　D. 24d

387. BB005 注入井放溢流时，采用流量计或容器计量，（　　）从该井日注入量或月度累积注入量中扣除。

　　A. 溢流量　　　　　B. 增注量　　　　　　C. 流失量　　　　　　D. 配注量

388. BB006 注入液聚合物浓度、黏度录取要求每年 4 ~ 10 月，注入液聚合物浓度、黏度井口取样每月（　　）次。

　　A. 2　　　　　　　　B. 3　　　　　　　　C. 4　　　　　　　　D. 5

389. BB006 注入液聚合物浓度、黏度录取要求超过波动范围，对变化原因清楚的注入井，注入浓度、黏度波动与变化原因一致，当天注入浓度、黏度值（　　）选用。

　　A. 直接　　　　　　B. 借用上次值　　　C. 空项不　　　　　　D. 当天核实后

390. BB006 注入液聚合物浓度、黏度录取要求对于超过波动范围，变化原因不清楚的注入井，（　　）复样，选用接近上次采用的浓度、黏度值，并落实变化原因。

　　A. 第二天　　　　　B. 当天　　　　　　C. 一周内　　　　　　D. 三天内

391. BB007 聚合物驱注入井资料现场检查记录、现场检查指标及现场资料准确率计算要求油压差值不超过（　　）。

　　A. ±0.2MPa　　　　B. ±2MPa　　　　　C. ±0.5MPa　　　　　D. ±0.3MPa

392. BB007 聚合物驱注入井资料现场检查记录、现场检查指标及现场资料准确率计算要求（　　）误差不超过 ±10%，底数折算配比误差不超过 ±5%。

　　A. 全日配注　　　　B. 瞬时配注　　　　C. 全日配比　　　　　D. 瞬时配比

393. BB007 聚合物驱注入井资料现场检查记录、现场检查指标及现场资料准确率计算要求现场检查与（　　）聚合物溶液注入量误差不超过 ±20%。

　　A. 测试　　　　　　B. 配注　　　　　　C. 指示曲线　　　　　D. 验封

394. BB008 采油矿对聚合物驱注入井资料录取现场检查要求每（　　）抽查一次，抽查井数比例不低于矿注入井总数的 20%。

　　A. 周　　　　　　　B. 月　　　　　　　C. 季度　　　　　　　D. 半年

395. BB008 采油厂每季度至少组织抽查一次，抽查井数比例不低于聚合物驱注入井总数的（　　）。

　　A. 20%　　　　　　B. 5%　　　　　　　C. 15%　　　　　　　D. 10%

396. BB008 采油厂对聚合物驱注入井资料录取现场检查采取定期检查，并分析存在的问题，制定和落实整改措施，编写检查公报，上报油田公司（　　）。

　　A. 开发部　　　　　B. 生产运行部　　　C. 财务资产部　　　　D. 纪检监察部

397. BC001 注水井开始吸水时的压力称为（　　）。

　　A. 流动压力　　　　B. 注水压力　　　　C. 启动压力　　　　　D. 吸水压力

398. BC001 注水井测定启动压力一般都用（　　）。

　　A. 递减法　　　　　B. 降压法　　　　　C. 稳压法　　　　　　D. 递增法

399. BC001 静水柱压力是指从（　　）到油层中部的水柱压力，也称为水柱压力。

　　A. 井筒　　　　　　B. 泵站　　　　　　C. 地面管线　　　　　D. 井口

400. BC002 一般低渗透油田，随着开发的深入有效渗透率会逐渐下降，（   ）梯度上升，这对注水开发是十分不利的。

A. 流动压力 　　　　 B. 饱和压力 　　　　 C. 原始压力 　　　　 D. 启动压力

401. BC002 注水井实施酸化措施后，油层启动压力下降，注水量上升，说明酸化措施效果（   ）。

A. 较好 　　　　 B. 较差 　　　　 C. 多变 　　　　 D. 一般

402. BC002 目前启动压力的研究主要有三种方法：室内物理实验模拟方法，（   ）方法和试井解释方法。

A. 对数实验 　　　　 B. 抛物线递减 　　　　 C. 数值实验 　　　　 D. 直线递减

403. BC003 目前，我国注水油田中，为缓解层间矛盾，大多采取（   ）注水工艺。

A. 笼统 　　　　 B. 分层 　　　　 C. 分区 　　　　 D. 分井

404. BC003 为了解各油层的吸水能力，鉴定分层配水方案的准确性，检查（   ）的密封程度以及配水器的工作状况等要求对注水井采取分层测试工艺技术。

A. 活门 　　　　 B. 挡球 　　　　 C. 配水器 　　　　 D. 封隔器

405. BC003 井下流量计测试：主要测试（   ）配水管柱。

A. 负压式 　　　　 B. 丢手式 　　　　 C. 250 式 　　　　 D. 偏心式

406. BC004 投球测试采用水量"递减逆算法"求各层段（   ）。

A. 吸水量 　　　　 B. 配水量 　　　　 C. 压力 　　　　 D. 深度

407. BC004 投球测试时直到投最后一级钢球后的流量计读数才是从上数起第一个层段的（   ），然后递减流量计读数。

A. 产水量 　　　　 B. 吸水量 　　　　 C. 产液量 　　　　 D. 产油量

408. BC004 投球测试从上数起，第二级球投后的吸水量，（   ）第一级球投后的吸水量，便得出从上数起第二个层段的吸水量，同样，可求出所有层段的吸水量。

A. 除以 　　　　 B. 乘上 　　　　 C. 减掉 　　　　 D. 加上

409. BC005 在注水井（   ）过程中，井下流量计测试适用于偏心配水管柱，其测试工具主要由导流部分、分流部分和记录部分组成。

A. 分层测试 　　　　 B. 地面测试 　　　　 C. 调整注水量 　　　　 D. 取水样

410. BC005 井下流量计测试仪器下过（   ），速度可以加快（250m／min 左右），操作平稳，防止中途急刹车。

A. 卡箍 　　　　 B. 水泥返高 　　　　 C. 井口 　　　　 D. 人口井底

411. BC005 井下流量计测试把仪器提到（   ）一级配水器以上 2～3m，再下放仪器坐在配水器定位台阶上进行测试，每点测 3～5min。

A. 最下 　　　　 B. 最上 　　　　 C. 最长 　　　　 D. 最短

412. BC006 以压力为横坐标，应变值为纵坐标的直角坐标系的校正曲线是（   ）校正曲线。

A. 压力 　　　　 B. 含水 　　　　 C. 平衡 　　　　 D. 转移

413. BC006 为了计算出油层中部或基准面压力，需要把测压仪器下入深度处的压力按实测压力梯度进行（   ）。

A. 平衡 　　　　 B. 加权平均 　　　　 C. 折算 　　　　 D. 求和

414. BC006　一般用测压仪器所测得的压力（　　），应将实测压力折算到油层中部。

    A. 最大值　　　　　B. 最小值　　　　　C. 梯度值　　　　　D. 平均值

415. BC007　采油井在正常生产过程中测得的油套管环形空间中的液面深度,称为油井的（　　）。

    A. 流压　　　　　　B. 静压　　　　　　C. 动液面　　　　　D. 静液面

416. BC007　通过了解抽油井和电泵井油套环形空间的（　　），可以分析深井泵的工作状况和油层供液能力。

    A. 压差　　　　　　B. 压力　　　　　　C. 液面宽度　　　　D. 液面高度

417. BC007　在实际生产中,往往因（　　）外壁结蜡、井口漏气、仪器状况及操作问题,使测井曲线发生变异和杂波干扰,此时需认真分析曲线以便能正确计算。

    A. 抽油杆　　　　　B. 套管　　　　　　C. 油管　　　　　　D. 泵筒

418. BC008　泵的（　　）是指深井泵在理想的情况下,活塞一个冲程可以排出的液量。

    A. 视排量　　　　　B. 实际排量　　　　C. 泵效　　　　　　D. 理论排量

419. BC008　计算泵的理论排量时,理论排量的单位为（　　）。

    A. m^3/d　　　　　B. t^4/d　　　　　C. t/d　　　　　　D. m^2/d

420. BC008　泵的理论重量排量计算公式为: $Q'_{理}=KLn\rho_{液}$,混合液的密度计算公式为: $\rho_{液}=\rho_{水}f_{水}+\rho_{油}(1-f_{水})$,其中 $f_{水}$ 代表（　　）,单位为 %。

    A. 产水量　　　　　B. 含水率　　　　　C. 混合液密度　　　D. 含油饱和度

421. BC009　泵效是指油井的实际产液量与泵的理论排量的比值的百分数,也称为（　　）。

    A. 视排量　　　　　B. 视泵效　　　　　C. 泵的有效功率　　D. 泵的轴功率

422. BC009　计算泵效时,油井实际日产量的单位为（　　）。

    A. t/d　　　　　　B. t^4/d　　　　　C. m^3/d　　　　　D. m^2/d

423. BC009　在实际生产中,深井泵的（　　）还要受液体的体积系数、油管和抽油杆的伸长、缩短引起的冲程损失的影响。

    A. 泵效　　　　　　B. 泵径　　　　　　C. 泵深　　　　　　D. 泵间隙

424. BC010　Y111—114 型封隔器是（　　）封隔器,是以井底（或卡瓦封隔器和支撑卡瓦）为支点,需要加压坐封的封隔器。

    A. 自封式　　　　　B. 热力式　　　　　C. 液压式　　　　　D. 支撑式

425. BC010　Y221—115 型封隔器主要用于分层试油、分层采油、卡水防砂、分层注水等井下作业,是一种（　　）支撑封隔器。

    A. 锚瓦　　　　　　B. 尾管　　　　　　C. 悬挂式　　　　　D. 卡瓦式

426. BC010　Y341—114 型封隔器的初封压力很小,仅为（　　）左右,容易实现移动位置后的重复坐封,是一种可以反循环洗井的分层水封隔器。

    A. 10MPa　　　　　B. 20MPa　　　　　C. 5MPa　　　　　　D. 1MPa

427. BC011　油藏（　　）监测,就是运用各种仪器、仪表,采用不同的测试手段和测量方法,测得油藏开发过程中井下和油层中大量具有代表性的、反映动态变化特征的第一性资料。

    A. 动态　　　　　　B. 静态　　　　　　C. 基础　　　　　　D. 标准

428. BC011　在油藏动态监测基础上,能够系统地整理、综合分析各种（　　）,深化油藏开发规律认识,预测开发变化趋势和指标。

    A. 测试资料　　　　B. 基础资料　　　　C. 生产资料　　　　D. 措施资料

429. BC011　油藏动态监测（　　）应与生产计划一同下达，由各级技术管理部门监督执行。

A. 资料　　　　　　B. 工作量　　　　　　C. 措施　　　　　　D. 成果

430. BC012　建立监测系统的原则包括：根据油藏地质特点和开发要求，确定监测内容、井数比例和取资料密度，确保动态监测资料的（　　）。

A. 系统性　　　　　B. 科学性　　　　　C. 全面性　　　　　D. 特殊性

431. BC012　建立监测系统的原则包括：监测井点应具有（　　），一经确定，不宜随意更换。

A. 控制性　　　　　B. 发展性　　　　　C. 调整性　　　　　D. 连续性

432. BC012　建立监测系统的原则包括：固定井监测与非固定井的（　　）相结合、常规监测与特殊动态监测相结合。

A. 抽样检测　　　　B. 抽样化验　　　　C. 抽样监测　　　　D. 定期监测

433. BC013　注水开发的油藏，压力监测工作非常重要，每年压力监测工作量一般为动态监测总工作量的（　　）。

A. 40%　　　　　　B. 60%　　　　　　C. 70%　　　　　　D. 50%

434. BC013　油藏开发（　　），一般要测原始油层压力，并绘制原始油层压力等压图和压力系数剖面图，以确定油藏水动力系统。

A. 初期　　　　　　B. 中期　　　　　　C. 末期　　　　　　D. 结束后

435. BC013　油层（　　）主要通过井下压力计测压来实现，主要测油井的流动压力、静止压力和压力恢复曲线等。

A. 压力监测　　　　B. 孔隙度检测　　　C. 压力梯度　　　　D. 流动系数

436. BC014　分层（　　）监测主要包括吸水剖面监测、产液剖面监测。

A. 流量　　　　　　B. 产水量　　　　　C. 产液量　　　　　D. 注水量

437. BC014　分层流量监测，是认识分层开采（　　）的主要手段。

A. 流量　　　　　　B. 技术　　　　　　C. 试验　　　　　　D. 状况

438. BC014　分层流量监测，是采取改善油藏（　　）及措施的重要基础。

A. 注水开发效果　　　　　　　　　　　B. 界面监测

C. 注采开发效果　　　　　　　　　　　D. 静态监测

439. BC015　油井测产液剖面是指在油井（　　）条件下测得各生产层或层段的产出流体量。

A. 措施　　　　　　B. 关井　　　　　　C. 正常生产　　　　D. 间歇生产

440. BC015　油井测产液剖面在测量分层产出量的同时，应根据产出的流体不同，测量含水率、含气率及井内的温度、压力和流体的（　　）等有关参数。

A. 平均温度　　　　B. 平均密度　　　　C. 平均黏度　　　　D. 平均湿度

441. BC015　随着聚合物驱油工业化应用在我国的不断应用，1997 年已开始采用（　　）测试聚合物驱产液剖面。

A. 示踪法　　　　　B. 跟踪法　　　　　C. 示功图法　　　　D. 降压法

442. BC016　稠油油藏开采过程中（　　）剖面监测是随着稠油油藏逐步开采而开展起来的一种测试方法。

A. 注微生物　　　　B. 注蒸汽　　　　　C. 注热油　　　　　D. 注表面活性剂

443. BC016　注蒸汽剖面监测通过对流体的流量监测，可以绘制出油井各油层（　　）的产出剖面。

A. 纵向上　　　　　B. 横向上　　　　　C. 外部　　　　　　D. 内部

444. BC016 注蒸汽剖面监测对注水井可绘制出（　　），制定改造措施，使之获得好的措施效果。

A. 工程剖面　　　　B. 动态剖面　　　　C. 吸水剖面　　　　D. 产液剖面

445. BC017 在油藏不同开发阶段，有针对性地部署油基钻井液取心、高压密闭取心或普通密闭取心井，是一项十分有效的（　　）手段。

A. 动态监测　　　　B. 质量监测　　　　C. 质量评价　　　　D. 效益评价

446. BC017 油藏动态监测的（　　）检查井所录取主要资料内容有：岩心综合柱状图和油层水洗状况综合柱状图；岩石综合数据的计算整理；岩样密闭率计算；编制含油、含水饱和度关系曲线；原始含油、含水饱和度的确定；脱气对油、水饱和度的影响及校正工作等。

A. 开放取样　　　　B. 开放取心　　　　C. 密闭取样　　　　D. 密闭取心

447. BC017 在岩心分析的基础上进行有目的的（　　），进一步验证各类油层的产能、含水压力等状况，通过试油资料与岩心和测井解释的水淹状况对比，建立水淹程度与测井曲线的关系，更好地指导油田资料录取和油田调整工作。

A. 试注　　　　　　B. 试油　　　　　　C. 试水　　　　　　D. 试气

448. BC018 密闭取心检查井，可直接观察油层水洗状况和剩余油分布的情况，是分析油藏潜力和研究油藏开发调整部署最可贵的第一性资料，但其投资多、成本高、（　　）。

A. 推广速度快　　　B. 技术难度小　　　C. 技术难度大　　　D. 无技术难度

449. BC018 部署密闭取心检查井，要分析取心井区的油层发育情况和开采动态，确定取心（　　），预测取心层位的深度、油层压力和水淹状况等。

A. 深度　　　　　　B. 面积　　　　　　C. 层位　　　　　　D. 区块

450. BC018 部署密闭取心检查井，明确取心要求，提出岩心（　　）、岩样密闭率及录取资料应达到的标准。

A. 平均率　　　　　B. 平衡率　　　　　C. 收益率　　　　　D. 收获率

451. BC019 随着油藏开发时间的延长，特别是（　　）开发，储层的岩性、物性、含油性特征都会发生变化，电测曲线的原始形态也会有所改变。

A. 注水　　　　　　B. 注聚　　　　　　C. 蒸汽　　　　　　D. 热力

452. BC019 电测曲线须与密闭取心资料结合，经过计算机程序软件解释,确定油层（　　）。

A. 水淹厚度　　　　B. 水淹强度　　　　C. 水淹程度　　　　D. 水淹深度

453. BC019 常用水淹层测井方法包括：（　　）、梯度电极系列、深浅三侧向、声波时差、视电阻率、微电极测井等曲线。

A. 碳氧比能谱　　　B. 同位素示踪　　　C. 中子寿命　　　　D. 自然电位

454. BC020 中子寿命测井受其监测费用高、精度低、适用条件的限制，测井井数（　　）。

A. 较少

C. 为零

B. 较多

D. 定为每年 10 口井

455. BC020 碳氧比能谱、中子寿命测井受条件的限制，大多数油藏开始用井间（　　）监测研究剩余油饱和度分布。

A. 微电极　　　　　B. 示踪　　　　　　C. 自然伽马　　　　D. 密度

456. BC020　碳氧比能谱、中子寿命测井适用条件的限制，大多数油藏开始开展了井间地震、井间电位、井间（　　）等试验研究。

　　A. 声波　　　　　B. 电极波　　　　　C. 电磁场　　　　　D. 电磁波

457. BC021　搞好油水井井下（　　）监测，可以有效缓解油水井套管损坏越来越严重的问题。

　　A. 近井油层　　　B. 管柱结构　　　　C. 油水分布　　　　D. 技术状况

458. BC021　通过油水井井下技术状况监测，可以及时发现（　　）损坏的部位和程度。

　　A. 套管　　　　　B. 输油管线　　　　C. 深井泵　　　　　D. 人工井底

459. BC021　套管损坏分为变形、破裂、错断、外漏和腐蚀等，检测方法主要依靠（　　）来完成。

　　A. 地质调配　　　B. 地质测试　　　　C. 工程测井　　　　D. 工程录井

460. BC022　对于大多数底水不活跃而采用内部注水开发的油藏，（　　）的变化直接关系到油藏的开发效果。

　　A. 气油比　　　　B. 油气界面　　　　C. 油水界面　　　　D. 气顶

461. BC022　动态监测中的（　　）油藏监测系统主要由气顶监测井、油气界面监测井和油藏监测井三部分组成。

　　A. 透镜体　　　　B. 尖灭　　　　　　C. 气顶　　　　　　D. 砂岩

462. BC022　气顶监测井主要用来定期监测气顶压力，了解气顶受挤压和扩张情况；油气界面监测井主要用来监测油气界面移动情况，判断油气界面变化；（　　）区监测井，主要监测压力和气油比的变化。

　　A. 含砂　　　　　B. 含油　　　　　　C. 含气　　　　　　D. 含水

463. BD001　注采综合开采曲线是以注水井为中心，联系相邻采油井，反映油井生产和注水随（　　）变化的曲线。

　　A. 产量　　　　　B. 压力　　　　　　C. 时间　　　　　　D. 注水

464. BD001　注采综合曲线能够分析注水井（　　），注采平衡状况，压力变化。

　　A. 注水速度　　　B. 注水强度　　　　C. 吸水能力　　　　D. 注水能力

465. BD001　注采综合曲线能够分析各井各（　　）产量，压力，含水，水线推进变化及原因。

　　A. 井组内各油井　　　　　　　　　B. 井组内各水井
　　C. 井组外各油井　　　　　　　　　D. 井组外各水井

466. BD002　绘制注采综合曲线在绘图纸上以选定时间为横坐标，以各项（　　）为纵坐标，建立平面直角坐标系。

　　A. 静态数据　　　B. 压力数据　　　　C. 生产数据　　　　D. 措施数据

467. BD002　绘制注采综合曲线是将各指标数据与（　　）相对应的点在坐标系中标出。

　　A. 时期　　　　　B. 产量　　　　　　C. 压力　　　　　　D. 时间

468. BD002　绘制注采综合曲线是将各参数相邻的点用（　　）连接，形成有棱角的折线。

　　A. 虚线　　　　　B. 直线　　　　　　C. 折线　　　　　　D. 台阶状

469. BD003　产量构成曲线是反映一个油田（或区块）未措施老井、当年新投产井以及已投产井采取不同措施的（　　）在总产量中的构成情况。

　　A. 增气量　　　　B. 增油量　　　　　C. 增液量　　　　　D. 增水量

470. BD003　产量构成曲线它是在（　　）坐标系中以叠加的方式绘制而成的。

　　A. 同一产量不同时间　　　　　　　B. 不同产量同一时间
　　C. 不同产量不同时间　　　　　　　D. 同一产量同一时间

471. BD003 产量构成曲线既有定性的概念，也有定量的认识，它可以直观地反映出各种（　　）措施在油田稳产中所起的作用。

   A. 堵水　　　　　　B. 酸化　　　　　　C. 增产　　　　　　D. 压裂

472. BD004 绘制产量构成曲线在纵坐标上标出上年度12月份的平均日产油量，作为（　　）平均日产油量对比的基准点。

   A. 月度　　　　　　B. 季度　　　　　　C. 半年度　　　　　D. 年度

473. BD004 产量构成曲线根据起始月（季、年）的产量构成数据，在横坐标的起始月（季、年）按顺序画出全油田平均日产油量、（　　）的坐标点；再从纵坐标上的基础点开始，分别引出连接各点的折线，即为起始月（季、年）的产量构成线。

   A. 老井平均日产油量和分项的老井措施日增油量
   B. 新井平均日产油量和分项的新井措施日增油量
   C. 新井平均日产油量和分项的老井措施日增油量
   D. 新井平均日产油量和分项的新井措施日增油量

474. BD004 产量构成曲线（　　）措施产量中，只包括属于增产措施的，生产维护性措施不能计入其中。

   A. 老井　　　　　　B. 新井　　　　　　C. 大修　　　　　　D. 检泵

475. BD005 采油曲线是以时间为横坐标，以油井各项开采指标为纵坐标画出的油井（　　）记录曲线。

   A. 压力　　　　　　B. 生产　　　　　　C. 产量　　　　　　D. 含水

476. BD005 采油曲线反映了采油井开采（　　）随时间的变化过程。

   A. 层系　　　　　　B. 层位　　　　　　C. 过程　　　　　　D. 指标

477. BD005 采油曲线用于进行油井油藏（　　）。

   A. 动态分析，选择合理的调整方案　　　　B. 静态分析，选择合理的工作制度
   C. 动态分析，选择合理的工作制度　　　　D. 静态分析，选择合理的调整方案

478. BD006 采油曲线上墨着色，一般规定：含水率为（　　），动液面为棕色。

   A. 红色　　　　　　B. 绿色　　　　　　C. 粉色　　　　　　D. 紫色

479. BD006 采油曲线以日历时间为（　　），建立直角坐标系。

   A. 横坐标，在图纸的上方　　　　　　　　B. 纵坐标，在图纸的上方
   C. 横坐标，在图纸的下方　　　　　　　　D. 纵坐标，在图纸的下方

480. BD006 采油曲线将（　　）的开井数和沉没度深度画成一段直线，连成垛状曲线。

   A. 每年　　　　　　B. 每季　　　　　　C. 每月　　　　　　D. 每天

481. BE001 在地面工艺流程图中，阀门的图标是（　　）。

   A. ▬　　　　　　B. ✕　　　　　　C. ✚　　　　　　D. ⊘

482. BE001 在地面工艺流程图中，⊘代表（　　）。

   A. 阀门　　　　　　B. 四通　　　　　　C. 管线　　　　　　D. 压力表

483. BE001 在地面工艺流程图中，四通的图标是（　　）。

   A. ▬　　　　　　B. ✕　　　　　　C. ✚　　　　　　D. ⊘

484. BE002 计量站工艺流程中的掺水系统：泵站来掺水→掺水阀组→（　　）。

   A. 外输　　　　　　B. 单井井口　　　　C. 外输液汇管　　　D. 计量分离器

485. BE002 计量站工艺流程中的单井来油计量系统：单井来油→计量站计量阀组→（　　）→外输液汇管。

   A. 集油阀组　　　　B. 单井井口　　　　C. 掺水阀组　　　　D. 计量分离器

486. BE002　计量站工艺流程中的掺水计量系统：泵站来掺水→掺水计量表→掺水计量阀组→（　　）。

　　A. 集油阀组　　　　B. 掺水阀组　　　　C. 井口　　　　D. 计量分离器

487. BE003　注水井地面工艺流程图中，注水井总阀门上面绘制一个四通为（　　）。

　　A. 油管四通　　　　B. 套管四通　　　　C. 放空阀门　　　　D. 洗井阀门

488. BE003　注水井地面工艺流程图中，注水井套管四通（　　）为套压表装置。

　　A. 上端　　　　B. 下端　　　　C. 左侧　　　　D. 右侧

489. BE003　注水井多井配水流程的绘制：在注水汇管一端，绘制一个短线和阀门，分别为注水站来水管线及（　　）阀门，并用箭头表示水流方向。

　　A. 上流阀门　　　　B. 下流阀门　　　　C. 总阀门　　　　D. 干线切断

490. BE004　注水井地面工艺流程是油田（　　）的地面组成部分。

　　A. 注采工艺　　　　B. 注入工艺　　　　C. 采出工艺　　　　D. 配水间

491. BE004　注入水通过注水站增压，输送到配水间；经配水间计量，按（　　）控制好再输送到井口注入井下。

　　A. 方案全井水量　　　　　　　　B. 方案最多小层水量

　　C. 压力　　　　　　　　　　　　D. 流程方案最低小层水量

492. BE004　绘制每组单井配水流程从注水汇管上开始，垂直画一条较短的线，上面画一个阀门为配水流程（　　）。

　　A. 上流阀门　　　　B. 下流阀门　　　　C. 干线切断　　　　D. 总阀门

493. BE005　管线间相互连接关系是管道（　　）中的主要内容之一。

　　A. 工艺流程图　　　　B. 工艺布置图　　　　C. 设备装配图　　　　D. 工艺安装图

494. BE005　绘制工艺流程图时，首先要根据（　　）的多少，复杂程度选择图纸幅面和标题栏。

　　A. 管件　　　　B. 工艺流程　　　　C. 设备　　　　D. 技术要求

495. BE005　管线与（　　）及设备相互间的关系是工艺流程图中的主要内容之一。

　　A. 阀组　　　　B. 具体走向　　　　C. 容器位置　　　　D. 安装要求

496. BE006　抽油机井热洗流程是计量站热水→井口（　　）阀门→套管阀门→油套环形空间。

　　A. 测试　　　　B. 掺水　　　　C. 热洗　　　　D. 放空

497. BE006　抽油机井的双管生产流程是在正常生产流程状态下打开直通阀，关闭（　　）阀门，实现双管出油生产。

　　A. 掺水　　　　B. 油管　　　　C. 套管　　　　D. 连通

498. BE006　单管生产井口流程是：油井生产出的油水混合物→（　　）→出油管线。

　　A. 地面循环　　　　B. 计量仪表　　　　C. 汇管　　　　D. 油嘴

499. BE007　分层采油是依据（　　）的不同特点，结合配产方案确定的。

　　A. 注水方式　　　　B. 生产方式　　　　C. 不同管柱　　　　D. 生产层位

500. BE007　分层采油是通过井下分层配产（　　）来实现。

　　A. 封隔器　　　　B. 工艺管柱　　　　C. 工艺措施　　　　D. 分层方案

501. BE007　分层采油井是在井内下入封隔器、配产器进行分层（　　）的井。

　　A. 采气　　　　B. 采母液　　　　C. 采水　　　　D. 开采

502. BE008　分层可调配产器技术用于高含水、高产液层的试堵，生产过程中可以根据全井供液情况放大或缩小油嘴，实现（　　）的目的。

A. 分层配注　　　B. 分层配产　　　C. 堵水　　　D. 调剖

503. BE008　分层衡量配产器技术主要用于有准确单层找水资料的配产层，适用于层间干扰较为严重、供液能力变化大的油层。其原理是设计了自动调整进液孔机构，通过进液孔的大小随油层（　　）的变化来控制液流量。

A. 压力　　　B. 温度　　　C. 渗透率　　　D. 孔隙度

504. BE008　在螺杆泵分层采油设计过程中，上层油层采用螺杆泵的排量（　　）下层油层采用螺杆泵的排量。

A. 大于等于　　　B. 等于　　　C. 小于　　　D. 大于

505. BE009　机采井分采管柱图必须标注（　　）、工具名称、型号、深度。

A. 层段　　　B. 井深　　　C. 接箍　　　D. 人工井底

506. BE009　机械丢手式分层采油工艺管柱结构主要分为（　　）种。

A. 2 种　　　B. 3 种　　　C. 4 种　　　D. 6 种

507. BE009　对（　　）的卡封可采用液压丢手式分层采油工艺管柱。

A. 低压油层　　　B. 高压油层　　　C. 低压水层　　　D. 高压水层

508. BE010　如图所示的采油井管柱图，是（　　）分层采油管柱。

A. 四级三段　　　B. 三级三段　　　C. 二级三段　　　D. 二级二段

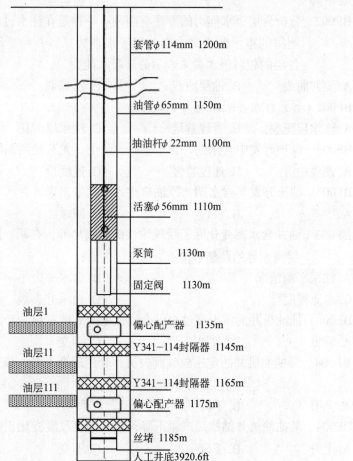

509. BE010　整体管柱内所有生产工具都由（　　）携带，一次性下入井内。

　　A. 油管　　　　　　B. 套管　　　　　　C. 抽油泵　　　　　　D. 抽油杆

510. BE010　双管分层管柱是在一口井内同时下入两根油管，在长油管上装一个封隔器以分隔（　　），达到分采的目的。

　　A. 地层　　　　　　B. 油层　　　　　　C. 油水层　　　　　　D. 岩层

511. BF001　垂直型注水指示曲线的小层或全井注水量随注水压力上升保持不变，压力与注水量的关系（　　），此类型曲线为不合格曲线，其原因是仪表或人为操作出现问题，造成录取数据不准。

　　A. 异常　　　　　　B. 正常　　　　　　C. 成正比　　　　　　D. 成反比

512. BF001　折线型（向下）指示曲线表示在注入压力高到一定程度时，有新油层开始吸水，或是油层产生微小裂缝致使油层吸水量（　　），因此，这种曲线是正常指示曲线。

　　A. 增加　　　　　　B. 减少　　　　　　C. 不变　　　　　　D. 先减少后增加

513. BF001　当油层条件差、连通性不好或不连通时，注入水不易扩散，使油层压力（　　），注入量逐渐减小，造成指示曲线上翘。

　　A. 降低　　　　　　B. 升高　　　　　　C. 不变　　　　　　D. 降低后升高

514. BF002　注水井压裂增注有效后，吸水指数是（　　）的。

　　A. 下降　　　　　　B. 上升　　　　　　C. 稳定　　　　　　D. 先降后升

515. BF002　分析分层吸水能力的方法有两种：一种是在注水过程中直接进行测试，用所测得的指示曲线来求得分层吸水指数；另一种是用同位素测得（　　），用各层的相对吸水量来表示分层吸水能力。

　　A. 测井曲线　　　　B. 油层曲线　　　　C. 示踪剂　　　　　　D. 吸水剖面

516. BF002　导致注水井吸水能力下降的是（　　）

　　A. 注水层压裂　　　B. 管线解堵　　　　C. 注水层酸化　　　　D. 油层污染

517. BF003　油田开发中含水期，含水上升（　　），尤其是高黏度油田。

　　A. 速度中等　　　　B. 速度特慢　　　　C. 速度慢　　　　　　D. 速度快

518. BF003　油田开发高含水期，原油靠注入水携带出来，含水上升速度（　　）。

　　A. 中等　　　　　　B. 极慢　　　　　　C. 减缓　　　　　　D. 加快

519. BF003　油井含水率变化除了受规律性的影响之外，在某一阶段主要取决于（　　）和层间差异的调整程度。

　　A. 注采平衡情况　　　　　　　　　　　B. 含水率大小

　　C. 水淹程度　　　　　　　　　　　　　D. 机采井参数

520. BF004　抽油机井的沉没度过小就会降低泵的充满系数，产液量（　　）。

　　A. 降低　　　　　　B. 增加　　　　　　C. 不变　　　　　　D. 先增后降

521. BF004　某抽油机井的定压放气阀失灵，套压逐渐上升，该井的沉没度变化正确的是（　　）。

　　A. 上升　　　　　　B. 下降　　　　　　C. 不变　　　　　　D. 先降后升

522. BF004　某抽油机井结蜡后产量下降，该井的沉没度变化正确的是（　　）。

　　A. 上升　　　　　　B. 下降　　　　　　C. 不变　　　　　　D. 先降后升

523. BF005 如图所示，理论示功图的 A 点，表示抽油机在驴头处在起点位置，即下死点，此时抽油井光杆承受的载荷为(　　)的重量，为最小载荷，点位在纵坐标轴上。

A. 抽油杆在空气中 　　　　　　　　B. 抽油杆在液体中

C. 油管在液体中 　　　　　　　　　D. 油管在空气中

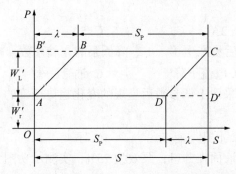

524. BF005 如图所示，理论示功图的 AB 线，当抽油机驴头开始上行时，光杆开始增载，即为增载线，在增载过程中，由于抽油杆因加载而拉长，(　　)因减载而弹性缩回产生冲程损失，当达到最大载荷 B 点时增载完毕，所以增载线呈斜直线上升。

A. 油管 　　　　　B. 抽油杆 　　　　　C. 抽油泵 　　　　　D. 活塞

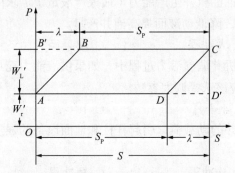

525. BF005 如图所示，理论示功图的 CD 线，当抽油机到达 C 点开始下行，光杆开始卸载，即为卸载线，在卸载过程中，由于抽油杆因减载而弹性缩回，油管因加载而(　　)，同样产生一个冲程损失，达到最小载荷 D 点时卸载完毕，所以卸载呈斜直线。

A. 不变 　　　　　B. 拉长 　　　　　C. 拉断 　　　　　D. 缩短

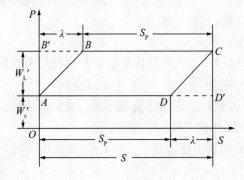

526. BF006 抽油机井热洗要求来水（油）温度不低于（　　）。

    A. 71℃   B. 65℃   C. 75℃   D. 85℃

527. BF006 抽油机井热洗周期的制定主要是分析示功图是否有结蜡影响，产液量是否下降（一般下降10%左右），抽油机上下冲程电流偏差大于（　　），说明到了热洗周期。

    A. 3A   B. 2A   C. 5A   D. 4A

528. BF006 抽油泵结蜡后易产生（　　），降低泵的充满系数，减少抽油机井的产量。

    A. 含水下降   B. 电流下降   C. 油管漏失   D. 泵漏失

529. BF007 某抽油机井采取上调参数后呈现的变化趋势正确的是产量上升，含水稳定，流压（　　）。

    A. 下降   B. 上升   C. 不变   D. 先升后降

530. BF007 某抽油机井液面在井口，泵效为75%，实测示功图为抽带喷，采用的机型为CYJ10-3-37HB，冲程为3m，冲次为4n/min，为提高该井的产量，首先应采取（　　）。

    A. 上调参数   B. 换大泵   C. 压裂   D. 酸化

531. BF007 抽油机井合理工作参数的调整，主要是确定合理的（　　）。

    A. 总压差   B. 地饱压差   C. 流饱压差   D. 生产压差

532. BF008 在充分满足抽油机井生产能力（最大产液量）需求的前提下，使用（　　）可以增加排量，降低动液面提高油井产量。

    A. 小冲程   B. 大冲程   C. 小泵径   D. 小冲次

533. BF008 在分析抽油机井调参潜力过程中，如果供液能力充足、沉没度连续（　　）大于300m，应该选择调大参数。

    A. 3个月   B. 4个月   C. 1年   D. 6个月

534. BF008 增加抽油机井的动载荷，引起杆柱和地面设备的强烈震动，容易损坏设备的原因是（　　）。

    A. 小泵径   B. 长冲程   C. 短冲程   D. 快冲次

535. BF009 采油井套压指的是（　　）。

    A. 井口压力   B. 油层压力   C. 套管压力   D. 油管压力

536. BF009 当采油井流压不变时动液面与套压之间的关系是（　　）。

    A. 液面上升套压上升   B. 套压上升液面下降

    C. 套压下降液面下降   D. 套压下降液面上升

537. BF009 引起采油井套压上升的是（　　）。

    A. 换大泵   B. 调大参数   C. 堵水   D. 地面管线堵

538. BF010 潜油电泵井运行（　　）可直接反映电泵运行是否正常。

    A. 电流卡片   B. 电压   C. 电阻   D. 互感器

539. BF010 潜油电泵井欠载后，未能使电机停运，电动机空转，说明（　　），容易因温度升高而导致电动机或电缆烧毁。

    A. 电泵井出砂   B. 电源电压波动   C. 过载保护失灵   D. 欠载保护失灵

540. BF010　潜油电泵井正常运转一段时间后，由于受井下不正常因素的影响，电流逐渐升高，当电流增加到（　　）保护电流时，（　　）保护装置动作而自动停泵。

　　A. 过载，过载　　　　B. 过载，停电　　　　C. 过载，欠载　　　　D. 欠载，过载

541. BF011　处于电泵井动态控制图参数偏小区的井，下步挖潜措施正确的为（　　）。

　　A. 调大冲程　　　　B. 换小泵型　　　　C. 调小冲程　　　　D. 换大泵型

542. BF011　处于电泵井动态控制图的参数偏大区的井，下步挖潜措施正确的为（　　）。

　　A. 换小泵型　　　　B. 换大泵型　　　　C. 调小电流　　　　D. 调低电压

543. BF011　位于动态控制图生产异常区的电泵井，下步采取措施正确的为（　　）。

　　A. 调大参数换大泵型　　　　　　　B. 调小参数换小泵型

　　C. 落实原因检电泵　　　　　　　　D. 调大电流降低流压

544. BF012　单位砂岩（有效）厚度油层的日注水量称为（　　），是衡量油层吸水状况的一个指标。

　　A. 注入速度　　　　B. 注入程度　　　　C. 水淹程度　　　　D. 注水强度

545. BF012　年注入量与油层孔隙体积之比称为（　　）。

　　A. 注入速度　　　　B. 注入程度　　　　C. 水淹程度　　　　D. 注水强度

546. BF012　水淹厚度系数是指见水层水淹厚度与该层全层（　　）之比。

　　A. 渗透率　　　　B. 孔隙度　　　　C. 有效厚度　　　　D. 砂岩厚度

547. BF013　对于分层的注水井，正注水出现油、套压平衡或套压随油压变化现象，并且注水量增加，可以判断为第一级封隔器（　　）。

　　A. 正常　　　　　　　　　　　　　B. 下面小层水嘴掉

　　C. 失效　　　　　　　　　　　　　D. 下面小层水嘴堵

548. BF013　由于水嘴堵死，注水井指示曲线会与压力轴（　　），表明层段注不进水。

　　A. 呈 30° 角相交　　　　　　　　　B. 垂直

　　C. 平行　　　　　　　　　　　　　D. 重合

549. BF013　油管漏失或管柱脱扣会使注入水从油管进入油、套环形空间，使油、套管内没有压差，封隔器失效，注水量显著上升，（　　）。

　　A. 油套压平衡，指示曲线大幅度向注水量轴偏移

　　B. 油压大于套压，指示曲线向注水量轴偏移

　　C. 油套压平衡，指示曲线向压力轴偏移

　　D. 套压大于油压，指示曲线向注水量轴偏移

550. BF014　以下描述中，不符合螺杆泵井抽油杆断脱的现象描述的是（　　）。

　　A. 井口无产量　　　　　　　　　　B. 油压不升

　　C. 工作电流下降为零　　　　　　　D. 工作电流接近空载电流

551. BF014　螺杆泵井电动机电流接近空载电流原因描述中，不正确的是（　　）。

　　A. 抽油杆断脱　　　　B. 油管脱落　　　　C. 油管严重漏失　　　　D. 管杆正常

552. BF014　螺杆泵井电动机电流明显高于正常电流的原因描述中，不正确的是（　　）。

　　A. 抽油杆断脱　　　　　　　　　　B. 流程（管线）有堵塞

　　C. 定子橡胶胀大　　　　　　　　　D. 油井结蜡严重

553. BF015 动态分析中，（ ）动态分析的主要内容有日常生产管理分析、抽油泵工作状况分析、油井压力变化分析、油井含水情况分析、产油量变化分析、分层动用状况分析、气油比变化分析。

   A. 探井　　　　　　B. 采油井　　　　　　C. 注水井　　　　　　D. 注气井

554. BF015 如果采油井产量、（ ）、流压和气油比等参数发生了突然变化，说明生产过程中有了问题，要及时分析，找出原因，采取必要的措施。

   A. 饱和压力　　　　B. 允许压力　　　　　C. 含水　　　　　　　D. 注水量

555. BF015 在抽油机井动态分析中，（ ）分析一定要结合油井产量、液面和示功图等资料进行综合分析，不能单纯地依靠某一种资料。

   A. 日常生产管理　　　　　　　　　B. 油井压力变化

   C. 抽油泵工作状况　　　　　　　　D. 井底流动压力变化

556. BF016 单井动态分析包括四方面的内容：基本情况介绍、（ ）及措施效果分析、潜力分析，提出下步挖潜措施。

   A. 管理方法变化　　　　　　　　　B. 静态变化原因

   C. 动态变化原因　　　　　　　　　D. 经验论述

557. BF016 单井动态变化原因及措施效果分析内容为历史上或阶段内调整挖潜的做法和措施效果，分析各项（ ）指标的变化原因，油井主要分析压力、产量、含水、气油比等变化情况。

   A. 产量　　　　　　B. 管理　　　　　　　C. 开发　　　　　　　D. 生产

558. BF016 注水井单井动态分析的侧重点是分析注水压力、注水量和（ ）等。

   A. 管柱工作状况　　　　　　　　　B. 分层压力

   C. 注水指标　　　　　　　　　　　D. 吸水指数

559. BG001 如果要统计某班学员各科考试成绩，可应用（ ）软件。

   A. Microsoft Word　　　　　　　　B. Microsoft Excel

   C. Microsoft PowerPoint　　　　　　D. Internet Explorer

560. BG001 在 Office 办公软件中，（ ）适用于文字编辑和管理。

   A. Microsoft Word　　　　　　　　B. Microsoft Excel

   C. Microsoft PowerPoint　　　　　　D. Internet Explorer

561. BG001 适用于网络浏览的程序是（ ）。

   A. Microsoft Word　　　　　　　　B. Microsoft Excel

   C. Microsoft PowerPoint　　　　　　D. Internet Explorer

562. BG002 标题栏的下面是（ ），菜单栏中包括"文件""编辑"等9个菜单项，对应每个菜单项包含有若干个命令组成的下拉菜单，这些下拉菜单包含了 Word 的各种功能。

   A. 菜单栏　　　　　B. 工具栏　　　　　　C. 状态栏　　　　　　D. 工作区

563. BG002 带符号（ ）的命令项：表示该命令项后还有下一级子菜单。

   A. "√"　　　　　　B. "▶"　　　　　　　C. "…"　　　　　　　D. "·"

564. BG002 带符号（ ）的菜单命令：表示选定该命令后，将打开一个相应的对话框，以便进一步输入某种信息或改变设置参数。

   A. "√"　　　　　　B. "▶"　　　　　　　　　　　　　　　　　D. "·"

565. BG003　编辑文档，将光标确定在需删除字符的（　　），单击键盘上"Delete"键，即可删除光标右侧的字符。

　　A. 左侧　　　　　　B. 右侧　　　　　　C. 两侧　　　　　　D. 上侧

566. BG003　在录入文字过程中，光标闪烁的位置即为文字的录入点，自然段落结束后按（　　）换行。

　　A. 退格键　　　　　B. 控制键　　　　　C. 换档键　　　　　D. 回车键

567. BG003　在 Word 中，剪切是把剪切的文本或图形存放到（　　）。

　　A. 软盘　　　　　　B. 硬盘　　　　　　C. 剪切板　　　　　D. 文档

568. BG004　将"I"形鼠标指针移到这一行左端的选定区，当鼠标指针变成向右上方指的箭头时，（　　）就可以选定一行文本了。

　　A. 单击一下　　　　　　　　　　　B. 单击两下
　　C. 单击三下　　　　　　　　　　　D. 按下快捷键 Ctrl+A

569. BG004　将"I"形鼠标指针移到这一段左端的选定区，当鼠标指针变成向右上方指的箭头时，（　　）就可以选定一段文本了。

　　A. 单击一下　　　　　　　　　　　B. 双击
　　C. 单击三下　　　　　　　　　　　D. 按下快捷键 Ctrl+A

570. BG004　首先用鼠标指针单击选定区域的开始处，然后按住（　　），在配合滚动条将文本翻到选定区域的末尾，单击选定区域的末尾，则两次单击范围中所包括的文本就被选定。

　　A. Ctrl 键　　　　B. Del 键　　　　C. Shift 键　　　　D. Enter 键

571. BG005　设置字符显示高于纸面的浮雕效果，需选择"格式"菜单的"字体"中（　　）。

　　A. 阳文　　　　　B. 阴文　　　　　C. 空心　　　　　D. 阴影

572. BG005　段落缩进是指改变（　　）之间的距离，使文档段落更加清晰、易读。

　　A. 文本之间行距　　　　　　　　　B. 文本和页边距
　　C. 左右页边距　　　　　　　　　　D. 文本起始位置

573. BG005　设置字符为上标形式，就是将文本（　　），并提升到标准行的上方。

　　A. 扩大　　　　　B. 缩小　　　　　C. 不变　　　　　D. 间距加宽

574. BG006　在文档编辑中，选择纸型和页面方向时，选择（　　）后确定，这些文档范围按所选的纸型、页面方向进行打印。

　　A. 纸型　　　　　B. 方向　　　　　C. 版式　　　　　D. 应用于

575. BG006　在 Word 2003 中，选择（　　）菜单中的"页眉／页脚"命令，可以为文档设置页眉和页脚。

　　A. 文件　　　　　B. 编辑　　　　　C. 视图　　　　　D. 插入

576. BG006　文档编辑需修改页面格式时，首先要选定修改页面的文档范围，在"（　　）"对话框中进行操作。

　　A. 全部文档　　　B. 页面设置　　　C. 段落　　　　　D. 文档最后一页

577. BG007　编辑文档时，Word 系统提供了分栏排版功能，用户可以控制栏数、栏宽度以及（　　）。

　　A. 栏间距离　　　B. 分栏段落　　　C. 栏间分隔线　　　D. 行距

578. BG007　打印文档时，Word 系统默认打印（　　）文档。

A. 当前页　　　　　　　　　　　　B. 全部

C. 当前窗口中内容　　　　　　　　D. 页码从 1 开始的文档

579. BG007　如果要加快打印文档速度，以最少的格式打印，可以设置以（　　）的方式打印。

A. 缩放　　　　　B. 人工双面打印　　　　C. 打印当前页　　　　D. 草稿

580. BG008　Excel 对一个单元格或单元格区域进行复制操作时，该单元格四周呈现闪烁滚动的边框，此时可以通过按下（　　）取消选定区域的活动边框。

A. Esc 键　　　　　B. Ctrl 键　　　　　C. Tab 键　　　　　D. Shift 键

581. BG008　Excel 可以使用热键完成移动操作，选中文档内容后按下（　　）组合键，将选中内容剪切到剪贴板中。

A. Ctrl ＋ L　　　　B. Ctrl ＋ C　　　　C. Ctrl ＋ V　　　　D. Ctrl ＋ X

582. BG008　在 Excel 2003 中，要删除选中的单元格已有的格式，正确的操作是（　　）。

A. "编辑" → "删除" → "格式"　　　B. "工具" → "清除" → "格式"

C. "工具" → "删除" → "格式"　　　D. "编辑" → "清除" → "格式"

583. BG009　使用 Excel 编辑表格时，当用户已经确定了对单元格内容的修改后，希望取消该操作时，可以使用快捷键（　　）实现。

A. Ctrl ＋ Y　　　　B. Ctrl ＋ C　　　　C. Ctrl ＋ V　　　　D. Ctrl ＋ Z

584. BG009　在 Excel 中，要查找文本或数字，正确的操作是（　　）。

A. "编辑" → "替换" →输入 "查找内容"

B. "工具" → "替换" →输入 "查找内容"

C. "查找" →输入 "查找内容"

D. "编辑" → "查找" →输入 "查找内容"

585. BG009　在 Excel 中，要插入一行或一列、多行或多列，选择要插入的行数或列数，选择（　　）。

A. "工具" → "插入" → "行" 或 "列"

B. "编辑" → "插入" → "行" 或 "列"

C. "插入" → "行" 或 "列"

D. "格式" "插入" → "行" 或 "列"

586. BG010　Excel 中的默认的表格线是不能打印出来的，为了使表格美观，需要添加单元格边框，其操作是（　　）。

A. 选定区域→ "表格" → "自动调整…" → "边框"

B. 选定区域→ "表格" → "表格属性…" → "边框"

C. 选定区域→ "表格" → "单元格…" → "边框"

D. 选定区域→ "格式" → "单元格…" → "边框"

587. BG010　在 Excel 2003 中，在菜单中设置单元格的字体，应选择的是（　　）。

A. 编辑　　　　　B. 格式　　　　　C. 工具　　　　　D. 视图

588. BG010　在 Excel 2003 中，显示 / 隐藏行或列，可以用以下（　　）方式来实现。

A. 选定行或列→ "格式" → "行" 或 "列" → "隐藏" 或 "取消隐藏"

B. 选定行或列→ "窗口" → "隐藏" 或 "取消隐藏"

C. 选定行或列→"格式"→"行"或"列"→"行高"或"列宽"的值设定为"0.1"

D. 选定行或列→"编辑"→"行"或"列"→"隐藏"或"取消隐藏"

589. BG011　Excel 页面设置中，缩放比例通过缩放因子来实现，缩放因子的范围是（　　）。

A. 10% ～ 400%　　B. 25% ～ 300%　　C. 5% ～ 400%　　D. 5% ～ 300%

590. BG011　Excel 窗口的标题栏的内容包括（　　）。

A. 应用程序名、工作表名、控制菜单、最小化按钮、最大化按钮、关闭按钮

B. 应用程序名、工作表名、最小化按钮、最大化按钮、关闭按钮

C. 控制菜单、工作簿名、应用程序名、最小化按钮、还原按钮、关闭按钮

D. 控制菜单、工作簿名、最小化按钮、还原按钮、关闭按钮

591. BG011　如果希望在打印的工作表上加上标题、页眉、页角和页号，以及设置打印纸的大小和页边距，按以下（　　）操作来实现。

A. 编辑→页面设置→选择适当标签项　　B. 文件→页面设置→选择适当标签项

C. 工具→页面设置→选择适当标签项　　D. 表格→页面设置→选择适当标签项

592. BG012　A2 系统录入采油井班报表录入顺序正确的是（　　）。

A. 套压→油压→上电流→下电流→掺水压力→掺水温度→回油温度→备注→退出

B. 油压→套压→下电流→上电流→掺水压力→掺水温度→回油温度→备注→删除

C. 油压→套压→上电流→下电流→掺水温度→掺水压力→回油温度→备注→历史记录

D. 油压→套压→上电流→下电流→掺水压力→掺水温度→回油温度→备注→保存

593. BG012　A2 系统录入采油井班报表含水路径正确的是（　　）。

A. 采油井生产日数据录入→事件里化验信息→化验含水→化验含水数据→含水数据波动判断→数据已保存成功→确定→退出

B. 采油井生产日数据录入→事件里化验信息→化验含水数据→化验含水→含水数据波动判断→数据已保存成功→确定→保存

C. 机采基础数据录入→事件里化验信息→化验含水数据→含水数据波动判断→化验含水→数据已保存成功→确定→退出

D. 机采基础数据录入→事件里化验信息→化验含水数据→化验含水→含水数据波动判断→确定→数据已保存成功→保存

594. BG012　A2 系统录入采油井班报表开关井录入路径正确的是（　　）。

A. 机采基础数据录入→事件里开关井信息→开关井数据→开井时间→关井时间→措施与关井分级选择→关井或措施→退出

B. 机采基础数据录入→事件里开关井信息→开关井数据→措施与关井分级选择→关井时间→开井时间→关井或措施→保存

C. 采油井生产日数据录入→事件里开关井信息→开关井数据→关井时间→开井时间→措施与关井分级选择→关井或措施→保存

D. 采油井生产日数据录入→事件里开关井信息→开关井数据→措施与关井分级选择→关井或措施→关井时间→开井时间→退出

595. BG013　A2 系统录入注水井班报表进入路径正确的是（　　）。

A. 油水井生产数据管理系统 – 用户登录 / 进入→输入用户名及密码登录→油田名称→小队采集→机采基础数据录入→机采井基础数据维护→开始录入

B. 油水井生产数据管理系统 – 用户登录 / 进入→输入用户名及密码登录→小队采集→油田名称→注入井生产管理→注水井生产日数据录入→选择顺序井录入→开始录入

C. 油水井生产数据管理系统 – 用户登录 / 进入→输入用户名及密码登录→油田名称→小队采集→注入井生产管理→注水井生产日数据录入→选择顺序井录入→开始录入

D. 油水井生产数据管理系统 - 用户登录 / 进入→输入用户名及密码登录→注入井生产管理→小队采集→油田名称→注水井生产日数据录入→选择顺序井录入→开始录入

596. BG013　A2 系统录入注水井班报表录入顺序正确的是（　　）。

A. 泵压→套压→油压→日注水量→溢流量→分水标志→保存

B. 泵压→油压→套压→溢流量→日注水量→分水标志→保存

C. 泵压→油压→套压→分水标志→日注水量→溢流量→保存

D. 泵压→油压→套压→日注水量→溢流量→分水标志→保存

597. BG013　A2 系统录入注水井测试资料路径正确的是（　　）。

A. 进入分类→小队采集→系统管理→注入井分层测试数据→修改开始实施的日期→选择要录入的井号→录入水嘴尺寸、井口压力和日注水量→保存

B. 进入分类→小队采集→注水井生产管理→注入井分层测试数据→选择要录入的井号→修改开始实施的日期→录入水嘴尺寸、井口压力和日注水量→保存

C. 进入分类→小队采集→系统管理→注入井分层测试数据→选择要录入的井号→修改开始实施的日期→录入水嘴尺寸、井口压力和日注水量→退出

D. 进入分类→小队采集→注水井生产管理→注入井分层测试数据→修改开始实施的日期→录入水嘴尺寸、井口压力和日注水量→选择要录入的井号→退出

598. BG014　每月井史数据上传前都要对 A2 系统措施井基础数据进行录入，其中抽油机无调参换泵井需要维护录入的内容主要有（　　）。

A. 泵径、泵深　　　B. 冲程、冲次　　　　　C. 泵型、泵深　　　　D. 冲程、泵深

599. BG014　每月井史数据上传前都要对 A2 系统措施井基础数据进行录入，其中螺杆泵无调参换泵井需要维护录入的内容主要有（　　）。

A. 泵径、泵深　　　B. 冲程、冲次　　　　　C. 泵型、泵深　　　　D. 冲程、泵深

600. BG014　每月井史数据上传前都要对 A2 系统井基础数据进行录入，其中调参井需要维护录入的内容主要有（　　）。

A. 泵径、泵深　　　B. 冲程、冲次　　　　　C. 泵型、泵深　　　　D. 冲程、泵深

二、判断题（对的画"√"，错的画"×"）

（　）1. AA001　油田水包括油田内的盐水和各种水，限定其作为与含油层不连通的水。

（　）2. AA002　油田水含铁质时呈淡红色、褐色或淡黄色。

（　）3. AA003　油田水的化学成分非常复杂，所含的离子元素种类也很多，其中最常见的离子为钠离子和钙离子。

（　）4. AA004　海水的总矿化度比较高，可达 3500mg/L。

（　）5. AA005　底水的油—水（或气—水）界面仅与油、气层顶面相交。

（　）6. AA006　地表的注入水通常矿化度低，多为硫酸钠水型；而地层水矿化度高，多为氯化钙或氯化镁水型。

（　）7. AA007　自然界中的生物种类繁多，它们在不同程度上都可以作为生油的原始物质。

（　）8. AA008　有利生油的地区应该具备地壳长期持续稳定下沉，而沉积速度又与地壳下降速度相适应，且沉积物来源充足等条件。

（　）9. AA009　细菌的活动在有机质成油过程中起着重要的作用。

（　）10. AA010　初期生油阶段，沉积物埋藏较深时，细菌比较发育，有机质在细菌的作用下发生分解，生成大量气态物质。

（　）11. AA011　在水动力的作用下，油气将随水的活动一起运移。

（　）12. AA012　二次运移包括单一储层内的运移和从这一储层向另一储层运移的两种情况。

（　）13. AA013　地层封闭条件下，地静压力由组成岩石的颗粒质点或岩石孔隙中的流体独自承担。

（　）14. AA014　毛细管中能使润湿其管壁的液体自然上升的作用力称毛细管力，此力指向液体凹面所朝向的方向，其大小与该液体的表面张力成反比，与毛管半径成正比。

（　）15. AA015　碳酸盐岩生油层中油气的运移，以气溶为主。

（　）16. AA016　生油层中含有大量的有机质及丰富的生物细菌，尤其以含大量的、呈分散状的浮游生物为主。

（　）17. AA017　我国陆相泥质岩生油层有机碳含量达 0.2% ~ 0.3% 以上就具备了生油条件，碳酸盐岩类生油层有机碳含量一般为 0.4%。

（　）18. AA018　储层的概念强调了这种岩层具备储存油气和允许油气渗滤的能力，意味着其中一定储存了油气。

（　）19. AA019　依据孔隙成因，将沉积岩石的孔隙划分为原生孔隙和次生孔隙两种。

（　）20. AA020　油层孔隙度的大小，一方面决定了油气储存能力，另一方面也是衡量储层有效性的重要标志。

（　）21. AB001　任何一个岩层层面有两个倾向。

（　）22. AB002　向斜形成中心部分即核部为较新岩层，两侧岩层依次变老，并对称出现，两翼岩层相向倾斜。

（　）23. AB003　转折端是褶曲的一翼转向另一翼的弯曲部分。

（　）24. AB004　穹隆构造是长轴与短轴之比小于 2∶1 的背斜。

（　）25. AB005　剪裂缝是由张应力产生的，其特点是裂缝张开，裂缝面粗糙不同，裂缝面上没有摩擦现象，裂缝延伸不远，宽度不稳定。

（　）26. AB006　断层面可以是平面，也可以是曲面，其产状测定和岩层面的产状测定方法一样。

（　）27. AB007　上盘相对上升，下盘相对下降的断层是正断层。

（　）28. AB008　逆断层可以单独出现，也可以成群出现。

（　）29. AB009　地壳运动自地壳形成以来从未停歇过。

（　）30. AB010　整合接触表示老地层形成以后，地壳曾明显地均衡上升，老地层遭受剥蚀，接着地壳又均衡下降，在剥蚀面上重新接受沉积，形成新的地层。

（　　）31. AB011　不整合接触间断期间缺乏该时期地层的沉积，所以剥蚀面也称为沉积间断面。

（　　）32. AB012　整合接触又称平行不整合接触。

（　　）33. AB013　侵入体的沉积接触的碎屑物质包括侵入岩的碎块，及因侵入体风化后所分离而成的长石、石英等矿物。

（　　）34. AB014　在地质历史时期形成的油气藏能否存在，决定于在油气藏形成以前是否遭到破坏改造。

（　　）35. AB015　背斜油气藏可分为五种类型有：褶皱背斜油气藏、基底隆起背斜油气藏、盐丘背斜油气藏、压实背斜油气藏、滚动背斜油气藏。

（　　）36. AB016　地下柔性较大的盐丘受不均衡压力作用而上升，使上覆地层变形，形成背斜圈闭，油气聚集在这样的圈闭中形成的油气藏称柔性背斜油气藏。

（　　）37. AB017　断层圈闭形式多样，其最基本的特点是在地层的上倾方向下为断层所封闭。

（　　）38. AB018　地层不整合油气藏的不整合面的上下，常常成为油气聚集的有利地带。

（　　）39. AB019　古潜山油气藏储油层时代常比生油层时代老。

（　　）40. AB020　岩性油气藏在沉积过程中，因沉积环境或动力条件的改变，岩性在纵向上会发生相变。

（　　）41. AC001　油田开发工作进程的第三阶段是针对不同开发阶段的开发方案进行不断调整，即在开发过程中，随着对油田认识的不断加深，针对不同开发阶段采用不同开发方案，以实现不同时期的产量需求。

（　　）42. AC002　油田开发方针是指在充分确定和掌握了油田地质构造和油气水分布规律、储量分布以及油层性质的基础上，根据国家对产油量的需求以及市场的变化，引导油田高效益、可持续发展的开发方向和目标。

（　　）43. AC003　提高油田稳定时间，并且在尽可能高的产量上稳产是油田开发具体原则之一。

（　　）44. AC004　一个开发层系是由一些独立的、上下有良好隔层、油层性质相近，油层构造形态、油水分布、压力系统不同，具有一定储量和一定生产能力的油层组成的。

（　　）45. AC005　计算可采储量主要内容包括所使用的计算方法、参数的确定、划分的储量级别及地质储量计算结果。

（　　）46. AC006　一个油田的开发过程，就是对一个油田不断认识的过程，为了获得较好的开发效果和经济效益，无须采取不同的调整方法和手段。

（　　）47. AC007　在高含水后期，编制油井配产方案，重点是产油结构的调整工作。

（　　）48. AC008　自然递减法预测产量，是根据本井上一年度的实际生产数据计算出月度自然递减率，再以上一年 12 月的实际日产油为初始值，预测下一年度逐月的平均日产油量。

（　　）49. AC009　在压裂工艺条件一定的情况下，油井压裂后产液量的增加值与压裂层的地层系数没有关系。

（　　）50. AC010　当年新井配产方法有采油指数法和采油强度法。

（　　）51. AC011　对注水井配注方案的调整一般都是在上一年度的基础上进行的。

（　　）52. AC012　为提高低压区块的压力水平而增加注水量称为恢复压力提水。

（　　）53. AC013　提高注水压力可以超过油层破裂压力。

（　　）54. AC014　在注水层段的划分、组合及调整时，不要单卡气顶外第一排注水井和套损井区的相应层段。

（　　）55. AC015　对开发状况差的井组，调整层段配注水量，则要根据油井的动态变化趋势和实际需要进行调整，力求达到井组内注采平衡，调整平面和层间矛盾，改善油层动用状况。

（　　）56. AC016　配注层段中的接替层是无采油井点的层，部分控制层也可按停注层处理。

（　　）57. AC017　注入剖面测井中通常把单相流体的流动状态划分为层流、紊流、过渡流。

（　　）58. AC018　在释放放射性核素后，井内射开地层部位的外表面上吸附一层放射性核素载体。

（　　）59. AC019　产出剖面测井分析研究必须建立在多相流动的基础上。

（　　）60. AC020　对于油水两相流的生产井，测量体积流量和含水率两个参数，不能确定油井的产出剖面和分层产水量。

（　　）61. AD001　剪断电线时，应穿戴绝缘靴和绝缘手套，用绝缘胶柄钳等绝缘工具将电线剪断，不同相电线应在不同部位剪断，以免造成线路短路。

（　　）62. AD002　带电灭火时，灭火器和带电体之间应保持足够的安全距离。

（　　）63. AD003　充油电气设备火灾要防止着火油料流入电缆沟内。

（　　）64. AD004　直接接触电击是指人身直接接触电气设备或电气线路的带电部分而遭受的电击。

（　　）65. AD005　救护人不用戴上手套或在手上包缠干燥的衣服、围巾、帽子等绝缘物品拖拽触电者，使之脱离电源。

（　　）66. AD006　1211灭火器对于建筑物内的各种材料，电气设备不腐蚀、不污染，宜用量大，灭火效果高，长期储存不易变质。

（　　）67. AD007　在潮湿环境中，人体的安全电压24V。

（　　）68. AD008　安全色是表达安全信息的颜色，表示禁止、警告、指令、提示等意义。

（　　）69. AD009　使用安全标志的目的是提醒人们注意不安全的因素，防止事故的发生，起到保障安全的作用。

（　　）70. AD010　每天下班前，各办公室都要进行一次防火检查，切断电源，关好门窗。

（　　）71. BA001　产液指数及井底压力都较低的井，则采用杜塞气举方式采油。

（　　）72. BA002　气举采油中大多数气举装置受开采液体中腐蚀性物质和高温的影响。

（　　）73. BA003　乳化液和黏稠液难以气举，因此不适合用于原油含蜡高和黏度高的结蜡井和稠油井的采油井采用气举采油。

（　　）74. BA004　应用的间歇气举阀要求能快速关闭，一经打开能立即尽可能大的开启注气孔，以满足长时间内注入足够气量的要求。

（　　）75. BA005　连续气举其井下设备主要有气举阀和工作筒。

（　）76. BA006　固定式工作筒气举阀装在筒外，调整阀时不用起出油管。

（　）77. BA007　气举采油地面设备主要有压缩机、集配气系统和气体净化设备等。

（　）78. BA008　压力高于饱和压力时，蜡的初始结晶温度随压力的降低而降低；压力低于饱和压力时，蜡的初始结晶温度随压力的降低而升高。

（　）79. BA009　油井深井泵进口结蜡、油管沿程损失增大、地面驱动系统负荷增大。

（　）80. BA010　油井表面粗糙的油管容易结蜡，油管清蜡不彻底的容易结蜡。

（　）81. BA011　高压聚乙烯是一种典型的高分子型清蜡剂。

（　）82. BA012　目前清蜡方法主要有：机械清蜡、热力清蜡和化学清蜡等。

（　）83. BA013　自控电热电缆的特性决定了它可以自动控制温度，保持井筒内恒温，当控制井温达到析蜡温度以下时，则起防蜡的作用。

（　）84. BA014　套管变形是指套管的变形没有超过套管塑性范围的一种套管损坏类型。

（　）85. BA015　腐蚀造成套管大面积穿孔或内外壁出现麻凹是油田常见的一种套管损坏形式。

（　）86. BA016　微井径仪主要用于检测套管外径变化。

（　）87. BA017　在构造轴部、断层附近应力分散，注水采油过程中引起扰动应力变化，易使套管损坏。

（　）88. BA018　地震后大量水通过断裂带或因固井胶结质量不好的层段进入油顶泥岩、页岩、泥、页岩吸水后膨胀、又产生黏塑性，使岩体沿断裂带产生缓慢的水平运动，这种缓慢的蠕变速度超过 10mm/ 年时，致使油水井套管遭到破坏。

（　）89. BA019　断层附近部署注水井，容易引起断层滑移而导致套管严重损坏。

（　）90. BA020　大量试验表明，回注污水中含有细菌，有少数油田油井产出液含有不少细菌，其腐蚀以铁细菌和硫酸盐还原菌为主。

（　）91. BA021　采用预应力套管完井是避免油管在注蒸汽热采过程中的热应力损坏的主要方法之一。

（　）92. BA022　对于一个油田进行压裂方案设计时，一定要认真的了解压裂层、盖层的岩性及它的弹性模量、泊松比、抗张强度等力学系数，根据这些力学参数设计合理的排量，防止裂缝上下延伸到盖层。

（　）93. BA023　取、换套工艺技术是把损坏的套管取出来，下入新套管与井内剩余的完好套管连接上，然后根据需要采取固井或不固井方式完井。

（　）94. BA024　套损井侧钻可以使严重的套损井在尽可能短的时间内恢复生产，因此具有较好的应用前景。

（　）95. BA025　水泥浆封固的优点是一次施工即可达到永久报废的目的，其关键在于油层部位的堵水处理。

（　）96. BA026　计量间注水系统生产流程包括单井配水间注水流程和多井配水间注水流程。

（　）97. BA027　注水方式可分为三种即正注、反注、合注。

（　）98. BA028　注水井作业调整等上措施前关井，它不仅是停注，而且也是降压。

（　）99. BA029　转注也称试注是指注水井转入正常注水。

（ ）100. BA030 双管生产流程适用于压力高、单井产量也高、油井能量差别小，采用横切割注水的行列式开发井网。

（ ）101. BA031 双管集油流程的特点是集油能力强、面积大，适应各种常规采油生产作业。

（ ）102. BA032 测气流程以双波纹管差压计为例，在量油的同时，开分离器气出口阀，再开测气挡板前后连接差压计的两个阀，关测气平衡阀。

（ ）103. BA033 油水井的开关在采油管理工作中有两个含义：一是地质（资料）上的关井；二是生产上的关井。

（ ）104. BA034 抽油机井生产流程井口控制的阀只有掺水阀，它是双管伴热流程中特别之处，可根据不同的油田生产管理情况（条件），装置水嘴或是针型阀等。

（ ）105. BA035 电泵井掺水伴热流程时一定要控制好或打开套管放气阀。

（ ）106. BA036 调参是油水井作业的重要组成部分。

（ ）107. BA037 阀总成严重腐蚀，使泵失去了工作能力需要检泵。

（ ）108. BA038 丈量管柱的准确与否直接影响油井生产，若管柱长度不准，会造成卡错层位，导致产量急剧下降，不出水而是大量出油、出气等。

（ ）109. BA039 在检泵过程中泵起出后，采油队应安排作业监督人员检查深井泵的损坏情况，为今后分析油井故障积累知识与经验。

（ ）110. BA040 试油、采油、注水和油层改造都需要选取合适的封隔器或封隔器组，完成对油层的措施技术。

（ ）111. BA041 影响换封质量的因素有以下三个方面：压井液性能的好坏和压井方法的合理性对油层造成的污染情况；换封质量好坏对油井生产的影响；管柱的准确与否直接影响油井生产。

（ ）112. BA042 井底积砂太多，影响油井正常生产或掩埋部分乃至全部油层时需检泵。

（ ）113. BA043 按冲砂液循环方式的不同，可将冲砂方法分为正冲、反冲两种。

（ ）114. BA044 小修是指维护油水井正常生产的施工和一些简单的解卡和打捞，如抽油杆、油管的砂卡、蜡卡，打捞落井钢丝、电缆、钢丝绳等。

（ ）115. BA045 电泵井施工设计内容应包括电泵井生产管柱示意图。

（ ）116. BA046 油井作业按照施工设计步骤准备质量合格的油管、抽油杆、抽油泵及下井工具。

（ ）117. BA047 井下事故处理根据事故情况选择适当的井下工具。所选用的工具必须有进退余地，加工质量良好，做到即使处理不了也不会造成井下事故的恶化。

（ ）118. BA048 累积每井次日增产（注）量是指经过压裂、酸化、堵水等增产（注）措施作业后平均每井次获得的平均日增产（注）量［单位：（t/d）/次］。

（ ）119. BA049 为了分析比较不同增产措施的效果，有时需要按增产措施作业项目计算平均每井次日增产（注）量。例如，按压裂、酸化、堵水等措施项目分别计算平均每井次日增产（注）量。

（ ）120. BA050 油井投产质量要求保证油管、套管环形空间不畅通。

（　）121. BA051　注水井投注施工质量要求冲砂管柱不刺、不漏，其深度在砂面以上5m左右进行冲砂，排量不低于20m³/h。

（　）122. BA052　上抽转抽施工质量要求地面设备必须无损坏。

（　）123. BA053　冲砂结束后，下放油管实探人工井底，连探三次管柱悬重下降10～20kN，与人工井底深度误差在0.3～0.5m，为实探人工井底深度。

（　）124. BA054　采用气化液冲砂时，压风机出口与水泥车之间要安装单流阀，返出管线必须用硬管线，并固定。

（　）125. BB001　聚合物驱注入井的产液量、油压、套压、电流、动液面（流压）、静压（静液面）录取要求按 Q/SY DQ0916—2010 的规定执行。

（　）126. BB002　聚合物驱采出井在见效后的含水下降阶段，含水值下降不超过5个百分点，可直接采用。

（　）127. BB003　聚合物驱采出井在见效后采出液聚合物浓度每月化验两次间隔不少于10 d。

（　）128. BB004　聚合物采出井水质录取要求采出液水质资料核实三天后选用。

（　）129. BB005　母液注入量、注水量录取要求对能够完成配注的注入井，日配母液注入量≤ 20m³，母液注入量波动不超过 ±1m³；日配母液注入量＞ 20m³，母液注入量不超过配注的 ±5 %，超过波动范围应及时调整；对完不成配注井，按照接近允许注入压力注入母液或按照泵压注入母液。

（　）130. BB006　注入液聚合物浓度、黏度录取要求注入浓度、黏度正常波动范围为 ±10 %。

（　）131. BB007　当母液日注量不大于20m³时，现场检查与报表母液量误差不超过 ±1m³；当母液日注量大于20m³时，现场检查与报表母液量误差不超过 ±5 %。

（　）132. BB008　取聚合物注入井溶液样时，取样完毕后，取样阀完全处于关闭状态，使取样器内液体全部流尽，以免干燥结膜。

（　）133. BC001　油层启动压力上升，注水量减少，说明在相同注水压力下，注水量有大幅度的减少。

（　）134. BC002　随着开发的深入有效渗透率会逐渐下降，启动压力梯度上升，这对注水开发是十分不利的。

（　）135. BC003　在分层注水井内，采用测试工具和流量计定期测试分层吸水量、了解井下压力变化、井下管柱及其他变化称为分层测试。

（　）136. BC004　投球测试先用升压法测全井指示曲线，然后再测出各层段的指示曲线。

（　）137. BC005　井下流量计测试仪器下到第一级配水器以上 50m 左右，应平稳减慢下放速度（50m/min 左右），下到最下一级配水器时，速度再减缓，依靠仪器自重，开定位爪，防止仪器内的钟表因碰撞振坏。

（　）138. BC006　一般意义上油井的流动压力，都是指油层底部的流动压力。

（　）139. BC007　通过了解油套环形空间的液面高度，可以确定抽油井和电泵井的泵挂深度。

（　）140. BC008　泵的理论排量在数值上等于活塞上移一个冲程时所让出的面积。

（　）141. BC009　在现场应用中由于深井泵受外在因素影响较大、计算繁琐，一般都忽略不计，用视泵效代替实际泵效。

（　）142. BC010　Y111 型封隔器可以单独使用或与 Y211-115 型封隔器联用，进行分层试油，分层采油，分层卡水等作业。

（　）143. BC011　在油藏动态监测系统基础上，通过分析制定出符合油藏实际的开发设计、技术政策和调整措施，以指导油藏合理开发。

（　）144. BC012　动态监测系统就是按油藏开发动态要求的监测内容，对不能独立的多个开发单元，确定一定数量具有代表性的调整、形成定期录取第一性资料的监测网络。

（　）145. BC013　油层压力监测通常采用弹簧式或弹簧管式井下压力计，测量压差时可采用电传式井下压力计。

（　）146. BC014　为了掌握油田开发过程中采油井和注水井的分层产油量、产水量以及分层注水量，需要进行流体的流量监测。

（　）147. BC015　相对吸水量即分层吸水量与全井吸水量的比值。

（　）148. BC016　注蒸汽剖面监测根据定期检测的结果，将不同井，对不同时间所测得的产出剖面进行对比，可以准确地了解地层中每个油层产液量及产油量的变化情况。

（　）149. BC017　密闭取心检查井所录取的资料，可用来建立水淹程度与测井曲线的关系，更好地指导油田资料录取和油田调整工作。

（　）150. BC018　搞好取心井的设计，部署密闭取心检查井显得尤为重要，对固井、测井、试油等都有一定要求。

（　）151. BC019　电测曲线须与密闭取心资料结合，绘制不同时期分层的含油饱和度分布图，揭示控制剩余油分布的因素，为各时期油藏调整挖潜提供依据。

（　）152. BC020　中子寿命测井可在一定程度上取得地下剩余油分布资料。

（　）153. BC021　随着油藏开发期的延长，油水井套管损坏的问题越来越突出，严重影响油藏的正常开发。

（　）154. BC022　在油藏开发过程中严格监测油气界面变化，以免气顶气窜入水区，或油浸入气区，影响油藏开发效果。为此，从油藏投产开始，建立了气顶油藏动态监测系统。

（　）155. BD001　注采综合开采曲线可以总结阶段变化规律，掌握地下主要对应关系。

（　）156. BD002　注采综合开采曲线可以将各项措施及作业等内容在曲线旁注明，并标出日期。

（　）157. BD003　产量构成曲线能预测出近期油田动态变化，及时制定相应的措施，控制油田产量的递减。

（　）158. BD004　绘制产量构成曲线规定新投产井只限于跨年度投产的井才能视为新井。

（　）159. BD005　采油曲线可以分析注水效果，研究注采关系。

（　）160. BD006　采油曲线是以各项生产参数为横坐标。

（　）161. BE001　绘制工艺流程图时，在图名下方约三分之一处从左向右绘制一条较长较粗的横直线，直线下方画剖面线为地面基线。

（　）162. BE002　计量站工艺流程的主要设备有采油汇管阀组（油阀组）、掺水阀组（水阀组）和油气计量装置（计量分离器和测气波纹管压差计）三大部分。

（　）163. BE003　绘制注水井工艺流程图可根据配水间与井口的位置关系，可以在两边任意摆布，如果注水井口绘制在图纸左半面，那么地面配水流程就在右半面，反之也可以。

（　）164. BE004　注水井地面工艺流程图中，在配水间注水汇管的一端绘制注水泵压装置。

（　）165. BE005　绘制机采井工艺流程时，用实线画出管线走向，与各设备连接成工艺流程图。

（　）166. BE006　双管掺热水生产井口流程包括三部分：掺热水保温流程、热洗流程、生产流程。

（　）167. BE007　抽油机井可以进行分层采油，螺杆泵井不能实现分层采油。

（　）168. BE008　水力喷射泵分层采油技术主要由水力喷射泵采油管柱和分层防砂分层采油管柱两部分组成。

（　）169. BE009　分层采油工艺管柱分为一体式和丢手式。

（　）170. BE010　一体式分层采油工艺管柱井斜角度大于 30° 时应慎用，不能保证封隔器密封。

（　）171. BF001　直线递增式指示曲线表示油层吸水量与注入压力的反比关系。

（　）172. BF002　注水井封隔器失效及底部阀门密封不严都会引起注水量上升，视吸水指数增加。

（　）173. BF003　含水稳定井，指含水率变化不大，一般来说，月含水上升速度不超过 2%，年含水上升速度不超过 6%。

（　）174. BF004　没有一定的沉没度，就没有产量。

（　）175. BF005　理论示功图的 BB^1 虚线，抽油杆上行，游动阀关闭，固定阀打开，活塞以上液体中的重量加载在抽油杆上，此时抽油杆因载荷而拉长，油管因减载而缩短，泵塞对泵筒存在冲程损失，其长度表示冲程的长度。

（　）176. BF006　对抽油机井进行热洗，如果温度不达标。且不严格操作程序，很容易造成蜡卡。

（　）177. BF007　抽油机井在调大参数前应摸清该井潜能，最少结合连续三个月的功图、液面及生产数据，合理地放大生产压差，避免因参数调整过大而造成地下亏空。

（　）178. BF008　分析抽油机井工作参数是否合理，必须在泵况正常的情况下才能进行进一步分析。

（　）179. BF009　抽油机井示功图显示为气影响，井口套压上升，应该及时放套管气以减小气体影响。

（　）180. BF010　研究、分析电流卡片对分析电泵井运行情况和判断电泵井运行中可能出现的各种故障都具有决定意义。

（　）181. BF011　电泵井动态控制图流压确定的原则为油田开发制定的合理界限，最佳排量范围是离心泵进出口压力最大与流量合适。

（　）182. BF012　注水强度越大说明注水井吸水能力越强。

（　）183. BF013　多级封隔器一级以下某一级不密封，则表现为油压下降（或稳定），套压不变，注水量下降。

（　）184. BF014　螺杆泵井常见的故障有抽油杆断脱、油管脱落、吸入部分堵塞、定子橡胶脱落等，目前螺杆泵井故障诊断方法主要有电流法、整压法两种。

（　）185. BF015　油井正常生产过程中产量、含水、流压和气油比等参数一般是随时变化的或渐变的。

（　）186. BF016　单井动态分析中的提出下步挖潜措施是通过潜力分析后，提出并论证改善开采效果的管理和挖潜方法。要求所采取措施针对性强，切实可行，有较高的经济效益。

（　）187. BG001　Microsoft Outlook 2003 是数据库应用软件。

（　）188. BG002　当 Word 启动后，首先看到的是 Word 的标题屏幕，然后出现 Word 窗口，并自动创建一个名为"文档 1"的新文档。

（　）189. BG003　在编辑一篇很长的文章时，发现某段内少了一句关键词句，那么最好的办法是删除本段，重新输入。

（　）190. BG004　用鼠标选定文本：首先将"I"形鼠标指针移到所要选定文本区的开始处，然后拖动鼠标直到所选定文本区的最后一个文字并松开鼠标右键。这样鼠标拖过的区域被选定。

（　）191. BG005　设置带圈的字符时，只需从"格式"菜单中的"中文版式"字菜单中选择"带圈字符"命令后，选定样式，单击"确定"即可。

（　）192. BG006　Word 系统提供两种页面方向，在文档编辑中，要更改纸型和页面方向必须改变整个文档的设置，而不能是文档的某一节。

（　）193. BG007　在 Word 的打印对话框中，选择逐份打印复选框，则会将这个文档打印完一份后，再打印第二份，免去人工整理页序的麻烦。

（　）194. BG008　Excel 可以使用热键完成复制操作，选中文档内容后按下 Ctrl ＋ V，可以将选中内容复制到剪贴板中。

（　）195. BG009　在 Excel 中单击"恢复"按钮，可以恢复最近的一系列操作；但如果已恢复了所有的操作，则"恢复"按钮就变成灰色，并显示无法恢复的提示信息。

（　）196. BG010　在 Excel 中，单元格中的默认格式文字是左对齐，时间和数字是右对齐。

（　）197. BG011　Excel"页面设置"对话框由 4 个选项标签组成，分别是"页面""页边距""页眉 / 页角""工作表"。

（　）198. BG012　A2 采油井当日事件维护录入错误纠正方法：首先进入 A2 系统→小队采集→系统管理→应用设置→事件维护→采油井→开关井事件维护→在状态下点对应井号前点"√"选择井号→保存。

（　）199. BG013　A2 录入测试资料前首先要看该井是否变细分或重分方案，如果有直接录入方案，如果方案允许注水压力发生变化，修改允许注水压力，然后退出。

（　　）200. BG014　A2 采油井测试数据上传方法：首先进入 A2 系统→小队采集→机采、
测试数据上传→抽油机机采数据上传→选择起始日期和结束日期→
数据上传→是否确认上传数据→是。通过以上操作步骤机采井低压测
试数据就会上传到 A2。

答 案

一、单项选择题

1. D	2. B	3. A	4. A	5. B	6. D	7. B	8. D	9. C	10. C	11. A
12. C	13. D	14. C	15. B	16. D	17. A	18. B	19. D	20. A	21. B	22. C
23. B	24. D	25. C	26. B	27. C	28. A	29. C	30. B	31. B	32. D	33. A
34. A	35. C	36. D	37. C	38. C	39. B	40. C	41. B	42. A	43. B	44. D
45. C	46. A	47. B	48. D	49. B	50. C	51. D	52. C	53. B	54. A	55. A
56. C	57. B	58. A	59. C	60. D	61. D	62. B	63. D	64. D	65. D	66. B
67. B	68. C	69. A	70. D	71. C	72. B	73. C	74. B	75. D	76. D	77. C
78. C	79. D	80. A	81. B	82. B	83. C	84. A	85. D	86. A	87. C	88. D
89. B	90. C	91. D	92. D	93. C	94. D	95. A	96. D	97. C	98. A	99. D
100. D	101. A	102. B	103. C	104. D	105. D	106. B	107. A	108. D	109. D	110. B
111. C	112. B	113. C	114. B	115. C	116. D	117. A	118. A	119. A	120. A	121. A
122. B	123. D	124. B	125. C	126. D	127. A	128. C	129. D	130. D	131. C	132. A
133. B	134. A	135. D	136. D	137. B	138. A	139. A	140. A	141. C	142. B	143. A
144. B	145. C	146. A	147. A	148. A	149. D	150. D	151. C	152. A	153. C	154. A
155. B	156. C	157. D	158. A	159. B	160. B	161. C	162. D	163. C	164. B	165. C
166. C	167. A	168. B	169. B	170. A	171. C	172. C	173. B	174. C	175. B	176. D
177. A	178. B	179. C	180. A	181. D	182. C	183. B	184. B	185. D	186. A	187. C
188. A	189. B	190. C	191. D	192. B	193. B	194. A	195. C	196. D	197. C	198. B
199. D	200. C	201. A	202. A	203. D	204. B	205. A	206. C	207. A	208. A	209. C
210. D	211. B	212. C	213. D	214. B	215. A	216. C	217. C	218. B	219. D	220. D
221. B	222. A	223. B	224. A	225. C	226. B	227. A	228. C	229. A	230. B	231. C
232. D	233. C	234. B	235. A	236. B	237. D	238. C	239. B	240. D	241. D	242. A
243. B	244. D	245. B	246. A	247. C	248. D	249. C	250. B	251. A	252. C	253. B
254. A	255. C	256. B	257. A	258. D	259. B	260. A	261. C	262. B	263. A	264. D
265. A	266. C	267. D	268. A	269. C	270. D	271. B	272. A	273. C	274. B	275. C
276. D	277. B	278. D	279. C	280. C	281. B	282. A	283. B	284. A	285. C	286. C
287. B	288. A	289. C	290. D	291. C	292. B	293. C	294. A	295. C	296. C	297. B
298. C	299. A	300. B	301. D	302. B	303. C	304. D	305. A	306. A	307. B	308. D

309. B 310. C 311. A 312. C 313. D 314. D 315. A 316. A 317. C 318. B 319. D
320. A 321. B 322. D 323. D 324. A 325. A 326. C 327. B 328. D 329. A 330. B
331. D 332. C 333. A 334. C 335. C 336. B 337. C 338. B 339. D 340. D 341. A
342. C 343. D 344. B 345. C 346. D 347. C 348. A 349. C 350. A 351. D 352. B
353. C 354. D 355. C 356. A 357. C 358. B 359. B 360. D 361. B 362. D 363. C
364. A 365. A 366. B 367. C 368. C 369. D 370. B 371. B 372. A 373. D 374. C
375. B 376. D 377. B 378. C 379. D 380. C 381. B 382. B 383. C 384. D 385. A
386. B 387. A 388. A 389. B 390. A 391. A 392. B 393. C 394. B 395. C 396. A
397. C 398. B 399. D 400. D 401. A 402. C 403. B 404. D 405. B 406. A 407. B
408. C 409. A 410. C 411. A 412. A 413. B 414. C 415. C 416. D 417. C 418. D
419. A 420. B 421. C 422. A 423. C 424. D 425. B 426. C 427. A 428. C 429. B
430. A 431. D 432. C 433. D 434. A 435. B 436. C 437. D 438. A 439. C 440. B
441. A 442. B 443. C 444. C 445. B 446. D 447. D 448. C 449. C 450. D 451. A
452. C 453. D 454. A 455. B 456. D 457. B 458. C 459. C 460. C 461. C 462. B
463. C 464. D 465. A 466. C 467. D 468. B 469. D 470. C 471. C 472. C 473. C
474. A 475. B 476. D 477. C 478. B 479. C 480. D 481. B 482. C 483. C 484. B
485. D 486. C 487. B 488. C 489. D 490. B 491. C 492. A 493. A 494. B 495. C
496. C 497. A 498. D 499. D 500. B 501. D 502. B 503. A 504. D 505. A 506. C
507. D 508. A 509. B 510. C 511. A 512. A 513. B 514. C 515. D 516. B 517. D
518. C 519. B 520. A 521. B 522. A 523. B 524. A 525. B 526. C 527. C 528. D
529. A 530. B 531. C 532. C 533. A 534. C 535. C 536. A 537. B 538. D 539. D
540. A 541. D 542. A 543. C 544. D 545. A 546. C 547. C 548. D 549. A 550. C
551. D 552. A 553. D 554. C 555. C 556. B 557. B 558. A 559. B 560. C 561. D
562. A 563. B 564. C 565. A 566. D 567. B 568. A 569. B 570. C 571. A 572. B
573. B 574. A 575. C 576. B 577. A 578. B 579. D 580. A 581. B 582. D 583. D
584. D 585. B 586. D 587. B 588. C 589. D 590. C 591. B 592. D 593. B 594. C
595. C 596. D 597. B 598. A 599. C 600. B

二、判断题

1. × 正确答案：油田水包括油田内的盐水和各种水，限定其作为与含油层相连通的水。 2. √ 3. × 正确答案：油田水的化学成分非常复杂，所含的离子元素种类也很多，其中最常见的离子为阳离子和阴离子。 4. × 正确答案：海水的总矿化度比较高，可达 35000mg/L。 5. √ 6. × 正确答案：地表的注入水通常矿化度低，多为碳酸氢钠水型；而地层水矿化度高，多为氯化钙或氯化镁水型。 7. √ 8. √ 9. √ 10. × 正确答案：初期生油阶段，沉积物埋藏不深时，细菌比较发育，有机质在细菌的作用下发生分解，生成大量气态物质。 11. √ 12. √ 13. × 正确答案：地层封闭条件下，地静压力由组成岩石的颗粒质点和岩石孔隙中的流体共同承担。 14. × 正确答案：毛细管中能使润湿其管壁的液体自然上升的作用力称毛细管力，此力指向液体凹面所朝向的方向，其大小与该液体的表面张力成正比，与毛管半径成反比。 15. √

16. ×　正确答案：生油层中含有大量的有机质及丰富的生物化石，尤其以含大量的、呈分散状的浮游生物为主。　17. ×　正确答案：我国陆相泥质岩生油层有机碳含量达 0.4% 以上就具备了生油条件，碳酸盐岩类生油层有机碳含量一般为 0.2% ~ 0.3%。18. ×　正确答案：储层的概念强调了这种岩层具备储存油气和允许油气渗滤的能力，但并不意味着其中一定储存了油气。　19. √　20. √　21. ×　正确答案：任何一个岩层层面只有一个倾向。　22. √　23. √　24. √　25. ×　正确答案：张裂缝是由张应力产生的，其特点是裂缝张开，裂缝面粗糙不同，裂缝面上没有摩擦现象，裂缝延伸不远，宽度不稳定。　26. √　27. ×　正确答案：上盘相对下降，下盘相对上升的断层是正断层。　28. √　29. √　30. ×　正确答案：假整合接触表示老地层形成以后，地壳曾明显地均衡上升，老地层遭受剥蚀，接着地壳又均衡下降，在剥蚀面上重新接受沉积，形成新的地层。　31. √　32. ×　正确答案：假整合接触又称平行不整合接触。　33. √　34. ×　正确答案：在地质历史时期形成的油气藏能否存在，决定于在油气藏形成以后是否遭到破坏改造。　35. √　36. ×　正确答案：地下柔性较大的盐丘受不均衡压力作用而上升，使上覆地层变形，形成背斜圈闭，油气聚集在这样的圈闭中形成的油气藏称盐丘背斜油气藏。　37. ×　正确答案：断层圈闭形式多样，其最基本的特点是在地层的上倾方向上为断层所封闭。　38. √　39. √　40.正确答案：岩性油气藏在沉积过程中，因沉积环境或动力条件的改变，岩性在横向上会发生相变。　41. √　42. √　43. √　44. ×　正确答案：一个开发层系是由一些独立的、上下有良好隔层、油层性质相近、油层构造形态、油水分布、压力系统应基本相近、具有一定储量和一定生产能力的油层组成的。　45. √　46. ×　正确答案：一个油田的开发过程，就是对一个油田不断认识的过程，为了获得较好的开发效果和经济效益，须对油田不断进行调整，须采取不同的调整方法和手段。　47. ×　正确答案：在高含水后期，编制油井配产方案，重点是产液结构的调整工作。　48. √　49. ×　正确答案：在压裂工艺条件一定的情况下，油井压裂后产液量的增加值与压裂层的地层系数存在一定关系。　50. √　51. √　52. √　53. ×　正确答案：提高注水压力不能超过油层破裂压力。　54. ×　正确答案：在注水层段的划分、组合及调整时，要单卡气顶外第一排注水井和套损井区的相应层段。　55. √　56. ×　正确答案：配注层段中的停注层是无采油井点的层，部分控制层也可按停注层处理。　57. √　58. ×正确答案：在释放放射性核素后，井内射开地层部位的内表面上吸附一层放射性核素载体。　59. √　60. ×　正确答案：对于油水两相流的生产井，测量体积流量和含水率两个参数，即可确定油井的产出剖面和分层产水量。　61. √　62. √　63. √　64. √65. ×　正确答案：救护人必须戴上手套或在手上包缠干燥的衣服、围巾、帽子等绝缘物品拖拽触电者，使之脱离电源。　66. ×　正确答案："1211"灭火器对于建筑物内的各种材料，电气设备不腐蚀、不污染，宜用量小，灭火效果高，长期储存不易变质。　67. ×　正确答案：在潮湿环境中，人体的安全电压 12V。　68. √　69. √70. √　71. ×　正确答案：产液指数及井底压力都较低的井，则采用间歇气举方式采油。　72. ×　正确答案：气举采油中大多数气举装置不受开采液体中腐蚀性物质和高温的影响。　73. √　74. ×　正确答案：应用的间歇气举阀要求能快速关闭，一经打开能立即尽可能大的开启注气孔，以满足短时间内注入足够气量的要求。　75. √　76. ×

正确答案：固定式工作筒气举阀装在筒外，调整阀时必须起出油管。　77. √　78. √

79. ×　正确答案：采油井深井泵出口结蜡、油管沿程损失增大、地面驱动系统负荷增大。　80. √　81. ×　正确答案：高压聚乙烯是一种典型的高分子型防蜡剂。　82. √

83. ×　正确答案：自控电热电缆的特性决定了它可以自动控制温度，保持井筒内恒温，当控制井温达到析蜡温度以上时，则起防蜡的作用。　84. √　85. √　86. ×　正确答案：微井径仪主要用于检测套管内径变化。　87. ×　正确答案：在构造轴部、断层附近应力集中，注水采油过程中引起扰动应力变化，易使套管损坏。　88. √　89. √　90. √

91. ×　正确答案：采用预应力套管完井是避免套管在注蒸汽热采过程中的热应力损坏的主要方法之一。　92. √　93. √　94. ×　正确答案：套损井侧斜可以使严重的套损井在尽可能短的时间内恢复生产，因此具有较好的应用前景。　95. ×　正确答案：水泥浆封固的优点是一次施工即可达到永久报废的目的，其关键在于油层部位的封堵处理。　96. ×　正确答案：配水间注水系统生产流程包括单井配水间注水流程和多井配水间注水流程。　97. √　98. √　99. ×　正确答案：转注也称投注是指注水井转入正常注水。　100. ×　正确答案：单管生产流程适用于压力高、单井产量也高、油井能量差别小，采用横切割注水的行列式开发井网。　101. √　102. √　103. √　104. √　105. ×

正确答案：电泵井掺水伴热流程时一定要控制好或关闭套管放气阀。　106. ×　正确答案：井下事故处理是油水井作业的重要组成部分。　107. √　108. ×　正确答案：管柱的准确与否直接影响油井生产，若管柱长度不准，会造成卡错层位，导致产量急剧下降，不出油而是大量出水、出气等。　109. √　110. √　111. √　112. ×　正确答案：井底积砂太多，影响油井正常生产或掩埋部分乃至全部油层时需冲砂。　113. ×　正确答案：按冲砂液循环方式的不同，可将冲砂方法分为正冲、反冲和正反混合冲三种。　114. √

115. √　116. ×　正确答案：油井作业按照施工设计要求准备质量合格的油管、抽油杆、抽油泵及下井工具。　117. √　118. ×　正确答案：平均每井次日增产（注）量是指经过压裂、酸化、堵水等增产（注）措施作业后平均每井次获得的平均日增产（注）量 [单位：(t/d)/ 次]。　119. √　120. ×　正确答案：油井投产质量要求保证油管、套管环形空间畅通。　121. ×　正确答案：注水井投注施工质量要求冲砂管柱不刺、不漏，其深度在砂面以上 2m 左右进行冲砂，排量不低于 20m³/h。　122. ×　正确答案：上抽转抽施工质量要求下井工具必须无损坏。　123. √　124. √　125. √　126. √　127. √　128. ×

正确答案：聚合物采出井水质录取要求采出液水质资料直接选用。　129. √　130. √

131. √　132. ×　正确答案：取聚合物注入井溶液样时，取样完毕后，取样阀继续处于开启状态，使取样器内液体全部流尽，以免干燥结膜。　133. √　134. √　135. √

136. ×　正确答案：投球测试先用降压法测全井示曲线，然后再测出各层段的指示曲线。　137. √　138. ×　正确答案：一般意义上油井的流动压力，都是指油层中部的流动压力。　139. √　140. ×　正确答案：泵的理论排量在数值上等于活塞上移一个冲程时所让出的体积。　141. ×　正确答案：在现场应用中由于深井泵受外在因素影响较小、计算烦琐，一般都忽略不计，用视泵效代替实际泵效。　142. √　143. √　144. ×

正确答案：动态监测系统就是按油藏开发动态要求的监测内容，对独立的开发单元，确定一定数量具有代表性的调整、形成定期录取第一性资料的监测网络。　145. √

146. √　147. √　148. ×　正确答案：注蒸汽剖面监测根据定期检测的结果，将同一口井，对不同时间所测得的产出剖面进行对比，可以准确地了解地层中每个油层产液量及产油量的变化情况。 149. √ 150. √ 151. √ 152. √ 153. √ 154. × 正确答案：在油藏开发过程中严格监测油气界面变化，以免气顶气窜入油区，或油浸入气区，影响油藏开发效果。为此，从油藏投产开始，建立了气顶油藏动态监测系统。 155. √ 156. √ 157. √ 158. × 正确答案：绘制产量构成曲线规定新投产井只限于年内投产的井才能视为新井。 159. × 正确答案：采油曲线可以分析注水效果，研究注采调整。 160. × 正确答案：采油曲线是以各项生产参数为纵坐标。 161. × 正确答案：绘制工艺流程图时，在图名下方约三分之二处从左向右绘制一条较长较粗的横直线，直线下方画剖面线为地面基线。 162. √ 163. √ 164. √ 165. √ 166. × 正确答案：双管掺热水生产井口流程包括三部分：掺热水保温流程、热洗流程、地面循环流程。 167. × 正确答案：抽油机井可以进行分层采油，螺杆泵井也能实现分层采油。 168. √ 169. √ 170. × 正确答案：一体式分层采油工艺管柱井斜角度大于25°时应慎用，不能保证封隔器密封。 171. × 正确答案：直线递增式指示曲线表示油层吸水量与注入压力的正比关系。 172. √ 173. √ 174. √ 175. × 正确答案：理论示功图的 BB^{1} 虚线，抽油杆上行，游动阀关闭，固定阀打开，活塞以上液体中的重量加载在抽油杆上，此时抽油杆因载荷而拉长，油管因减载而缩短，泵塞对泵筒存在冲程损失，其长度表示冲程损失的长度。 176. √ 177. √ 178. √ 179. √ 180. × 正确答案：研究、分析电流卡片对分析电泵井运行情况和判断电泵井运行中可能出现的各种故障都具有指导意义。 181. × 正确答案：电泵井动态控制图流压确定的原则为油田开发制定的合理界限，最佳排量范围是离心泵进出口压力最小与流量合适。 182. √ 183. × 正确答案：多级封隔器一级以下某一级不密封，则表现为油压下降（或稳定），套压不变，注水量上升。 184. √ 185. × 正确答案：油井正常生产过程中产量、含水、流压和气油比等参数一般是比较稳定或渐变的。 186. √ 187. × 正确答案：Microsoft Outlook 2003 是邮件及信息管理软件。 188. √ 189. × 正确答案：在编辑一篇很长的文章时，发现某段内少了一句关键词句，那么最好的办法是选择插入。 190. √ 191. √ 192. × 正确答案：在文档编辑中，可以为某一节或整个文档更改纸型和页面方向。 193. √ 194. × 正确答案：Excel 可以使用热键完成复制操作，选中文档内容后按下 Ctrl + C，可以将选中内容复制到剪贴板中。 195. √ 196. √ 197. √ 198. × 正确答案：A2 采油井当日事件维护录入错误纠正方法：首先进入 A2 系统→小队采集→系统管理→应用设置→事件维护→采油井→开关井事件维护→在状态下点对应井号前点"√"选择井号→删除。 199. × 正确答案：A2 录入测试资料前首先要看该井是否变细分或重分方案，如果有需要通知矿机房修改方案，如果方案允许注水压力发生变化，修改允许注水压力，然后保存。 200. √

附 录

附录1　职业技能等级标准

1. 工种概况

1.1　工种名称

采油地质工。

1.2　工种定义

从事收集、审核、分析采油井、注入井的地质资料和生产动态数据的人员。

1.3　工种等级

本工种共设五个等级，分别为：初级（国家职业资格五级）、中级（国家职业资格四级）、高级（国家职业资格三级）、技师（国家职业资格二级）、高级技师（国家职业资格一级）。

1.4　工种环境

以室内为主，部分从事野外生产现场资料的核实工作。

1.5　工种能力特征

身体健康，具有一定的理解、表达、分析、判断和油气开采技术指导能力。

1.6　基本文化程度

高中毕业（或同等学力）。

1.7　培训要求

1.7.1　培训期限

全日制职业学校教育，根据其培养目标和教学计划确定期限。晋级培训：初级不少于 280 标准学时；中级不少于 210 标准学时；高级不少于 200 标准学时；技师不少于 280 标准学时；高级技师不少于 200 标准学时。

1.7.2　培训教师

培训初、中、高级的教师应具有本职业高级以上职业资格证书或中级以上专业技术职务任职资格；培训技师、高级技师的教师应具有本职业高级技师职业资格证书或相应专业高级专业技术职务任职资格。

1.7.3 培训场地设备

理论培训应具有可容纳 30 名以上学员的教室；技能操作培训应有相应的设备、工具、安全设施等较为完善的场地。

1.8 鉴定要求

1.8.1 适用对象

从事或准备从事本工种的人员。

1.8.2 申报条件

——初级（具备以下条件之一者）

（1）从事本工种工作 1 年以上。

（2）各类中等职业学校及以上本专业毕业生。

（3）经专业培训，达到规定标准学时，并取得培训合格证书。

——中级（具备以下条件之一者）

（1）从事本工种工作 5 年以上，并取得本工种（职业）初级职业资格证书。

（2）各类中等职业学校本专业毕业生，从事本工种工作 3 年以上，并取得本职业（工种）初级职业资格证书。

（3）大专（含高职）及以上本专业（职业）或相关专业毕业生，从事本工种工作 2 年以上。

——高级（具备以下条件之一者）

（1）从事本工种工作 14 年以上，并取得本职业（工种）中级职业资格证书。

（2）各类中等职业学校本专业毕业生，从事本工种工作 12 年以上，并取得本职业（工种）中级职业资格证书。

（3）大专（含高职）及以上本专业（职业）毕业生，从事本工种工作 5 年以上，并取得本职业（工种）中级职业资格证书。

——技师（具备以下条件之一者）

（1）取得本职业（工种）高级职业资格证书 3 年以上。

（2）大专（含高职）及以上本专业（职业）毕业生，取得本职业（工种）高级资格证书 2 年以上。

——高级技师

取得本职业（工种）技师职业资格证书 3 年以上。

1.8.3 鉴定方式

分理论知识考试和技能操作考核。理论知识考试采取闭卷笔试方式，技能操作考核采用笔试、仿真操作方式。理论知识考试和技能操作考核均实行百分制，成绩均达到 60 分以上（含 60 分）者为合格。技师、高级技师还须进行综合评审，高级技师需进行论文答辩。

1.8.4 考评员与考生配比

理论知识考试考评人员与考生配比为 1∶20，每标准教室不少于 2 名考评人员；技能操作考核考评人员与考生配比为 1∶5，且不少于 3 名考评人员，技师、高级技师综合评审及高级技师论文答辩考评人员不少于 5 人。

1.8.5　鉴定时间

理论知识考试 90 分钟；技能操作考核不少于 60 分钟；论文答辩 40 分钟。

1.8.6　鉴定场所设备

理论知识考试在标准教室进行。技能操作考核在相应的设备、工具和安全设施等较为完善的场地进行。

2. 基本要求

2.1　职业道德

（1）爱岗敬业，自觉履行职责；

（2）忠于职守，严于律己；

（3）吃苦耐劳，工作认真负责；

（4）勤奋好学，刻苦钻研业务技术；

（5）谦虚谨慎，团结协作；

（6）安全生产，严格执行生产操作规程；

（7）文明作业，质量、环保意识强；

（8）文明守纪，遵纪守法。

2.2　基础知识

2.2.1　石油天然气基础知识

（1）石油；

（2）天然气；

（3）油田水；

（4）石油天然气的生成、运移及储集知识。

2.2.2　石油地质基础知识

（1）岩石基础知识；

（2）地质时代与地质构造；

（3）油气藏及油气田；

（4）沉积相；

（5）油层对比；

（6）油田储量；

（7）地球物理测井知识；

（8）现场岩心描述。

2.2.3　油田开发基础知识

（1）油田开发知识；

（2）油田开发方式；

（3）油田开发方案；

（4）油水井配产配注；

（5）油田开发阶段与调整。

2.2.4 安全管理知识

（1）安全管理工作概论；

（2）常用灭火方法；

（3）石油、天然气火灾特点及预防；

（4）电气火灾与预防；

（5）常用灭火器的类型；

（6）安全电压；

（7）安全色；

（8）办公室消防安全管理规定。

3. 工作要求

本标准对初级、中级、高级、技师、高级技师的要求依次递进，高级别包括低级别的要求。

3.1 初级

职业功能	工作内容	技能要求	相关知识
一、管理油水井	（一）油水井工艺技术	1. 能运用完井方式的选择条件选择完井方式； 2. 能判断油气田是否有开采价值； 3. 能分析深井泵分离器的工作原理	1. 井身结构及各种油井完成方法的相关概念、特点及适用条件； 2. 试油工艺、诱喷方法适用条件及特点； 3. 产液量计量方法； 4. 深井泵、分离器的工作原理
	（二）核实现场资料	1. 能录取油井产量； 2. 能采集油井的油样； 3. 能采集注水井的水样； 4. 能录取采油井井口压力； 5. 能录取注水井井口压力； 6. 能用钳形电流表测量抽油机井电流	1. 油井常用的计量方式、设备种类、性能； 2. 量油操作方法、玻璃管量油原理； 3. 资料录取全准规定中的量油要求； 4. 常用电流表的种类、用途、操作方法； 5. 资料录取全准规定中电流录取要求； 6. 常用压力表的种类、量程、操作方法； 7. 资料录取全准规定中压力录取要求； 8. 样品采集方法、技术要求和保护方法
	（三）计算审核监测资料	1. 能计算玻璃管量油常数及产量； 2. 能对采油井日产液量取值； 3. 能对采油井计算扣产； 4. 能选用采油井化验含水数值； 5. 能审核采油井班报表； 6. 能审核注水井班报表； 7. 能分析简单动态监测资料	1. 采油井日产油量、产水量的计算方法； 2. 注水井全井注水量的计算方法； 3. 填写、计算采油井班报表的标准及要求； 4. 填写、计算注水井班报表的标准及要求； 5. 填写油、水井月度综合数据的要求； 6. 注入、产出剖面、油水井测试方法、概念原理
二、绘图	（一）绘制曲线	1. 能绘制井组注水曲线； 2. 能绘制注水井指示曲线	1. 选取坐标和换算比例尺方法； 2. 绘制曲线的基本规定和方法； 3. 注水曲线的用途和绘制方法； 4. 注水指示曲线的概念、用途； 5. 注水指示曲线的绘制方法

续表

职业功能	工作内容	技能要求	相关知识
二、 绘图	（二） 绘制图幅	1. 能绘制分注管柱示意图； 2. 能绘制注水井单井配水工艺流程示意图	1. 工艺流程图各部件绘制方法； 2. 工艺流程图的识别方法； 3. 分层注水管柱的分类及绘制方法； 4. 注水井单井配水工艺流程示意图的绘制方法
三、 综合 技能	（一） 动态分析	1. 能分析判断现场录取的注水井生产数据； 2. 能分析判断现场录取的抽油机井生产数据	1. 注水井油压注水量上升下降分析方法； 2. 注水井油压、启动压力高低分析方法； 3. 油井产液、产油、含水油压变化原因分析方法
	（二） 计算机 应用	1. 能应用计算机准确录入 Word 文档； 2. 能应用计算机准确录入 Excel 表格	1. Word 办公软件的操作方法； 2. Excel 的办公软件基本功能； 3. Word 、Excel 新建保存方法

3.2 中级

职业功能	工作内容	技能要求	相关知识
一、 管理 油水井	（一） 油水井 工艺技术	1. 能判断抽油机井口装置类型； 2. 能运用采油井清防蜡知识对采油井进行清防蜡； 3. 能分析判断套管损坏的原因； 4. 能制定套管损坏的防治措施	1. 抽油机的组成及各部件的名称、作用； 2. 采油井结蜡的特征、影响结蜡的因素以及清防蜡的方法； 3. 套管损坏的机理、原因、形态、检测方法以及防治措施
	（二） 核实现 场资料	1. 能测试注水井指示曲线、启动压力； 2. 能调整注水井注水量； 3. 能校对压力表； 4. 能采集聚合物注入井溶液样	1. 启动压力的概念、用途； 2. 测试注水指示曲线、启动压力的方法； 3. 调整注水井井口注入量的操作方法； 4. 校对井口压力表的方法； 5. 聚合物注入井溶液样的采集方法
	（三） 计算参数 监测资料	1. 能计算产量构成数据； 2. 能计算机采井理论排量及泵效； 3. 能计算机采井的沉没度； 4. 能运用生产测井及监测的内容分析判断生产井	1. 产量构成数据的计算方法； 2. 机采井理论排量、泵效的概念计算方法； 3. 机采井沉没度的概念、计算方法； 4. 生产测井、资料监测的概念、内容、方法、用途
二、 绘图	（一） 绘制曲线	1. 能绘制井组采油曲线； 2. 能绘制注采综合开采曲线； 3. 能绘制产量构成曲线	1. 注采综合开采曲线的概念及绘制方法； 2. 采油曲线的用途和绘制方法； 3. 产量构成曲线的概念及绘制方法
	（二） 绘制图幅	1. 能绘制注水井多井配水工艺流程示意图； 2. 能绘制机采井地面工艺流程示意图； 3. 能绘制机采井分层开采管柱示意图	1. 注水井多井配水工艺流程示意图的绘制方法； 2. 井间地面工艺流程示意图绘制及应用； 3. 分层开采工艺； 4. 采油井分层采油管柱的绘制方法

职业功能	工作内容	技能要求	相关知识
三、综合技能	（一）动态分析	1. 能分析注水指示曲线； 2. 能解释抽油机井理论示功图； 3. 能分析判断现场录取的螺杆泵井生产数据； 4. 能分析判断现场录取的电泵井生产数据； 5. 能分析判断分注井井下封隔器密封状况	1. 注水井指示曲线形状与吸水能力变化分析； 2. 抽油机井理论示功图各条线的含义、抽油机井合理工作参数的确定、热洗质量效果分析方法； 3. 电泵井电流卡片、动态控制图的分析； 4. 螺杆泵井生产状况分析方法； 5. 油田开发各阶段含水变化分析方法； 6. 注水井吸水能力变化分析方法； 7. 分层井井下封隔器的密封状况、利用指示曲线分析井下工具的工作状况
	（二）计算机应用	1. 能应用 Word 录入文档排版并打印； 2. 能应用计算机录入注水井分层测试资料	1. Word 办公软件基本功能及应用； 2. Word 办公软件文字编辑基础； 3. Word 办公软件页面设置、排版、打印的方法； 4. A2 系统操作方法

3.3 高级

职业功能	工作内容	技能要求	相关知识
一、管理油水井	（一）油水井工艺技术	1. 能计算聚合物注入井的配比； 2. 能分析判断聚合物注入井浓度是否达标； 3. 能利用新工艺新技术指导油田开发； 4. 能运用三次采油知识指导现场实践； 5. 能分析判断出砂井产生的原因； 6. 能制定油井出砂预防措施清砂方法	1. 聚合物注入井配比的概念、用途； 2. 聚合物驱注入井的浓度标准； 3. 射流泵和水力活塞泵新型螺杆泵的采油技术； 4. 三次采油、表面活性剂驱油、三元复合驱、碱性水驱、混相驱的概念； 5. 出砂井、出水井特点及预防措施和处理方法
	（二）计算参数监测资料	1. 能计算抽油机井系统效率； 2. 能计算分层注水井层段实际注入量； 3. 能应用测井资料进行对比分析； 4. 能分析电泵井电流卡片； 5. 能分析动态控制图； 6. 能分析抽油机井示功图	1. 抽油机井系统效率的计算内容； 2. 层段吸水百分数的概念、用途、计算方法； 3. 层段实际注入量的概念、计算方法； 4. 动态控制图的内容、区域划分； 5. 电泵井电流卡片、抽油机井实测示功图的分析方法； 6. 资料监测的原则、方法、应用
	（三）计算指标	1. 能计算抽油机井管理指标； 2. 能计算电泵井管理指标； 3. 能计算螺杆泵井管理指标； 4. 能计算注水井管理指标	1. 机采井管理指标的定义、用途、计算方法； 2. 注水井管理指标的内容

续表

职业功能	工作内容	技能要求	相关知识
二、 绘图	（一） 绘制曲线	1. 能绘制产量运行曲线； 2. 能绘制理论示功图	1. 产量运行曲线的绘制方法； 2. 理论示功图的绘制方法； 3. 理论示功图载荷的计算方法
	（二） 绘制图幅	1. 能绘制分层注采剖面图； 2. 能绘制典型井网图； 3. 能绘制油层栅状连通图	1. 分层注采剖面图的绘制要求、操作程序； 2. 典型井网图的用途、绘制方法； 3. 油层栅状连通图的用途、绘制方法
三、 综合 技能	（一） 动态分析	1. 能分析抽油机井典型示功图； 2. 能分析抽油机井动态控制图； 3. 能利用注水指示曲线分析油层吸水指数的变化； 4. 能分析机采井换泵措施效果	1. 抽油机井典型示功图的分析； 2. 机采井动态控制图的应用； 3. 利用注水井指示曲线分析油层吸水能力； 4. 动态分析的概念、内容、方法、目的
	（二） 计算机 应用	1. 能应用 Excel 表格数据绘制采油曲线； 2. 能应用 Excel 表格数据绘制注水曲线； 3. 能应用计算机制作 Excel 表格并应用公式处理数据	1.Excel 制作图表的方法； 2.Excel 中绘制曲线的方法； 3.Excel 表格的制作方法及公式运用

3.4 技师

职业功能	工作内容	技能要求	相关知识
一、 管理 油水井	（一） 油水井 工艺技术	1. 能分析选用压裂过程中压裂液种类； 2. 能分析选用酸化过程中酸液的种类； 3. 能分析调剖的作用； 4. 能运用聚合物驱油知识指导实践； 5. 能分析判断聚合物注入井黏度是否达标	1. 达到准确地理解和掌握以上概念。学会分析储层改造后的油、水井生产变化，了解油层和水层压裂及酸化施工工序及目的； 2、深度调剖、浅部调剖的概念以及调剖的作用； 3. 聚合物驱油原理、聚合物分子量分类、形态、聚合物浓黏度的概念、聚合物溶液对水质的要求
	（二） 计算参数 监测资料	1. 能计算反九点法面积井网井组月度注采比； 2. 能计算四点法面积井网井组月度注采比； 3. 能计算井组注采比及累积亏空体积； 4. 能分析各类测井资料	1. 面积井网注采比的计算方法； 2. 井组注采比的计算方法； 3. 累积亏空体积的计算方法； 4. 微电极、侧向、感应、声波放射性测井概念
	（三） 计算指标	1. 能计算油田水驱区块开发指标及参数； 2. 能预测油田区块年产量	1. 油田开发指标的意义、应用； 2. 油田开发指标的计算方法； 3. 油田区块年产量预测的方法
二、 绘图	（一） 绘制 地质图幅	1. 能绘制油层剖面图； 2. 能绘制地质构造等值图； 3. 能绘制小层平面图	1. 油层剖面图的用途、绘制方法； 2. 地质构造等值图的绘制要求、方法； 3. 小层平面图的用途、画法
	（二） 绘制聚驱 工艺流程	能绘制聚合物单井注聚工艺流程图	1. 聚合物注入井井口工艺技术； 2. 注聚工艺对水质、设备的要求

续表

职业功能	工作内容	技能要求	相关知识
三、综合技能	（一）动态分析	1. 能分析油水井压裂措施效果； 2. 能应用注入剖面资料分析油层注入状况； 3. 能应用产出剖面资料分析油层产出状况； 4. 能分析分层流量检测卡片判断注水井注状况； 5. 能分析水驱井组生产动态； 6. 能分析水驱区块综合开采形势	1. 油水井措施效果统计内容； 2. 注采适应性分析内容； 3. 水驱控制程度的分析内容； 4. 水驱井组注采平衡状况、综合含水分析内容； 5. 水驱区块采油、注水、产水指标在分析中的应用
	（二）计算机应用	1. 能制作 PowerPoint 演示文稿； 2. 能制作 PowerPoint 演示文稿中的表格	1. PowerPoint 的编辑、内容及窗口功能、模板应用设置、切换方法； 2. PowerPoint 中表格制作方法
	（三）编写分析报告	能编写区域配产配注方案	单井、区域配产、配注的概念、用途及方案的编写方法
四、管理与培训	（一）质量管理	1. 能编绘全面质量管理排列图； 2. 能编绘全面质量管理因果图	1. 全面质量管理内容； 2. 质量管理文件体系的内容及操作要求
	（二）技术培训	能进行采油地质初、中、高级工理论和技能培训	技术培训的要求、方法

3.5 高级技师

职业功能	工作内容	技能要求	相关知识
一、管理油水井	（一）油水井工艺技术	1. 能利用新工艺新技术指导油田开发； 2. 能制定聚合物开发方案	1. 蒸汽吞吐及稠油井管理方法； 2. 聚合物方案及阶段划分方法
	（二）计算参数监测资料	1. 能计算单井控制面积； 2. 能计算水驱控制程度； 3. 能应用测井资料	1. 单井控制面积的计算方法； 2. 水驱控制程度的计算方法； 3. 测井资料的应用方法
	（三）计算指标	能计算三采区块的开发指标及参数	1. 聚合物基础指标的统计方法； 2. 聚合物驱效果指标预测的内容
	（四）计算储量	能用容积法计算地质储量	1. 地质储量的概念、用途； 2. 地质储量的计算方法
二、绘图	（一）绘制地质图幅	1. 能绘制沉积相带图； 2. 能绘制构造剖面图； 3. 能绘制渗透率等值图； 4. 能绘制压力等值图	1. 沉积相的概念； 2. 沉积相带图的绘制方法； 3. 地质构造的概念； 4. 断层组合方法； 5. 地质构造剖面图的绘制方法； 6. 渗透率等值图的绘制方法； 7. 压力等值图的绘制方法
	（二）绘制聚驱工艺图幅	能绘制聚合物站内注入工艺流程图	聚合物站内注入工艺流程的绘制方法

续表

职业功能	工作内容	技能要求	相关知识
三、综合技能	（一）动态分析	1. 能利用测井曲线分析判断油气水层及水淹层； 2. 能利用动静态资料进行区块动态分析； 3. 能分析聚驱区块综合开采形势； 4. 能分析聚驱井组生产动态	1. 利用测井曲线识别油、气、水、水淹层的方法； 2. 利用动静态资料进行区块动态分析； 3. 聚驱注采状况分析内容； 4. 聚驱采油动态变化特征的内容
	（二）计算机应用	1. 应用计算机在 PowerPoint 中设置动作及自定义动画； 2. 应用计算机在 Word 中创建表格并进行数据计算	1. 操作数据库的基本命令； 2. 数据库基本逻辑函数的应用； 3. 在 Word 文档中创建表格内容及数据计算的方法
	（三）编写分析报告	1. 能编写区块开采形势分析报告； 2. 能撰写专业技术论文	1. 油藏动态分析、开采形势分析报告撰写方法； 2. 专业技术论文撰写方法
四、管理与培训	（一）经济管理	1. 能进行压裂井的经济效益指标粗评价； 2. 能进行封堵井的经济效益指标粗评价； 3. 能进行酸化井的经济效益指标粗评价； 4. 能进行补孔井的经济效益指标粗评价	1. 经济管理的任务原则步骤； 2. 油田开发的经济效益评价指标
	（二）技术培训	1. 能编制培训计划； 2. 能制作培训课件	1. 培训计划的编制内容、方法； 2. 制作培训课件的方法

4. 比重表

4.1　理论知识

项　目		初级（%）	中级（%）	高级（%）	技师高级技师（%）
基本要求	基础知识	35	35	30	30
相关知识	油水井工艺技术	23	27	30	24
	核实现场资料	7	4		
管理油水井	计算审核监测资料	14			
	计算参数监测资料		11	10	5
	计算指标			5	5
	计算储量				2
绘图	绘制曲线	2	3	3	
	绘制地质图幅	5	5	5	5
	绘制聚驱工艺流程				3
综合技能	动态分析	6	8	10	7
	计算机应用	8	7	7	3
	编写分析报告				5
综合管理	质量管理				3
	经济管理				5
	技术培训				3
合　计		100	100	100	100

4.2 操作技能

项　目			初级（%）	中级（%）	高级（%）	技师（%）	高级技师（%）
技能要求	管理油水井	油水井工艺技术	10	10	10	10	
		核实现场资料	10	10			
		计算审核监测资料	10				
		计算参数监测资料		10	10	10	10
		计算指标			10	10	10
		计算储量					10
	绘图	绘制曲线	15	15	10		
		绘制地质图幅	15	15	20	20	20
		绘制聚驱工艺流程				10	10
	综合技能	动态分析	20	20	20	15	10
		计算机应用	20	20	20	15	10
		编写分析报告					5
		论文写作					5
	综合管理	质量管理				10	
		经济管理					10
		技术培训					
合　计			100	100	100	100	100

附录2　初级工理论知识鉴定要素细目表

行业：石油天然气　　工种：采油地质工　　等级．初级工　　　　鉴定方式：理论知识

行为领域	代码	鉴定范围（重要程度比例）	鉴定比重	代码	鉴定点	重要程度	备注
基础知识 A 35%	A	石油天然气基础知识（08：02：00）	5%	001	石油的概念	X	上岗要求
				002	地面条件下石油物理性质	X	上岗要求
				003	地层条件下石油物理性质	X	上岗要求
				004	石油的元素组成	X	上岗要求
				005	石油的组分组成	X	上岗要求
				006	石油的馏分组成	Y	上岗要求
				007	天然气的概念	X	上岗要求
				008	天然气的物理性质	Y	上岗要求
				009	天然气的化学组成	X	上岗要求
				010	天然气根据矿藏分类的方法	X	上岗要求
	B	石油地质基础知识（23：05：02）	15%	001	岩石的分类	X	
				002	沉积岩的分类	X	
				003	沉积岩的特征	X	
				004	沉积岩的形成过程	X	
				005	风化作用、剥蚀作用的概念	X	
				006	搬运作用的概念	X	
				007	沉积作用的概念	X	
				008	物理风化作用的概念	X	
				009	化学生物风化作用的概念	X	
				010	机械沉积作用和化学沉积作用的概念	X	
				011	生物化学沉积作用的概念	X	
				012	压实脱水作用的概念	X	
				013	胶结作用的概念	Y	

续表

行为领域	代码	鉴定范围 （重要程度比例）	鉴定比重	代码	鉴定点	重要程度	备注
基础知识 A 35%	B	石油地质 基础知识 （23：05：02）	15%	014	重结晶作用的概念	X	
				015	沉积岩的结构的概念	X	
				016	碎屑结构的概念	X	
				017	泥质结构的概念	X	
				018	沉积岩的构造	X	
				019	沉积岩的层理的概念	X	
				020	水平层理的概念	X	
				021	斜层理的概念	X	
				022	交错层理和波状层理的概念	X	
				023	层面构造的概念和类型	X	
				024	沉积岩颜色的成因类型	Y	
				025	常见的沉积岩颜色描述	Y	
				026	地层单位的概念	Y	
				027	地层单位的划分	Y	
				028	地质年代的概念	Z	
				029	地质年代的划分	Z	
				030	地质构造的概念	X	
	C	油田开发 基础知识 （16：03：01）	10%	001	探井的分类	X	上岗要求
				002	开发井的分类	X	上岗要求
				003	探井的井号编排	X	上岗要求
				004	开发井的井号编排	Y	上岗要求
				005	注水方式的概念	X	上岗要求
				006	行列切割注水的概念	X	上岗要求
				007	面积注水的适用条件	X	上岗要求
				008	面积注水的主要特点	Y	上岗要求
				009	四点法面积井网的概念	Z	上岗要求
				010	五点法面积井网的概念	Y	上岗要求
				011	七点法面积井网的概念	X	上岗要求
				012	九点法面积井网的概念	X	上岗要求
				013	反九点法面积井网的概念	X	上岗要求
				014	笼统注水的概念	X	上岗要求
				015	分层注水的概念	X	上岗要求
				016	注入水的基本要求	X	上岗要求

续表

行为领域	代码	鉴定范围（重要程度比例）	鉴定比重	代码	鉴　定　点	重要程度	备注
基础知识 A 35%	C	油田开发基础知识 （16∶03∶01）	10%	017	注入水的水质标准	X	上岗要求
				018	原始地层压力的概念	X	上岗要求
				019	地层压力的概念	X	上岗要求
				020	饱和压力的概念	X	上岗要求
	D	安全管理知识 （08∶02∶00）	5%	001	安全管理的概念、意义、原则	X	上岗要求
				002	安全管理的工作内容、任务	X	上岗要求
				003	常用灭火的方法	Y	上岗要求
				004	石油火灾的特点	X	上岗要求
				005	天然气火灾的特点	X	上岗要求
				006	石油火灾的预防方法	X	上岗要求
				007	电气火灾的概念	Y	上岗要求
				008	电气火灾的特点	X	上岗要求
				009	电气火灾的预防措施	X	上岗要求
				010	电气火灾监控系统的特点	X	上岗要求
专业知识 B 65%	A	油水井工艺技术 （37∶07∶02）	23%	001	完井的概念	X	上岗要求
				002	勘探开发对完井的要求	X	
				003	套管完井方法	X	上岗要求
				004	裸眼完井方法	X	上岗要求
				005	固井的概念、目的	X	上岗要求
				006	射孔的概念	X	上岗要求
				007	射孔参数优化设计	X	
				008	射孔参数对油气层产能的影响	X	
				009	诱喷排液的概念、原则	X	
				010	替喷法的概念、分类	X	
				011	抽汲法的概念	X	
				012	气举法的概念	Y	
				013	试油的概念、目的	X	
				014	试油工艺的分类	X	
				015	中途测试试油的概念	Z	
				016	井身结构的概念	X	上岗要求
				017	完井数据的内容	X	上岗要求
				018	注水井井身的结构	X	上岗要求
				019	注水井生产原理	X	上岗要求

行为领域	代码	鉴定范围（重要程度比例）	鉴定比重	代码	鉴 定 点	重要程度	备注
专业知识 B 65%	A	油水井工艺技术 （37：07：02）	23%	020	自喷井采油原理	Z	上岗要求
				021	抽油机井结构	X	上岗要求
				022	抽油机井采油原理	X	上岗要求
				023	电动潜油泵井结构	X	上岗要求
				024	电动潜油泵井采油原理	X	上岗要求
				025	螺杆泵井结构	X	上岗要求
				026	螺杆泵井采油原理	X	上岗要求
				027	采油树的作用	Y	上岗要求
				028	采油树的结构	X	上岗要求
				029	机械采油的分类	X	上岗要求
				030	抽油泵的分类	X	上岗要求
				031	管式抽油泵的结构	X	上岗要求
				032	杆式抽油泵的结构	X	上岗要求
				033	抽油泵的结构	X	上岗要求
				034	抽油泵的工作原理	X	上岗要求
				035	光杆的分类	X	上岗要求
				036	抽油杆的结构	Y	上岗要求
				037	抽油杆的分类	X	上岗要求
				038	抽油机井的抽油参数	X	上岗要求
				039	抽油机悬点载荷的分类	X	上岗要求
				040	潜油电泵的概念	X	上岗要求
				041	潜油电泵各装置的作用	Y	上岗要求
				042	潜油电泵控制屏的作用	Y	上岗要求
				043	潜油电泵的优点	X	
				044	螺杆泵井的优点	Y	
				045	螺杆泵井的缺点	Y	
				046	螺杆泵井各装置的作用	X	
	B	核实现场资料 （11：02：01）	7%	001	玻璃管量油的原理	X	上岗要求
				002	分离器的计量标准	X	上岗要求
				003	量油分离器的种类	X	上岗要求
				004	油气分离器的作用及结构	X	上岗要求
				005	油气分离器的工作过程	X	上岗要求
				006	油气分离器的基本原理	X	上岗要求

行为领域	代码	鉴定范围（重要程度比例）	鉴定比重	代码	鉴　定　点	重要程度	备注
专业知识 B 65%	B	核实现场资料（11：02：01）	7%	007	产液量的计量方法	X	上岗要求
				008	采油井应录取资料的内容	X	上岗要求
				009	采油井资料全准标准	X	上岗要求
				010	注水井应录取资料的内容	X	上岗要求
				011	注水井资料全准标准	X	上岗要求
				012	非常规资料的录取要求	Z	上岗要求
				013	油、水井班报表的整理	Y	上岗要求
				014	油、水井综合记录和井史的整理	Y	上岗要求
	C	计算审核监测资料（22：04：02）	14%	001	采油队、注入队原始资料的保管要求	X	上岗要求
				002	采油队、注入队综合资料管理资料的保管要求	X	上岗要求
				003	采油井、注入井基础数据管理要求	X	上岗要求
				004	原始资料的数据填写要求	X	上岗要求
				005	原始资料工作项目填写要求	X	上岗要求
				006	日报的录入整理上报标准	X	上岗要求
				007	井史数据生成上报标准	X	上岗要求
				008	化验分析资料的整理上报标准	X	上岗要求
				009	采油井产液量录取要求	X	上岗要求
				010	量油值的选用要求	Y	上岗要求
				011	采油井热洗扣产的标准	Z	上岗要求
				012	采油井油套压的录取标准	X	上岗要求
				013	机采井电流的录取标准	X	上岗要求
				014	采出液含水录取要求	X	上岗要求
				015	采油井含水化验数值选用标准	X	上岗要求
				016	采油井动液面示功图的录取标准	X	上岗要求
				017	注水井日注水量的录取标准	X	上岗要求
				018	注水井油套压的录取标准	X	上岗要求
				019	注水井的分层测试标准	X	上岗要求
				020	新井投产前后资料录取要求	X	上岗要求
				021	注水（入）井的洗井条件	X	上岗要求
				022	注水（入）井洗井方式	X	上岗要求
				023	注水（入）井洗井操作要求	X	上岗要求
				024	注水（入）井洗井资料录取及质量要求	X	上岗要求
				025	水表的使用与维护	Y	上岗要求

行为领域	代码	鉴定范围（重要程度比例）	鉴定比重	代码	鉴 定 点	重要程度	备注
专业知识 B 65%	C	计算审核监测资料（22:04:02）	14%	026	聚驱采出液含水录取要求	Y	上岗要求
				027	聚驱母液注入量、注水量录取要求	Y	上岗要求
				028	聚驱注入液聚合物浓度、黏度录取要求	Z	上岗要求
	D	绘制曲线（03:01:00）	2%	001	井组注水曲线的概念、用途	X	上岗要求
				002	井组注水曲线绘制方法和技术要求	Y	上岗要求
				003	注水指示曲线的概念、用途	X	上岗要求
				004	注水指示曲线绘制方法和技术要求	X	上岗要求
	E	绘制图幅（08:01:01）	5%	001	封隔器的概念	X	上岗要求
				002	封隔器的型号表示方法	Z	上岗要求
				003	控制工具的型号表示方法	X	上岗要求
				004	配水器和配产器的概念	X	上岗要求
				005	分层注水管柱的分类	X	上岗要求
				006	分层开采工艺管柱结构示意图的绘制基础	Y	上岗要求
				007	注水井分层注水管柱的绘制	X	上岗要求
				008	单井配水间注水流程	X	上岗要求
				009	注水井工艺的正常流程	X	上岗要求
				010	注水井单井配水流程的绘制	X	上岗要求
	F	动态分析（09:02:01）	6%	001	产油下降原因分析	X	上岗要求
				002	产油上升原因分析	X	上岗要求
				003	油井产液量下降原因分析	X	上岗要求
				004	油井产液量上升原因分析	X	上岗要求
				005	采油井含水上升原因分析	X	上岗要求
				006	采油井含水下降原因分析	X	上岗要求
				007	采油井油压上升原因分析	X	上岗要求
				008	注水井油压变化原因分析	X	上岗要求
				009	井口注水量上升原因分析	X	上岗要求
				010	井口注水量下降原因分析	Y	上岗要求
				011	注水井启动压力高原因分析	Y	上岗要求
				012	注水井启动压力低原因分析	Z	上岗要求
	G	计算机应用（13:02:01）	8%	001	计算机系统概述	Y	
				002	计算机的组成	Y	上岗要求
				003	中央处理器的作用	Z	
				004	软硬件系统的范畴	X	

行为 领域	代码	鉴定范围 （重要程度比例）	鉴定 比重	代码	鉴　定　点	重要 程度	备注
专业知识 B 65%	G	计算机应用 （13：02：01）	8%	005	储存器的概念	X	
				006	输入输出设备的分类	X	上岗要求
				007	计算机的操作方法	X	上岗要求
				008	Windows 系统操作方法	X	上岗要求
				009	输入汉字的注意事项	X	上岗要求
				010	常用特殊键的使用方法	X	上岗要求
				011	光标按钮的功能	X	上岗要求
				012	文件保存的概念	X	上岗要求
				013	文件保存的操作方法	X	上岗要求
				014	Excel 办公软件的基本功能	X	上岗要求
				015	Excel 中建立保存表格的方法	X	上岗要求
				016	计算机网络的应用	X	上岗要求

注：X—核心要素；Y——般要素；Z—辅助要素。

附录3 初级工操作技能鉴定要素细目表

行业：石油天然气　　　工种：采油地质工　　　等级：初级工　　　鉴定方式：操作技能

行为领域	代码	鉴定范围	鉴定比重	代码	鉴定点	重要程度	备注
操作技能 A 100%	A	油水井管理	30%	001	录取油井产液量	X	
				002	取抽油井井口油样	X	
				003	取注水井井口水样	X	
				004	录取油井压力	X	
				005	录取注水井压力	X	
				006	测取抽油机井上、下电流	Y	
				007	采油井日产液量取值	X	
				008	采油井扣产	X	
				009	采油井化验含水取值	X	
				010	审核采油井班报表	Y	
				011	审核注水井班报表	X	
				012	计算玻璃管量油常数及产量	X	
	B	绘图	30%	001	绘制井组注水曲线	X	
				002	绘制注水井指示曲线	X	
				003	绘制注水井单井配水工艺流程示意图	Z	
				004	绘制注水井分注管柱示意图	Y	
	C	综合技能	40%	001	分析判断现场录取的注水井生产数据	X	
				002	分析判断现场录取的抽油机井生产数据	X	
				003	应用计算机准确录入 Word 文档	X	
				004	应用计算机准确录入 Excel 表格	X	

注：X—核心要素；Y—一般要素；Z—辅助要素。

附录4　中级工理论知识鉴定要素细目表

行业：石油天然气　　工种：采油地质工　　等级：中级工　　　　鉴定方式：理论知识

行为领域	代码	鉴定范围（重要程度比例）	鉴定比重	代码	鉴 定 点	重要程度	备注
基础知识 A 35%	A	石油天然气基础知识（16：03：01）	10%	001	油田水的概念	X	
				002	油田水的物理性质	X	
				003	油田水的化学成分	X	
				004	油田水的矿化度	X	
				005	油田水的产状	X	
				006	油田水的类型	X	
				007	生成油气的物质基础	Y	
				008	石油的生成环境	X	
				009	石油的生成条件	X	
				010	油气的生成过程	Y	
				011	油气运移的动力因素	X	
				012	油气二次运移的过程	X	
				013	地静压力的概念	X	
				014	毛细管力的概念	X	
				015	油气初次运移的概念	X	
				016	生油层的概念及特征	X	
				017	生油层的地球化学指标	Z	
				018	储层的概念	X	
				019	储层岩石的孔隙性	Y	
				020	孔隙度的概念	X	
	B	石油地质基础知识（16：03：01）	10%	001	岩层的产状要素	X	
				002	褶皱构造的分类	X	
				003	褶曲的要素	X	
				004	褶曲的形态分类	Y	
				005	断裂构造的分类	X	
				006	断层的基本要素	X	
				007	断层的概念	X	
				008	断层的组合形态	X	

行为领域	代码	鉴定范围（重要程度比例）	鉴定比重	代码	鉴 定 点	重要程度	备注
基础知识 A 35%	B	石油地质基础知识（16：03：01）	10%	009	地层的接触关系	X	
				010	地层接触关系的分类	X	
				011	不整合接触的特点	X	
				012	整合接触的概念	X	
				013	侵入接触的概念	X	
				014	油气藏的概念	Z	
				015	油气藏的分类	X	
				016	构造油气藏的特征	X	
				017	断层油气藏的特征	X	
				018	地层油气藏的特征	X	
				019	古潜山油气藏的特征	Y	
				020	岩性油气藏的概念及分类	Y	
	C	油田开发基础知识（16：03：01）	10%	001	油田开发的概念	X	
				002	油田开发的方针、方案	X	
				003	油田开发的原则	X	
				004	油田开发的具体规定	X	
				005	油藏开发方案的主要内容	Y	
				006	油田开发综合调整的概念	X	
				007	编制采油井配产方案的方法	X	
				008	未措施老井的配产方法	X	
				009	措施老井的配产方法	X	
				010	新井的配产方法	X	
				011	注水井配注方案的编制方法	Z	
				012	注水量调整的类型	Y	
				013	注水井的调整措施	Y	
				014	注水层段的调整类型	X	
				015	注水层段配注水量的调整方法	X	
				016	注水层段性质的确定方法	X	
				017	注入剖面测井的概念	X	
				018	注入剖面的测试原理	X	
				019	产出剖面的概念	X	
				020	产出剖面的测试原理	X	

行为领域	代码	鉴定范围（重要程度比例）	鉴定比重	代码	鉴 定 点	重要程度	备注
基础知识 A 35%	D	HSE 管理知识 （08：02：00）	5%	001	断电灭火的注意事项	X	
				002	带电灭火的注意事项	X	
				003	充油电气设备的火灾扑救注意事项	X	
				004	触电的危害	X	
				005	触电伤害的急救方法	X	
				006	常用灭火器的类型	X	
				007	安全电压的概念	Y	
				008	安全色的概念	Y	
				009	安全标志的概念、分类	X	
				010	办公室消防安全管理规定	X	
专业知识 B 65%	A	油水井工艺技术 （43：08：03）	27%	001	气举采油工艺过程	Z	
				002	气举采油的优点	Z	
				003	气举采油的局限性	Z	
				004	气举采油方式	Y	
				005	连续气举的概念	Y	
				006	气举井井下装置的用途	Y	
				007	气举采油地面设备的用途	Y	
				008	影响结蜡的因素	X	
				009	油井结蜡的危害	X	
				010	油井结蜡的规律	X	
				011	油井防蜡的方法	X	
				012	机械清蜡的方法	X	
				013	热力清蜡的方法	X	
				014	套管变形的分类	X	
				015	套管损坏基本类型	X	
				016	套管损坏检测方法	X	
				017	套管损坏机理	X	
				018	套管损坏的地质因素	X	
				019	套管损坏的工程因素	X	
				020	套管损坏的腐蚀因素	X	
				021	提高套管抗挤压强度的措施	X	
				022	防止注入水窜入软弱地层的措施	X	
				023	套管损坏井的修复工艺技术	X	
				024	套管损坏井的利用方法	X	

行为领域	代码	鉴定范围（重要程度比例）	鉴定比重	代码	鉴 定 点	重要程度	备注
专业知识 B 65%	A	油水井工艺技术 （43:08:03）	27%	025	套管损坏井的报废方法	X	
				026	注水系统的生产流程	X	
				027	注水井的注水方式	X	
				028	关井降压流程	X	
				029	注水井的投注流程	X	
				030	集油系统单管生产流程	X	
				031	集油系统多管生产流程	X	
				032	量油测气生产流程	X	
				033	油水井开关的概念	X	
				034	抽油机井生产流程	X	
				035	电动潜油泵井生产流程	X	
				036	油水井作业的定义	X	
				037	检泵的原因	X	
				038	影响检泵施工质量的因素	X	
				039	检泵的依据	X	
				040	封隔器和换封的概念	X	
				041	影响换封质量的因素	X	
				042	冲砂液的要求	X	
				043	冲砂的方法	X	
				044	油水井大修和小修	X	
				045	电泵井施工设计内容	X	
				046	一般油井作业地质设计内容	X	
				047	井下事故处理一般规定	X	
				048	井下作业单井日增产（注）量的计算	X	
				049	井下作业累积增产（注）量的计算	X	
				050	油井投产作业质量要求	X	
				051	注水井投注作业质量要求	Y	
				052	上抽转抽作业质量要求	Y	
				053	冲砂的程序	Y	
				054	冲砂的技术要求	Y	
	B	核实现场资料 （6:02:00）	4%	001	聚合物驱采出井资料录取内容及要求	X	
				002	聚合物驱采出井采出液含水录取要求	X	
				003	聚合物驱采出井采出液聚合物浓度录取要求	X	
				004	聚合物驱采出井采出液水质录取要求	X	

续表

行为领域	代码	鉴定范围（重要程度比例）	鉴定比重	代码	鉴定点	重要程度	备注
专业知识 B 65%	B	核实现场资料（6：02：00）	4%	005	聚合物驱注入井母液注入量、注水量录取要求	X	
				006	聚合物驱注入井注入液聚合物浓度、黏度录取要求	X	
				007	聚合物驱注入井注入井现场检查指标及现场资料准确率要求及计算	Y	
				008	聚合物注入井溶液样的录取方法	Y	
	C	计算参数监测资料（18：03：01）	11%	001	注水井启动压力、静水柱压力及嘴损的概念	X	
				002	启动压力的研究方法及应用	X	
				003	注水井分层测试的概念和分类	X	
				004	注水井投球测试原理	X	
				005	井下流量计测试方法	X	
				006	油井流压的计算	X	
				007	油井动液面沉没度、液压的计算	X	
				008	深井泵的理论排量计算	X	
				009	深井泵的泵效计算	X	
				010	常用的注水井封隔器特点	X	
				011	油田动态监测的概念	X	
				012	动态监测系统部署的原则	X	
				013	油田压力监测的概念	X	
				014	油田分层流量监测的概念	X	
				015	吸水剖面产液剖面监测的概念	X	
				016	注蒸汽剖面监测的概念	X	
				017	密闭取心检查井录取资料内容	X	
				018	取心井的设计要求	X	
				019	水淹层测井监测的概念、方法	Y	
				020	碳氧比能谱和中子寿命测井的特点	Z	
				021	井下技术状况监测的概念	Y	
				022	油水、油气界面监测的概念及应用	Y	
	D	绘制曲线（05：01：00）	3%	001	注采综合开采曲线的用途	X	
				002	注采综合开采曲线的绘制方法和技术要求	X	
				003	产量构成曲线的概念	X	
				004	产量构成曲线绘制方法及注意事项	X	
				005	采油曲线的概念及用途	X	
				006	采油曲线的绘制方法	Y	

续表

行为领域	代码	鉴定范围（重要程度比例）	鉴定比重	代码	鉴 定 点	重要程度	备注
专业知识 B 65%	E	绘制图幅 （08：02：00）	5%	001	工艺流程图各部件绘制方法及识别	X	
				002	计量间工艺流程图的应用	X	
				003	注水井多井配水工艺流程示意图的绘制方法	X	
				004	注水井多井配水工艺流程示意图应用	X	
				005	机采井地面工艺流程示意图内容及绘制方法	X	
				006	抽油机井地面工艺流程示意图应用	Y	
				007	油井常见生产管柱	X	
				008	深井泵、有杆泵＋射流泵、螺杆泵分层采油工艺	Y	
				009	机采井分层开采管柱示意图绘制	X	
				010	机采井分层开采管柱示意图识别	X	
	F	动态分析 （13：02：01）	8%	001	注水井注水指示曲线的常见形状	X	
				002	利用注水指示曲线分析油层注水能力变化	X	
				003	油田开发各阶段含水变化分析	X	
				004	机采井沉没度的变化分析	X	
				005	理论示功图中各曲线的含义	X	
				006	抽油机井热洗质量的效果分析	X	
				007	抽油机井参数调整的效果分析	X	
				008	抽油机井合理工作参数的确定	X	
				009	油井套压变化分析	X	
				010	潜油电泵井电流卡片的分析	Y	
				011	潜油电泵井动态控制图的应用	Y	
				012	油田注水指标的应用	Z	
				013	利用注水指示曲线分析注水井注水状况	X	
				014	螺杆泵井的生产状况分析	X	
				015	单井日常管理状况的分析内容	X	
				016	单井动态分析的内容	X	
	G	计算机应用 （11：02：01）	7%	001	常用办公软件的识别	Z	
				002	启动 Word 的方法	Y	
				003	文字编辑的基本方法	X	
				004	Word 选定文本的方法	X	
				005	Word 设置字符段落格式的方法	X	
				006	Word 设置页面版式的方法	X	
				007	Word 设置排版打印的方法	X	

续表

行为领域	代码	鉴定范围 （重要程度比例）	鉴定比重	代码	鉴 定 点	重要程度	备注
专业知识 B 65%	G	计算机应用 （11：02：01）	7%	008	Excel 中复制移动删除方法	X	
				009	Excel 中撤销插入替换方法	X	
				010	Excel 中设置工作表的格式方法	X	
				011	Excel 中设置工作表的内容	Y	
				012	A2 系统录入采油井资料的方法	X	
				013	A2 系统录入注水井资料的方法	X	
				014	A2 系统录入油水井月度井史的方法	X	

注：X—核心要素；Y——般要素；Z—辅助要素。

附录5 中级工操作技能鉴定要素细目表

行业：石油天然气　　　　工种：采油地质工　　　等级：中级工　　　　　　鉴定方式：操作技能

行为领域	代码	鉴定范围	鉴定比重	代码	鉴 定 点	重要程度	备注
操作技能 A 100%	A	油水井管理（06:01:00）	30%	001	测试注水井指示曲线、启动压力	X	
				002	调整注水井注水量	X	
				003	校对安装压力表（比对法）	X	
				004	取聚合物注入井溶液样	Y	
				005	计算产量构成数据	X	
				006	计算机采井理论排量及泵效	X	
				007	计算机采井沉没度	X	
	B	绘图（05:01:00）	30%	001	绘制注采综合开采曲线	X	
				002	绘制产量构成曲线	X	
				003	绘制井组采油曲线	X	
				004	绘制注水井多井配水工艺流程示意图	X	
				005	绘制机采井地面工艺流程示意图	Y	
				006	绘制机采井分层开采管柱示意图	X	
	C	综合技能（06:01:00）	40%	001	分析注水指示曲线	X	
				002	解释抽油机井理论示功图	X	
				003	分析判断现场录取的螺杆泵井生产数据	Y	
				004	分析判断现场录取的电泵井生产数据	X	
				005	分析判断分注井井下封隔器密封状况	X	
				006	计算机录入排版并打印 Word 文档	X	
				007	计算机录入注水井分层测试资料	X	

注：X—核心要素；Y——一般要素；Z—辅助要素。

附录6 高级工理论知识鉴定要素细目表

行业：石油天然气　　　　工种：采油地质工　　　　等级：高级工　　　　鉴定方式：理论知识

行为领域	代码	鉴定范围（重要程度比例）	鉴定比重	代码	鉴 定 点	重要程度	备注
基础知识 A 30%	A	石油天然气基础知识（06：01：01）	5%	001	有效孔隙度的概念	X	JD、JS
				002	影响孔隙度大小的因素	Y	
				003	胶结的类型	Z	
				004	渗透率的概念及计算	X	JS
				005	相对渗透率的概念	X	
				006	绝对渗透率的概念	X	
				007	有效渗透率的概念	X	
				008	影响渗透率的因素	X	
	B	石油地质基础知识（24：05：01）	20%	001	古潜山的类型	X	
				002	圈闭的特点	X	
				003	圈闭的类型	X	
				004	圈闭的度量	X	
				005	背斜油气藏油气水的分布状态	X	
				006	水压驱动油藏的特征	X	JD
				007	溶解气驱动油藏及气压驱动油藏的特征	X	
				008	重力驱动油藏的特征	X	
				009	油气田的概念	X	
				010	油气田的分类	X	JD
				011	形成圈闭的三要素	X	JD
				012	沉积相的概念及分类	X	
				013	沉积相的沉积特征	X	
				014	油层对比的概念	Z	
				015	油层对比选择测井曲线的标准	X	
				016	选择标准层的条件	X	
				017	冲积扇沉积环境的特点	X	
				018	冲积扇各部位的特征	Y	
				019	河流相的特征	X	

行为领域	代码	鉴定范围（重要程度比例）	鉴定比重	代码	鉴 定 点	重要程度	备注
基础知识 A 30%	B	石油地质基础知识（24∶05∶01）	20%	020	河漫滩相的特征	X	
				021	边滩和心滩的沉积特点	X	
				022	天然堤的沉积特点	X	
				023	决口扇、泛滥盆地的沉积特点	Y	
				024	湖泊相的概念	X	
				025	湖泊相的分类	Y	
				026	三角洲相的沉积特点	X	
				027	破坏性三角洲的沉积特点	Y	
				028	建设性三角洲的沉积特点	X	
				029	沉积旋回的定义和划分	X	
				030	各级沉积旋回的特点	X	
				031	油层单元的划分	X	
				032	建立骨架剖面的方法	Y	
	C	油田开发基础知识（06∶01∶01）	5%	001	层间矛盾的概念及表现形式	X	JD
				002	平面矛盾的概念及表现形式	X	JD
				003	层内矛盾的概念及表现形式	X	JD
				004	水淹状况的分类	Z	
				005	层间矛盾调整的方法	X	
				006	平面矛盾调整的方法	X	
				007	层内矛盾调整的方法	X	
				008	三大矛盾的表现形式	Y	
专业知识 B 70%	A	油水井工艺技术（38∶07∶03）	30%	001	水力活塞泵的特点	Y	
				002	水力活塞泵的概念、原理、分类及组成	X	
				003	射流泵采油的特点	Z	
				004	射流泵的分类与组成	Y	
				005	油气井出砂的危害	X	JD
				006	油气井出砂的机理	X	
				007	油气井出砂地层分类及特征	X	
				008	油气井防砂的方法	X	
				009	油气井防砂方法的选择	X	
				010	油井出水的原因	X	JD
				011	调剖的概念及原理	X	

行为领域	代码	鉴定范围（重要程度比例）	鉴定比重	代码	鉴　定　点	重要程度	备注
专业知识 B 70%	A	油水井工艺技术 （38:07:03）	30%	012	调剖的作用	X	
				013	浅度调剖技术的类型	X	
				014	深度调剖技术的类型	X	
				015	油井堵水工艺的作用	X	JD
				016	机械堵水工艺的原理、结构	X	
				017	化学堵水工艺的原理及分类	X	
				018	水力压裂工艺	X	JD
				019	压裂层段及压裂时机的确定方法	X	
				020	选择性压裂工艺、多裂缝压裂工艺的概念	X	
				021	限流法压裂工艺、平衡限流法压裂工艺的概念	X	
				022	油井低产的原因	X	
				023	影响压裂增产效果的因素	X	
				024	油井压裂选井选层的原则	X	
				025	普通封隔器分层压裂工艺	X	
				026	调剖井的生产管理要求	X	JD
				027	调剖后周围油井的管理要求	X	
				028	多油层层间接替内容	X	
				029	堵水井的管理要求	X	
				030	压裂井压裂前后的管理要求	X	
				031	压裂井的综合配套措施	Y	
				032	油水井压裂后的生产管理要求	X	JD
				033	油水井酸化的油层条件及原理	Z	
				034	常用的酸化工艺	X	
				035	油水井酸化后的生产管理要求	X	
				036	三次采油的概念	X	JD
				037	三次采油的技术方法	X	JD
				038	表面活性剂驱油的概念	Y	
				039	碱性水驱的概念	Y	
				040	三元复合驱的概念	X	
				041	混相驱的概念	Y	
				042	热力采油的概念	Z	
				043	聚合物驱的概念	Y	

续表

行为领域	代码	鉴定范围（重要程度比例）	鉴定比重	代码	鉴定点	重要程度	备注
专业知识 B 70%	A	油水井工艺技术（38:07:03）	30%	044	聚合物的化学性质	X	
				045	聚合物的物理性质	X	
				046	聚合物溶液的概念	X	
				047	聚合物黏度的概念	X	
				048	聚合物浓度的概念	X	
	B	计算参数监测资料（13:02:01）	10%	001	产油量、日产量及年产量递减幅度的计算	X	JS
				002	采油速度、采出程度指标	X	JS
				003	聚合物驱注入井资料录取现场检查管理内容	X	
				004	视电阻率测井方法	X	
				005	横向测井和标准测井的概念	X	
				006	自然电位测井原理	X	
				007	自然电位曲线形态	X	
				008	自然伽马测井的分类	X	
				009	密度测井和放射性同位素测井的概念	X	
				010	放射性测井的概念	X	
				011	抽油机井系统效率的计算方法	X	JS
				012	螺杆泵的组成	X	
				013	螺杆泵工作原理及理论排量计算	X	
				014	计算注水井层段吸水百分数及吸水量	Y	
				015	注聚井现场检查指标及准确率计算	Y	
				016	注聚井现场检查要求	Z	JS
	C	计算指标（06:01:01）	5%	001	抽油机井管理指标的内容	X	JS
				002	抽油机井管理指标的计算方法	X	JS
				003	电泵井管理指标的内容	X	
				004	电泵井管理指标的计算方法	X	JS
				005	注水井管理指标的内容	X	
				006	注水井管理指标的计算方法	X	JS
				007	计算油田生产任务管理指标	Y	JS
				008	其他指标计算名词解释	Z	
	D	绘制曲线（04:01:00）	3%	001	绘制产量运行曲线的方法及技术要求	Y	
				002	理论示功图的概念	X	
				003	理论示功图的用途	X	

续表

行为领域	代码	鉴定范围（重要程度比例）	鉴定比重	代码	鉴 定 点	重要程度	备注
专业知识 B 70%	D	绘制曲线 （04：01：00）	3%	004	绘制理论示功图的方法及技术要求	X	JS
				005	理论示功图各条线的绘制方法	X	
	E	绘制图幅 （06：01：01）	5%	001	井网图的概念	Y	
				002	井网图的绘制方法	X	
				003	绘制分层注采剖面图的方法	X	
				004	绘制分层注采剖面图的要求	X	
				005	油层栅状图的绘制内容	X	
				006	油层栅状图的绘制要求	X	
				007	油层栅状图的编制	Z	
				008	绘制图幅的注意事项	X	
	F	动态分析 （13：02：01）	10%	001	油田动态分析的概念	X	JD
				002	单井动态分析的内容	Y	
				003	油田动态分析的任务	Y	JD
				004	井组动态分析的内容	X	
				005	区块动态分析的内容	X	
				006	抽油机井示功图的变化分析	X	
				007	典型示功图的分析	X	
				008	压力状况的分析内容	X	JS
				009	主要见水层的分析内容	X	
				010	油田产油指标的应用	X	JS
				011	气油比变化的分析内容	X	
				012	含水率的计算方法	X	JS
				013	利用指示曲线分析注水井的吸水能力变化原因	X	
				014	抽油机井动态控制图的应用	X	
				015	采油速度、采出程度的概念	X	JS
				016	注采适应性的分析内容	Z	JS
	G	计算机应用 （08：02：01）	7%	001	计算机病毒的预防措施	Z	
				002	Excel 中制作图表的方法	X	
				003	Excel 中打印工作表的方法	X	
				004	Excel 中使用公式计算工作表的方法	X	

行为领域	代码	鉴定范围（重要程度比例）	鉴定比重	代码	鉴 定 点	重要程度	备注
专业知识 B 70%	G	计算机应用 （08：02：01）	7%	005	Excel 中利用函数计算工作表的方法	Y	
				006	数据库的定义	X	
				007	数据库的基本功能	X	
				008	数据库的结构组成	Y	
				009	数据库常用的命令	X	
				010	操作数据库基本命令的应用	X	
				011	数据库基本逻辑函数的应用	X	

注：X—核心要素；Y——般要素；Z—辅助要素。

附录7　高级工操作技能鉴定要素细目表

行业：石油天然气　　　工种：采油地质工　　　等级：高级工　　　　　鉴定方式：操作技能

行为领域	代码	鉴定范围	鉴定比重	代码	鉴 定 点	重要程度	备注
技能操作A100%	A	油水井管理（06：01：01）	30%	001	计算抽油机井系统效率	X	
				002	计算抽油机井管理指标	X	
				003	计算潜油电泵井管理指标	X	
				004	计算螺杆泵井管理指标	X	
				005	计算注水井管理指标	X	
				006	计算分层注水井层段实际注入量	X	
				007	计算聚合物注入井的配比	Y	
				008	分析判断聚合物注入井浓度是否达标	Z	
	B	绘图（04：01：00）	30%	001	绘制产量运行曲线	X	
				002	绘制抽油机井理论示功图	X	
				003	绘制典型井网图	X	
				004	绘制分层注采剖面图	Y	
				005	绘制油层栅状连通图	X	
	C	综合技能（06：01：00）	40%	001	分析抽油机井典型示功图	X	
				002	分析抽油机井动态控制图	X	
				003	利用注水指示曲线分析油层吸水指数的变化	X	
				004	分析机采井换泵措施效果	X	
				005	应用 Excel 表格数据绘制采油曲线	X	
				006	应用 Excel 表格数据绘制注水曲线	X	
				007	计算机制作 Excel 表格并应用公式处理数据	Y	

注：X—核心要素；Y——般要素；Z—辅助要素。

附录8 技师、高级技师理论知识鉴定要素细目表

行业：石油天然气　　　工种：采油地质工　　　等级：技师、高级技师　　　鉴定方式：理论知识

行为领域	代码	鉴定范围（重要程度比例）	鉴定比重	代码	鉴 定 点	重要程度	备注
基础知识 A 30%	A	石油天然气基础知识（07：01：00）	5%	001	含油饱和度的概念及计算	X	JS
				002	原始含油饱和度的概念	X	JD
				003	储层的非均质性	X	
				004	储层非均质性的分类	X	
				005	孔隙非均质性的概念	Y	
				006	层内非均质性的概念	X	
				007	平面非均质性的概念	X	
				008	层间非均质性的概念	X	
	B	石油地质基础知识（19：04：01）	15%	001	油层对比的程序	X	
				002	湖泊相油层对比的方法	X	
				003	河流—三角洲相油层对比的方法	X	
				004	取心的目的	Y	
				005	岩心标注的内容	X	
				006	岩石定名的方法	X	
				007	岩石含油产状的描述	X	
				008	岩心含油气水特征的描述	X	
				009	岩心资料的整理方法	X	
				010	岩心资料的应用	X	
				011	浅海相沉积的概念	Y	
				012	半深海相、深海相沉积的概念	X	
				013	研究海陆过渡沉积相的意义	X	
				014	潟湖相沉积的概念	Y	
				015	油田沉积相的研究目的及特点	X	JD
				016	沉积相的研究方法	X	JD
				017	划相标志的选择	X	JD
				018	油田储量的概念	X	
				019	探明储量的分类	Y	
				020	地质储量的分类	X	

续表

行为领域	代码	鉴定范围（重要程度比例）	鉴定比重	代码	鉴 定 点	重要程度	备注
基础知识 A 30%	B	石油地质基础知识（19:04:01）	15%	021	适合聚合物驱的油藏地质特点	X	
				022	储量综合评价的方法	X	JD
				023	油田开发中油藏描述的重点内容	X	
				024	特殊储量的分类	Z	
	C	油田开发基础知识（13:02:01）	10%	001	划分开发层系的必要性	X	JD
				002	划分开发层系的原则	X	
				003	划分开发层系的基本方法	Y	
				004	油藏开发方案的优化方法	X	
				005	开发阶段划分的方法	X	
				006	油田开发阶段划分的意义	Z	
				007	油田综合调整的内容、任务	X	
				008	层系调整的概念	X	
				009	注水方式选择的方法	Y	
				010	注采系统的调整方法	X	
				011	开采方式调整应注意的问题	X	
				012	生产制度的调整方法	X	
				013	层系、井网和注水方式的分析方法	X	
				014	层间差异状况的分析方法	X	
				015	开发层系适应性分析方法	X	
				016	开发试验效果的分析方法	X	
专业知识 B 70%	A	油水井工艺技术（30:06:02）	24%	001	稠油开采方法简述	Y	JD
				002	蒸汽吞吐基本概念	X	
				003	蒸汽吞吐主要机理	X	
				004	注汽参数对蒸汽吞吐开采的影响	Y	JD
				005	蒸汽驱采油机理	X	
				006	蒸汽驱采油注采参数优选	X	JD
				007	稠油出砂冷采技术的概念、特点	Y	
				008	稠油出砂冷采开采机理	X	JD
				009	堵水井选井选层的原则	X	JD
				010	高含水井堵水注意事项	X	JD
				011	酸液的合理选择	X	

行为领域	代码	鉴定范围（重要程度比例）	鉴定比重	代码	鉴 定 点	重要程度	备注
专业知识 B 70%	A	油水井工艺技术 （30∶06∶02）	24%	012	酸化的副效应	X	
				013	酸化添加剂的种类及用途	X	
				014	聚合物延时交联调剖剂的调剖原理	X	
				015	机采井三换的概念	X	
				016	换大泵井的选择与培养	X	
				017	换大泵的现场监督要求	X	
				018	泵径、冲程、冲次的匹配要求	X	
				019	间歇抽油井工作制度	X	
				020	影响抽油机泵效的因素	X	
				021	聚合物驱体积波及系数的概念	X	
				022	聚合物的作用	Y	JD
				023	聚合物驱在非均质油层中的特点	X	JD
				024	聚合物的筛选条件	X	
				025	适合聚合物驱的油藏地质特点	Z	
				026	聚合物驱油的层位井距的确定	X	
				027	聚合物驱方案的内容	X	
				028	聚合物驱油阶段划分	X	
				029	聚合物驱配产配注的要求	X	JS
				030	聚合物驱开采指标预测的内容	X	JS
				031	聚合物溶液对水质的要求	X	
				032	聚合物驱提高驱油效率的原理	X	
				033	聚合物相对分子质量的分类	X	
				034	聚合物分子结构的形态	Z	
				035	聚合物基础指标的统计方法	X	JS
				036	微生物提高采收率的机理	Y	
				037	影响高分子聚合物驱油效率的因素	X	
				038	聚合物驱油采油工艺的特点	Y	
	B	计算参数监测资料 （07∶01∶00）	5%	001	注采比概念与公式	X	JS
				002	面积井网井组注采比的计算	X	
				003	注采相关指标的概念与公式	X	
				004	微电极测井的应用	X	

行为领域	代码	鉴定范围（重要程度比例）	鉴定比重	代码	鉴 定 点	重要程度	备注
专业知识 B 70%	B	计算参数监测资料（07:01:00）	5%	005	侧向测井的概念	X	
				006	感应测井的概念	X	
				007	声波测井的概念、应用	X	
				008	测井曲线的应用	Y	
	C	计算指标（07:01:00）	5%	001	储量和产量有关的指标的概念	X	
				002	开发指标的概念及计算	X	JS
				003	产能方面指标的概念	X	JS
				004	递减率的相关指标计算	X	JS
				005	与水有关指标的概念与计算	X	
				006	与压力、压差有关指标的概念与计算	X	JS
				007	与聚合物有关的指标计算	X	JS
				008	聚合物驱油开发区块基础数据统计	Y	
	D	计算储量（02:01:00）	2%	001	与储量有关的指标的概念	X	JS
				002	单井、区块地质储量计算方法	X	JS
				003	容积法计算地质储量	Y	JS
	E	绘制图幅（06:01:01）	5%	001	小层平面图的编制	X	
				002	断层组合的绘制要求	Z	JD
				003	压力等值图的绘制方法	X	
				004	渗透率等值图的绘制方法	X	
				005	构造等值图的编制方法	X	
				006	沉积相带图的绘制方法	X	
				007	油层剖面图的绘制方法	Y	
				008	构造剖面图的编制方法	X	
	F	绘制聚驱工艺流程（04:01:00）	3%	001	聚合物溶液注入站内的工艺技术	X	
				002	聚合物溶液注入井口的工艺技术	X	
				003	注聚工艺对注入液指标的要求	X	
				004	注聚工艺对注入量压力水质温度的要求	X	
				005	现场注聚工艺流程及绘制	Y	
	G	动态分析（09:02:00）	7%	001	油田产水指标的应用	X	JS
				002	井组注采平衡状况的分析内容	X	JD
				003	不同时期剩余油的分布特点	X	

续表

行为领域	代码	鉴定范围（重要程度比例）	鉴定比重	代码	鉴 定 点	重要程度	备注
专业知识 B 70%	G	动态分析（09：02：00）	7%	004	水驱控制程度的分析内容及计算	X	JS
				005	油层水淹状况的分析内容	X	JD
				006	油水井措施效果的统计内容	X	
				007	利用分层流量检测卡片判断注水井分注状况	X	
				008	利用测试剖面分析油层注采状况	X	
				009	测井曲线在油田开发中的应用	X	
				010	聚合物驱油阶段注入状况分析的内容	Y	JD
				011	聚合物驱油阶段采出状况分析的内容	Y	
	H	计算机应用（04：01：00）	3%	001	PowerPoint 演示文稿的基本操作方法	X	
				002	PowerPoint 的设置内容	X	
				003	PowerPoint 演示文稿的编辑方法	X	
				004	PowerPoint 图表的制作方法	X	
				005	在 Word 文档中创建表格内容及数据	Y	
	I	编写分析报告（06：01：01）	5%	001	论文的概念	X	
				002	技术报告标题拟定的要点	Y	
				003	正文编写的要点	X	
				004	写好论文所需要的知识储备	X	
				005	论文术语中概念的分类	X	
				006	论文术语中定义的规则	X	
				007	论文的三要素	X	
				008	常用的论证方法	Z	
	J	质量管理（04：01：00）	3%	001	质量管理的概念	X	
				002	PDCA 的循环原理	X	
				003	排列图的概念	X	
				004	因果图的概念	Y	
				005	QC 小组活动的含义、程序	X	
	K	技术培训（04：01：00）	3%	001	技术培训的概念	X	
				002	教学计划的概念	X	
				003	教学方法的概念	X	
				004	备课的概念	X	
				005	教育心理学的概念	Y	

行为领域	代码	鉴定范围（重要程度比例）	鉴定比重	代码	鉴 定 点	重要程度	备注
专业知识B 70%	L	经济管理（06：01：01）	5%	001	油田经济评价的任务	X	
				002	油田经济评价的原则	X	
				003	经济分析的技术指标	X	
				004	油田开发经济指标的特点	X	
				005	油田开发消耗的经济指标	Y	
				006	油田生产总成果的经济指标	X	
				007	经济效益及投资核算	Z	
				008	班组经济核算的内容	X	

注：X—核心要素；Y——一般要素；Z—辅助要素。

附录9 技师操作技能鉴定要素细目表

行业：石油天然气　　　工种：采油地质工　　　等级：技师　　　鉴定方式：操作技能

行为领域	代码	鉴定范围	鉴定比重	代码	鉴定点	重要程度	备注
操作技能A100%	A	油水井管理（05：01：00）	30%	001	计算反九点法面积井网井组月度注采比	X	
				002	计算四点法面积井网井组月度注采比	X	
				003	计算井组累积注采比及累积亏空体积	Y	
				004	计算油田水驱区块的开发指标及参数	X	
				005	预测油田区块年产量	X	
				006	分析判断聚合物注入井黏度达标情况并计算黏度达标率	Y	
	B	绘图（03：01：00）	35%	001	绘制油层剖面图	X	
				002	绘制地质构造等值图	X	
				003	绘制小层平面图	X	
				004	绘制聚合物单井井口注聚工艺流程示意图	Y	
	C	综合技能（06：01：01）	25%	001	应用注入剖面资料分析油层注入状况	X	
				002	应用产出剖面资料分析油层产出情况	X	
				003	分析油水井压裂效果	X	
				004	分析分层流量检测卡片，判断注水井分注状况	X	
				005	分析水驱区块的综合开发形势	X	
				006	分析水驱井组生产动态	X	
				007	应用计算机制作PowerPoint演示文稿	Y	
				008	应用计算机在PowerPoint中制作表格	Y	
	D	管理与培训（02：00：00）	10%	001	编绘全面质量管理排列图	X	
				002	编绘全面质量管理因果图	X	

注：X—核心要素；Y——般要素；Z—辅助要素。

附录10　高级技师操作技能鉴定要素细目表

行业：石油天然气　　　工种：采油地质工　　　等级：高级技师　　　鉴定方式：操作技能

行为领域	代码	鉴定范围	鉴定比重	代码	鉴　定　点	重要程度	备注
操作技能 A 100%	A	油水井管理（03:01:00）	30%	001	计算面积井网单井控制面积	X	
				002	计算井组水驱控制程度	X	
				003	计算油田三次采油区块的开发指标及参数	Y	
				004	用容积法计算地质储量	X	
	B	绘图（04:01:00）	30%	001	绘制沉积相带图	X	
				002	绘制构造剖面图	X	
				003	绘制渗透率等值图	X	
				004	绘制压力等值图	X	
				005	绘制聚合物站内注入工艺流程图	Y	
	C	综合技能（06:01:00）	30%	001	利用多种测井曲线进行井组动态分析	X	
				002	利用动静态资料进行区块动态分析	X	
				003	分析聚驱区块的综合开采形势	Y	
				004	分析聚驱井组生产动态	X	
				005	应用计算机在 PowerPoint 中设置动作及自定义动画	X	
				006	应用计算机在 Word 中进行表格数据计算	X	
				007	编写区块开采形势分析报告	X	
	D	综合管理（03:01:00）	10%	001	压裂井的经济效益粗评价	X	
				002	封堵井的经济效益粗评价	X	
				003	酸化井的经济效益粗评价	X	
				004	补孔井的经济效益粗评价	Y	

注：X—核心要素；Y——般要素；Z—辅助要素。

附录11　操作技能考核内容层次结构表

内容＼项目＼内容	操作技能				时间合计 min
	油气井管理	绘图	综合技能	管理培训	
初级	30分 5～20min	30分 20～40min	40分 15～30min		100分 49～90min
中级	30分 10～30min	30分 20～30min	40分 20～40min		100分 50～100min
高级	30分 20～30min	30分 30～40min	40分 20～40min		100分 70～100min
技师	30分 20～30min	35分 30～40min	25分 30～40min		100分 110～140min
高级技师	25分 30～40min	30分 30～40min	35分 30～40min		100分 110～150min

参 考 文 献

[1] 金海英. 油气井生产动态分析 [M]. 北京：石油工业出版社，2010.

[2] 潘晓梅，陈国强. 油气藏动态分析 [M]. 北京：石油工业出版社，2012.

[3] 万仁溥. 采油工程手册 [M]. 北京：石油工业出版社，2003.

[4] 李杰训. 聚合物驱油地面工程技术 [M]. 北京：石油工业出版社，2008.

[5] 刘合. 油田套管损坏防治技术 [M]. 北京：石油工业出版社，2003.

[6] 万仁溥. 现代完井工程 [M]. 北京：石油工业出版社，2000.

[7] 张锐，等. 稠油热采技术 [M]. 北京：石油工业出版社，1999.

[8] 罗英俊，万仁溥. 采油技术手册 [M]. 北京：石油工业出版社，2005.

[9] 金毓荪，巢华庆，赵世远. 采油地质工程 [M]. 北京：石油工业出版社，2003.

[10] 邹艳霞. 采油工艺技术 [M]. 北京：石油工业出版社，2006.

[11] 叶庆全，袁敏. 油气田开发常用名词解释 [M]. 北京：石油工业出版社，2009.

[12] 全宏. 采油地质工 [M]. 北京：中国石化出版社，2013.